W0258000

Jahrbuch

der

Hafenbautechnischen Gesellschaft

Vierunddreißigster Band

1974/75

Mit 265 Abbildungen

Springer-Verlag Berlin Heidelberg New York 1975

Schriftleitung

Erster Baudirektor a. D. Prof. Dr.-Ing. Arved Bolle, Elmshorn
Baudirektor Dipl.-Ing. Reinhart Kühn, Hamburg

ISBN-13: 978-3-642-66155-6   e-ISBN-13: 978-3-642-66154-9
DOI: 10.1007/978-3-642-66154-9

Das Werk ist urheberrechtlich geschützt. Die dadurch begründeten Rechte, insbesondere die der Übersetzung, des Nachdrucks, der Entnahme von Abbildungen, der Funksendung, der Wiedergabe auf photomechanischem oder ähnlichem Wege und der Speicherung in Datenverarbeitungsanlagen bleiben, auch bei nur auszugsweiser Verwertung, vorbehalten. Bei Vervielfältigungen für gewerbliche Zwecke ist gemäß § 54 UrhG eine Vergütung an den Verlag zu zahlen, deren Höhe mit dem Verlag zu vereinbaren ist. Zur Förderung der wissenschaftlichen Arbeit sind photomechanische Vervielfältigungen aus diesem Jahrbuch dann gebührenfrei, wenn sie für den eigenen innerbetrieblichen Gebrauch des Beziehers des Jahrbuches bestimmt sind. © by Springer-Verlag. Berlin/Heidelberg 1975.   Library of Congress Catalog Card Number: 67-37
Softcover reprint of the hardcover 1st edition 1975

Inhaltsverzeichnis

Ministerialdirigent i. R. Dipl.-Ing. Hartwig Wegner †

Völlig unerwartet für seine Familie und seine zahlreichen Fachkollegen und Freunde verstarb am 4. Juni 1975 unser Ehrenmitglied und langjähriges Vorstandsmitglied, Ministerialdirigent i. R. Dipl.-Ing. Hartwig Wegner im 69. Lebensjahr in Bonn-Oberkassel.

Wegner — 1906 in Hamburg geboren — trat nach dem Studium des Bauingenieurwesens an der Technischen Hochschule Hannover und nach kurzer Tätigkeit in der Industrie als Regierungsbauführer in den Dienst der Preußischen Wasserbauverwaltung. 1935 legte er seine zweite Staatsprüfung ab und wurde 1938 zur Bearbeitung von Verkehrsfragen der Binnenschiffahrt und von Sonderaufgaben des Transportwesens in das Reichsverkehrsministerium versetzt.

Nach dem Zweiten Weltkrieg war Wegner zunächst beim hamburgischen Amt Strom- und Hafenbau tätig, kehrte aber 1950 in seinen früheren Wirkungsbereich zurück, wo er 21 Jahre lang als Referent für den Küstenbereich — ab 1966 im Range eines Unterabteilungsleiters — in der Abteilung Wasserstraßen des Bundesministers für Verkehr tätig war. Als Vertreter des Abteilungsleiters hat er bei allen wesentlichen Entscheidungen für die technische Gestaltung der Bundeswasserstraßen maßgebend mitgewirkt. In Anerkennung seiner großen Verdienste wurde ihm das Große Verdienstkreuz des Verdienstordens der Bundesrepublik Deutschland verliehen. Außerdem war er Träger des Comturkreuzes des Ordens „Weiße Rose" in Finnland.

Im Rahmen der Hafenbautechnischen Gesellschaft war Wegner maßgeblich an deren Wiederbegründung im Jahre 1948 beteiligt; als ihr erster Geschäftsführer nach dem Kriege hat er sich mit großem Eifer um die Sammlung der alten Mitglieder bemüht; darüber hinaus gehörte er 15 Jahre lang (von 1956 bis 1971) ihrem Vorstand an. In Würdigung dieser verdienstvollen Tätigkeit für unsere Gesellschaft wurde Wegner 1972 zum Ehrenmitglied der HTG ernannt; gleichzeitig wurden damit sein erfolgreiches Wirken für den Ausbau und die Leistungsfähigkeit der deutschen See- und Binnenwasserstraßen sowie seine wissenschaftlichen Arbeiten über technische, wirtschaftliche und betriebliche Fragen der Wasserstraßen gewürdigt.

Baudirektor i.R. Dr.-Ing. Hans Neumann †

Am 11. März 1975 verstarb unser Ehrenmitglied und langjähriger Vorsitzender des Ausschusses für Hafenumschlagtechnik, Baudirektor i.R. Dr.-Ing. Hans Neumann kurz nach Vollendung seines 72. Lebensjahres in Hamburg.

Geboren 1903 in Hamburg studierte Neumann nach einem Praktikum bei der damaligen Hamburger Kranbaufirma Kampnagel AG Elektrotechnik an den Technischen Hochschulen München und Hannover und promovierte 1931 mit der Dissertation „Die Stromart für den Betrieb von Stückgut-Kaikränen".

Am 1. 2. 1927 trat Neumann in die Dienste des hamburgischen Amtes Strom- und Hafenbau, bei dem er genau 41 Jahre tätig gewesen ist. Seit 1938 leitete er dort durch gute und schlechte Jahre die Maschinenbauabteilung; er hat sich durch seine hervorragenden Leistungen für den Wiederaufbau und die Modernisierung des Hamburger Hafens verdient gemacht.

Dr. Neumanns reiches fachliches Wissen und seine weitreichenden Erfahrungen gaben Veranlassung, ihm 1956 die Leitung des Ausschusses für Hafenumschlagtechnik der Hafenbautechnischen Gesellschaft und 1957 die Geschäftsführung des Deutschen Nationalen Komitees der International Cargo Handling Coordination Association (ICHCA) zu übertragen. Die Hafenbautechnische Gesellschaft würdigte im Jahre 1969 seine Verdienste um die Gesellschaft und seine wissenschaftlichen Arbeiten auf dem Gebiet der Hafenumschlagtechnik durch Verleihung der Ehrenmitgliedschaft.

Die Hafenbautechnische Gesellschaft 1973/1974

Im folgenden wird über die Tätigkeit der HTG seit Mitte 1973 bis Ende 1974 berichtet. Das 60jährige Bestehen der 1914 gegründeten HTG wurde während der 36. Hauptversammlung gewürdigt, die Ende Mai 1974 in Hamburg stattfand.

Das vorliegende Jahrbuch ist wiederum von unserem Ehrenmitglied Erster Baudirektor a.D. Professor Dr.-Ing. Bolle (Schriftleiter) und Herrn Baudirektor Dipl.-Ing. Kühn (stellvertretender Schriftleiter) zusammengestellt und vorbereitet worden. Der Schriftleiter hat weiterhin den Schifffahrtsverlag „Hansa" bei der Zusammenstellung von Aufsätzen über Bau und Betrieb von Häfen und Wasserstraßen und über Küstenbau für die Zeitschrift „Hansa", dem Organ der HTG, beraten. Eine Auswahl dieser Aufsätze und die Arbeitsergebnisse der Fachausschüsse sind in den Bänden XVIII und XIX des „Handbuches für Hafenbau und Umschlagtechnik" erschienen, die den Mitgliedern ebenso wie dieses Jahrbuch unentgeltlich überlassen wurden.

Fachausschüsse:

Der **Ausschuß für Ufereinfassungen,** der vor 25 Jahren (1949) ins Leben gerufen wurde und seit dieser Zeit von Herrn Professor Dr.-Ing. E. Lackner geleitet wird, hat weitere Empfehlungen erarbeitet, bereits vorliegende Empfehlungen überarbeitet und die Ergebnisse in den Technischen Jahres berichten 1973 und 1974 veröffentlicht. Sonderdrucke wurden interessierten Mitgliedern übersandt. Inzwischen liegt neben einer englischen Fassung auch die Übersetzung der EAU 1970 ins Spanische vor, in der sämtliche Änderungen und Ergänzungen von Empfehlungen bis 1973 berücksichtigt sind.

Der **Ausschuß für Korrosionsfragen** wird seit Ende 1974 von Herrn Dipl.-Ing. B. Wirsbitzki, Mitarbeiter im Ingenieurbüro Dr. Lackner — Dr. Kranz — Barth, als Nachfolger des im November 1973 verstorbenen Hafenbaudirektors Dr.-Ing. D. Wiegmann geleitet. Der Ausschuß hat über die in den Jahren 1960 bis 1972 im Rahmen eines Forschungsauftrages durchgeführten „Untersuchungen über den Einfluß der Wasserzusammensetzung auf die Korrosionswirkung bei ungeschütztem Stahl" einen zusammenfassenden Bericht erarbeitet und drucken lassen.

Der Vorsitzende des **Ausschusses für Hafenumschlaggeräte (Flurförderzeuge),** Herr Dipl.-Ing. J. Mävers, ist im März 1974 verstorben. Die Ausschußarbeit wird bis zur Berufung eines neuen Vorsitzenden von Herrn Oberingenieur W. Menzel, Clark Maschinenfabrik GmbH in Mülheim/ Ruhr, weitergeführt.

Die vom **Ausschuß für Hafenumschlaggeräte (Hebezeuge)** erarbeitete Empfehlung „Elektrische Energieversorgung in See- und Binnenhäfen" ist im Oktober 1973 in Buchform erschienen — kartoniert im Format DIN A 5 mit 192 Seiten, 81 Abbildungen und einer Karte. Der Ausschuß wird seit Juni 1974 von Herrn Dipl.-Ing. P. Schiller, Bremer Lagerhaus-Gesellschaft, als Nachfolger von Herrn Dipl.-Ing. H.-J. Klein geleitet.

Alle Ausschüsse, so auch der

Ausschuß für Hafenverkehrswege	— Leitung Professor Dr.-Ing. H. Nebelung, der
Ausschuß für Hafenhochbauten	— Leitung Dipl.-Ing. B. Sellhorn, der
Technische Ausschuß Binnenhäfen	— Leitung Dipl.-Ing. A. W. Adler, der
Ausschuß für Containerfragen	— Leitung Dr. G. Boldt und der
Ausschuß für Küstenschutzbauwerke	— Leitung Dipl.-Ing. J. Kramer

haben ihre Arbeiten fortgesetzt und dabei interessante Ergebnisse erzielen und ihre Empfehlungen erweitern können. Einzelheiten können den Arbeitsberichten der Ausschüsse entnommen werden, die in der Zeitschrift „Hansa" und in den „Handbüchern für Hafenbau und Umschlagtechnik" veröffentlicht sind.

Im Oktober 1974 ist der **Ausschuß für Verfahren und Meßtechnik im Küsteningenieurwesen** gegründet worden, wodurch ein weiterer Bereich aus dem neuen Arbeitsgebiet der HTG, Küstenforschung und Seebau, abgedeckt wird. Leiter des Ausschusses wurde Herr Dr.-Ing. H. Göhren, tätig im hamburgischen Amt Strom- und Hafenbau in Cuxhaven.

Hauptversammlungen und Exkursionen:

Auf Beschluß der Mitgliederversammlung vom 28. September 1972 in Braunschweig fand die **36. Hauptversammlung** vom 28. bis 31. Mai 1974 in **Hamburg** statt und war verbunden mit einer Studienfahrt auf der Unterelbe bis Brunsbüttel.

Nach Arbeitssitzungen einiger Fachausschüsse und des Vorstandes am 28. Mai wurde die Tagung mit einer Festveranstaltung im Congreß Centrum Hamburg am 29. Mai vom Vorsitzenden der Gesellschaft, Hafenbaudirektor Dr.-Ing. K.-E. Naumann, eröffnet. Hamburgs Senator für Wirtschaft und Verkehr, Helmut Kern, beglückwünschte im Namen der Hansestadt die HTG zu ihrem 60jährigen Bestehen und stellte heraus, daß der Hamburger Hafen und sein Hinterland zur Zeit ein besonders ergiebiges Arbeitsfeld für alle hafen- und wasserbaulichen Sparten darstelle. Staatssekretär Kurt Junge als Vertreter des Bundesverkehrsministeriums plädierte für eine weitgehende Integration aller Verkehrsträger und deren Einbeziehung in die gesamte öffentliche Planung, wobei auch der HTG wichtige Aufgaben entständen. Den Festvortrag hielt Professor em. Dr.-Ing. K. Illies, Hamburg, zu dem Thema „**Über den künftigen Standpunkt des Ingenieurs**". Die Festveranstaltung wurde beendet mit der Erstaufführung des Films „**Der Bau der Köhlbrandbrücke**".

Neben den Arbeitsberichten der Fachausschüsse standen sieben Referate über die **Infrastruktur des Hafens Hamburg und ihren Ausbau** und über den **Bau der Hochbrücke über den Köhlbrand** im Mittelpunkt der Fachvorträge. Einleitend vermittelte Herr Professor em. Dr.-Ing. W. Wortmann, Hannover, seine „**Leitgedanken für die räumliche Entwicklung des norddeutschen Küstenraumes unter besonderer Berücksichtigung der Seehäfen**". Herr Erster Baudirektor Professor Dr.-Ing. H. Laucht rundete mit seinen Ausführungen über „**Die Sturmfluten 1973 und ihre Wirkungen im Hafen Hamburg**" das Geschehen in und um den Hamburger Hafen ab. Über „**Die Wettbewerbslage des Lübecker Hafens im internationalen Verkehr**" referierte Herr Dr. Dr. J. Pratje, Hauptgeschäftsführer der Industrie- und Handelskammer Lübeck. Herr Hafendirektor Dr.-Ing. H. Schwaderer, Aschaffenburg, verschaffte den Tagungsteilnehmern einen umfassenden, interessant bebilderten Einblick über den „**Stand der Weiterentwicklung der technischen Einrichtungen in den Binnenhäfen**".

Reichlichen Gebrauch machten die Tagungsteilnehmer von den Möglichkeiten, Umschlageinrichtungen und neuangesiedelte Industrien im Hamburger Hafen sowie die Kattwyk-Hubbrücke, die Köhlbrand-Hochbrücke, den Autobahn-Elbtunnel und eine Werft zu besichtigen. Gesellschaftliche Höhepunkte bildeten das zwanglose Beisammensein im Loews Hamburg Plaza und der Gesellschaftsabend im Hotel Atlantic.

Während der die Tagung beschließenden ganztägigen **Bereisung der Unterelbe** konnten sich die rund 250 Teilnehmer vom MS „Mönckeberg" aus einen Überblick über Hafen- und Industrieanlagen auf beiden Elbufern, insbesondere den neuen Anleger für Massengutschiffe bei Bützfleth und den Elbehafen bei Brunsbüttel verschaffen. Kurzreferate ergänzten die gewonnenen Einblicke.

Rund 150 Mitglieder und Freunde der HTG beteiligten sich an einer am 12. Oktober 1973 durchgeführten **Exkursion nach Wilhelmshaven**, während der Anlagen der Nordwest-Ölleitung GmbH, die Niedersachsenbrücke, Eindeichungs- und Aufspülungsarbeiten, der Bau der Löschbrücke für die Mobil Oil AG, der Kranbau bei der Friedrich Krupp GmbH, die Seeschleuse und der Marinestützpunkt besichtigt wurden. Die Exkursion fand das lebhafte Interesse der Teilnehmer.

Vorstands- und Mitgliederbewegung:

Da die laufende Vorstandsperiode am 26. September 1974 endete, wählte die Mitgliederversammlung am 29. Mai 1974 einen neuen Vorstand. Die bisherigen Vorstandsmitglieder

Dr.-Ing. E. h. Dr.-Ing. Hermann Bay,

Hafendirektor a. D. Dipl.-Ing. Hermann Bumm,

Erster Baudirektor a. D. Dipl.-Ing. Kurt Feuerhake,

Reeder Georg Heinemann,

Ministerialrat Dipl.-Ing. Alfred Hugel,

Ministerialdirektor Dipl.-Ing. Burkhart Rümelin

haben für eine weitere Vorstandstätigkeit nicht mehr kandidiert und sind mit Ablauf des 26. September 1974 aus dem Vorstand ausgeschieden. Die Mitgliederversammlung stimmte dem einzig vorliegenden Wahlvorschlag des Vorstandes zu. Dem Vorstand gehören nunmehr an:

Oberbaudirektor Dipl.-Ing. A. W. Adler, Leiter der Bayerischen Landeshafenverwaltung, Regensburg

Dr. jur. H. Apetz, Mitglied des Vorstandes der Westfälischen Transport AG mit Sitz in Emden

Direktor G. Beier, Vorstandsvorsitzender der Bremer Lagerhaus AG, Bremen

Ministerialrat Dipl.-Ing. W. Burghart, Unterabteilungsleiter in der Abteilung Wasserstraßen im Bundesverkehrsministerium, Bonn

Hafendirektor A. Causemann, Leiter des Hafens Köln, Köln

Regierungsbaumeister a.D. M.-E. Eggers, Vorstand der Christiani & Nielsen AG, Hamburg

Regierungsbaurat a.D. Dr.-Ing. G. Finke, Vorstandsmitglied der Duisburg-Ruhrorter Häfen AG, Duisburg

Dipl.-Ing. P. Hansen-Wester, Vorstandsmitglied der AG Weser, Bremen

Hafenbaudirektor Dipl.-Ing. H. Jung, Technischer Referent beim Senator für Häfen, Schiffahrt und Verkehr, Bremen

Direktor H. Kessel, Mitglied der Geschäftsleitung Friedrich Krupp GmbH, Krupp Industrie- und Stahlbau, Wilhelmshaven

o. Prof. Dr.-Ing. E. Lackner, Lehrstuhlinhaber TU Hannover, Beratender Ingenieur VBI, Bremen

Hafenbaudirektor Prof. Dr.-Ing. H. Laucht, Vorsitzender des Küstenausschusses Nord- und Ostsee und des Kuratoriums für Forschung im Küsteningenieurwesen, Hamburg

Hafenbaudirektor a.D. Dr.-Ing. K.-E. Naumann, bis 30. 9. 1974 Amtsleiter Strom- und Hafenbau, Hamburg

Dr. K.-H. Necker, Mitglied des Vorstandes der Hapag-Lloyd AG, Hamburg

Hafendirektor i.R. Dipl.-Volksw. W. Neumann, vormals Lübecker Hafengesellschaft, Travemünde

o. Prof. Dr.-Ing. Dr. phys. H. W. Partenscky, Direktor des Franzius-Instituts für Wasserbau und Küsteningenieurwesen, TU Hannover

Direktor Dr.-Ing. E. h. Dr.-Ing. W. Schenck, Leiter der Hauptniederlassung Hamburg der Philipp Holzmann AG, Hamburg

Der Vorstand hat folgende Geschäftsverteilung beschlossen:

Vorsitzender	Hafenbaudirektor a.D. Dr.-Ing. Naumann
Stellvertreter	Direktor Dr.-Ing. E.h. Dr.-Ing. Schenck (zugleich i. S. § 26 BGB)
	Ministerialrat Dipl.-Ing. Burghart
	Regierungsbaurat a.D. Dr.-Ing. Finke
Schatzmeister	Hafendirektor Causemann

Ehrenvorsitzender ist Herr o. Professor em. Dr.-Ing. E. h. Dr.-Ing. A. Agatz, Bremen.

Seit Mitte 1973 verstarben folgende, zum Teil langjährige Mitglieder der HTG:

Breitwieser, Heinrich, Direktor i.R., Griesheim

Gravert, Otto, Oberbaurat a.D., Dipl.-Ing., Bremerhaven

Gründahl, Karl, Dipl.-Ing., Buxtehude

Körner, Burghard, Professor Dr.-Ing. E.h. Dr.-Ing., Pley

Mävers, Joachim, Dipl.-Ing., Hamburg

Momber, Klaus, Dipl.-Ing., Halstenbek

Neumann, Hans, Baudirektor a.D., Dr.-Ing., Hamburg

Paproth, Erich, Dr.-Ing., Bauunternehmer, Krefeld

Plehn, Max, Direktor a.D., Dipl.-Ing., Braunschweig

Poppe, Gustav, Ministerialdirektor a. D., Dipl.-Ing., Hannover

Rudolph, Franz, Reg.-Baumeister a.D., Dipl.-Ing., Frankfurt

Schauberger, Hans, Präsident a.D., Dr.-Ing., Bremen

Schermer, Lothar, Dipl.-Ing., Brake

Schorn, Ernst, Dipl.-Ing., Hamburg

Seiler, Erich, Ministerialrat a.D., Professor Dr.-Ing., Bonn

Temp, Walter, Stadtbaudirektor a.D., Dipl.-Ing., Soltau

Warner, Hans, Düsseldorf-Benrath

Wegner, Hartwig, Ministerialdirigent a. D., Dipl.-Ing., Bonn-Oberkassel

Wiegmann, Dietrich, Hafenbaudirektor, Dr.-Ing., Bremen

Wittmer, H., Professor Dr.-Ing., Hannover

Die Mitgliederzahl erhöhte sich in der Berichtszeit von 874 auf 923. Sie setzte sich am 31. März 1975 wie folgt zusammen:

      7 Ehrenmitglieder
  174 Förderer
  686 ordentliche Mitglieder
   23 Jungmitglieder
   17 gegenseitige Mitgliedschaften
   16 Schriftenaustausch
  —————
  923

Hierin sind 76 ausländische Mitglieder enthalten.

Förderung jüngerer Mitglieder:

Aufgrund der beiden Spenden unseres Ehrenmitgliedes Dipl.-Ing. Goedhart konnten eine Reihe von jüngeren Mitgliedern der HTG Zuschüsse zu Veranstaltungen der HTG oder zu eigenen Studien im Ausland erhalten.

Aus der „Ersten Spende Goedhart" für Veranstaltungen der HTG erhielten seit 1971 sechzig Mitglieder Zuschüsse von insgesamt 13 950,— DM. Aufgrund der „Zweiten Spende Goedhart" beantragten seit 1973 fünf Mitglieder für das Studium interessanter Fragen und Fragenkomplexe, Planungen, Bauvorhaben und Anlagen aus dem Arbeitsgebiet der HTG teilweise noch laufende Zuschüsse in Höhe von rund 17 870,— DM.

Kontakte zu anderen Verbänden und Institutionen:

Der **Deutsche Verband technisch-wissenschaftlicher Vereine,** dem die HTG angehört, unterrichtete Vorstand und Geschäftsführung laufend über seine Tätigkeit und Mitwirkung in deutschen und internationalen Organisationen der Wissenschaft und Forschung.

Die Mitwirkung innerhalb der **Arbeitsgemeinschaft Korrosion** und des **Deutschen Komitees für Meeresforschung und Meerestechnik** wurde fortgesetzt. Die Ende 1972 beschlossene **Zusammenarbeit von Hafenbauern und Schiffbauern** wurde innerhalb einer gemeinsamen Arbeitsgruppe aus Mitgliedern der Schiffbautechnischen Gesellschaft und unserer Gesellschaft fortgesetzt. Diese Arbeitsgruppe wurde inzwischen von beiden Gesellschaften als Fachausschuß anerkannt; Leiter ist der Vorsitzende der HTG, Dr.-Ing. K.-E. Naumann, stellvertretender Leiter und Koordinator für schiffbauliche Fragen der Vorsitzende der STG, Professor em. Dr.-Ing. K. Illis.

Dipl.-Ing. H. Haacke

Deutsche Entwicklungshilfe für den Bau von Häfen

Von Dipl.-Ing. Helmut Schütz, Frankfurt

1. Einleitung

Mit der Aufnahme von Hilfsmaßnahmen für die wirtschaftliche und industrielle Entwicklung bislang nicht oder nur in verschiedenen Stadien entwickelter Länder durch die Bundesregierung zu Beginn der 60er Jahre wurde zunächst Neuland betreten, da man vor Aufgabenstellungen stand, über die in den Industrienationen als Geberländer keine oder nur geringe Erfahrungen vorlagen. In Europa erfolgte die wirtschaftliche Entwicklung, die Gründung, die Entwicklung und der Ausbau von Gewerbe, Industrie sowie von Verkehrsinfrastruktur- und Versorgungseinrichtungen über Jahrhunderte hinweg stetig und den jeweiligen Bedürfnissen entsprechend. Demgegenüber standen die Entwicklungsländer und damit die Entwicklungshilfe vor der Aufgabe, diese Entwicklungen entsprechend den jeweiligen örtlichen Gegebenheiten in wenigen Jahrzehnten soweit nachzuvollziehen, damit die Entwicklungsländer in die Lage versetzt werden, ein von ständigen Unterstützungen unabhängiges wirtschaftliches Eigenleben führen zu können. Die Fälle der dabei zu bewältigenden Aufgaben umfaßte — um nur die Hauptgebiete zu nennen —, die Erziehung und Ausbildung, die Gesundheitsfürsorge, die Verkehrseinrichtungen, den Agrar- und Gewerbesektor bis zur Erstellung von Energie- und Industrieprojekten.

Als erste Erfahrung nach Aufnahme der Hilfsmaßnahmen stellte sich die Notwendigkeit von Verkehrseinrichtungen für jede Art von Entwicklung als essentielle Voraussetzung heraus. Da zwischen den Entwicklungsländern oft nur ein geringfügiger Warenaustausch stattfindet und die Haupthandelspartner vorwiegend in Übersee ansässig sind, spielten die Seehäfen dieser Länder schon z.Z. der Kolonialverwaltungen für das wirtschaftliche Leben eine überragende Rolle. Andererseits sind die Schienen- und Straßenverbindungen zwischen den Entwicklungsländern oft nur mangelhaft ausgebildet, so daß der Warenverkehr untereinander ebenfalls zu einem erheblichen Teil über Seehäfen abgewickelt wird. Nach der Unabhängigkeit der jeweiligen Länder verstärkte sich die Bedeutung der Seehäfen für den ansteigenden Export bisheriger und/oder neuer Produkte, für den ebenfalls angestiegenen Import lebensnotwendiger Verbrauchs- und Versorgungsgüter sowie für die wirtschaftliche Erschließung bislang unerschlossener oder wenig erschlossener Gebiete. Durch das nachkoloniale Entstehen einer Reihe neuer, unabhängiger Staaten wurde dabei der Ausbau vorhandener Hafenanlagen und der Bau neuer Seehäfen notwendig. Diese Maßnahmen wurden vielfach aus Entwicklungshilfemitteln der Deutschen Bundesrepublik und anderer Länder bzw. Institutionen finanziert.

Da die Kriterien für die Gewährung von Entwicklungshilfe öfters ungenau interpretiert wurden, soll im nachfolgenden ein kurzer Abriß über das Verfahren und die Zuständigkeiten gegeben werden.

2. Die deutsche Entwicklungshilfe

Generell orientiert sich die deutsche Entwicklungspolitik an den Interessen der Entwicklungsländer. Im einzelnen hierzu sind die Ziele der staatlichen deutschen Entwicklungshilfe, ihre Einordnung in die Gesamtpolitik der Bundesrepublik Deutschland und in die Entwicklungsstrategie der Vereinten Nationen zusammenfassend in der derzeit gültigen, 1973 vom Bundesministerium für wirtschaftliche Zusammenarbeit (BMZ) herausgegebenen zweiten, fortgeschriebenen Fassung der „entwicklungspolitischen Konzeption der Bundesrepublik Deutschland" dargestellt. Die Zuständigkeit für den Bereich der staatlichen Entwicklungshilfe liegt beim Bundesminister für wirtschaftliche Zusammenarbeit, der seine Maßnahmen mit dem Auswärtigen Amt, dem Bundesministerium für Wirtschaft, dem Bundesministerium der Finanzen und den jeweiligen Fachressorts abstimmt. Dabei ist für die Seehäfen das Bundesministerium für Verkehr als Fachressort zuständig.

Die Unterstützung der Entwicklungsländer im Rahmen der staatlichen Entwicklungshilfe der Bundesrepublik erfolgt entweder direkt, d.h. bilateral oder über bzw. zusammen mit anderen internationalen Institutionen, d.h. multilateral. Hierbei gliedert sich die staatliche Entwicklungshilfe in

— die Technische Hilfe, die in der Regel in Form von Zuschüssen gewährt wird und neben der Bereitstellung von Mitteln für die Finanzierung von Studien personelle Unterstützungsmaßnahmen und Sachhilfen für Ausbildung, Forschung und Beratung umfaßt und in
— die Kapitalhilfe, die fast ausschließlich als Darlehen gewährt wird.

Die Kapitalhilfe dient der Finanzierung entwicklungspolitisch förderungswürdiger Vorhaben der Entwicklungsländer und wird für Einzelprojekte, zur Förderung von Sektor- und Regionalprogrammen, zur Refinanzierung von Entwicklungsbanken oder ähnlichen Einrichtungen und zur Finanzierung der Einfuhr von lebenswichtigen zivilen Gütern gewährt. Hierbei können neben den bei einem Projekt anfallenden Devisenkosten auch Landeswährungskosten finanziert werden. Die Gewährung von Kapitalhilfe ist grundsätzlich nicht an Lieferungen und Leistungen aus der Bundesrepublik gebunden. Sie erfolgt in Form von Krediten mit sehr niedrigen Zinsen und langen Laufzeiten. Die Transferkonditionen, die sich an der Zahlungsbilanz des Landes orientieren, sind seit 1972 weitgehend standardisiert und enthalten für die Mehrzahl der Entwicklungsländer z.Z. Laufzeiten von 30 Jahren bei 10 Freijahren und 2% Zinsen. Den am wenigsten entwickelten Ländern werden Laufzeiten von 50 Jahren einschließlich von 10 Freijahren und 0,75% Zinsen gewährt.

Die Finanzierung von Seehafenprojekten erfolgt fast ausschließlich aus der Kapitalhilfe, da diese Vorhaben entweder in sich geschlossene in ihren Auswirkungen überschaubare Einzelprojekte sind bzw. zu Sektor- und Regionalprogrammen gehören können. Technische Hilfe wird in gegebenen Fällen für die Erstellung von Studien und die Bereitstellung von ausbildendem Personal für die Hafenbetriebe und die Hafenverwaltungen eingesetzt.

3. Die Gewährung von Entwicklungshilfe

Voraussetzung für die Gewährung deutscher Kapitalhilfe ist ein Antrag des Entwicklungslandes bei der Bundesregierung, der dort von dem für den Bereich der Entwicklungshilfe zuständigen BMZ bearbeitet wird. Dadurch soll sichergestellt werden, daß die öffentlichen Mittel nur in den auch vom Entwicklungsland als vorrangig angesehenen Bereichen Verwendung finden. Der Antrag muß von Unterlagen begleitet sein, die es ermöglichen, das Vorhaben in entwicklungspolitischer sowie in wirtschaftlicher und technischer Hinsicht einer ersten kritischen Beurteilung zu unterziehen. Hierbei handelt es sich im einzelnen um Vorstudien mit Planungsunterlagen, um Studien über die technische und wirtschaftliche Durchführbarkeit und — sofern bereits vorhanden — um eingehendere Projektunterlagen, für deren Anfertigung vielfach unabhängige Beratungsfirmen (Consultants) eingeschaltet werden müssen. Anhand dieser Unterlagen wird überprüft, ob das Vorhaben mit der „Entwicklungspolitischen Konzeption der Bundesrepublik Deutschland" übereinstimmt und ob nach weiteren Untersuchungen sich die Prüfungswürdigkeit eines Vorhabens bestätigt und die überreichten Unterlagen prüfungsfähig sind.

In Fällen, wo entsprechende Vorhaben zwar prüfungswürdig, die eingereichten Unterlagen jedoch nicht prüfungsfähig sind, wird der Antragsteller gebeten die Unterlagen zu ergänzen und zu vervollständigen. Ist das Entwicklungsland hierzu aus personellen oder/und finanziellen Gründen nicht in der Lage, so kann auf entsprechenden Antrag technische Hilfe zur Erstellung der gewünschten Unterlagen (Feasibility-Studien) von der Bundesregierung gewährt werden. In diesen Fällen werden qualifizierte Consultants mit der Erstellung entsprechender Unterlagen und Studien betraut.

Nach Erfüllung der vorgenannten Bedingungen beauftragt das BMZ die Kreditanstalt für Wiederaufbau (KW), Frankfurt Main (eigenständiges Bankinstitut als Körperschaft öffentlichen Rechts), mit der Prüfung des Vorhabens. Diese führt auf der Grundlage einer vertraglichen Regelung mit der Bundesregierung und anhand eines abgestimmten Verfahrens die Prüfung, die Vergabe und die Abwicklung der aus Kapitalhilfedarlehen finanzierten Projekte im Auftrage der Bundesregierung durch.

4. Die Prüfung von Projektvorhaben

Die Prüfung eines Projektes, die die KW nach eigenem Ermessen, aber im Rahmen der mit der Bundesregierung vereinbarten Prüfungsrichtlinien durchführt, erstreckt sich auf die technischen, betriebswirtschaftlichen, volkswirtschaftlichen und sozioökonomischen sowie Umweltaspekte.

Grundsätzlich reist hierzu eine Gruppe von Fachleuten der KW zum zukünftigen Projektstandort. Der Schwerpunkt der Prüfung liegt bei der entwicklungspolitischen Einordnung des zu finanzierenden Vorhabens in eine gesamtwirtschaftliche Prioritätenskala. Hierzu wird zunächst eine gesamtwirtschaftliche und sozioökonomische Beurteilung der betreffenden Volkswirtschaft vorgenommen, wobei Entstehung und Verwendung des Sozialproduktes, die Beschäftigung, der Staatshaushalt, die Preise und das Geld- und Kreditwesen, der Außenhandel und die Zahlungsbilanz einschließlich der Auslandsverschuldung sowie die sektorale und regionale Struktur, die Entwicklungsplanung und die Einordnung des Vorhabens in den Gesamtplan berücksichtigt werden. Durch Vergleich der Bedarfsprognosen mit den vorhandenen und zu erwartenden Kapazitäten für den jeweiligen Sektor, dem das Projekt zuzuordnen ist, wird dabei die Notwendigkeit zur Errichtung zusätzlicher Kapazitäten festgestellt.

Die technische Prüfung umfaßt nicht nur die vorgeschlagene Konzeption des Vorhabens, sondern auch die Planung, die Auftragsvergabe, die bautechnische Durchführung und zeitliche Abwicklung, die Kosten, sowie den Betrieb und die Unterhaltung. Im einzelnen werden hierbei die vorgeschlagene Auslegung der Projektteile auf der Basis der Bedarfsermittlung, die vorgesehenen technischen Lösungen im Hinblick auf mögliche technisch und kostengünstigere Alternativen unter Berücksichtigung der Bedürfnisse des Landes, der weitgehenden Verwendung devisensparender einheimischer Baustoffe und der arbeits- oder kapitalintensiven Ausführung untersucht. Auch der technische Verbund mit vor- oder nachgelagerten Einrichtungen, die Wirkung auf die Umwelt, die Personal- und Geräteausstattung sowie der nachfolgende ordnungsgemäße Betriebsablauf werden in die Prüfung einbezogen.

Da von der Qualifikation und den finanziellen Verhältnissen des Projektträgers, d.h. der für die Durchführung und den Betrieb des Projektes verantwortlichen Institution im Entwicklungsland, der Erfolg des Vorhabens entscheidend abhängt, werden diese Kriterien in der Prüfung berücksichtigt. Hierbei werden die Rechtsgrundlagen, die Organisation und das Management, das Rechnungswesen, die Vermögens-, die Ertrags- und die Finanzlage beurteilt.

Bei Durchführung eines aus Kapitalhilfe finanzierten Projektes werden normalerweise nur die Devisenkosten finanziert. In besonders gelagerten Fällen, wo das Entwicklungsland den inländischen Finanzierungsbedarf nicht aufbringen kann, werden jedoch auch Darlehensmittel zur Finanzierung der Inlandskosten bereitgestellt. In jedem Fall muß jedoch die Finanzierung der Gesamtkosten eines Vorhabens sichergestellt sein. Deswegen wird bei der Prüfung die detaillierte, nach Devisen- und Inlandskosten aufgegliederte Gesamtkostenermittlung und ihre Finanzierung entsprechend berücksichtigt.

Im Rahmen der wirtschaftlichen Untersuchung wird nach Möglichkeit eine Kosten/Nutzenanalyse zur Beurteilung der volkswirtschaftlichen Projektwirkung sowie eine betriebswirtschaftliche Projektanalyse durchgeführt, wofür Detailrechnungen wie interne Zinsfußrechnung, Investitions- und Finanzierungsrechnung, Gewinn- und Verlustrechnungen erforderlich sind. Hierbei werden Gesichtspunkte wie: zusätzliche Arbeitsplätze, Auswirkung des Projektes auf die Zahlungsbilanz, den Staatshaushalt, die Einkommens- und Vermögensverteilung sowie sonstige gesamtwirtschaftliche Aspekte einschließlich der sozioökonomischen Grundbedürfnisse (Bildung, Gesundheit, Wohnen und soziale Sicherheit) berücksichtigt.

Die vorstehend genannten Untersuchungen und deren Ergebnisse werden von der KW in einem vertraulichen Prüfungsbericht zusammengefaßt und der Bundesregierung zur Entscheidung über das von einem Entwicklungsland beantragte Darlehen vorgelegt. Dieser Prüfungsbericht enthält einen Vorschlag, ob und in welcher Höhe und zu welchen Konditionen ein Kapitalhilfedarlehen gewährt werden soll. Sofern die Analyse der Projektunterlagen und die sonstigen Prüfungen ergeben haben, daß ein Vorhaben in technischer oder wirtschaftlicher Hinsicht verbesserungsbedürftig und -fähig ist und die Wirksamkeit der Darlehensmittel gesteigert werden kann, werden von der KW im Prüfungsbericht für eine Darlehensgewährung besondere Auflagen vorgeschlagen.

5. Durchführung eines Entwicklungshilfevorhabens

Wird die Förderungswürdigkeit eines Projektes von der Bundesregierung aufgrund des Prüfungsergebnisses festgestellt, dann beauftragt das BMZ die KW mit dem Empfängerland einen Darlehensvertrag abzuschließen. Dabei gewährt die KW das Kapitalhilfedarlehen in eigenem Namen. In dem Darlehensvertrag werden Höhe, Verwendungszweck, Auszahlung, Rückzahlung und Verzinsung des Darlehens sowie Vereinbarungen über die ordnungsgemäße Durchführung des zu finanzierenden Vorhabens festgelegt. In besonderen Ausführungsvereinbarungen wird der Umfang der zu finanzierenden Lieferungen und Leistungen, die Einzelheiten des Auszahlungsverfahrens sowie die Durchführung des Vorhabens wie z. B. der Einsatz Beratender Ingenieure, die Ausschreibung und Auftragsvergabe, das Kontroll- und Auskunftsrecht und die regelmäßige Berichterstattung über den Baufortschritt geregelt. Erst nach Unterzeichnung des Darlehensvertrages und dem Vorliegen der Rechtsgültigkeitsnachweise und aller sonstigen Auszahlungsvoraussetzungen wird ein Darlehen auszahlungsreif.

Bei der Durchführung von Kapitalhilfevorhaben werden grundsätzlich Consultants für die Planung, die Erstellung der Ausschreibungsunterlagen, die Hilfe bei der Ausschreibung und die Bauaufsicht eingeschaltet. Diese Leistungen können ebenfalls aus dem Darlehen finanziert werden. Die Auswahl des Consultants obliegt der zuständigen Behörde des Entwicklungslandes und ist nicht an deutsche Firmen gebunden. Sie bedarf jedoch der vorherigen Zustimmung durch die KW, wobei die Qualifikation in fachlicher, personeller, organisatorischer und finanzieller Beziehung sowie der Inhalt und Umfang des Ingenieurvertrages eingehend geprüft wird.

Vor Ausschreibung der Bauarbeiten werden die Entwurfs- und Ausschreibungsunterlagen, die in der Regel vom Consultant erstellt werden, der KW ebenfalls zur Zustimmung vorgelegt, die diese wiederum im einzelnen prüft. Die Ausschreibungen erfolgen — abgesehen von wenigen Ausnahmen — bei bilateralen Finanzierungsvereinbarungen auf internationaler öffentlicher Basis. Bei multilateralen Finanzierungen werden im Hinblick auf die Richtlinien der beteiligten Finanzierungsinstitutionen gesonderte Regelungen getroffen. Die Ausschreibungen werden in den Nachrichten für Außenhandel (NfA) der Bundesstelle für Außenhandelsinformationen, Köln (BfA), veröffentlicht. Nach Eröffnung der Angebote und vor Zuschlagserteilung unterbreitet der Projektträger der KW einen begründeten Vergabevorschlag zusammen mit einer vergleichenden Auswertung der Angebote und dem Votum des Consultants. Erst nach Prüfung und Zustimmung durch die KW kann die Vergabe erfolgen. Während der Ausführung muß der Projektträger detaillierte Fortschrittsberichte einreichen, wobei rechtzeitig über entstehende Probleme bzw. eventuelle Änderungen berichtet werden muß. Darüber hinaus kontrolliert die KW in Abständen den Projektfortgang an Ort und Stelle. Nach Abschluß der Arbeiten und sobald die Wirkungen des Vorhabens überschaubar sind, wird durch Sachverständige der KW eine Abschluß- und Erfolgskontrolle am Projektort durchgeführt. Diese dient dem Zweck, festzustellen, inwieweit sich die an das Vorhaben geknüpften Erwartungen erfüllt haben. Sie besteht aus einem Soll-Ist-Vergleich und umfaßt die gleichen Untersuchungen wie bei der Projektprüfung. Die Untersuchungen, deren Ergebnisse und eventuelle Erkenntnisse werden in einem Bericht zusammengefaßt und dem BMZ vorgelegt.

Für die Auszahlung der Darlehen stehen den Darlehensnehmern drei Verfahren zur Wahl zur Verfügung:
— Erstattungsverfahren
— Direktzahlungsverfahren
— Akkreditivdeckungsverfahren.

In jedem Fall werden Zahlungen aus den Darlehen nur geleistet, wenn auf das entsprechende Leistungs- und Lieferverzeichnis des jeweiligen Bau- und Liefervertrages ausgestellte Rechnungen oder Teilrechnungen, die vom Unternehmer, Bauherrn und Consultant überprüft und unterzeichnet sind, vorliegen.

Nach Auszahlung des Darlehens überwacht die KW laufend den Eingang der zu festen Terminen vereinbarten Zins- und Tilgungszahlungen während der gesamten Laufzeit des Darlehens.

6. Erfahrungen beim Bau von Seehäfen in Entwicklungsländern

a) Allgemeines

Die Baumaßnahmen bei Seehäfen in Entwicklungsländern können nach den bisherigen Erfahrungen im allgemeinen in drei große Gruppen eingeordnet werden:
1. Erweiterungen und Ausbau von vorhandenen Häfen einschl. der Verbreiterung und Vertiefung von Schiffahrtskanälen.
2. Neubau von Seehäfen an bereits erschlossenen Hinterländern.
3. Neubau von Seehäfen an unerschlossenen Hinterländern.

Während die beiden ersten Fälle den in Industrieländern anfallenden Vorhaben entsprechen, stellt der dritte Fall jedoch eine aus dem Rahmen fallende Maßnahme dar, wofür in Industrieländern die Voraussetzungen weitgehend fehlen. Es handelt sich hierbei um die Erschließung wirtschaftlich nicht genutzter und kaum besiedelter Gebiete von Entwicklungsländern, wobei aus wirtschaftlichen Gründen die Erschließung dieser Gebiete nicht durch den Bau von Straßen, sondern durch den Bau eines Seehafens als erste Erschließungsmaßnahme erfolgt. Dieses Verfahren hat sich bei entsprechend gelagerten Fällen als kostengünstig erwiesen, da damit nicht nur ein preislich günstigerer Antransport von Geräten und Investitionsgütern über See möglich ist, sondern da sofort nach Aufnahme der ersten wirtschaftlichen Aktivitäten in einem solchen Gebiet eine transportkostengünstige Umschlagsanlage für den Export und die Versorgung zur Verfügung steht. Die Durchführung eines solchen Vorhabens bedarf natürlich vorausgehender sorgfältigster Untersuchungen über die Produktionsmöglichkeiten und die Umschlagsentwicklung und deren zeitlichen Ablauf. Sie muß weiterhin durch ergänzende Folgemaßnahmen wie z.B. Holzgewinnung, landwirtschaftliche Nutzung o.ä. begleitet sein, deren Durchführung gesichert sein muß. Da selbst bei sorgfältigster Untersuchung ein solches Unternehmen mit Unwägbarkeiten hinsichtlich des beabsichtigten Erfolges behaftet ist, muß bei der Bemessung der Hafenanlagen auf kleine und leicht den geänderten Verhältnissen anpaßbaren Ausbaustufen besonders geachtet werden.

Als jüngste nach diesem Verfahren erstellte Vorhaben sei hier der Hafen San Pedro an der Südwestküste der Elfenbeinküste und zu einem gewissen Teil der Hafen Lomé in Togo genannt. Der erstgenannte Hafen wurde an der Küste der kaum besiedelten und verkehrsmäßig kaum erschlossenen, unentwickelten Südwestregion des Landes errichtet, wobei das Ergebnis nach Betriebsaufnahme den errechneten Erwartungen entsprach bzw. diese z.T. übertraf. Der Hafen Lomé wurde zwar im Gegensatz zu San Pedro an einem verkehrsmäßig erschlossenen und wirtschaftlich genutzten Hinterland errichtet, jedoch stand dieser Hafenneubau von Anfang an unter Erfolgszwang, da er sich gegen die benachbarten über gut ausgebaute Straßen erreichbaren Konkurrenzhäfen Tema/Ghana und Cotonou/Dahomey behaupten mußte. Auch hier trat der gewünschte Erfolg ein, wobei der Hafen einen erheblichen Stimulationseffekt für die wirtschaftliche Entwicklung hervorrief, wie die in der Zwischenzeit erfolgten oder im Aufbau begriffenen Industrieansiedlungen in Hafennähe zeigten.

b) Bemessung von Hafenanlagen

Da beim Bau von Seehäfen in Entwicklungsländern die zur Verfügung stehenden Darlehensmittel naturgemäß begrenzt sind, kommt der Auslegung der jeweiligen Hafenanlagen bzw. deren Bemessung besondere Bedeutung zu, wobei relativ strenge Maßstäbe angelegt werden müssen. Die für die Auslegung zur Anwendung kommenden analytischen Untersuchungen sind zwar nicht neu, sie erlauben jedoch, den grundsätzlichen und langfristigen Gesamtbedarf der Hafenanlagen in Abhängigkeit aller dafür infrage kommender Gesichtspunkte zu erarbeiten und zu einem Ganzen zusammenzufügen. Die hierfür betrachtenden Elemente können in 4 Gruppen zusammengefaßt werden:

1. Die technischen Werte
2. Die wirtschaftlichen Werte, die die Angaben über Umschlag und Umschlagsentwicklung liefern
3. Die Schiffsverkehrswerte
4. Die Güterumschlagswerte.

Die technischen Werte betreffen den Einfluß von Wellen, Wind, Strömung, Gezeiten, Wassertiefen, Geologie und Bodenmechanik, Sandverfrachtung, Schwebstoffe und Sedimentation, Klima und unterscheiden sich in den Entwicklungsländern nicht erheblich von denjenigen der Industrieländer.

Die Ermittlung der wirtschaftlichen Werte umfaßt die Analyse des Hafenumschlages und seiner Bewertung auf der Grundlage einer Gesamtwirtschaftsanalyse des Hafeneinzugsgebietes und der Aufstellung von Prognosen der zukünftigen Hafenumschlagsentwicklung. Bei der Gesamtwirtschaftsanalyse des Einzugsgebietes sind dabei in einer Sektorbetrachtung

— die Agrar- und Forstproduktion
— die Bodenschätze
— die Industrieproduktion
— die Energieerzeugung
— die Infrastruktur und die Verkehrsnetze
— der Tourismus

zahlenmäßig zu erfassen und zu bewerten. In diesem Zusammenhang sind ferner

— die Zusammensetzung der Bevölkerung und ihrer Zuwachsrate
— das vorherrschende Wirtschaftssystem und sein Einfluß auf die zurückliegende Entwicklung

— die Entwicklung des Staatshaushaltes
— die Währungsstabilität
— die Kaufkraftentwicklung
— die soziale Entwicklung
— der Ausbildungsstand
— das Bruttosozialeinkommen
— der Nachholbedarf auf wirtschaftlichem und sozialem Gebiet
— die Handelsbeziehungen
— die Vergleiche mit benachbarten oder gleichartigen Wirtschaftsräumen

zu beurteilen. Die Erfassung und die Beurteilung dieser Werte ist besonders im Falle der Entwicklungsländer oft mangels geeigneter Statistiken und insbesondere bei Hafenneubauten relativ schwierig und kann nur auf entsprechenden Erfahrungswerten aufgebaut werden.

Wie bei der vorbeschriebenen Sektorenbetrachtung ist auch bei der Prognose der Entwicklung des Hafenumschlages das Umschlagsvolumen in Warenkategorien und nach Richtung der Warenströme, d. h. Export-Import mit Feststellung der Endpunkte der Warenströme zu unterscheiden. Hierbei sind realistische Prognosen der gesamtwirtschaftlichen Entwicklung und der Bestimmung des Einflusses des Hafens auf sein mögliches Einzugsgebiet bzw. des Einflusses des möglichen Einzugsgebietes auf einen Hafen erforderlich. Die dabei anzusetzenden Betrachtungszeiträume sind erfahrungsgemäß und zweckmäßigerweise zunächst auf zwei Abschnitte von je 5 Jahren und einen anschließenden Abschnitt von 10 Jahren auszudehnen. Hierbei kann von einer ausreichend genauen Schätzung in den ersten beiden Betrachtungszeiträumen von je 5 Jahren ausgegangen werden, während die nachfolgenden 10 Jahre nur durch Annäherungs- und Erfahrungswerte belegbar sind. Über diesen Zeitraum hinausgehende zahlenmäßige Angaben sind insbesondere bei Entwicklungsländern problematisch, da realistische Abschätzungen im Hinblick auf die technologische Entwicklung, die stark schwankende Weltwirtschaftsentwicklung und wegen politischer Veränderungen derzeit kaum möglich sein dürften.

Bei der Untersuchung bzw. Ermittlung der Schiffsverkehrswerte, die neben den technischen Werten die gesamtplanerischen Maßnahmen entscheidend beeinflussen, sind folgende Einzelgebiete bei der Bemessung der Hafenanlagen von Bedeutung:

— die technischen Daten der Schiffe, die den zu untersuchenden Hafen oder Nachbarhäfen eines bestimmten Küstengebietes entweder heute schon anlaufen oder unter Berücksichtigung des zu erwartenden Umschlags in Zukunft anlaufen werden.

— die Anzahl der Schiffsbewegungen pro Monat und zwar unterteilt nach Schiffstypen und -größen, wobei zwischen Löschen und Laden oder beiden zu unterscheiden ist. Aus der Anzahl der Schiffe und ihren Längen und Tiefgängen erhält man die Häufigkeit der Schiffslängen, die an den verschiedenen Anlegerbauwerken zu berücksichtigen sind.

— die turn around-Zeiten der Schiffe, die ebenfalls eine direkte Funktion zu den Kailängen haben. Dabei sind im einzelnen

— die Wartezeiten der Schiffe nach Ankunft am Hafen
— die Manöverzeiten
— die Liegezeiten am Kai und diese wiederum unterteilt in Wartezeiten und Arbeitspausen und in Umschlagszeiten

von besonderer Bedeutung, da bei z. B. überproportional langen Manöver- und Wartezeiten bzw. Arbeitspausen und kurzen Umschlagszeiten die Rentabilität einer Investition ungünstig beeinflußt wird. Hier läßt sich in entsprechend gelagerten Fällen durch die Durchsetzung von strengen Maßstäben an Organisation und Harmonisierung des Schiffsverkehrs und des Hafenbetriebes die Erweiterung von Hafenbauwerken auf ein rentables Maß zurückschrauben. Die bisherigen Erfahrungen haben dabei gezeigt, daß das Verhältnis zwischen Liegezeit am Kai und Umschlagszeit bei afrikanischen Häfen zwischen 1,4 — 2,0 betragen kann, daß jedoch keine festen Zahlen zugrundelegbar sind. Diese müssen vielmehr in jedem Fall neu ermittelt werden.

— der Belegungsfaktor als Angabe des Nutzungsgrades einer Hafenanlage für gleichartigen Umschlag spielt bei der Ermittlung der Kailängen oder der Anzahl der Liegeplätze ebenfalls eine entscheidende Rolle. Die bisherige Erfahrung hat ergeben, daß dieser Faktor bei gleichen Betriebsbedingungen und unbeachtet der Anzahl der Liegeplätze nicht konstant ist.

Die Güterumschlagswerte sind ebenfalls bedeutend für die Bemessung von Hafenanlagen, da dadurch die Umschlagszeiten entsprechend beeinflußt werden. Diese Werte werden einmal durch die Umschlagsleistungen der einzelnen Schauergangs pro Luke und zum anderen durch die nachfolgende bzw. vorausgehende Behandlung der Güter, d.h. Ab- bzw. Antransport und Lagerung, bestimmt. Selbstverständlich ist hierbei nach Umschlagsarten zu unterscheiden, wobei der Umschlag von flüssigen und trockenen Massengütern, der an gesonderten Anlagen erfolgt, weniger problematisch für die Bemessung ist, als der Stückgut- und Holzumschlag oder eine Kombination der beiden. Beim Stückgut- als auch beim Holzumschlag, der wie in Häfen der Industrieländer personalintensiv erfolgt, ist jedoch zu berücksichtigen, daß in den meisten Häfen der Entwicklungsländer mit bordeigenem Geschirr umgeschlagen wird. Dies wird überwiegend deswegen getan, da einmal die Schiffe sowieso mit Umschlagseinrichtungen ausgestattet sind und die Häfen somit die teuren Investitions- und Unterhaltungskosten für Kaikräne einsparen können und da zum anderen meistens genügend Arbeitskräfte mit vergleichsweise niedrigen Löhnen zur Verfügung stehen. Darüber hinaus wird die Umschlagsleistung von der Mentalität und Disziplin des Arbeitspersonals und von der Organisation des Hafenbetriebes und der landseitigen Anlagen erheblich beeinflußt. Zum Beispiel sind manche Häfen mit Transitschuppen und dahinterliegenden Speichern für längerfristige Lagerung zweckmäßig ausgerüstet, deren Betrieb den Hafenverwaltungen untersteht. In anderen Häfen dagegen werden nur die Transitschuppen vom Hafen selbst betrieben, während die Speicher, die zudem noch durch einen Zollzaun von den Kaischuppen getrennt sind, privaten Speditions- und Lagerhausfirmen gehören. Ähnliches gilt für den Umschlagsbetrieb, der vielfach nicht einheitlich erfolgt, wobei in einzelnen Fällen der Umschlag vom Schiff auf den Kai und umgekehrt von privaten Schauergesellschaften und nur der Abtransport vom Kai zum Schuppen und umgekehrt von hafeneigenem Personal ausgeführt wird. Durch Lohndifferenzen ergaben sich dabei erhebliche Beeinflussungen der Umschlagsleistungen. Die vorgenannten Beispiele zeigen, daß bei der Berücksichtigung der Güterumschlagswerte bei Häfen in Entwicklungsländern solche Probleme zunächst analysiert und in die Betrachtung für die Auslegung neuer oder zusätzlicher Anlagen einbezogen werden müssen, um erforderliche Investitionen auf ein reelles Maß zu beschränken. Die Umschlagsleistungen schwanken je nach Land und Gütern naturgemäß, jedoch können nach den bisherigen Erfahrungen bei Schauergangs von i.M. 18 Mann Leistungen von 8 — 15 t/h und Ladeluke für Löschen und Laden von Stückgut, Holz und Sackgütern als real vorausgesetzt werden. Die Verwendung von Containern wird zukünftig die Umschlagsleistungen und damit die Auslegung der Hafenanlagen entsprechend beeinflussen, insbesondere wenn in Bälde empfindliche Güter wie Kaffee, Kakao u.ä. in Containern verschifft werden können. Bisherige Versuche von Schiffahrtslinien in Entwicklungsländern mit 10'- und 20'-Containern waren nicht sehr befriedigend, da oftmals die Rückfrachten fehlten.

Die den analytischen Betrachtungen nachfolgende Bemessung der jeweils erforderlichen Hafenanlagen ist, soweit die Schutzbauwerke betroffen sind, von den wasserbaulichen Gegebenheiten abhängig, wobei für die Auslegungen entweder mathematische Berechnungen oder Modellversuche zugrunde gelegt werden. Bei der Bestimmung der Anzahl der Liegeplätze ergibt sich jedoch gerade in den Häfen von Entwicklungsländern besonders hervortretend der Interessenkonflikt zwischen Schiffahrtsgesellschaften und deren Wunsch nach großzügigstem Ausbau der Hafeninfrastruktur und demjenigen der Hafenverwaltungen, die die Investitions- und Betriebskosten so gering wie möglich halten wollen. Da andererseits, wie schon erwähnt, die Mittel beschränkt sind, kann hierbei nur eine Lösung durch eine Optimierungsuntersuchung gefunden werden. Ansätze bzw. Verfahren hierzu wurden von Kaufmann [1] und Ackermann [2] entwickelt. Die Ermittlung kann dabei sowohl mathematisch als auch graphisch erfolgen, wobei in letzterem Fall

— die Umschlags- und Abfertigungskosten in Abhängigkeit von der Anzahl der Liegeplätze und Verwendung der Schiffsverkehrs- und Güterumschlagswerte

— die Kosten infolge der Wartezeiten der Schiffe in Abhängigkeit von der Anzahl der Liegeplätze

— der Kapitaldienst der Investitionskosten in Abhängigkeit von der Anzahl der Liegeplätze

in Kurven aufgetragen und daraus durch Addition eine Gesamtkurve ermittelt wird, deren Tiefstpunkt die optimale Anzahl der Liegeplätze ergibt, die sowohl die Interessen der Schiffahrtsgesellschaften als auch diejenigen der Hafenverwaltungen zweckdienlichst berücksichtigt. Selbstverständlich gilt eine solche Optimierung immer jeweils nur für einen bestimmten Zeitpunkt, so daß für stufenweise Ausbaustadien für alle zu untersuchende Zeitpunkte entsprechende Untersuchungen aufzustellen sind, die natürlich die Kosten der verschiedenen Zeitpunkte berücksichtigen.

Die Bemessung der Schuppen, Speicher, Verkehrswege etc. erfolgt in ähnlicher Weise, wobei die erreichbaren Umschlagsleistungen und die nach den Hafenbestimmungen zulässigen Lagerzeiten, die sich selbstverständlich in reellen Grenzen bewegen müssen, berücksichtigt werden.

c) Angewandte Bauverfahren

Die verschiedenen angewandten Bauverfahren werden im nachfolgenden nicht mehr vertieft, da hierüber in zahlreichen Artikeln bereits berichtet wurde. Grundsätzlich unterscheiden sich diese nicht von den Bauverfahren in Industrieländern. Bei der Auswahl der geeignetsten Konstruktionsart sind bei der Verwendung von Kapitalhilfekrediten die verschiedenen jeweils in Frage kommenden Bauarten vergleichend zu untersuchen, um die technisch und kostenmäßig günstigste Bauart zu ermitteln, die für alle Stufen des Ausbaus zu einer optimalen wirtschaftlichen Nutzung beiträgt. Gleichzeitig wird auf die weitgehende Verwendung einheimischer Baustoffe und einfacher Bauarten Wert gelegt, um einmal die Devisenausgaben so gering wie möglich zu halten und um andererseits vorhandene einheimische Industrien weitgehend einzuschalten. Die Erfahrung mit aus Kapitalhilfe finanzierten Hafenbauten in Entwicklungsländern hat gezeigt, daß dort, wo die örtlichen Gegebenheiten dies erlauben, weitgehend Betonbauweisen verwandt wurden. Diese haben außerdem den Vorteil, daß kostspielige Korrosionsschutzanlagen entweder vermieden oder auf ein Mindestmaß reduziert werden können.

d) Untersuchungen wirtschaftlicher Art

Bei der Beurteilung von Hafenbauten in Entwicklungsländern ist wegen den begrenzten Finanzierungsmitteln, die den jeweiligen Ländern insgesamt zur Verfügung stehen, die Untersuchung des wirtschaftlichen Effektes bei der Durchführung eines solchen Vorhabens von weitgehender Bedeutung und somit unerläßlich. Die Volkswirtschafts- und die Betriebswirtschaftslehre haben eine Reihe von Verfahren für die Wirtschaftlichkeitsberechnungen entwickelt, die sich sowohl im theoretischen Exaktheitsgrad als auch in der Schwierigkeit der praktischen Durchführung unterscheiden. Als praktische Erfahrung hat sich dabei herausgestellt, daß, je exakter eine Rechnung vom theoretischen Standpunkt aus erfolgt, sie desto schwerer im allgemeinen verwirklicht werden kann.

Bei der Bewertung von Hafenbauvorhaben im Rahmen der deutschen Entwicklungshilfe wird überwiegend eine volkswirtschaftliche Kosten-Nutzen-Analyse (CBA) auf der Basis der Erlöse und der Kosten durchgeführt, wobei i. M. ein Zeitraum von 20 Jahren betrachtet wird. Hierbei erfolgt ein Vergleich von alternativen Umschlagsmöglichkeiten mit dem betrachteten Hafenbauprojekt, wobei auf der Erlösseite die Kostenersparnisse in der Regel eingeführt werden, die man bei Durchführung des Projektes gegenüber anderen Umschlagsmöglichkeiten realisieren könnte. Der Vorteil dieses Verfahrens besteht darin, daß alle mit einem Hafenbauvorhaben verbundenen bzw. entstehenden Kosten und Erlöse auf einen bestimmten Zeitpunkt aufgezinst oder abgezinst und damit direkt vergleichbar gemacht werden können. Die hierbei sich ergebenden Rentabilitätswerte sollten bei Hafenprojekten in Entwicklungsländern eine Untergrenze von 6% — 8% nicht unterschreiten.

Die betriebswirtschaftliche Rentabilität ist für die wirtschaftliche Bewertung eines Hafenprojektes von vergleichsweise geringerer Bedeutung, wobei erfahrungsgemäß die Rentabilität zwischen 0% — 1% liegt. Als Kriterium dient jedoch die Maßgabe, daß die laufenden Kosten mindestens durch die laufenden Einnahmen gedeckt werden und damit eine Deckung der variablen Kosten erreicht wird. Wenn möglich, wird auch ein Deckungsbeitrag für die Abschreibungen angestrebt, jedoch ist dies in den wenigsten Häfen in Entwicklungsländern der Fall, so daß die betriebswirtschaftliche Rentabilität sich als negativ ergibt.

e) Durchführung von Hafenbauvorhaben

Bei den aus deutscher Entwicklungshilfe finanzierten Hafenbauvorhaben werden für die Erstellung von Feasibility-Studien, für die endgültige Planung, für die Aufstellung der Ausschreibungsunterlagen, für die Hilfestellung bei der Durchführung der Ausschreibung sowie für die Auswertung der Angebote und für die nachfolgende Bauüberwachung und -Abrechnung grundsätzlich qualifizierte unabhängige Consultingfirmen eingeschaltet. Eine Lieferbindung, d. h. eine ausschließliche Verwendung deutscher Consultants besteht hierbei nicht. Sie wird zwar generell angestrebt, jedoch werden ausländische Beratungsfirmen, die das Vertrauen der jeweiligen Hafenbauverwaltungen genießen und gegebenenfalls mit diesen schon jahrelang zusammenarbeiten, nicht zurückgewiesen, sofern diese Firmen qualifiziert sind. Bei der Auswahl der Consultants ist die Eignung durch einen Qualifikationsnachweis zu erbringen. Sofern die Ingenieuraufgaben jedoch aus technischer Hilfe finanziert werden, ist die Zulassung auf deutsche Firmen beschränkt, wobei jedoch auch hier ein Nachweis der Qualifikation zu erbringen ist. Die konsequente Einschaltung von Consultants hat sich bei der Durchführung von aus Kapitalhilfe finanzierten Projekten aufgrund der vorliegenden Erfahrungen bewährt. Dies galt insbesondere in Ländern, wo durch von den früheren Kolonialverwaltungen übernommene Methoden andere Vorstellungen betreffs der Projektbearbeitung vorherrschten.

Die Vergabe der Bauarbeiten erfolgt generell lieferungebunden und im allgemeinen auf der Basis einer internationalen Ausschreibung. Damit soll das jeweilige Entwicklungsland in die Lage versetzt werden, wirtschaftlich optimale Ergebnisse bei der Ausschreibung eines Projektes zu erzielen. Dieses Verfahren ist schon öfters als nachteilig für die deutsche Bauindustrie bezeichnet worden. Die Auswertung der bislang vorliegenden Daten hat jedoch gezeigt, daß trotz dieser Lieferungebundenheit rd. 80% der ausgeschriebenen Aufträge an die deutsche Industrie zurückfielen.

7. Aus deutscher Entwicklungshilfe finanzierte Hafenprojekte

Die nachstehend aufgeführte Liste enthält nur Hafenprojekte, wo Kaibauwerke erstellt wurden. Andere Projekte, wo lediglich Ausrüstungen oder nur Baumaterial finanziert wurde, sind darin nicht enthalten.

Chile: Hafen Puerto Montt
Wiederaufbau nach der Erdbebenkatastrophe und Erweiterung der Kaianlagen in 3 Baustufen:
— 540 m Stückgutkai bei 8,50 m Wassertiefe als verankerte Stahlpfahlwand.
— 189 m Stückgutkai bei 6,00 m Wassertiefe in gleicher Konstruktion.
— 2 Transitschuppen einschließlich aller Nebenausrüstungen sowie Geräteausrüstungen wie Saugbagger, Gleise, Kranschienen, Kaikräne.

Algerien: Hafen Bethioua
Neubau eines Erdgas- und Erdölhafens:

— 1 Hauptwellenbrecher, 2 km lang, bei 25 m Wassertiefe, Fels und Tetrapoden mit binnenseitig liegenden zwei Anlegerbauwerken für Großtanker für die Verladung von Kondensaten und einem Anleger für den Rohölumschlag bei 23 m Wassertiefe, bestehend aus Anleger- und Festmacherdalben sowie einer zentral angeordneten Ladeplattform als Betonkonstruktion auf Stahlpfählen.
— 2 Nebenwellenbrecher, je 1 km lang, mit bis zu 20 m Wassertiefe, Fels und Tetrapoden, mit je einem binnenseitig angeordneten Anlegerbauwerk für LNG-Tanker bei 13 m Wassertiefe. Bauweise wie zuvor.
— 2 fingerpierartige Ladebrücken von je 500 m Länge mit beidseitigen Anlegern für je einen LNG-Tanker mit 13 m Wassertiefe unter Verwendung der gleichen Konstruktionsart wie zuvor.
— 1 Anlegerbauwerk parallel zum Ufer, rd. 400 m lang, für LPG- und Ammoniaktanker bei 13 m Wassertiefe und gleicher Bauart wie zuvor

einschließlich aller Ausrüstungen und Baggerarbeiten sowie des Baues eines durch 2 kleine Wellenbrecher von je 200 m Länge geschützten Hafenbeckens mit 300 m Kai bei 6,5 m Wassertiefe für die Hafenbetriebsfahrzeuge.

Elfenbeinküste: Hafen San Pedro
Neubau eines Holz- und Stückguthafens:

— 3 Wellenbrecher von 265 m, 145 m und 10 m Länge aus Fels und Tetrapoden.
— Schaffung eines 67 ha großen Hafenbeckens mit 11 m bzw. 2 m Wassertiefe einschließlich eines 15 ha großen Wasserlagers für das schwimmende Holz.
— Aufspülen von 55 ha Hafenflächen.
— 6 Bojenliegeplätze bei 11 m Wassertiefe für den Rundholzumschlag.
— 2 Stückgutkajen von 180 m und 161 m Länge bei 11 m bzw. 9 m Wassertiefe in Betonblockbauweise.
— 1 Hafenbetriebskai von 109 m Länge bei 4 m Wassertiefe als verankerte Spundwandkonstruktion
— 1 Holzumschlagskai von 165 m Länge bei 4 m bzw. 2,5 m Wassertiefe als verankerte Spundwandkonstruktion

einschließlich aller Baggerarbeiten, Ausrüstungen, Hochbauten wie Hafenverwaltung, Infrastrukturarbeiten einer zukünftigen Stadt und einem Grundstraßennetz von 338 km Länge.

Hafen Abidjan

Hafenerweiterung für den Stückgutumschlag:

— zwei Schiffsliegeplätze mit 320 m Gesamtlänge bei 11,50 m Wassertiefe in Betonblockkonstruktion einschließlich der Aufspülung von rd. 3,5 ha teilasphaltierten Kai- bzw. Hafenflächen und einschließlich aller Einrichtungen für die Versorgung und Entsorgung.

Marokko: Hafen Safi

Ausbau des Hafens für den Massengutumschlag:

— Verlängerung des Hauptwellenbrechers um 200 m, Fels und Tetrapoden, sowie Verlängerung der Nordmole um 30 m in gleicher Bauweise.

— Schaffung eines 3. Hafenbeckens einschließlich von 220 m Kai für den Erz- und Mineralienumschlag in Betonblockkonstruktion bei 10 m bzw. 12 m Wassertiefe und einschließlich der Aufspülung der erforderlichen Hafenflächen.

— Lagerhalle für Düngemittel mit einer Kapazität von 60 000 t einschließlich der gesamten maschinellen Ausrüstung.

— Sonstige Anlagen wie Betriebsgebäude, Ver- und Entsorgungseinrichtungen, Straßen etc. sowie Ausbaggerung der Hafeneinfahrt.

Tansania: Hafen Tanga

Neubau einer Lösch- und Ladebrücke für den Umschlag von Massengütern (Phosphat, Schwefel, flüssigem Ammoniak) und Stückgut:

— Einspurige Zufahrtsbrücke zum Anlegerbauwerk mit Ausweiche, 650 m lang, teil als Steindamm und teils als Stahlpfahlkonstruktion (Rohrpfähle) mit Betondeck aus Fertigteilen.

— Anschließender Inselpier als Anlegerbauwerk, 120 m lang, in gleicher Bauweise wie zuvor mit einem auf Pfählen gegründeten durchgehenden Fenderbalken, seitlichen Festmacherdalben und Festmacherbojen

einschließlich aller Nebenanlagen, wie Anschlußstraße, Ammoniak- und Kühlwasserleitungen sowie den Umschlagseinrichtungen.

Togo: Hafen Lome

Neubau eines Stückguthafens in einer ersten Baustufe sowie Erweiterung des Hafens für den Umschlag von trockenem und flüssigem Massengut in einer zweiten Baustufe:

— Hauptwellenbrecher, 1,7 km lang, aus Felsmaterial.

— Gegenwellenbrecher, 0,95 km lang, aus Felsmaterial.

— Fingerpier mit 342 m Länge und 4 Liegeplätzen bei 10,5 m Wassertiefe, vorgespannte Schleuderbetonpfähle mit Betondeck.

— Massengutkai, 164 m lang, als verankerte Spundwandkonstruktion bei 12 m Wassertiefe.

— Ölumschlagsanlage, als Entladeplattform mit Festmacher- und Fenderdalben bei 14 m Wassertiefe, Stahlpfähle mit Betondeck.

— 2 Transitschuppen und 1 Lagerspeicher.

— 60 m verankerter Spundwandkai für einen Kutterhafen einschließlich der dazugehörenden Hafenflächen und einer dazugehörenden Lösch- und Sortierhalle

sowie einschließlich der Betriebsgebäude, der Gleisanschlüsse, der Verkehrswege, der Ver- und Entsorgungssysteme, der Beleuchtung, und der Baggerungen.

Tunesien: Hafen Mahdia

Ausbau eines Fischereihafens:

— Wellenbrecher 60 m lang an der Hafeneinfahrt aus Felsmaterial mit Tetrapoden.

— Ausbaggerung der Hafeneinfahrt auf 5 m Wassertiefe.

— Erweiterung des Hafengeländes um rd. 2,5 ha.

— Ausrüstung der vorhandenen Kajen mit Versorgungsleitungen für Wasser, Strom und Brennstoffe, Abwasserleitungen, Beleuchtungen, Verkehrswege und der Befestigung von Flächen.

— Zwei Lösch- und Sortierhallen von je 2200 m² Grundfläche in offener Stahlbetonkonstruktion.

— Maschinelle Ausrüstung einer Eisfabrik mit einer Kapazität von 0,3 t/h sowie eines Kühlhauses mit 814 m³ Kühlräumen.

— Bau und Ausrüstung einer zweibahnigen Schiffsaufschleppe mit Querverschiebung von je 250 t Tragkraft.

Hafen Tabarka

Neubau eines Fischerei- und Korkverladehafens:

— Hauptwellenbrecher, 402 m lang aus Felsmaterial mit schweren Tetrapoden.

— Nebenwellenbrecher, 557 m lang, aus Felsmaterial mit Tetrapoden.

— Kai für die Fischerei und das Verladen von Kork, 100 m lang, Wassertiefe 4,50 m, als überbaute Böschung. Der Kai wurde als aufgelöste Stahlbetonkonstruktion, die flach gegründet wurde, ausgeführt, wobei Betonrohre als Joche sowie Betonfertigteile mit Ortbeton für das Kaideck verwandt wurden.

— Baggerarbeiten sowie Aufspülen von Hafenflächen einschließlich der dazugehörenden Spüldämme.

Außenhafen La Goulette

Ausbau eines Außenhafens für die Fischerei, den Tourismus, die Hafenbetriebsfahrzeuge und den Küstenschutz im Anschluß an den Handelshafen Tunis — La Goulette:

— 292 m Kai bei 4,50 m Wassertiefe als Ausrüstung- und Löschkai für die Fischerei und die Hafenbetriebsfahrzeuge. Die Ausführung erfolgte als überbaute Böschung, wobei Stahlbetonrammpfähle mit Betondeck aus Fertigteilen und Ortbeton als Kaiplatte dienten.

— 147 m Kai bei 4,50 m Wassertiefe für den Küstenschutz in gleicher Bauweise wie zuvor.

— 69 m Kai bei 4,50 m Wassertiefe in Betonblockkonstruktion auf Steinböschung für die spätere Erweiterung des Hafenteils für die Hochseefischerei und zur derzeitigen Nutzung — zusammen mit einem 75 m langen Holzsteg — für die Küstenfischerei.

— 80 m Kai bei 1,50 m Wassertiefe in Betonblockkonstruktion sowie 111 m Steinböschung mit drei 60 m langen hölzernen Anlegestegen für den Sporthafenteil des Hafens.

— Ausbaggerung des Hafenbeckens auf eine Tiefe von 4,50 m und der Einfahrt auf 5,0 m sowie Aufspülen von 6,4 ha Hafengelände einschließlich der Verkehrswege, der Versorgungs- und Entsorgungsleitung, der Brennstoffversorgung und der Beleuchtung.

— Lösch- und Sortierhalle von 1600 m² Grundfläche als offene Stahlbetonkonstruktion.

— Gebäude der Hafenverwaltung und der Hafenbehörden von 520 m² bzw. 440 m² Grundfläche.

— Ausrüstung einer 150-t-Schiffsaufschleppe einschl. des Werkstattgebäudes.

— Ausrüstung einer Eisfabrik von 5 t/Tag Kapazität.

Jordanien: Hafen Agaba

Erweiterung der Hafenanlagen für den Stückgut- und den Phosphatumschlag:

— 180 m Stückkgutkai bei 10 m Wassertiefe als verankerte Spundwand mit anschließender auf Stahlpfählen gegründeter Stahlbetonkaiplatte. Die Stahlpfähle wurden aus Korrosionsgründen mit Stahlbeton verfüllt.

— 180 m langes Massengutanlegerbauwerk bei 15,50 m Wassertiefe, aufgeteilt in einen landseitigen und einen wasserseitigen Teil, zur Aufnahme eines darauf verlaufenden Schiffsbeladers mit einer Leistung von 1500 t/h. Das Anlegerbauwerk wurde auf Stahlpfählen gegründet und mit Stahlbetondeckplatten versehen. In gleicher Konstruktion wurden die Zugangsbrücken und die seitlichen Festmacherdalben erstellt.

— 128 m Leichterkai bei 2,0 m Wassertiefe in verankerter Spundwandkonstruktion.

— Transitschuppen von 6600 m² Grundfläche für den Stückgutumschlag sowie eine offene Halle von 4080 m² Grundfläche.

— Zwei Phosphatlagerhallen von je 70 000 t Kapazität einschl. der maschinellen Ausrüstung.

— Verwaltungsgebäude mit 110 m² Grundfläche sowie sonstiger Hochbauten wie Kraftwerk, Werkstatt, Sozialbauten, Garagen etc.

— Erweiterung der Hafenflächen.

— Vergrößerung der Kapazität des Hafenkraftwerks.

— Versorgungs- und Entsorgungssysteme einschließlich der Verkehrswege, der Beleuchtung und der Regenwasserabführung.

Malaysia: Hafen Penang — Butterworth

Neubau einer Stückgutumschlagsanlage:

— Inselpier parallel zum Ufer mit 893 m Länge und 58 m Breite bei 9,76 m Wassertiefe mit 5 Liegeplätzen für hochseegehende Schiffe und einen Küsten- und Leichterkai von 180 m Länge an der Stirn- bzw. Rückseite des Inselpiers einschließlich von 4 Zugangsbrücken für den Straßenverkehr und einer Brücke für den Eisenbahnbetrieb. Hierbei wurden 2 Liegeplätze für die spätere Installation von Containerkränen konstruktiv verstärkt. Der Inselpier wurde als Pfahlrostplatte unter Verwendung vorgespannter Schleuderbetonhohlpfähle und einem Stahlbetondeck aus Fertigteilen mit Ortbeton erstellt.

— Baggerarbeiten und Aufspülen eines 38 ha großen Hafengeländes einschließlich aller Verkehrswege, Ver- und Entsorgungsleitungen sowie der Beleuchtung.

— 5 Transitschuppen auf dem Inselpier mit 13 620 m² Gesamtgrundfläche.

— 6 Lagerspeicher mit 18 517 m² Gesamtgrundfläche.

— Sonstige Hochbauten wie Verwaltungsgebäude von 1760 m² Grundfläche, Sozial- und Betriebsgebäude sowie sonstige Ausrüstungen und Einrichtungen.

Hafen Kelang (Swettenham)

Erweiterung der Hafenanlagen für den Stückgut- und Containerumschlag:

— Verlängerung eines Inselpiers um 854 m Länge bei 79 m Breite mit 2 Containerliegeplätzen von 641 m Gesamtlänge und 1 — 2 Stückgutliegeplätzen mit 213 m Gesamtlänge einschließlich von 3 Zufahrtsbrücken für den Straßenverkehr und einer Brücke für den Eisenbahnbetrieb bei 15,20 m bzw. 13,70 m Wassertiefe am Kai. Die Konstruktion erfolgte als Pfahlrostplatte auf vorgespannten Schleuderbetonpfählen mit Ortbetondeck.

— Baggerarbeiten und Aufspülen eines Hafengeländes von 33 ha einschließlich der Verkehrswege etc., wovon 7 ha für den Stückgutbetrieb und 18 ha als erste Stufe für den Containerbetrieb genutzt werden, sowie einschließlich aller Verkehrswege, Entwässerungssysteme, Ent- und Versorgungssysteme, Beleuchtungen etc.

— Zwei Transitschuppen auf den Inselpier mit 11 648 m² Gesamtfläche sowie 3 Lagerspeicher an Land mit insgesamt 14 000 m² Gesamtgrundfläche.

— Sonstige Ausrüstungen der Kajen und Hafenflächen.

Philippinen: Hafen Manila

Teilausbau eines vorhandenen Fingerpiers im „International Port" als Containerumschlagsanlage:

— Einbau einer auf Stahlpfahlböcken gegründeten Containerkranbahn für einen Liegeplatz von 250 m Länge. Die Kranschienen werden dabei auf Betonfertigteilbalken verlegt.

— Beschaffung von Schienen und einem Containerkran.

— Containerlagerfläche von 8,8 ha.

— Containerschuppen von 20 000 m² Grundfläche.

— Verkehrswege, Waage, Ver- und Entsorgungseinrichtungen etc.

Hafen Davao

Erweiterung der Stückgutumschlagsanlagen:

— 900 m verankerte Stahlspundwand zur wasserseitigen Ufereinfassung der Hafenflächen.

— Vorgesetztes Kaibauwerk als Pfahlrost von 322 m Länge und 15 m Breite auf Stahlrohrpfählen mit Stahlbetondeck.

— Aufgespültes Hafengelände von 8 ha einschließlich eines Zufahrtsdammes aus Felsgestein von 220 m Länge, sowie einschließlich aller Verkehrswege und der Umzäunung.

Hafen Iligan

Erweiterung der Stückgutumschlagsanlagen:

— 240 m verankerte Spundwand zur wasserseitigen Ufereinfassung neuer Hafenflächen mit später zu errichtender vorgesetzter Pfahlrostplatte als Anlegerbauwerk.

— Aufspülung einer 3,5 ha großen Hafenfläche mit seitlichem 154 m langen Abschlußdamm aus Felsgestein einschließlich der Verkehrswege und der Umzäunung.

8. Schluß

In den vorstehenden Ausführungen wurde der Versuch unternommen, die Verwendung der deutschen Entwicklungshilfe insbesondere für den Bau von Seehäfen in Entwicklungsländer in ihrer tatsächlichen Anwendung und Durchführungen aufzuzeigen. Die Verfahren mögen zwar dem Leser kompliziert erscheinen, jedoch sind sie in der praktischen Durchführung in vielen Fällen einfacher als dies den Anschein haben mag. Auf der anderen Seite sind die beschriebenen Evaluierungsmethoden aber erforderlich, um eine zweckdienliche Verwendung der aus dem öffentlichen Haushalt für die deutsche Entwicklungshilfe zur Verfügung gestellten Mittel zu gewährleisten. Hierzu gehören insbesondere die beschriebene Methode der Ermittlung der optimalen Anzahl der Liegeplätze, da Erfahrungen gezeigt haben, daß die häufig angewandten Globalmethoden zur Ermittlung der günstigsten Anzahl der Liegeplätze nicht ausreichen.

Die in der Vergangenheit schon öfters kritisierte Lieferungebundenheit bei der Finanzierung von Projekten durch deutsche Kapitalhilfekredite hat sich anhand der vorliegenden Statistiken als richtig erwiesen. Die wirklichen Zahlen zeigten, daß die deutsche Bauindustrie gegen internationale Konkurrenz in der Lage war, rd. 80% der Aufträge zu gewinnen, was ihre Leistungsfähigkeit und ihre Qualität eindeutig beweist.

Schrifttum

1. Kaufmann, A.: Méthode et modéle de recherche opérationnelle, Verlag Dunot, Paris.
2. Ackermann, H.: Kriterien und Ansätze für eine integrierte Hafenentwicklungsplanung unter Berücksichtigung der Probleme in Entwicklungsländern, Mitt. des Franzius-Instituts f. Wasserbau und Küsteningenieurwesen der T.U. Hannover, H. 38 (1973).
3. Kreditanstalt für Wiederaufbau: Deutsche Kapitalhilfe, Erläuterungen zum Verfahren, Frankfurt/Main, April 1974.

Die großen Häfen der Südafrikanischen Republik
Bericht über eine Studienreise

Von Baurat Dipl.-Ing. **Karl Spring**, Hamburg

Vorwort

Dieser Bericht schildert die Eindrücke einer Studienreise, zu der ein Stipendium des Oberprüfungsamtes für die höheren technischen Verwaltungsbeamten den Anlaß gegeben hat.

Ich habe die großen Seehäfen der Südafrikanischen Republik als Ziel der Reise gewählt, und zwar einerseits wegen der dort betriebenen weit vorausschauenden Planung von Seehäfen bzw. der forcierten Modernisierung der bestehenden, und andererseits aufgrund der dort im Bau befindlichen neuen großen Seehäfen. Hinzu kam, daß Südafrika vor der Einführung des Containerverkehrs steht, woraus auf zusätzliche interessante Probleme zu schließen war.

Mein Studium dort konzentrierte sich auf die Aspekte Planung, Bau und Verwaltung, um ein möglichst geschlossenes Bild zu gewinnen.

Durchgeführt wurde diese Reise im März/April 1974 mit Besuchen der Häfen Kapstadt, Port Elizabeth und Durban, sowie der Baustelle Richards Bay. Über die Projekte Saldanha und St. Croix konnte ich mich an Ort und Stelle informieren.

Das Ergebnis der Reise ist in dem nachfolgenden Bericht niedergelegt, der folgende Teile enthält:

1. eine Einführung in die Situation Südafrikas und seiner Häfen,

2. ein Abriß über das Verwaltungssystem der Häfen,

3. eine kurze Beschreibung der Häfen mit ihren typischen Merkmalen und

4. eine Darstellung der baulichen Aktivitäten beim Ausbau der bestehenden Häfen sowie einige Neubauprojekte.

Entsprechend der Zielsetzung und Motivation dieser Reise werden einige besonders interessierende Themen ausführlicher behandelt. Insofern ist dieser Bericht als eine Zusammenfassung von ganz persönlichen Reiseeindrücken anzusehen.

Finanziert wurde diese Studienreise aus dem erwähnten Stipendium des Oberprüfungsamtes sowie aus einem Stipendium der Hafenbautechnischen Gesellschaft (zweite Spende Goedhart zur Nachwuchsförderung). Beiden Institutionen sei an dieser Stelle nochmals gedankt.

Dem Generalkonsul der Republik Südafrika in Hamburg, Herrn Maré, der mir Adressen, Personen, Institutionen vermittelt hat, danke ich ebenfalls, weil seine Bemühungen mit entscheidend zu den Ergebnissen dieser Reise beigetragen haben.

Einführung

Die Republik Südafrika liegt an der südlichen Spitze des afrikanischen Kontinents und fast ganz innerhalb der südlichen gemäßigten Zone zwischen dem 22. und 35. südlichen Breitengrad.

Der größere Teil des Landes liegt im Durchschnitt mehr als 1200 m über dem Meeresspiegel. Sein Aussehen erinnert an eine umgestülpte Schüssel mit einem hohen Rand, der im Osten und Südosten steil ansteigt, zur Westküste hin langsam abfällt und in der Mitte ein weites Hochland umschließt. Der Küstengürtel zwischen dem Steilabfall und der See ist schmal und hat eine durchschnittliche Höhe von weniger als 300 m über dem Meeresspiegel. Das Gebiet hinter dem Küstengürtel liegt mit 500 bis 1800 m sehr hoch und hat zum Teil halbariden Charakter. Bedingt durch seinen morphologischen Charakter hat Südafrika nur sehr wenige natürliche Häfen.

Die Bevölkerung von rund 22 Mio (davon 4 Mio Weiße) konzentriert sich auf wenige Zentren, die ausnahmslos die Schwerpunkte der wirtschaftlichen Entwicklung sind. Die seit über 30 Jahren anhaltende und konsequent durchgeführte Industrialisierung ließ den ehemals rein agrarischen Charakter des Landes fast vollständig verschwinden.

Diese Entwicklung führte zu einer Intensivierung der Wirtschaftsverflechtungen mit seinen Handelspartnern und einer starken Zunahme des Außenhandels. Dabei ist Südafrika auf Grund seiner geographischen Lage in zunehmendem Maße von der Leistungsfähigkeit seiner Seehäfen abhängig.

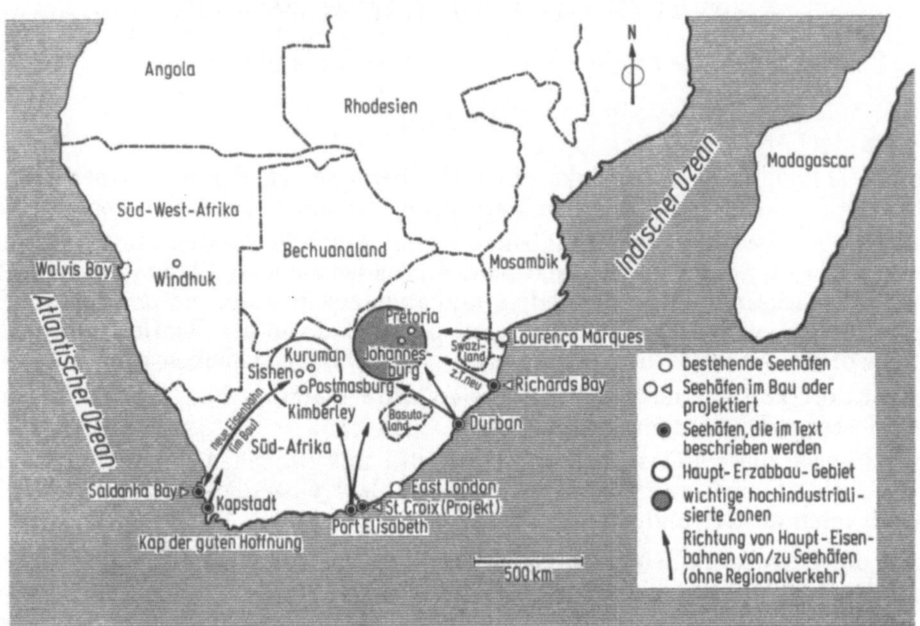

Die wichtigsten Handelspartner der Republik sind die Länder des ehemaligen Commonwealth mit Großbritannien an der Spitze. Inzwischen sind die südafrikanischen Importe aus der Bundesrepublik im Jahre 1974 an die erste Stelle gerückt und haben die Einfuhren aus Großbritannien übertroffen. Es zeigt sich jedoch ein Wandel, dem zwei verschiedene Bestrebungen zugrunde liegen: zum Einen die von Südafrika betriebene Politik der Öffnung nach Norden mit dem Versuch, eine Wirtschaftsgemeinschaft des südlichen Afrika zustandezubringen und zum Anderen, außenwirtschaftliche Verbindungen zu anderen industrialisierten Staaten außerhalb des ehemaligen britischen Einflußbereichs auszubauen. Dabei spielen Japan und die EG eine besondere Rolle.

Die Ausgangsbasis für diese Bestrebungen ist gut, weil Südafrika über reiche Bodenschätze verfügt, denen im Zeichen sich abzeichnender weltweiter Rohstoffknappheit große Bedeutung zukommt. Den Bemühungen, die Regionalgliederung des Außenhandels stärker zu diversifizieren, kommen die wirtschaftlichen Expansionstendenzen Japans sehr entgegen. Der afrikanische Kontinent ist mit weniger als 10% am südafrikanischen Außenhandel beteiligt, so daß Südafrika für seine weitere Wirtschaftsentwicklung auf den Austausch mit anderen Kontinenten noch angewiesen ist und für absehbare Zeit auch bleiben wird. Den Seehäfen kommt daher wachsende Bedeutung zu.

Insgesamt gibt es auf dem südafrikanischen Subkontinent nur vier Häfen, die für die internationale Hochseeschiffahrt von Bedeutung sind, nämlich Durban mit 33 Mio t Umschlag mit weitem Vorsprung vor Port Elizabeth (10 Mio t), Kapstadt (9 Mio t) und East London (2 Mio t). Daneben kommt noch Lourenço Marques in Mosambik einige Bedeutung zu.

Die wichtigsten Industriezentren und Abbaugebiete der Bodenschätze liegen 800 bis 1000 km von der Küste und damit von den Häfen entfernt. Hauptverkehrsträger des Landes ist die Eisenbahn. Verwaltung und Betrieb von Eisenbahnen und Seehäfen liegen in der Hand der staatlichen „South African Railways & Harbours" (SAR), der ein umfassendes Transportmonopol zukommt.

Verwaltung und Betrieb der Häfen

Alle Seehäfen werden von der SAR zentral verwaltet und sind damit dem Transportministerium unterstellt. Die SAR verwaltet auch kleinere Häfen, wie Walfischbucht und Mossel Bay, die nur Bedeutung für den Küstenverkehr haben. Daneben gibt es noch die Fischereihäfen, von der halbstaatlichen Sea Fisheries Development Corporation verwaltet und hier nur von untergeordneter Bedeutung.

Jeder Hafen hat für lokale Belange eine eigene Verwaltung, die ihrerseits in das Verwaltungssystem eines Eisenbahndistrikts integriert ist, von denen es sieben gibt. Die Seehäfen werden also vom organisatorischen Aufbau her als Teil des Eisenbahnnetzes betrachtet, vergleichbar einer Art Terminal als Ziel bzw. Quelle von Im- und Exportverkehr. Zu dieser Verwaltung gehören auch ein Straßenverteilerdienst sowie Überlandomnibuslinien. Da jedem Hafen eine bestimmte Region des Hinterlandes zugeteilt ist, ergibt sich, daß sie nicht gegeneinander konkurrieren und es auch gar nicht können.

Die Verwaltungsgliederung veranschaulicht der beiliegende Plan: Die SAR sind in sieben Distrikte eingeteilt; jeder Hafen ist Bestandteil seines Distrikts und untersteht dem Distrikt-Chef. Daneben gibt es die fachliche Doppelunterstellung sowohl unter den Distrikt-Chef als auch unter den Direktor eines Spezialgebietes (z. B. Technischer Direktor), der z. B. zuständig für die Belange des Hafenbaus oder des Maschinenbaus ist.

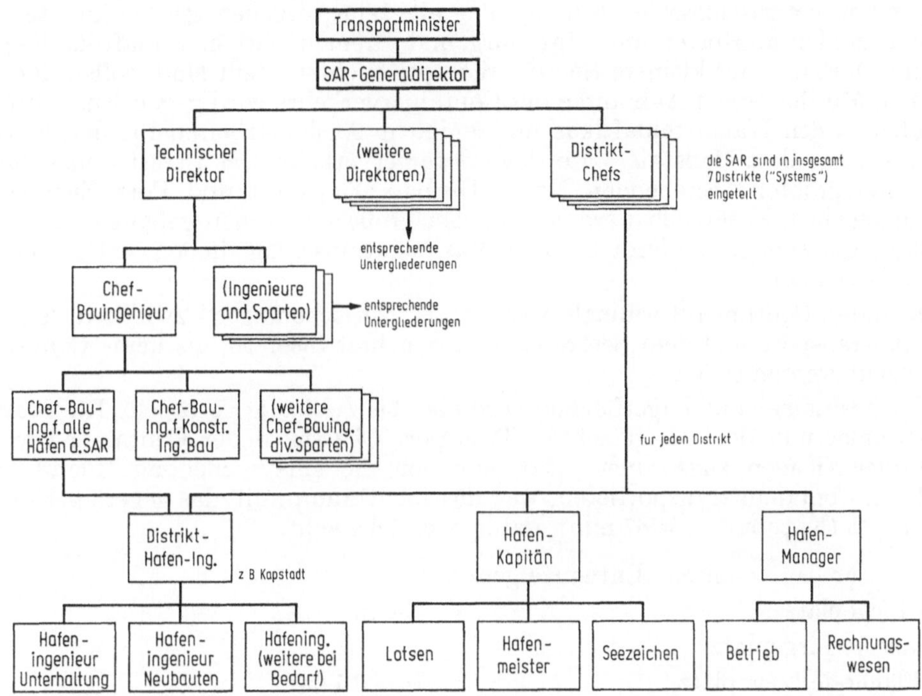

Da dieses System sehr lange und viele Instanzenwege hat, ist jedem Hafen ein „Hafendirektor" zugeteilt, zu dessen Gremium der Hafenbauingenieur, der Hafenkapitän und der Hafen-Manager (und ggf. weitere) angehören. Er dient als direkter Ansprechpartner von Hafenkunden.

Zur Überwachung ihrer Effizienz sind die Häfen gehalten, kostendeckend zu arbeiten und als Nachweis mindestens einmal monatlich Abschlüsse vorzulegen. Die erhobenen Gebühren wie Hafen- und Lotsgelder und die Einnahmen aus den von der Verwaltung erbrachten Dienstleistungen wie Umschlag, Lagerei, Benutzung von Vorkühlanlagen etc. müssen die laufenden Unkosten des Hafens einschließlich von Unterhaltungsarbeiten, Kapitalkosten und anteiliger Personalkosten decken. Größere Neubauten sind aus der Bilanzierungspflicht ausgeklammert.

Daneben sind die Häfen dem Haushaltsrecht unterworfen. Vorausschätzungen von Einnahmen und Ausgaben müssen für jeweils 18 Monate im voraus aufgestellt werden. Sie werden ergänzt und konkretisiert 12 Monate vor dem neuen Haushaltsjahr. Die Mittelzuteilung erfolgt abhängig von den Einnahmen des Staates, so daß insofern der zeitlichen Dispositionsfreiheit über die Beträge Grenzen gesetzt sind.

Ausbau der Häfen

Die Häfen können mit den steigenden Erfordernissen des Warenverkehrs immer weniger Schritt halten. Sie sind daher permanent verstopft, haben überlastete Umschlagsfazilitäten und muten der Schiffahrt nennenswerte Verlustzeiten durch langes Liegen auf Reede zu. Das veranlaßt die Schiffahrt, Surcharges von 40% zu erheben. Die Bemühungen Südafrikas gehen daher dahin, den Umschlag — damit sei hier der zeitaufwendige Stückgutumschlag gemeint — zu beschleunigen, was auf Grund des unelastischen Verwaltungssystems erhebliche Zeit beansprucht. In der wichtigen Südafrika-Europa-Relation ist daneben von den Reedereien die Aufnahme des Containerverkehrs geplant, weil dieses System Beschleunigung verspricht. Die Entscheidung zugunsten des Containerverkehrs fiel nicht zuletzt auf Drängen der staatlichen südafrikanischen Reederei Safmarine, die Konferenzmitglied ist. Allgemein wurde jedoch mit dieser Entscheidung gerechnet; und die großen Häfen der Republik haben bereits die Infra- und Suprastrukturmaßnahmen für den Containerumschlag, der 1977/78 aufgenommen werden soll, begonnen.

Die Südafrika-Konferenz, die schon seit langem neue Formen der Zusammenarbeit wie die Abfertigung an „joined berths" praktiziert, will zehn große Vollcontainer-Frachter (Kapazität 2450 Behälter auf 20′ Basis, Länge 260 m, Breite 32 m, Tiefgang weniger als 11 m, 45 000 PS Maschinenleistung, Dienstgeschwindigkeit 21 kn) in der Westeuropa-Südafrika-Relation einsetzen, die zusammen mit zwei kompletten Sätzen Behältern, darunter 1000 Kühlcontainer, rund 2,7 Mrd. DM Auftragswert haben. Die meisten dieser Schiffe sind schon bestellt, wobei jedoch nicht, wie ursprünglich geplant, ein geschlossener Auftrag über alle zehn vergeben werden konnte. Anlaufhäfen in Westeuropa sind u. a. Rotterdam, Hamburg und Bremen und in Südafrika Kapstadt, Port Elizabeth und Durban. Vier kleinere Schiffe, die noch nicht bestellt sind, sollen den Mittelmeerraum bedienen. Mit der ersten Aufnahme des Containerverkehrs wird gegen Ende 1977 gerechnet. Zur Zeit laufen in den Häfen Südafrikas umfangreiche Ausbauarbeiten für den konventionellen Verkehr und — in großem Maßstab — für den Containerverkehr. Das Investitionsvolumen für den Ausbau der drei größten bestehenden Häfen Durban, Kapstadt und Port Elizabeth wird mit 1 Mrd. DM angegeben. Zusätzlich werden zwei sehr große Häfen neu gebaut (Saldanha Bay und Richards Bay), die zunächst allerdings dem Massengutumschlag dienen sollen. Sie werden am Schluß dieses Berichts behandelt.

Die zu bauenden Container-Terminals werden als „Zwischenlager" zwischen dem Land-, d.h. dem Eisenbahntransport und dem Seetransport betrachtet insofern, als keine Container auf dem Terminal gepackt werden sollen.

Auf den Dispositions- und Lagerflächen wird ein- bis zweilagig gestapelt. Die Stapelung übernehmen Torstapler und den waagerechten Transport Chassis. Jeder Container-Umschlaganlage sind Transtainer-Anlagen zugeordnet, dazu kommen die entsprechenden Inland-Anlagen. Die Eisenbahn kann Container transportieren, weil das Lichtraumprofil, das gegenüber dem in Mitteleuropa kleiner ist (Kapspur — 1067 mm), dafür noch ausreicht.

Als Richtwerte für bautechnische Entwürfe gelten

Länge eines Liegeplatzes	330 m
Containerkrane je Liegeplatz	2
zugehörige Fläche je Liegeplatz	10 — 15 ha
theoretische Kapazität je Liegeplatz	2 Mio t/a bzw. 100 000 Cont.
Berechnungsgewicht je Container	20 t brutto (20′)
Verweildauer eines Containers auf dem Terminal	max. 72 h

Die SAR will bis 1975 über insgesamt 6000 Container verfügen. Bis Ende 1979 ist beabsichtigt, 70% aller anfallenden Ladungen in Containern umzuschlagen und abzufahren.

Das Um- und Neubauprogramm umfaßt in den Häfen Kapstadt, Port Elizabeth und Durban: Liegeplätze für Vollcontainerschiffe, Liegeplätze für den Küsten-Feeder-Dienst, Herrichtung von Flächen für Umschlag und Zwischenlager, Herstellung der nötigen Infra- und Suprastruktur einschließlich seewärtiger Zufahrten und alle Ausrüstungen.

In Kapstadt und Durban sind Terminals bereits im Bau. Sie wurden also schon beschlossen und begonnen, bevor die Konferenzen sich ihrerseits überhaupt eine Meinung gebildet hatten, weil die südafrikanische Regierung von den Vorteilen des Containerverkehrs überzeugt war und weil unnötige Investitionen in konventionelle Anlagen vermieden werden sollten. Inwieweit damit zumindest für die Safmarine ein „fait accompli" geschaffen wurde, mag dahingestellt bleiben doch ist sicher, daß staatliche Stellen von Anfang an den „Container" einzuführen gedachten.

Grundlage der Dimensionierung von Liegeplätzen sind der zu erwartende Stückgutumschlag und der Containerisierungsgrad. Zu berücksichtigen sind ferner die Paarigkeit oder Unpaarigkeit der Verkehre und die Struktur des Hinterlandverkehrs, der von Hafen zu Hafen doch erheblichen Schwankungen unterworfen ist.

Kapstadt nimmt dabei eine Sonderstellung ein und leidet unter einer ausgeprägten Ungleichheit der Verkehre (70% Importe, 30% Exporte). Das daraus resultierende Problem der „leeren Kisten" ist noch ungelöst und dürfte sich in den Wirtschaftlichkeitsberechnungen niederschlagen.

In Kapstadt werden zunächst zwei Liegeplätze mit je 15 ha Freifläche und in Durban drei Liegeplätze mit nur je 10 ha Freifläche (Platzmangel) gebaut. Port Elizabeth wird einen Liegeplatz erhalten.

Beschreibung der wichtigsten Häfen

Im folgenden soll ein knapper Abriß der Häfen (mit Ausnahme von East London) und ihrer Aus- und Neubauten gegeben werden:

Kapstadt

Der Hafen liegt am Südende der Tafelbucht und besteht neben dem Victoria Basin als ältestem Teil aus dem Duncan Dock und dem in Bau befindlichen New Basin, in dem auch die Containerschiffe abgefertigt werden sollen (Abb. 1).

Abb. 1. Kapstadt. Links das Victoria Basin, rechts vorn das Duncan Dock, dahinter das New Basin. Blickrichtung Norden.

Die Hafenanlagen sind gegen Wellenangriff durch Wellenbrecher geschützt. Der Tidehub beträgt rund 2 m und gehorcht fast ausschließlich astronomischen Bedingungen. Typisch für Kapstadt sind plötzliche, 3—4 Tage andauernde sehr starke Winde und Wellen mit einer außergewöhnlich langen Periode von zwei Minuten.

Die Wassertiefe beträgt normalerweise 10,7 m bis auf die Tanker- (13,7) und die Containerschiff-Liegeplätze (12,8 m).

Die Umschlagskapazität des Containerterminals wird vorsichtig mit 100 000 Containern (20′-Basis, 1981), davon rund 10 000 leere, angegeben. Die Entwicklung des Umschlags ist fast ausschließlich von der Region Kapstadt abhängig, weil Hinterland fast völlig fehlt. Die Erweiterungsfläche ist so dimensioniert, daß neben den 15 ha, die jedem Liegeplatz zugeordnet sind und den zugehörigen Infrastruktureinrichtungen noch Umschlageinrichtungen für Küstenfrachter und RoRo-Schiffe Platz finden.

Der neue Containerterminal ist Teil einer großangelegten Hafenerweiterung. Sie wird gegen die offene See durch einen neuen Wellenbrecher geschützt. Der felsige Untergrund erschwert wegen der geringen Wassertiefe die Bauarbeiten erheblich, so daß umfangreiche Sprengungen vorgenommen werden mußten (250 000 m³). Dabei konnte die gegebenen Oberflächenform des Felsens insoweit ausgenutzt werden, als das neue Hafenbecken genau dort angelegt wird, wo sich das Erosionsbett eines ehemaligen Flusses befindet. Die Kaimauern in Blockbauweise erhalten oberhalb der Wasserlinie einen Abschluß aus Ortbeton, der nach in Südafrika allgemein üblicher Weise begehbare Tunnels zur Aufnahme von Versorgungsleitungen enthält (Abb. 2). Die erforderlichen Flächen werden im Spülverfahren aufgehöht, wofür von einer 8 km entfernten Gewinnungsstätte rund 4—5 Mio m³ zu pumpen sind (Leitung mit Zwischenpumpstationen in den Drittelpunkten). Bisher sind 2,2 Mio m³ eingebaut.

Noch nicht begonnen wurde mit der Infrastruktur. Die Kosten für die Erweiterung werden rund 220 Mio DM betragen. Zur Zeit werden monatlich 2,8 Mio DM unter der Aufsicht von nur drei Ingenieuren der Hafenverwaltung „verbaut".

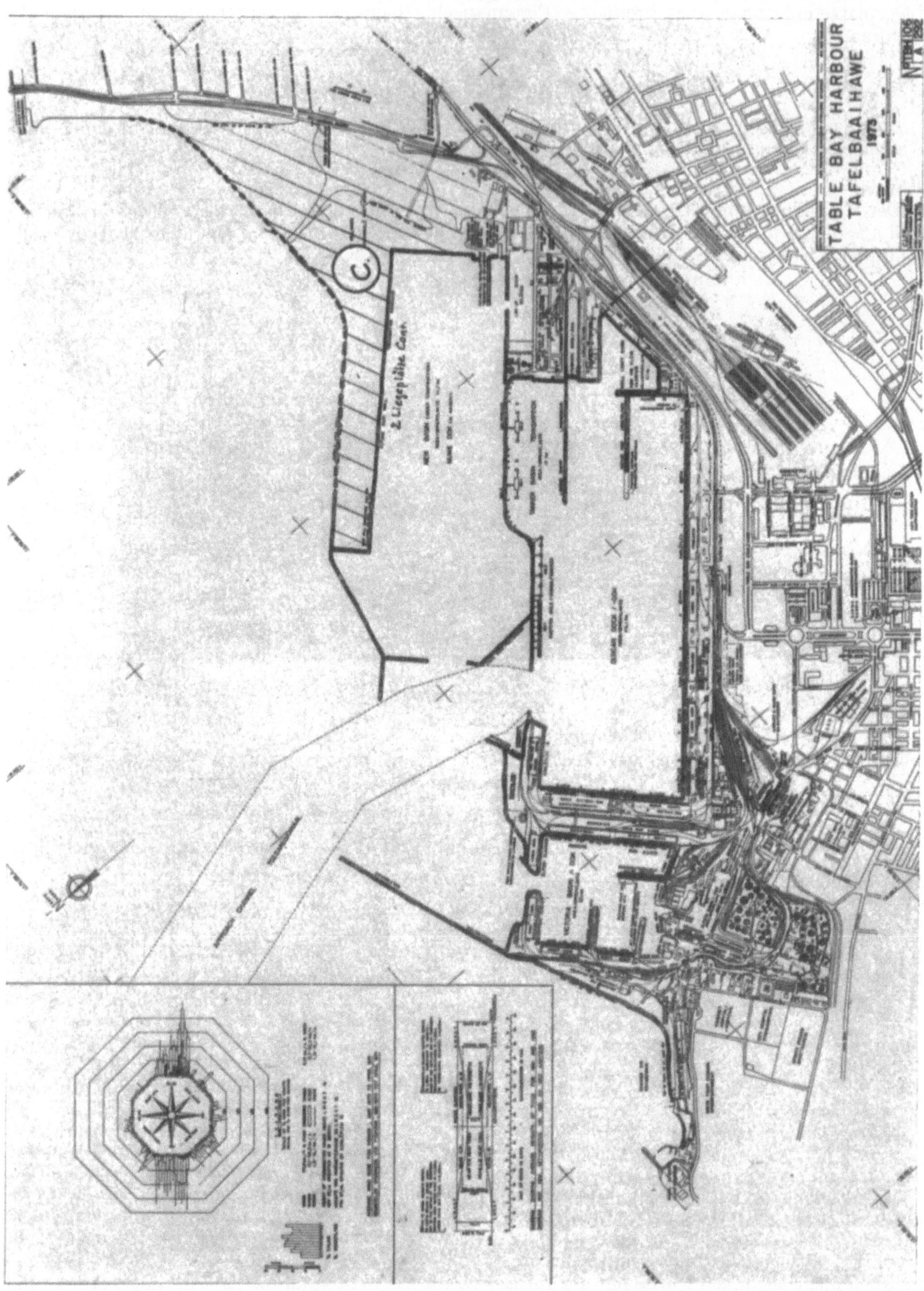
TABLE BAY HARBOUR
TAFELBAAIHAWE
1975

Da auch in Südafrika Ingenieure und sonstiges technisches Personal knapp sind, wurden die meisten Arbeiten einschließlich Anfertigen von Ausschreibungsunterlagen an Ingenieurbüros vergeben. Die Hafeningenieure überwachen die vertragsgemäße Ausführung. Für eventuelle Vertragsänderungen sind jedoch nicht sie, sondern die Hauptverwaltung zuständig. Für reine Unterhaltungsarbeiten gilt dies jedoch nicht.

Abb. 2. Kapstadt. Kaimauer in Blockbauweise. Oberteil in Ortbeton mit Versorgungskanälen.

Port Elizabeth

Dieser Hafen liegt am Indischen Ozean an einer flachen, sandigen Küste. Wie in Kapstadt muß auch dieser Hafen gegen Wind und Wellen künstlich durch Molen und Wellenbrecher geschützt werden. Der stärkste Wellenangriff kommt aus Ost bis Südost, verbunden mit heftigen Winden aus der gleichen Richtung. Die Hafeneinfahrt liegt im Nordwesten, der anschließenden Algoa-Bay zugewandt.

Bemerkenswert ist hier eine starke Küstenströmung in nördlicher Richtung mit erheblichem Sedimenttransport, verbunden mit Erosion an der Port Elizabeth im Süden vorgelagerten Halbinsel. Mengenmäßig hat der Umschlag von Port Elizabeth den von Kapstadt überrundet, doch ist er ganz anders strukturiert, weil hier der Export von Massengut (Eisen- und Manganerze) mit rund 6 Mio t über eine moderne Erzverladeanlage mit einer Kapazität von fast 1500 t/h dominiert.

Abb. 3. Port Elizabeth, vorn links am Bildrand: Vorgesehene Fläche für Container.

Der Anteil der containerisierbaren Güter ist daher mengenmäßig nicht groß, so daß zunächst ein Liegeplatz ausreichen müßte (Abb. 3). Da im Hafen von Port Elizabeth akuter Platzmangel herrscht, weil keine zusätzlichen Flächen — wie in Durban — für den Containerverkehr mehr aktiviert werden können und eine kostspielige Hafenerweiterung für den geringen zu erwartenden Containerumschlag nicht aktuell ist, soll, um wenigstens den einen Liegeplatz zu erhalten, ein kleiner Teil des ältesten Hafenbeckens zugeschüttet werden. Freifläche wird geschaffen durch Abreißen einiger alter Schuppen. Die vorgesehene Lösung, die auf die Dauer nicht befriedigen kann, wird möglicherweise ergänzt oder ersetzt durch das St. Croix-Projekt. Dann würde die Erzverladeanlage abgebrochen werden und Platz geben für einen Containerterminal mit ausreichenden Flächen. Auf das geplante Projekt St. Croix wird später noch ausführlich eingegangen.

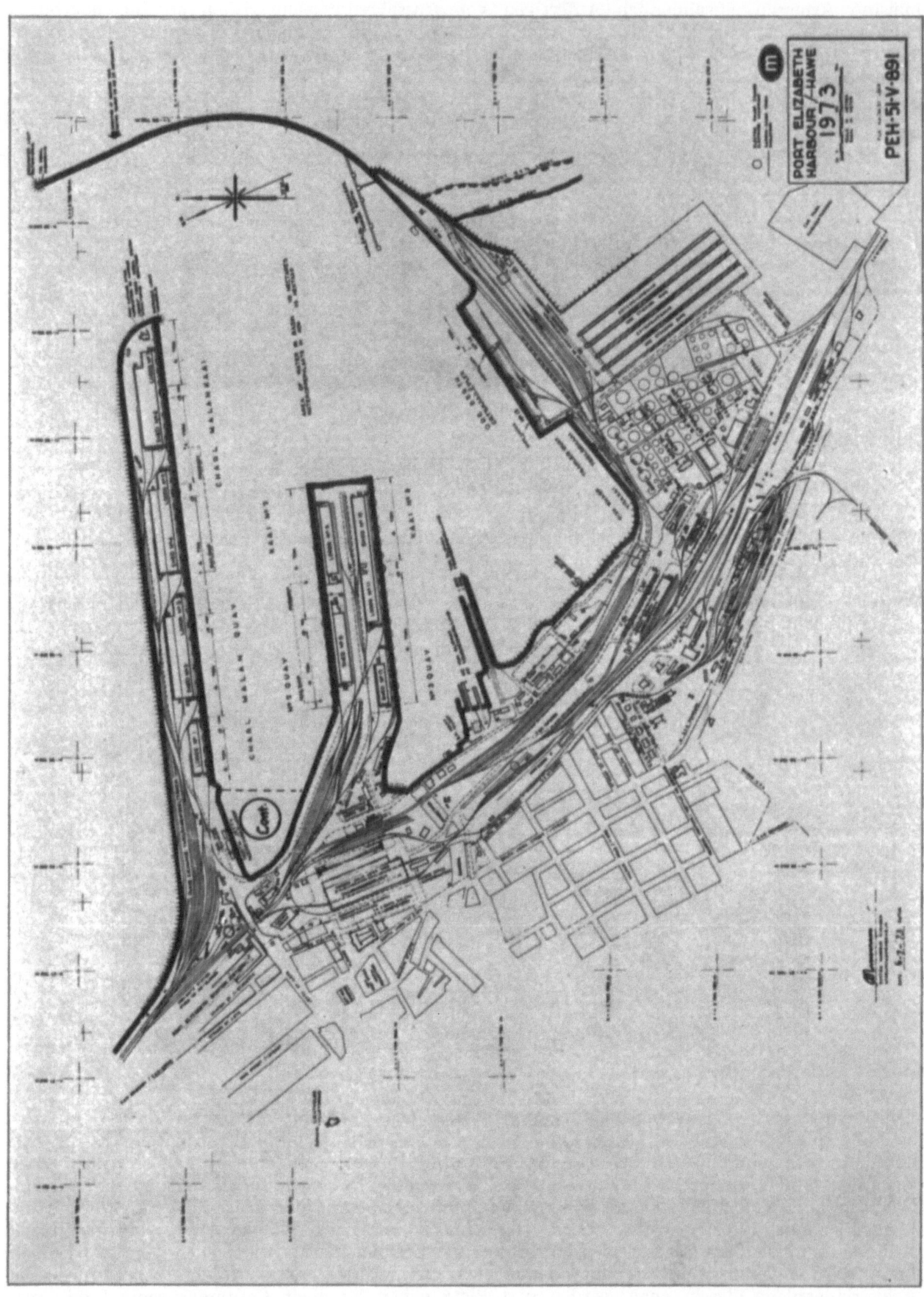
PORT ELIZABETH
HARBOUR / -HAWE
1973
PEH-5I-V-891

Durban

Der Hafen von Durban liegt geschützt in der „Bucht von Natal" und ist durch eine überaus enge Hafeneinfahrt von weniger als 100 m Breite mit dem Indischen Ozean verbunden (Abb. 4).

Gegen die stärksten Stürme und den stärksten Wellenangriff, die aus südliche Richtung kommen, ist der Hafen durch einen natürlichen Höhenzug „Bluff" und die Hafeneinfahrt durch schwer befestigte Wellenbrecher geschützt. Eine küstenparallele Sanddrift von Süd nach Nord hat die Tendenz, vor der Hafeneinfahrt eine Barre zu bilden, so daß ständige Unterhaltungsbaggerungen notwendig sind.

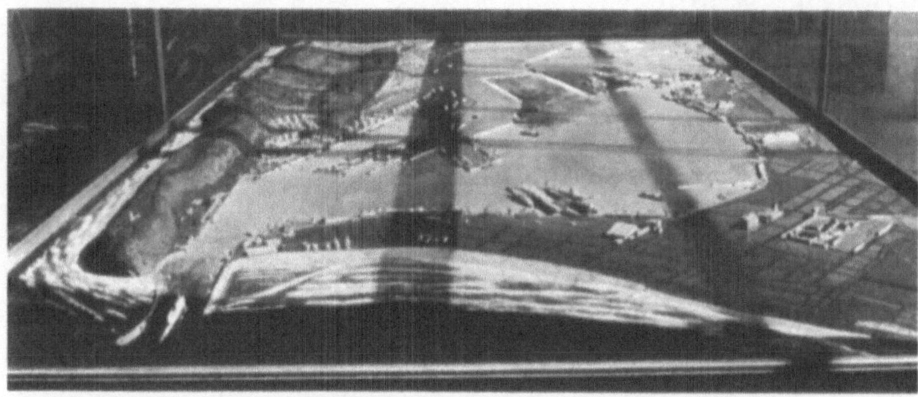

Abb. 4. Durban. Modell des Hafens. Links der „Bluff", daneben die Hafeneinfahrt. Blickrichtung Süden.

Abb. 5. Durban. Containerschiffliegeplatz (im Vordergrund) und eine der beiden RoRo-Rampen (ohne bewegl. Brücken)

Die Maximalabmessungen der Schiffe, die Durban überhaupt noch anlaufen können, sind: 270 m Länge und 13,2 m Tiefgang. Die Wassertiefe der Einfahrt wird auf 12,8 m unter MTNW gehalten, der Tidehub beträgt rund 2 m.

Der Hafen von Durban ist deshalb von großer Bedeutung, weil hier mit fast 30 Mio t mehr umgeschlagen wird als in allen anderen Häfen der Republik zusammen. Die Warenpalette ist breit gefächert und schließt sowohl den Umschlag von industriellen als auch agrarischen Massengütern ein, ebenso den Umschlag von Südfrüchten und allgemeinem Stückgut, und außerdem benutzen rund 60 000 Passagiere aus Übersee die modernen Abfertigungsanlagen. Rund 1 Mio t entfällt auf den Umschlag mit Küstendampfern. Dem Umschlag von Mineralöl (Import) dienen acht Tankerliegeplätze sowie single buoy mooring vor der Küste. Zwei Ölleitungen (in den Jahren 1961 und 1970 gebaut) führen in das Hinterland in die Industrieregion um Johannesburg.

Der erwartete Containerumschlag in Durban ist, anders als in Kapstadt, fast ganz von der Entwicklung der Industrieregionen des Hinterlandes abhängig. Es wird damit gerechnet, daß drei Liegeplätze für längere Zeit ausreichen. Rund 30% der Container werden die Region Durban als Ziel bzw. Quelle haben, und 70% gehen in das Hinterland. Das Verhältnis von Import zu Export ist ausgewogen.

Von der verfügbaren Fläche her liegen die Verhältnisse hier im Gegensatz zu Kapstadt insofern anders, als der Containerterminal mitten im Hafen gebaut wird, wozu relativ wenig Aufhöhungsarbeiten erforderlich sind. Für 1977/78 wird mit einem Umschlag von 250 000 Containern gerech-

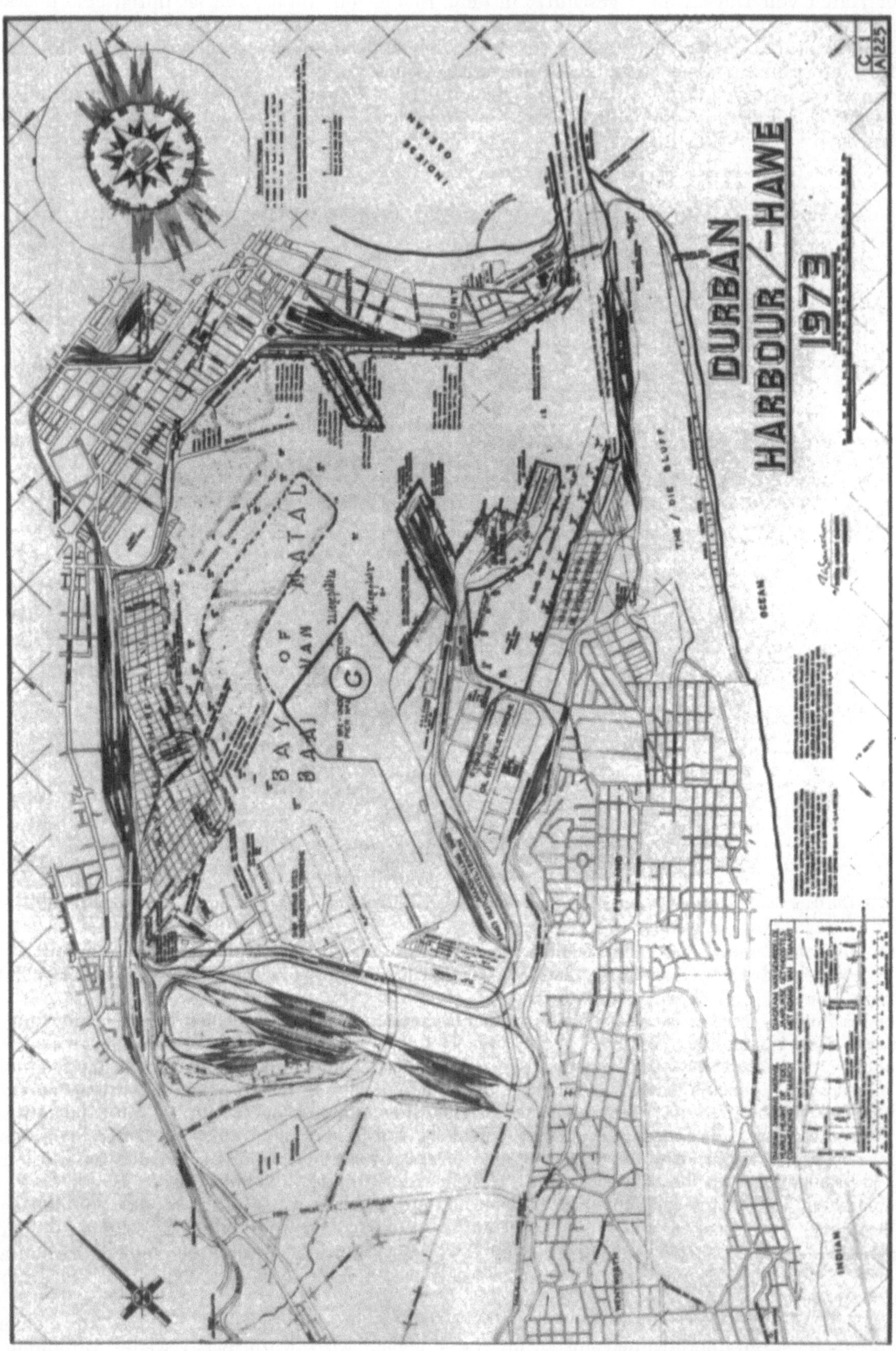
DURBAN
HARBOUR /—HAWE
1973
BAY OF NATAL
BAAI VAN
NATAL
INDIAN OCEAN
THE / DIE BLUFF
OCEAN

net. Mit dem Ausbau der Infrastruktureinrichtungen ist bereits begonnen worden (Abb. 5). Da die Expansionsmöglichkeiten Durbans begrenzt sind, wurde bei dem neuen Hafen Richards Bay die spätere Erweiterung auf Stückgut-/Containerumschlag als Entlastung für Durban eingeplant.

Neue Häfen und Projekte

Parallel zu den großen Ausbauvorhaben in den bestehenden Häfen werden neue angelegt, zunächst mit dem Zweck, steigende Exporte von Massengütern wie Erzen und Kohle zu ermöglichen. Die Kapazitäten in den bestehenden Häfen sind zur Bewältigung der geplanten Mengen völlig unzureichend.

Zur Verwirklichung der Exportabsichten gibt es zunächst zwei Projekte, die von manchen als konkurrierende angesehen werden, aber unterschiedliche Größenordnung haben:

Das Sishen-Saldanha-Projekt des staatlichen Eisen- und Stahlkonzerns ISCOR, das den Bau eines Exporthafens in der Saldanha-Bucht und eine ganz neue Eisenbahnverbindung vom Minengebiet bei Sishen bis nach Saldanha (rd. 1000 km) vorsieht.

Das St. Croix-Projekt einer privaten Firma, die auf der Insel St. Croix in der Algoa-Bay bei Port Elizabeth eine Umschlagsanlage für den Export von Erzen bauen will.

St. Croix-Projekt

Port Elizabeth ist der Hauptausfuhrhafen für Erze; die Kapazitätsgrenze liegt bei 6 Mio t/a, die eine private Firma jährlich mit 5 — 6 Mio t Eisen- und Manganerze ausnutzt.

Man könnte auf der Insel St. Croix, die 4 km vor der Küste liegt, mit relativ geringen Mitteln und mit wenigen Umweltschutzmaßnahmen eine leistungsfähige Verladeanlage erstellen. Die Wassertiefe beträgt dort 30 m ausreichend für die Abfertigung von 250 000 — 350 000 tdw Carriern. Die Einrichtungen inklusive Zugangsbrücke (Förderband) könnten innerhalb von 2 — 3 Jahren nach Auftragserteilung in Betrieb gehen und würden rund 200 Mio DM kosten. Am bestehenden Eisenbahnnetz brauchten nur geringfügige Ergänzungen vorgenommen werden, und die Eisenbahnen wären in der Lage, die Kapazität der Linie zum Erzabbaugebiet (bei Postmasburg/Kuruman) mit geringem Aufwand auf 15 Mio t/a und sogar auf 20 Mio t/a zu bringen. Die Verladeanlage soll schon in Anfangsphase mehr als 10 Mio t/a exportieren.

Die Verwirklichung diese Projektes St. Croix, das auch von der SAR unterstützt wird, würde bedeuten, daß die Erzverladeanlage in Port Elizabeth, die ohnehin kaum noch erweitert werden kann, abgebrochen werden könnte.

Nachdem 1973 eine positive Entscheidung für den Ausbau von Saldanha zum Export von Eisenerzen von der Regierung gefällt worden war, schien das St. Croix-Projekt insofern zunächst erledigt, als nicht damit gerechnet werden konnte, daß der Weltmarkt für derartige zusätzliche Mengen bei auskömmlichen Preisen noch aufnahmefähig ist. Aufgrund der großen Nachfrage auf der ganzen Welt nach Rohstoffen und nach vielem Verhandeln soll St. Croix nun doch gebaut werden.

Die Verladeeinrichtungen auf St. Croix einschließlich der abzubrechenden, noch nicht abgeschriebenen Anlage in Port Elizabeth sollen privat finanziert werden. Die SAR dagegen werden die Anlage betreiben.

Die private Firma hat langfristige Vorverträge mit Japan und mittelfristige mit Europa (u.a. Deutschland, Italien, Türkei), die eine Auslastung der neuen Anlage auf lange Sicht garantieren. Neben dem konventionellen Erzexport ist für später auch der Export von vorreduziertem Erz vorgesehen. Versuche hierfür werden schon unternommen, und eine kleine Probeanlage, die 250 000 t/a schafft (nach dem Krupp-Verfahren), arbeitet bereits erfolgreich.

Sishen-Saldanha-Projekt

Saldanha liegt an einer geschützten, 52 km² großen Bucht etwa 110 km nördlich Kapstadt in einer sehr dünn besiedelten Gegend. Die Saldanha Bucht stellt den einzigen größeren natürlichen Hafen an der Atlantikküste Südafrikas dar. Der genaue Standort für die Hafenanlage wurde nach umfangreichen Studien und Modellversuchen u.a. des Wasserbaulaboratoriums in Delft festgelegt.

Das Minengebiet bei Sishen liegt rund 1000 km entfernt. Dorthin ist eine neue Eisenbahnlinie zu bauen.

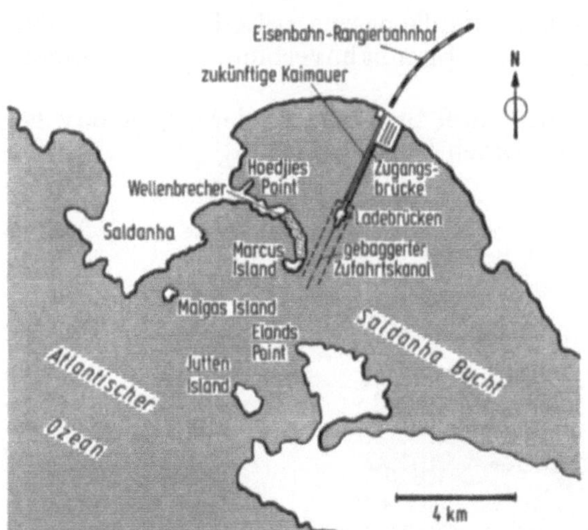

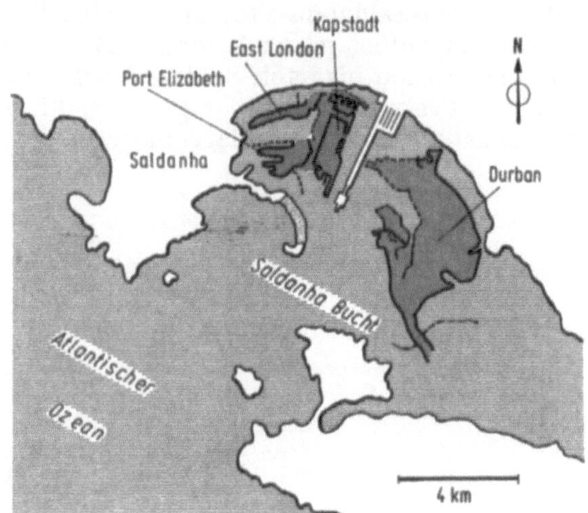

In der ersten Ausbaustufe sollen 15 Mio t Erze pro Jahr exportiert werden. Auch hier in Saldanha geht die Tendenz dahin, die Bodenschätze nicht nur roh, sondern auch in veredelter Form zu exportieren, um dem Exportland einen höheren „Mehrwert" zu belassen. In Saldanha ist eine Mischform geplant: Es sollen Eisenerze (roh) über einen geplanten Erzverladehafen exportiert werden; daneben aber wird dort ein vollständiges Stahlwerk mit einer Kapazität von 3 Mio t Stahl/a errichtet, dessen Erzeugnisse je nach Marktlage exportiert oder im heimischen Markt verbraucht werden können. Zunächst soll Halbzeug hergestellt werden. Das Auftragsvolumen für das gesamte Projekt beträgt 2,4 Mrd. DM, und es soll ab 1977 betriebsbereit sein.

Die ISCOR wird das ganze Projekt einschließlich Eisenbahnlinie bauen und betreiben.

Reparaturdocks. Zusätzlich ist in der Bucht von Saldanha der Bau von zwei Trockendocks zur Reparatur von Superschiffen bis zu 500 000 tdw beabsichtigt. Die Baukosten werden auf 250 Mio DM geschätzt.

Die Notwendigkeit von großen Dockanlagen im Bereich der Seeroute um das Kap wird immer offensichtlicher. Es wird geschätzt, daß 1980 fast 300 Supertanker (über 150 000 tdw) benötigt werden, um die dann mehr als 400 Mio t Öl vom Persischen Golf um das südliche Afrika an die Bestimmungsorte zu transportieren. Dabei rechnet man damit, daß jeder Tanker pro Jahr fünfmal Ladung befördern kann. Zu dem starken Verkehr mit Supertankern kommen noch die immer größer werdenden Erzfrachter dazu.

Details des Hafens. Für die Hafen und Industrieaktivitäten bietet die Bucht von Saldanha ausreichend Platz. Der Tidehub beträgt hier 1,5 m, und die geschützte Bucht erfordert keine besonders aufwendigen Schutzbauwerke. Ein Problem ist, in Häfen der nördlichen Hemisphäre unbekannt, ein Schiff bei sehr langen Wellen ($l = 250$ bis 400 m) sowohl an die Pier zu bringen als auch dort zu halten. Nach ausführlichen Untersuchungen ist der Ausführungsplan erarbeitet worden. Er sieht vor, die Öffnung zwischen Marcus Island und Hoedjies Point mit einem Wellenbrecher zu schließen. Nach diesen Berechnungen, ausgehend von einer Wellenhöhe von 6 m auf offener See die sich auf 3 m im Bereich zwischen Elands Point und Marcus Island verringert, soll die maximale Wellenhöhe am Verladepier nur 0,6 m betragen.

An sonstigen Bauvorhaben sind vorgesehen:
— eine Erzlagerfläche von 30 ha
— ein Erzverladepier mit 2 Liegeplätzen für Carrier bis 250 000 tdw
— eine Zugangsbrücke von rd. 2,3 km Länge zwischen Erzlager und Ladepier
— ein gerader, gebaggerter Zugangskanal (6,9 Mio m³)

Alle Anlagen werden so ausgelegt, daß eine Erweiterung für 350 000 tdw Schiffe möglich ist. Zunächst werden 250 000 tdw Carrier erwartet (Tiefgang bis 27,5 m).

Sonstige Anlagen:
— ein kompletter Rangierbahnhof mit Wartungs- und Reparaturwerkstätten
— Waggonentladeeinrichtungen
— Zwischenlager (2,4 Mio t) abhängig von der Anzahl der Erzsorten, mit Stacking-Maschinen
— Transportbandsysteme (8000 t/h)
— 2 Schiffsbelader (je 8000 t/h)

Die Anlagen (Erzverladehafen, Stahlwerk und Trockendocks) sollen spätestens 1977/78 in Betrieb gehen.

Richards Bay

Dieses Projekt ist das älteste (Baubeginn 1972) und das am weitesten fortgeschrittene, über das schon mehrfach berichtet wurde (s. „Hansa" 1974, Heft 9).

Richards Bay an der Ostküste Südafrikas, rund 150 km von Durban entfernt, soll zunächst vor allem der Verladung von Kohle aus Transvaal (15 Mio t/a) dienen. Eine mögliche Erweiterung für Stückgut-/Containerumschlag ist vorgesehen.

Der neue Hafen wird innerhalb einer flachen, natürlichen Lagune angelegt. Der nicht benötigte Teil der Lagune wird durch einen Deich abgetrennt und im natürlichen Zustand belassen (Abb. 6). In der ersten Ausbaustufe wird ein Hafenbecken für den Kohleumschlag für eine Wassertiefe von 19,0 m für 250 000 tdw-Schiffe ausgebaut (spätere Vertiefung auf 23,0 m vorgesehen), sowie Anlagen für die Bedienung eines Aluminiumwerkes und allen Einrichtungen für den Betrieb eines Hafens. Die Verbindung zur See erfolgt durch einen gebaggerten Zugangskanal, der durch zwei Wellenbrecher geschützt wird. Der beträchtliche Sandtrieb von der Küste erfordert ständige Unterhaltungsbaggerungen.

Die Ergänzung des Eisenbahnnetzes ist abgeschlossen, so daß nach Beendigung der Hafenbauarbeiten mit einer Betriebsaufnahme in 1976 gerechnet wird. Voraussichtlich werden sich Maßnahmen für den Stückgutumschlag dann anschließen, um Durban nachhaltig zu entlasten. Die vorläufigen Gesamtkosten des Projekts werden auf 2,4 Mrd. DM geschätzt.

Abschließende Bemerkung

Mit dem vorliegenden Bericht wurde ein Blick in die großen Seehäfen der Republik Südafrika getan und eine knapp gefaßte Übersicht über hafenbaubezogene Aktivitäten gegeben. Sie zeigen, daß Südafrika erhebliche Anstrengungen unternimmt, um die Seehäfen leistungsfähiger zu machen, da sie als Nahtstellen im internationalen Warenaustausch für die Volkswirtschaft ein wichtiges Glied in der Transportkette darstellen.

Abb. 6. Richards Bay. Blick auf die Hafeneinfahrt (Ozean links, Hafen rechts) und Feldfabrik für Wasserbausteine.

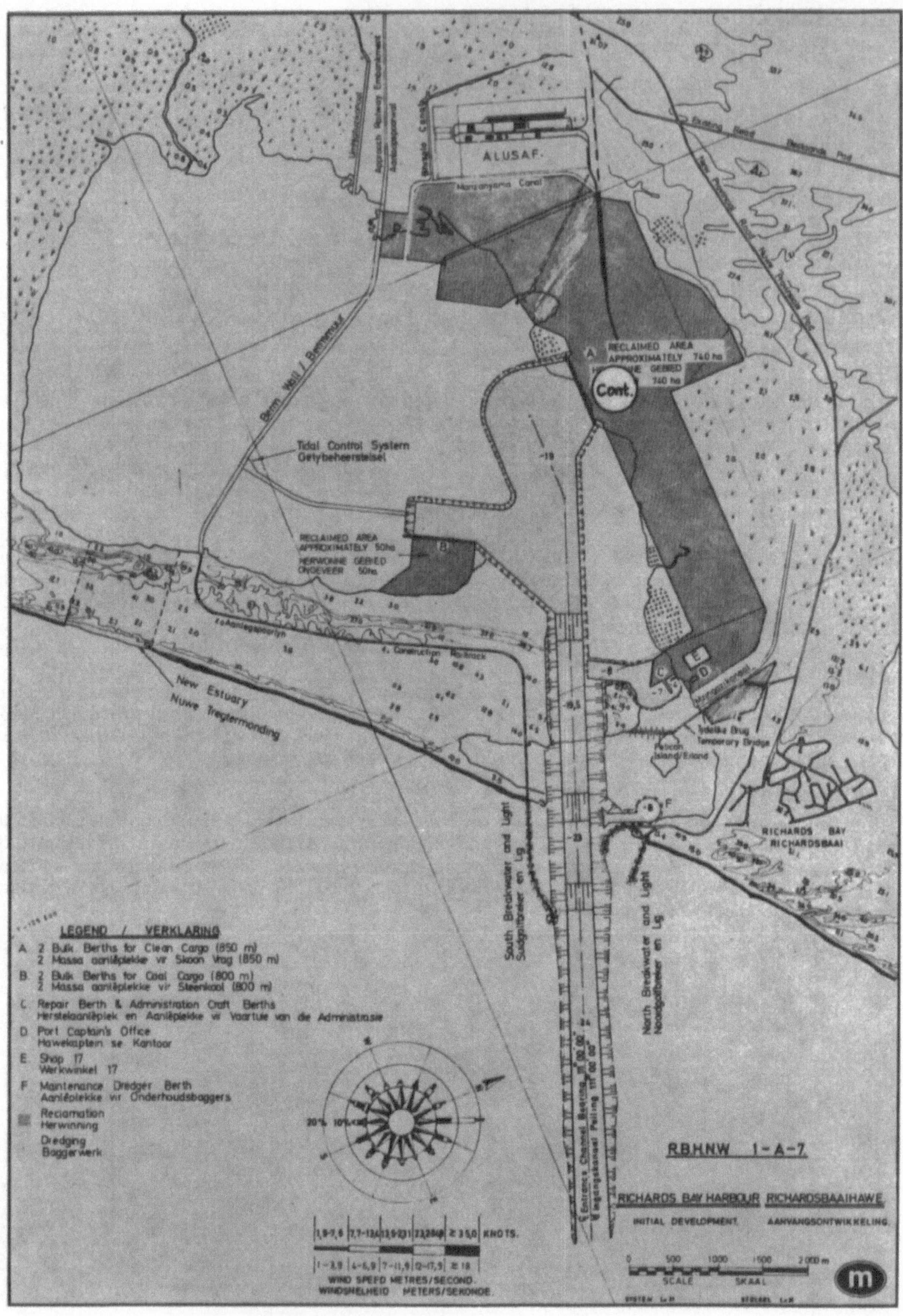
ALUSAF.
Manzengama Canal
RECLAIMED AREA
APPROXIMATELY 740 ha
HERWONNE GEBIED 740 ha
Cont.
Tidal Control System
Getybeheerstelsel
RECLAIMED AREA
APPROXIMATELY 50ha
HERWONNE GEBIED
ONGEVEER 50ha
New Estuary
Nuwe Tregtermonding
South Breakwater and Light
Suidgolfbreker en Lig
North Breakwater and Light
Noordgolfbreker en Lig
Pelican Island / Eiland
Tydelike Brug
Temporary Bridge
RICHARDS BAY
RICHARDSBAAI
LEGEND / VERKLARING
A. 2 Bulk Berths for Clean Cargo (850 m)
2 Massa aanlêplekke vir Skoon Vrag (850 m)
B. 2 Bulk Berths for Coal Cargo (800 m)
2 Massa aanlêplekke vir Steenkool (800 m)
C. Repair Berth & Administration Craft Berths
Herstelaanlêplek en Aanlêplekke vir Vaartuie van die Administrasie
D. Port Captain's Office
Hawekaptein se Kantoor
E. Shop 17
Werkwinkel 17
F. Maintenance Dredger Berth
Aanlêplekke vir Onderhoudsbaggers
Reclamation
Herwinning
Dredging
Baggerwerk
R.B.H.N.W. 1-A-7
RICHARDS BAY HARBOUR RICHARDSBAAIHAWE
INITIAL DEVELOPMENT AANVANGSONTWIKKELING
1,9-7,6 7,7-13,6 13,9-23,1 23,2-34,8 ≥ 35,0 KNOTS.
1-3,9 4-6,9 7-11,9 12-17,9 ≥ 18
WIND SPEED METRES/SECOND.
WINDSNELHEID METERS/SEKONDE.
0 500 1000 1500 2000 m
SCALE SKAAL

Leitgedanken für die räumliche Entwicklung
des nordwestdeutschen Küstenraumes*

Von Prof. em. Dr.-Ing. E. h. Wilhelm Wortmann, Hannover

1. Der nordwestdeutsche Küstenraum

Der nordwestdeutsche Küstenraum wird nicht als eine neue staatliche Einheit bei einer Neugliederung der Länder in der Bundesrepublik verstanden, sondern als eine funktionale Einheit ähnlich wie die 38 Gebietseinheiten in dem Bundesraumordnungsprogramm.

Der Raum wird durch die rd. 1000 km langen Küsten von Nordsee und Ostsee mit den ihnen vorgelagerten Watten und Inseln, durch die Unterläufe der Elbe, Weser/Jade, Ems, Trave und die schleswig-holsteinischen Förden geprägt. Mit dem eigentlichen Küstengebiet ist ein relativ schwach besiedeltes Hinterland verbunden.

Die wirtschaftlichen Bedingungen des Küstenraumes haben sich ebenso wie die des nordwestdeutschen Raumes überhaupt gegenüber der Vorkriegszeit und besonders gegenüber der Zeit vor 1914 erheblich verschlechtert. Damals hatte die Landwirtschaft noch ein hohes Gewicht in der gesamten Volkswirtschaft des Raumes. Die Notwendigkeit, in die Industrie auszuweichen, die in Süddeutschland bereits bestand, war im Küstenraum noch nicht gegeben. Die Seehäfen und vor allem die Hansestädte hatten ein weit über die Grenzen des Reiches hinausreichendes Hinterland. Insgesamt waren die strukturellen Verhältnisse des Raumes ausgewogen und innerhalb des Reiches zumindest als guter Durchschnitt zu bewerten bei allerdings beachtlichen Unterschieden im einzelnen.

Nach 1945 hat sich diese Situation tiefgreifend verändert. Die Landwirtschaft hat an Bedeutung in der Volkswirtschaft verloren. Die Seehäfen haben große Teile ihres ehemaligen Hinterlandes eingebüßt. Die Ein- und Ausfuhr der Bundesrepublik geht in großem Umfange über die Rheinmündungshäfen. Der überseeische Fahrgastverkehr ist vom Flugzeug übernommen. Der nordwestdeutsche Küstenraum ist aus einer Brückenlage in eine Randlage gekommen.

Allerdings haben sich auch neue Möglichkeiten ergeben. So hat Hamburg Funktionen bekommen, die früher der Reichshauptstadt Berlin zukamen. Damit konnte die Einbuße, die Hamburg als Welthafen und Handelsplatz erlitten hat, in einem gewissen Umfang ausgeglichen werden.

Insgesamt betrachtet sind jedoch nur geringe Ansatzpunkte für die derzeitigen Wachstumsbereiche der Wirtschaft vorhanden. Erst wenn die wirtschaftlichen Beziehungen zu den Ostblockstaaten sich erheblich intensiver als heute gestalten sollten, was zwar möglich, aber noch nicht abzusehen ist, könnte der nordwestdeutsche Raum wieder eine günstigere Ausgangslage gewinnen. Doch darf nicht übersehen werden, daß inzwischen in der DDR und Polen die Seehäfen und die Seeschiffahrt mit staatlichen Mitteln in einem bedeutenden Umfange ausgebaut sind und gefördert werden.

Ohne eine auf Schwerpunkte abgestellte staatliche Entwicklungspolitik wird deshalb der nordwestdeutsche Raum der Bundesrepublik seinen Rückstand nicht überwinden können. Dabei muß vor allem von zwei Grundforderungen ausgegangen werden:

— Planung und Planrealisierung müssen grenzüberschreitend, also ohne Rücksicht auf die bestehenden Grenzen der Bundesländer angelegt sein,
— die staatliche Raumordnungs- und Entwicklungspolitik darf sich nicht im Ausbau der Infrastruktur und in einer allgemeinen Wirtschaftsförderung erschöpfen. Sie muß vielmehr darüber hinaus die Förderung einzelner Objekte einbeziehen und Schrittmacherfunktionen leisten.

---

* Die Ausführungen stützen sich auf die Arbeit der Landesarbeitsgemeinschaft norddeutscher Bundesländer in der Akademie für Raumforschung und Landesplanung, die in dem Ende 1973 herausgegebenen Heft 1 der Beiträge zur Raumordnung und Landesentwicklung in Nordwestdeutschland veröffentlicht ist.

2. Ausgewählte Schwerpunkte

Aus dem breiten Aufgabenbereich sind als Schwerpunkte ausgewählt:
1. die Siedlungsstruktur
2. die Bevölkerungsentwicklung
3. die Seehäfen
4. die Industrieansiedlung am seeschifftiefen Wasser

2.1 Die Siedlungsstruktur im Küstenraum (siehe Abbildung)

Deutlich zeichnen sich zwei Raumkategorien ab: Räume mit überwiegend städtischer Struktur und erheblich über dem Durchschnitt des gesamten Raumes liegender Bevölkerungsdichte und Räume mit überwiegend ländlicher Struktur und unterdurchschnittlicher Dichte. Sie sollen im

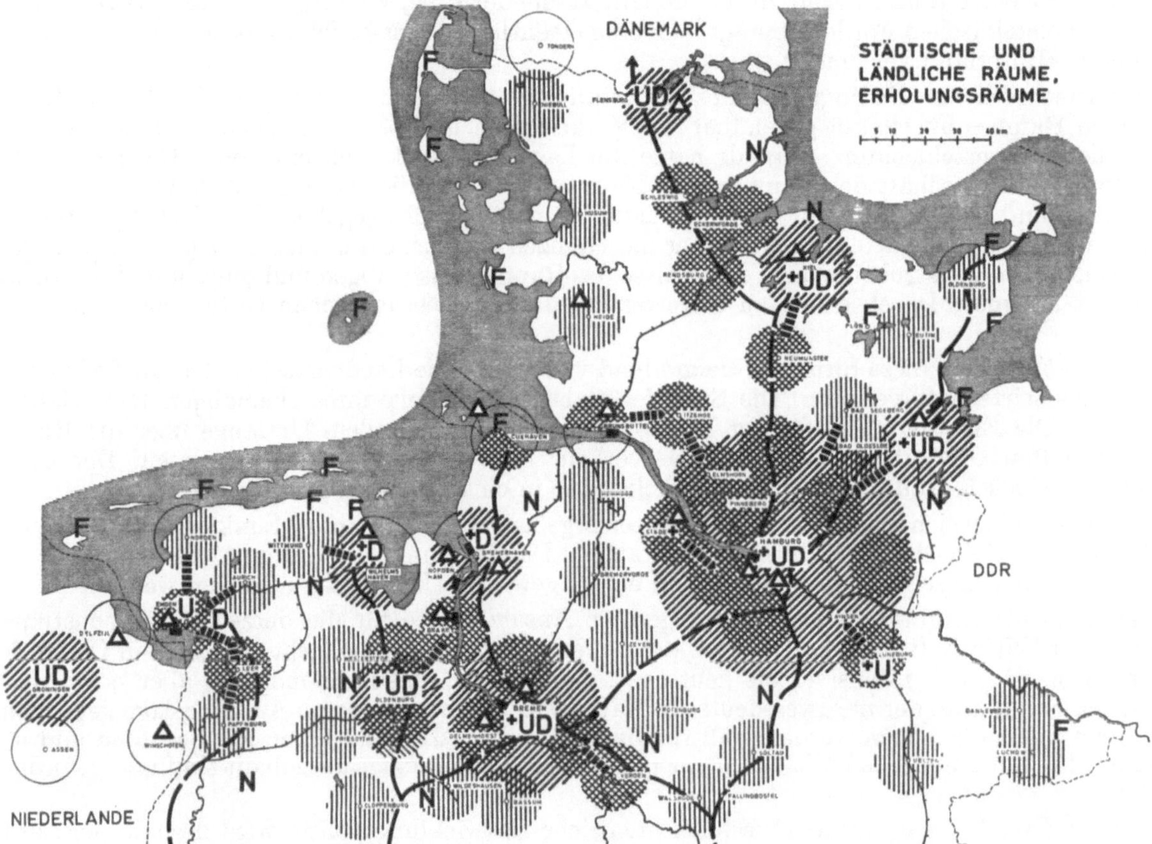

Zonen, die vorwiegend von Siedlungsbereichen der großstädtischen Verdichtungsräume bestimmt sind

Bereiche der städtischen Zentren im ländlichen Raum

N   Naherholungsräume

F   Ferienerholungsräume

D   Standort mit hohem Dienstleistungsanteil
U   Standort von Universität bzw. Gesamthochschule
+   Standort eines Zentralversorgungskrankenhauses
△   Industriestandort mit überregionaler Bedeutung
   Bezeichnung von Zuordnungsrichtungen
   Seehafen mit 1 Mill. to Güterumschlag und mehr
   Bundesautobahnen

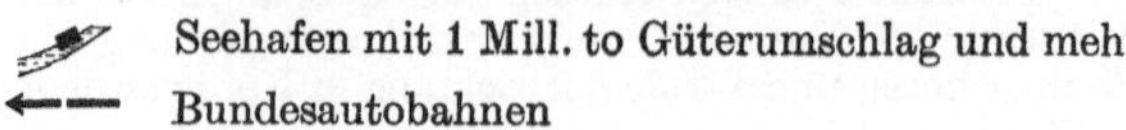

Dargestellt sind Zustand und feste Planungen

folgenden städtische und ländliche Räume genannt werden, wobei sich diese Unterscheidung auf Struktur und Dichte des Raumes, nicht auf Lebensstil und Lebensstandard seiner Bevölkerung bezieht, die sich in Stadt und Land immer mehr einander angleichen.

a) Städtische Räume

Die städtischen Räume haben sich an den Unterläufen der Ströme und an den Meeresbuchten entwickelt. In ihnen leben fast $^2/_3$ der Bevölkerung des Küstenraumes auf knapp 20% seiner Fläche. Ihre räumliche Ausdehnung ist entsprechend den topographischen Gegebenheiten und der Größe der zentralen Städte unterschiedlich. Sie reicht von 20 km im Durchmesser bei Wilhelmshaven und Oldenburg bis zu fast 100 km bei Hamburg. In allen Räumen deckt sich der Siedlungsbereich aber nicht mehr mit den kommunalen Grenzen der zentralen Stadt.

b) Ländliche Räume

Die ländlichen Räume haben nur ein Drittel der Bevölkerung des Gesamtraumes, aber 80% seiner Fläche bei einer Dichte von nur 40 bis 100 E/qkm. Einige dieser Räume sind zu dem ihnen benachbarten städtischen Raum orientiert, andere sind stärker eigenständig geblieben und unterliegen seit langem einem Entvölkerungsprozeß. Als allgemeines Ziel kann gelten, ihnen durch planmäßigen Ausbau zentraler Orte als Träger überörtlicher Versorgungssysteme eine Mindestdichte auf Dauer zu erhalten. Von den zentralen Orten hat aber zur Zeit keiner 50 000 Einwohner; die meisten bleiben mit 10 bis 20 000 Einwohnern weit darunter. Bei einem leistungsfähigen System von Landstraßen und einem gut entwickelten öffentlichen Personennahverkehr (Linienbus und Schulbus) können aber die Einzugsbereiche der zentralen Orte einen Durchmesser von bis zu 50 km erhalten und damit eine ausreichende Einwohnerzahl.

In den ländlichen Räumen liegen auch die Erholungs- und Fremdenverkehrsgebiete: die Lüneburger Heide, das Hannoversche Wendland, die Wildeshauser Geest, die holsteinische Seenlandschaft u. a. Dabei ergeben sich Konfliktsituationen zwischen Ansiedlung von Industrien und Kraftwerken einerseits und Erholung andererseits, z. B. im weiteren Raum von Wilhelmshaven und im Raum Cuxhaven bei der Realisierung des Projektes Neuwerk/Scharhörn. Solche Situationen müssen frühzeitig erkannt und können dann entschärft werden.

2.2 Die Bevölkerungsentwicklung
a) von 1961 bis 1970

Zwischen den beiden letzten Volkszählungen hat die Bevölkerung des Küstenraumes noch um 6,5% zugenommen, das sind 450 000 Einwohner. Die Entwicklung ist in den einzelnen Teilen des Gebietes aber sehr unterschiedlich gewesen. Die Zunahme beruhte vor allem auf den damals noch hohen Geburtenüberschüssen in den westlichen Teilen des Küstenraumes und auch auf dem Zugang ausländischer Arbeitskräfte.

b) seit 1970

In den letzten Jahren haben die Geburtenüberschüsse in den meisten Industriestaaten erheblich abgenommen. Im Bundesgebiet übersteigt zur Zeit die Zahl der Sterbefälle die Zahl der Geburten. Prognosen über die natürliche Bevölkerungsentwicklung sind zwar erfahrungsgemäß schwierig, da diese Entwicklung von dem Verhalten der Menschen abhängig bleibt; mit einer Abnahme der Bevölkerung kann aber gerechnet werden. Die Voraussetzungen für ein Wachstum, wie wir es seit der Mitte des 19. Jahrhunderts gehabt haben, sind nicht mehr gegeben. Die Sterbeziffer hat sich stabilisiert, die Geburtenziffer ist niedrig geworden.

Wieweit die Nachfrage nach Arbeitskräften weiterhin durch Zugang aus weniger arbeitsintensiven Ländern mit noch hohen Geburtenraten gedeckt werden kann und soll, ist schwer vorauszusagen. Grenzen des Aufnahmevermögens zeigen sich aber auch hier sowohl für das aufnehmende Land, als auch für die aufzunehmende Arbeitskraft. Allerdings liegt die Zahl der ausländischen Arbeiter mit nur rd. 2% aller Erwerbstätigen im Küstenraum noch erheblich unter den Anteilssätzen in den west- und süddeutschen Bundesländern.

Die künftige Bevölkerungsentwicklung wird also auch im Küstenraum nicht mehr durch das natürliche Wachstum bestimmt werden, sondern durch die Wanderungsbewegung zwischen den Wirtschaftsregionen des Bundesgebietes und innerhalb des Raumes selbst.

c) Stadterneuerung

Stadt- und Landesentwicklung stehen also an einem entscheidenden Wendepunkt. Eine lange Periode ständigen Wachstums der Bevölkerung klingt aus. In dieser Periode mußte die Stadterweiterung im Vordergrund stehen, die Stadterneuerung, der Prozeß der Regeneration, dagegen zurückbleiben.

Sie kann jetzt an die erste Stelle treten und wird nicht wie bisher die Stadterweiterung unter dem Druck der Zeit stehen. Damit ist die Chance gegeben, der qualitativ geprägten Entwicklung einen Vorrang vor der quantitativen zu geben. Ein grundsätzlicher Wandel unserer zwar in jüngster Zeit erschütterten, aber noch weithin konsum- und wachstumsorientierten Ziel- und Wertvorstellungen ist hierfür allerdings eine Voraussetzung. Für die Wanderung zwischen den im Wettbewerb miteinander stehenden Wirtschaftsregionen werden neben dem Angebot gesicherter und gut bezahlter Arbeitsplätze die Qualität der allgemeinen Lebensbedingungen, d. h. der Wohnungen und Wohnquartiere, der Einrichtungen für Bildung, Gesundheit und Freizeitgestaltung wie auch die Güte der Naherholungsräume in der Landschaft bestimmende Faktoren werden.

d) Zunehmende Aufgaben des Gemeinbedarfs

Das bedeutet, daß immer mehr Aufgaben, die früher von Privaten oder von der Kirche erfüllt wurden, soweit sie schon bestanden und als erforderlich anerkannt wurden, vom Staat und von den Gemeinden übernommen werden müssen. Die öffentlichen Investitionsmittel aber sind begrenzt und können deshalb nicht mehr nach Gesichtspunkten der Förderungsgleichheit und schon gar nicht aus der Sicht des einzelnen zu fördernden Objektes — ein Schulzentrum, ein Krankenhaus, ein Wohnungsbauprojekt, eine Schnellbahnstrecke — eingesetzt werden, sondern nur nach optimaler Wirksamkeit aus der Sicht der Landes- und Stadtentwicklung. Für die notwendige Koordinierung der von verschiedenen Ressorts betreuten und finanzierten Förderungsmaßnahmen untereinander und mit der Landes- und Stadtentwicklung müssen staatliche Standortprogramme aufgestellt und Prioritäten gesetzt werden. Hierdurch gewinnt der Staat an Einfluß, erhalten die Ziele von Raumordnung und Landesplanung ein stärkeres Gewicht. Die Kommunen werden die ihnen gesetzlich übertragene Planungshoheit um so eher behaupten, wenn sie sich des größeren Raumes bewußt werden, in den die Entwicklung der Städte und Gemeinden immer mehr einmünden wird. Die Stadt von morgen ist die Region von heute!

e) Regionale Verbände

Durch die Gebiets- und Verwaltungsreform sind in Schleswig-Holstein und in Niedersachsen zwar größere Gemeinden geschaffen worden. Trotzdem ist es aber notwendig, für die städtischen Räume, deren Grenzen sich mit dem durch die Gebietsreform vergrößerten kommunalen Gebiet noch nicht decken, regionale Verbände zu schaffen, die im nordwestdeutschen Raum für den Großraum Hannover und den Raum Kiel schon länger bestehen.

Das gilt im Küstenraum ganz besonders für die Räume, die sich über mehrere Bundesländer erstrecken:

— den Raum Hamburg-Unterelbe

— den Raum Bremen-Delmenhorst

— den Raum Bremerhaven-Nordenham

— den Raum Cuxhaven-Neuwerk/Scharhörn.

Der Raum Emden/Leer kann darüber hinaus nur gemeinsam mit den niederländischen Häfen an der Emsmündung entwickelt werden.

Die gemeinsame Landesplanung zwischen Hamburg und Niedersachsen sowie Schleswig-Holstein und zwischen Bremen und Niedersachsen vermag als eine rein staatliche Behörde diese Aufgaben nicht wirksam zu erfüllen. Die unmittelbare Beteiligung der Gemeinden und Gemeindeverbände und auch der regionalen Träger öffentlicher Belange ist unentbehrlich.

2.3 Die nordwestdeutschen Seehäfen

Die Bundesrepublik muß in starkem Maße außenwirtschaftlich orientiert sein, weil nur so für ihre Bevölkerung ein angemessener Lebensstandard gesichert werden kann. In diesem Zusammenhang haben der nordwestdeutsche Küstenraum und in ihm die Seehäfen eine besondere Bedeutung, da sie als Quell- und Zielpunkte eines weltweiten Güteraustausches den außenwirtschaftlichen Bedürfnissen unseres Staates in hohem Maße dienen. Die Seehäfen sind deshalb durch gezielte Maßnahmen so zu entwickeln, daß sie im Wettbewerb mit den konkurrierenden Häfen ein wirtschaftliches Eigengewicht von Rang behalten können.

a) Der Seegüterverkehr

Der gesamte Weltgüterverkehr über See hat sich in den vergangenen 40 Jahren etwa verdoppelt. Die quantitative Zunahme ist zu einem großen Teil auf das überproportionale Anwachsen der Mineralöltransporte zurückzuführen. Es fragt sich aber, ob sich diese Entwicklung in Zukunft nachhaltig fortsetzen wird. Es stellt sich auch die Frage, ob der u. a. durch eine „Wegwerfwirtschaft" stimulierte, ständig ansteigende Rohstoffbedarf, auch aus Gründen des Umweltschutzes durch Erzeugung langlebiger Konsumgüter vermindert werden wird. Schließlich nimmt der Luftfrachtverkehr zu — freilich nur im Bereich hochqualifizierter Stückgüter — was sich aber auch zu Lasten des Seegüterverkehrs auswirkt.

b) Die seewärtigen Zufahrtswege

Auch für den Ausbau der seewärtigen Zufahrtswege zu den Häfen gibt es Grenzen, die sich einerseits aus den natürlichen Bedingungen der Ströme und Meere ableiten, andererseits sich aus wirtschaftlichen Überlegungen ergeben oder doch ergeben sollten.

Das führt zwangsläufig zu der Frage, ob und wieweit die Schiffbautechnik in der Lage sein wird, Schiffsgefäße zu konstruieren, die eine größere Tragfähigkeit ohne wesentliche Zunahme des Tiefganges erreichen. Der sogenannte Eurotanker, der bei einer Tragfähigkeit von rd. 360 000 tdw keinen erheblich größeren Tiefgang aufweist als die heutigen 250 000 tdw-Tanker, hat sich den natürlichen Gegebenheiten, vor allem der Zufahrt zu dem bedeutendsten Nordseehafen, Rotterdam, angepaßt.

Die folgenden Angaben sind dem Bericht der im Sommer 1969 vom Bund und den vier Küstenländern eingesetzten sogenannten Tiefwasserhäfenkommission entnommen.

Nordsee

Stromelbe (Hamburg — Cuxhaven). Die seewärtige Zufahrt nach Hamburg ist auf 12 m unter Seekartennull ausgebaut. In Tidefahrt können Schiffe mit etwa 75 000 tdw Hamburg erreichen; mit einer weiteren Vertiefung auf 13,5 m unter SKN ist begonnen. Nach ihrer Vollendung wird Schiffen mit etwa 100 000 tdw die Zufahrt unter Ausnutzung der Tide ermöglicht. Für Stade gelten dieselben Werte wie für Hamburg. Die Stromkaje in Brunsbüttel kann nach Ausbau der Elbe bis auf 13,5 m unter SKN in Tidefahrt von Schiffen bis zu etwa 120 000 tdw angelaufen werden.

Außenelbe. Die natürliche Wassertiefe der Außenelbe beträgt bei Scharhörn/Neuwerk 22 m unter SKN. Bei Bedarf läßt sich die Zufahrt bis Scharhörn/Neuwerk aber erheblich weiter ausbauen.

Unterweser (Bremen — Bremerhaven). Die Unterweser wird zur Zeit von 8 m auf 9 m unter SKN vertieft. Bremen kann dann von Schiffen mit 35 000 tdw in Tidefahrt angelaufen werden, Brake von Schiffen mit 50 000 tdw, Nordenham von Schiffen mit 70 000 tdw. Aus technischen, wirtschaftlichen und auch aus nautischen Gründen dürfte diese Vertiefung die letzte Ausbaustufe der Unterweser sein.

Außenweser. Bremerhaven kann nach Abschluß des 12m-Ausbaues der Außenweser in Tidefahrt von Schiffen bis zu 85 000 tdw erreicht werden. Der Ausbau bis auf 14 m unter SKN ist technisch möglich und auch wirtschaftlich noch vertretbar; er würde Schiffen bis zu etwa 120 000 tdw den Zugang bis Bremerhaven ermöglichen.

Jade. Die Außenjade ist für Schiffe bis zu 250 000 tdw vertieft. Wie die folgende Tabelle zeigt, ist ein wesentlich darüber hinausgehender Ausbau des Fahrwassers im Vergleich mit der Außenelbe mit sehr großen Aufwendungen verbunden.

Kostenvergleich des Ausbaues der Jade und der Außenelbe

	Schiffsgröße		
	350 000 tdw DM	500 000 tdw DM	700 000 tdw DM
Jade			
heutige Strompier	1 880 Mio	3 170 Mio	4 660 Mio
mögliche neue Strompier bis Minsen	970 Mio	1 630 Mio	2 470 Mio
Außenelbe			
bis Neuwerk/Scharhörn	100 Mio	260 Mio	570 Mio

Ems. Der Hafen von Emden kann heute — von Sonderfällen abgesehen — von voll beladenen Schiffen bis zu 40 000 tdw in Tidefahrt angelaufen werden, bei einem noch möglichen Ausbau des Fahrwassers der Ems (z.Z. 8,5 m unter SKN) bis auf 10,5 m unter SKN von Schiffen bis zu 60 000 tdw. Etwa 13 km unterhalb der Einfahrt zum Hafen Emden läßt sich auf dem Rysumer Nacken ein Umschlagsplatz anlegen, der bei einer entsprechenden Vertiefung des Fahrwassers Schiffen bis zu 80 000 tdw den Zugang gestatten würde.

Die Niederländer haben in jüngster Zeit an dem gegenüberliegenden Ufer der Ems den Seehafen Eemshaven angelegt, der von Schiffen bis zu 80 000 tdw angelaufen werden kann.

Ostsee

Als Zufahrt in die Ostsee aus dem Kattegat kommt für Großschiffe nur der Große Belt in Frage, der zur Zeit bei 14,5 m Wassertiefe für 80 bis 90 000 tdw Schiffe befahrbar ist. Die Bemühungen gehen dahin, den Seeweg von Skagen durch den Großen Belt in die Ostsee für Schiffe mit 100 bis 120 000 tdw zugänglich zu machen. Dieser Entwicklung werden sich, wie bekannt gewordene Planungen zeigen, die Anliegerstaaten der Ostsee zu gegebener Zeit anpassen.

Nord-Ostsee-Kanal. Der Nord-Ostsee-Kanal hat 11 m Wassertiefe. Der erlaubte Schiffstiefgang ist 9,50 m. Der Kanal bewältigt noch etwa 50% des gesamten externen Ostseeverkehrs.

Kieler Förde. Die Förde hat natürliche Wassertiefen zwischen 12 und 14 m. Die Kieler Häfen haben am Kai eine Wassertiefe von 9 bis 10 m.

Trave. Das Fahrwasser der Trave hat zur Zeit bei Travemünde eine Tiefe von 9 m und von dort bis Lübeck eine Tiefe von 8,50 m. Die Ausbauarbeiten streben eine Fahrwassertiefe von 10,50 m bis zur Nordmole Travemünde und von 9,50 m bis zu den Stadthäfen in Lübeck an. Das bedeutet, daß dann Schiffe bis 70 000 tdw den Skandinavienkai in Travemünde und Schiffe bis zu 35 000 tdw die Stadthäfen erreichen können.

c) Die Schiffsgrößen

Neben den konventionellen Schiffen des Stückgutverkehrs sind in den letzten Jahren in schnell zunehmendem Umfang Vollcontainerschiffe und Mehrzweckschiffe eingesetzt. Die Vollcontainerschiffe der sogenannten dritten Generation haben Größen von etwa 50 000 BRT und entsprechen in ihren Abmessungen den Passagierschiffen der Vorkriegszeit, z.B. der „Bremen" und „Europa". Im Augenblick bestehen zwar noch keine Anzeichen dafür, daß diese Schiffe Dimensionen annehmen werden, die ein Anlaufen von Hamburg und Bremerhaven nicht mehr ermöglichen; es muß aber mit einem weiteren Anwachsen der Schiffsgrößen gerechnet werden.

Es ist nicht ausgeschlossen, daß bei künftigen Containerneubauten die Frage des Tiefganges kritisch werden kann. Dem Bund fällt deshalb die Aufgabe zu, für den Ausbau der seewärtigen Zufahrtswege — Elbe und Außenweser — alles zu tun, um den deutschen Häfen Containerfracht, d.h. einen wesentlichen Teil des Stückgutverkehrs, zu erhalten.

d) Der Tiefwasserhafen

Die sogenannte Tiefwasserhäfenkommission wurde zur Untersuchung der Frage eingesetzt,

„ob ein Bedarf von Tiefwasserhäfen an der deutschen Küste besteht und ggf., wo diese zu errichten sind."

Bei den Tankern überwiegen immer mehr Großschiffe mit 200 000 tdw und mehr, die voll beladen weder die Elbe noch die Weser anlaufen können; für sie ist Wilhelmshaven der gegebene Umschlagplatz. Es wurde schon darauf hingewiesen, daß für den weiteren Ausbau des Jadefahrwassers eine Grenze abzusehen ist. Deshalb ist die Frage erörtert, welche Möglichkeiten für die Aufnahme der Tanker bestehen, die voll beladen den Tiefwasserhafen Wilhelmshaven nicht mehr erreichen können. In der Deutschen Bucht sind zwischen Wangerooge und Helgoland und westlich vom Feuerschiff Elbe natürliche Wassertiefen von 35 m vorhanden. Es könnte eine künstliche Insel vor der Küste für den Mineralölumschlag geschaffen werden, die mit dem Festland durch eine Rohrleitung verbunden werden müßte, oder es könnte das Fahrwasser von Feuerschiff Elbe bis Scharhörn vertieft werden. Es ist aber auch denkbar, daß Supertanker die Nordseehäfen gar nicht anlaufen werden, sondern die an der atlantischen Küste in Irland und Frankreich gelegenen Häfen oder Marseille, für die keine Beschränkungen hinsichtlich der Schiffsgrößen bestehen. Von dort aus könnte das Öl auf geleichterten oder auf kleineren Schiffen in die Nordseehäfen oder über Rohrleitungen unmittelbar zu den Raffinerien gebracht werden.

Neuerdings zeichnet sich eine andere Entwicklungsmöglichkeit insofern ab, als auf der Grundlage der Erdöl- und Erdgasvorkommen in der Nordsee an ein Verteilungszentrum im Bereich der Doggerbank gedacht wird, das auch von Supertankern angelaufen werden könnte. Der Ausbau von Umschlaganlagen in der Deutschen Bucht würde sich für Supertanker dann erübrigen.

Das Verteilungszentrum soll durch Rohrleitungen mit dem Festland verbunden werden. Emden (Rysumer Nacken) wird der Endpunkt für eine Erdgasleitung aus dem Raum von Ekofisk werden. Der Endpunkt für eine Mineralöl-Rohrleitung dürfte Wilhelmshaven sein.

Diese Entwicklung muß sorgfältig verfolgt werden. Bis auf weiteres ist jedoch Wilhelmshaven in der Lage, den zu erwartenden Mineralölumschlag der Bundesrepublik zu bewältigen.

Auch im Erzverkehr sind bereits Schiffe mit 150 000 tdw und mehr eingesetzt, die voll beladen die vorhandenen deutschen traditionellen Erzumschlaghäfen nicht anlaufen können, wohl aber den Tiefwasserhafen Wilhelmshaven, in dem dann entsprechende Umschlaganlagen geschaffen werden müßten.

Für Kohletransporte ist die Verwendung von Großschiffen über 100 000 tdw zur Zeit nicht zu erwarten. Dieses könnte sich aber ändern, falls Löschanlagen für Schiffe dieser Größe in einem Tiefwasserhafen zur Verfügung gestellt werden (z. B. in Wilhelmshaven).

Für den Getreideumschlag wird nicht damit gerechnet, daß ein nennenswerter Teil des Verkehrs auf einen Tiefwasserhafen abwandert, zumal Lagermöglichkeiten in ausreichendem Umfang in den traditionellen Getreidehäfen zur Verfügung stehen.

e) Fährverkehr

Während der überseeische Fahrgastverkehr im Liniendienst durch den Luftverkehr verdrängt ist, hat sich der Fährverkehr in der Nordsee, vor allem aber in der Ostsee von Lübeck und Kiel in die skandinavischen Länder, stark entwickelt (Personen, Kraftfahrzeuge, Stückgut).

Dabei steht Lübeck im Wettbewerb mit dem Fährverkehr zwischen Schweden und den Häfen der DDR wie auch Polens.

f) Aufgabenteilung zwischen den Seehäfen

Über den seewärtigen Güterumschlag in den Seehäfen der Bundesrepublik gibt die folgende Tabelle einen guten Überblick. Sie zeigt u. a. die besondere Stellung der Häfen Hamburg und Bremen/Bremerhaven.

Seewärtiger Güterumschlag in den Seehäfen der BRD 1974 (Häfen mit mindestens 500 000 t Jahresumschlag)

| | in 1000 t | in 1000 t | | | | | |
	insgesamt	darunter Sack- und Stückgut	darunter Massengüter Roh- und Mineralöle	Erze	Kohlen	Getreide	Holz
Elbehäfen							
Hamburg	51 970	15 377	19 148	2 120	2 446	3 440	529
Brunsbüttel	6 992	503	6 120	8	—	26	1
zusammen	58 962	15 880	25 268	2 128	2 446	3 466	530
Weser-Jade-Häfen							
Bremen/Bremerhaven	26 475	14 383	3 723	4 487	1 310	965	728
Nordenham	6 548	182	1 423	3 820	238	344	—
Brake	4 453	1 189	338	1 110	6	1 270	42
Wilhelmshaven	30 538	393	29 457	—	—	—	114
zusammen	68 014	16 147	34 941	9 417	1 554	2 579	884
Ems							
Emden	15 683	707	3 763	7 963	2 378	294	5
Ostseehäfen							
Lübeck	6 234	3 912*	124	778	428	198	187
Kiel	1 332	569**	188	—	372	99	9
Flensburg	628	71	117	—	148	39	25
zusammen	8 194	4 552	429	778	948	336	221

*) darunter 2676 t Fährverkehr **) darunter 252 t Fährverkehr Quelle: Bundesminister für Verkehr, Abt. Seeverkehr

Anmerkungen:

1. Es handelt sich bei den Umschlagszahlen um vorläufige Ergebnisse.

2. Ab 1973 werden die Eigengewichte der im Seeverkehr beförderten Reise- und Transportfahrzeuge sowie der beladenen und unbeladenen Container, Trailer und Trägerschiffsleichter nicht mehr in die Ergebnisse einbezogen. Insofern sind die Ergebnisse ab 1973 mit den Vorjahren nur bedingt vergleichbar.

Im Zusammenhang mit der anzustrebenden Entwicklung der deutschen Nordseehäfen stellt sich zwangsläufig die Frage, ob und wie weit eine Aufgabenteilung zwischen ihnen als nützlich anzusehen und möglich ist.

Dazu ist vorweg zu bemerken, daß zur Zeit eine durch geschichtliche Entwicklung und natürliche Gegebenheiten gewordene und bedingte Aufgabenteilung zwischen den deutschen Nordseehäfen bereits besteht. Der Stückgutverkehr, das Kernstück eines Seehafens, geht zu etwa gleichen Teilen über Hamburg und Bremen/Bremerhaven. Diese Häfen sind Universalhäfen; sie haben Stückgut- und Massengutumschlag, regelmäßige Liniendienste, Reedereien, Hafendienste verschiedener Art,

Handelshäuser für Ein- und Ausfuhr, Banken und Versicherungen, konsularische Vertretungen und andere für einen Welthafen charakteristische Einrichtungen. Sie sind gleichzeitig Standorte hafenorientierter Industrien. Die übrigen deutschen Nordseehäfen Emden, Wilhelmshaven, Nordenham, Brake, Brunsbüttel sind überwiegend oder ganz Umschlagplätze für Erze, Kohle, Getreide, Mineralöle und sonstige Massengüter sowie Kraftfahrzeug-Transporte und für die an diesen Plätzen am seeschifftiefen Wasser angesiedelten Industrien.

Eine darüber hinausgehende Aufteilung bestimmter Güter zwischen den einzelnen Umschlagplätzen würde dem Wesen eines Seehafens als Instrument der freien Wirtschaft widersprechen. Ein Hafen muß schnell reagieren können, um sich den sich häufig verändernden Anforderungen der Schiffahrt, des Güterumschlags, des Handels in allen Sparten sowie den Wettbewerbern anzupassen. Hierfür sind die in den letzten Jahren in den deutschen Häfen, vor allem in Hamburg, Bremen/Bremerhaven und Lübeck, geschaffenen Anlagen für den roll-on/roll-off-Verkehr, den Containerumschlag, neuerdings auch für die Abfertigung von Lash-Schiffen wie auch die ständige Modernisierung und Anpassung der bestehenden Anlagen anschauliche Beispiele.

Es muß aber angemerkt werden, daß die Tiefe der seewärtigen Zufahrtswege ein entscheidender Bestimmungsfaktor ist und in Zukunft noch mehr sein wird. Dies gilt vor allem für den Massengutverkehr, z.B. Wilhelmshaven als Tiefseehafen für Mineralölumschlag, aber auch für trockene Massengüter.

g) Die Hinterlandverbindungen der Seehäfen

Binnenschiff. Hamburg ist über die Elbe, künftig auch über den Elbe-Seiten-Kanal mit dem Hinterland verbunden, Bremen und die Unterweserhäfen haben über die Weser Anschluß an den Küstenkanal und den Mittellandkanal. Emden ist unmittelbar an den Dortmund-Ems-Kanal angeschlossen. Diese Wasserstraßen sind oder werden für den Europakahn (1350 t) ausgebaut. Für Wilhelmshaven fehlt ein entsprechender Anschluß. Die Forderung ist bisher aber von der Wirtschaft noch nicht gestellt.

Lübeck ist nur über den 70 Jahre alten Elbe-Lübeck-Kanal an das Netz der Binnenwasserstraßen angeschlossen. Dieser Kanal ist den heutigen Anforderungen an die Schiffsgrößen nicht mehr gewachsen. Es ist noch offen, ob und wann der Kanal für die Aufnahme des Europakahns ausgebaut werden muß.

Eisenbahn. Hamburg, Bremen/Bremerhaven und Emden haben leistungsfähige Hinterlandverbindungen auf der Schiene. Die Engpässe im Eisenbahnverkehr liegen nicht im Küstenraum, sondern vor allem auf der hoch belasteten Strecke Hannover-Göttingen-Eichenberg-Bebra; Maßnahmen zur Entlastung dieser Strecke werden vorbereitet.

Die Bahnverbindung von Wilhelmshaven nach Oldenburg — Osnabrück muß entsprechend dem fortschreitenden Ausbau der dortigen Umschlagseinrichtungen und der Industrie verbessert werden. Das gilt ebenso für die Bahnstrecken Cuxhaven — Harburg und Cuxhaven — Bremerhaven bei Anlage eines Hafens auf Scharhörn.

Autobahnen (Bundesfernstraßen). Hamburg und Bremen sind an die Autobahnen in das Rhein-Ruhrgebiet sowie nach Hannover — Kassel angeschlossen. Die Autobahnen von Bremen nach Bremerhaven — Cuxhaven und von der Hansa-Linie über Oldenburg nach Wilhelmshaven sind im Bau. Die Autobahn Hamburg — Flensburg/Kiel ist zum größten Teil fertiggestellt.

Die „Emslandlinie", die aus dem Raum Frankfurt kommende sogenannte „Gießen-Linie" wie auch die Küstenautobahn sind bisher erst Planungen.

Die norddeutschen Bundesländer haben sich über die Lage der Elbüberquerung der Küstenautobahn auf „Stade" (Tunnel und Brücke) geeinigt. Die Überquerung der Unterweser wird oberhalb von Bremerhaven bei Dedesdorf liegen.

Lübeck bemüht sich um den Ausbau seiner Fernstraßenverbindungen, und zwar nach „Norden" und nach „Süden", d.h. in die Richtungen in die sich seine Einzugsbereiche nach 1945 verlagert haben. Die Wünsche beziehen sich auf:

— den Anschluß des Vorhafens Travemünde an die Autobahn,

— die Verlängerung der Autobahn bis nach Fehmarn,

— den Bau der „Nordland"-Autobahn: Puttgarden (Fehmarn) — Lübeck — Lüneburg — Braunschweig — Harz.

2.4 Industrieansiedlung in den Seehäfen

Im Laufe der letzten 20 Jahre hat die Industrieansiedlung wachsende Bedeutung für die Seehäfen erhalten. Diese Erkenntnis ist nicht neu. Hamburg hat bereits im 19. Jahrhundert nach dem Zollanschluß an das Deutsche Reich eine bedeutende Industrie im Freihafengelände entwickelt. Die bremische Wirtschaft hat zu Beginn des 20. Jahrhunderts planmäßig Industrieansiedlung im Raum Bremen und an der Unterweser betrieben.

In den Rhein-Schelde-Häfen und in den französischen Kanalhäfen sind nach 1950 große Industrieflächen erworben, erschlossen und an Industriebetriebe verkauft oder verpachtet. Die deutschen Nordseehäfen haben diesen neueren ausländischen Beispielen entsprechende Leistungen nicht aufzuweisen. Der föderative Aufbau der Bundesrepublik hat zu einer starken Aufsplitterung der Aktivitäten geführt.

Unter erheblichen finanziellen Aufwendungen hat das Land Niedersachsen in Wilhelmshaven und Stade Löschbrücken gebaut, das Land Schleswig-Holstein den Elbehafen Brunsbüttel. An diesen drei Plätzen ist Gelände erworben, erschlossen und an Industriebetriebe vergeben. In Wilhelmshaven ist in Verbindung mit der Vertiefung der Außenjade Neuland (ca. 1500 ha) aus dem Watt für Industrieansiedlung gewonnen.

In einem Zentralstaat wären die für diese Anlagen erforderlichen, sehr bedeutenden Mittel, sicher mehr konzentriert worden. Es drängt sich deshalb die Frage auf, ob diese in einem föderalistischen Staat zwar legitimen und auch verständlichen Alleingänge der Bundesländer der von allen angestrebten und notwendigen Stärkung des norddeutschen Küstenraumes insgesamt dienlich sind.

Die genannten Anlagen lassen sich mit den ausländischen Beispielen nicht vergleichen. In Le Havre stehen bis zu 10 000 ha, in Rotterdam und in Antwerpen bis zu 8000 ha zur Verfügung. Flächen ähnlicher Größe sind an der deutschen Nordseeküste nur an drei Plätzen vorhanden:

— im Hamburger Süderelberaum   rund 3000 ha (netto)
— auf der Luneplate südlich von Bremerhaven   4 bis 5000 ha (brutto)
— auf Scharhörn   bis zu 5000 ha (brutto).

Bis auf Teile des Süderelberaumes sind diese Flächen jedoch noch nicht erschlossen.

In dem Kommissionsbericht wird zur Industrieansiedlung u. a. ausgeführt:

„Industrieflächen, an denen größere Schiffe (Größenordnung 250 000 tdw) abgefertigt werden können, sind gegenwärtig nur in Wilhelmshaven vorhanden bzw. werden dort noch erschlossen. Ein großer Teil der vorhandenen bzw. noch zu erschließenden Flächen ist jedoch bereits verplant; es ist deshalb damit zu rechnen, daß Grundstücke an sehr tiefem Wasser unter Umständen schon in absehbarer Zeit nicht mehr verfügbar sein werden."

„Große Grundstücke können unter vertretbarem Aufwand nur in Festlandnähe hergestellt werden. Günstige Möglichkeiten bietet dafür das Gebiet Scharhörn. Nach dem Bau eines Hafens würde es zusammen mit Wilhelmshaven zwei Standorte an sehr tiefem Wasser und eine Anzahl von Standorten geben, die ebenfalls von größeren, wenn auch nicht von sehr großen Schiffen angelaufen werden können.

Der Überblick über die Anforderungen der einzelnen Industriezweige zeigt, daß die Standorte der letztgenannten Kategorie selbst bei Vorhandensein größerer Flächen an sehr tiefem Wasser attraktiv bleiben werden, weil die Wassertiefe auch zukünftig für viele Betriebe nicht das entscheidende Kriterium sein wird. Der Umstand, daß auch Industriestandorte, die nicht an sehr tiefem Wasser liegen, ihre besonderen Vorteile weiter werden ins Spiel bringen können, ist wichtig im Hinblick auf den Verlust, den einzelne Anlagen für den Umschlag von Massengütern infolge der Entwicklung von Tiefwasserhäfen erleiden dürften."

Dieser Hinweis hat besondere Bedeutung für einen Hafenplatz mit langer Tradition, wie es Emden ist.

Hierbei müssen unterschieden werden: Betriebe, die ohne engeren Verbund mit einem Hafenplatz vor allem das seeschifftiefe Wasser benötigen, und solche, die auch engen Kontakt mit anderen Betrieben und mit zahlreichen Diensten eines Hafens wünschen. Für die erste Art sind Dow-Chemical in Stade und Alusuisse in Wilhelmshaven Beispiele, für die zweite Art viele der in Hamburg und Antwerpen angesiedelten Industrien.

In beiden Fällen darf aber Industrieansiedlung nicht getrennt von der übrigen regionalen und lokalen Entwicklung sowie von den Auswirkungen auf die natürliche Umwelt (Luft, Wasser, Lärm u. a.) behandelt werden. Außer Verkehrsanschlüssen auf der Schiene und Straße sind zahlreiche andere Folgeeinrichtungen erforderlich. In Städten, die bereits über eine gute Infrastruktur verfügen, sind solche Einrichtungen vorhanden oder mit vertretbarem Aufwand zu ergänzen; in kleinen Städten bedarf es hierfür hoher Investitionen, die in der Regel unterschätzt und häufig zu spät berücksichtigt werden.

Trotz der heute technisch möglichen Maßnahmen sind Beeinträchtigungen der Umgebung durch Lärm, Gerüche, Gase, Staub, Abwässer usw. nicht auszuschließen. Auch hierzu ein Zitat aus dem Kommissionsbericht:

> „Die vergleichsweise geringe Zahl potentieller Standorte entspricht dem von Bund und Ländern verfolgten Prinzip der Konzentration von Maßnahmen zur Verbesserung der regionalen Wirtschaftsstruktur auf entwicklungsfähige Schwerpunkte. Diese Konzentration kommt auch den Bedürfnissen des Landschaftsschutzes entgegen. Im Hinblick auf befürchtete Gefährdungen der natürlichen Umwelt ist darauf hinzuweisen, daß die Industrialisierung im deutschen Küstenraum bisher noch nicht zu unvertretbaren Belastungen geführt hat und daß es möglich sein wird, diese — durch Anwendung neuerer ökologischer Erkenntnisse und moderner umweltfreundlicher Technologien — auch in Zukunft zu vermeiden.
> Die Kommission weist indessen darauf hin, daß bei Planungen, die auf die Ansiedlung besonders großer Betriebe abzielen, auf die Gefahr des Entstehens regionaler Monostrukturen geachtet werden muß."

Deshalb ist es notwendig, nicht zuletzt im Hinblick auf die jüngsten im nordwestdeutschen Küstenraum gewonnenen Erfahrungen, für die Wirtschaftsräume am Unterlauf der Elbe, der Weser/Jade und der Ems die Ländergrenzen übergreifende regionale Rahmenpläne zu schaffen, in denen alle raumrelevanten Bereiche, auch die natürlichen Umweltbedingungen, erfaßt werden. Erst aus solchen Plänen lassen sich mit ausreichender Zuverlässigkeit die erforderlichen Gesamtinvestitionen ermitteln, Prioritäten setzen und Fehlinvestitionen vermeiden. Dies ist insbesondere dann unerläßlich, wenn von den Ländern Bundesmittel erwartet werden; für den Ausbau von Wasserstraßen, Eisenbahnen und Bundesfernstraßen wie auch bei den regionalen Aktionsprogrammen werden bereits heute erhebliche Bundesmittel eingesetzt.

Das Projekt Neuwerk/Scharhörn

Hamburg hat das Gebiet Neuwerk/Scharhörn durch einen Staatsvertrag von Niedersachsen zurückerhalten; diesen Außenposten hat die Hansestadt bis 1937 innerhalb der Exklave Ritzebüttel besessen. Das Gebiet verfügt, wie bereits erwähnt wurde, über ein natürliches Fahrwasser von 22 m Tiefe unter SKN, das mit mäßigem Aufwand noch erheblich vertieft und unterhalten werden kann, und über eine große Fläche mit gutem Baugrund. Die Verbindung mit dem Festland läßt sich für Schiene und Straße durch einen ca. 15 km langen Damm oder eine Brücke herstellen. Der Bau eines Hafens mit Umschlagseinrichtungen wird aber nur in Verbindung mit der Ansiedlung von Großindustrie oder eines Großkraftwerkes wirtschaftlich vertretbar sein.

Die Entfernungen von Neuwerk/Scharhörn betragen bis:

Hamburg	rund 140 km (Bahnkilometer)
Bremen	rund 120 km (Bahnkilometer)
Bremerhaven	rund 60 km (Bahnkilometer).

Diesen Vorzügen steht als Erschwernis gegenüber, daß alle Folgeeinrichtungen, wie Wohnungen, Schulen, Krankenhäuser, Dienstleistungsbetriebe u. a. auf dem — in der Luftlinie gemessen — rund 20 km entfernten Festland geschaffen werden müssen. Die Hamburgischen Pläne haben sich bisher auf die Anforderungen des Hafens und der Industrieansiedlung sowie auf die Verbindung mit dem Festland im räumlichen Rahmen des Hamburgischen Staatsgebietes beschränkt. Im Landesraumordnungsprogramm des Landes Niedersachsen ist das Projekt Neuwerk/Scharhörn gar nicht erwähnt.

Scharhörn ist als eine zukunftsorientierte Reserve als Hafengelände und als Industriestandort an sehr tiefem Wasser zu betrachten. Diese Entwicklungsmöglichkeit, die an der Nordseeküste nur hier gegeben ist, muß im Interesse der deutschen Nordseehäfen gesichert werden, auch wenn über den Zeitpunkt des Ausbaues eine feste Aussage noch nicht möglich ist. Eine gemeinsame Planung von Hamburg und Niedersachsen ist unerläßlich. Nur so lassen sich auch Konflikte zwischen Industrieansiedlung einerseits, Wohnen, Erholen, Fremdenverkehr und Naturschutz andererseits lösen.

Auf Veranlassung des Hamburger Senators für Wirtschaft ist ein Ausschuß unabhängiger Wissenschaftler gebildet worden, eine Einrichtung, die erstmals in dieser Form bei einem solchen Projekt zur Beratung herangezogen wird. Der Senator erklärte dazu: „Wir wollen uns den Problemen stellen. Wir wollen, noch bevor wir vor der endgültigen Entscheidung stehen, alle Fragen der Umweltgestaltung und -beeinflussung untersuchen und die entsprechenden Folgerungen daraus ziehen. Ich begrüße die Bereitschaft der Wissenschaftler, uns sachlich und unvoreingenommen dabei zu helfen."

Dieses Vorgehen sollte ein Vorbild für andere Räume sein, in denen ähnliche Projekte bestehen.

3. Zusammenfassung

1. Der Nordwestdeutsche Küstenraum ist aufgrund seiner überkommenen Wirtschaftsstruktur und wegen seiner Lage am Rande der westeuropäischen Wirtschaftsagglomeration hinter der Entwicklung in anderen Teilen des Bundesgebietes zurückgeblieben. Ohne eine auf Schwerpunkte abgestellte die Ländergrenzen überschreitende staatliche Entwicklungspolitik wird er den Rückstand aus eigener Kraft nicht überwinden.

2. Die natürlichen und teilweise auch die wirtschaftlichen Grundlagen des Küstenraumes bieten genügend Ansatzpunkte für eine zukunftsorientierte Entwicklungspolitik, vor allem:

— die Seehäfen an der Nordsee und Ostsee,

— die besonderen Standortqualitäten für die Ansiedlung von Großindustrien und von Kraftwerken an den Unterläufen der Ströme,

— der hohe Freizeit- und Erholungswert der Inseln, Küsten, Seen und Heidegebiete.

3. Die zu erwartende Stagnation, wenn nicht Abnahme der Bevölkerung, gibt die Chance für eine umfassende Stadt- und Dorferneuerung, durch die der Raum sich den veränderten gesellschaftlichen, wirtschaftlichen und technischen Anforderungen anpassen kann. Dabei muß die Siedlungsstruktur sich stärker als bislang an dem spezifischen Charakter der verschiedenen Raumkategorien orientieren.

4. Verkehr und Energie sowie Bildungseinrichtungen verdienen dabei besondere Beachtung, um durch optimale Erschließung des Raumes, durch ausreichende Bereitstellung preiswerter Energie sowie durch ein breit gefächertes Bildungsangebot die vorhandenen Entwicklungsaktivitäten zu fördern und neue zu stimulieren.

5. Von großer Bedeutung ist die beschleunigte Einleitung oder Fortsetzung von Maßnahmen zum Umweltschutz und zur Landespflege, um die noch in größerem Umfang vorhandenen relativ unzerstörten Flächen in ihren natürlichen Funktionen zu erhalten und zu sichern.

6. Für die Seehäfen wird ein ihrer geschichtlich gewachsenen Arbeitsteilung und ihren natürlichen Bedingungen entsprechender Ausbau empfohlen, bei dem neben dem Ausbau der seewärtigen Zufahrtswege und der Hinterlandsverbindungen der Bereitstellung von Industrieflächen besondere Bedeutung zukommt.

7. Hierfür ist das organisierte Zusammenwirken des Bundes, der vier Länder, der Gebietskörperschaften in den Wirtschaftsregionen am Unterlauf der Elbe, der Weser/Jade und der Ems unentbehrlich.

Dabei sollte sich der Bund mehr als bisher an der Seeschiffahrts- und Seehafenpolitik engagieren.

Die mitteleuropäischen Binnenwasserstraßen

Von Ministerialdirektor Dipl.-Ing. **Burkart Rümelin**, München

Mitteleuropäische Wasserwege

Als Mitteleuropa wird das Gebiet zwischen dem ozeanischen Westeuropa, dem kontinentalen Osteuropa, dem subtropischen Südeuropa und dem teilweise subpolaren Nordeuropa bezeichnet. Betrachtet man eine Reliefkarte Europas, so kann man Mitteleuropa als Einzugsgebiet von Rhein, Weser, Elbe, Oder, Weichsel und Donau beschreiben.

In den stark verästelten Flußläufen hat jedes Hochwasser das Flußbett verändert, die Ufer zerstört und Siedlungen bedroht. Die Bemühungen der Menschen sind in diesen Stromgebieten zunächst darauf gerichtet gewesen, die ständige Bedrohung durch Hochwasser zu vermindern oder zu beseitigen. Örtlich beschränkte Einzelmaßnahmen hatten nur wenig Erfolg. Der Wiener Kongreß von 1815 schuf durch die Grenzbereinigung die politischen Voraussetzungen für einen großräumigen Flußausbau in Mitteleuropa. Die Flußkorrektionen des letzten Jahrhunderts hatten zum Ziel, mit Durchstichen und durch die Abriegelung von Nebenarmen einen einheitlichen Flußlauf zu schaffen und die vielfach versumpften Talbereiche und Auwaldlandschaften trocken zu legen. Durch Buhnen, Leitwerke und Uferbefestigungen gelang es, den Flußquerschnitt bei Niedrig- oder Mittelwasser zu vertiefen und ein für die damaligen Schiffsgrößen geeignetes Fahrwasser herzustellen.

Die Kanäle, die nach Erfindung der Kammerschleuse im 16. Jahrhundert u. a. im Rhein-Maas-Gebiet, in Preußen, in Bayern und vor allem in Frankreich errichtet wurden, bildeten zusammen mit den Flüssen ein mehr oder weniger örtlich beschränktes Netz von Wasserstraßen. Trotz der stürmischen Entwicklung der Eisenbahn im 19. Jahrhundert setzte sich mit fortschreitender Industrialisierung die Erkenntnis durch, daß außer dem Eisenbahnnetz leistungsfähige Wasserstraßen unerläßlich für die Entwicklung der Industrie und für die Versorgung der Bevölkerung sind. Die preußische Kanalvorlage von 1901, das 1911 zustande gekommene Reichsgesetz über den Ausbau der deutschen Wasserstraßen, die Erhebung von Schiffahrtsabgaben, der von der Weimarer Verfassung 1919 bestimmte Übergang der Wasserstraßen von den Ländern auf das Reich und der Wasserstraßen-Staatsvertrag von 1921 sind Ausdruck dieses Umdenkens.

Massenguttransporte fallen zwischen der Grundstoffindustrie und der verarbeitenden Industrie an, ferner zwischen diesen Industriegebieten und den Seehäfen im Mündungsbereich der großen Flüsse. Der Wasserweg ist für den Transport von Massengütern, deren niedrige Einheitspreise keinen hohen Transportkostenanteil vertragen, immer noch der wirtschaftlichste. Dieser wirtschaftliche Vorteil verstärkt sich mit dem zunehmenden Umfang der Transportentfernungen, der Transporteinheiten und der jährlichen Transportmengen. Dabei ist der Strukturwandel in der Binnenschiffahrt vom langsam fahrenden Schleppzug zum Motorgüterschiff und Schubverband sowie zu Spezialfahrzeugen für flüssige Stoffe von besonderer Bedeutung (1).

Wasserstraßenklassen

Auf der konstituierenden Tagung der europäischen Verkehrsminister-Konferenz (CEMT) im Jahr 1953 in Brüssel ist die Bedeutung der Binnenschiffahrt für Massenguttransporte anerkannt und eine Liste von 12 Wasserstraßenprojekten mit dem Ziel aufgestellt worden, Flußsysteme zu verbinden, Grenzübergangsstellen zu vermehren und eine einheitliche technische Konzeption zu erreichen (2). Der Unterausschuß „Wasserwege" der Europäischen Verkehrsminister-Konferenz beschloß auf einer Tagung im Juni in Paris, Richtlinien für die technische Vereinheitlichung eines europäischen Wasserstraßennetzes durch eine Sachverständigengruppe ausarbeiten zu lassen. Ausgangsbasis waren die Fahrwasserbedingungen im Rhein und auf den angrenzenden Nebenwasserstraßen, weshalb man den Rhein-Herne-Kahn mit einer Länge von 80 m, einer Breite von 9,5 m und einer Abladetiefe bis 2,5 m — heute unter der Bezeichnung „Europaschiff" bekannt — ausgewählt und als Grundlage für die Wasserstraßenklasse IV im Mai 1961 vorgeschlagen hat (Tabelle 1).

Tabelle 1. *Klasseneinteilung der Wasserstraßen 1961*

| Wasser-straßen-klasse | Schleppkähne und Motorgüterschiffe | | | | | | Schubleichter[1] | | ECE-Einteilung der Tragfähigkeit[4] |
	Schiffstyp	Trag-fähig-keit t	Länge m	Breite m	Tief-gang m	Höchst. Fest-punkt m	Länge m	Breite m	t
1	2	3	4	5	6	7	8	9	10
I	Penische	300	38,50	5,00	2,20	3,55	—	—	250 bis 400
II	Kempenaar	600	50,00	6,60	2,50	4,20	—	—	400 bis 650
III	Dortmund-Ems-Kanal-Typ	1000	67,00	8,20	2,50	3,95	—	—	650 bis 1000
IV	Rhein-Herne-Kanal-Typ	1350	80,00[2]	9,50	2,50	4,40	70	9,50	1000 bis 1500
V	Großes Rheinschiff	2000	95,00[3]	11,40[3]	2,70[3]	6,70[3]	70	9,50	1500 bis 3000
VI[5]	—	3000 u. mehr	—	—	—	—	70	9,50	3000 und mehr

[1] Der Tiefgang der Schubleichter ist derselbe wie bei den Typschiffen.
[2] In der Bundesrepublik Deutschland ist eine Verlängerung dieses Typs bis 85 m zugelassen.
[3] Die Einheiten von 2000 t sind nicht standardisiert, die erwähnten Abmessungen sind Größenordnungen.
[4] Tragfähigkeitsgruppen, weil Wasserfahrzeuge in Osteuropa breiter sind und einen geringeren Tiefgang haben als in Westeuropa.
[5] Erweiterung der CEMT-Einteilung der Wasserstraßenklassen auf Antrag der Sowjetunion.

Die CEMT stimmte im November 1961 diesem Vorschlag zu (3). Im gleichen Jahr übernahm auch eine 1960 gebildete Arbeitsgruppe „Entwicklung der Wasserwege" im Binnenverkehrsausschuß bei der Wirtschaftskommission für Europa (ECE) in Genf, der auch die osteuropäischen Staaten angehören, diese Klasseneinteilung als Richtlinie für ein gesamteuropäisches Wasserstraßennetz, erweiterte sie im Hinblick auf die Fahrwasserabmessungen im europäischen Teil der Sowjetunion und auf der unteren Donau um eine 6. Klasse und berücksichtigte bei der Klasse IV bereits den Schubleichter „Europa I" mit 70 m Länge und 9,5 m Breite (4), (5).

Zu den durch diese Klasseneinteilung beeinflußten Maßgrößen der Wasserstraßen gehört u. a. das Querschnittsverhältnis zwischen Schiff und Fahrwasser. Bei den Versuchen mit Schubverbänden im Binger Loch stellte man im Frühjahr 1973 fest, daß das Verhältnis von Schiffsquerschnitt zu Wasserstraßenquerschnitt zu gering war. Weiter gehören dazu die Mindestfahrwassertiefe, die Abladetiefe, der Lichtraum der Brücken, die Krümmungsgestaltung, die Uferneigung, die zulässige Fahrgeschwindigkeit und die Abmessungen und Ausrüstung von Schleusen und gegebenenfalls Hebewerken. Die für die Schiffahrt wesentlichsten Maßgrößen sind die Breite und Länge der Abstiegsbauwerke. Zur Vermeidung einer weiteren Eskalation zwischen den Abmessungen der Abstiegsbauwerke und Wasserfahrzeuge hat das Bundesministerium für Verkehr sich im Juli 1970 entschieden, beim Bau von neuen Schleusen — aufbauend auf Erfahrungen beim Main-Donau-Kanal — eine Länge von 190 m und eine Breite von 12 m als Regelmaß vorzusehen. Es ist immer wieder festzustellen, daß der Schiffbau aus ökonomischen Gründen die Wasserfläche dieser Bauwerke bis auf das Äußerste ausnutzen und auch beispielsweise den Sicherheitsabstand zwischen Schleusentor und der Grenzmarke der sogenannten nutzbaren Kammerlänge in Anspruch nehmen will. Der für die Infrastruktur verantwortliche Ingenieur muß sich dieser Interessenlage nach den Erfahrungen an der Mosel usw. bei seinen Entscheidungen bewußt sein und durch Einbau von Konstruktionselementen für eine eindeutige Abgrenzung der nutzbaren Abmessungen sorgen. Dann vermögen auch etwaige Außenseiter die zwischen der Wasserstraßenverwaltung und dem Schiffahrtsgewerbe auf nationaler oder internationaler Ebene getroffenen Festlegungen für das Verkehrssystem Wasserstraße/Binnenschiff nicht zu unterlaufen.

Die geradezu stürmische Entwicklung der Schubverbände in den 60er Jahren (6) macht es erforderlich, die Klasseneinteilung der Wasserstraßen für diesen Verkehr zu ergänzen, wie vom Verfasser in einem Vortrag vor dem Verwaltungsrat des Deutschen Kanal- und Schiffahrtsvereins Rhein-Main-Donau am 8. Juli 1971 in Passau erläutert (7). Dabei ergibt sich der Vorteil der größeren Anschaulichkeit, weil die Zusammensetzung von Schubverbänden, die aus 1, 2, 4, 6 oder mehr Leichtern bestehen können, einprägsamer ist als die Abmessungen der bisher maßgebenden Motorschiffgrößen. Die Planung für die Bundeswasserstraßen sieht folgende Höchstzahlen für Schubleichter vor: auf dem Rhein bis Koblenz 6 und bis Basel 4, auf der Mosel, dem Main, dem Main-Donau-Kanal sowie der Verbindung Niederrhein — Hamburg 2 und auf der Donau 4.

Seiler hat in einem Vortrag vor der Generalversammlung des Österreichischen Kanal- und Schiff-fahrtsvereins am 20. Juni 1972 in Korneuburg ein neues Schema der Klasseneinteilung für europäische Wasserstraßen internationaler Bedeutung vorgeschlagen (8). Dieses Schema wurde vom Verfasser durch Mindestschleusenmaße und durch Angaben über Motorgüterschiffe ergänzt, deren Anzahl und Verkehrsleistung auf den Wasserstraßen in der Bundesrepublik Deutschland den Schubverkehr zur Zeit noch weit übertrifft (Tabelle 2).

Tabelle 2. *Neue Klasseneinteilung der überregionalen Wasserstraßen*

Wasser-straßen-klasse	Mindest-schleusenmaße		Schubleichter				
	Länge m	Breite m	Bezeichnung	Länge m	Breite m	Abladetiefe[1]	Tragfähig-keit t
1	2	3	4	5	6	7	8
IVa	110	12	Europaleichter	76,5	11,4	2,5	1660
IVb	190	12	Europaleichter	76,5	11,4	2,5	1660
V	190	24	Europaleichter	76,5	11,4	3,5	2520
VI[4]	270	35	Europaleichter	76,5	11,4	3,5	2520

Wasser-straßen-klasse	Mindest-schleusenmaße		Schubverband					
	Länge m	Breite m	Formation	Tragfähig-keit t	Gesamt-länge[2]	Länge[3]	Anzahl	Tragfähig-keit t
1	2	3	9	10	11	12	13	14
IVa	110	12	eingliedrig	1 660	95–105	95	1	1500
IVb	190	12	zweigliedrig	3 320	172–185	95	2	3000
V	190	24	zweigliedrig Doppelverb.	10 080	175–190	95	4	6000
VI[4]	270	35	zweigliedrig Dreierverb. oder dreigliedriger Doppelverb.	15 120	267–270	95	6	9000

[1] Die zulässige Abladetiefe ist von den jeweiligen Wasserständen abhängig.
[2] Die Schubbootlänge ist noch nicht genormt.
[3] Maximallänge wegen der übrigen Maßgrößen der Wasserstraße, z.B. Krümmungshalbmesser, nicht überall zulässig.
[4] Sofern die Wasserstraße VI keine Schleusen enthält, sind auch größere Einheiten und Verbände der Wasserfahrzeuge möglich.

Es ist beabsichtigt, die neue Klasseneinteilung der überregionalen Wasserstraßen nach Erörterung mit dem Schiffahrtsgewerbe in den internationalen Fachgremien der CEMT, EWG und ECE zur Diskussion zu stellen.

Internationale Wasserstraßenprojekte in Mitteleuropa

Wie bereits erwähnt, hat die im Jahr 1953 gegründete Europäische Verkehrsministerkonferenz (CEMT), der heute 17 westeuropäische Staaten und Jugoslawien angehören, sich für folgende 12 grenzüberschreitende Wasserstraßenprojekte entschieden:

1. Verbesserung der Verbindung Dünkirchen—Schelde,
2. Verbesserung der Verbindung Schelde—Rhein,
3. Ausbau der Maas und ihrer internationalen Verbindungen,
4. Verbindung Maas—Rhein mit Anschluß Aachens,
5. Kanalisierung der Mosel oberhalb von Diedenhofen,
6. Verbesserung des Rheins zwischen Straßburg und St. Goar,

7. Verbindung Mittelmeer—Nordsee auf folgenden Linien:
   a) Rhône—Aare—Rhein
   b) Rhône—Saône—Doubs—Rhein
   c) Rhône—Saône—Mosel—Rhein
   d) Rhône—Saône—Maas,
8. Ausbau des Rheins zwischen Rheinfelden und dem Bodensee,
9. Verbindung Rhein—Main—Donau,
10. Ausbau der Elbe mit Anschluß von Hamburg an das westeuropäische Wasserstraßennetz einschließlich des Mittellandkanals,
11. Verbindung Oder—Donau,
12. Verbindung zwischen dem Lago Maggiore und dem Adriatischen Meer.

Die Generaldirektion für Verkehr der 1958 gegründeten Europäischen Wirtschaftsgemeinschaft (EWG) entwickelte in Anlehnung an die Beschlüsse der CEMT ein Wasserstraßenprogramm unter Einbeziehung der nationalen Projekte der sechs Länder, um die Ländergemeinschaft zu einem einheitlichen Wirtschaftsraum zusammenzuschließen. Der westeuropäische Zentralraum mit den Industriegebieten von Nordrhein-Westfalen, Niederlande, Belgien und Lothringen sollte durch die beiden Nord-Süd-Wasserstraßen

    1. Antwerpen—Marseille über Maas—Saône—Rhône

    2. Rotterdam—Bodensee über den Rhein

erfaßt werden, wobei als Querverbindung die entsprechenden CEMT-Projekte dienen.

Im Jahr 1960 wurde bei der Wirtschaftskommission für Europa (ECE) in Genf ein Sachverständigen-Ausschuß, der paritätisch aus Vertretern westeuropäischer und osteuropäischer Staaten besteht, mit der Ausarbeitung einer Konzeption für transkontinentale Wasserstraßen beauftragt. Dieses Gremium nahm folgende drei Projekte in sein Arbeitsprogramm auf:

    1. Rhein—Main—Donau als Verbindung des Donauraumes mit dem Rheinstromgebiet

    2. Dnjepr—Pripjet—Bug—Weichsel—Oder—Elbe—Rhein

    3. Donau-Oder

Ein Überblick über die von den drei internationalen Gremien vorgeschlagenen Wasserstraßenprojekte zeigt das gemeinsame Interesse am Ausbau des Rheins und an den Wasserstraßenverbindungen zum Rhein auf (9), (10). In der Regel werden die Wasserstraßenvorhaben von den einzelnen Staaten in Mitteleuropa selbst finanziert, so daß ihnen auch das Setzen von Prioritäten obliegt. Eine gemeinsame Finanzierung ist bisher nur bei Grenzstrecken (Donaustufen Jochenstein und Eisernes Tor, Rheinstufen Gambsheim und Iffezheim) und bei grenzüberschreitenden Wasserstraßen (Mosel, Schelde-Rhein-Kanal, Gent-Terneuzen-Kanal) möglich gewesen. Nach in letzter Zeit bekanntgewordenen Überlegungen wird in naher Zukunft eine Verwirklichung folgender Wasserstraßenprojekte nicht angestrebt: CEMT 4, CEMT 7a, CEMT 7c, CEMT 11, CEMT 12, ECE 2, ECE 3, CEMT 8, EWG 1 und EWG 2 (jeweils Abschnitt Bodensee—Waldshut).

Beim Setzen von Prioritäten spielen nicht nur die Finanzkraft und der politische Wille einzelner Staaten oder ihrer Regionen eine entscheidende Rolle, sondern auch die Frage der Wirtschaftlichkeit und die Auswirkungen auf den Güterverkehr der Eisenbahnen. Eine eindeutige Beurteilung ist wegen der Wettbewerbstarife der einzelnen Verkehrsträger erschwert, nicht nur in der Bundesrepublik Deutschland. Grundlage von Entscheidungen über Ausbau und Neubau von Verkehrswegen sollte eine gesamtwirtschaftliche Betrachtungsweise sein. Daher ist es geboten, daß nicht nur bei Wasserstraßenvorhaben Nutzen-Kosten-Untersuchungen in gesamtwirtschaftlicher Sicht aufgestellt werden, um Prioritäten für den Ausbau der Infrastruktur der Verkehrsträger setzen und eine sinnvolle Arbeitsteilung im Güterverkehr herbeiführen zu können.

Wegen der Lage der Bundesrepublik Deutschland in Mitteleuropa kommt der Bestandssicherung, dem Ausbau und dem Neubau ihrer überregionalen Wasserstraßen eine besondere internationale Bedeutung zu. Das Hochleistungsnetz der Bundeswasserstraßen, das im Jahr 1970 vom Bundesministerium für Verkehr im Interesse einer Prioritätenfestlegung im internationalen Bereich als eine durch Verträge usw. bedingte Zielvorstellung aufgestellt worden war, zeigt auch die internationalen Verkehrsmagistralen auf (11). Die Darstellung des Hochleistungsnetzes enthält nicht nur die Trassen, sondern veranschaulicht in Verbindung mit dem neuen System der Wasserstraßenklassen auch Ausbauzustand und Planung der Wasserstraßenklasse in den einzelnen Abschnitten der Trassen und kann als Modell für künftige Europawasserstraßen-Karten von CEMT, EWG und ECE eingeführt werden.

Wasserstraßenbau in Mitteleuropa

Ein kurzer Überblick muß sich auf die Hauptwasserstraßen beschränken und wird aus verschiedenen Gründen mehr oder weniger unvollständig sein.

In den Niederlanden ist die seewärtige Zufahrt Rotterdams auf 22,5 m unter MNW vertieft worden. Parallel zum Nieuwe Waterweg hat man den Hartelkanal angelegt und Schleusen mit 380 m Länge und 24 m Breite errichtet. Der Amsterdam-Rhein-Kanal soll bis Ende 1975 für Schubverbände 185 × 24,80 m umgebaut und von 70 auf 100 m verbreitert sein. Der Schelde-Rhein-Kanal, der aufgrund des zwischen Belgien und den Niederlanden am 13. Mai 1963 geschlossenen Vertrags im Bau ist und Schleusen 320 × 24 m erhält, soll ebenfalls bis Ende 1975 fertiggestellt sein. Der See- und Binnenschiffahrtskanal zwischen Terneuzen und Gent (gemeinsam finanziert von Belgien und den Niederlanden) ist seit 1968 vollendet, wobei Schleusenkammern mit den Abmessungen 290 × 40 und 260 × 24 m errichtet wurden. Die Ausbauarbeiten am Juliana-kanal und der Maas zwischen Maastricht und dem im Bau befindlichen Maas-Waal-Kanal sind abgeschlossen, wobei man Schleusen mit den Abmessungen 260 × 16 m und 142 × 16 m gebaut hat (12). Es ist beabsichtigt, die scharfe Waal-Krümmung bei Nijmwegen, die bei niedriger Wasser-führung einen Engpaß für die auf dem Niederrhein verkehrenden Schubverbände darstellt, in naher Zukunft abzuflachen.

In Belgien ist der Ostring, bestehend aus Maas, Albertkanal, Nethekanal, Kanal Rupel—Brüssel—Charleroi und Sambre seit 1968 fertiggestellt. Das bekannteste Bauwerk ist das Schiffshebewerk Ronquières südlich von Brüssel. Der Westring, der aus der Schelde zwischen Antwerpen und Gent, der Oberschelde, dem Kanal Nimy—Blaton—Péronne und dem Mittellandkanal gebildet wird, konnte 1969 geschlossen werden (13).

Als weiteres Bauvorhaben, das gemeinsam von Belgien und den Niederlanden gebaut werden soll, ist der neue Seekanal am linken Scheldeufer unterhalb von Antwerpen zu erwähnen (14).

Von Frankreich sind der Kanal Dünkirchen—Valenciennes, die Seine oberhalb von Paris bis Montereau und der Nordkanal zwischen Lille und Paris ausgebaut worden. Der Moselausbau, der zwischen Koblenz und Diedenhofen (14 Staustufen mit je einer Schleuse 172 × 12 m) in der ungewöhnlich kurzen Bauzeit von 5 Jahren im Juni 1964 beendet war, wird bis in den Raum Nancy mit Schleusen von 176 × 12 m fortgesetzt. Der Oberrheinausbau zwischen Straßburg und Lauter-burg, der im Vertrag vom 4. Juli 1969 zwischen der Bundesrepublik Deutschland und Frankreich beschlossen wurde, ist im Gange und beinhaltet den Bau der bereits 1974 in Betrieb genommenen Stufe Gambsheim und der Stufe Iffezheim mit Doppelschleusen von 270 m Länge und 24 m Breite sowie eine Reihe von Hochwasserschutzmaßnahmen. Der Stau der 1973 begonnenen Stufe Iffez-heim soll 1977 errichtet werden. Die deutsch-französischen Verhandlungen über den Bau der Rheinstufe Neuburgweier, mit der man wegen der Sohlenerosion des Rheins spätestens 1978 zu beginnen hätte, stehen vor dem Abschluß. Der Rheinseitenkanal zwischen Basel und Straßburg, dessen 8 Doppelschleusen 185 m lang und mindestens 23 bzw. 12 m breit sind, ist seit 1971 fertig-gestellt. Dabei dürfte ein Hinweis auf die nach dem deutsch-französischen Vertrag vom 27. Oktober 1956 vereinbarte Schlingenlösung von Interesse sein, wonach unterhalb von Breisach der über-wiegende Teil der einzelnen Stauhaltungen im Rhein liegt. In der Rhône zwischen Lyon und dem Mittelmeer sind acht Staustufen mit Schleusen von mindestens 190 × 12 m seit dem Jahre 1939 bis heute in Betrieb genommen worden, vier weitere sollen Ende 1975 fertiggestellt sein. Die Saône wird zwischen Lyon und Auxonne 4 Staustufen mit Schleusen von 12 m Breite und 185 m nutzbarer Länge bis etwa 1976 erhalten. Eine Entscheidung über den Bau der Rhein-Rhône-Verbindung zwischen Basel und Lyon, die von Müllhausen durch die burgundische Pforte dem Lauf des Doubs zur Saône folgen und im Zuge vom sog. VII. Plan (1976—1980) beginnen soll, steht noch aus. Damit kann das im Ausbau befindliche Industrie-Dreieck Montélimar—Fos—Sète, das vom Standort der Energie (Wasserkräfte und Mineralölzentrum) das reichste Gebiet Frank-reichs ist, mit dem neuen französischen Industriezentrum am Oberrhein und über die Rhein-Magistrale mit dem Wasserstraßennetz von Mitteleuropa verbunden werden, zweifellos eine überregionale Wasserstraßenverbindung von größter Bedeutung (15).

Die Schweiz hat die Staustufe Birsfelden im Stadtgebiet von Basel gebaut und den Bau der zweiten Schleuse 190 × 12 m eingeleitet. Beim Hochrheinprojekt steht der Abschnitt Bodensee—Waldshut infolge der Bemühungen um den Landschaftsschutz für Bodensee und Rheinfall Schaff-hausen erfreulicherweise nicht mehr zur Diskussion. Der Beginn der Ausbauarbeiten im Abschnitt Basel—Waldshut zur Entlastung des gebrochenen Verkehrs ab Basel läßt sich noch nicht absehen.

In der Bundesrepublik Deutschland, konnte der 1921 begonnene Neckarausbau zwischen Mannheim und Plochingen (27 Staustufen, bis Stuttgart mit je 2 Schleusen 110 × 12 m) im Juli 1968 vollendet werden. Die Fortsetzung durch einen Kanal bis Ulm ist aus verkehrswirtschaft-lichen und hydrogeologischen Gründen nicht mehr aktuell, auch nicht ein Kanal zwischen Ulm und dem Bodensee. Eine Ersatzschleuse 190 × 12 m für die überlastete Eingangsschleuse Feudenheim wurde im September 1973 fertiggestellt. Der 1921 begonnene Mainausbau zwischen Aschaffenburg und Bamberg mit 26 Schleusen 300 × 12 m wurde 1962 vollendet. Durch den Bau der Staustufe Kleinostheim (mit Doppelschleuse 300 × 12 m) unterhalb von Aschaffenburg konnten 1971 drei veraltete Stufen mit Nadelwehren ersetzt werden. Der Umbau des seit 1921 stauregelten Abschnitts Offenbach—Kleinostheim wird vorbereitet. Im Zuge des Ausbaues des Europakanals Bamberg—Kelheim hat man durch 6 Schleusen 190 × 12 m einschließlich den zugehörigen Kanalstrecken den Hafen Nürnberg im September 1972 erreicht. Die 1969 aufgenommenen Baumaßnahmen zwischen Nürnberg und Kelheim, die den Bau von 7 Kanalschleusen 190 × 12 m und 2 Altmühlstufen sowie eine Reihe weiterer Baumaßnahmen umfassen, sollen in der ersten Hälfte der 80er Jahre fertiggestellt sein und zu diesem Zeitpunkt auf der Europawasserstraße Rhein—Main—Donau den Wasserverkehr zwischen dem Rheinstromgebiet und der Donau über die Scheitelhaltung von 406 m über NN ermöglichen, eine überregionale Wasserstraßenverbindung von größter Bedeutung. In der Donau sind zwischen Kelheim und der 1928 in Betrieb genommenen Kachletstufe sieben Donaustufen vorgesehen; oberhalb Regensburg zwei (nahezu fertig) mit je einer Schleuse 190 × 12 m und unterhalb von Regensburg fünf mit je einer Schleuse 230 × 12 m.

Der Rhein — das deutsch-französische Gemeinschaftswerk der Oberrheinstufen wurde bereits erläutert — wird zwischen der deutsch-französischen Grenze und St. Goar mit einem finanziellen Beitrag der Schweiz durch Leitwerke und Buhnen so ausgebaut, daß ab Ende 1976 unter vorläufiger Inkaufnahme von Fehlbreiten die Fahrwassertiefe 0,4 m mehr beträgt als vorher und Gefahrenstellen wie das Binger Loch, das seit September 1974 zu einem 120 m breiten Fahrwasser ausgebaut ist, und das wilde Gefähr bei Kaub entschärft werden. Die Vertiefung des Niederrheins wird in Abstimmung mit der niederländischen Wasserstraßenverwaltung vorbereitet.

Der Wesel-Datteln-Kanal mit 6 Schleusen 225 × 12 m wurde durch zweite Schleusen von 110 m Länge und 12 m Breite ergänzt, deren letzte im Dezember 1971 in Betrieb ging. Mit der Erweiterung des Kanalquerschnitts wurde begonnen. Diese Baumaßnahmen beruhen auf dem Regierungsabkommen, das die Bundesrepublik und Nordrhein-Westfalen 1965 für die Modernisierung von Rhein-Herne-, Wesel-Datteln-, Datteln-Hamm- und Dortmund-Ems-Kanal geschlossen haben. Beim Rhein-Herne-Kanal soll mit dem Bau der Ersatzschleuse Duisburg-Meiderich mit den Abmessungen 190 × 12 m im Jahre 1975 begonnen werden, um nach und nach die baufälligen 6 Schleusen 163 × 10 m durch 4 neue Stufen ersetzen zu können; die Ausbauarbeiten an der Nordstrecke des Dortmund-Ems-Kanals werden deshalb gestreckt. Küstenkanal und Weststrecke des Mittellandkanals werden aufgrund des 1965er Abkommens zwischen Bund, Nordrhein-Westfalen, Niedersachsen und Bremen modernisiert. Ein weiteres 1965 getroffenes Abkommen zwischen Bund, Hamburg, Niedersachsen und Schleswig-Holstein ermöglicht die Erweiterung der Oststrecke des Mittellandkanals und den Bau des Elbe-Seitenkanals, der 1977 eröffnet werden wird. Bemerkenswert sind hier die zwei Abstiegsbauwerke, die aus einer 190 × 12 m Schleuse mit 23 m Hubhöhe und einem für 38 m Hubhöhe ausgelegten Schiffshebewerk mit einem 100 × 12 m Trog bestehen. Die Vertiefung der Unterweser auf 9 m ist im Gange. Die Unterelbe ist auf 12 m vertieft. Die Vertiefung auf 13,5 m ist im Gange.

Verhandlungen sind mit der DDR wegen des Ausbaues der Berliner Wasserstraßen aufgenommen (16).

Für das Gebiet der Deutschen Demokratischen Republik (DDR) ist ein 1966 entstandener Entwurf für den Elbeausbau zu erwähnen, der 18 Stufen zwischen Magdeburg und der tschechoslowakischen Grenze vorsieht (17). Weitere Projekte sind ein Schiffahrtskanal zwischen Rostock und dem Saaler Bodden und das unvollendete Bauvorhaben der Mittellandkanalbrücke (über die Elbe bei Magdeburg) und des anschließenden Schiffshebewerks Hohenwarthe (18).

In der Tschechoslowakei wären nach dem erwähnten Elbe-Entwurf zwei weitere Stufen in der Elbe zwischen der DDR-Grenze und dem durch 6 Stufen stauregelten Elbeabschnitt Schreckenstein—Melnik notwendig, dessen Wehranlagen erneuert sind und deren Doppelschleusen auf 85 bzw. 170 m verlängert werden sollen. Im Elbeabschnitt Melnik—Kolin mit 14 Staustufen will man die beiden untersten durch eine moderne Stufe ersetzen. Der Ausbau des Elbeabschnitts Kolin—Pardubitz durch 5 Staustufen mit Schleusen 85 × 12 m ist im Gange und soll noch vor 1980 beendet sein. In der Tschechoslowakei erwartet man große wirtschaftliche Auswirkungen und Veränderungen durch das Kanalprojekt Donau—Oder—Elbe. Der Abschnitt Prerau—Bratislava (Donau) mit 108 km würde 11 Stufen für 63 m Hubhöhe benötigen, der 152 km lange Abschnitt Prerau—Kosel (Oder) mit der Scheitelhaltung 285 m über NN 9 Stufen und der 170 km lange Abschnitt Prerau—Pardubitz (Elbe) mit der Scheitelhaltung 400 m über NN 13 Stufen (dabei ein Schiffshebewerk mit 100 m Hubhöhe als Schrägaufzug-Trog 85 × 12 m auf einer 1:10 geneigten Bahn). Ohne eine internationale Finanzierung ist eine Ausführung des Projekts kaum denkbar (19), (20).

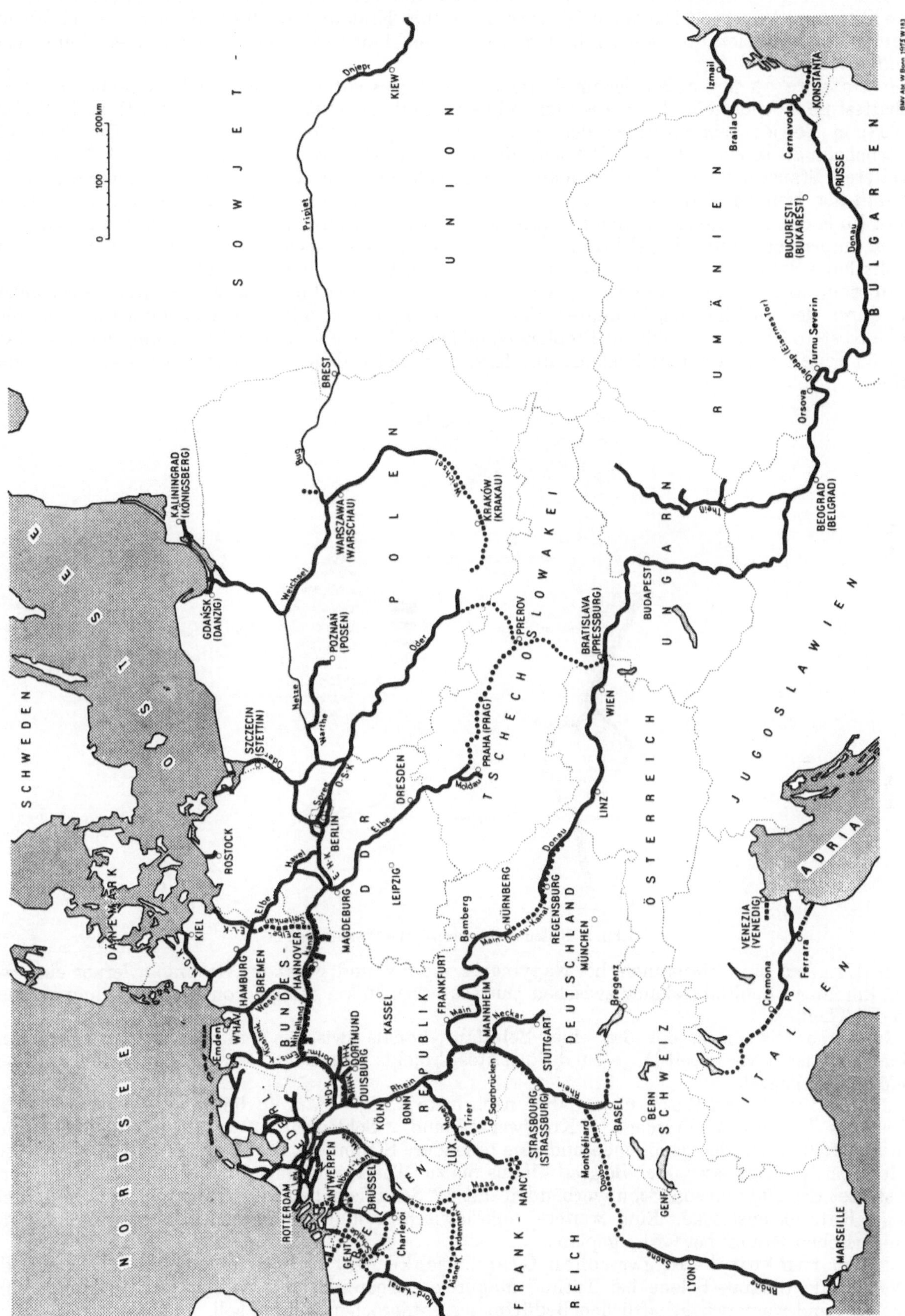

Abb. 1. Hochleistungsnetz der Bundeswasserstraßen.

In Polen konzentrierte sich der Wasserbau auf die Verbesserung der Fahrwasserverhältnisse von Oder und Weichsel. Die obere Weichsel im Raum Krakau wird durch Staustufen ausgebaut. Man beschäftigt sich dort auch mit dem Kanalprojekt das Oder und Donau über Prerau verbinden würde.

In Österreich sind außer der im Jahre 1956 fertiggestellten deutsch-österreichischen Gemeinschaftsstufe Jochenstein die Staustufen Ybbs-Persenbeug (1959), Aschach (1964) und Wallsee (1968) in Betrieb genommen worden, jeweils mit Doppelschleusen 230 × 24 m. Die Staustufe Ottensheim ist seit Mai 1974 in Betrieb, die Staustufe Altenwörth ist seit Anfang 1973 im Bau. Weitere 5 Staustufen bei Abwinden-Asten, Melk, Rührsdorf, Greifenstein und Wien werden folgen, so daß der Donauausbau zwischen der deutsch-österreichischen Grenze und dem Wiener Raum etwa Ende der 80er Jahre vollendet werden kann. Mitte der 90er Jahre soll mit der unterhalb von Wien geplanten Stufe Regelsbrunn und der österreichisch-tschechoslowakischen Donaustufe Wolfsthal—Bratislava der Donauausbau in Österreich beendet sein (22), (23).

In dem ungarisch-tschechoslowakischen Donauabschnitt Rajka—Gönyü verursachen die durch den Gefälleknick bedingten Geschiebeablagerungen mit etwa 600 000 m³ je Jahr sehr hohe Kosten. Ob und wann dieses Problem eines Tages durch ein Wehr bei Dunakiliti einen 17,6 km langen Seitenkanal und eine Schleuse mit Kraftwerk bei Gabĉikovo gelöst werden kann, ist noch offen.

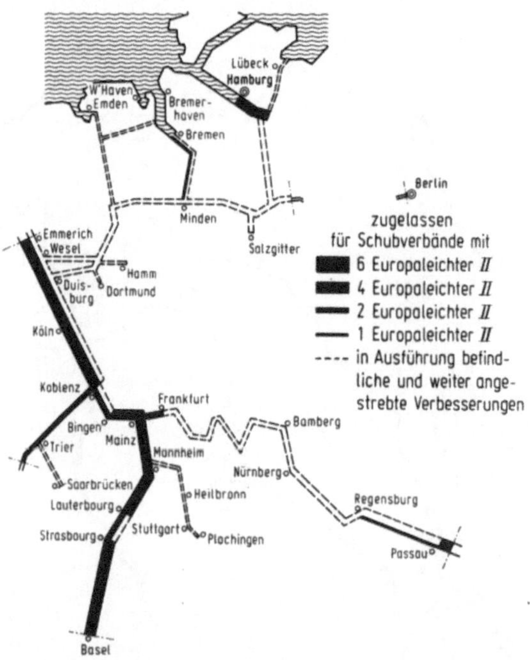

Abb. 2. Bedeutende europäische Wasserstraßen.

In Ungarn sind Staustufen bei Nagymaros, Adony und Fajsz im Gespräch, ferner ein etwa 125 km langer Schiffahrtskanal zwischen Dunaharaszti, 30 km südlich von Budapest, und Szolnok an der Theiß.

In Jugoslawien ist der Bau eines Schiffahrtskanals zwischen Vukovar an der Donau und Samac an der Save ein seit längerem diskutiertes Projekt; ebenso der Bau von Savestufen zwischen Samac und Zagreb.

Jugoslawien und Rumänien haben nach mehrjähriger Bauzeit die Donaustaustufe Djerdap (Eisernes Tor) mit Wehranlage, 2 Kraftwerken und 2 Schleusen 340 × 34 m (Hubhöhe 34 m!) im Mai 1972 in Betrieb genommen und eine besondere Stromverwaltung eingerichtet. Der Stausee reicht bei Niedrigwasser über Belgrad hinaus bis zur Theißmündung — rund 265 km weit — und gestattet das Fahren von Schubverbänden mit 12 Schubleichtern durch die einst so gefürchtete enge Kataraktenstrecke. Eine weitere jugoslawisch-rumänische Donaustufe ist oberhalb der bulgarischen Grenze bei Gruja geplant.

In der rumänisch-bulgarischen Grenzstrecke wird 260 km unterstrom der Grenze die Donaustufe Cioara—Belene bei Turnu—Magurele vorbereitet, mit dessen Bau in erster Linie energie- und wasserwirtschaftlichen Bedürfnissen entsprochen werden soll.

In Rumänien sollen zwei weitere Donaustufen bei Cernavoda und bei Tulcea errichtet werden, letztere mit einer Doppelschleuse für Seeschiffe. In naher Zukunft soll mit dem Bau eines Binnenschiffahrtskanals zwischen Cernavoda und Konstanza begonnen werden, der nach ökonomischen Studien rumänischer Fachleute den Vorrang vor einer Erweiterung des Eisenbahnnetzes oder dem Bau eines Seeschiffahrtskanals verdient. In der weiteren Projektphase will man prüfen, ob je eine Doppelschleuse 340 $\times$ 34 m an den beiden Kanalendpunkten genügt oder ob im Dobrudja-Plateau, das bis zu 60 m über dem Schwarzen Meer liegt, noch eine Scheitelhaltung mit zwei weiteren Doppelschleusen zweckmäßig ist (24).

Tabelle 3. *Güterverkehr auf Binnenwasserstraßen in Mitteleuropa*[1]

Land	Jahr	Versand		Empfang		Inter-nationaler Durch-gangs-verkehr	Güter-beförde-rung ins-gesamt[1]	Effektiv-tonnen-kilometer
		insgesamt	darunter nach dem Ausland	insgesamt	darunter aus dem Ausland			
		1 000 t						Mill.
Bundesrep. Deutschland[3]	1970	151 956	49 528	178 188	75 760	12 285	240 001	48 813
	1971	146 642	47 273	173 006	73 637	9 706	229 985	44 991
	1972	142 292	44 879	175 359	77 946	8 262	228 499	43 969
Deutsche Dem. Rep. u. Berlin (Ost)	1970	12 117	2 812	10 566	1 261	282	13 660	2 358
	1971	11 910	2 871	10 206	1 166	490	13 566	2 331
	1972	11 642	2 896	9 825	1 078	522	13 242	2 304
Belgien	1970	51 509	20 272	66 875	35 638	4 418	91 565	6 734
	1971	50 869	21 456	68 509	39 096	5 401	95 366	6 729
	1972	51 084	22 992	67 704	39 612	5 712	96 408	6 756
Frankreich	1970	89 114	22 183	80 181	13 250	7 986	110 350	14 183
	1971	86 916	22 596	77 412	13 092	6 587	106 595	13 773
	1972	89 848	25 295	77 226	12 684	6 208	108 729	14 156
Großbritannien und Nordirland	1970	6 530	—	6 530	—	—	6 530	131
	1971	5 464	—	5 464	—	—	5 464	100
	1972	4 987	—	4 987	—	—	4 987	91
Jugoslawien	1970	13 528	961	15 678	3 111	5 461	22 100	5 723
	1971	14 885	981	17 538	3 634	4 683	23 202	5 440
	1972	16 256	1 539	18 313	3 596	5 250	25 102	6 008
Niederlande	1970	174 037	81 371	135 554	42 888	24 520	241 445	30 743
	1971	180 301	79 446	141 973	41 118	24 043	245 462	30 429
	1972	180 516	77 833	142 277	39 594	24 299	244 409	29 333
Österreich	1970	1 682	816	5 736	4 870	1 041	7 593	1 293
	1971	1 886	837	4 477	3 428	902	6 216	1 178
	1972	1 994	806	5 067	3 879	811	6 684	1 252
Polen	1970	8 788	377	8 470	49	—	8 837	2 295
	1971	9 525	370	9 222	67	—	9 592	2 150
	1972	10 713	496	10 371	154	—	10 867	2 525
Schweiz	1970	304	304	8 646	8 645	313	9 264	45
	1971	277	277	7 955	7 955	320	8 551	45
	1972	274	274	7 685	7 685	787	8 746	46

[1] Statistisches Jahrbuch 1974 des statistischen Bundesamtes der Bundesrepublik Deutschland. Die Zahlen beziehen sich auf alle Güter, die von Schiffen aller Flaggen in den Häfen des betreffenden Landes geladen oder gelöscht worden sind.

[2] Die Güterbeförderung setzt sich zusammen aus dem Empfang insgesamt, Versand nach dem Ausland und internationaler Durchgangsverkehr.

[3] Die Zahlenangaben über den Versand nach bzw. Empfang aus dem Ausland enthalten auch den Verkehr mit der DDR und Berlin (Ost).

Die für Seeschiffe befahrbare Mündungsstrecke der Donau, die zur Sowjetunion bzw. zur Sozialistischen Sowjetrepublik Ukraine gehört, wird wegen der Beseitigung der hier anfallenden Feststoffablagerungen von einer besonderen Strombehörde verwaltet.

Betrachtet man die Übersichtskarte der Wasserstraßen in Mitteleuropa, so kann man feststellen, daß eine Reihe von Wasserstraßenprojekten von CEMT, EWG und ECE aus den Jahren 1954/1961 inzwischen ausgeführt oder begonnen ist. Der Projektkatalog bedarf daher einer Neubearbeitung. Der Rhein mit den Mündungshäfen Rotterdam und Amsterdam (auch Antwerpen über den Rhein-Schelde-Kanal) ist die Hauptmagistrale Europas. In naher Zukunft werden die Europawasserstraßen zwischen Rhein und Donau als Südostmagistrale und zwischen Rhein und Rhône als Südwestmagistrale hergestellt sein und damit Nordsee, Schwarzes Meer und Mittelmeer verbinden. Weitere Ergänzungen des Wasserstraßennetzes in Mitteleuropa werden folgen.

Güterverkehr

Der Güterverkehr auf Binnenwasserstraßen in Mitteleuropa, soweit er laufend veröffentlicht wird, ist nicht nur der Menge nach, sondern auch in Tonnenkilometern beträchtlich (Tabelle 3).

Weil dieser Wasserverkehr im Gegensatz zum Schienen- und Straßenverkehr meist vom Wasserstand der Flüsse abhängig ist, empfiehlt es sich, mehrjährige Ergebnisse und mehrere Staaten zu vergleichen, um die Tendenz beurteilen zu können. Der Binnenwasserstraßenverkehr lag im grenzüberschreitenden Verkehr zwischen den 6 EWG-Staaten im Jahr 1970 weit an der Spitze mit 52%, vor dem Eisenbahnverkehr (26%) und dem LKW-Verkehr (22%).

Vielfalt der Funktionen von Binnenwasserstraßen

Leistungsfähige Wasserstraßen sind neben Eisenbahn und modernem Straßennetz eine wesentliche Voraussetzung für die Ansiedlung und das Wachstum derjenigen Industriezweige, die Massengüter wie Eisenerz, Kohle und Baustoffe aller Art benötigen. In diesem Sinne muß Wasserstraßenbau als eine Forderung unserer Zeit verstanden werden. Wasserstraßen sind aber nicht nur unersetzbare Güterverkehrswege wie die Eisenbahnen und die Straßen (25). Sie dienen auch der Energieerzeugung durch Laufkraftwerke, Speicherkraftwerke und Wärmekraftwerke aller Art. Es muß der Schutz vor Hochwasser durch Ufersicherung, Hochwasserdeiche, Hochwasserrückhaltebecken und überregionale Wehrsteuerung gewährleistet werden. Die Wasserstraßen sind unentbehrlich für die Wasserversorgung als Trinkwasser, Produktionswasser und Kühlwasser und müssen zugleich Abwasservorfluter sein.

Wasserstraßen waren und müssen in der Regel umweltfreundliche Erholungszonen für die Menschen unserer Zeit bleiben, wobei ein Interessenausgleich bei der Nutzung der Uferregion durch Bevölkerung, Industrie, Häfen, Landverkehrswege und Bauwerke aller Art eine an Bedeutung zunehmende öffentliche Aufgabe darstellt.

Schrifttum

1. Poppe, G.: Wasserstraßenbau in der Bundesrepublik. Zeitschrift für Binnenschiffahrt, 1969, Heft 7.
2. Drucksache der CEMT, Brüssel 17. 10. 1953: Acte final, Protocole, Règlement intérieur, Résolutions, Seiten 33—39.
3. Dokument der CEMT, Wien 31. 5. 1961, Paris 21. 11. 1961: XIe Conseil des Ministres, Résolutions, Seiten 41—43.
4. ECE-Dokument TRANS/SC 3/24 — TRANS/WP 34/6 vom 14. 6. 1961.
5. Seiler, E.: Die Klassenteilung der europäsichen Wasserstraßen und ihre Bedeutung für die Binnenschiffahrt. Zeitschrift „Die Wasserwirtschaft", 1955, Heft 10.
6. David, R.: L'évolution de la flotte poussée de la Compagnie Française de Navigation Rhénane. Zeitschrift „Revue de la Navigation" 1971, Nr. 17. Nachdruck in deutscher Übersetzung in der Zeitschrift für Binnenschiffahrt und Wasserstraßen, 1972, Heft 2/3.
7. Rümelin, B.: Das Fahrwasser der Bundeswasserstraßen. Mitteilungsblätter des Deutschen Kanal- und Schiffahrtsvereins Rhein—Main—Donau, Heft April 1972.
8. Seiler, E.: Die Schubschiffahrt als Integrationsfaktor zwischen Rhein und Donau. Zeitschrift für Binnenschiffahrt und Wasserstraßen, 1972, Heft 8.
9. Küper, F. M.: Europäische Wasserstraßen und europäische Binnenschiffahrt. Internationales Archiv für Verkehrswesen, 1962, Seite 302.
10. Seiler, E.: Vision eines europäischen Wasserstraßennetzes. Handbuch für Hafenbau und Umschlagtechnik, Band XI, 1966.
11. Rümelin, B.: Neue Perspektiven der Wasserstraßenpolitik in der Bundesrepublik Deutschland. Zeitschrift für Binnenschiffahrt und Wasserstraßen, 1972, Heft 1.
12. van Obstal, Ir. H.: Entwicklung und Bedeutung des niederländischen Wasserstraßennetzes. Zeitschrift für Binnenschiffahrt und Wasserstraßen, 1970, Heft 10.
13. Breuer, H.: Die Maas als Schiffahrtsweg in: Aachener geograph. Arbeiten, H. 1, Steiner, Wiesbaden, 1969.
14. Demoen, J.: Die Binnenwasserstraßen Belgiens. Zeitschrift Europa-Verkehr, 1969, Heft 1.
15. Ferraton, Y.: La liaison Rhin — Rhône pourrait étre achevée au debut des années 80. Zeitschrift „Revue...", 1972, Nr. 16.
16. Natzschka, W.: Berlin und seine Wasserstraßen. Duncker & Humblot, Berlin, 1971.
17. Kubec, J.: Der heutige Stand und die Perspektiven der Elbwasserstraße. Handbuch für Hafenbau und Umschlagtechnik, Band XVI, 1971, Seite 45.
18. Müller, G.: Bedeutung und Aufgabe der Binnenschiffahrt der DDR in: Verkehr, Nr. 23, S. 849—851, 1973.
19. Terplan, J.: Kanalverbindung Donau–Oder–Elbe. Handbuch für Hafenbau und Umschlagtechnik, Band XVI, 1971, Seite 41.
20. Riedl, J.: Donau — der Fluß der Freundschaft und Zusammenarbeit. Zeitschrift Technický Magazine T 74, Heft 2. Februar 1974.
21. Gross, W., Klimek, T.: Wasserstraßen zwischen Beskiden und Ostsee, Jahrbuch der Schiffahrt 1971, Seiten 41—49. Ausgabe Transpress VEB Verlag für Verkehrswesen, Berlin.
22. Fenz, R.: Heutige und geplante Wasserkraftnutzung an der Donau. Wasser- und Energiewirtschaft 1973, Heft 3/4.
23. Turek, E.: Probleme der Donauschiffahrt und der Ausbau der Donau im Gebiet der Republik Österreich. Zeitschrift für Binnenschiffahrt, 1969, Heft 11.
24. Rümelin, B.: Projekt Konstanza-Kanal. Zeitschrift für Binnenschiffahrt und Wasserstraßen, 1974, Heft 4.
25. Rümelin, B.: Mehrzweck-Aufgaben der Binnenwasserstraßen. Zeitschrift für Binnenschiffahrt und Wasserstraßen, 1973, Heft 3.

Der Rhein — gestern, heute, morgen

Von Ministerialrat Dipl.-Ing. **Werner Berger**, Bonn

1. Vorbemerkung

In jüngster Zeit sind in den Jahrbüchern der Hafenbautechnischen Gesellschaft zwei Vorträge über den Rhein veröffentlicht worden, ergänzt durch einen Aufsatz über den Wasserstraßenbau, und zwar:

> Poppe, G.: Der Rhein, das Rückgrat der Binnenschiffahrt Westeuropas. 30. und 31. Band 1966/68,
>
> Graewe, H.: Der Ausbau des Oberrheins im Grenzabschnitt. 32. Band 1969/71.
>
> Rümelin, B.: Wasserstraßenbau, eine Forderung unserer Zeit? 33. Band 1972/73.

Wiederholungen an der einen oder anderen Stelle werden sich deshalb nicht ganz vermeiden lassen.

2. Die Bedeutung des Rheins als Verkehrsweg

2.1 Abflußverhältnisse

Bei einer Beschreibung der Bedeutung des Rheins als Schiffahrtsweg und der früheren, gegenwärtigen und zukünftigen Ausbaumaßnahmen ist es zum besseren Verständnis unerläßlich, zunächst einen kurzen Überblick über die Abflußverhältnisse zu geben.

Der Rheinlauf, den wir heute kennen, ist erdgeschichtlich gesehen verhältnismäßig jungen Ursprungs. Der Alpenrhein, der in der Schweiz von den Gletschern des St. Gotthard kommt, gehörte in vorgeschichtlicher Zeit zum Einzugsgebiet der Donau, später zum Stromgebiet der Rhône und nahm erst in der Eiszeit seine jetzige Laufrichtung ein. In einem großen nach Osten ausholenden Bogen trennt der Rhein die Westalpen von den Ostalpen, durchfließt dabei den Bodensee und bildet dann mit westlicher Fließrichtung die Grenze zwischen dem Schweizer Jura und dem Schwarzwald. Ab Basel folgt sein Lauf einer allgemein nördlichen Richtung in einem breiten Stromtal, der Oberrheinischen Tiefebene, seitlich begrenzt von Schwarzwald und Vogesen. Im Rheingau zwischen Mainz und Bingen wird der Rhein in westliche Richtung abgedrängt, die mit dem Durchbruch durch das Rheinische Schiefergebirge wieder in eine Nordrichtung übergeht, begleitet von den Hängen der Mittelgebirge, die er in der Kölner Bucht verläßt. In der anschließenden Flachlandstrecke wendet er sich in einem großen Bogen nach Westen und gelangt durch das Mündungsdelta mit den Hauptarmen Waal und Lek in die Nordsee. Sein Einzugsgebiet (Abb. 1) von 11 000 km² beim Austritt aus dem Bodensee vergrößert sich bis Basel auf 36 000 km², bis Mannheim einschließlich Neckar auf 68 000 km² und bis Mainz einschließlich Main auf 98 500 km². Nach der Moselmündung auf 138 000 km² angewachsen, erreicht das Einzugsgebiet am Anfang des Mündungsdeltas bei Pannerden, kurz unterhalb der deutsch-niederländischen Grenze, eine Flächengröße von 160 000 km².

Normalerweise unterscheidet man bei einem Fluß drei besonders charakteristische Abschnitte in seinem Lauf, den Oberlauf mit steilem Gefälle, den Mittellauf mit parabelförmiger Gefällsabflachung und den Unterlauf mit sehr geringem Gefälle oder Übergang in die Waagerechte. Diese Dreiteilung im Gefälle wiederholt sich beim Rhein dreimal, von den Quellen bis zum Bodensee, zwischen dem Bodensee und dem Durchbruch durch das Rheinische Schiefergebirge und von da bis zur Mündung in die Nordsee (Abb. 2). Entsprechend dieser Besonderheit spricht man beim Rhein von mehreren Fluß- oder Stromabschnitten:

— dem Alpenrhein zwischen den Quellen und der Mündung in den Bodensee,

— dem Bodensee,

— dem Hochrhein vom Austritt aus dem Bodensee bis Basel,

— dem Oberrhein von Basel bis Mainz (Bingen),

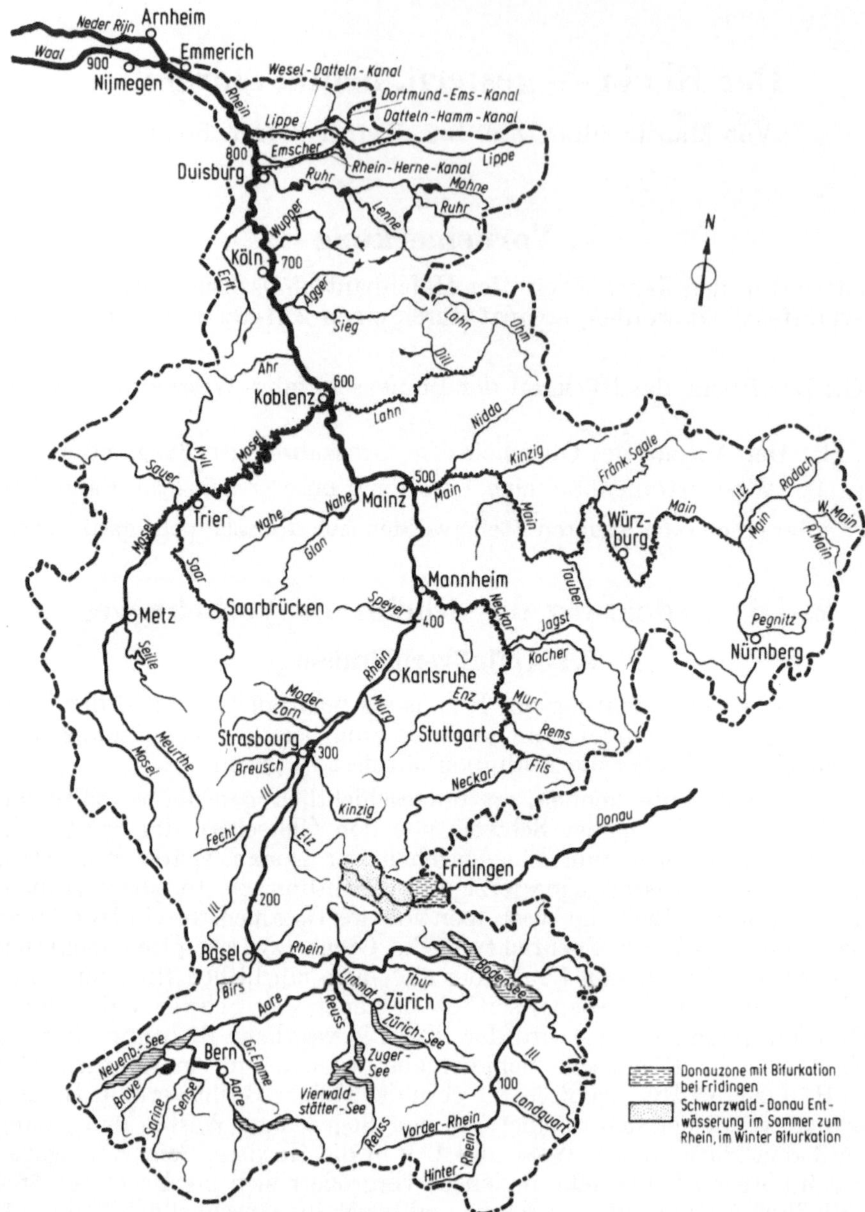

Abb. 1. Einzugsgebiet des Rheinstromes.

— dem Rheingau zwischen Mainz und Bingen,

— dem Mittelrhein von Bingen bis Köln,

— dem Niederrhein von Köln bis Pannerden und

— dem Mündungsdelta mit den niederländischen Stromarmen von Pannerden bis zu den Nordseemündungen.

Mit einer mittleren jährlichen Niederschlagshöhe von 900 mm zählt das Rheingebiet, bedingt durch die Lage und die topographischen und klimatischen Verhältnisse seines Einzugsgebiets, zu den niederschlagsreichsten in Europa. Die Wasserführung des Rheins ist durch die unterschiedlichen Klimaverhältnisse in den Alpen und den Mittelgebirgen sehr ausgeglichen. Die von Natur aus großen Abflußschwankungen der Hochgebirgsflüsse werden beim Rhein durch die günstige Retentionswirkung der zahlreichen Alpenseen — die Fläche des Bodensees beträgt bei MW 545 km², die der Seen des Aaregebiets 620 km² — außerordentlich stark gedämpft. Hinzu kommt der sich gegenseitig ausgleichende Abflußcharakter der Hochgebirgsflüsse mit vorwiegend Sommerhochwasser und der Mittelgebirgsflüsse mit vorherrschendem Winterhochwasser. Die Ausgleichswirkung

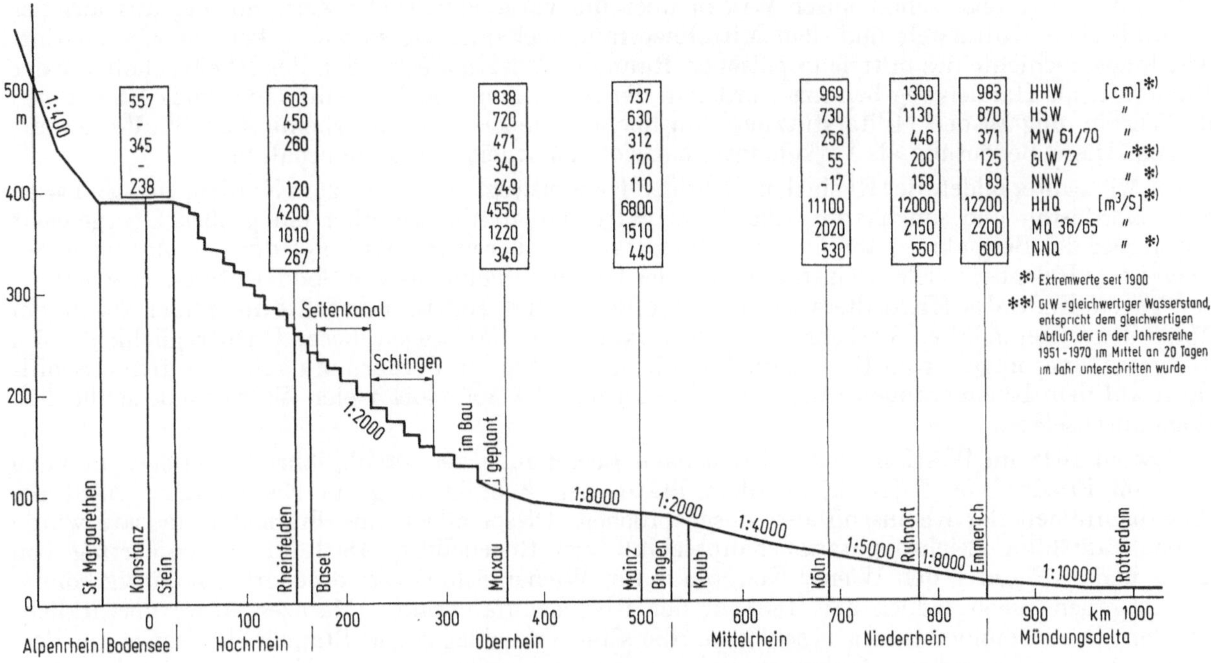

Abb. 2. Spiegelgefälle des Rheins bei MNW 1961/70.

der Alpenseen wird allerdings zum Teil durch die Einflüsse der Mittelgebirgsflüsse wieder rückgängig gemacht, so daß beim Rhein im Gegensatz zu anderen Flüssen das Verhältnis von NNQ-Abfluß zu HHQ-Abfluß mit größer werdendem Einzugsgebiet ungünstiger wird. Die kennzeichnenden Abflüsse NNQ, MQ und HHQ sind in Tabelle 1 für einige Hauptpegel einander gegenübergestellt.

Tabelle 1. *Kennzeichnende Abflüsse NNQ, MQ und HHQ des Rheins*

Pegel	Hinzu-getretene wichtigste Nebenflüsse	Strom-km	Einzugs-gebiet km²	Pegel-Null NN + m	NNQ m³/s	MQ 36/65 m³/s	HHQ m³/s	NNQ : HHQ
Konstanz		0	10 998	391,77	~100	~380	~1 100	1 : 11
Rheinfelden (Basel)	Aare	147,7	34 550	260,00	267	1 010	4 200	1 : 16
Karlsruhe-Maxau	Schwarzwald-Flüsse Vogesen-Flüsse	362,3	50 343	97,72	340	1 220	4 550	1 : 13
Worms	Neckar	443,4	68 936	84,10	370	1 370	5 600	1 : 15
Kaub	Main, Nahe	546,2	103 729	67,60	482	1 560	7 400	1 : 15
Andernach	Lahn, Mosel	613,8	139 795	51,40	560	1 920	11 100	1 : 20
Rees	Sieg, Ruhr, Lippe	837,4	159 683	9,73	590	2 200	12 200	1 : 21

2.2 Geschichtliche Entwicklung

Nach dem heutigen Stand der kulturgeschichtlichen Forschung können wir davon ausgehen, daß nach der letzten Eiszeit, nach dem Abschmelzen der großen, über weiten Teilen Europas lagernden Eisdecke, sich die mittelsteinzeitlichen Menschen in der Hauptsache an Wasserläufen und Seen ansiedelten. Dort fanden sie lichte Stellen in den dichten, fast undurchdringlichen Waldungen, die an die Stelle der Gletscher getreten waren, und konnten leichter der Jagd und dem Fischfang nachgehen. Primitive Einbäume und Kähne dienten dem Verkehr mit Nachbarsiedlungen, der sich auf dem Wasser besser als zu Lande bewerkstelligen ließ. Dies dürften auch die Anfänge eines Verkehrs auf dem Rhein gewesen sein.

Damit endigt aber schon unser Wissen über die vorgeschichtliche Zeit. So viel uns aus der orientalischen Kulturwelt und dem Mittelmeerraum bekannt ist, so wenig kennen wir die Entwicklungsgeschichte des mitteleuropäischen Raumes. Es ist erwiesen, daß der Rhein schon vor der Römerzeit als Handelsweg benutzt wurde. In der römischen Epoche stellte eine große Rheinflotte die Verbindung zu den Militärstützpunkten her, aus denen viele der rheinischen Städte hervorgingen. Diese Bedeutung als Verkehrsweg hat sich der Rhein bis heute erhalten.

Im Mittelalter bildete der Rhein den wichtigen Handelsweg vom Süden zum Norden, vom Südosten zum Nordosten und umgekehrt. Allerdings hatte damals die Talfahrt ein großes Übergewicht gegenüber der Bergfahrt, während heute die Bergfahrt überwiegt. Als Folge der Zersplitterung des Deutschen Reiches in viele Kleinstaaten und des Überhandnehmens von Sonderinteressen erschwerten gegen Ende des Mittelalters Stapelrechte, Zölle und andere Vorrechte in immer stärkerem Maße den ungehinderten Verkehr. So ist es verständlich, daß wegen dieser Unzuträglichkeiten im Interesse eines ungestörten Rheinverkehrs sehr nachhaltig die Forderung nach einer freien Schiffahrt auf dem Rhein erhoben wurde, eine Forderung, die sich trotz vieler Widerstände schließlich doch durchsetzte.

Sowohl 1648 im Westfälischen Frieden nach Beendigung des Dreißigjährigen Krieges als auch 1697 im Frieden von Rijswijk, der dem Pfälzischen Erbfolgekrieg ein Ende setzte, wurde die Abgabenfreiheit der Rheinschiffahrt ausgesprochen. Dieser allgemeine Freiheitsgrundsatz wurde danach 1803 im Reichsdeputationshauptschluß von Regensburg, 1804 im Octroi-Vertrag von Paris und 1815 durch den Wiener Kongreß in der Wiener Schlußakte erneuert. Endgültig konnte die Abgabenfreiheit jedoch erst 1831 in der Rheinschiffahrtsakte (Mainzer Akte) verwirklicht werden. Die Rheinuferstaaten beschlossen, die alten Umschlags- und Stapelrechte sowie die Vorrechte der Schiffergilden aufzuheben und eine freie Schiffahrt auf dem Rhein von Basel bis zum offenen Meer zu gewährleisten.

Solange das Pferdefuhrwerk das wichtigste Verkehrsmittel für alle Transporte auf dem Landweg war, solange war die Beförderung von Gütern auf dem Wasser diesem Verkehrsmittel bei weitem überlegen, trotz vieler Schwierigkeiten und Gefahren, die beim Rhein wie bei allen schiffbaren Flüssen zu überwinden waren. Die damals noch verhältnismäßig kleinen Schiffe waren in der Lage, wesentlich mehr Güter auf einmal zu transportieren als Pferdefuhrwerke, wobei sich die Überlegenheit natürlich vor allem in der Talfahrt zeigte. Unter diesem Blickwinkel ist besonders auch das Verlangen nach einer völlig freien Rheinschiffahrt zu sehen.

Vereinbarungen zwischen den Uferstaaten in der Folgezeit, die Änderung der Verhältnisse nach Gründung des Deutschen Zollvereins und die Friedensverträge von 1866 zwangen die Rheinuferstaaten bald zu neuen Abmachungen, die 1868 in der Revidierten Rheinschiffahrtsakte (Mannheimer Akte) „unter ausdrücklicher Aufrechterhaltung des Prinzips der Freiheit der Rheinschiffahrt in Bezug auf den Handel" niedergelegt wurden. Nach dem ersten Weltkrieg brachte 1919 der Versailler Friedensvertrag verschiedene einschneidende Änderungen, doch blieb die Mannheimer Akte hinsichtlich der Regelungen für die Rheinschiffahrt in ihren Grundzügen erhalten. Eine weitere Änderung erfuhr die Mannheimer Akte dann nach dem zweiten Weltkrieg durch das Übereinkommen zur Revision der Revidierten Rheinschiffahrtsakte, das am 20. November 1963 von der Bundesrepublik Deutschland unterzeichnet worden ist.

Das 19. und 20. Jahrhundert, in denen sich eine weltweite, stürmische technische Entwicklung auf allen Gebieten vollzog — und noch vollzieht —, die uns neue Verkehrswege und neue Verkehrsmittel bescherten und große Fortschritte im Wasserbau zeitigten, führten zu einer völligen Umgestaltung des Rheins als Wasserstraße und der Rheinschiffahrt. Wenige Jahrzehnte genügten, um Deutschland von einem Agrarstaat in einen Industriestaat umzuwandeln, so daß heute die Wirtschaft der Bundesrepublik mit der Wirtschaft des europäischen Raumes und der übrigen Welt eng verflochten ist. Diese Umwandlung bewirkte ein sprunghaftes Anwachsen des Transports von Massengütern, die am billigsten auf dem Wasserweg befördert werden konnten. Das führte zur Entwicklung der industriellen und wirtschaftlichen Schwerpunkte an den natürlichen Wasserstraßen, den Flüssen, die dann durch künstliche Kanäle miteinander zu einem leistungsfähigen Binnenwasserstraßennetz verknüpft wurden, dessen Rückgrat in Westeuropa der Rhein ist.

2.3 Die Wasserstraße

Wenn wir heute eine Fahrt auf dem Rhein unternehmen, so bietet sich unseren Blicken ein mächtiger, gebändigter Strom, der zwischen befestigten Ufern und Hochwasserdämmen in einem vorgegebenen Bett in der anmutigen Landschaft an Städten und Dörfern, Industriewerken, Häfen und Umschlagplätzen vorbei talwärts fließt. Wir nehmen dieses Bild einfach als eine Selbstverständlichkeit in uns auf. Wahrscheinlich denkt niemand daran, mit welch mannigfachen Gefahren noch vor 200 Jahren eine solche Schiffsreise verbunden war. Nur manchmal, wenn der Rhein bei Hochwasser über seine Ufer tritt oder wenn nach einem besonders kalten Winter mächtige Eisschollen stromabwärts treiben, werden wir auch jetzt noch an die Gewalt des Wassers und seine Gefährlichkeit erinnert.

Der frühere Zustand des Rheins, wie er sich den Römern oder unseren Vorfahren darbot, läßt sich nur noch aus Bildern oder älteren Beschreibungen entnehmen. Auf lange Strecken war der in weiten, mäanderförmigen Windungen dahinfließende Rhein in vielfache Arme und zahlreiche Verästelungen aufgespalten. Gießen, Inseln, Kiesgründe und Sandbänke folgten aufeinander und unterlagen einem dauernden Wechsel. Dadurch entwickelte der Strom im Talgrund eine große Breite, am Oberrhein bis zu 9 km, am Niederrhein zwischen Wesel und Emmerich sogar mehr als 12 km. Nur dort, wo Hochufer eine widerstandsfähige Uferzone bilden und in der Gebirgsstrecke mit den bis an den Strom herantretenden Felshängen beanspruchte sein Bett einen schmäleren Talstreifen. Jedes Hochwasser veränderte seinen Lauf, Ufergelände und Inseln wurden weggerissen, an anderen Stellen entstanden neue Uferstreifen und neue Inseln. Bei jeder größeren Überschwemmung, die meist noch viel weiter als der eigentliche Flußlauf reichte, wurden fruchtbare Felder und sogar ganze Ortschaften zerstört. Die zahlreichen großen Hochwasser hatten eine verheerende Wirkung. Wochen- und monatelang nach ihrem Ablauf stand noch Wasser in den Kellern, Stallungen und auf den Feldern der in der Niederung gelegenen Ortschaften. Die Wohnungen waren durchnäßt und in Rheinnähe gab es ausgedehnte Sümpfe. Als unvermeidliche Folge wurden die Bewohner der Niederung und auch der Hochufer regelmäßig von Malaria und typhösen Fiebern heimgesucht.

Wie einschneidend die dauernde Umbildung des Rheinlaufs war, geben alte Chroniken wieder. So lag die Stadt Breisach zur Zeit der Römer auf dem linken Rheinufer, war im 10. Jahrhundert von zwei Rheinarmen umflossen, befand sich im 13. Jahrhundert wieder auf dem linken Ufer, wurde danach nochmals zur Insel und erst vom 14. Jahrhundert an verblieb sie endgültig auf dem rechten Ufer.

Bei jeder Fahrt mußte der Schiffsführer erneut den günstigsten Fahrweg suchen.

In der Gebirgsstrecke versperrte das Binger Riff, eine wie ein natürliches festes Wehr quer durch das Strombett verlaufende Quarzitrippe, den Schiffen den Weg. Die Schiffahrt konnte das Riff nur in der Talfahrt bei hohen Wasserständen unter erheblicher Gefahr überwinden. In der Regel endete die Schiffahrt oberhalb des Riffs bei Rüdesheim und unterhalb bei Aßmannshausen. Die Güter mußten in diesen beiden Orten ausgeladen, auf dem Landweg transportiert und danach wieder für die Weiterbeförderung auf Schiffe verladen werden. Natürlich waren die Menschen am Rhein schon immer bestrebt, sich gegen die drohenden Gefahren des Stromes, besonders bei Hochwasser, zu schützen und auch zur Erleichterung des Verkehrs die Schiffahrtsverhältnisse zu verbessern. Aber ihrem Wollen standen jahrhundertelang nicht die geeigneten technischen Mittel zur Verfügung. Deshalb mußten sie sich darauf beschränken, ihren Besitz, ihre Wohnstätten und ihre Fluren, im Kampf gegen die unaufhörlichen Zerstörungen des Wassers durch Schutzbauten zu erhalten. Sie legten kleinere Durchstiche an und trieben Faschinenbauten in einzelne Stromarme vor, um diese abzusperren und das Abbrechen bedrohter Grundstücke und Gebäude zu verhindern. An besonders gefährdeten Uferstellen im Bereich ihrer Dörfer und Städte bauten sie aus Faschinen und Steinen schützende Deckwerke. Für die Schiffahrtsrinne selbst, die sich wie die Stromarme ständig veränderte, konnten sie nichts tun.

Ein entscheidender Wandel trat erst ein, als Mitte des 18. Jahrhunderts im preußischen Bereich des Rheins und später nach den Befreiungskriegen auch in den anderen Rheinuferstaaten Wasser- oder Strombauverwaltungen für den Rhein eingerichtet wurden. Dadurch wurde es möglich, den Strom und seine Abflußverhältnisse systematisch zu studieren und neue wasserbauliche Erkenntnisse zu sammeln. Die gewaltigen Fortschritte in den naturwissenschaftlichen Forschungen im 19. Jahrhundert versetzten den Wasserbauingenieur auf der Grundlage empirisch ermittelter und in langjährigen Beobachtungen an den Wasserläufen erprobten hydraulischen Formeln in die Lage, wirksamere Baumaßnahmen und neue Baumethoden zur Bändigung des Stromes zu verwirklichen und ihn auch besser als in den vergangenen Zeiten als Verkehrsweg nutzbar zu machen. Gleichlaufend mit der naturwissenschaftlichen Entwicklung machte die Technik ebenso stürmische Fortschritte. Der Wasserbauingenieur erhielt die notwendigen Maschinen, um die großen und umfangreichen Ausbauprojekte in die Tat umsetzen und ebenso die vielen kleineren, stets wiederkehrenden Arbeiten im und am Strom immer leichter bewältigen zu können.

Einheitliche Grundsätze für den Schiffahrtsweg wurden durch internationale Abmachungen festgelegt, und jeder der Rheinuferstaaten verpflichtete sich, die in langen Jahrzehnten allmählich

verbesserten Schiffahrtsverhältnisse auf seinem Hoheitsgebiet zum allgemeinen Nutzen der Schiff-
fahrt zu erhalten. Diese Abmachungen zielten darauf ab, in bestimmten Stromstrecken gleiche
Fahrrinnentiefen und gleiche Fahrrinnenbreiten zu gewährleisten.

Maßgebend für die Schiffahrt ist heute die Fahrrinnentiefe, bezogen auf den sogenannten
„Gleichwertigen Wasserstand (GlW)", einem von der Zentralkommission für die Rheinschiffahrt
festgesetzten Niedrigwasserstand, der im langjährigen Durchschnitt an 20 eisfreien Tagen erreicht

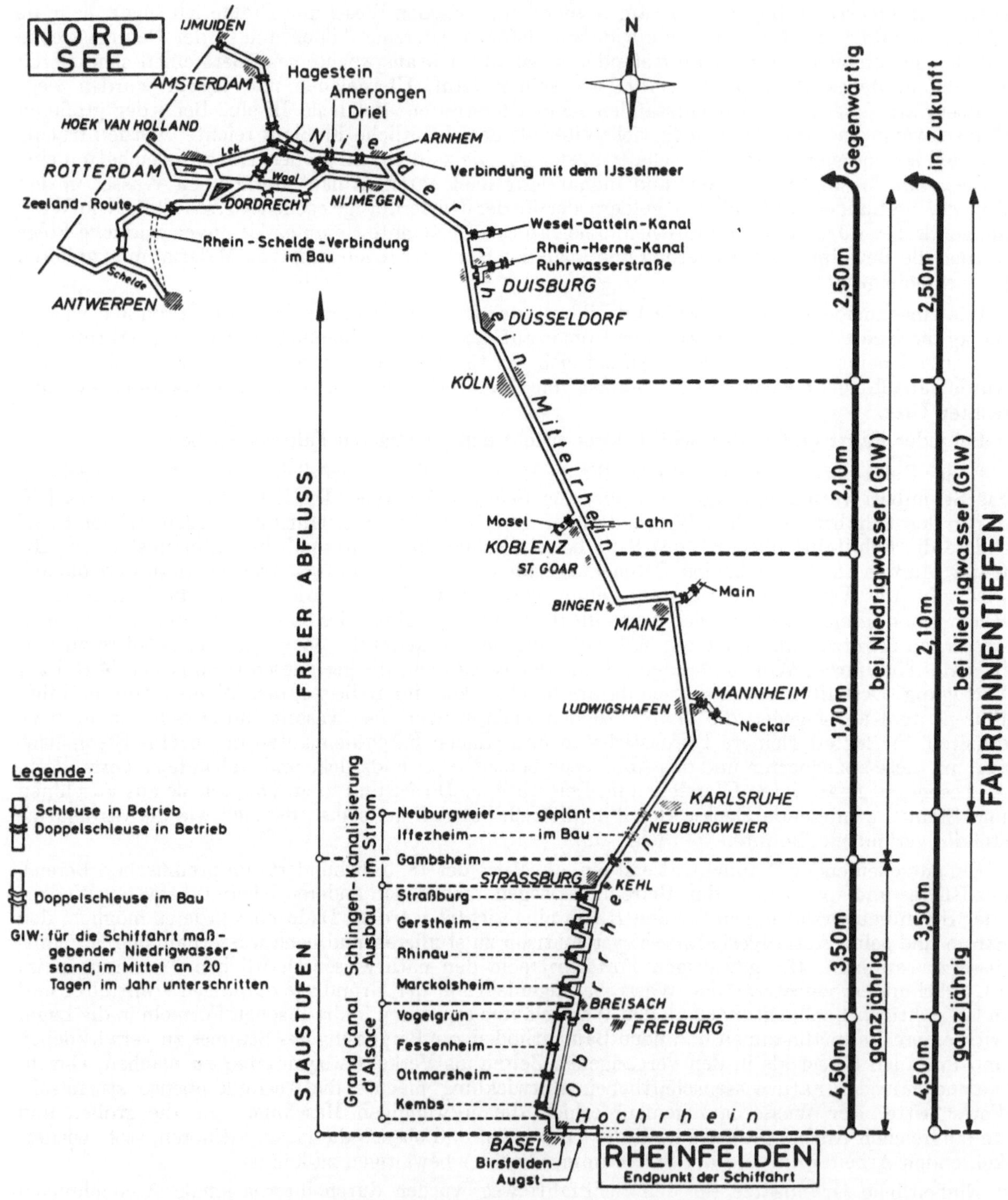

Abb. 3. Der Rhein von Rheinfelden bis zur Nordsee — Ausbauzustand Anfang 1975.

oder unterschritten wird. Gegenwärtig sind bei GlW folgende Fahrrinnentiefen im Rhein vorhanden (Abb. 3):

— Rheinseitenkanal Kembs — Breisach .... 4,50 m
— nach der Schlingenlösung kanalisierte Strecke Breisach — Straßburg .... 3,50 m
— im Ausbau befindliche Strecke (Kanalisierung) Kehl/Straßburg — Neuburgweier/Lauterburg
   bis Staustufe Gambsheim .... 3,50 m
   unterhalb davon heute .... 1,70 m
           künftig .... 3,50 m
— Strecke Neuburgweier/Lauterburg — St. Goar
           heute .... 1,70 m
           künftig .... 2,10 m
— Strecke St. Goar — Köln .... 2,10 m
— Strecke Köln — deutsch/niederländische Grenze .... 2,50 m

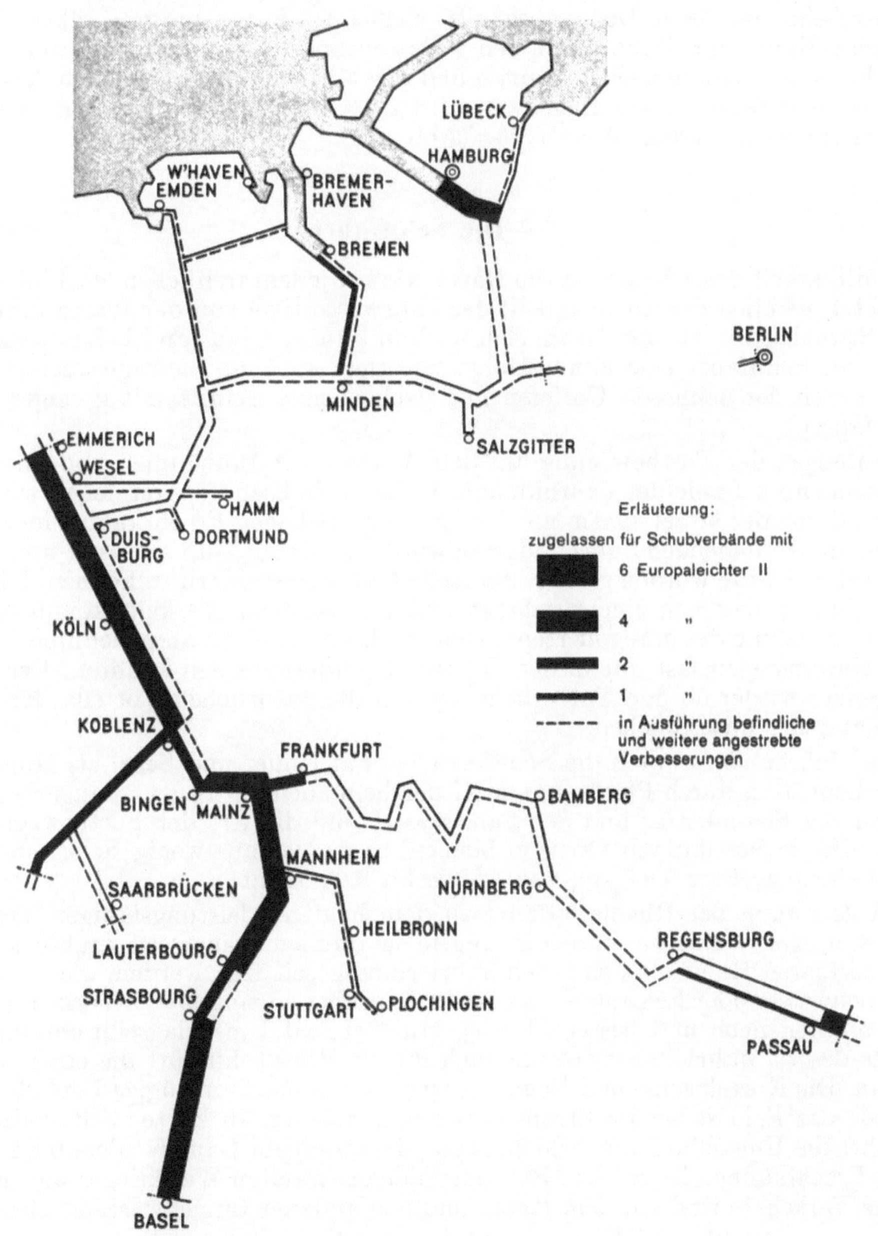

Abb. 4. Hochleistungsnetz der Binnenschiffahrtstraßen.

Zwischen Basel und der Murgmündung hat die früher 88 m breite Fahrrinne jetzt im Rheinseitenkanal, in den Teilkanälen der Schlingen, im Staubereich der Wehre und in den Stauhaltungen der unterhalb von Straßburg folgenden Staustufen eine wesentlich größere Breite. Von der Murg bis zur Neckarmündung beträgt die Fahrrinnenbreite 92 m und von da bis St. Goar 120 m. Unterhalb von St. Goar bis zur deutsch-niederländischen Grenze kann dank der guten Wasserführung des Rheins eine 150 m breite Fahrrinne unterhalten werden. Abweichungen von dieser Regelbreite sind dort vorhanden, wo sich bei Inseln der Rhein und auch die Schiffahrtsrinne in zwei Arme aufspaltet. Die Summe der Breiten der Einzelfahrrinnen ist aber immer mindestens so groß wie die Regelbreite.

Innerhalb der Bundesrepublik Deutschland verbinden die Binnenschiffahrtstraßen die binnenländischen Produktions- und Verbrauchsschwerpunkte untereinander und mit den Seehäfen. Das Netz der Binnenschiffahrtstraßen umfaßt 3870 km, davon 71% natürliche — darunter als wichtigste der Rhein mit 687 km von der deutsch-französisch-schweizerischen bis zur deutsch-niederländischen Grenze — und 29% künstliche Wasserstraßen. Es ist mit den Wasserstraßen der angrenzenden Staaten zu einem west- und mitteleuropäischen Wasserstraßennetz verflochten. Der Rhein mit den Anschlußstrecken Neckar und Mosel bildet die von Süd nach Nord führende Hauptmagistrale. Die Südostmagistrale wird — nach Vollendung der Bauarbeiten an der Kanalstrecke Nürnberg—Kelheim und dem Donauabschnitt Kelheim—Regensburg — über den Main und den Main-Donau-Kanal zur Donau und den südosteuropäischen Staaten führen. Zur Nordostmagistrale gehören die westdeutschen Kanäle und der Mittellandkanal mit den Anschlüssen nach Emden, Bremen und Berlin. Diese Magistrale wird 1976 durch den Elbe-Seitenkanal ergänzt, der Hamburg mit dem Mittellandkanal verbindet (Abb. 4).

2.4 Die Schiffahrt

Für die Schiffbarkeit des Rheins hat die Natur wie bei jedem freifließenden Fluß entscheidende Kriterien gesetzt, nämlich die Abhängigkeit der Fahrwassertiefe von der Wasserführung und vom Zustand des Strombettes. Als der Strom sich noch in seinem Urzustand befand, als es noch nicht möglich war, der Schiffahrt eine Mindestfahrwassertiefe auch in Niedrigwasserzeiten zu bieten, konnten ihn wegen der zahllosen Untiefen nur flachgehende Schiffe mit geringer Tragfähigkeit und Flöße befahren.

Aus den Anfängen der Fortbewegung auf dem Wasser mit Einbäumen und kleinen einfachen Kähnen entstanden im Laufe der Jahrhunderte kleinere Flußschiffe, von denen wir in dem römischen Weinschiff von der Mosel, einem mit Rudern angetriebenen Frachtkahn, einen zuverlässigen Zeugen haben. In den folgenden Jahrhunderten wurde der Schiffbau verbessert und verfeinert, die aus Holz gebauten Schiffe wurden größer, um mehr Ladung befördern zu können. Dies waren zwar gewisse Fortschritte, aber von einem sicheren und regelmäßigen Verkehr konnte noch nicht die Rede sein. Die Strömung des unregulierten Rheins verhinderte einen ausgedehnten Massenverkehr, weil größere Gütermengen fast nur in der Talfahrt befördert werden konnten. Der geringe Bergverkehr begrenzte wiederum den Talverkehr, so daß die natürlichen Vorteile der Wasserstraße jahrhundertelang ungenutzt blieben.

Bis zum 19. Jahrhundert waren die Schiffe zu Tal auf Ruder und Segel als Hilfsmittel und zu Berg auf den Leinenzug durch Pferde — am Niederrhein auch auf Segel — angewiesen. Durch die Beschaffenheit des Strombettes und des Fahrwassers und die Art der Fortbewegung mußte die Größe der Schiffe in bestimmten Grenzen bleiben, so daß es nur wenig Schiffe mit 400 t Tragfähigkeit und einem größten Tiefgang von 1,80 m bis 2,00 m gab.

Für den Aufschwung der Rheinschiffahrt zu dem heutigen leistungsfähigen Transportsystem waren zwei wichtige technische Vorbedingungen zu erfüllen. Einerseits mußte auf der ganzen Länge des schiffbaren Rheinlaufs eine Schiffahrtsrinne geschaffen werden, die — abgesehen von Zeiten mit Hochwasser oder Eisgang — das ganze Jahr über einen sicheren Verkehr gewährleistete, andererseits mußten neue und bessere Transportmittel und Umschlagseinrichtungen entwickelt werden. Mitte des 19. Jahrhunderts setzte auch für die Rheinschiffahrt die erste große Entwicklungsphase ein. Die Korrektions- und Regulierungsarbeiten machten zügige Fortschritte, von Jahr zu Jahr wurde das Fahrwasser im Strom besser und sicherer. In kurzer Zeit vollzog sich in der Rheinschiffahrt die Umstellung auf Schleppzüge, die aus einem Dampfschleppboot und mehreren angehängten Frachtkähnen bestanden. Bis zum Ende des zweiten Weltkrieges war der Schleppzug das klassische Verkehrsmittel auf dem Rhein und den anderen Binnenwasserstraßen.

Nach dem zweiten Weltkrieg folgten kurz hintereinander zwei weitere, nicht minder bedeutsame Entwicklungsphasen in der Modernisierung der Binnenschiffahrt. Die eine brachte in den 50er

Jahren die Umstellung von der Schleppschiffahrt zur Motorgüterschiffahrt. Die andere wird von dem Aufbau der Schubschiffahrt (Abb. 5) charakterisiert, der um das Jahr 1960 begann. Außerdem hat die Binnenschiffahrt 1969 eine selbstfinanzierte Abwrackaktion in die Wege geleitet, durch die in der Bundesrepublik bis Ende 1974 etwa 1 Mill. t unwirtschaftlichen Schiffraumes aus dem Verkehr gezogen wurden.

Abb. 5. 6-Leichter-Schubverband auf dem Niederrhein.

Die nachfolgenden Angaben für die deutsche Binnenschiffahrt gelten gleichzeitig für die deutsche Rheinschiffahrt, weil der Rheinverkehr mit $^2/_3$ den weitaus größten Teil des deutschen Binnenschiffahrtsverkehrs ausmacht. Am 1. Januar 1974 umfaßte die deutsche Binnenflotte 5155 Güterschiffe mit 4,45 Mill. t Tragfähigkeit. Von der gesamten Tragfähigkeit entfielen auf Motorgüterschiffe etwa 75%, auf Schubleichter etwa 16% und auf Schleppkähne etwa 9%. Die heute verkehrenden Schiffe können bei voller Abladung folgende Gütermengen befördern:

Moderne Motorgüterschiffe	1 200 — 2 200 t
Schubverbände mit:	
2 Europaleichtern II	4 400 t
4 Europaleichtern II (nur Rhein)	8 800 t
6 Europaleichtern II (nur Rhein)	13 200 t.

Die mit Beginn der Schubschiffahrt einsetzende verstärkte Mechanisierung und Automatisierung an Bord sowie die Spezialisierung der Schiffe, die in besonderem Maße auch der Sicherheit des Verkehrs dienen, bedingen einen beträchtlichen Kapitalaufwand. Daraus folgt das Bestreben, die heute kapitalintensive Binnenflotte möglichst rationell auszunutzen, d.h. mit den modernen Schiffen und Verbänden rund um die Uhr — bei Tag und bei Nacht — zu fahren. Dies wird durch die Radarfahrt und einen Schichtbetrieb an Bord ermöglicht.

Schließlich ist noch zu erwähnen, daß mit diesem Fortschritt auch eine Entwicklung in der Organisation der deutschen und internationalen Rheinschiffahrt einherging. Aus den mittelalterlichen Schifferzünften entstanden betriebliche und berufsständische Zusammenschlüsse, die in ihrem Wirken von öffentlichen Einrichtungen wie Schiffbörse, Frachtenausschüsse und Transportzentralen unterstützt werden. Auf internationaler Ebene werden die Belange der Rheinschiffahrt von der Zentralkommission für die Rheinschiffahrt in Straßburg, in der die Rheinuferstaaten vertreten sind, und vom Verein zur Wahrung der Rheinschiffahrtsinteressen, einer berufsständischen internationalen Organisation, wahrgenommen.

2.5 Der Verkehr

Auch in verkehrlicher Hinsicht ist auf dem Rhein mit dem Fortschreiten der Ausbauarbeiten des Stromes und seiner Nebenflüsse im 19. Jahrhundert ein großer Wandel vor sich gegangen. Auf der einen Seite erfolgte eine Umschichtung vom bisher vorherrschenden Stückgutverkehr zum Massengutverkehr, dessen Hauptanteil die Kohle ausmachte. Auf der anderen Seite entstand mit

dem Bau der Eisenbahnen ein starker Wettbewerb zwischen beiden Transportmöglichkeiten auf
der Wasserstraße und auf der Schiene. Durch den ständig wachsenden Bedarf der Eisenindustrie,
chemischen Industrie und Konsumgüterindustrie an Kohle, Erzen und anderen Rohstoffen stellte
sich Anfang der 70er Jahre ein gewisses Gleichgewicht zwischen den beiden konkurrierenden Verkehrsträgern ein. Den starken Aufschwung des Rheinverkehrs bis zum 1. Weltkrieg verdeutlichen
die Tabellen 2 und 3. Aus Tabelle 2 ist der grenzüberschreitende Verkehr an der deutsch-niederländischen Grenze bei Emmerich von 1845 bis 1913 ersichtlich. Gleichzeitig erkennt man, wie um
die Jahrhundertwende das Schwergewicht vom Talverkehr auf den Bergverkehr übergegangen ist.
In Tabelle 3 ist der Gesamtumschlag der wichtigsten Rheinhäfen in den Jahren 1875, 1900 und 1913
zusammengestellt.

Tabelle 2. *Grenzüberschreitender Verkehr an der*
deutsch-niederländischen Grenze bei Emmerich
1845 — 1913 in Mill. t

Jahr	zu Berg	zu Tal	Gesamt-verkehr
1845	0,20*)	0,30*)	0,50*)
1860	0,30*)	0,80*)	1,10*)
1875	0,67	1,59	2,26
1890	2,96	2,86	5,82
1900	8,93	4,15	13,08
1910	16,80	12,98	29,78
1913	19,82	17,71	37,53

*) überschlägliche Angaben

Tabelle 3. *Gesamtumschlag der wichtigsten Rheinhäfen*
1875 — 1913 in Mill. t

Hafen	1875	1900	1913
Straßburg	—	0,32	1,99
Kehl	0,02	0,01	0,51
Karlsruhe	—	—	1,48
Mannheim	0,54	5,89	7,40
Ludwigshafen	0,13	1,78	2,87
Mainz	0,13	0,76	1,81
Köln	0,19	1,23	1,41
Krefeld, Neuß, Reisholz	0,05	0,28	1,80
Düsseldorf	0,14	0,62	1,57
Duisburg	2,62	13,22	26,82
Rheinhausen, Homberg, Alsum, Schwelgern, Walsum	—	0,74	9,85

Durch den ersten Weltkrieg erfuhr der bis dahin stetig ansteigende Rheinverkehr einen ersten
großen Rückschlag; der Gesamtverkehr ging von 51 Mill. t im Jahr 1913 um mehr als die Hälfte
zurück. Als Folge der politischen und wirtschaftlichen Lage in Deutschland wurde zwischen den
beiden Weltkriegen das erneute starke Anwachsen des Rheinverkehrs in den Jahren 1923 und von
1930 bis 1932 jäh unterbrochen. Am Ende des zweiten Weltkrieges kam der größte und ein-
schneidendste Rückschlag, der Rheinverkehr wurde völlig lahmgelegt. Ein beträchtlicher Teil der
Schiffe war zerstört oder gesunken; sämtliche Brücken über den Rhein waren gesprengt, die
Brückentrümmer lagen im Strom und machten die Schiffahrt unmöglich. Tabelle 4 veranschaulicht diese Entwicklung am Beispiel des grenzüberschreitenden Verkehrs an der deutsch-niederländischen Grenze bei Emmerich und gibt einen Vergleich mit dem Gesamtrheinverkehr. Sie zeigt
außerdem, daß der Talverkehr in diesem Zeitraum wieder ein Übergewicht gegenüber dem Bergverkehr erlangt hat, eine Tendenz, die sich bereits vor dem ersten Weltkrieg abzeichnete.

Tabelle 4. *Grenzüberschreitender Verkehr an der deutsch-niederländischen Grenze bei Emmerich und Vergleich mit dem Gesamtverkehr auf der deutschen Rheinstrecke 1913—1949 in Mill. t*

Jahr	Grenzüberschreitender Verkehr bei Emmerich			Gesamt-verkehr auf der deutschen Rheinstrecke
	zu Berg	zu Tal	Gesamt-verkehr	
1913	20	18	38	58
1923	7	5	12	17
1929	23	30	53	76
1932	13	19	32	49
1937	25	32	57	91
1947	4	4	8	20
1949	8	13	21	43

Bedingt durch den Zustand der Wasserstraßen und der deutschen Binnenflotte stieg der Verkehr auf dem Rhein und den übrigen deutschen Binnenwasserstraßen in den ersten Jahren nach dem zweiten Weltkrieg nur langsam an, die Transportleistungen blieben weit hinter denen der anderen Binnenverkehrsträger zurück. Hinzu kam, daß der deutschen Binnenschiffahrt bis Ende des Jahres 1949 Fahrten im grenzüberschreitenden Verkehr nicht erlaubt waren, wovon hauptsächlich der deutsche Rheinverkehr betroffen wurde. Ab 1950 setzte dann eine sehr kräftige, anhaltende Aufwärtsbewegung ein, die damals nicht für möglich gehalten worden war. Dieser gewaltige Aufschwung kennzeichnet auch die Verkehrsentwicklung auf dem Rhein. In den Jahren 1958, 1963, 1971 und 1972 kam es allerdings zu geringen rückläufigen Transportergebnissen, die entweder konjunkturell oder durch langanhaltende Niedrigwasserstände des Rheins bedingt waren. In Fortsetzung von Tabelle 4 gibt Tabelle 5 ein Bild von dieser außergewöhnlichen Aufwärtsentwicklung. Aus ihr geht aber auch hervor, daß nochmals eine Umlagerung zugunsten des Bergverkehrs stattgefunden hat. Der Vergleich der Umschlagsleistungen der Rheinhäfen mit denen sämtlicher Binnenhäfen der Bundesrepublik in Tabelle 6 zeigt die vorherrschende Bedeutung der Rheinhäfen und des Rheinverkehrs.

Tabelle 5. *Grenzüberschreitender Verkehr an der deutsch-niederländischen Grenze bei Emmerich und Vergleich mit dem Gesamtverkehr auf der deutschen Rheinstrecke 1947—1973 in Mill. t*

Jahr	Grenzüberschreitender Verkehr bei Emmerich			Gesamt-verkehr auf der deutschen Rheinstrecke
	zu Berg	zu Tal	Gesamt-verkehr	
1947	3,6	4,8	8,4	19,9
1949	8,1	12,6	20,8	43,4
1950	11,3	17,5	28,8	55,6
1955	32,1	18,1	50,2	94,5
1960	46,1	24,5	70,6	132,7
1965	52,5	28,2	80,7	149,0
1970	68,6	43,8	112,4	191,1
1971	63,4	41,2	104,6	178,5
1972	62,2	39,3	101,5	177,3
1973	72,9	43,9	116,8	195,9

Der zielstrebig weitergeführte Ausbau des Wasserstraßennetzes in der Bundesrepublik nach dem zweiten Weltkrieg hat den Rheinverkehr spürbar beeinflußt und verstärkt. Wie sich die Verkehrsströme auf dem Rhein und den von ihm abzweigenden Wasserstraßen entwickelt haben, ist in Tabelle 7 dargestellt. Abbildung 6 vermittelt einen guten Überblick über den Verlauf der Verkehrsströme auf dem Hauptnetz der Wasserstraßen in der Bundesrepublik und Berlin-West nach dem Stand des Jahres 1974. Als Ergänzung zu Tabelle 6 enthält Tabelle 8 eine Übersicht über den Güterumschlag im Jahre 1970 in den größeren Rheinhäfen, in denen der Jahresumschlag mindestens 1,5 Mill. t betrug.

Tabelle 6. *Güterumschlag der Rheinhäfen und der Binnenhäfen in der Bundesrepublik Deutschland 1950 — 1973 in Mill. t*

Jahr	Rheinhäfen Nieder-rhein[1])	Mittel-rhein[2])	Ober-rhein	gesamter Rhein	Binnenhäfen insgesamt
1950	34,2	8,3	9,6	52,1	101,2
1955	60,8	15,9	18,0	94,7	181,1
1960	80,5	24,0	27,7	132,2	256,2
1965	84,1	27,7	36,6	148,4	286,9
1970	104,7	33,0	47,1	184,8	331,7
1971	98,2	31,3	42,4	171,9	320,6
1972	99,9	31,7	42,1	173,7	319,1
1973	108,4	31,4	45,6	185,4	332,2

[1]) einschl. Spoykanal   [2]) einschl. Mosel, Saar, Lahn.

Tabelle 7. *Durchgangsverkehr auf dem Rhein und in den Eingangsschleusen der wichtigsten Anschlußwasserstraßen 1950—1974*

Wasserstraße	Durchgangs-stelle, Eingangs-schleuse	Millionen Gütertonnen/*Tausend Schiffe (beladen und leer)*					
		1950	1955	1960	1965	1970	1974 (vorläufig)
Rhein	Neuburgweier	7,4 *19,9*	12,3 *26,5*	16,2 *35,3*	22,8 *50,7*	31,2 *63,8*	. *58,0*
	Koblenz	23,3 *65,6*	39,4 *103,7*	58,1 *127,3*	56,6 *114,6*	51,6 *89,9*	49,6 *83,6*
	Emmerich	28,8 *72,9*	50,2 *114,6*	70,6 *157,4*	80,7 *176,6*	112,4 *207,9*	130,1 *225,9*
Neckar	Feudenheim	2,8 *9,2*	5,7 *16,8*	11,7 *34,0*	12,5 *32,9*	13,6 *30,7*	11,9 *24,6*
Main	Kostheim	5,0 *16,4*	8,9 *26,1*	13,9 *38,7*	15,9 *41,5*	18,2 *41,8*	23,7 *43,1*
Mosel	Koblenz	— —	— —	— —	4,6 *8,1*	10,7 *16,8*	12,2 *18,4*
Rhein-Herne-Kanal	Duisburg	11,6 *32,2*	14,1 *35,3*	20,2 *51,4*	16,0 *41,1*	20,4 *44,9*	19,7 .
Wesel-Datteln-Kanal	Friedrichsfeld	4,1 *15,6*	10,2 *28,9*	13,7 *34,7*	14,6 *36,9*	14,7 *36,8*	15,7 .

Tabelle 8. *Güterumschlag in den größeren Rheinhäfen 1970 in Mill. t*

Hafen	Empfang	Versand	Gesamt-umschlag	Hafen	Empfang	Versand	Gesamt-umschlag
Basel	8,6	0,3	8,9	Wesseling	1,4	6,3	7,7
Straßburg	1,4	11,0	12,4	Köln	5,1	3,5	8,5
Kehl	1,2	0,3	1,5	Leverkusen	2,5	1,0	3,5
Karlsruhe	4,1	3,6	7,7	Neuss	2,7	0,6	3,3
Ludwigshafen	6,0	2,7	8,7	Düsseldorf	2,3	0,7	2,9
Mannheim	6,8	2,2	9,0	Krefeld	2,4	1,5	3,9
Worms	1,2	0,3	1,5	Duisburg	28,5	11,3	39,8
Mainz	2,4	0,4	2,8	Rheinhausen	4,9	0,2	5,1
Koblenz	1,4	0,4	1,8	Homberg	0,3	1,7	2,0
Neuwied	2,0	1,3	3,3	Walsum	2,3	1,5	3,8
Andernach	0,7	2,8	3,5	Rheinsberg	0,1	2,5	2,6

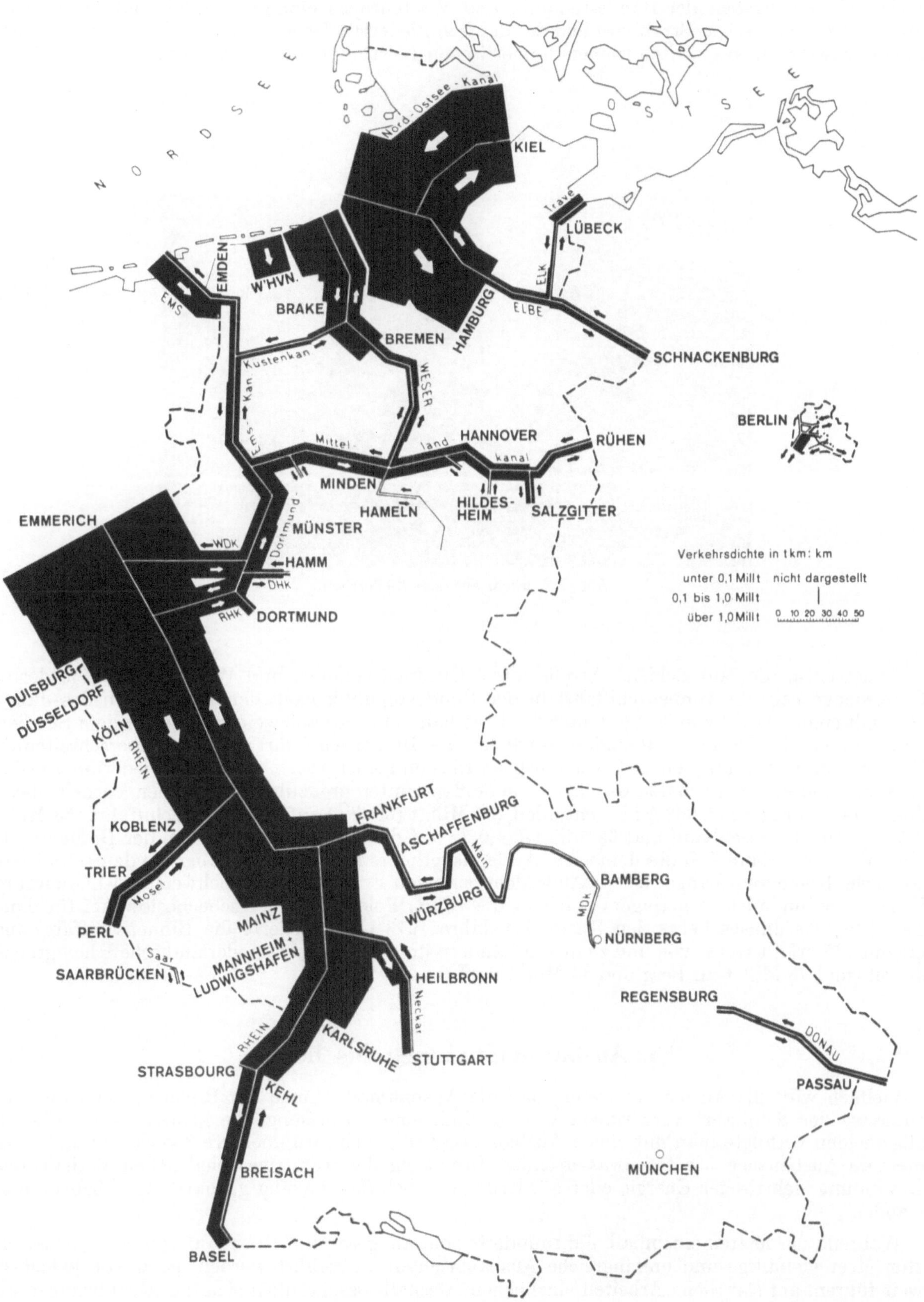

Abb. 6. Güterverkehr 1974 auf dem Hauptnetz der Wasserstraßen in der Bundesrepublik Deutschland und Berlin (West).

Aus den Verkehrstabellen, der Darstellung der Verkehrsströme und Abb. 7 vom Niederrheinverkehr ergibt sich in eindrucksvoller Weise, welch hervorragende Stellung der Rhein unter den übrigen Wasserstraßen der Bundesrepublik und Westeuropas einnimmt. Allein auf der 570 km langen Strecke zwischen Straßburg und der deutsch-niederländischen Grenze fallen $^2/_3$ der auf den Bundeswasserstraßen erzielten tonnenkilometrischen Leistung der Binnenschiffahrt an.

Abb. 7. Verkehr auf dem Niederrhein.

Gemessen an der auf Schiene, Straße (ohne Güternahverkehr) und Wasserstraße beförderten Gütermenge liegt die Binnenschiffahrt in der Bundesrepublik nach den Ergebnissen des Jahres 1973 mit einem Anteil von 30,1% hinter der Eisenbahn (43,5%) an zweiter Stelle vor dem Straßengüterfernverkehr (26,4%). Besonders stark ist die Binnenschiffahrt am grenzüberschreitenden Verkehr zwischen deutschen und ausländischen Ein- und Ausladeorten und hier wiederum am Verkehr von und zu den Seehäfen beteiligt. Von dem gesamten grenzüberschreitenden Verkehr dieser drei Verkehrsträger mit 268 Mill. t entfallen 135 Mill. t (50,5%) auf die Binnenschiffahrt, 68 Mill. t (25,5%) auf die Eisenbahn und 65 Mill. t (24,0%) auf den Lastkraftwagen. Bei der Binnenschifffahrt wird der größte Teil des deutschen Auslandsverkehrs mit rund 80% über die deutsch-niederländische Rheingrenze abgewickelt. Außerdem benutzen Frankreich, die Schweiz und Luxemburg, ferner — wenn auch in geringem Maße — die DDR, Polen und die Tschechoslowakei für einen Teil ihres Auslandsverkehrs den Rhein. Im Jahre 1973 transportierte die Binnenschiffahrt insgesamt 117 Mill. t Güter von und zu diesen Ländern über die deutsch-niederländische Rheingrenze, davon rund 73 Mill. t zu Berg und 44 Mill. t zu Tal.

3. Ausbaumaßnahmen bis heute

Vielfach wird die Ansicht vertreten, daß die Ausbaumaßnahmen am Rhein ausschließlich im Interesse der Schiffahrt verwirklicht worden sind, eine Auffassung, die keinesfalls zutrifft. Im allgemeinen verfolgte man mit einem Ausbauvorhaben gleichzeitig mehrere Zwecke, so daß meist mehrere Ausbauziele wie Hochwasserschutz, Erhaltung der wasserwirtschaftlichen Verhältnisse, Gewinnung elektrischer Energie oder Förderung der Schiffahrt völlig gleichwertig nebeneinander standen.

Während der letzten eineinhalb Jahrhunderte sind am gesamten Rheinlauf von den Quellen bis zum Meer vielfältige und umfangreiche Ausbauarbeiten ausgeführt worden. Es würde jedoch zu weit führen, auf sämtliche Arbeiten einzugehen. Deshalb beschränken sich die Ausführungen auf die deutsche Rheinstrecke zwischen der deutsch-französisch-schweizerischen Grenze unterhalb von Basel und der deutsch-niederländischen Grenze unterhalb von Emmerich.

3.1 Frühere Ausbaumaßnahmen

3.1.1 Oberrhein

Am Oberrhein ist der 1817 beginnende systematische und planmäßige Ausbau das Verdienst des Oberbaudirektors Johann Gottfried Tulla, der während seiner Ausbildung als Ingenieur die Stromkorrektionen und Stromregulierungen am Niederrhein aus der Zeit des Großen Kurfürsten und Friedrichs des Großen kennengelernt hatte. Als gemeinsame Grundsätze für die Rheinkorrektionen nach seinen Plänen wurde zwischen den deutschen Uferstaaten und Frankreich unter anderem festgelegt, daß

— „für den Rheinbau ein gemeinsamer Plan zu entwerfen sei, um den Rhein in einer Weise einzuengen, daß damit der seither unzweckmäßige und teils nutzlos bestrittene Aufwand für Schutzarbeiten umgangen, die Überschwemmungen verhütet, die Schiffahrt erleichtert und der Versumpfung des angrenzenden Geländes vorgebeugt werde",

— „mit allem Nachdruck darauf zu wirken sei, daß keine Rheinbauten von einem Staate ausgeführt werden, welche dem anderen zum Nachteil gereichen" und

— „die Rektifikation des Rheins für beide Uferstaaten nützlich sei".

Die Verbesserung der Schiffahrtsverhältnisse ist neben der Herstellung eines einheitlichen Strombettes, dem Hochwasserschutz und der Entwässerung versumpfter Gebiete nur eines der Ausbauziele gewesen.

Im Grunde genommen war der Plan von Tulla ebenso einfach wie genial. Zwischen Basel und der damaligen hessischen Grenze (oberhalb von Worms) wurden die dicht aufeinander folgenden Schlingen und Windungen des Oberrheins ebenso wie die zahlreichen Stromarme mit Hilfe von Durchstichen begradigt. Es entstand ein mäßig gewundenes Strombett, dessen Krümmungen teils in Gegenkrümmungen, teils in Zwischengeraden übergehen. In der Regel betrugen die Krümmungshalbmesser mehr als 1 500 m. Auf diese Weise verkürzte sich der Rheinlauf zwischen Basel und der hessischen Grenze um etwa 81 km auf 273 km. Das neue Strombett erhielt eine Normalbreite von 200 m ab Basel, 225 m ab der Mündung des erst später gebauten Leopoldkanals (40 km oberhalb von Kehl/Straßburg) und 250 m ab Kehl/Straßburg. Unterhalb der Lautermündung, in der badisch-bayerischen Oberrheinstrecke, war die Normalbreite schon etwas früher auf 240 m zwischen den Uferbauten festgelegt worden.

Mit Rücksicht auf die örtlichen Verhältnisse mußten oberhalb und unterhalb der Murgmündung zwei verschiedene Ausbaumethoden gewählt werden. Oberhalb war der Strom so stark verästelt, daß es nur in einigen Fällen möglich war, Durchstiche anzulegen. Hier mußte man sich hauptsächlich auf die Errichtung von Parallelbauten in Form von Leitwerken beschränken, die zunächst nicht zusammenhängend hergestellt wurden. In Abständen von 600 m bis 900 m ließ man Lücken von 50 m bis 80 m offen, um dadurch das sich neu bildende Strombett von Geschiebe zu entlasten, das sich seitlich ablagerte. Unterhalb bestand der Ausbau in einer Aneinanderreihung von Durchstichen (Abb. 8). Zuerst wurde in der Achse des neu zu schaffenden Strombettes zwischen den Armen der durchzuschneidenden Windungen ein 18 m bis 24 m breiter Leitgraben bis zur Tiefe des Niedrigwasserstandes, der während der Herbst- und Wintermonate zu erwarten war, ausgehoben. Bei höheren Wasserständen wurden die Durchstiche in der Breite des Leitgrabens geöffnet, wobei man den Wasserdruck auf die vorgegebene Durchstichstelle noch durch Einbauten im Bett der abzuschneidenden Windungen verstärkte. Die übrige Arbeit, das Aufweiten des Leitgrabendurchstichs auf die neue Normalbreite, überließ man dem Strom selbst, der das kiesige Untergrundmaterial bald bis zur gewünschten Breite wegschwemmte. Nach Erreichen der neuen Strombreite in den Durchstichen konnte der Fluß der künftigen Ufer durch Faschinen und Senkstücke gesichert werden. Danach wurden in einem weiteren Arbeitsgang die neuen Uferböschungen unter und über dem Wasserspiegel hergestellt und befestigt. Größere Schwierigkeiten bei der Baudurchführung traten überall dort auf, wo in dem kiesigen Untergrund Lettenbänke eingelagert waren. Da für solche Bauarbeiten erst zu einem viel späteren Zeitpunkt leistungsfähige Baugeräte zur Verfügung standen, war der Bedarf an Arbeitskräften sehr groß; im Durchschnitt war ein Arbeiter für eine 3 m lange Leitgrabenstrecke eingesetzt.

Die Oberrheinkorrektion wäre hinsichtlich des Hochwasserschutzes unvollständig geblieben, hätte man nicht zusätzlich durch Dammbauten im Rheinvorland den Hochwasserabfluß zusammengehalten und das Überschwemmungsgebiet begrenzt. Bis zum Beginn der Korrektionsarbeiten war noch kein geschlossenes, einheitliches System von Hochwasserdämmen vorhanden; es gab nur örtliche Schutzbauten. Als Ergänzung der strombaulichen Arbeiten entstand — ausgenommen Hochufer-Strecken — ein durchgehendes System von Hochwasserdämmen, die an einmündenden Wasserläufen diese eine Strecke landeinwärts begleiten und jalousieartig übereinandergreifen.

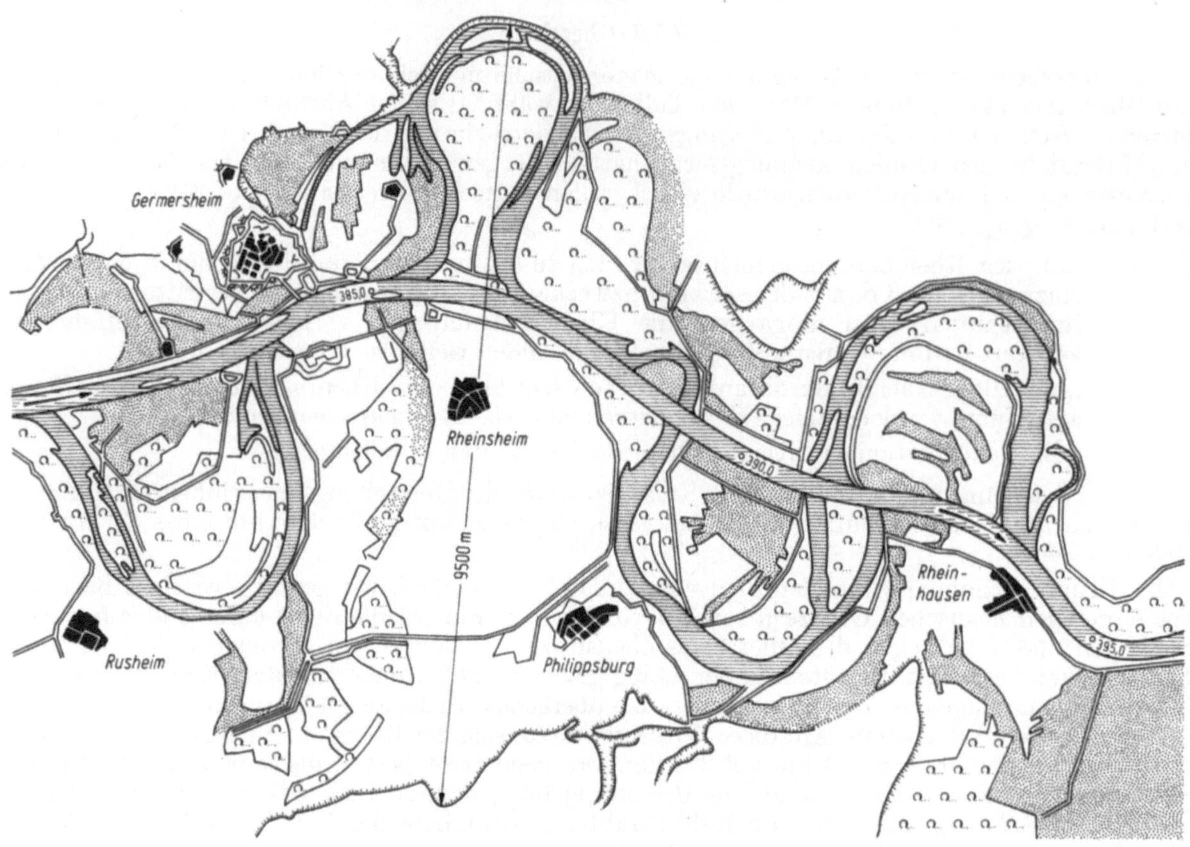

Abb. 8. Rheinkorrektion bei Germersheim mit Hilfe von Durchstichen.

In der bis zum Main anschließenden hessischen Oberrheinstrecke lag der Ausbau in den Händen des Oberbaudirektors Dr. Claus Kröncke, wie Tulla ein ausgezeichneter Wasserbauingenieur. In dieser Stromstrecke folgten die Stromkrümmungen nicht so dicht aufeinander wie oberhalb. Hier hätten Durchstiche ausgedehnte Streifen wertvollen, landwirtschaftlich genutzten Geländes beansprucht. Deshalb strebte man an, durch andere Maßnahmen den gleichen Erfolg wie durch eine Korrektion zu erzielen und im allgemeinen eine Normalbreite des Strombettes von 300 m zu erreichen. Am Geyer (oberhalb von Oppenheim) und bei Lampertheim, wo der Rhein im Winter 1801/02 bereits durchgebrochen war, führte man größere Durchstiche aus. An anderen Stellen wurden Einbauten und Einengungen beseitigt, Vorländer tiefer gelegt, Buhnengruppen und Leitwerke neu gebaut oder erweitert, in größerem Umfange Baggerungen vorgenommen und lange Uferstrecken befestigt. Der Ausbau setzte sich also zum kleineren Teil aus einer Stromkorrektion und zum größeren Teil aus einer Stromregulierung zusammen. Auch hier wurden die Arbeiten im Interesse des Hochwasserschutzes durch den Bau von Hochwasserdämmen vervollständigt.

Die gesamten Arbeiten waren in der badisch-französischen und badisch-bayerischen Strecke 1899 und in der hessischen Strecke 1909 beendet.

Durch die Korrektion war zwar ein neues Strombett von gleichmäßiger, mit der Erhöhung der Wasserführung durch Zuflüsse größer werdenden Breite entstanden, doch war damit noch keine entscheidende Verbesserung der Schiffahrtsverhältnisse wie zwischen Mannheim und Mainz verbunden. Im damaligen Zeitpunkt konnte zwischen den Korrektionsufern noch kein Niederwasserbett gebaut werden. So bildete sich in dem neuen Strombett ein in langgestreckten 900 m bis 1100 m langen Windungen von einer Uferseite zur anderen verlaufender Talweg heraus, besäumt von Kiesbänken, die langsam talwärts wanderten. Dadurch war die Schiffahrt in dieser Oberrheinstrecke immer noch sehr stark beeinträchtigt.

Zwei Lösungen zur Verbesserung dieses Zustandes standen in Konkurrenz zueinander, der Bau eines Seitenkanals auf dem linken Ufer zwischen Straßburg und Ludwigshafen und der Ausbau eines Niederwasserbettes durch Regulierung. Die Entscheidung fiel zugunsten der Niederwasserregulierung des Oberrheins, die nacheinander in drei Abschnitten verwirklicht wurde:

— zwischen Sondernheim und Straßburg von 1907 bis 1924,

— zwischen Mannheim (Rheinau) und Sondernheim von 1924 bis 1937 und

— zwischen Kehl/Straßburg und Istein von 1929 bis 1956.

Die Ausbaugrundsätze bei diesen drei Niederwasserregulierungen waren nahezu gleich. Durch Buhnen und Grundschwellen wurden die nach der Korrektion im Strombett talwärts wandernden Kiesbänke so fixiert, daß innerhalb des Korrektionsbettes eine regelmäßig gewundene Niederwasserfahrrinne im Talweg entstand, deren Breite zwischen Istein und Straßburg 75 m, zwischen Straßburg und der Murgmündung 88 m und unterhalb davon 92 m betrug. Zum ersten Mal bezog man die durch den Ausbau angestrebte Fahrwassertiefe auf einen Gleichwertigen Wasserstand (GlW), der an 47 Tagen im Jahresdurchschnitt erreicht oder unterschritten wurde und der von der Zentralkommission für die Rheinschiffahrt erstmals 1908 festgesetzt worden ist. Der damals gewählte GlW entspricht in etwa dem heutigen mit dem Unterschied, daß heute die Fahrwassertiefe von 1,70 m auf die 20tägige Unterschreitungsdauer und auf gleichwertige Abflußmengen bezogen wird.

Nicht immer wurde auf Anhieb das Ausbauziel erreicht, mehrfach war es notwendig bei Wendeplätzen, Hafeneinfahrten oder Mündungen von Seitengewässern — also überall dort, wo sich der Abflußquerschnitt plötzlich verbreiterte — nachzuregulieren.

3.1.2 Rheingau und Mittelrhein

Unterhalb der Mainmündung, mit dem Eintritt in den Rheingau, ändert der Rheinlauf seinen bisherigen Charakter. Das Strombett hat nur noch ein sehr geringes Gefälle und weist große Wasserspiegelbreiten von 500 m bis 900 m auf. Die Stromsohle besteht nicht mehr aus grobem Kies, sondern auf langen Strecken aus Sand, unter dem festgelagerter Ton mit Geröll ansteht.

Im Gegensatz zum Ober- und Niederrhein waren im Rheingau bis zur Mitte des 19. Jahrhunderts keine nennenswerten Arbeiten zur Verbesserung der Schiffahrtsverhältnisse ausgeführt worden, so daß die Rheingaustrecke für die Schiffahrt eine der schlechtesten des gesamten Rheinlaufs war. Die dann begonnenen Regulierungsarbeiten sahen vor, den Strom in einem Mittelwasserbett zusammenzufassen, um eine Fahrwassertiefe von 2 m bei Mittelniedrigwasser (heute 1,70 m bei GlW) zu erhalten. Um einer befürchteten Veränderung der klimatischen Verhältnisse dieser fast seenartigen Stromstrecke vorzubeugen, durfte die Wasserspiegelfläche bei Mittelwasser nicht verändert werden. Die Kronen der Bauwerke — Buhnen und Leitwerke — konnten deshalb nur knapp in Mittelwasserhöhe liegen. Besonders sorgfältige Berechnungen mußten bei den häufigen Stromspaltungen durch Inseln angestellt werden, damit in beiden Stromarmen die vorgesehene Fahrwassertiefe erzielt werden konnte. Für die Stromregulierung wurde eine Mittelwasserbreite von 450 m zwischen den Streichlinien der Buhnen oder den Leitwerken gewählt.

Am Ende des Rheingaus treten die Höhen des Hunsrücks und des Taunus bis nahe an den Strom heran, der sich nunmehr in der Durchbruchsstrecke zwischen Bingen und St. Goar in einen Gebirgsstrom verwandelt. Das Gefälle wechselt entsprechend der felsigen Sohle sehr stark, an manchen Stellen, wie beim Binger Riff oder im Wilden Gefähr, treten durch Felsbarrieren besonders große Fließgeschwindigkeiten auf.

Das größte Schiffahrtshindernis bildete hier das Binger Riff. Schon im 17. Jahrhundert war es gelungen, eine etwa 7 m breite Durchfahrtsöffnung nahe dem rechten Ufer in das Riff zu sprengen, die seit dieser Zeit Binger Loch genannt wurde. Noch vor Beginn der Regulierungsarbeiten im Rheingau wurde die äußerst schmale Öffnung 1830/32 auf 30 m erweitert. Im Zuge der Ausbauarbeiten in der Gebirgsstrecke wurde außerdem durch Schütten eines 1 km langen Trenndammes mitten im Strom das linksrheinische II. Fahrwasser geschaffen, das später von 1925 bis 1931 durch Korrekturarbeiten nochmals verbessert wurde.

Dort, wo es das Strombett zuließ, wurde in der nach unterstrom anschließenden Strecke der Mittelwasserabflußquerschnitt durch Buhnen eingeengt. Im übrigen mußten zahlreiche Felskuppen in der Fahrrinne und am Fahrrinnenrand gesprengt und beseitigt werden. Die Schiffahrt störende Gründe wurden abgebaggert.

Verglichen mit der Gebirgsstrecke bot die nun folgende Mittelrheinstrecke von St. Goar bis Köln viel weniger Schwierigkeiten. Die Stromsohle besteht wieder aus Kies, in den große Steine und Findlingsblöcke eingelagert sind. Es lagen genügend Erfahrungen vor, um mit der inzwischen klassisch gewordenen Methode, dem Bau von Buhnen, Leitwerken und Grundschwellen (zum Verbau von Übertiefen), ein Mittelwasserbett mit einer Fahrrinnenbreite von 150 m und einer Fahrwassertiefe von 2,50 m bei Mittelniedrigwasser (heute 2,10 m bei GlW) herzustellen. Besondere Sorgfalt erforderte der Ausbau im Bereich von Inseln und dort, wo sich Gründe gebildet hatten, die teilweise durch Baggern beseitigt werden mußten.

Die hauptsächlichsten Arbeiten in der Rheingau- und Mittelrheinstrecke konnten ebenfalls um die Jahrhundertwende beendet werden. Danach wurden noch einzelne Verbesserungen oder Nachregulierungen vorgenommen. Zu erwähnen ist noch, daß neben den Strombauarbeiten wie am Oberrhein in den Niederungsstrecken — Mainzer Becken, Neuwieder Becken und Kölner Bucht — Deiche zum Schutz gegen Überflutungen bei Hochwasser angelegt wurden.

3.1.3 Niederrhein

Lange vor den Korrektions- und Regulierungsarbeiten am Ober- und Mittelrhein setzten am Niederrhein schon planmäßige Ausbauarbeiten am Strom ein. Den Anlaß dazu bildeten die schweren Schäden und Verwüstungen, die 1740 das große Hochwasser, bei dem die Deiche überströmt und mehrfach gebrochen waren, in der preußischen Rheinstrecke zwischen Duisburg und der deutsch-niederländischen Grenze angerichtet hatte. Der preußische König Friedrich II. (Friedrich der Große) entschloß sich deshalb, für diese Niederrheinstrecke eine einheitliche Bauverwaltung mit 10 Distrikten einzurichten und den Ausbau nach den Vorschlägen des Baumeisters Bilgen in Angriff zu nehmen, eine Aufgabe, die erst nach Beendigung des Siebenjährigen Krieges verwirklicht werden konnte. Der Ausbauplan zielte darauf ab, in erster Linie die Vorflutverhältnisse entscheidend zu verbessern, einen zusammengefaßten Stromschlauch herzustellen und diesen sowie die von starken Wasserangriffen gefährdeten Ufer mit Deckwerken und Buhnen, einem damals völlig neuen Baumittel, zu sichern. Die als besonders schädlich erkannten zahlreichen Inseln wurden durch Absperren jeweils eines Stromarmes wieder mit dem Ufer verbunden. Bei Stromschlingen, in denen die Ufer auch durch Buhnen nicht mehr gehalten werden konnten, wurden Durchstiche angeordnet. Hier am Niederrhein wurde die Baumethode entwickelt, die später Vorbild für die Ausbauarbeiten am übrigen Rhein und den anderen schiffbaren Flüssen war. Bis zu den Napoleonischen Kriegen konnten die meisten Inseln beseitigt und in das Ufergelände eingegliedert und zwei große Durchstiche bei Wesel und gegenüber von Xanten gebaut werden. Somit wurde schon damals der Grundstock zu dem Stromlauf gelegt, den wir noch heute vorfinden.

Das gute Gelingen der Ausbauarbeiten am unteren Niederrhein hatte gezeigt, daß sich ein Stromausbau und die Stromunterhaltung nur dann mit guten Erfolgsaussichten bewerkstelligen läßt, wenn Ausbau und Unterhaltung in einer Hand liegen und auf lange Streckenabschnitte nach einheitlichen Grundsätzen durchgeführt werden. Bis zur Mitte des 19. Jahrhunderts wurden in der ganzen Niederrheinstrecke nur noch kleinere, örtlich begrenzte Arbeiten — beispielsweise der Durchstich Grieth — ausgeführt. Ein umfassender Ausbauplan mit genau festgelegten Ausbaugrundsätzen wurde erst nach Bildung der Rheinstrombauverwaltung am 1. Januar 1851 aufgestellt, der bei Mittelniedrigwasser eine Fahrrinnentiefe von 3 m (heute 2,50 m bei GlW) mit einem Streichlinienabstand von 300 m und einer Fahrrinnenbreite von 150 m vorsah.

Es würde zu weit führen, die mannigfachen Regulierungs- und sonstigen Ausbauarbeiten im einzelnen zu erläutern. Die Arbeiten kamen wie am gesamten Rhein erfreulich voran und konnten gleichfalls bis zur Jahrhundertwende im großen und ganzen beendet werden.

3.1.4 Erfolg der Ausbauarbeiten

Wenn wir auch heute vor dem Problem stehen, einen Lösungsweg finden zu müssen, um nachteiligen Auswirkungen zu begegnen, so müssen wir doch bewundernd anerkennen, daß der gesamte Rheinausbau von Basel bis zur deutsch-niederländischen Grenze, der den Strom in seiner jetzigen Form geprägt hat, eine einmalige wasserbauliche Großtat gewesen ist. Die mit den Korrektions-, Regulierungs- und Sicherungsarbeiten angestrebten Ziele — gesicherte Vorflut, umfassender Hochwasserschutz, geschlossenes Strombett und befriedigende Schiffahrtsverhältnisse — sind ausnahmslos zum Wohle der am Rhein wohnenden und auf ihm fahrenden Menschen erreicht worden. Noch heute müssen wir den Wasserbauingenieuren und allen, die mitgearbeitet haben, denen noch nicht so ausgeklügelte wissenschaftliche und technische Hilfsmittel zur Verfügung standen, für ihren Einsatz und ihre großartige Leistung dankbar sein.

Doch in der Natur wie im menschlichen Leben gibt es keinen Stillstand. Die Entwicklung geht weiter, es ergeben sich neue Notwendigkeiten, das bisher Geschaffene und Erreichte zu verbessern, weiter zu entwickeln oder Neues hinzuzufügen. Hier macht auch der Rhein keine Ausnahme, und wir stehen heute wieder mitten in einer zweiten Ausbauphase sowohl am Oberrhein als auch am Mittel- und Niederrhein.

3.2 Gegenwärtige Ausbaumaßnahmen

3.2.1 Oberrhein bis Neuburgweier/Lauterburg

Nach dem ersten Weltkrieg erhielt Frankreich durch den Versailler Friedensvertrag das Recht, zwischen den äußersten Punkten der deutsch-französischen Grenze Wasser aus dem Oberrhein zur Speisung bereits gebauter oder noch zu bauender Schiffahrts- und Bewässerungskanäle oder für jeden anderen Zweck zu entnehmen, und hatte außerdem ausschließlich Anspruch auf die durch den Ausbau des Stromes erzeugte Kraft. Mit Zustimmung der Zentralkommission für die Rheinschiffahrt begann Frankreich 1928 mit dem Bau des kombinierten Schiffahrts- und Kraftwerkskanals, der als Seitenkanal mit 80 m Sohlenbreite, 12 m Wassertiefe und 152 m Wasserspiegelbreite auf französischem Gebiet parallel zum Rhein verläuft und für den bis zu 1 200 m³/s Wasser aus dem Rhein entnommen werden. Der erste Bauabschnitt, die Stauhaltung Kembs, mit welcher die Schwelle am Isteiner Klotz umgangen wird, wurde 1932 fertiggestellt. Erst nach dem zweiten Weltkrieg nahm Frankreich den Weiterbau der anschließenden Seitenkanalabschnitte auf. In kurzer zeitlicher Folge wurden die Kraftstufen, bei denen jeweils das Kraftwerk und die beiden Schleusen (185 m Länge, 12 m und 23 m Breite) im Seitenkanal liegen und vorübergehend eine Verbindung des Unterwassers mit dem Oberrhein hergestellt wird, Ottmarsheim 1952, Fessenheim 1956 und Vogelgrün 1959 in Betrieb genommen (Abb. 3).

Durch den Weiterbau des Rheinseitenkanals war für die Bundesrepublik und das Land Baden-Württemberg am Oberrhein eine äußerst schwierige und ungünstige Lage im Raum unterhalb von Breisach entstanden, für die es galt, eine Lösung unter Koordinierung der gegensätzlichen französischen und deutschen Interessen zu finden. Die Korrektion des Oberrheins hatte neben den vielen Vorteilen bewirkt, daß die Angriffskraft des fließenden Wassers, die sich vorher in dem breiten, ungeregelten Strom überwiegend seitlich auswirkte, in die Tiefe gelenkt wurde und eine Sohlenerosion entstand. An der tiefsten Stelle der Erosionsstrecke Basel-Breisach hatte sich die Stromsohle bereits um 7 m eingetieft. Als Folge der Eintiefung waren der Rheinwasserspiegel und der Grundwasserspiegel entsprechend abgesunken. Die Ableitung fast der gesamten Wassermenge des Oberrheins, die an bis zu 250 Tagen im Jahr kleiner als die Frankreich zugesprochene Entnahmemenge ist — im alten Strombett verblieben bei Niedrigwasser nur noch etwa 10 m³/s —, führte nochmals zu einem Absinken des Rheinwasserspiegels und damit auch des Grundwasserspiegels. Da die fortschreitende Sohlenerosion noch nicht in die Stromstrecke unterhalb von Breisach vorgedrungen war, hätte bei einem Weiterbau des Rheinseitenkanals das plötzliche Absinken des Grundwasserspiegels außer den wirtschaftlichen Nachteilen einer Abtrennung vom voll wasserführenden Rhein und von der Wasserstraße noch enorme wasserwirtschaftliche, landeskulturelle und landwirtschaftliche Schäden von außerordentlich großer Tragweite mit erheblichen Rückwirkungen auf die Wirtschaftsstruktur des gesamten Oberrheingebietes gebracht. Deshalb ersuchte der Deutsche Bundestag 1954 die Bundesregierung, sich bei Verhandlungen mit der französischen Regierung für eine andere Ausbaulösung einzusetzen, „die folgende Regelung vorsieht:

1. Auf der Strecke zwischen Breisach und Straßburg werden die Kraftwerke im bisherigen Lauf des Rheins errichtet; von der Anlegung eines Seitenkanals wird abgesehen.

2. Das Verbleiben einer angemessenen Mindestwassermenge im Rheinbett wird festgelegt.

3. Die Wasserentnahme aus dem Rhein zum Zwecke der Bewässerung der Oberrheinlandschaft wird ermöglicht."

Nach dem Kriege hatte sich bereits ein gutes nachbarliches Verhältnis zwischen der Bundesrepublik und Frankreich gebildet, beide Staaten zeigten großes gegenseitiges Verständnis für die sie gemeinsam berührenden Probleme. So konnte der Rahmen der deutsch-französischen Verhandlungen über die Rückgliederung des Saarlandes und über den Ausbau der Mosel zu einer vollwertigen Wasserstraße um das Problem des Rheinseitenkanals erweitert werden. Kurze Zeit später wurden am 27. Oktober 1956 in Luxemburg drei Vertragswerke unterzeichnet, durch welche die anstehenden deutsch-französischen Probleme unter Einbeziehung des Großherzogtums Luxemburg gelöst wurden:

— Der Vertrag zwischen der Bundesrepublik Deutschland und der Französischen Republik zur Regelung der Saarfrage,

— der Vertrag zwischen der Bundesrepublik, der Französischen Republik und dem Großherzogtum Luxemburg über die Schiffbarmachung der Mosel und

— der Vertrag zwischen der Bundesrepublik Deutschland und der Französischen Republik über den Ausbau des Oberrheins zwischen Basel und Straßburg.

In dem Vertrag über den Oberrheinausbau verzichtete Frankreich auf die Verwirklichung seines ursprünglichen Planes — Bau eines 118 km langen Seitenkanals — und verpflichtete sich, stattdessen die verbliebene 65 km lange Reststrecke bis Straßburg nach der Teilkanal- oder Schlingenlösung mit den Staustufen Marckolsheim, Rheinau, Gerstheim und Straßburg auszubauen. Nach dieser Lösung wurden im Rheinbett Stauwehre (je 6 Öffnungen von 20 m lichter Weite) und in kürzeren seitlichen Teilkanälen, die aus dem Oberwasser abzweigen und wieder in den Oberrhein einmünden, die Kraftwerke und Schleusen (je 2 Schleusen von 190 m Länge und 12 m und 24 m Breite) errichtet, so daß die Schiffahrt etwa je zur Hälfte im Teilkanal und im angestauten Strombett verläuft (Abb. 3). In den Reststrecken des Oberrheins, denen für die Kraftwerke bis zu 1400 m³/s Wasser entzogen werden, wurden feste Schwellen angeordnet, um den mittleren Rheinwasserspiegel und zugleich den Grundwasserspiegel in ihrer alten Höhenlage zu erhalten. Im Restrhein unterhalb des Wehres Straßburg wird die Bundesregierung im Einvernehmen mit dem Land Baden-Württemberg anstelle von zwei festen Schwellen ein Kulturwehr bauen, das neben der Stützung des Grundwasserspiegels auch zur Zurückhaltung von Hochwasser bestimmt ist. Die Ausbauarbeiten wurden von Frankreich zielstrebig fortgeführt und 1970 mit der Inbetriebnahme der Staustufe Straßburg beendet. Es ist also gelungen, bei diesem Ausbau weitgehend den Forderungen und Wünschen beider Staaten gerecht zu werden und so ihre freundschaftlichen Beziehungen weiterhin zu festigen.

Mit diesem Ausbau des Oberrheins konnte zwar das weitere Fortschreiten der Sohlenerosion im Abschnitt Breisach-Kehl/Straßburg verhindert werden, aber es war noch keine Lösung für die Stromstrecke unterhalb von Kehl/Straßburg gefunden. Denn durch die Aneinanderreihung einer Kette von Stauhaltungen im Strom geht die natürliche Geschiebeführung fast vollständig zurück, so daß bei dem Ausbau abschnittsweise die Sohlenerosion jeweils in den Bereich unterhalb der letzten Staustufe verlagert wurde. Während des Ausbaus konnte man deutlich feststellen, daß jeweils unterhalb einer fertiggestellten Staustufe eine sehr kräftige Sohlenerosion begann, die so lange andauerte, bis an der nächstfolgenden Staustufe der Rheinwasserspiegel angestaut wurde (Abb. 9).

Aber noch ein anderes schwieriges Problem ist auf den Ausbau des Oberrheins zurückzuführen. Bei jedem größeren Hochwasser überflutete der Rhein früher die links und rechts des Stromes gelegenen Auwaldstreifen bis zu den Hochwasserdämmen. Mit dem Ausbau gingen erhebliche Teile dieser natürlichen Retentionsräume verloren, besonders in den Strecken, in denen der Rhein im Staubereich der Staustufen zwischen Seitendämmen, die nahe der Ufer parallel zu diesen verlaufen, geführt wird. Dadurch wird einerseits der Durchgang der Hochwasserwellen beschleunigt, andererseits werden die Scheitelwerte der Hochwasserabflüsse vergrößert. Wurde nun in der Ausbaustrecke ein Vollschutz gegen Hochwasser erzielt, so steht jetzt zu befürchten, daß unterhalb der letzten

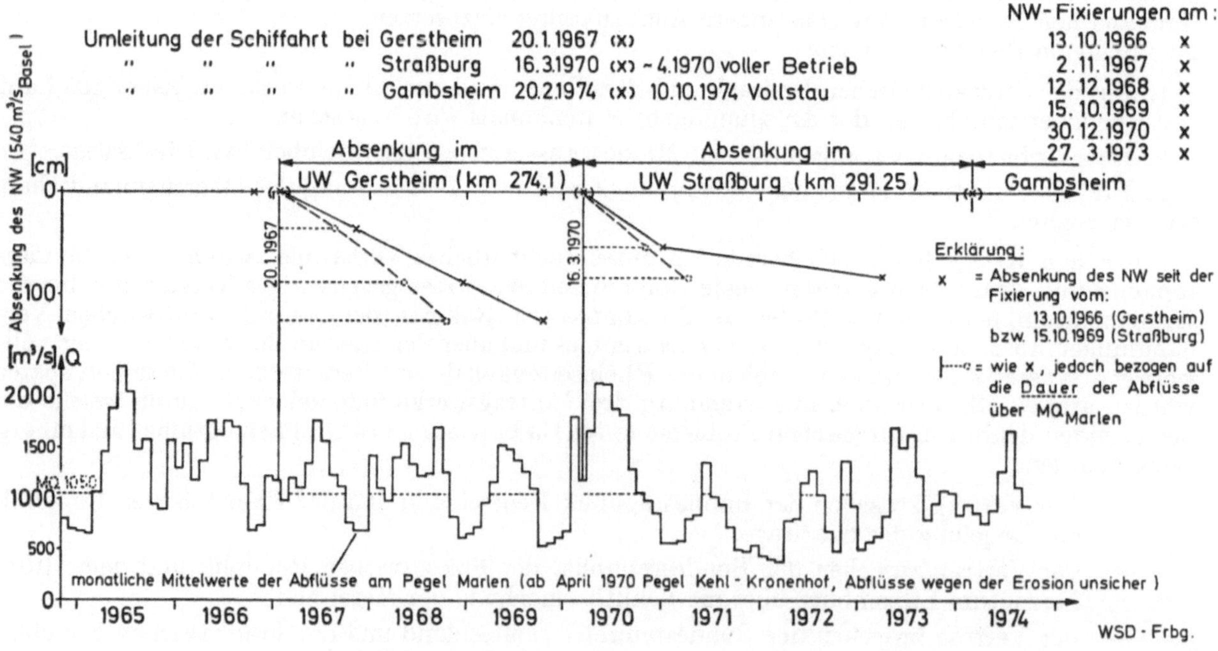

Abb. 9. NW-Absenkung durch Sohlenerosion.

Staustufe bei einem Katastrophenhochwasser die vorhandenen Hochwasserdämme überströmt werden und brechen können, so daß zusätzlich auch Maßnahmen zur Beseitigung dieser Hochwassergefahr ergriffen werden müssen. Auf Initiative der Bundesrepublik ist 1968 eine Hochwasser-Studienkommission für den Rhein gebildet worden, der die Bundesrepublik, Frankreich, die Schweiz und Österreich angehören und in der die Bundesländer Baden-Württemberg, Bayern, Hessen und Rheinland-Pfalz vertreten sind. Die Hochwasser-Studienkommission hat den Auftrag, neben eingehenden Untersuchungen über die früheren und jetzigen Hochwasserverhältnisse Empfehlungen für Maßnahmen gegen die durch den Ausbau des Oberrheins, seiner Nebenflüsse und der Alpenseen vergrößerte Hochwassergefahr auszuarbeiten. Sie wird ihre umfangreichen Untersuchungen voraussichtlich bis Ende 1975 den Regierungen der beteiligten Staaten vorlegen.

In Erkenntnis der Notwendigkeit, daß der ab Kehl/Straßburg einsetzenden Sohlenerosion unbedingt entgegengetreten werden muß und außerdem Hochwasserschutzmaßnahmen in die Wege geleitet werden müssen, beschlossen die Bundesrepublik und Frankreich nach längeren Verhandlungen, die Oberrheinstrecke Kehl/Straßburg-Neuburgweier/Lauterburg gemeinsam auszubauen. In dem Vertrag vom 4. Juli 1969 sind der Bau der beiden Staustufen Gambsheim (Bauherr Frankreich) und Iffezheim (Bauherr Bundesrepublik) sowie eine Panzerung der Stromsohle unterhalb von Iffezheim im einzelnen festgelegt. Die Ziele, welche die Bundesregierung und die Regierung des Landes Baden-Württemberg bei den Verhandlungen verfolgten, können durch den Vertrag als voll erfüllt angesehen werden:

— Verhinderung der Sohlenerosion in der deutsch-französischen Grenzstrecke unterhalb von Kehl/Straßburg,

— Schaffung eines deutsch-französischen Gemeinschaftswerkes unter Aufteilung der Kosten je zur Hälfte,

— Bereitschaft Frankreichs, eine Übereinkunft über Hochwasserschutzmaßnahmen und über die Aufteilung der dafür entstehenden Kosten abzuschließen,

— an den vorhandenen Staustufen geeignete Vorkehrungen zum Abflachen der Hochwasserspitzen zu treffen,

— Verfügungsgewalt Frankreichs und der Bundesrepublik je zur Hälfte über den Wasserschatz und die erzeugte elektrische Energie und

— Verbesserung der Schiffahrtsverhältnisse und Anpassung an die Ausbaustrecke Neuburgweier/Lauterburg-St. Goar.

Die technische Konzeption der beiden Staustufen ist gleich; sie bestehen im wesentlichen aus einem Querdamm im Strombett, einem beweglichen Wehr mit 6 Öffnungen von je 20 m lichter Weite und der oberen und unteren Wehrbucht auf der einen Rheinseite, einer Gruppe von zwei Schleusen mit je 270 m nutzbarer Länge und 24 m Breite sowie einem Kraftwerk mit je 4 Rohrturbinen für $1\,000/1\,100\,m^3/s$ Ausbauwassermenge, Seitendämmen mit Seitengräben und sonstigen Nebenanlagen (Abb. 10 und 11). Mit der Bauvorbereitung und den Bauarbeiten wurde sofort begonnen. Die Staustufe Gambsheim nahm 1974 den Betrieb auf, die Staustufe Iffezheim wird 1977 fertiggestellt sein.

Auf Grund der Bestimmungen des Vertrages vom 4. Juli 1969 haben beide Staaten unter Einschaltung der Bundesanstalt für Wasserbau in Karlsruhe und des Laboratoire National d'Hydraulique in Chatou (bei Paris) und in Verbindung mit Modell- und Naturversuchen eingehend untersucht, ob sich eine Sohlenpanzerung — d.i. eine Abdeckung der Stromsohle aus grobem Kies mit einem mittleren Korndurchmesser in diesem Streckenabschnitt von 60 mm und mehr — auf Dauer als eine geeignete Ausbaulösung erweisen wird. Dabei zeigte sich folgendes. Eine solche Panzerschicht würde jederzeit den Angriffen des fließenden Wassers, auch bei Hochwasser, standhalten. Wenn aber ein abgeladenes Motorgüterschiff bei niedrigen Wasserständen mit dem Schiffsboden knapp über der Stromsohle hinweggleitet, kommt die Fahrt oftmals am Fahrrinnenrand oder in Übergängen zwischen zwei Krümmungen zum Stillstand, so daß sich das Schiff durch Manövrieren freiturnen muß. Hierbei entstehen durch den Schraubenstrahl Kolke von mehr als 1 m Tiefe und Aufwürfe von bis zu 1 m Höhe über der gepanzerten Sohle. Diese Aufwürfe, die wahllos überall im Bereich der Schiffahrtsrinne entstehen können und die nicht durch die Strömung abgeglichen werden, wären eine außerordentlich große Gefahr für die Schiffahrt. Nur wenn zwischen dem Kiel des Schiffes und der gepanzerten Sohle ein Wasserpolster von mindestens 1 m vorhanden ist, kann die Panzerschicht nicht mehr durch die Schiffahrt angegriffen werden. Aus diesem Grund kamen die beiden Staaten zu der Überzeugung, daß eine Sohlenpanzerung keine Maßnahme darstellt, mit welcher die unterhalb der Staustufe Iffezheim auftretenden Probleme ohne eine unzulässige Beeinträchtigung der Schiffahrt gelöst werden können.

Abb. 10. Staustufe Gambsheim.

Das Untersuchungsergebnis führte dazu, daß die Bundesregierung unter Beteiligung der Länder Baden-Württemberg und Rheinland-Pfalz und die französische Regierung Verhandlungen über die Durchführung einer anderen wasserbautechnischen Lösung, für die folgende Bedingungen maßgebend waren, aufnehmen mußten:

— Wirksame Verhinderung der Sohlenerosion in der restlichen deutsch-französischen Grenzstrecke des Oberrheins im Interesse der Wasserwirtschaft, der Landeskultur sowie der Land- und Forstwirtschaft,

— Aufrechterhaltung der Schiffahrt ohne Beeinträchtigung,

— Berücksichtigung sämtlicher ungünstigster Möglichkeiten, die eintreten könnten, in erster Linie eine Aufeinanderfolge von Naßjahren mit starker Erosion nach Inbetriebnahme der Staustufe Iffezheim wie beispielsweise im Zeitraum 1966—1970,

— ausgereifte, erprobte und bewährte technische Lösung,

— Einvernehmen beider Staaten hinsichtlich der technischen Lösung,

— Einigung beider Staaten über die Kostenaufteilung,

— Abschluß einer Zusatzvereinbarung zum Vertrag vom 4. Juli 1969.

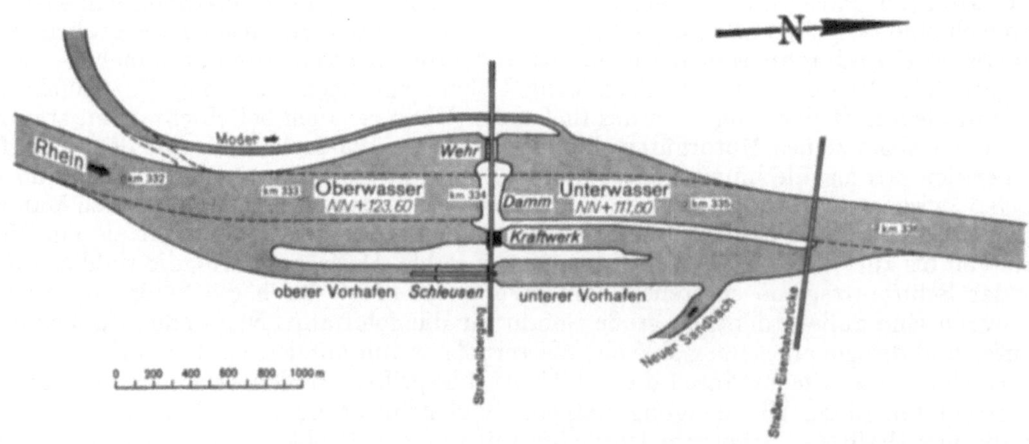

Abb. 11. Staustufe Iffezheim, Lageplan.

Da diese Bedingungen nach dem gegenwärtigen Stand der Wasserbautechnik nur von einem Staustufenbau bei Neuburgweier erfüllt werden, haben sich die Bundesrepublik und Frankreich auf diese altbewährte Lösung geeinigt. Eine entsprechende Zusatzvereinbarung zum Vertrag vom 4. Juli 1969 ist am 16. Juli 1975 unterzeichnet worden.

3.2.2 Rhein zwischen Neuburgweier/Lauterburg und der deutsch-niederländischen Grenze

Bei den großen Verkehrsanforderungen, die an den Rhein gestellt werden, machte sich die lange Stromstrecke mit nur 1,70 m Fahrwassertiefe bei GlW und hier wiederum die Gebirgsstrecke mit ihren Engstellen und einer verhältnismäßig großen Unfallhäufigkeit immer unangenehmer und hinderlicher bemerkbar. Der größere Teil der Rheinschiffe hat bei voller Abladung eine Tauchtiefe von 2,50 m, die bei GlW im Jahresdurchschnitt — zwischen der untersten Oberrheinstaustufe und St. Goar mit 1,70 m Fahrrinnentiefe an 187 Tagen/Jahr und zwischen St. Goar und Köln mit 2,10 m Fahrrinnentiefe an 105 Tagen/Jahr — nicht voll ausgenutzt werden kann (Abb. 12). Die Schiffahrt muß in Niedrigwasserzeiten erhebliche Beschränkungen in der Abladetiefe auf sich nehmen. Denn eine Verringerung der Abladetiefe um 40 cm vermindert die ausnutzbare Ladefähigkeit um bis zu 300 t. Folglich müssen bei Niedrigwasser mehr Schiffe eingesetzt werden, um dieselbe Transportleistung zu erzielen. Durch die sich ergebende größere Verkehrsdichte wird gerade der schwierigste Streckenabschnitt des Ober- und Mittelrheins am stärksten beansprucht. Schon bei der geringsten Behinderung an einer der Engstellen oberhalb von St. Goar — durch Havarien, Ankerverluste, Nebel oder stark unsichtiges Wetter — wurde der notwendige zügige Verkehrsfluß unterbrochen. Es bildeten sich sofort kilometerlange Schiffstauungen, die oft erst nach Tagen wieder aufgelöst werden konnten. Diese Umstände setzten die Leistungsfähigkeit des Verkehrssystems Wasserstraße/Schiff empfindlich herab.

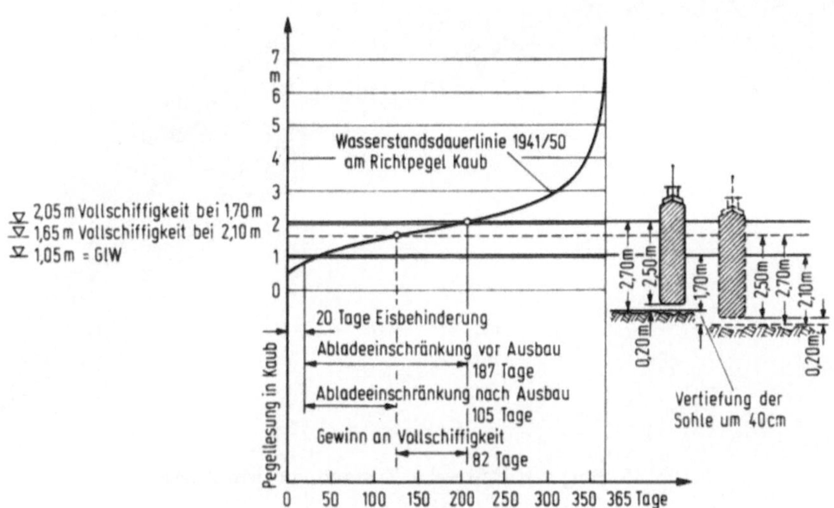

Abb. 12. Verbesserung der Verkehrsleistung durch Vertiefung der Schiffahrtsrinne um 40 cm.

In Anbetracht des gewaltigen Verkehrsanstieges in den 50er Jahren und der durch die Wasserstraße bedingten Abladebeschränkungen haben die Schiffahrt und die verladende Wirtschaft eine Vertiefung des Rheins zwischen Neuburgweier/Lauterburg und St. Goar als vordringlichste Aufgabe des Wasserstraßenausbaus in der Bundesrepublik gefordert. Nach gründlichen hydraulischen Voruntersuchungen begann 1964 der Ausbau unterhalb von Neuburgweier/Lauterburg. Entsprechend der Erfordernisse der modernen Binnenschiffahrt einschließlich der Schubschiffahrt verfolgt der Ausbau drei Hauptziele:

1. Vertiefung der Fahrrinne zwischen Neuburgweier/Lauterburg und St. Goar um 40 cm auf 2,10 m bei GlW sowie allgemeine Verbesserung der Schiffahrtsverhältnisse, wobei in der Gebirgsstrecke eine durchgehende, 120 m breite Fahrrinne angestrebt wird. Die Fahrrinnentiefen werden also jenen in der unterhalb anschließenden Strecke St. Goar-Köln angepaßt.

2. Beseitigung von Engstellen in einzelnen Abschnitten und Anpassung der Schiffahrtsrinne an die infolge Erosion oder durch Aufhöhung geänderten Wasserspiegellagen bei GlW unterhalb von St. Goar bis zur deutsch-niederländischen Grenze.

3. Verstärkung der Uferdeckwerke im Hinblick auf die größere Beanspruchung durch den Schiffsverkehr.

Nach den bewährten Regeln der früheren Regulierungen wird auch bei der gegenwärtigen Fahrrinnenvertiefung das Wasser mit Hilfe von Buhnen, Leitwerken und Sohlenaufhöhungen noch mehr in der Schiffahrtsrinne zusammengedrängt, um auf diese Weise die um 40 cm größere Fahrwassertiefe zu erreichen. Die Arbeiten umfassen hauptsächlich den Umbau oder Neubau von Buhnen, Leitwerken und Deckwerken, Felsabtrag in der Fahrrinnensohle im Bereich der Nackenheimer Schwelle (oberhalb von Mainz) und der Gebirgsstrecke, Baggerungen sowie Sohlenaufhöhungen und Verbau von Kolken bei Übertiefen. Als Zwischenziel ist vorgesehen, die Rheinstrecke von der Neckarmündung bis St. Goar — allerdings mit örtlichen Einschränkungen der Fahrrinnenbreite, vor allem im Ausbauabschnitt Lorch-Oberwesel — bis Ende 1976 zu vertiefen. Bis Ende 1980 soll der Gesamtausbau vollendet werden. Die Schweiz und die Bundesländer Baden-Württemberg, Bayern, Hessen, Nordrhein-Westfalen und Rheinland-Pfalz fördern das Ausbauvorhaben durch Hergabe von Darlehen.

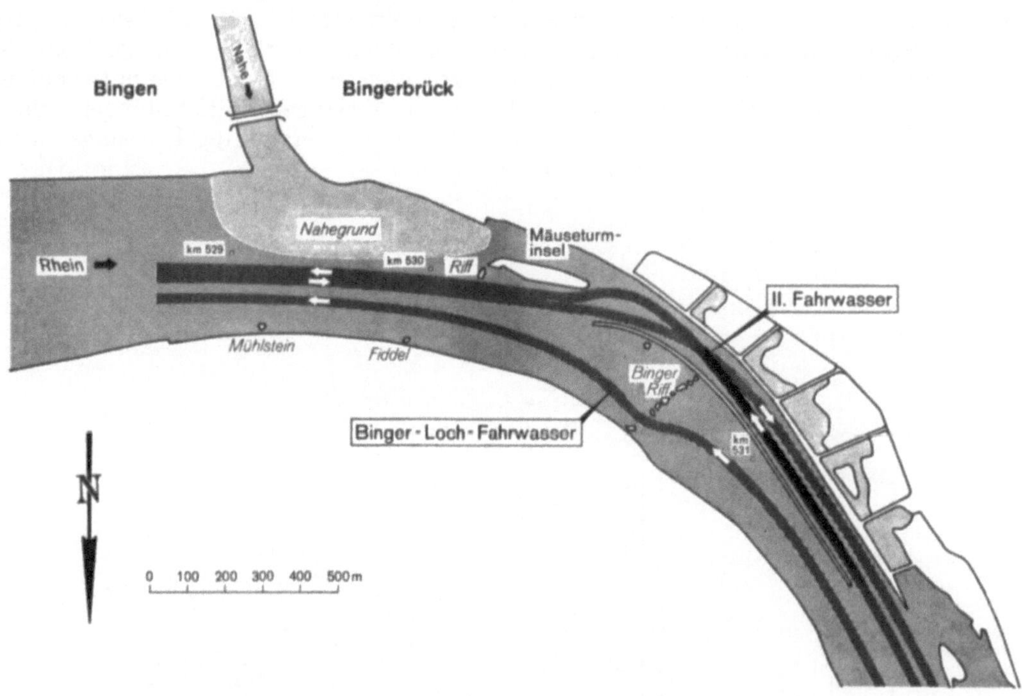

Abb. 13. Binger-Riff-Strecke, Zustand vor dem Ausbau.

Abb. 14. Schiffahrt im Binger Loch vor dem Ausbau.

Eine Beschreibung sämtlicher Einzelmaßnahmen wäre zu aufwendig und ermüdend. Jedoch erscheint es notwendig, einige Ausbauschwerpunkte hervorzuheben.

In der Gebirgsstrecke bildete der Ausbauabschnitt Rüdesheim-Aßmannshausen mit dem Binger Loch wegen der dort immer noch vorhandenen äußerst schwierigen und ungünstigen Schiffahrtsverhältnisse das Kernstück des Ausbaus (Abb. 13 und 14). Ursprünglich war beabsichtigt, eine zweite, vom Binger Loch unabhängige Rifföffnung von gleicher Breite herauszusprengen und so einen dritten Schiffahrtsweg durch diesen Engpaß herzustellen. Versuchsfahrten mit 4-Leichter-Schubverbänden haben jedoch gezeigt, daß die Talfahrt solcher Verbände durch die drei schmalen Einzelfahrrinnen — Binger Loch mit 30 m, neue Rifföffnung mit 30 m und linksrheinisches II. Fahrwasser mit 60 m Breite — nicht ohne weiteres möglich sein würde. In einem schmalen Fahrweg wie das II. Fahrwasser, das durch einen Damm vom Strom getrennt ist, wäre bei Niedrigwasser die vom Schubverband verdrängte Wassermenge größer als die sich aus den Querschnittsabmessungen ergebende Rückströmwassermenge, der Schubverband würde um bis zu 60 cm tiefer einsinken als im nicht eingeengten Fahrwasser und müßte eine zusätzliche Abladebeschränkung in Kauf nehmen. Deshalb suchte man eine andere Ausbaulösung, die für die gesamte Binnenschiffahrt — auch für 4-Leichter-Schubverbände — gleichgünstige Durchfahrtsverhältnisse bringt. An dem Modell der Binger-Loch-Strecke in der Bundesanstalt für Wasserbau in Karlsruhe konnte nachgewiesen werden, daß eine Verbreiterung des Binger Lochs auf das Vierfache möglich ist, wenn das II. Fahrwasser mit einem Damm abgeriegelt wird. Im Sommer 1972 entschied das Bundesministerium für Verkehr, daß die neue Lösung ausgeführt wird. Zum Glück standen auch die bereits weit fortgeschrittenen Bauarbeiten dem nicht entgegen, so daß zwischen Rüdesheim und Aßmannshausen eine neue, 120 m breite und bei GlW 2,10 m tiefe Fahrrinne durch das Binger Riff geschaffen werden konnte, die in die in Zukunft ebenfalls 120 m breite Fahrrinne bis St. Goar übergeht (Abb. 15). Daneben wurde das Wasserspiegelgefälle auf 7 km Länge ausgeglichen und der für die Schiffahrt so unangenehme Gefällesprung praktisch beseitigt (Abb. 16). Am 5. September 1974 hat der Bundesminister für Verkehr die neue Schiffahrtsrinne freigegeben (Abb. 17). Damit ist der seit Menschgedenken bestehende schwierigste und gefährlichste Engpaß im Rhein — das Binger Loch — für immer beseitigt. Es gibt kein Binger Loch mehr.

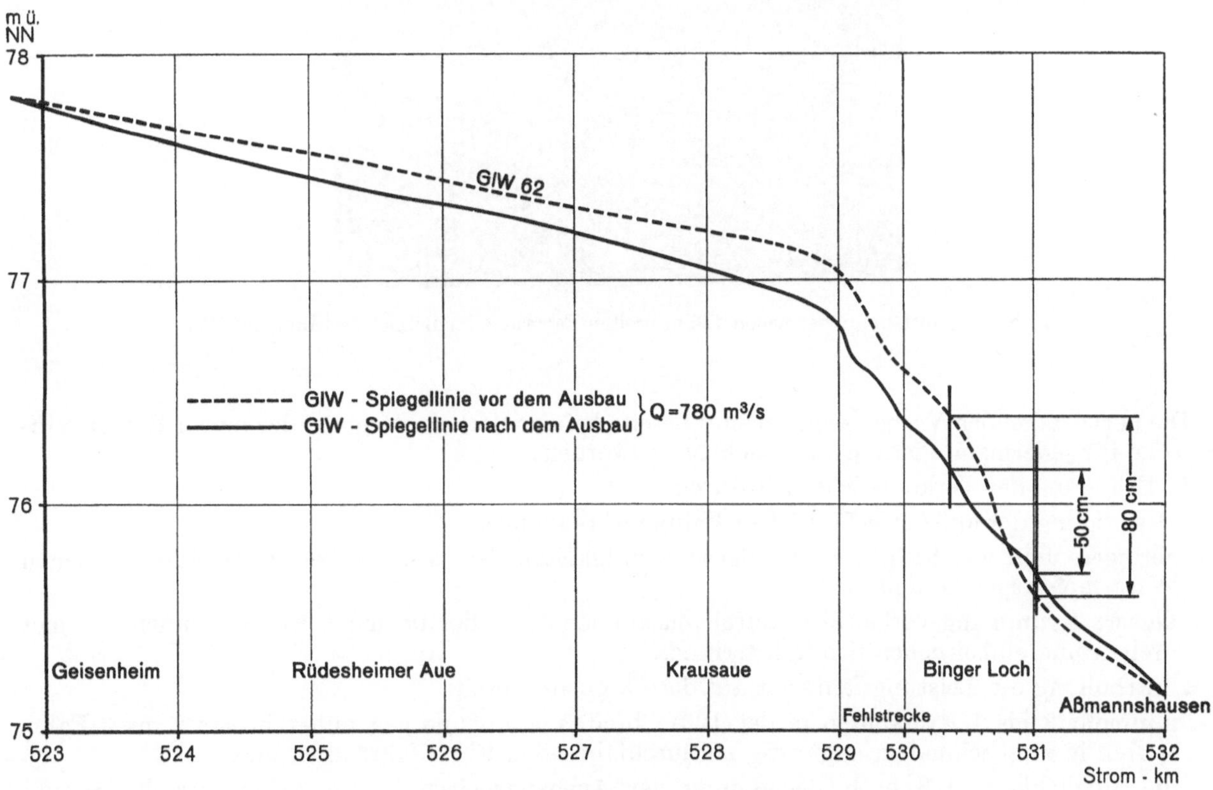

Abb. 16. Änderung der GlW-Spiegellinie in der Binger-Loch-Strecke.

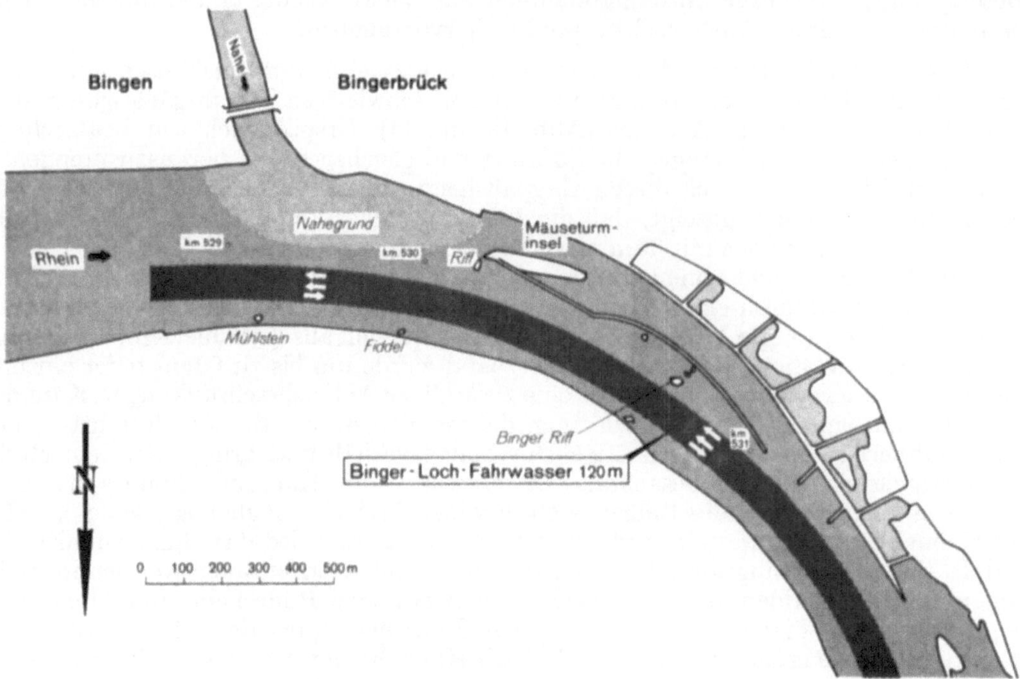

Abb. 15. Binger-Riff-Strecke, Zustand nach dem Ausbau.

Abb. 17. Schiffahrt in der neuen 120 m breiten Fahrrinne im Bereich des Binger Riffs.

Die hervorragenden Verbesserungen sind bereits bei der Verkehrsfreigabe der neuen Binger-Riff-Strecke für jedermann eindrucksvoll sichtbar geworden:

1. Erhöhung der Verkehrssicherheit durch
— Beseitigung der äußerst gefährlichen Fahrspurkreuzungen,
— geringere und gleichmäßigere Fließgeschwindigkeiten des Wassers bei einem ausgeglichenen Wasserspiegelgefälle und
— bessere Krümmungsverhältnisse durch Zusammenfassen der beiden Einzelfahrrinnen zu einer breiten und einheitlichen Schiffahrtsrinne.

2. Erhöhung der Leistungsfähigkeit auf das Doppelte durch
— nunmehr 3 bis 4 Fahrspuren in der 120 m breiten Fahrrinne gegenüber bisher 2 bis 3 Fahrspuren in zwei schmalen, ungünstig zu durchfahrenden Einzelfahrrinnen und
— die Möglichkeit, daß nach Beendigung der Ausbauarbeiten in der Gebirgsstrecke Schubverbände mit 4 statt bisher mit 2 Leichtern verkehren können.

3. Schaffung der Voraussetzung für die Einführung der Talfahrt bei Nacht durch die Gebirgsstrecke nach Abschluß der Ausbauarbeiten.

In der fertiggestellten Ausbaustrecke zwischen Oberwesel und St. Goar, in der auch ein moderner Wahrschaudienst mit Lichtsignalen und Fernsehüberwachung eingerichtet wurde, ist die Zahl der Schiffsunfälle auf ein Minimum zurückgegangen (Abb. 18). Daraus kann geschlossen werden, daß auch in der neuen Binger-Riff-Strecke in Zukunft kaum noch größere Schiffsunfälle vorkommen werden.

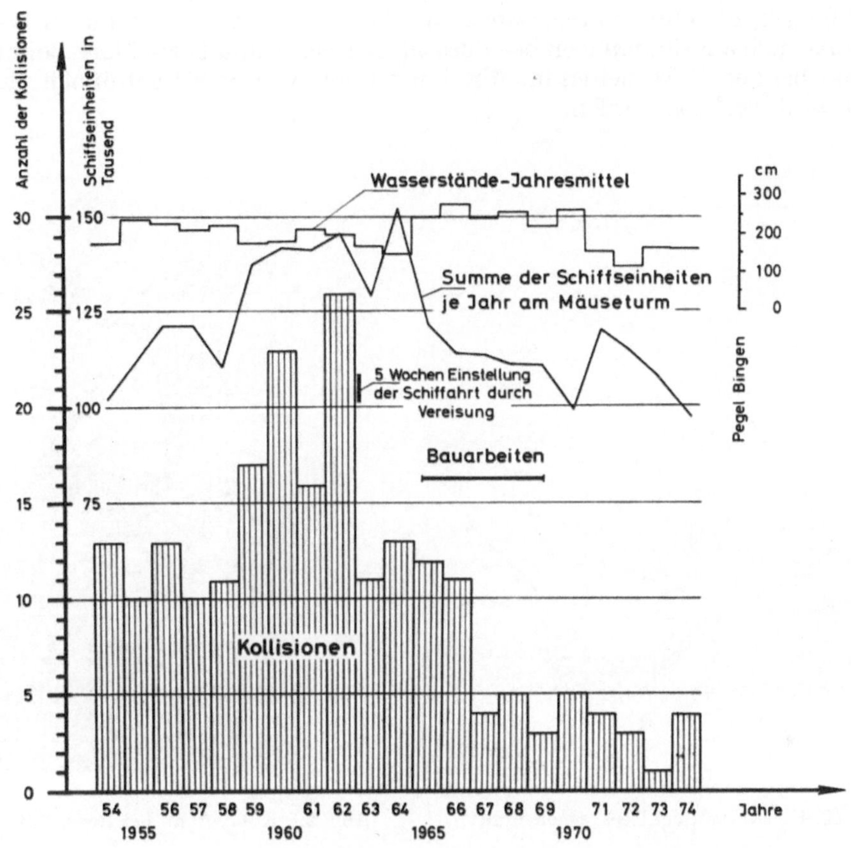

Abb. 18. Schiffskollisionen Rhein-km 551,0 — 556,0.

Ähnlich wie am Binger Riff hat die Schiffahrt auch an der Nackenheimer Schwelle und im Wilden Gefähr bei Kaub eine Gefällstufe zu überwinden. Bei der Nackenheimer Schwelle waren die Verhältnisse dadurch erschwert, daß sich dort der Strom in den Mühlarm und die Nachenstraße aufspaltet. Um den durch die Felsschwelle erzeugten Gefällesprung zu beseitigen, mußte der Fels auf 1,6 km Länge bis zu 2 m tief abgetragen werden. Die neue, vertiefte und 120 m breite Fahrrinne steht der Schiffahrt seit 1. Oktober 1974 zur Verfügung.

Kurz oberhalb von Kaub teilt sich der Strom in zwei Schiffahrtsarme, in das Kauber Fahrwasser, das durch einen Trenndamm — wie das frühere II. Fahrwasser in der Binger-Loch-Strecke — vom Strom abgeteilt ist, und das Wilde Gefähr, das hier eine tiefer liegende Felsbarriere durchbricht. Mit Rücksicht auf den zukünftigen Verkehr von 4-Leichter-Schubverbänden mußte auch hier von der ursprünglichen Planung, beide Fahrrinnen zu vertiefen, abgewichen werden. Das schmale Kauber Fahrwasser verbleibt in seinem jetzigen Zustand und das Wilde Gefähr wird zu einer 120 m breiten Fahrrinne vertieft und ausgeweitet. In diesem Bauabschnitt zwischen Lorch und Oberwesel fallen recht umfangreiche Felsbeseitigungsarbeiten an, die Ende 1976 so weit fortgeschritten sein werden, daß die Schiffahrt bis zur Beendigung der Arbeiten 1978 eine 80 m breite Fahrrinne benutzen kann.

Ganz anders als die Vertiefungsstrecke Neuburgweier/Lauterburg-St. Goar gestalten sich die Ausbauarbeiten am Niederrhein. Dort ist die Schiffahrtsrinne an zahlreichen Stellen an die veränderte Höhenlage des GlW anzupassen; ferner sind vielfach die Uferdeckwerke zu verstärken. Von größter Bedeutung war hierbei der Ausbau von zwei sehr engen Stromkrümmungen bei

Düsseldorf-Oberkassel und bei Rees, in denen sich jeweils nahe des Außenufers Kolke von 10 m bis 13 m Tiefe gebildet hatten, während an der gegenüberliegenden Innenseite Aufhöhungen der Stromsohle die Fahrrinnenbreite erheblich einschnürten. Um in diesen Krümmungen die Tiefenerosion in eine Breitenerosion umzulenken und dadurch die dringend notwendige Regelbreite der Fahrrinne wieder herzustellen, mußte die Kolkstrecke bis auf eine bestimmte Tiefe unter GlW aufgefüllt werden. Zuerst wurde 1969 der Düsseldorfer Kolk bis auf 6 m unter GlW mit Baggergut verfüllt. Die aufgehöhte Stromsohle wurde zur Sicherung mit Grobschotter abgedeckt. Seitdem trägt der Strom die an der Kurveninnenseite entstandenen Auflandungen wieder ab. Zur Erprobung eines neuen Verfahrens wurden 1972 und 1973 in den Reeser Kolk Nylonsäcke, die jeweils mit 6 m³ oder 18 m³ Baggergut gefüllt waren, aufgehöht (Abb. 19 und 20). In ähnlicher Weise sollen noch zwei weitere Kolke in den Krümmungen bei Düsseldorf-Heerdt und Düsseldorf-Benrath mit grobem Felsmaterial, das bei den Felsarbeiten im Abschnitt Lorch-Oberwesel gewonnen und mit Schiffen antransportiert wird, verbaut werden.

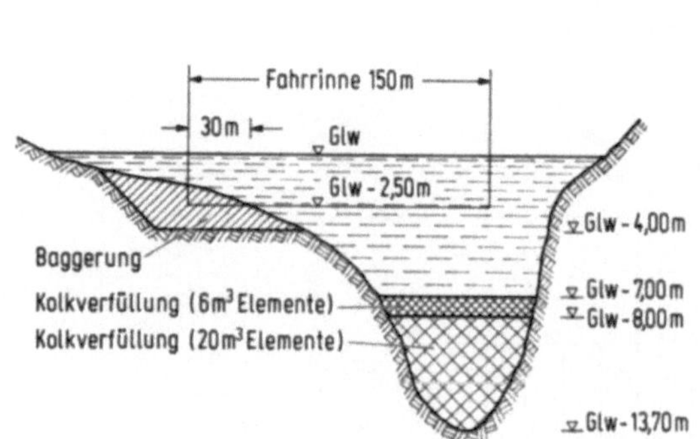

Abb. 19. Kolkverbau bei Rees, Querschnitt.   Abb. 20. Kolkverbau bei Rees, Füllen der Nylonsäcke.

3.3 Ungelöste Probleme

Eines der wichtigsten Probleme am Rhein, das leider bis heute noch nicht in annähernd befriedigender Weise gelöst werden konnte, ist die Frage der Erhaltung der Wassergüte. Nach dem Kriege haben sich die Rheinuferstaaten in der Internationalen Kommission zum Schutze des Rheins gegen Verunreinigung zusammengeschlossen, um gemeinsam auf eine Verbesserung des unerträglichen Zustandes hinzuarbeiten und zu bewirken, daß die als notwendig erkannten Abhilfemaßnahmen auch in die Tat umgesetzt werden. Man darf also hoffen und wünschen, daß diese gemeinsamen Bemühungen schließlich von Erfolg gekrönt sein werden.

Doch für den Rhein als Hauptvorfluter, durch den die wasserwirtschaftlichen und landeskulturellen Verhältnisse weiter Gebiete beeinflußt werden, und als bedeutender Verkehrsweg steht ein anderes Problem noch mehr im Vordergrund. Aus seiner geographischen Lage und Entwicklungsgeschichte heraus ergibt sich, daß der Rheinstrom — auch ohne die künstlichen Eingriffe in sein Abflußregime — sich nicht in einem Gleichgewichtszustand, sondern in einem Zustand ganz langsamer Eintiefung durch Erosion befindet, der vor Jahrtausenden begonnen hat und noch zu keinem Stillstand gekommen ist. Die menschlichen Eingriffe haben eine deutlich spürbare Beschleunigung der Erosion bewirkt und außerdem das natürliche Abhängigkeitsverhältnis zwischen Abfluß und Geschiebeführung empfindlich gestört. Deshalb muß es jetzt auch unsere Aufgabe sein, zu versuchen, den Auswirkungen dieser Eingriffe zu begegnen.

Sehr eingehend hatte sich Prof. Dr.-Ing. Wittmann (Karlsruhe) mit diesem Problem am Oberrhein befaßt. In einem Aufsatz über die Morphogenese des Oberrheins weist er ausdrücklich darauf hin, „daß das Korrektionsbett des Oberrheins (das ist der heutige Zustand des Stromes unterhalb der jeweils letzten Staustufe), wenn es sich selbst überlassen bleibt, noch weit von seiner endgültigen Höhenlage entfernt ist, und daß, wenn auch in ferner Zukunft, der Anlieger am Strom sowie der für die Morphologie und die Wasserwirtschaft im und am Oberrhein Verantwortliche ohne vorbeugende Maßnahmen mit großen Veränderungen der Stromsohle zu rechnen hätte".

4. Zukünftige Ausbaumaßnahmen

Nach dem augenblicklichen Stand der Bundesverkehrswegeplanung können wir damit rechnen, daß der Rheinausbau zwischen Neuburgweier/Lauterburg und der deutsch-niederländischen Grenze 1980 und der Oberrheinausbau in der deutsch-französischen Grenzstrecke 1982 vollendet sein wird. Damit ist dann gleichzeitig die zweite Ausbauphase am Rhein beendet. Der Zukunft bleibt es vorbehalten, in einer dritten Ausbauphase eine gesicherte und stabile Stromsohle herzustellen, Maßnahmen zum Hochwasserschutz durchzuführen und die Wasserstraße entsprechend den an sie gestellten Verkehrsanforderungen weiter auszubauen, solange dem keine natürlichen Grenzen gesetzt sind.

4.1 Bundesverkehrswegeplan

Mit dem Bundesverkehrswegeplan 1. Stufe, der im Herbst 1973 vorgelegt worden ist, hat die Bundesregierung erstmalig den Versuch unternommen, eine Infrastrukturplanung aufzustellen, die alle Verkehrsträger des Bundesgebietes einschließt. Dabei erstreckt sich die Bundesverkehrswegeplanung in zeitlicher Abgrenzung einerseits auf die Bauprogramme 1973 bis 1975 und andererseits auf die längerfristigen Pläne. Gegenwärtig wird der Bundesverkehrswegeplan überarbeitet und fortgeschrieben, wobei die Fortschreibung eine erste Zwischenstufe zu einer in Zukunft integrierten Planung darstellt. Für die Bundeswasserstraßen bedeutet der Bundesverkehrswegeplan 1. Stufe eine konsequente Fortsetzung der Investitionstätigkeit der Wasser- und Schiffahrtsverwaltung an nahezu allen wichtigen Wasserstraßen.

Zwar stützt sich der Bundesverkehrswegeplan auf Prognosen für den Binnenschiffahrtsverkehr — wie auch für die anderen Verkehre —, die teilweise zu hoch und deshalb überholt sind. Dennoch können aus ihm Zielsetzungen für den Rhein entnommen werden.

Unter mehreren Kriterien, die neben einer Nutzen-Kosten-Untersuchung für eine Ausbauentscheidung maßgebend sind, bilden zunächst die Verkehrsmengen, gemessen an der Anzahl der Fahrzeuge, die eine bestimmte Stromstrecke durchfahren, sowie der jetzige und künftige Auslastungsgrad eines Stromabschnittes eine wichtige Ausgangsaussage. Wie schon aus Abschnitt 2.5 hervorgeht, ist der Rhein die am stärksten befahrene Binnenschiffahrtsstraße der Bundesrepublik, und zwar (Ermittlung für 1970):

	Fahrzeuge/Jahr
Abschnitt deutsch-niederländische Grenze–Leverkusen	150 000 und mehr
Abschnitt Leverkusen–Bingen	100 000—150 000
Abschnitt Bingen–Kehl/Straßburg	50 000—100 000
örtlich begrenzt Raum Mannheim/Ludwigshafen	100 000—150 000
Abschnitt Kehl/Straßburg–Basel	20 000— 30 000
Abschnitt Basel–Rheinfelden	bis 10 000

Trotz der großen Verkehrsmenge ist die Kapazitätsgrenze des Rheins als Wasserstraße sowohl im Ermittlungsjahr 1970 als auch im Prognosejahr 1985 noch nicht erreicht. Für beide Jahre ergibt sich das gleiche Bild:

	Auslastung
Abschnitt deutsch-niederländische Grenze–Raum Duisburg	65% bis 100%
Abschnitt Raum Duisburg–St. Goar	bis 65%
Abschnitt St. Goar–Bingen	65% bis 100%
Abschnitt Bingen–Rheinfelden	bis 65%

Von der Schiffahrt sowie von Industrie und Handel wird seit längerem eine Vertiefung des Niederrheins von der deutsch-niederländischen Grenze bis in den Raum Duisburg um 30 cm auf 2,80 m bei GlW und eine Vertiefung des Mittelrheins zwischen Köln und Koblenz um 40 cm auf 2,50 m bei GlW gefordert. Bei beiden Projekten liegt es auf der Hand, daß durch eine Vertiefung die Rentabilität des Transports auf dem Wasserweg erhöht würde. Auf dem Niederrhein könnte das 2,50 m tiefgehende Europaschiff fast das ganze Jahr über voll abgeladen von den Rheinmündungshäfen in das westdeutsche Kanalnetz, das schon heute diesen Tiefgang zuläßt, verkehren. Am Mittelrhein würde der Schiffsverkehr von den Rheinmündungshäfen, vom Niederrhein und vom westdeutschen Kanalnetz in die Mosel und umgekehrt in ähnlicher Weise profitieren. Wegen der auf dem Rhein noch vorhandenen Kapazitätsreserve liegt hier das Hauptentscheidungskriterium bei einer Gegenüberstellung von Kosten und Nutzen sowie hinsichtlich der Dringlichkeit bei einem Vergleich mit anderen Verkehrswegeinvestitionen.

Der Bundesverkehrswegeplan 1. Stufe weist beide Projekte als längerfristige Planung bei den Bundeswasserstraßen aus. Im Rahmen einer gezielten Untersuchung ausgewählter Verkehrswegeinvestitionen bei Schiene, Straße und Wasserstraße in drei Verkehrskorridoren (Köln-Frankfurt, Mannheim–Stuttgart und Hannover–Würzburg) wurde auch das Vertiefungsprojekt des Mittelrheins zwischen Köln und Koblenz untersucht. Die Untersuchung kommt bei dem Korridor Köln–Frankfurt für den Mittelrhein zu einem Nutzen-Kosten-Verhältnis von 2,03, während vergleichsweise für den Neubau der Bundesbahnstrecke Köln-Groß Gerau ein Nutzen-Kosten-Verhältnis von 1,03 ermittelt worden ist.

4.2 Untersuchung der Abfluß- und Geschiebeverhältnisse

Die Erkenntnis, am Oberrhein noch eine weitere Staustufe bei Neuburgweier bauen zu müssen, hat bestätigt, wie dringend und notwendig es ist, zu untersuchen, ob nicht mit anderen wasserbautechnischen Mitteln einem weiteren Fortschreiten der Erosion begegnet werden kann. Hinzu kommt, daß neben der akuten Lage am Oberrhein auch am Mittel- und Niederrhein eine ständige Veränderung der Höhenlage der Rheinsohle zu beobachten ist.

War man am Oberrhein gezwungen, in rascher Folge Staustufen zu bauen, so hatte man am Mittelrhein und am Niederrhein die Sohlenveränderungen bisher als einen naturbedingten Vorgang angesehen, dem man sich in regelmäßigen Abständen anpassen mußte. Um der Schiffahrt bei niedrigen Wasserständen eine Fahrrinne von gleichbleibender Tiefe bieten zu können, wurden alle 10 Jahre an Hand gleichwertiger Abflüsse für alle Richtpegel gleichwertige Wasserstände festgelegt, die auf der einen Seite für die Schiffahrt maßgebend sind und auf der anderen Seite den Bezugswasserstand für die laufend notwendigen Anpassungsmaßnahmen der Schiffahrtsrinne darstellen. Aus Tabelle 9 über die Veränderung des GlW an einigen Richtpegeln des Rheins sind die ständigen und unregelmäßigen Veränderungen des Wasserspiegels und damit der Rheinsohle zu erkennen. Abb. 21 zeigt, in welchem Maße der Wasserspiegel des Niederrheins bei NW im Zeitraum von 1820 bis 1970 abgesunken ist. Für den Pegel Duisburg-Ruhrort beträgt die Wasserspiegelsenkung bei GlW 1,36 m im Zeitraum 1932—1972; seit 1875 ist der Wasserspiegel dort um 2,75 m abgesunken.

Tabelle 9. *Veränderung des GlW an einigen Richtpegeln des Rheins*

Pegel	$GlQ_{06/30}$ m³/s	GlW_{32} cm	GlW_{52} cm	GlW_{62} cm	$GlQ_{51/70}$ m³/s	GlW_{72} cm
Karlsruhe-Maxau	539	316	315	325	585	340
Mannheim	570	184	150	135	625	150
Mainz	708	183	170	165	730	170
Kaub	738	108	105	105	750	100
Koblenz	765	116	115	105	775	110
Köln	861	61	55	40	935	55
Duisburg-Ruhrort	942	326	250	210	985	200
Rees	983	191	95	70	1020	50
Emmerich	984	218	170	140	1020	125

Der GlW (= Gleichwertiger Wasserstand) entspricht:
1. dem gleichwertigen Abfluß GlQ, der in den Jahresreihen 1906/30 bzw. 1951/70 an durchschnittlich 20 eisfreien Tagen im Jahr erreicht oder unterschritten wurde,
2. dem Zustand des Strombetts im Jahr der GlW-Festsetzung.

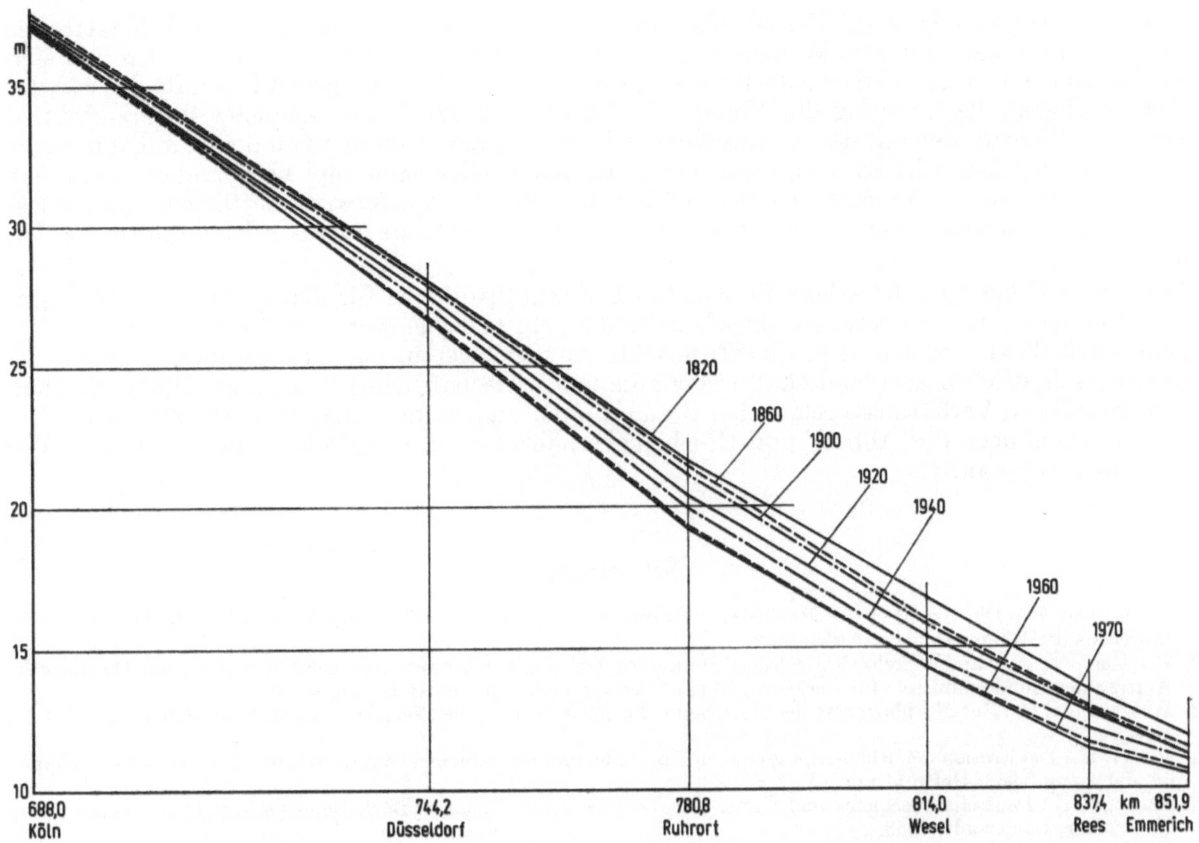

Abb. 21. Zeitlicher Verlauf der Niedrigwasserspiegelsenkung im Zeitraum von 1820 — 1970.

Wegen der großen Dringlichkeit der Erosionsfrage am Oberrhein sind jetzt Untersuchungen der Abfluß- und Geschiebeverhältnisse für den gesamten Rhein in die Wege geleitet worden. Dabei soll untersucht werden, ob und wie man einer weiteren Sohlensenkung des Rheins entgegenwirken kann, damit die häufig wiederkehrenden Anpassungsmaßnahmen vermieden werden. Hierzu müssen die Erkenntnisse über die Abfluß- und Geschiebeverhältnisse erweitert werden. Die vermehrten Kenntnisse, besonders über die hydraulischen Grenzen des Stromes hinsichtlich Tiefe und Breite der Fahrrinne, sollen dazu dienen, die Maßnahmen festzulegen, die notwendig sind, um die Rheinsohle zu stabilisieren. Die spätere Durchführung solcher Maßnahmen ist aber nur dann sinnvoll, wenn sie auf eine Fahrrinnentiefe bei GlW abgestimmt sind, die optimal und mit wirtschaftlich vertretbarem Aufwand erreichbar ist. Deshalb gehört die Beantwortung dieser Frage auch zu den Untersuchungen. Auf diese Weise soll für die Zukunft der wirtschaftlichste Einsatz von Haushaltsmitteln gewährleistet werden.

Für den Oberrhein werden als wasserbauliche Möglichkeiten in Betracht gezogen:

— das Einbringen von Kies (Geschiebezugabe) in der Form, daß die Stromsohle nach einer eingetretenen begrenzten Erosion wieder bis zur ursprünglichen Höhenlage aufgefüllt wird,

— der Bau von Grund- oder Sohlschwellen und

— eine Kombination von Grundschwellen und Geschiebezugabe.

Neben den erforderlichen Modellversuchen bei der Bundesanstalt für Wasserbau werden zur praktischen Erprobung der Lösungsmöglichkeiten im Unterwasser der Staustufen Gambsheim und Iffezheim (nach Fertigstellung) Naturversuche in dem jeweiligen Erosionsabschnitt ausgeführt.

Die Untersuchungen werden von den drei Wasser- und Schiffahrtsdirektionen Freiburg, Mainz und Duisburg sowie den Bundesanstalten für Wasserbau in Karlsruhe und für Gewässerkunde in Koblenz durchgeführt. Es wird erwartet, daß die äußerst umfangreichen und komplizierten Untersuchungen voraussichtlich 1980 abgeschlossen werden können.

4.3 Ausblick

Die Nutzbarmachung eines Flusses als Verkehrsweg hängt sehr eng mit der Fähigkeit des Menschen zusammen, mit dem Wasser als Naturgewalt fertig zu werden, sie zu meistern und sich dienstbar zu machen. Dabei darf jedoch nie vergessen werden, alle künstlichen Eingriffe der von der Natur gegebenen Bestimmung des Flusses als Vorfluter seines Einzugsgebietes unterzuordnen. Denn jeder Eingriff, der mit dem Flußregime nicht richtig abgestimmt ist und sich mit ihm nicht verträgt, kann folgenschwere Störungen des natürlichen Gleichgewichts hervorrufen, nicht nur des Flußregimes selbst, sondern auch der von ihm beeinflußten wasserwirtschaftlichen und landeskulturellen Verhältnisse. Dies ist eine Erkenntnis, mit der wir heute auch am Rhein fertig werden müssen.

Mit dieser Erkenntnis ist schon die wichtigste Zukunftsaufgabe für den gesamten Rhein umrissen. Gelingt es, mit wasserbautechnischen Mitteln, ein Gleichgewicht zwischen Abfluß und Geschiebehaushalt zu erzielen, d. h. die Stromsohle zu stabilisieren, dann ist es auch möglich, die wasserwirtschaftlichen und landeskulturellen, die landwirtschaftlichen und industriellen wie auch die verkehrlichen Verhältnisse relativ leicht zu erhalten und, wenn nötig, noch zu verbessern. Mit den Untersuchungen der Abfluß- und Geschiebeverhältnisse wird der erste Schritt auf dem Weg in die Zukunft getan.

Schrifttum

1. Jasmund, R.: Die Arbeiten der Rheinstrom-Bauverwaltung 1851—1900. Denkschrift anläßlich des 50jährigen Bestehens der Rheinstrom-Bauverwaltung.
2. Der Rhein — Ausbau, Verkehr, Verwaltung. Herausgegeben von der Wasser- und Schiffahrtsdirektion Duisburg im Auftrag des Bundesministers für Verkehr. „Rhein" Verlagsgesellschaft mbH Duisburg, 1951.
3. Wittmann, H.: Zur Morphogenese des Oberrheins. Fachzeitschrift „Die Wasserwirtschaft", 45. Jahrgang, 1954/55, Heft 5.
4. Pichl, K.: Die Erosion der Rheinsohle zwischen Karlsruhe und Oppenheim. Fachzeitschrift „Die Wasserwirtschaft", 48. Jahrgang, 1958, Hefte 11 und 12.
5. Stier, H. E.: Deutsche Geschichte im Rahmen der Weltgeschichte. Deutsche Buch-Gemeinschaft, C. A. Koch's Verlag Nachfolger, Darmstadt, 1958.
6. Die Verkehrspolitik in der Bundesrepublik Deutschland 1949—1961, ein Bericht des Bundesministers für Verkehr. Schriftenreihe des Bundesministers für Verkehr, Band 22. Kirschbaum Verlag, Bad Godesberg.
7. Pichl, K.: Die Regulierung des Binger Loches und die Verbesserung des Rheinschiffahrtsweges zwischen Mannheim und St. Goar. Fachzeitschrift „Hansa", 1963, Heft 21.
8. Poppe, G.: Der Rhein, das Rückgrat der Binnenschiffahrt Westeuropas. Jahrbuch der Hafenbautechnischen Gesellschaft, 30. und 31. Band 1966/68.
9. Felkel, K.: Ideenstudie über die Möglichkeit der Verhütung von Sohlenerosion durch Geschiebezugabe aus der Talaue ins Flußbett, dargestellt am Beispiel des Oberrheins. Mitteilungsblatt der Bundesanstalt für Wasserbau, Karlsruhe, Nr. 30.
10. Graewe, H.: Der Ausbau des Oberrheins im Grenzabschnitt. Jahrbuch der Hafenbautechnischen Gesellschaft, 32. Band 1969/71.
11. Berger, W.: Ausbauplanung für die Binger-Loch-Strecke geändert. Zeitschrift für Binnenschiffahrt und Wasserstraßen, 1972, Heft 9.
12. Rümelin, B.: Wasserstraßenbau, eine Forderung unserer Zeit ? Jahrbuch der Hafenbautechnischen Gesellschaft, 33. Band 1972/73.
13. Bundesverkehrswegeplan 1. Stufe. Herausgegeben 1973 vom Bundesminister für Verkehr.
14. Die Bundeswasserstraßen 1973. Herausgegeben vom Bundesminister für Verkehr, Abteilung Wasserstraßen.
15. Berger, W., und Schmitt, H.: Der Rhein im Bereich des Binger Riffs — die neue 120 m breite Fahrrinne. Fachzeitschrift „Hansa", 1974, Heft 21.
16. Verkehr in Zahlen 1974, 3. Jahrgang. Herausgegeben vom Bundesminister für Verkehr, Bonn, September 1974.
17. Berger, W.: Das Bett vom Vater Rhein will immer gut gepflegt sein. Zeitschrift „Duisburg — Häfen und Industrie an der Rheinreede", 1975, Heft 1.

Quellennachweis für die Tabellen

1. Der Rhein — Ausbau, Verkehr, Verwaltung. Schrifttum 2. 2. Jahresbericht 1970 der Zentralkommission für die Rheinschiffahrt. 3. Die Bundeswasserstraßen 1973. Schrifttum 14. 4. Verkehr in Zahlen 1974. Schrifttum 16. 5. Gewässerkundliches Jahrbuch. 6. Statistisches Bundesamt. 7. Angaben der Wasser- und Schiffahrtsverwaltung.

Die voraussichtliche Entwicklung der Binnenschiffahrt für den Güterverkehr in den Binnenhäfen*

Von Dr. **Caspar Dütemeyer**, Duisburg

Mehr denn je ist die Feststellung gerechtfertigt, daß Binnenschiffahrt und -häfen sich in einer Situation befinden, die eine unfrisierte Analyse ihres derzeitigen Status und die Frage nach dem „Quo vadis?", nach der nahen und ferneren Entwicklung von Binnenschiffahrt und Binnenhäfen erfordert. Denn von dem Ergebnis dieser Untersuchung hängt die wichtige Entscheidung über Art und Umfang der künftigen Investitionen ab, deren Planung nicht sorgfältig genug sein kann.

Das richtige Maß bei der Ausstattung der Häfen mit Umschlagsgeräten und Lagermöglichkeiten zu finden, ist dabei noch verhältnismäßig einfach. Sie können kurzfristig beschafft und laufend dem Ausbauzustand des Hafens angepaßt werden. Anders dürften die Verhältnisse aber beim Grund und Boden für die Landverkehrsflächen und Lagerflächen und bei den Hafenbecken und Ufereinfassungen liegen. In diesen Bereichen haben, wie die Geschichte der Häfen zeigt, oft schon frühzeitig weitreichende und schwerwiegende Entscheidungen getroffen werden müssen, die das spätere wirtschaftliche Ergebnis des Hafens positiv oder leider auch negativ beeinflußt haben.

Für die Häfen ist es daher im Interesse ihrer Existenz und weiteren Zukunft gerade jetzt ein Gebot der Stunde, sich über die zu erwartende Entwicklung des Verkehrsaufkommens und der Verkehrsmittel zu orientieren und Entscheidungen über Planung und Ausbau der Häfen von einer solchen Orientierung abzuleiten oder abhängig zu machen.

Was kann nun vom Blickpunkt der Binnenschiffahrt zu dieser Frage gesagt werden, wobei vorweg zu bemerken ist, daß die Binnenschiffahrt selbst an einem Wendepunkt zu stehen scheint und zu unsicheren Schätzungen gezwungen ist.

Schon die normale Grundlage für eine langfristige Abschätzung der Entwicklung der Binnenschiffahrt, nämlich die Prognose des künftigen Verkehrsaufkommens, macht erhebliche Unsicherheiten deutlich. Ausgehend von der Verkehrsprognose, die dem Bundesverkehrswegeplan der Bundesregierung vom Oktober 1973 zugrunde liegt, soll der Gesamtverkehr von Eisenbahnen, Binnenschiffahrt, Straßengüterfernverkehr und Rohölfernleitungen von rd. 860 Mio t im Jahre 1972 auf rd. 1400 Mio t jährlich im Zeitraum 1985 bis 1990 ansteigen. Das würde für die nächsten 15 Jahre ein jährliches Wachstum des Gesamtverkehrs von rd. 3% bedeuten, wobei der Wasserstraßenverkehr in der Bundesrepublik von 228,5 Mio t im gleichen Zeitraum mit einer durchschnittlichen Zuwachsrate von 2,8 bis 3,8% jährlich auf rd. 400 Mio t jährlich ansteigen soll.

Nach den neuesten Schätzungen des IFO-Instituts wird sich nun allerdings das Verkehrsaufkommen weit weniger rasant erhöhen, als noch vor kurzem angenommen wurde, und zwar auf bundesdeutschen Wasserstraßen nur um jährlich 1,7% auf rd. 300 Mio t. Von diesen Werten wird auch eine Bedarfsanalyse, die über Quantität und Qualität des künftig nachgefragten und anzubietenden Schiffsraums Aufschluß geben soll, auszugehen haben. Wenn nun der Binnenschiffsverkehr von 300 Mio t jährlich im Jahre 1990 reibungslos und wettbewerbsfähig abgewickelt werden soll, so muß sich eine solche Untersuchung insbesondere erstrecken

— auf die notwendige Größe des Schiffsraums,
— auf die voraussichtliche Entwicklung der Binnenschiffsflotte nach Schiffsanzahl und -größe,
— auf die notwendige technische Ausstattung dieser Flotte und
— auf die voraussichtlichen Betriebsformen, wie Schiffstypen, Schiffszusammenstellungen und Schiffsverbänden.

---

* Aus einem Vortrag anläßlich der ordentlichen Mitgliederversammlung des Verbandes öffentlicher Häfen e.V. am 10. 9. 1974 in Dortmund.

In diesem Zusammenhang bildet die Frage nach dem Rationalisierungsfortschritt einen anderen Unsicherheitsfaktor, wobei zu berücksichtigen ist, daß Fortschritte auf diesem Gebiet von der künftigen Forschung im Schiffbau und der Entwicklung der Häfen abhängen, die sich ihrerseits wiederum am künftigen Bedarf an Binnenschiffen orientieren werden. Weitere Gefahren einer falschen Einschätzung ergeben sich aus der Internationalität der Binnenschiffahrt und aus der nur schwer zu beantwortenden Frage nach der Entwicklung des Binnenschiffsverkehrs auf den Wasserstraßen der anliegenden Länder. Aus diesen Gründen beschränken sich die folgenden Aussagen auf die Darlegung von Daten und Fakten lediglich aus dem deutschen Bereich.

Das Transportvolumen auf den Wasserstraßen der Bundesrepublik Deutschland betrug im Jahre 1973 rd. 245,6 Mio t, die Transportleistung rd. 48,4 Mrd t-km. Der Zuwachs auf 300 Mio t in rd. 15 Jahren würde somit gegenüber 1973 rd. 55 Mio t oder 22,4 % betragen, d. h. rd. 4 Mio t oder 1,7% je Jahr. Bei gleichbleibender, für 1973 ermittelten mittleren Versandweite von 196,8 km ergäbe sich für den Zeitraum 1985/1990 eine Transportleistung von etwa 59 Mrd t-km.

Nun wurde das Verkehrsaufkommen auf den deutschen Wasserstraßen weder bisher allein von der deutschen Binnenflotte bewältigt noch wird dies in Zukunft der Fall sein. Der Anteil der deutschen Flotte am Verkehrsaufkommen lag, gemessen an den tonnenkilometrischen Leistungen, in den Jahren 1950 bis 1964 etwa bei 60% und seitdem zwischen 55% und 60%. Angesichts der bisherigen relativen Konstanz dieses Anteils dürfte auch für die Zukunft nicht mit größeren Schwankungen zu rechnen und die Annahme gerechtfertigt sein, daß der Anteil der deutschen Binnenflotte bis 1990 auch noch bei etwa 55% liegen wird, der ausländische Flottenanteil also bei 45%. Da die Prognose des IFO-Instituts sich andererseits nur auf den **Gesamtverkehr** an den deutschen Wasserstraßen bezieht und keine amtliche oder in amtlichem Auftrag erstellte Prognose für die künftigen Transporte der deutschen Flotte vorhanden ist, bleibt nur die Möglichkeit, die für den Verkehr auf den deutschen Wasserstraßen angenommene Zuwachsrate auch auf den Verkehr der deutschen Flotte zu übertragen.

Außer diesen, nicht sehr sicheren Faktoren sind zur Beurteilung der notwendigen und voraussichtlichen Entwicklung der deutschen Flotte noch folgende Gesichtspunkte zu berücksichtigen:

1. In der Tankschiffahrt sind die Möglichkeiten für die Verkürzung von Lade- und Löschzeiten weitgehend ausgeschöpft.

2. Die Umschlagsanlagen für trockene Massen- und Stückgüter sind in den letzten Jahren stark verbessert worden, so daß auch in der Trockenschiffahrt sich der bisher zu beobachtende Trend in der Verkürzung von Lade- und Löschfristen verlangsamen wird.

3. Für die Zukunft muß davon ausgegangen werden, daß eine Steigerung der Umlaufgeschwindigkeit infolge des Ersatzes von Kähnen durch Motorschiffe kaum noch zu erwarten ist. Ebenfalls dürfte durch die Verwendung von Schubverbänden keine wesentliche Erhöhung der Umlaufgeschwindigkeit mehr erreicht werden.

4. Auch die Ausnutzung des Laderaums wird sich nicht mehr wesentlich steigern lassen. Zweifellos werden der Ausbau des Rheins und des Mittellandkanals sowie der übrigen Kanäle zu einer besseren Raumausnutzung beitragen, die jedoch über einen Zeitraum von ca. 15 Jahren nicht sehr hoch veranschlagt werden kann.

5. Die Harmonisierung der Sozial- und Arbeitsbedingungen im Rahmen der EG wird sich dämpfend auf die Steigerung der spezifischen Leistungsfähigkeit je Tonne Tragfähigkeit auswirken.

Alles in allem wird man nach den vorliegenden Berechnungen, auf deren Darstellung im einzelnen an dieser Stelle verzichtet werden kann, den Produktivitätszuwachs für den Zeitraum bis 1985/90 mit 1% jährlich ansetzen können. Es würde dann der deutschen Binnenschiffsflotte ein jährlicher Kapazitätszuwachs von 0,7% genügen, um ihren Anteil an dem für 1985/90 geschätzten Verkehrsaufkommen zu bewältigen. Das bedeutet konkret eine Vergrößerung der Flottenkapazität bis 1985/90 um 500 000 t von 4,5 Mio t im Jahre 1973 auf 5 Mio t. Bei dieser Betrachtung einer voraussichtlichen Entwicklung in den nächsten $1^1/_2$ Jahrzehnten wird der augenblickliche folgenschwere Kapazitätsüberhang in der Binnenschiffahrt nicht berücksichtigt. Wie werden sich nun auf dieser Grundlage Zahl und Größe der Binnenschiffe der deutschen Flotte entwickeln?

Am 1. 1. 1974 bestand die deutsche Binnenflotte aus 5360 Güterschiffen, davon 826 Tankschiffen, 98 Schubbooten und 291 Schleppern (außer Hafenschleppern). Die durchschnittliche Tragfähigkeit der Güterschiffe betrug 845 t, die der Schubleichter 1520 t, der Motorgüterschiffe 807 t und der Schleppkähne 811 t.

Würde sich die durchschnittliche Tragfähigkeit nicht mehr vergrößern, würden für den Verkehr der deutschen Binnenflotte 1985/90 bei einer Gesamttonnage von 5 Mio t 5900 Güterschiffe nötig sein. Die vergangene Entwicklung zeigt jedoch, daß die durchschnittliche Tragfähigkeit laufend gestiegen ist, und zwar besonders stark im Zuge der Abwrackaktion seit dem 1. 1. 1969. In dem 10jährigen Zeitraum vor der Abwrackaktion stieg die durchschnittliche Tragfähigkeit von 607 auf 663 t; vom 1. 1. 1969 bis zum 1. 1. 1974 erhöhte sie sich auf 845 t. Es erweist sich daher als notwendig, bei der Ermittlung der Fahrzeugzahl und -größe auch der infolge der seit 1969 laufenden Abwrackaktion abnormen Sonderentwicklung durch Heranziehung eines ausreichend langen Vergleichszeitraums von 15 Jahren Rechnung zu tragen. In den letzten 15 Jahren betrug die Steigerung der mittleren Tragfähigkeit 38%. Würde sich diese Entwicklung bis 1985/90 fortsetzen, so müßte dann mit einer durchschnittlichen Schiffsgröße von 1150 t gerechnet werden.

Dieser Wert erscheint durchaus plausibel, wenn man davon ausgeht, daß einerseits der Ausbau der Wasserstraßen den Einsatz größerer Schiffe zuläßt und andererseits der Zwang zu Kosteneinsparungen sowie der von der Umschlagstechnik und von Bedürfnissen der Verladerschaft beeinflußte Trend zum größeren Schiffsraum in steigendem Maße den allgemeinen Übergang vom kleineren Schiff, zu dem man heute schon den Europa-Schiffstyp von 1350 t rechnen muß, zum Binnenschiff über 1600 t bedingen. Das bedeutet nicht, daß es nicht auch künftig die für bestimmte Zwecke nach wie vor benötigten mittleren und kleineren Fahrzeuge geben wird. Dieser Bedarf wird sich jedoch aus dem vorhandenen Bedarf befriedigen lassen, während sich Neu- und Ersatzinvestitionen fast ausschließlich auf größere Typen erstrecken werden. Übrigens wurde und wird es von der deutschen Binnenschiffahrt gerade aus den vorgenannten Gründen bedauert, daß durch das Berlin-Förderungsgesetz aus steuerlichen Gründen interessierte fachfremde Kapitalgeber zu Fehlinvestitionen veranlaßt worden sind. Man kann davon ausgehen, daß aufgrund echter Investitionsentscheidungen der eigentlichen Schiffahrtsunternehmen ein großer Teil dieser Schiffe kleineren Typs gar nicht gebaut worden wäre und sich dann auch der derzeitige Kapazitätsüberhang mit all seinen negativen Folgen nicht so katastrophal ausgewirkt hätte, wie es seit etwa 2 Jahren der Fall ist.

Unterstellt man die durchschnittliche Schiffsgröße von 1150 t in den Jahren 1985/90 als richtig, dann würde die deutsche Flotte allerdings zahlenmäßig geringer sein als gegenwärtig. Die 1985/90 notwendige Gesamttonnage von rd. 5 Mio t würde bei der durchschnittlichen Tragfähigkeit von 1150 t nur noch aus 4350 Güterschiffen bestehen gegenüber dem heutigen Bestand von 5360 Einheiten. Die Verminderung würde also ca. 15% betragen. Wenn man bedenkt, daß die Zahl der deutschen Binnenschiffe in den letzten 15 Jahren von 7697 auf 5360, d.h. um rd. 30% zurückging, dann erscheint diese Prognose durchaus annehmbar.

Eine exakte Aussage über die künftigen Betriebsformen, wie Schiffstypen und Schiffszusammenstellungen zu machen, ist kaum möglich. Festzustehen scheint nur, daß es künftig im wesentlichen nur noch Motorgüterschiffe, Koppelverbände und Schubschiffe geben wird. Die Schleppschiffahrt wird keine maßgebliche Rolle mehr spielen.

Will man zu Vorstellungen über das künftige Verhältnis der Schubschiffahrt zur Motorgüterschiffahrt gelangen, so zeigt sich, daß im letzten Jahrzehnt die Zahl der Motorgüterschiffe rückläufig gewesen ist; allerdings blieb die Tragfähigkeit nahezu konstant. Dagegen nahm die Zahl und Tonnage der Schubleichter sowie die Zahl der Schubboote kräftig zu. Vom 1. 1. 1968 bis 1. 1. 1974 ging die Zahl der Motorgüterschiffe bei gleicher Tragfähigkeit um 1378 zurück, während sich die Zahl der Schubleichter um 278 von 135 auf 413 und ihre Tonnage von rd. 160 000 t auf 625 000 t erhöhte. Der Anteil der Schubleichtertonnage beträgt heute 14,1% der Gesamttonnage. Läßt man die Schleppkahntonnage unberücksichtigt, dann teilen sich Motorschiffsraum zu Schubleichterraum der deutschen Binnenflotte im Verhältnis 84,5 : 15,5 auf.

Die gleiche Entwicklung wie bei den Schubleichtern ist bei den Schubbooten zu beobachten, deren Zahl sich von 1968 bis 1974 von 38 auf 98 erhöhte. Der Zuwachs, gemessen an der Antriebsleistung, ist sogar noch höher, ein Zeichen dafür, daß besonders in den letzten Jahren die Antriebskraft im Verhältnis zum Laderaum verstärkt worden ist.

Eine Trend-Extrapolation dieser Entwicklung bei den Schubverbänden bis 1985/90 würde zweifellos unrealistische Werte ergeben. Wie bei allen technischen Neuentwicklungen werden sich auch bei der Schubschiffahrt die Zuwachsraten verringern. Wann jedoch der Umbruch in der Entwicklung eintreten wird, ist schwer abzuschätzen. Für eine weitere Ausdehnung der Schubschiffahrt sprechen insbesondere die zu erzielenden Einsparungen auf dem Gebiet der Personalkosten. Gegen eine weitere Ausdehnung der Schubschiffahrt spricht u.a. aber, daß es nicht genug Punkt-Punkt-Verkehre mit ausreichend großen, kontinuierlich anfallenden Gütermengen gibt. Fehlt diese Voraussetzung oder ist sie nur mit dem Zwang zum Einsatz von Schubverbänden auf engen und künstlichen Wasserstraßen verbunden, d.h. mit kleiner werdenden Schubverbänden, nähert sich ihre Rentabilität mehr den Motorschiffen. Diese haben gegenüber den Schubverbänden dann jedoch den Vorteil größerer Einsatzmöglichkeiten, besonders bei dem Transport gefährlicher

Güter und im Streu-Verkehr. Nach der überschaubaren Entwicklung dürfte damit zu rechnen sein, daß sich der relative Anteil der Schubschiffahrt an der Gesamtflotte noch über 15% hinaus vergrößern wird, daß aber die Grenze für eine weitere stärkere Ausdehnung in absehbarer Zeit erreicht sein wird.

Als Betriebsform mit zunehmender Tendenz dürfte der Einsatz von Koppelverbänden und Spezialschiffen, insbesondere für den Container-Transport, anzusehen sein. Auch bei den Koppelverbänden lassen sich größere Personalkosteneinsparungen erzielen. Sie eignen sich insbesondere für den Einsatz bei großströmigen Streu-Verkehren. Mit außerordentlichen Wachstumsraten dürfte allerdings nicht gerechnet werden können, da die Einsatzmöglichkeiten besonders im Kanalgebiet beschränkt sind bzw. zusätzliche Investitionen für Gelenke und separate Ruder des Leichters erfordern.

Eine gewisse Ausdehnung dürfte der Container-Transport noch erfahren. In den letzten 3 Jahren wurden Steigerungsraten von jeweils mehr als 30% erzielt. Insgesamt werden bereits 6000 bis 7000 Container pro Jahr allein auf dem Rhein befördert. Wenn sich auch diese Zahlen im Verhältnis zum Container-Verkehr aller Verkehrsträger recht bescheiden ausnehmen, so kann dennoch festgestellt werden, daß die Möglichkeiten in der Binnenschiffahrt noch keineswegs voll ausgeschöpft sind, zumal speziell die Typschubleichter mit senkrechten Seitenwänden den Anforderungen des Containerverkehrs durchaus entsprechen.

Eine weitere Betriebsform der Binnenschiffahrt, mit der in überschaubarer Zukunft durchaus zu rechnen ist, ist der Transport von Trägerschiffsleichtern in Schubverbänden. Der Vorteil des Einsatzes von Trägerschiffsleichtern liegt in ihrer Eignung für die Haus-zu-Haus-Beförderung großer Gütermengen von Kontinent zu Kontinent. Sobald die Voraussetzungen für den Einsatz von Trägerschiffsleichtern auf Kanälen und kanalisierten Flüssen geschaffen sind, wird dieser Vorteil stärker zur Geltung kommen, da erst durch die Verteilerfunktion der Nebenwasserstraßen das System voll ausgenutzt werden kann.

Der zunehmende Verkehrsumfang auf den Binnenwasserstraßen und damit einhergehend der Strukturwandel in der Binnenschiffsflotte und in den Binnenschiffstypen werden auch quantitative und qualitative Anpassungen und Veränderungen in den Häfen auslösen.

Vor den Hafenfachleuten braucht nicht im einzelnen darauf eingegangen zu werden, was seitens der Häfen notwendig ist, um den künftigen Entwicklungen Rechnung zu tragen. Man muß sich auch darüber im klaren sein, daß bei bestehenden Anlagen weiterhin manche Unzulänglichkeiten und Behinderungen hingenommen werden müssen. Gestatten Sie jedoch einige Bemerkungen zu der Planung von Hafenerweiterungen und Hafenneubauten:

Bei der Betrachtung der voraussichtlichen Entwicklung der Binnenschiffsflotte zeichnen sich trotz aller Fragezeichen, mit denen die Vorausschau versehen werden muß, 2 Tendenzen deutlich ab:

1. die Größe der Schiffsgefäße nimmt deutlich zu,

2. Betriebsformen, die sich erst im letzten Jahrzehnt herausgebildet haben, wie die Schubschiffahrt, oder heute erst zum Teil in Ansätzen vorhanden sind, wie der Verkehr von Container-, Spezialschiffen und Trägerschiffsleichtern werden weiter an Bedeutung gewinnen.

Daraus ergeben sich aus der Sicht der Binnenschiffahrt folgende Konsequenzen für die Hafenentwicklung:

1. Bei Hafenneu- und -ausbauten sollte zum mindesten am Rhein der Bedarf an Hafenwasserfläche je Güterschiff etwas höher angesetzt werden als es heute mit 90 × 10 m üblich ist. Dieser Hinweis sei deshalb gegeben, weil ein nicht unwesentlicher Teil der künftig eingesetzten Fahrzeuge über dem Maß des Europa-Typs liegen wird.

2. Der Bedarf an Schiffsliegeplätzen ist insbesondere bei den neuen Systemen der Schubschiffahrt und Trägerschiffsleichter höher als üblich. Neben zusätzlichen Liegeplätzen für beladene und leere Leichter sollten besondere Koppelplätze geschaffen werden.

3. Die Wassertiefen der Häfen müssen mindestens denen der angeschlossenen Wasserstraße entsprechen. Dies gilt sowohl allgemein wie im besonderen im Hinblick auf die Schubschiffahrt und den Verkehr mit Trägerschiffsleichtern. Speziell sei dies aber gesagt im Hinblick auf den Ausbau des Mittel- und Oberrheins und die Vertiefung des Fahrwassers auf der Mittelrheinstrecke.

4. Es sollten noch mehr Wendeplätze mit ausreichenden Abmessungen vorgesehen werden. Das Wenden in der Wasserstraße ist bekanntlich stets mit besonderen Behinderungen und Gefahren verbunden.

5. Die Uferbefestigungen nicht nur im Bereich der Umschlagsanlagen, sondern insbesondere auch im Bereich der Liege- und Warteplätze sollten weitgehend als senkrechte Ufer ausgebildet

werden, wie dies in geradezu vorbildlicher Weise in den Duisburg-Ruhrorter Häfen zum großen Teil bereits geschehen ist.

6. Die technische Leistungsfähigkeit der Umschlagsanlagen ist optimal auf die Hafenbetriebsverhältnisse abzustimmen. Dieser Grundsatz sollte nicht nur, wie es selbstverständlich schon geschieht, von den einzelnen Häfen angestrebt werden, sondern auch innerhalb der Gemeinschaft der Häfen sollte eine gegenseitige Anpassung der Leistungsfähigkeit erfolgen. Die Schnelligkeit der Abfertigung, die bereits heute in verschiedenen Häfen erreicht ist, wird für den Verkehrsträger so lange nicht voll zu Buche schlagen, wie es Häfen gibt, die wegen mangelnder Leistungsfähigkeit die an anderer Stelle erzielten positiven Effekte teilweise wieder in Frage stellen. Aus der Sicht der Binnenschiffahrt sind nicht so sehr die Spitzenleistungen einzelner Häfen und Umschlagsanlagen erstrebenswert, wie vielmehr ein ausgewogenes Leistungsverhältnis.

7. Wenn an dieser Stelle rein technische und schiffahrtspolizeiliche Fragen (Muster-Hafenverordnungs-Entwurf, Umweltschutz usw.) — Fragen, in denen sich die freundschaftliche Zusammenarbeit Binnenschiffahrt — Häfen oftmals bewährt hat und bewähren wird — nicht behandelt werden können, so erlauben Sie mir doch den Hinweis, daß in Zukunft die Elektronik im Schiffahrtsbetrieb auf breiterer Front Bedeutung gewinnen dürfte als es bisher der Fall ist. Auf diese Entwicklung sollten sich die Häfen durch den Auf- und Ausbau von Informationssystemen einrichten, so daß den Schiffen bereits während der Fahrt alle notwendigen Angaben für die Disposition in den Häfen, und umgekehrt den Hafen- und Umschlagsbetrieben, wie z.B. bei der Voranmeldung, übermittelt werden können.

Die Bereitstellung der Finanzmittel für die dringendsten Investitionsvorhaben wird zweifellos große Sorgen und Schwierigkeiten bereiten. Die Ertragslage der Binnenhäfen und die Finanzierungsmöglichkeiten der Träger der Binnenhäfen werden sicherlich nicht immer ausreichen, die Probleme zu lösen. Es gilt deshalb, die Aufmerksamkeit der Öffentlichkeit und Politiker darauf zu lenken, daß die verkehrlichen und wirtschaftlichen Effekte der Binnenhafenwirtschaft weit über die lokalen Grenzen hinausgehen und daher rechtfertigen, daß die Finanzierung der Hafeninvestitionen auf eine breitere Basis gestellt werden.

An dieser Stelle sei ein kurzer Blick auf die Gebühren der Häfen erlaubt. Auch die Häfen sind selbstverständlich gezwungen, die gestiegenen Kosten über Tariferhöhungen aufzufangen. Die Schiffahrt hat durchaus Verständnis für Tarifanpassungen, sie muß jedoch darauf hinweisen, daß diese Gebühren heute bereits eine wesentliche Komponente der Kosten des Wasserweges darstellen. Dieses Instrument sollte also behutsam gebraucht werden, zumal die Kosten des Wasserweges in den letzten Jahren durch gestiegene Umschlagssätze sowie Zu- und Ablaufkosten in einem derartigen Ausmaß gestiegen sind, daß sich die Binnenschiffahrt in ihrer Konkurrenzfähigkeit gegenüber den anderen Verkehrsträgern des öfteren bedroht sieht. Die wirtschaftliche Folge für die Häfen und ihre Anlagen liegen auf der Hand, denn eine Substitution durch andere Verkehrsträger bringt Transportverlagerungen mit sich, von denen die Hafenwirtschaft nicht verschont bleiben würde. Vielleicht wäre es auch gemeinsamer Überlegungen wert, wie die Zu- und Ablaufkosten künftig wieder in den Griff zu bekommen sind. Zu denken wäre da u.a. an vernünftige Zu- und Ablauftarife der Bundesbahn, die nicht nur im Interesse der Wettbewerbsfähigkeit von Binnenschiffahrt und Binnenhäfen liegen, sondern auch der Bundesbahn Vorteile bringen und sicherlich unter volkswirtschaftlichen Gesichtspunkten dringend erwünscht sein würden.

Eine Frage, die ich abschließend kurz anschneiden möchte, weil sie Binnenschiffahrt und Binnenhäfen gleichermaßen berührt und gelegentlich Anlaß zu Kontroversen zwischen Reederei und Umschlagsbetrieb bietet, sind die Lade- und Löschfristen in der Binnenschiffahrt. Die gegenwärtigen Regelungen basieren bekanntlich zum großen Teil noch auf dem Binnenschiffahrtsgesetz von 1895 und dem Notverordnungs- bzw. Kriegsverordnungsrecht der 30er und 40er Jahre.

Die im Binnenschiffahrtsgesetz festgelegten Lade- und Löschzeiten wurden bekanntlich durch Verordnungen der höheren Verwaltungsbehörden ersetzt. Heute legen die Frachtenausschüsse bei ihren Beschlüssen über die Festsetzung von Verkehrsentgelten andere Lade- und Löschzeiten zugrunde, die dann im Zusammenhang mit der Frachtfestsetzung zu beachten sind. Die von den Frachtenausschüssen zugrunde gelegten Lade- und Löschfristen haben damit praktisch mit der Zeit den Vorrang vor den von den höheren Verwaltungsbehörden festgesetzten Fristen und auch vor den vereinbarten Zeiten erhalten.

Im Sinne der Rechtsklarheit und wegen der veränderten Verhältnisse im Binnenschiffs- und Umschlagsbetrieb ist eine Novellierung der bestehenden Vorschriften dringend erforderlich und sollte vom Gesetzgeber baldmöglichst in Angriff genommen werden. Es ist zu bedauern, daß bereits vor Jahren vorliegende Verordnungsentwürfe wieder in der Schublade verschwunden sind und auch die inzwischen als notwendig bezeichnete Erweiterung der Ermächtigungsgrundlage im

Gesetz über die Aufgaben des Bundes auf dem Gebiet der Binnenschiffahrt zwecks Erlaß entsprechender Verordnungen noch nicht durch ein entsprechendes Änderungsgesetz vorgenommen worden ist. Hoffentlich wird diesem wichtigen Anliegen noch in dieser Legislaturperiode Rechnung getragen.

Ich habe versucht, Ihnen zu dem gestellten Thema einige Gesichtspunkte darzulegen, die vom Standort der Binnenschiffahrt bei unserem gemeinsamen Weg in die Zukunft beachtet werden sollten. Es ist unübersehbar und dürfte aus den vorstehenden Ausführungen deutlich geworden sein, daß im Mittelpunkt aller Planungen, aller Fragen und Zweifel das Problem des richtigen Augenmaßes bei den künftigen Investitionsentscheidungen steht. Für diese Entscheidungen fehlt jedoch die Basis, wenn die explosionsartig angestiegenen Kosten nicht durch entsprechende Entgelte gedeckt werden. Denn ohne Anpassung der Frachten und Gebühren an die Kosten entsteht die Gefahr, daß nötige Investitionen nicht oder nicht rechtzeitig erfolgen. Hört das Interesse an und der Wille zu Investitionen auf — wie der Trend zumindest im Bereich der deutschen Binnenschiffahrt z.Z. leider, hoffentlich nicht mehr allzu lange, spüren läßt — so kann der Weg der künftigen Entwicklung dieses Gewerbes, auch angesichts der sonstigen unsicheren Prognosen nicht allzu rosig beurteilt werden.

Im Hinblick darauf, daß Binnenschiffahrt und Häfen schon des öfteren ein tiefes Tal durchschreiten mußten, und im Vertrauen darauf, daß sich beide Partner wiederum zu günstigeren Verhältnissen durchkämpfen werden, sollten sich Binnenschiffahrt und Häfen künftig in verstärktem Maße gegenseitige Hilfe leisten und in den beiderseitigen Erkenntnissen der jeweiligen Situation ergänzen. Hierzu bereit zu sein, darf ich Ihnen namens der Binnenschiffahrt ausdrücklich versichern.

Stand und Weiterentwicklung der technischen Einrichtungen in den Binnenhäfen*

Von Dr.-Ing. **Hermann Schwaderer**, Aschaffenburg

1. Einleitung

Die Binnenhäfen sind mit der vom ehemaligen Bundesminister für Forschung und Technologie ins Leben gerufenen Arbeitsgemeinschaft für die Ermittlung der Aufgaben künftiger Forschung und Entwicklung auf dem Gebiet technologischer Verknüpfung von Transportsystemen der Meinung, daß es sich bei diesem Verbesserungsbemühen um eine vielschichtige, in der Realisierung langwierige und mit hohen Investitionen verbundene Aufgabe handelt, zu der kaum allgemein gültige Regeln erarbeitet werden können, sondern lediglich ein Katalog von Aufgaben als Ausgangsbasis für weitere Aktivitäten. Wenn jedoch von dieser Arbeitsgemeinschaft festgestellt wird, daß im Zeitalter modernster Technik Güter vielfach mit dem Tempo des Pferdefuhrwerkes von der Quelle zum Ziel befördert werden, weil unter anderem die Umschlaganlagen den Zeitgewinn der heutigen schnellen Transportsysteme aufzehren und die Begründung dazu lautet, daß in den Umschlagknoten des Güterverkehrs viel zu viel Zeit für Fördern, Sortieren und Zwischenlagern verloren geht, wird klar, wer hier angesprochen ist. Selbstverständlich ist auch der Hafenwirtschaft bekannt, daß es eine Reihe von Gütern gibt, die am wirtschaftlichsten in ungebrochenem Verkehrsstrom vom Hersteller zum Verbraucher befördert werden. Sicher ist aber auch, daß heute und in Zukunft ein sehr großer Teil des Güterstromes, sei es im binnenländischen- oder Transitverkehr, Übergangsstellen berühren muß, an denen der Wechsel zwischen zwei Verkehrsträgern erfolgt und Zwischenlagerungen von Gütern aller Art möglich sind.

Daß die Technologie des Güterumschlags im Vergleich zu den Fortschritten der Raumüberwindung nicht zurückgeblieben, sondern dem Stand der Technik gefolgt ist und weiterhin folgen wird, soll an der Entwicklung der wichtigsten technischen Einrichtungen der deutschen Binnenhäfen gezeigt werden.

Lassen Sie mich mit einigen grundlegenden Bemerkungen über die baulichen Anlagen von Binnenhäfen beginnen.

2. Hafenformen

Unter den verschiedenen Hafenformen sind die Parallelhäfen oder Länden die einfachste Hafenform.

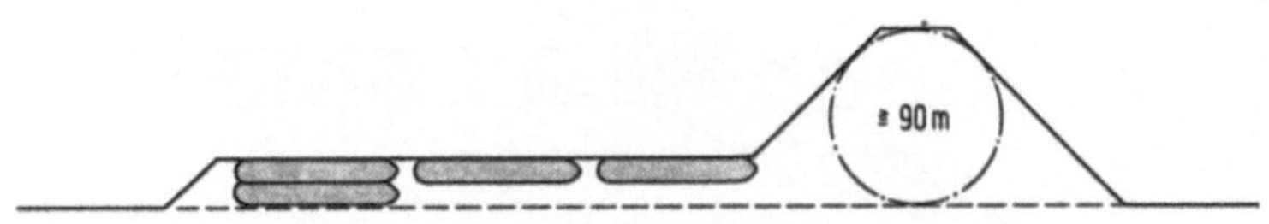

Abb. 1. Parallelhafen.

Sie werden durch eine Erweiterung des Fahrwassers bei entsprechendem Uferausbau gebildet und besitzen meist nur an einem Ende des ausgebauten Ufers einen Schiffswendeplatz. Parallelhäfen an freien und kanalisierten Flüssen bieten der Schiffahrt keinen Schutz bei Hochwasser und Eisgang und sind aus diesem Grunde keine Ideallösung.

Bei Neubauten sollte möglichst darauf verzichtet werden (Abb. 1).

* Der vorstehende Beitrag wurde als Fachvortrag aus dem Bereich Binnenhäfen vor der 36. Hauptversammlung der Hafenbautechnischen Gesellschaft e. V. gehalten.

Dreieckshäfen sind seltener anzutreffen als Parallelhäfen. Ihre Vorzüge und Nachteile sind im wesentlichen gleicher Art. Hervorzuheben ist, daß Dreieckshäfen bei gleicher Uferlänge eine größere Wasserfläche als Parallelhäfen besitzen und dadurch mehr Schiffe aufnehmen können (Abb. 2).

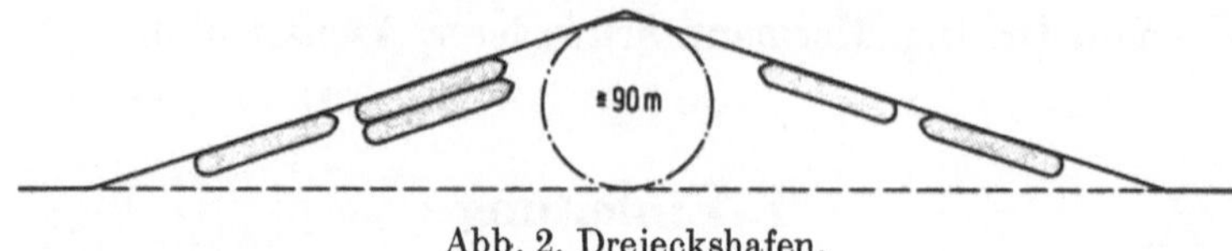

Abb. 2. Dreieckshafen.

Als Molenhäfen werden Parallelhäfen bezeichnet, die gegen die Wasserstraße durch einen Trenndamm abgegrenzt werden. Die im Molenhafen liegenden Schiffe sind gegen die vom durchgehenden Verkehr verursachten Wasserbewegungen geschützt und — falls der Trenndamm hochwasserfrei ausgeführt ist — sicher bei Hochwasser und Eisgang (Abb. 3).

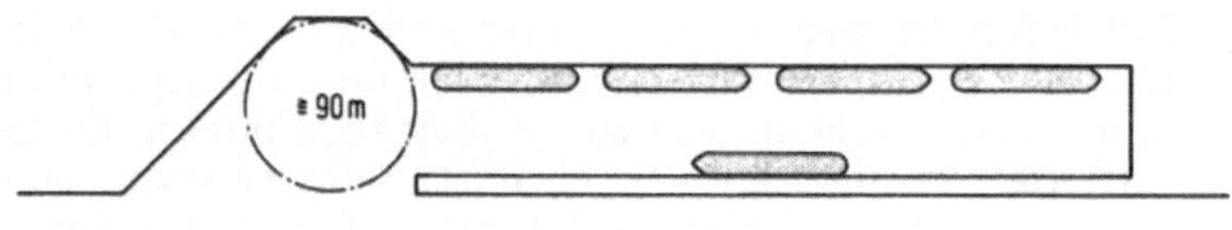

Abb. 3. Molenhafen.

Stichhäfen sind die technisch aufwendigste, aber auch beste Lösung [1] (Abb. 4). Mit einer Hafenmündung und einem oder mehreren Becken bieten sie der Schiffahrt die günstigsten Betriebsmöglichkeiten und werden den Interessen der Hafenwirtschaft, den Wünschen der Industrie und des Handels am besten gerecht. Voraussetzung dafür ist jedoch, daß für Erweiterungen günstiges Gelände in ausreichendem Umfange zur Verfügung steht, um späterem Verkehrszuwachs von Fall zu Fall Rechnung tragen zu können. Wegen der Bedeutung der Stichhäfen und der Vielfalt ihrer Ausführung können ihre technischen Einrichtungen hier stellvertretend für alle, auch für die einfachen Hafenformen, betrachtet werden.

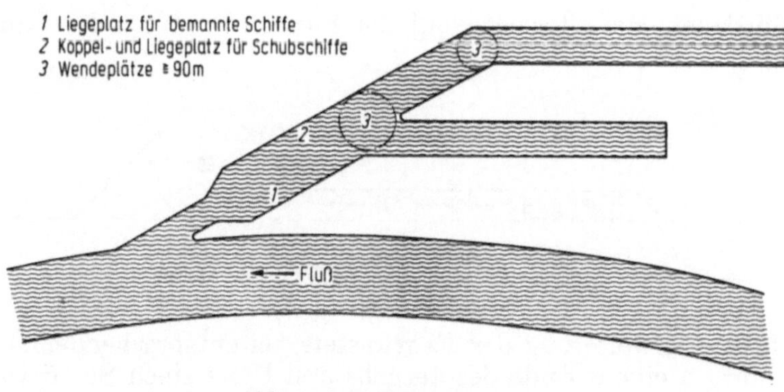

Abb. 4. Stichhafen am Fluß.

Die in den letzten 20 Jahren einsetzende, geradezu stürmische Entwicklung in der Binnenschiffahrt vom Schleppkahn zum Europaschiff, vom Schleppzug zu den heutigen Schubverbänden mit 2 und 4, ja versuchsweise 6 Leichtern, den Lash- und Seabee-Systemen, konnte nicht ohne Einfluß auf die beteiligten Häfen bleiben. Es wurden und werden daher große Anstrengungen gemacht, um die baulichen und maschinellen Anlagen den Erfordernissen des modernen Binnenschiffsverkehrs in den Häfen anzupassen und die Aufenthaltszeiten der Transportgefäße während des Ladens und Löschens in den Häfen zu verkürzen.

2.1 Die Hafenmündung

Übersichtliche, an Flußhäfen möglichst spitzwinklige Hafenmündungen ermöglichen Schiffen und Schubverbänden zügiges Einfahren und sicheres Verlassen des Hafens [2]. Da aus nautischen Gründen die Ufer der Hafenmündung in der Regel nicht mehr geböscht, sondern senkrecht ausgeführt werden, erlauben Fahrwasserbreiten zwischen 45 und 70 m auch gefahrlose Schiffsbegegnungen im Mündungsabschnitt (Abb. 5).

Abb. 5. Duisburg Ruhrorter Häfen, Hafeneinfahrt.

In großen Flußhäfen ist der zunehmenden Bedeutung der Schubschiffahrt heute dadurch Rechnung getragen, daß nahe der Hafenmündung Liegeplätze angeordnet sind, die mindestens einen geschlossenen Schiffsverband außerhalb der Fahrrinne aufnehmen können.

Abb. 6. Duisburg Ruhrorter Häfen, gebrochenes Ufer mit Festmachevorrichtungen.

Abb. 7. Duisburg Ruhrorter Häfen, Liege- und Koppelplatz für Schubleichter.

Schub- oder Koppelverbände werden hier aufgelöst oder neu zusammengestellt.

Um die Leichter während des An- und Ablegens sicher bewegen zu können, werden Liegeplätze deshalb 200 bis 250 m lang und 25 bis 30 m breit bemessen.

Die Anlegeufer sind dabei so gebaut, daß auch unbemannte Schub- und Lash-Leichter bei jedem Betriebswasserstand sicher angelegt und festgemacht werden können (Abb. 6). Wo senkrechte Ufer fehlen, ist deshalb mindestens eine Dalbenreihe angeordnet (Abb. 7).

2.2 Die Hafenbecken

Das in letzter Zeit erkennbare Bemühen der Schiffahrt nach Standardisierung der Schiffsgefäße, die bei der Motorgüterschiffahrt zum Europaschiff mit 1350 t Ladefähigkeit führte, hatte bei der Schubschiffahrt zur Folge, daß sich der 11,40 m breite und 76,50 m lange Schubleichter vom Typ Europa II gegen den kleineren Leichter Europa I durchsetzen konnte [3]. Es bleibt zu hoffen, daß sich diese Abmessungen der Schiffsgefäße auch künftig nicht wesentlich ändern werden, da sie für den Bau von Binnenhäfen als Bemessungsgrundlage gelten. Das gelegentliche Dilemma zwischen den Forderungen der Schiffahrt und den Neu- oder Umbauplanungen der Häfen kann dann der Vergangenheit angehören.

Geht man davon aus, daß an beiden Umschlagufern eines Hafenbeckens 2 Schiffe von 11,40 m Breite liegen und dazwischen 30 m Fahrwasserbreite verbleiben sollen, ergibt sich eine Mindestbeckenbreite von rd. 75 m. Dieses Maß gilt nur für kurze Hafenbecken. Für lange Hafenbecken wird ein Verhältnis von Länge zur Breite etwa 10 : 1 gewählt. Bei regem Hafenbetrieb sollten Hafenbecken nicht länger als 1200 m gebaut werden. Da bei Hafenplanungen im Rheinstromgebiet vielfach schon seit der Jahrhundertwende die großen Schiffstypen von über 1500 t Tragfähigkeit zugrunde gelegt wurden, sind viele Häfen mit großzügig bemessenen Becken von 90 bis 100 m Breite ausgestattet [4].

3. Umschlagufer

Die Nachteile von geböschten Ufern vor allem für das Anlegen von Schubeinheiten und die Schäden, die durch Motorgüterschiffe an solchen Ufern verursacht werden, führten dazu, daß heute in Binnenhäfen zumindest im Bereich unter der normalen Wasserlinie senkrechte Ufer gebaut werden, die entweder als Stützmauer in Stahlbeton in verschiedenen Formen, in Spundwandbauweise oder als Kombination beider Konstruktionselemente ausgeführt werden.

In Kanalhäfen oder Binnenhäfen mit nur geringen Wasserstandwechseln sind überwiegend vollkommen senkrechte Umschlagufer zu finden. Bei dieser Uferform können Schiffe bei jedem Wasserstand, sowohl leer als auch beladen, unmittelbar am Ufer anlegen und festmachen. Dem Betriebspersonal wird über Treppen und Leitern ein sicherer Zugang zwischen Schiff und Land geboten (Abb. 8).

Senkrechte Ufer erfordern weniger Unterhaltungsaufwand als Böschungen und erlauben, die wasserseitige Kranbahn eines schienengebundenen Umschlaggerätes in unmittelbarer Nähe der Uferkante zu verlegen oder mobile Umschlaggeräte einzusetzen (Abb. 9).

Bei Flußhäfen mit starken Wasserstandschwankungen und dadurch bedingten großen Uferhöhen, hat sich das „gebrochene Ufer" durchgesetzt. Beim gebrochenen Ufer, einer Kombination von senkrechter Ufereinfassung bis etwa 1 m über Mittelwasser, einer entsprechend breiten Gehberme und daran anschließend einem 1 : 1,25 bis 1 : 1,5 geneigten Ufer, muß mit der Überschwemmung der Uferberme bei Hochwasser gerechnet werden (Abb. 10).

Bei normalem Wasserstand bietet dieser Uferausbau jedoch der Schiffahrt günstige Anlegemöglichkeiten und sicheren Zugang zwischen Land und Schiff.

An den wenigen Tagen des Hochwassers müssen jedoch gewisse Schwierigkeiten in Kauf genommen werden. Bei diesem Uferausbau entsteht je nach Geländehöhe eine 5 bis 7 m breite Böschung, die betrieblich nicht genutzt werden kann und unterhalten werden muß. Vergleicht man jedoch die Kosten einer völlig senkrechten Ufereinfassung mit den Kosten für ein gebrochenes Ufer, so wird sich vielfach ergeben, daß es wirtschaftlicher ist, einen gewissen Flächenverlust beim geböschten Ufer hinzunehmen, als ein sehr hohes Ufer vollkommen senkrecht auszubauen [4] (Abb. 11).

Eine Sonderform des geböschten Ufers stellt der beim Bau des Hafens Bamberg wohl erstmalig gewählte Stufenkai dar [5]. Hier wird die Uferhöhe in der Weise unterteilt, daß an die bis 1 m über höchstem schiffbarem Wasserstand reichende Ufermauer eine nicht hochwasserfreie Ladestraße anschließt, die landeinwärts durch eine zweite, 3,25 m hohe Mauer für die hochwasserfreie Lage des Hafenansiedlungsgebietes überragt wird.

In den letzten Jahren hat im Uferbau eine Entwicklung begonnen, die dazu führt, daß an Massengutumschlagplätzen Ufer mit parallel zum Hafenbecken verlaufenden Kranbahnen für

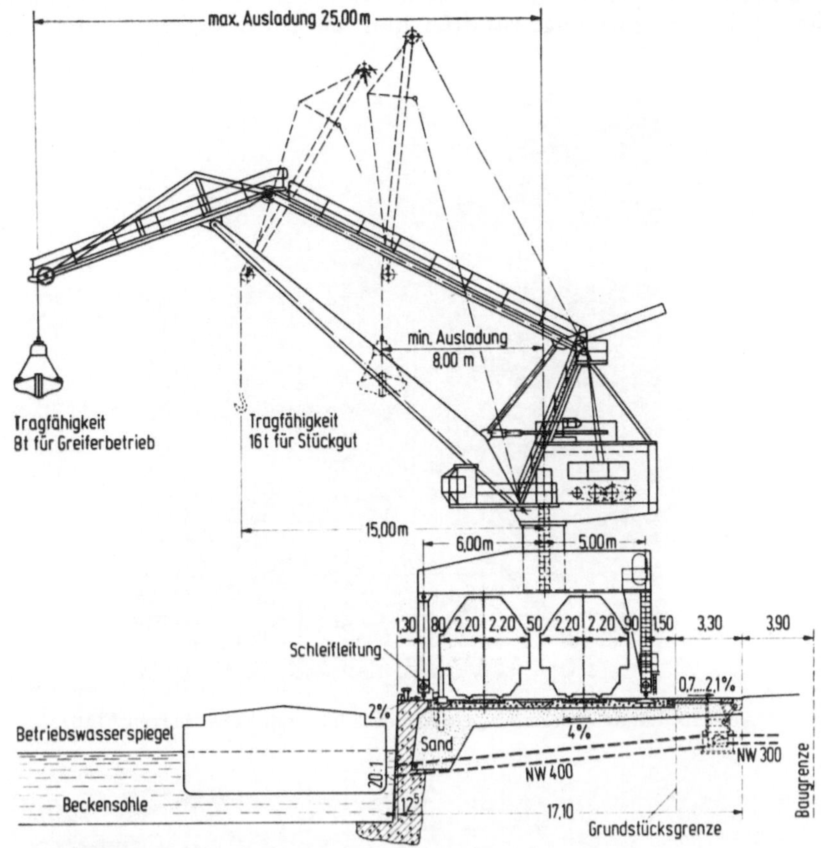

Abb. 8. Hafen Nürnberg, senkrechtes Ufer mit Doppellenker-Wippdrehkran 9/16 t.

Abb. 9. Hafen Nürnberg, Umschlag mit schienengebundenen Kranen an senkrechtem Ufer.

große, leistungsfähige Portalkrane gebaut werden, während an Umschlagplätzen für Stückgut, vor Lagerhallen senkrecht zum Ufer verlaufende, hochliegende Kranbahnen in Verbindung mit Hallenlaufkranen aufgestellt werden, die nur wenige, gesondert gegründete Kranbahnstützen erfordern.

Die in den letzten Jahren durch Fachgremien erarbeiteten und veröffentlichten Richtlinien, Empfehlungen und Berichte lassen erkennen, daß die Entwicklung des Uferausbaues in Binnenhäfen zu einem gewissen Abschluß gekommen ist [1, 6, 7, 8].

Es ist auch in naher Zukunft nicht zu erwarten, daß die Entwicklungen in der Binnenschiffahrt wesentliche Änderungen der heute angewandten Bauweisen verlangen werden.

Abb. 10. Lände Stockstadt, gebrochenes Ufer am kanalisierten Fluß.

Abb. 11. Duisburg Ruhrorter Häfen, Uferausbildung im Hafen mit großem Wasserstandswechsel.

4. Die Beleuchtung

4.1 Orientierungsbeleuchtung

Während noch vor wenigen Jahren in den meisten Binnenhäfen nachts der Betrieb ruhte, wird heute vielfach im 2-Schichtenbetrieb, ja an manchen Umschlagplätzen rund um die Uhr gearbeitet.

Neben der Ausleuchtung der Hafenzufahrtsstraßen in einem für Stadtstraßen üblichen Umfange, bedürfen mit Einführung der Nachtfahrt auf den Bundeswasserstraßen Hafenmündungen und Beckeneinfahrten einschließlich aller wesentlichen Uferbereiche einer Orientierungsbeleuchtung, die eine sichere Abwicklung des Verkehrs im Hafen, auf den Uferanlagen und an Einstiegen, Treppen und Steigleitern bei Dunkelheit gestattet.

Da die Uferbeleuchtung auch im Bereich der Umschlaganlagen liegt, werden vielfach Pollerleuchten verwendet, die wegen ihrer Bauart harten Beanspruchungen standhalten.

Die Verwendung von Natriumdampflampen ermöglicht die Verbesserung der Sichtverhältnisse auch bei Nebel und Regen.

4.2 Flutlichtanlagen an Umschlagstellen

Schwierigkeiten bereitet die Anordnung der Beleuchtung an Umschlagstellen im Bereich der Krane, weil hier keine Beleuchtungsmaste aufgestellt werden können.

Eine Ausleuchtung der Umschlagstelle vom Kran aus befriedigt meist nicht, da durch Standortwechsel und Kranspiel starke Helligkeitsunterschiede auftreten, die sehr störend wirken. Besser ist die Anordnung weniger, hoher Beleuchtungsmaste mit Flutlichtleuchten außerhalb des Kranbereichs oder am gegenüberliegenden Beckenufer, wenn dort kein Umschlag stattfindet. Bei Flutlichtanlagen im Bereich der Wasserstraße wird darauf geachtet, daß die Schiffahrt nicht behindert wird.

5. Umschlaganlagen

5.1 Universalkrane für Stück- und Massengutumschlag

In öffentlichen Binnenhäfen mit ihren vielseitigen Aufgaben sind Krane als Allzweckgeräte immer noch die wichtigsten Umschlaganlagen [9].

Ihrer Tragfähigkeit werden durch die Greifergröße auch heute noch Grenzen gesetzt, die wiederum durch die Abmessungen der Aufgabetrichter und Bunker, oder die Größe der Transportgefäße wie Schiffsräume, Bahnwagen und Kippmulden von Lastkraftwagen, bestimmt werden.

Abb. 12. Hafen Nürnberg, Doppellenker-Wippdrehkran 9/16 t, Baujahr 1972.

Daß Krane in Binnenhäfen nicht veraltet sein müssen, zeigt ihre Entwicklung vom ersten Wippkran im Jahre 1928 bis zu den heutigen Großgeräten (Abb. 12). Die Verwendung hochfester Werkstoffe und Fortschritte in der Herstellungstechnologie, vor allem auf dem Gebiet der Schweißtechnik sowie die Einführung von Großwälzlagern als Hauptschwenklager, führte zu relativ leichten Kranen, die hohe Arbeitsgeschwindigkeiten erlauben. Die stufenlose Drehzahlregelung mit Hilfe der Thyristor-Antriebs- und Regeltechnik, ferngesteuerte Getriebeendschalter und Überlastsicherungen als Hublast und Lastmomentbegrenzer tragen zur Verkürzung der Spielzeiten, zur Vermeidung von Überlast und zu erhöhter Betriebssicherheit bei.

7*

Verbesserte Schleifleitungskanäle, Schrammbordschleifleitungen oder Leitungstrommeln mit Regelantrieben oder hydrostatischen Getrieben ermöglichen hohe Kranfahrgeschwindigkeiten und damit raschen Standortwechsel auch während des Umschlagvorganges.

Der in den letzten Jahren einsetzende Trend zur Standardisierung auch bei Kranen für Binnenhäfen unter weitgehender Verwendung genormter Bauteile und Baugruppen bei Fahr-, Wind-, und Wippwerken, der elektrischen Ausrüstung und der Lastaufnahmemittel, führt zur Fertigung von Kranbaureihen mit hafengerechter Stufung und deutlicher Einsparung bei Anschaffungs- und Betriebskosten.

Sonderkonstruktionen sind heute nur noch für spezielle Umschlagsaufgaben unter besonderen Bedingungen wirtschaftlich.

Trotz dieser modernen Anlagen mit hohen Umschlagleistungen haben technisch weniger aufwendige Krane mit starrem Ausleger dort ihre Bedeutung, wo Wippkrane betrieblich nicht notwendig sind. Da in vielen Fällen größere Krane aus bautechnischen Gründen nicht möglich sind, kommt der Verbesserung der Technologie zur Erzielung möglichst hoher und gleichmäßiger Arbeitsspiele durch Automation von Teilprozessen bis hin zur vollautomatischen Steuerung im Massengutumschlag eine gewisse Bedeutung zu.

5.2 Großgeräte für den Massengutumschlag

Bei reinen Massengutumschlaganlagen wird vielfach versucht, durch Einsatz mehrerer, gleichartiger Krane möglichst hohe Umschlagleistungen zu erzielen. Der Tragfähigkeit der Krane sind durch die Größe der Greifer hier keine allzu engen Grenzen gesetzt, da Massengüter heute überwiegend in Binnenschiffen mit nur wenigen, aber großen Räumen oder in Schubleichtern befördert werden. Krane im Erzumschlag mit 15 — 25 t Tragfähigkeit sind heute auch in Binnenhäfen keine Seltenheit [2] (Abb. 13).

Abb. 13. Duisburg Ruhrorter Häfen, Erzumschlaganlage.

Zur Beschleunigung der Nacharbeiten beim Massengutumschlag, insbesondere der Restentladung und Säuberung der Schiffe, werden neuerdings kleine, bewegliche Rad-Schaufellader eingesetzt. Die Maschinen, die von einem Mann bedient werden, können mittels Kran von Schiff zu Schiff, oder von Raum zu Raum schnell umgesetzt werden. Sie tragen dazu bei, die Schichtleistung der Krane zu steigern und die Umlaufzeit der Schiffe zu verkürzen. Der Einsatz von Verladebrücken mit großen Spurweiten wird in Zukunft weiter zurückgehen, da sich beim Massengutumschlag neben den oben erwähnten Möglichkeiten Uferentlader in Verbindung mit Förderbändern, Bandstraßen und kontinuierlich arbeitenden Absetzgeräten zur Bedienung der Lagerplätze gut bewährt haben.

Bemühungen, für den Umschlag von Massengütern aus Schiffen kontinuierlich arbeitende Entladeeinrichtungen zu erstellen, haben bisher zu keinem befriedigenden Ergebnis geführt [10]. Der Umschlag mit Greifern hat so viele Vorteile, daß er von den heute bekannten, stetig arbeitenden Geräten kaum abgelöst werden wird. Es sind aber Fälle denkbar, bei denen sich der Einsatz kontinuierlich arbeitender Geräte lohnt.

5.3 Schwerlastkrane

Die Aufstellung von Schwerlastkranen in Binnenhäfen galt lange Zeit als unwirtschaftlich. Erst die Aufnahme des Containertransportes durch die Binnenschiffahrt sowie die Fertigung und der Transport überschwerer Maschinenteile führte in einigen Binnenhäfen zur Aufstellung von Schwerlastkranen.

Abb. 14. Hafen Basel, kombinierte Umschlaganlage mit einer Schwerlastlaufkatze für 300 t und einem Drehkran für 6,5 bzw. 15 t Massen- und Stückgutumschlag.

Abb. 15. Hafen Köln-Niehl, Verladebrücke für Container-, Stück- und Massengutumschlag, Tragfähigkeit 12/48 t. Die Laufkatze ist mit einem automatischen Verstellspreader ausgerüstet.

Um die vielfältigen Anforderungen des heutigen modernen Güterumschlags erfüllen zu können, sind diese leistungsfähigen Großgeräte so ausgelegt, daß sie zum Umschlag von Containern und schweren Stückgütern, in einigen Fällen auch im Massengutumschlag, insbesondere für Schüttgüter mit hoher Schüttdichte wirtschaftlich eingesetzt werden können (Abb. 14).

So arbeitet z.B. eine kombinierte Umschlaganlage für 300 t Schwerlast und 6,5 bzw. 15 t Massen- und Stückgutumschlag im Rheinhafen Basel. Sie besteht aus einer gemeinsamen Kranbrücke mit Drehkran und einer Schwerlastlaufkatze.

Im Hafen Köln Niehl ist seit einigen Jahren ein Brückenkran mit Drehlaufkatze zum Umschlag von Schüttgütern, Containern und Stückgütern im Einsatz, der im Greiferbetrieb für 12 t, zum Containerumschlag bis 40 t und für Schwergutumschlag bis 48 t Tragfähigkeit ausgelegt ist (Abb. 15).

5.4 Lagerung

Die in Verbindung mit Überseetransporten in Binnenhäfen stoßweise ankommenden oder von dort abgehenden Gütermengen bedingen mehr denn je große, zusammenhängende Lagerflächen, auf denen die Partien entweder nach ihrer Ankunft oder vor ihrer Verschiffung zum Seehafen zwischengelagert werden können.

Bei der Lagerung im Freien wird für viele Güter ein befestigter Platz mit seitlicher Abgrenzung verlangt, der saubere und räumlich konzentrierte Einlagerung erlaubt. Neben einigen Schüttgütern wird heute für die meisten Stückgüter, unter anderem auch für Stahl, die Einlagerung unter Dach gefordert. Das führt auch in Binnenhäfen vermehrt zum Bau von Lager- und Umschlaghallen. Anders als in früheren Jahren werden diese — bedingt durch den Einsatz moderner, äußerst beweglicher Flurförderzeuge und Stapler — bevorzugt senkrecht zum Ufer gebaut und nur eingeschossig, ohne Unterkellerung ausgeführt (Abb. 16).

Abb. 16. Hafen Neuss, moderne Stahllagerhalle.

5.5 Überdachte Umschlaganlagen

Die Forderung nach schonender, witterungsgeschützter Behandlung hochwertiger Güter ist beim Verladen auf Bahn- oder Lastkraftwagen verhältnismäßig leicht in Hallen zu erfüllen. Um Verkehrsverluste zu vermeiden, sah sich die Schiffahrt in einigen Häfen gezwungen, für eine Reihe feuchtigkeitsempfindlicher Güter die Umschlagbedingungen witterungsunabhängig zu machen.

So sind in letzter Zeit verschiedentlich überdachte Umschlagplätze in Verbindung mit Lagerhallen entstanden, die nicht nur Witterungsschutz für die umzuschlagenden Güter bieten, sondern auch rationellen Personaleinsatz und kürzere Hafenliegezeiten ermöglichen.

Überdachte Umschlagplätze werden als Hallen mit weit über das Hafenufer auskragenden Dächern entweder in ein- oder mehrteiliger Breite, in Stahl- oder Stahlbetonbauweise gebaut. Sie sind mit einfachen, schnellen Hallenlaufkranen ausgestattet, die einzeln oder paarweise koppelbar und mit zusätzlichem Schwerlastgang ausgerüstet auch zum Umschlag von Schwergütern und Containern geeignet sind (Abb. 17).

Als konsequente Weiterentwicklung der überdachten Ladestelle wurden in jüngster Zeit auch Umschlaganlagen in Form überdachter schmaler Hafenbecken gebaut, in die Schiffe in ihrer ganzen Länge einfahren können.

Diese modernen und sehr leistungsfähigen Anlagen bieten vollständigen Witterungsschutz auch bei extremen Wetterlagen. Ihr Bau ist wirtschaftlich jedoch nur vertretbar zur Erzielung sehr großer Umschlagleistungen, die mehrschichtigen Betrieb und hohe Verfügbarkeit der Anlage fordern.

Abb. 17. Hafen Dortmund, Lagerhalle mit überdachtem Umschlagplatz.

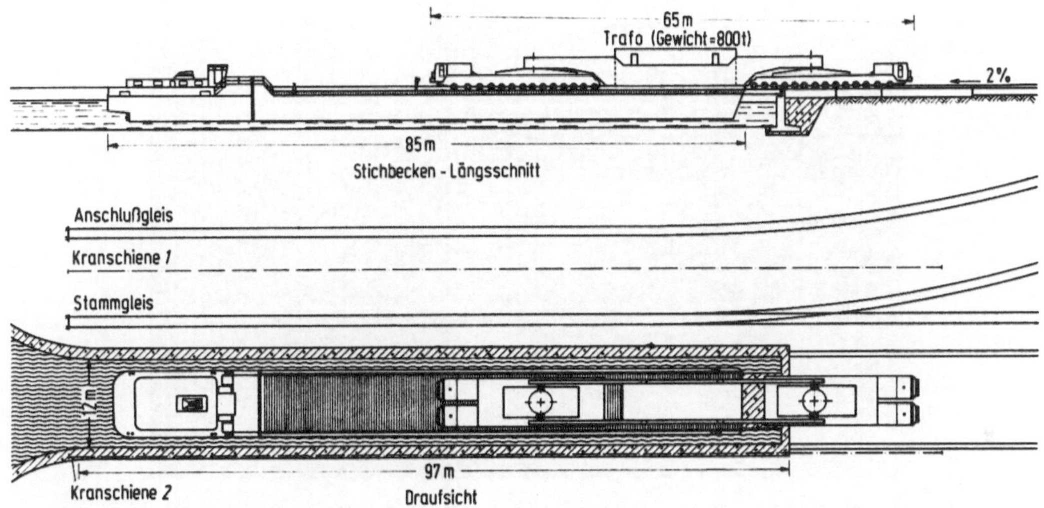

Abb. 18. Hafen Nürnberg, Schwergut-Verladung Roll-on/Roll-off-Anlage (schem. Darstellung).

Abb. 19. Hafen Nürnberg, Verladung eines schweren Transformators an der Roll-on/Roll-off-Anlage.

5.6 Roll-on Roll-off-Anlagen

Zur Verladung schwerster Maschinen- und Stahlbauteile mit Einzelgewichten bis 850 t, deren Transport auf der Straße wegen des hohen Gewichtes nur begrenzt möglich und auf der Schiene wegen Übermaßes schwierig und teuer ist, wurde im Hafen Nürnberg eine Roll-on Roll-off-Anlage gebaut (Abb. 18).

Die Anlage besteht aus einem schmalen Hafenbecken von 110 m Länge und 12 m Breite mit anschließender 2% geneigter Kopframpe. Spezialschiffe können in diesem Becken an beiden Seiten festmachen und mit Hilfe eines speziellen Straßenrollers über die Rampe beladen werden (Abb. 19).

5.7 Lösch- und Verladeanlagen für brennbare Flüssigkeiten, flüssige Stoffe und verflüssigte Gase

Da Umschlaganlagen für brennbare Flüssigkeiten und verflüssigte Gase den dafür erlassenen Vorschriften entsprechen müssen [8] bleibt der Umschlag hierfür heute fast ausschließlich einem besonderen Hafenteil bzw. einem eigenen Hafenbecken vorbehalten.

Abb. 20. Duisburg Ruhrorter Häfen, Löschstelle für brennbare Flüssigkeiten.

Abb. 21. Hafen Wesseling/Godorf, Pieranlage zum Umschlag brennbarer Flüssigkeiten.

Getrennte Becken sind vor allem dann erforderlich, wenn neben Öl verflüssigte Gase umgeschlagen werden sollen, bei denen nicht so sehr die Gefährdung und Verunreinigung des Gewässers im Vordergrund steht, als die mit dem Umschlagvorgang selbst verbundenen Gefahren durch Gasaustritt (Abb. 20).

Für Ölumschlageinrichtungen genügen Hafenbecken mit geböschten Ufern unter Verwendung von Anlegedalben. Die Umschlaganlagen sind bei Häfen mit stark wechselndem Wasserstand auf Leitungsbrücken verlegt, die sich auf der Wasserseite auf einen Ponton oder eine heb- und senkbare Bühne abstützen.

Für große Umschlagmengen werden heute vorwiegend Pieranlagen gebaut [11] (Abb. 21).

6. Umschlag von See- auf Binnenschiff

Bei der Betrachtung der technischen Einrichtungen in Binnenhäfen nehmen die Seehäfen eine besondere Stellung ein, da ein großer Teil der im Seehafen ankommenden und abgehenden Güter durch die Binnenschiffahrt in die Industrie- und Verbraucherzentren des Binnenlandes transportiert, oder von dort dem Seehafen zugeführt wird.

Ein Großteil der Ladung wird dabei im Strom, d.h. in direktem Umschlag von Bord des Seeschiffes in Binnenschiffe geladen oder gelöscht. In den letzten Jahren hat der Stromumschlag wohl durch den Trend zu immer größeren Schiffseinheiten an Bedeutung verloren.

Während früher an den Kaianlagen des Seehafens Seeschiffe und Binnenschiffe gemeinsam abgefertigt wurden, werden heute für Motorgüterschiffe und Schubverbände aus wirtschaftlichen Überlegungen zunehmend getrennte Anlagen gebaut. Dies gilt insbesondere für den Umschlag von Massengütern. Hier ist ein direkter Umschlag zwischen See- und Binnenschiff mit modernen Uferentladern nicht mehr möglich.

7. Die Hafeneisenbahn

Hafenanlagen sind heute nicht mehr einseitig auf die Bedürfnisse der Binnenschiffahrt abgestimmt, sondern werden in gleichem Maße den Anforderungen des Schienen- und Straßenverkehrs gerecht (Abb. 22).

Steigende Zuggewichte durch den Einsatz von Großraum- und Selbstentladewagen zwangen bei den Hafenbahnen zur Verstärkung der Gleisanlagen. Die früher verwendeten leichten Schienenformen wurden gegen Schienen der Form S 49 oder S 54 ausgewechselt. Neben den gebräuchlichen Holzschwellen werden in zunehmendem Maße auch Spannbetonschwellen mit Spannklammern oder Federnägeln als Schienenbefestigung verwendet. Die Aufstellängen der Gleise in Hafenbahnhöfen wurden dem stetig zunehmenden Ganzzugverkehr angepaßt. Weichen und Weichen-

Abb. 22. Hafen Neuss, Hubbrücke der Hafenbahn über den Rheinhafen.

gruppen im Hafenbahnhofbereich werden heute über Gleisbildstellwerke fernbedient und die Rangierarbeiten durch Einsatz von Rangier- und Betriebsfunk rationalisiert und beschleunigt (Abb. 23).

Abb. 23. Hafen Neuss, Drucktasten-Stellwerk der Hafenbahn im Übergabebahnhof; Stelltisch.

Durch automatische Wiegeeinrichtungen an Kranen und Band-Verladeanlagen wird erreicht, daß Eisenbahnwagen nicht mehr überladen und damit Störungen der Zugabfertigung auf ein Mindestmaß gesenkt werden.

Zum Transport von Schüttgütern werden von der Bahn zunehmend Selbstentladewagen eingesetzt, die einzeln oder in Ganzzügen über Tiefbunkern entladen werden können.

Unter den Tiefbunkern angeordnete Bandanlagen sorgen für den Weitertransport der Schüttgüter zu Verbrauchereinrichtungen oder zu den Lagerplätzen, wo Bandabsetzer die Aufhaldung übernehmen.

Waggon-Kippanlagen sind aus den Binnenhäfen weitgehend verschwunden.

Die in den 50er Jahren bei den Hafenbahnen begonnene Umstellung von Dampf- auf Dieseltraktion ist seit Jahren abgeschlossen und die Bereinigung der in den ersten Jahren der Umstellung entstandenen Typenvielfalt bei Diesellokomotiven durch die Entwicklung von Standardloks eingeleitet. Die ersten Maschinen dieser zweiten Lokgeneration haben die Bewährungsprobe bereits bestanden (Abb. 24).

Abb. 24. Hafen Neuss, moderne Diesellok der Hafenbahn, DR.-Stellwerk.

Zur Zeit wird untersucht, ob die für spezielle Aufgaben bei der Deutschen Bundesbahn und der Industrie entwickelte Funkfernsteuerung für Diesellokomotiven im Rangierbetrieb der Hafenbahnen Eingang finden kann.

Abb. 25. Funkferngesteuerte Diesellok.

Die ersten Versuche in dieser Richtung sind erfolgreich verlaufen und haben gezeigt, daß damit bei einfachen Betriebsverhältnissen eine wesentliche Verminderung des Rangierpersonals erreicht werden kann (Abb. 25).

8. Hafenstraßen

Die Verkehrslage eines Hafens wird heute maßgebend durch seine verkehrsgünstige Anbindung an Fernverkehrsstraßen mitbestimmt. Gut ausgebaute Anschlüsse an die Ausfallstraßen der Städte, möglichst kurze, kreuzungsfreie Verbindungen mit Bundesstraßen und nahen Bundesautobahnen beeinflussen neben der Leichtigkeit und Sicherheit des Zu- und Ablaufverkehrs auch die Attraktivität eines Binnenhafens.

Während bei Neubauten ausreichend bemessene, mehrspurige Zubringer, mehrspurige Hafenstraßen mit Standspuren, Ladestraßen und Parkplätze für Leerfahrzeuge angelegt werden, ist die Anpassung der Hafenstraßen an die Forderungen des modernen Straßenverkehrs in alten Häfen eine schwierige Aufgabe.

Die aus Verkehrssicherheitsgründen wünschenswerte Trennung der Verkehrstrassen und damit Trennung der Abfertigung zwischen Lastkraftwagen und Eisenbahn läßt sich nicht überall verwirklichen. Oft ist die Auspflasterung der Gleise zur Doppelnutzung eines Uferstreifens die einzige Möglichkeit, Uferanlagen dem Straßenverkehr zu erschließen. Lassen Sie mich abschließend zusammenfassen:

9. Schlußbemerkungen

Der Entwicklungsstand der technischen Einrichtungen in den Binnenhäfen läßt erkennen, daß es überwiegend gelungen ist, sich den in den letzten 20 Jahren abzeichnenden strukturellen Änderungen der Binnenschiffahrt, den technischen und betrieblichen Verbesserungen der Eisenbahn und den Anforderungen des heutigen modernen Straßenverkehrs anzupassen. Die betrieblichen Forderungen der Verkehrsträger nach schneller sicherer Abfertigung werden durch eine große Zahl leistungsfähiger Anlagen mit verbessertem Uferausbau und technisch ausgereiften, hochentwickelten Umschlaggeräten erfüllt.

So wird das Leistungsangebot der Binnenhäfen von einem hohen technischen Stand ihrer Anlagen und Ausrüstungen getragen. Die Binnenhäfen sind heute und in Zukunft unabdingbare Bestandteile eines leistungsfähigen Verkehrswesens, weil ihre vielfältigen Aufgaben von keinem anderen Verkehrsträger übernommen werden können.

Bildernachweis. Duisburg Ruhrorter Häfen AG (5, 6, 7, 11, 13, 20), Hafenverwaltung Nürnberg (8, 12, 18, 19), Stadt Nürnberg, Hauptamt für Hochbauwesen, Bildstelle (9), Wolfgang Maes, Neuss (16, 23, 24), Lothar Kaster, Gruiten (22), Stadtbildstelle Köln, Köln (15), Dytan AG, Horw-Luzern (14), Westfälische Transport AG, Dortmund (17), Brown-Boverie u. Cie AG, Mannheim (25), Hafenverwaltung Wesseling/Godorf, Köln (21), Hafenverwaltung Aschaffenburg (1, 2, 3, 4, 10).

Schrifttum

1. Empfehlungen für die technische Planung von Binnenhäfen, Dezember 1964; Verband öffentl. Binnenhäfen eV. 4040 Neuss.
2. Finke, Dr. Ing. G.: Neue Gesichtspunkte für den Bau und technischen Betrieb von Binnenhäfen. Zeitschrift für Binnenschiffahrt und Wasserstraßen 1971, Heft 7, S. 221.
3. Heuser, H.: Technischer Wandel in der Binnenschiffahrt. „Hansa" Jahrg. 107/1970 So. Nr. S. 101.
4. Bumm, Dipl.-Ing. H.: Die technische und betriebliche Entwicklung in den deutschen Binnenhäfen. Jahrbuch der Hafenbautechnischen Gesellschaft 1965, S. 241.
5. Hugel, Dipl.-Ing. A.: Bau von Binnenhäfen in Bayern in den letzten 50 Jahren; Zeitschrift für Binnenschiffahrt und Wasserstraßen 1971, Heft 9, S. 322.
6. Empfehlungen des Arbeitsausschusses „Ufereinfassungen" (EAU) 4. Auflage, Verlag von Wilhelm Ernst u. Sohn.
7. Empfehlungen und Berichte „Gemeinsamer Ausschuß für technische Fragen der Binnenhäfen", Neudruck 1969; Verband öffentlicher Binnenhäfen eV., 4040 Neuss.
8. „Richtlinien für Anforderungen an Anlagen zum Umschlag gefährdender Flüssigkeiten im Bereich von Wasserstraßen", Verkehrsblatt — Amtsblatt des Bundesministers für Verkehr der Bundesrepublik Deutschland, VKBI Amtlicher Teil — W 12 — 6009 H. 70.
9. Adler, Dipl.-Ing. A. W., Finke, Dr. Ing. G., Froböse, Dr. rer. pol. H. J., Richter, Dr. Ing. J., Sonntag, Dipl.-Ing. H. J., Spohr, Dr. jur. J.: Binnenhäfen; ihre Rolle in der Entwicklung einer industrialisierten Region oder eines Ballungsraumes. Allgemeine Konzeption des Ausbaues und der Ausrüstung; Bau- und Betriebsverwaltung.
10. Durst, Dr. Ing. W.: Conflow-Schiffsentlader. Handbuch für Hafenbau und Umschlagtechnik, Band XVIII/1973, S. 153.
11. Schieb, Prof., Dipl.-Ing. A.: Treppen und Leitern an Ufereinfassungen im Rheinhafen Wesseling/Godorf. Zeitschrift für Binnenschiffahrt und Wasserstraßen 1971, Heft 8, S. 283.

Hafen- und Verkehrswirtschaft im Dienste der Standortpolitik für den Wirtschaftsraum Dortmund*

Aus der Sicht von Umschlag und Spedition

Von Dr. **Karl-Otto Hördemann**, Dortmund

1. Einleitung

Der Hafen Dortmund hat in starkem Maße eine strukturpolitische Aufgabe, nämlich gewisse Standortnachteile des westfälischen Raumes im Vergleich zum Einzugsbereich des Niederrheins weitgehend auszugleichen bzw. diese zu minimieren. In den zurückliegenden 75 Jahren ist es der Dortmunder Hafen- und Verkehrswirtschaft — so kann man heute mit Stolz feststellen — weitgehend gelungen, dieses Ziel als Voraussetzung für die wirtschaftliche Entfaltung des westfälischen Teils des Ruhrgebiets, insbesondere der Schwerindustrie zu erfüllen. Das 75jährige Jubiläum des Dortmunder Hafens gibt Veranlassung, erneut zu überprüfen: Wo steht der Dortmunder Hafen, und welche Rationalisierungsmaßnahmen müßten eingeleitet werden, damit der Hafen auch in Zukunft — in noch stärkerem Maße als bisher — dieser strukturpolitischen Aufgabe gerecht wird.

Im Hinblick auf Fläche, Umschlagsanlagen und Infrastruktur im Vor- und Nachlauf zählt Dortmund zu den leistungsfähigsten und modernsten Binnenhäfen. Wie aber zu zeigen sein wird, verfügt auch dieser Hafen über nicht unerhebliche Leistungsreserven. Ziel muß es sein, diese Leistungsreserven zu mobilisieren, und zwar

— einerseits, um die vorhandene Verkehrsinfrastruktur des Hafens sowie die vorhandenen Umschlagsanlagen und das regelmäßig im Vor- und Nachlauf eingesetzte Betriebsmaterial optimal auszunutzen,

— andererseits, um die Investitionsneigung der Hafenverwaltung sowie der Umschlags- und Speditionsbetriebe zu erhalten bzw. zu fördern,

damit potentielle Produktivitätsfortschritte realisiert werden können.

Dieses Ziel ist nur erreichbar bei engster Planungskoordination aller Entscheidungsträger, die die Aktivität des Hafens beeinflussen. Entscheidungsträger in diesem System sind

— staatliche und kommunale Instanzen,

— die verladende Wirtschaft,

— die Binnenschiffahrt,

— die Umschlagsbetriebe und

— die Spediteure, die im Vor- und Nachlauf tätig sind.

Die beiden erstgenannten Entscheidungsträger beeinflussen — weitgehend exogen — den Spielraum der drei letztgenannten, die in erster Linie für die Abwicklung der Hafenaktivität verantwortlich zeichnen. Im Rahmen der Themenstellung muß ich meine Ausführungen primär auf die letztgenannten konzentrieren, was keineswegs eine Unterschätzung der anderen Entscheidungsträger bedeutet, die — und das möchte ich besonders betonen — die Rahmenbedingungen in einem äußerst starken Maße beeinflussen.

Schiffahrtsunternehmen, Umschlagsbetriebe und die im Vor- und Nachlauf tätigen Spediteure sind zunächst voneinander unabhängige Planungsträger, die wegen der Interdependenz der Einzelplanungen zu engster Koordination gezwungen sind. Trotz der in der Praxis — insbesondere auch im Hafen Dortmund — im allgemeinen guten Koordination muß man sich doch immer wieder die Frage stellen, was noch verbessert werden kann; denn jede Überwindung von Koordinationsengpässen ist mit Kosten verbunden, die letztlich alle Systembeteiligten treffen. Diese Kosten gilt es zu minimieren.

---

* Vortrag gehalten am 12. 9. 1974 anläßlich des 75jährigen Bestehens des Dortmunder Hafens.

Demnach stellt sich für meine Ausführungen die Aufgabe

— aus der Zielfunktion folgend die vorhandenen Leistungsreserven aufzudecken und Möglichkeiten ihrer Mobilisierung aufzuzeigen

— sowie dabei darzulegen, welche Engpässe schon heute ersichtlich sind, welche bei Mobilisierung der Leistungsreserven zusätzlich auftreten können und welche Möglichkeiten zu ihrer Minimierung bestehen.

2. Status quo

Entwicklung der Aktivitäten bei Umschlag und Spedition

Der Dortmunder Hafen zählt — was seine Ausstattung anbetrifft — zu den leistungsfähigsten und modernsten Binnenhäfen. Diese Entwicklung wurde meiner Ansicht nach begünstigt durch die Struktur des Dortmunder Hafens. Hafenbecken, Kai-Anlagen und Hafengelände befinden sich — wie in den meisten Binnenhäfen — im Besitz der Gemeinde. Während viele Hafenverwaltungen selbst Kräne und sonstige Verladeanlagen erstellt haben, um sie auf Zeit- oder Leistungsbasis dem Umschlagsgewerbe zur Verfügung zu stellen, hat der Dortmunder Hafen diese Aufgabe den Spediteuren und Werken überlassen. Dadurch sowie durch eine enge Kooperation aller Beteiligten konnte der Hafen Dortmund seinen heutigen modernen Stand erreichen.

Der Hafen verfügt über 10 Hafenbecken mit einer Wasserfläche von ca. 26 ha und einer Kailänge von etwa 11 km. Für den Umschlag stehen insgesamt 44 Verladebrücken und Kräne mit Tragfähigkeiten bis zu 30 t zur Verfügung, von denen 30 auf die im Hafen ansässigen gewerblichen Umschlagsfirmen und 14 auf Werksanlagen entfallen. Außerdem verfügt der Hafen über 4 moderne gedeckte Schnellumschlagshallen für Eisen- und Stahlerzeugnisse für Tragfähigkeiten bis 35 t — zwei weitere Eisenhallen sind im Bau — sowie über eine gedeckte Umschlags- und Lagerhalle für China-Clay. Ergänzt wird die Ausstattung des Hafens selbstverständlich noch durch moderne Spezialumschlagsgeschirre sowie durch Saug- und Verladerohre für Getreide.

Der Güterumschlag im Dortmunder Hafen zeigte in den letzten 20 Jahren beträchtliche Aufkommensschwankungen. Die bisher höchste Umschlagsmenge wurde im Jahre 1960 mit fast 6,9 Mio t erreicht. Sie fiel in den darauf folgenden Jahren wieder ab und lag im vergangenen Jahr 1973 bei rd. 5,4 Mio t, also in etwa auf gleicher Höhe wie im letzten Vorkriegsjahr 1938 mit rd. 5,2 Mio t.

Von den Gesamtumschlagsmengen entfielen sowohl in der Vorkriegs- als auch in der Nachkriegszeit rd. 70 bis 80% auf eingehende Güter. Lediglich in den letzten beiden Jahren sank der Eingang wegen des erheblichen Rückgangs der wasserseitigen Erzeinfuhr auf unter 70%.

Rund 95% des Gesamtumschlages entfielen und entfallen auch heute noch auf die Gütergruppen Erze, Eisen- und Stahl, Schrott, Steine und Erden sowie feste und flüssige Brennstoffe. Allerdings haben sich in den Nachkriegs- und vor allem in den letzten Jahren in dem mengenmäßigen Anteil dieser Gütergruppen zum großen Teil erhebliche Verschiebungen ergeben.

Am krassesten ist die Entwicklung beim Erzumschlag, der vor dem Krieg im Jahre 1938 bei 2,7 Mio t lag, im Jahre 1960 auf 3,6 Mio t anstieg und im letzten Jahr auf 1,1 Mio t zurückgegangen ist. Aufgrund der strukturellen Entwicklungen ist natürlich auch der Umschlag an festen Brennstoffen im Dortmunder Hafen in den letzten Jahren stark zurückgegangen, während bei den Eisen- und Stahlerzeugnissen, Schrott und Mineralölen Zuwächse zu verzeichnen sind. In der Gütergruppe Steine und Erden, die in den früheren Jahren immer mit einem Anteil von über 20% am Gesamtumschlag beteiligt war, ist die Tendenz zum Verbrauch von Fertigbeton in den letzten Jahren nicht ohne Auswirkungen geblieben. Leider liegen die Transportbetonwerke im Dortmunder Raum nur zum Teil am Wasser. Mit Interesse wird die in Diskussion befindliche Novelle zum Güterkraftverkehrsgesetz verfolgt, die zur Eindämmung des unechten Werkverkehrs, durch den der Kies- und Sandumschlag auch im Dortmunder Hafen in den letzten Jahren zurückgegangen ist, führen soll.

Während in den früheren Jahren die Erze sowohl an den Werksanlagen der Hoesch-Hüttenwerke und an den Anlagen der gewerblichen Unternehmen umgeschlagen wurden, ist die Umschlagsmenge in den letzten Jahren so stark zurückgegangen, daß heute nur noch die Werksanlagen eine Beschäftigung finden. Da auch die Kohlen, das Mineralöl und zum Teil auch Steine und Erden sowie Schrott an eigenen Anlagen umgeschlagen werden, verbleiben bei den gewerblichen Umschlagsfirmen im wesentlichen die Gütergruppe Eisen und Stahl und in gewissem Umfang Steine und Erden, Schrott sowie die sonstigen Güter; ein Jahresumschlag von rd. 2,5 Mio t.

Im Vor- und Nachlauf sind die Dortmunder Eisenbahn Gesellschaft und der Lastkraftwagen in entscheidendem Maße eingeschaltet. Soweit es sich um Vor- oder Nachlauftransporte von oder zu den Hoesch-Werken in Dortmund handelt, werden diese fast ausschließlich per Bahn transportiert; das gleiche gilt für die festen Brennstoffe der Zechen Minister-Stein und Hansa zum Hafen.

Das Bahnnetz der Dortmunder Eisenbahn Gesellschaft beträgt etwa 70 km, auf dem im vergangenen Jahr rd. 14,2 Mio t befördert wurden, von denen die Hauptmenge auf den Hoesch-Konzern, vor allem auf den Transport zwischen den einzelnen Dortmunder Werksteilen, entfiel.

Im Vor- und Nachlauf von den Erzeugern bzw. zu den Verbrauchern außerhalb von Dortmund dominiert — wie auch in den meisten übrigen Binnenhäfen — der Lastkraftwagen. Die Tarifpolitik der Bundesbahn mit relativ hohen Frachtsätzen auf kurze Entfernungen hat dazu geführt, daß diese Transporte fast ausschließlich auf der Straße liegen. Das gleiche gilt auch für die Gütergruppe Steine und Erden.

Die Frage, wie weit geht der Einzugsbereich des Dortmunder Hafens, läßt sich nicht so eindeutig beantworten. Er hängt vom Gut sowie von der Zielrichtung und dem Zielgebiet ab. Zu dem traditionellen Einzugsbereich des Dortmunder Hafens gehören auch — nicht zuletzt wegen der vorhandenen Spezialumschlagsanlagen — der Raum Hagen/Iserlohn/Hohenlimburg sowie das Sauer- und Siegerland. Die Vor- und Nachlauftransporte von bzw. zu diesen Gebieten liegen weitestgehend auf der Straße. Daher sind die Straßenverbindungen zum bzw. vom Hafen von großer Bedeutung. Während Dortmund sehr verkehrsgünstig im Netz von Autobahnen liegt, lassen die Anschlüsse zu den Autobahnen zum großen Teil sehr zu wünschen übrig. So muß der LKW-Verkehr zum Sauerland und Siegerland weitgehend durch die Dortmunder Innenstadt mit ihren zum Teil engen Straßen und niedrigen Brückendurchfahrten.

Nach dieser Analyse über die Entwicklung und dem heutigen Stand der Umschlagsaktivitäten und der Hafenstruktur stellt sich nun die Frage: Sind die im Dortmunder Hafen vorhandenen Anlagen ausgelastet oder verfügt der Hafen noch über Leistungsreserven?

Die Auslastung der Umschlagsanlagen hängt natürlich weitgehend von dem jeweiligen Gut und den Lagermöglichkeiten ab. Wenn wir von der heutigen Güterstruktur des Hafens ausgehen, so läßt sich zunächst feststellen, daß der Dortmunder Hafen bedeutende Kapazitätsreserven für den Erzumschlag besitzt, wenn man berücksichtigt, daß im Jahre 1960 an Erz 3,6 Mio t — 1973 dagegen nur 1,1 Mio t — umgeschlagen wurden und sich die Anzahl der Kran-Anlagen seit dieser Zeit nicht nennenswert vermindert hat; im Gegenteil die Produktivität der Umschlagskapazitäten wurde durch den Ersatz alter gegen neue Anlagen sogar gesteigert. Auch beim Umschlag der übrigen Gütergruppen ist im allgemeinen keine volle Auslastung festzustellen. Auch hier ließen sich durch vermehrte Einlegung von zweiten Schichten bzw. auch von Nachtschichten durchaus höhere Tonnagen bewältigen.

Ich bin mir der Problematik einer im Grunde genommen theoretischen Schätzung der vorhandenen Umschlagsreserven durchaus bewußt. Geht man von der vorhandenen Güterstruktur aus, und unterstellt man vor allem einen möglichen Anstieg bei den Erzen, bei den Gütergruppen Steine/Erden und feste Brennstoffe sowie eine einigermaßen kontinuierliche Beschäftigung, so dürfte bei der heute vorhandenen Kapazität und den noch aufzuzeigenden Rationalisierungsmöglichkeiten ein Jahresumschlag zwischen 9 und 10 Mio t möglich sein. Die Kapazitätsreserven des Dortmunder Hafens dürften also — wenn wir von der Umschlagsmenge des Jahres 1973 ausgehen — bei etwa 4 Mio t liegen. Das ist ein Leistungspotential von gut 40%, das — wohl gemerkt bei nahezu gegebener Hafeninfrastruktur, also ohne Zusatzinvestitionen und damit ohne Zusatzkosten in diesem Bereich — ausgeschöpft werden könnte; es bedarf wohl keines Beweises, daß hiermit sinkende Kosten pro erstellte Leistungseinheit verbunden sind.

3. Möglichkeiten zur besseren Auslastung des Hafenpotentials
und zur Beseitigung von Engpässen

Im Sinne der Zielfunktion, nämlich der Ausschöpfung des Leistungspotentials zwecks Steigerung der Produktivität mit dem Ziel der Erhaltung bzw. Verbesserung der Standortqualität des Dortmunder Wirtschaftsraumes, müssen einerseits die vorhandenen Reserven ausgeschöpft und andererseits auftretende Koordinationshemmnisse so weit wie möglich beseitigt werden. Das erfordert die simultane Verbesserung der Verkehrsinfrastruktur — insbesondere für die Binnenschiffahrt —, die Erhöhung der Produktivität des Umschlags sowie des primär im Hafenverkehr eingesetzten Fuhrparks.

Die Minderung des Abstimmungsengpasses der frei entscheidenden Planungsträger, die über die zeitliche Verfügbarkeit von Schiff, Umschlagsgerät und Fuhrpark bestimmen, ist u. E. in erster Linie aus dem Bereich der Schiffahrt realisierbar. Soweit im Einzelfall Koordinationsschwierigkeiten auftreten können, sind diese u. a. auch bedingt durch die unterschiedliche Größe der einzelnen Transportgefäße, nämlich des Binnenschiffs einerseits, des Waggons bzw. des Lastkraftwagens andererseits. Potentielle Koordinationsschwierigkeiten nehmen natürlich bei massierten Ankünften von Binnenschiffen — die bei Übernahme der Ladung aus oder in Seedampfer kaum zu vermeiden sind — zu.

Eine entscheidende mögliche Verbesserung der Standortqualität des Dortmunder Wirtschaftsraumes — soweit es sich um Massengüter handelt — würde die Umstellung des wasserseitigen An- und Abtransportes von der traditionellen Schiffahrt zur Schubschiffahrt bringen. Die Schubschiffahrt, die in den letzten Jahren die Wirtschaftskraft der im Einzugsbereich des Niederrheins ansässigen Industrien wesentlich verbessert hat, konnte im Verkehr nach und von Dortmund bisher noch nicht realisiert werden, da einmal die infrastrukturellen Voraussetzungen und zum anderen die nicht ausreichende Größe der regelmäßigen Transportströme die Wirtschaftlichkeit dieser modernen Form des Binnenschiffahrtsbetriebes in Frage stellten.

Im Hinblick auf die Ausbauziele der Wasserstraßenverwaltung in dem für den Dortmunder Hafen wichtigen westdeutschen Kanalgebiet könnte bei einer Massierung des Verkehrsstromes nach und von Dortmund bereits in absehbarer Zeit an die Einführung der Schubschiffahrt gedacht werden.

Die Einführung der Schubschiffahrt würde nicht nur für die Binnenschiffahrt, sondern auch für die beiden übrigen Entscheidungsträger — für die Umschlagsfirmen und die im Nach- und Vorlauf tätigen Spediteure — eine Erhöhung der Wirtschaftlichkeit bringen und damit, insgesamt gesehen, die Standortqualität des Dortmunder Wirtschaftsraumes wesentlich verbessern; denn durch das Abkoppeln des Schubleichters steht das Transportgefäß für den Umschlag von vornherein — und zwar ohne Zusatzkosten — für eine bestimmte Zeit zur Verfügung, die sich in der Regel nach dem Fahrrhythmus richtet und länger sein kann als bei Andienung eines konventionellen Schiffes. Dies führt für den Umschlagsbetrieb zu folgenden Vorteilen:

— der Umschlagsbetrieb kann weitgehend entsprechend seinen eigenen Gegebenheiten (normale Schichtzeiten usw.) arbeiten,

— die Beschäftigung im Umschlag erhält eine größere Kontinuität; damit sind bessere Auslastungsgrade zu erzielen,

— die Produktivität des Umschlags steigt — ohne Zusatzinvestitionen — erheblich an, da 1000 t aus einem Schubleichter wesentlich schneller gelöscht werden können als aus einem konventionellen Mehr-Raum-Schiff,

— geringe Verzögerungen bei Waggon- oder LKW-Gestellung können ohne Zusatzkosten aufgefangen werden,

— Kontinuität und Auslastungsgrade können auch bei den im Nach- und Vorlauf eingesetzten Transportmitteln verbessert werden.

Da die infrastrukturellen Voraussetzungen für die wirtschaftliche Abwicklung des Schubschiffverkehrs in absehbarer Zeit gegeben sein werden, hängt also die Realisierung von der Größe und Regelmäßigkeit des Transportvolumens sowie auch von dem Verhältnis des ein- und ausgehenden Transportstromes ab, das den Anteil der Rückbeladung der Schiffe — und damit wiederum die Wirtschaftlichkeit — bestimmt. Diese Voraussetzungen kann nur die verladende Wirtschaft im Dortmunder Raum schaffen.

4. Schluß

In der mir zur Verfügung gestellten Zeit habe ich mich bemüht, Ihnen aus der Sicht von Umschlag und Spedition einen Überblick über die Dortmunder Hafen- und Verkehrswirtschaft zu geben und versucht, aufzuzeigen, welche Rationalisierungsmaßnahmen, die sich kostensenkend und damit verbilligend auf Umschlag und Fracht auswirken, in der Zukunft möglich sind, um die bisher erreichte Standortqualität des Dortmunder Hafens zu erhalten bzw. sie weiterhin zu verbessern. Als Ergebnis ist festzuhalten, daß der Dortmunder Hafen auf dem Umschlagssektor über erhebliche Leistungsreserven verfügt, die es gilt, durch größere Mengen zu nutzen. Hierbei brauche ich nicht besonders zu betonen, daß steigende Mengen bei besserer zeitlicher Verteilung auf die Dauer das Kostenbild des Umschlagsgewerbes und der Spedition günstig beeinflussen und damit mittelfristig den Verladern zugute kommen. Größere Rationalisierungseffekte lassen sich insbesondere durch die mögliche Einführung der Schubschiffahrt erzielen. Ich kann daher abschließend nur an die verladende Wirtschaft in diesem Raum appellieren, durch zusätzliche Mengen diese

Rationalisierungschancen zu nutzen, somit das vorhandene Hafenpotential besser auszulasten und damit die Standortqualität des Dortmunder Hafens weiterhin beträchtlich zu verbessern. Dabei können Sie sicher sein, daß das Dortmunder Umschlagsgewerbe wie auch die Spediteure flexibel genug sind, sich schnell auf jede neue oder veränderte Situation einzustellen.

An die staatlichen Instanzen geht der Appell, den infrastrukturellen Ausbau der Verkehrswege von und nach Dortmund in dem Maße weiterzutreiben, daß die in anderen Gebieten vorhandenen technischen Möglichkeiten ausgeschöpft werden können, d.h. nicht durch infrastrukturelle Engpässe begrenzt werden.

Von der Hafenverwaltung dürfen wir erwarten, daß sie weiterhin alle Anstrengungen unternimmt, um zusätzliche Unternehmen im Hafenbereich anzusiedeln, die die Hafenaktivität befruchten.

Bei Erfüllung der genannten Voraussetzungen und bei enger Koordination zwischen den Entscheidungsträgern bin ich sicher, daß die strukturpolitische Aufgabe des Hafens Dortmund im Interesse aller Beteiligten auch in Zukunft noch erheblich besser als in der Vergangenheit erfüllt werden kann.

Entwicklungen zur Sicherung des Verkehrs auf Wasserstraßen

Von Prof. Dr.-Ing. **Gerhard Wiedemann**, Bonn/Hannover

Sicherung des Verkehrs auf Wasserstraßen war noch vor wenigen Jahren ein Thema, das nur unter wenigen Interessierten behandelt wurde, Interessierten, die aus meist lokalen Schwierigkeiten auf diese Frage gestoßen waren. Wenn man sich jetzt umsieht und die Entwicklungen an so entfernten Küsten, wie in Übersee und Europa verfolgt, findet man überall eine zunehmende Aktivität und ein breiteres Echo in der Öffentlichkeit, was sich in nationalen oder internationalen Konferenzen, Veröffentlichungen und in gesetzgeberischen Maßnahmen zur Verbesserung der Sicherheit auf Wasserstraßen zeigt. So wurde in London 1972 ein internationales Symposium über Marine Traffic Engineering, teilweise unter der Leitung des Duke of Edinburgh, abgehalten. In USA ist das Gesetz „Ports and Waterways Safety Act of 1972" am 10. Juli 1972 in Kraft getreten, das die US-Coast Guard ermächtigt, in bestimmten Gewässern in den Verkehr regelnd einzugreifen. Kanada hat nach seinem seit 1967 für den St. Lawrence-Strom bestehenden Marine Traffic Control System 1972 ein Vessel Traffic Management System für die Zufahrten an der Atlantik-Küste und nach Vancouver vorgesehen. Schließlich hat Japan ein „Maritime Safety Law" mit Wirkung vom 1. Juli 1973 erlassen, das den Verkehr in den wichtigsten Wasserstraßen nach bestimmten Regeln von Land aus überwachen und regeln läßt. Man kann in diesem Zusammenhang auch auf die von der IMCO 1973 erlassene Resolution A 284 (VIII) Routeing Systems hinweisen.

Der Grund für dieses neue und erhöhte Interesse der Öffentlichkeit liegt in der Einsicht, daß heute durch Unfälle, Strandungen oder Kollisionen auch die Umwelt in erheblich höherem Maße gefährdet ist als früher wegen der größeren Abmessungen der Tanker, der höheren Geschwindigkeiten großer Container-Schiffe und hoher Verkehrsdichten. Diese Gefährdungen häufen sich außerdem meistens an den Stellen, an denen die Schiffahrt in unmittelbarer Nähe der Küste verläuft, wie in Meeresengen und in Zufahrten zu Häfen. Es sind daher vor allem die Probleme dieser „engen" Wasserstraßen, die zu den technischen und gesetzlichen Maßnahmen in den verschiedenen Ländern geführt haben.

Wenn auch in manchen anderen Staaten solche zusätzlichen neuen Verfahren angewendet werden, so sollen im folgenden doch nur die Maßnahmen in Japan, Kanada, USA und Europa behandelt werden. Sie scheinen die Entwicklungen zur Sicherung des Verkehrs auf Wasserstraßen, wie sie sich jetzt anbahnen, gut darzustellen.

1. Japan

Weil die felsigen japanischen Inseln für Landwege nur schwer Platz bieten, hat der Transport über See für Japan hohe Bedeutung. 42,5% der inneren Güterbewegung in Japan werden über den Küstenweg durch die Schiffahrt bewältigt. Dazu kommt die Transportmenge, die aus dem Außenhandel entsteht und ebenfalls über den Seeweg gehen muß. Schließlich stellt die Fischerei, zum Teil mit kleinsten Einheiten, einen weiteren zahlenmäßig bedeutenden Benutzer der Wasserflächen um die japanischen Inseln. Es ist daher erklärlich, daß es hier im japanischen Bereich Wasserstraßen mit extrem hohen Verkehrsdichten gibt. So wurden 1967 folgende Verkehrszahlen festgestellt:

Tokio 350, Kawasaki 500, Yokohama 540, Osaka 550, Kobe 730 Schiffe/Tag. Für die engen Durchfahrten der „Inlandsee" wurden sogar 800 — 1300 Schiffe/Tag gemessen.

Die großen Anstrengungen der japanischen Behörde, diese Fahrwasser für alle Witterungsverhältnisse, d.h. auch bei Nebel kenntlich zu machen, indem neben den klassischen Mitteln wie Tonnen und Leuchtfeuer auch alle bekannten funktechnischen Verfahren angewendet wurden, reichten nicht aus. Das Problem lag in dem ständig schwieriger werdenden Verkehrsablauf. Mit Beginn der 60er Jahre wandte man sich daher diesem Ablauf zu. Es war festgestellt worden, daß $3/4$ der Seeunfälle „Verkehrsunfälle" (Traffic accidents) waren und ihre Ursache nicht in Sturm und Wetter lag. Man wandte konsequent die Verfahren der Verkehrstechnik auch auf die Wasserstraßen an. Man gewann damit Einsichten in die Zusammenhänge von Schiffsverhalten, menschlichen Fähigkeiten und Abmessungen und Linienführungen der Wege.

Diese verkehrstechnischen Arbeiten an Wasserstraßen waren neu. Sie sind schwieriger und aufwendiger als vergleichbare Untersuchungen an Land, schon wegen der Weite der Verkehrsfläche. Die Wetter- und Windabhängigkeiten machen Beobachtungen über längere Zeit und in verschiedenen Jahreszeiten nötig. Luftbildaufnahmen, Radarstationen, großräumige besondere Ortungsverfahren mußten eingesetzt werden. Besondere Meßschiffe von Forschungsstellen des japanischen Verkehrsministeriums und Universitäten in Tokio und Kobe wurden tätig. Die Messungen wurden ergänzt durch Simulationsmodelle für die verschiedenen Wasserstraßen.

Man hat gewisse Gesetzmäßigkeiten aus leicht feststellbaren Größen wie Schiffszahl, Schiffslänge, Schiffsgeschwindigkeit entwickeln können, so daß man Wahrscheinlichkeiten für Kollisionshäufigkeiten und Strandungen bei gegebenem Verkehr schätzen kann. Ebenso wurden der mittlere Platzbedarf bei Überholvorgängen und der notwendige Schiffsabstand bei Kreuzungen ermittelt. Aus diesen Unterlagen ließen sich Leistungsfähigkeiten von Wasserstraßen zahlenmäßig bestimmen und man hatte damit Mittel in der Hand, die Zulässigkeit von Schiffsmengen oder Schiffsgrößen für gegebene Fahrwasser objektiver zu beurteilen.

Diese systematisch seit 1963 geleisteten Vorarbeiten sind die Grundlage für das „Marine Traffic Safety Law" vom 3. Juli 1972, das am 1. Juli 1973 in Kraft getreten ist. Dieses Gesetz sieht folgende Maßnahmen vor:

1.1 Wege

Es wird der Schiffsverkehr auf Wegen (Traffic Routes) zusammengefaßt.

Wenn möglich, werden diese Wege so eingerichtet, daß auf getrennten Fahrbahnen Richtungsverkehr eingeführt werden kann.

Alle Schiffe über 50 m Länge, d.h. etwa von 100 BRT ab, müssen diese Wege benutzen.

Auf einigen Wegen ist eine Geschwindigkeit von höchstens 12 kn vorgeschrieben.

1.2 Schiffsüberwachung

Schiffe über 200 m Länge, d.h. etwa von 20 000 BRT ab, Schiffe mit gewissen gefährlichen Gütern über 1000 BRT bzw. mit Explosivstoffen über 300 BRT, Schub- oder Schleppverbände mit einer Länge von 200 m und darüber unterliegen einer Überwachung durch besondere Stellen an Land, die Regional Marine Safety Headquarters bzw. die Marine Safety Offices. Diese Stellen können Anweisungen an die Schiffahrt erteilen, Einlaufzeit oder Schiffsgeschwindigkeit festlegen oder wegen beschränkter Sicht oder andere Ereignisse weitere Beschränkungen bestimmen. Es können von ihnen auch für die passierenden Schiffe Begleitfahrzeuge mit Feuerlöscheinrichtungen gefordert werden.

1.3 Schiffsmeldedienst

Die Schiffe haben sich bei den Landstellen zu melden. Ein besonderes UKW-Netz ist dafür bereitgestellt. Die großen Schiffe und Verbände müssen sich am Mittag vor dem Einlauftag, die Schiffe mit gefährlichen Gütern drei Stunden vor dem Einlaufen melden (Anfangsmeldung). Drei Stunden vor Einlaufen haben die großen Schiffe, die Schiffe mit gefährlichen Gütern beim Einlaufen dann noch eine „Ergänzungsmeldung" abzugeben.

Diese Maßnahmen gelten zunächst für folgende Gebiete:
1. Die Bucht von Ise mit ihren Wasserstraßen,
2. die Bucht von Tokio mit ihren Wasserstraßen,
3. die „Inlandsee" mit den Wegebereichen Akashi Kaikyo, Bisanseto, Uko, Mitzushima-Weg, Kurushima Kaikyo.

Hiermit sind praktisch die Zufahrten zu den wichtigsten Häfen Japans, wie Tokio, Kawasaki, Yokohama, Kobe, Osaka und die stark befahrenen Engen in der Inlandsee erfaßt. Japan hat dabei die regelnden Maßnahmen der Schiffsüberwachung auf die Schiffsgruppen begrenzt, die durch ihre Abmessungen zu höherer Unfallwahrscheinlichkeit neigen (Länge über 200 m) oder die durch ihr Transportgut bei Unfällen zu einer höheren Gefahr für die Umwelt werden. Als zusätzliche Maßnahmen zur Sicherung des Verkehrs kann man aus der Entwicklung in Japan feststellen:
1. Einrichten von Wegen mit Richtungsverkehr (Verkehrstrennungsgebiete),
2. Schiffsüberwachung beschränkt auf die mutmaßlichen gefährdenden Schiffe,
3. Schiffsmeldedienst, der jederzeit eine Verbindung zwischen Landstelle und Schiff zuläßt.

Die Bedeutung der Wasserstraßenverkehrstechnik für diese Maßnahmen wird sehr deutlich.

2. Kanada

In Kanada gibt es zwei sehr verschiedene Bereiche mit Schiffsverkehr. Die Küsten am Atlantik und Pazifik und die Großen Seen und ihre Verbindung mit dem Atlantik über den St. Lorenz-Seeweg. Die Sicherung des Verkehrs in den beiden Bereichen ist entsprechend ihren Eigenarten und ihrer Entstehungsgeschichte getrennt zu betrachten. Beide aber können einen Beitrag zu der Entwicklung der Sicherung des Verkehrs auf Wasserstraßen in den letzten Jahren bieten.

1959 wurde mit der Fertigstellung des Mittelteils des Seeweges, des St. Lorenz-Kanals zwischen Montreal und Ontario-See der Verkehr für Seeschiffe größerer Abmessungen auf der ganzen Strecke möglich. Die Zahl der passierenden Schiffe stieg schnell und es kam im westlichen Teil, dem 1932 fertiggestellten Welland-Kanal zu Stauungen. Ehe man an Neubaupläne ging, stellte man eingehende Untersuchungen über den Ablauf des Verkehrs an und fand Engpässe, die durch kleine bauliche, vor allem aber durch betriebliche Maßnahmen beseitigt werden konnten. Die Umlaufzeiten dauerten im Kanal zu lange und vor allem in den Schleusen war der Zeitverlust zu groß. Vorschläge, die darauf hinausliefen, die Umlaufzeiten drastisch zu verkürzen, ohne die Sicherheit zu verringern, sie im Gegenteil noch zu vergrößern, wurden nicht nur für den Welland-Kanal, sondern für die ganze Strecke des Seewegs geprüft. Man entwickelte im kanadischen Verkehrsministerium 1966/67 das „Marine Traffic Control-System".

Dieses System hat nach der offiziellen Veröffentlichung in den Notices to Mariners 243/69 die Aufgabe:

Kollisionen zwischen Schiffen und mit Anlagen im Wasser zu verhindern,

einen sicheren, schnellen und geordneten Verkehrsfluß (safe, expeditious and orderly flow of traffic) aufrecht zu erhalten,

die zuständigen Stellen, falls Schiffe Hilfe notwendig haben, zu alarmieren.

Über die ganze Strecke sind die Schiffe zu einem Schiffsmeldedienst beim Passieren bestimmter Stellen verpflichtet.

Vor dem Einlaufen haben die Schiffe bei einer Kontrollstelle an Land die Einfahrterlaubnis zu holen.

Die Kontrollstellen verschaffen sich für ihren Abschnitt durch die Schiffsmeldungen eine Übersicht über den Standort der Schiffe und ihre Fahrt. In den kanalisierten Strecken melden zusätzlich an bestimmten Stellen eingebaute „Fühler" den Durchgang von Schiffen automatisch an die Landstelle. Für die Fühler sind Unterwasserschall-, Mikrowellen- und Fernsehtechnik angewendet.

Diese Übersicht benutzen die Landstellen für die Kontroll- und Sicherungsaufgaben. In den Kontrollstellen Quebec für den St. Lorenz-Strom (650 km), Montreal für den St. Lorenz-Kanal (rd. 300 km) und St. Catherines für den Welland-Kanal (45 km) sind verschiedene Arten der Darstellung entstanden. Der Standort der Schiffe wird auf Wandtafeln mechanisch oder rechnergesteuert angezeigt. In den Kanal-Strecken spielen die Schleusen eine besondere Rolle. Der Zustand ihrer Tore, die Schleusenfüllung und die Belegung durch Schiffe werden daher in der Zentrale mit Schaubildern oder über Fernsehbildschirme kenntlich gemacht, so daß die Kontrollbeamten den Durchlauf an den Schleusen mit Hilfe von Signalen regeln können. In allen drei Zentralen werden schon jetzt Rechner, aber zunächst noch als Datensammler benutzt. Später sollen sie die Abläufe optimieren helfen.

In Quebec ist der Außenabschnitt rd. 280 km lang und im Mittel 75 km breit. Besondere Wege sind hier noch nicht eingerichtet. Um den Verkehr überwachen zu können, werden die Schiffsmeldungen, die Standort, Geschwindigkeit und Kurs enthalten, in einen Rechner gegeben, der einen X-Y-Schreiber steuert und den Fahrweg des Schiffs für die nächsten 90 Minuten ausrechnet und in eine Karte einzeichnet. Der Beobachter kann auf diese Weise eine klare Übersicht über die Verkehrssituation auf der Wasserfläche gewinnen.

Daß durch den Kontrolldienst die Verantwortung der Schiffsführung nicht eingeschränkt werden soll, ist deutlich gesagt: es besteht keine Absicht der Verwaltung, Schiffe von einer Landstelle aus zu navigieren oder zu manövrieren. Und nichts in dieser Bekanntmachung ändert die Autorität des Kapitäns oder seine Verantwortung für die sichere Führung seines Schiffs. Information, die dem Kapitän übermittelt wird, hat das Ziel, ihm in der sicheren Führung seines Schiffs zu helfen.

Ein weiteres sehr interessantes Hilfsmittel für den Kapitän hat die kanadische Regierung 1970 mit der Schrift „Vessel Performance in confined and restricted Channels of the St. Lawrence River" herausgegeben. Sie gibt der Schiffsführung eine Übersicht über das Schiffsverhalten in flachen und engen Fahrwassern in Abhängigkeit von verschiedenen Parametern des eigenen

Schiffs, wie Länge, Tiefgang, Geschwindigkeit. Squat, Grenzgeschwindigkeiten, Stoppstrecken und Mindestdrehkreise sind tabellenmäßig oder in Kurven angegeben. Messungen kanadischer und niederländischer Sachverständiger auf Schiffen und Untersuchungen in Versuchsbecken oder mit Hilfe von Simulatoren sind die Unterlagen für diese Schrift.

In den Seebereichen an der Ostküste und an der Westküste hat Kanada günstige Verhältnisse für Häfen. Sie sind z.T. ohne große wasserbauliche Arbeiten für Schiffe größter Abmessungen zugänglich. So hat sich mit der Zufahrt über die Chedabucto Bay und die Canso-Straße der Tiefwasserhafen Port Hawkesbury in Neuschottland schnell als Umschlagplatz für größte Öltanker entwickelt. Verschiedene Tankerunfälle und die Strandung eines liberianischen Tankers „Arrow" im Frühjahr 1970 in der Chedabucto Bay haben die Bemühungen der kanadischen Regierung zu einem umfassenden Plan für den Schutz der Gewässer beschleunigt. Die Zufahrten zu den wichtigsten Hafen- und Industriegebieten am Meer sollen über einen zusätzlichen Dienst von Land geschützt werden. Dieser Dienst ist „Vessel Traffic Management System" (VTMS) genannt. In Port Hawkesbury (Canso-Straße) ist seit 1970 und in Halifax seit 1974 das System in Betrieb genommen. Für die Bay of Fundy in Neu-Braunschweig und Placentia Bay in Neufundland sowie für Vancouver sind die Arbeiten im Gang.

Das System besteht aus folgenden Maßnahmen:

1. Einrichten eines Fahrwegs mit zügiger Linienführung und guter Bezeichnung durch Tonnen, Richtfeuer und funktechnische Ortungsverfahren. Nach Möglichkeit werden zwei Fahrbahnen mit Trennungsstreifen für Richtungsverkehr vorgesehen.

2. Eine Landstation (Zentrale), die mit Hilfe von Radarlandstationen eine Übersicht über die Wasserflächen bekommt. Die Übersicht soll sich auf die Wasserflächen, den Fahrweg, die schwimmenden Seezeichen, fahrende oder ankernde Schiffe, d.h. auf die „total marine traffic environment" erstrecken.

3. Ein Schiffsmeldedienst über ein besonderes UKW-Netz ist auf der Strecke und in den Ansteuerungen obligatorisch.

4. Wetterübersicht über den zu schützenden Bereich, der wegen der Nebelhäufigkeit und ungünstiger Wetterlagen für die Sicherheit der Fahrten besonders wichtig ist, von der Zentrale aus.

Die Landstelle beobachtet ihren Bereich und hält die Situationen genau fest (Precision recording). Nur bei Abweichungen vom Normalzustand der Wasserstraße oder der Fahrten der Schiffe greift sie ein. Sie hat hierfür das Recht, Schiffe zu stoppen oder Kurse zu fordern. Der Beamte in der Landstation ist zugleich „Pollution Prevention Officer" des kanadischen Schiffahrtsgesetzes.

Technisch sind die Dienste außer mit Radargeräten und UKW-Sende- und Empfangsanlagen zusätzlich mit einem UKW-Peilsystem ausgerüstet. Dadurch wird automatisch das Schiff, wenn es über UKW spricht, gepeilt und der so ermittelte Standort des Sprechers in das Radarbild eingeblendet. Die Identifikation der Schiffe wird dadurch sicherer. Der Beobachter kann Daten in einen Rechner geben, der ihm hilft, Gefahrenpunkte schneller zu erkennen.

Mit dem Marine Traffic Control System und dem Vessel Traffic Management System ist der Ablauf des Verkehrs auf allen wichtigen Wasserstraßen in Kanada zusätzlich geschützt. Nach kanadischem Gesetz muß jedes Schiff über 100 BRT ein UKW-Gerät an Bord führen. Mit den USA laufen Verhandlungen, das Kontroll-System auf den Großen Seen weiter auszubauen.

3. USA

Die US-Coast Guard, die für die Sicherung des Verkehrs auf Wasserstraßen zuständige Organisation des amerikanischen Verkehrsministeriums, hat zur Entwicklung der Verkehrssicherung in den letzten Jahrzehnten durch neue Ortungsverfahren viel beigetragen. Es sind die LORAN-Familie, LORAN A und LORAN C, und das OMEGA-Verfahren, das mit acht Stationen über den Erdball verteilt, eine weltweite Benutzung erreichen soll. Es scheint, daß der Aufbau der Station 1976 abgeschlossen ist. Dazu kommen in den letzten Jahren Erprobungen von Verfahren mit Satelliten-Technik für Ortung und Nachrichtenübermittlung. Diese weltweiten Entwicklungen werden nun durch das „Ports and Waterways Safety Act of 1972" mit Bemühungen um die engen heimischen Gewässer ergänzt.

Interessant ist, daß die hierfür nach 1946 in Europa mit Erfolg angewendete Radar-Technik mit Landstationen in USA kein nachhaltiges Echo gefunden hat. 1951/52 haben im New Yorker Hafen Versuche mit Radarlandstationen stattgefunden, aber man entschloß sich weder hier noch in einem anderen Hafen der Ostküste dieses Verfahren einzuführen. 1963/64 hatte die US-Coast Guard die Idee wieder aufgegriffen und in New York einen Versuch gemacht, Radarbilder einer Landstation durch Fernsehsendung auf Schiffe zu übertragen. Das Verfahren ist unter RATAN bekanntgeworden. Aus verschiedenen technischen Gründen ließ es sich nicht verwirklichen. Ende der 60er Jahre hat sich dann die Coast Guard intensiver mit den Radardiensten, wie sie in Europa betrieben wurden, beschäftigt. 1970 wurde in San Francisco eine Hafenradarstation (Harbor Advisary Radar) gebaut. Man wollte eigene Erfahrungen in der Technik und für den Betrieb sammeln, vor allem aber das Verfahren der Öffentlichkeit näherbringen. Diese Bemühungen, den Sicherungsdienst zu erweitern, bekam erst Nachdruck und öffentliche Unterstützung durch den Umweltschutz. Die Kollision zweier Tanker in San Francisco 1971 ließ die Gefahren, die mit solchen Unfällen für die Umwelt verbunden sind, erkennen. Der Präsident griff mit einer Botschaft ein, und am 4. August 1971 wurde das Gesetz „Bridge to Bridge Radiotelephone Act" erlassen, das die Ausrüstung der Schiffe mit UKW-Telefon auf der Brücke für die Verkehrssicherung vorschreibt. Am 10. Juli 1972 verabschiedete der Kongreß das Gesetz „Ports and Waterways Safety Act of 1972" (PL 92—430).

Dieses Gesetz „Zur Schadenabwehr von Schiffen und Bauten im und am Wasser und zum Schutz der schiffbaren Gewässer und der Lebewelt darin vor Umweltschäden" ermächtigt den für die US-Coast Guard zuständigen Minister:

— „Vessel traffic services and systems" einzurichten, zu betreiben, zu unterhalten für Häfen und Hafenbereiche und für andere Gewässer mit dichtem Verkehr,

— die Schiffe zu verpflichten, diese Dienste zu benutzen und sich ihnen zu fügen,

— den Schiffsverkehr zu kontrollieren in Gebieten, die er für besonders gefährlich hält, bei beschränkter Sicht, ungünstigem Wetter, bei Schiffsstau oder bei anderen gefährlichen Umständen.

Die Maßnahmen, soweit sie den Ablauf betreffen, können nach dem Gesetz sein:

— die Zeiten für Einfahrt, Durchfahrt oder Ausfahrt festzusetzen,

— vorgeschriebene Fahrwege einzurichten (vessel traffic routing schemas),

— Schiffsabmessungen, Fahrgeschwindigkeiten und Fahrbedingungen (vessel operating conditions) zu bestimmen,

— in gefährlichen Bereichen die Schiffahrt auf Fahrzeuge zu beschränken, die bestimmte Bedingungen erfüllen.

Mit diesem Auftrag und dieser Vollmacht waren für die US-Coast Guard zwei Aufgaben gestellt: festzustellen, wo diese zusätzlichen Maßnahmen notwendig sind und wie diese Maßnahmen auszusehen haben.

In einer mühevollen Arbeit wurden 1972 von der Coast Guard 1827 Unfälle der Haushaltsjahre 1969 bis 1972, an denen 3921 Schiffe beteiligt waren, darauf untersucht, welche Unfälle durch diese zusätzlichen Maßnahmen wohl hätten verhindert werden können und wo sich die Unfälle häufen. Die Unfälle waren Kollisionen, Auffahren auf Bauwerke und Strandungen. Die Unfallanalyse zusammen mit einer Prognose des zu erwartenden Verkehrs ergab den Bedarf dieser zusätzlichen Maßnahmen. Für den Umfang der Maßnahmen wurden u.a. Kosten-Nutzen-Betrachtungen eingeschaltet. Dabei wurden die durch die Unfälle entstehenden Kosten als Nutzen gewertet, wenn sie durch diese zusätzlichen Maßnahmen zu vermeiden gewesen wären. Die Untersuchungen der US-Coast Guard kommen zu dem Schluß, daß Zufahrten zu Häfen an allen Küsten, einige Stellen am Intracostal Waterway und einige an Binnenwasserstraßen durch Vessel Traffic Systems zusätzlich geschützt werden sollten.

Für die Frage, wie diese Maßnahmen im einzelnen auszusehen haben, hat sich die US-Coast Guard zu einem Bündel von Maßnahmen entschlossen, mit dem sie den Begriff des Gesetzes „Vessel Traffic System" ausfüllt. Sie definiert:

Vessel Traffic System ist ein Gattungsbegriff, geprägt, um verschiedene Technologien zu umfassen, die angewendet werden, um das Problem beschränkter Schiffsbewegungen in oder bei der Annäherung an ein Hafengebiet in den Griff zu bekommen. Im weitesten Sinne schließt der Begriff ein: Fahren des Schiffs (vessel navigation), Nachrichtenverbindungen, Überwachung (surveillance), Informationsdarstellung und bestimmte Entscheidungsprozesse.

Für die praktische Anwendung ist dieses System aus einzelnen Elementen aufgebaut, die für sich allein oder zusammen miteinander verwendet werden können. Damit soll eine einheitliche Gestaltung der einzelnen Teile und die Fähigkeit des Systems sich an die große Mannigfaltigkeit der Wasserstraßen anzupassen, erreicht werden. Dies gestattet Sicherheitsgesichtspunkte und Wirtschaftlichkeit abzuwägen und in der Anwendung elastisch zu sein.

Die Elemente sind:

Wege, im allgemeinen mit Richtungsverkehr (traffic lanes), Landstellen (vessel traffic center),

— in der 1. Ausbaustufe mit einem Schiffsmeldedienst über UKW;

— in der 2. Ausbaustufe zusätzlich Radarlandstationen oder Fernsehkameras für eine von den Schiffsmeldungen unabhängige Übersicht;

— in der 3. Ausbaustufe zusätzlich elektronische Datenverarbeitung in der Zentrale für die einkommenden Meldungen und Entscheidungen über Gefahrenpunkte.

Es sind bereits Vessel Traffic Systems in Betrieb bzw. werden z. Z. aufgebaut:

1. San Francisco hat, nachdem hier schon mit der Radaranlage seit 1970 Vorversuche gemacht worden sind, seit 1973 ein Vessel Traffic System 3. Ausbaustufe. Dieses „most advanced system of its kind in the world" soll der US-Coast Guard zugleich als Versuchsanlage dienen. Die eigene Kritik an dieser ersten Anlage zeigt die Richtung der Entwicklungsarbeit, die sich die US-Coast Guard vorgenommen hat. Es heißt u. a.: Die Anlage ist zu schwer zu bedienen und zu unterhalten. Die Automation ist noch nicht ausreichend. Informationen sollten in besserer Form für den Betrieb geboten werden. Die Anlage ist noch zu teuer. Sie ist schließlich noch nicht anpassungsfähig genug, um den Anforderungen an allen Wasserstraßen zu genügen.

2. Puget Sound, die Zufahrt nach Seattle. Im September 1972 ist ein Wegenetz mit Mittelbetonnung eingerichtet. Eine Erweiterung auf kanadischem Gebiet für die Zufahrt nach Vancouver ist vorgesehen. Eine Zentrale ist in Seattle gebaut. Seit 1973 ist ein Schiffsmeldedienst mit neun Meldepunkten Pflicht für die Schiffe. Die Zentrale verbreitet Wettermeldungen und Nachrichten für Seefahrer. Eine Ergänzung durch Radarstationen ist im Bau. Die Gründe für die Einrichtung des Vessel Traffic Systems waren ein verhältnismäßig dichter Verkehr von 140 Schiffen/Tag und Kreuzung der Wege durch sieben Fähren bei oft gefährlichen Wetterbedingungen. Etwa 225 Tage ist die Sicht durch schwere Regen eingeschränkt, 50 Tage herrscht Nebel mit einer Sicht unter $^1/_2$ sm. Dazu läuft ein kräftiger Tidestrom.

3. Zufahrt nach Houston (Texas). Hier sind durch Tankerverkehr bei den gegebenen Abmessungen der Fahrwasser die Kollisionsgefahren hoch. Ein Schiffsmeldesystem mit einer Zentrale ist 1974 eingerichtet. Fernsehgeräte überwachen zusätzlich das Houston tourning bassin. In zweiter Phase sollen Radarstationen für die wichtigsten Strecken gebaut werden.

4. New York und Long Island Sound. Ein besonderer Planungsausschuß ist hierfür eingesetzt, um die schwierigen Verhältnisse zu berücksichtigen. Man will mit einem Schiffsmeldedienst und einer Zentrale anfangen. Etwa zwei Jahre danach sollen Radarstationen gebaut und eine endgültige Landstelle eingerichtet werden.

5. New Orleans. Auf dem Mississippi will man den Verkehrsfluß bis Baton Rouge verbessern. In der ersten Phase sollen die Schiffahrtszeichen angepaßt und das Nachrichtennetz ausgebaut werden. In der zweiten, wieder etwa zwei Jahre später, ist eine beschränkte Überwachung an einigen Stellen durch Radar, an anderen durch Fernsehen geplant.

17 andere Häfen, die Großen Seen und andere Stellen an Binnenwasserstraßen sind für die nächsten Jahre als durch Vessel Traffic System zu schützende Stellen genannt.

4. Europa

Alle Elemente der „Systeme" sind in Europa bekannt. Z. T. sind sie hier sogar entwickelt oder auch erprobt. Aber diese Maßnahmen beschränken sich zunächst auf engere Bereiche, da sie meist auch durch örtliche Initiative in Gang gekommen waren und sie haben keine zusammenfassende Namen. Vor allem die Radarlandanlagen mit entsprechenden UKW-Telefondiensten sind schon seit längeren Jahren für die Zufahrten zu den meisten Häfen in Europa verwendet worden. Liverpool fing 1948 damit an. 1974 wurde hier schon die 3. Generation von Geräten eingebaut. Sie arbeitet jetzt auch mit Rechnerunterstützung. Ähnlich sind die Entwicklungen unter anderen in den Häfen Southampton, London, Le Havre, Rotterdam, Amsterdam, Hamburg und Bremen seit Anfang der 50er Jahre.

Mit Anfang der 60er Jahre beginnen aber Bestrebungen, Maßnahmen für größere Bereiche einzuführen. Stärkster Verkehr bewegt sich auf der Verbindung vom Atlantik über den Kanal, die südliche Nordsee, Elbe und Nord-Ostsee-Kanal zur Ostsee. Mit wachsendem Verkehr traten hier zuerst Probleme des Ablaufs auf. In der Nordsee und im Kanal wurden 1959 bis 1964 über 50% der Kollisionen in der Welt nach Lloyds List festgestellt. Es waren aber Gewässer innerhalb und außerhalb der Hoheitsgrenzen, Gewässer vieler Länder und Gewässer mit sehr unterschiedlichem Charakter. So entwickelten sich auch Lösungen, die abschnittsweise verschieden sind. Als Abschnitte sollen betrachtet werden die Straße von Dover, die südliche Nordsee, die Elbe, der Nord-Ostsee-Kanal und die Ostsee.

4.1 Straße von Dover

Der erste Anstoß zu Lösungsversuchen kam durch die Schiffssicherheitskonferenz London 1960. Sie empfahl den Reedern, Vorschläge zur Kollisionsminderung in Gebieten großer Verkehrsdichten zu machen. Eine Arbeitsgruppe wurde ins Leben gerufen. Sie empfahl 1963 für die Straße von Dover die Verkehrstrennung einzuführen. Dieser Vorschlag wurde auf Regierungsebene von der inzwischen gebildeten IMCO aufgegriffen und übernommen. 1967 wurden Wege mit Verkehrstrennung in diesem Gebiet erstmals eingeführt. Die Grundlagen hierfür waren aber vage statistische Zahlen und vielleicht vage Vorstellungen über den Ablauf des Verkehrs in diesem schwierigen Gebiet. Als inzwischen die Gefahren von Tankerunfällen für die Umwelt deutlicher geworden waren, und in einem Kollisionsunglück im Kanal Anfang 1971 ein Tanker und zwei Frachtschiffe total verloren gingen, war das Interesse der breiteren Öffentlichkeit wach geworden. In Großbritannien wurden das National Physical Laboratory und Firmen beauftragt, mit wissenschaftlichen Mitteln den Verkehr im Kanal zu untersuchen und daraus Vorschläge für Maßnahmen zur Verkehrssicherung zu entwickeln. Frankreich beteiligte sich an den Arbeiten. Man richtete Radarstationen in St. Margaret's Bay und Gris Nez ein und sammelte erstmals genaue und zahlenmäßig belegbare Unterlagen über Ablauf und Verkehrsverhalten im Kanal. Man wandte nun auch hier die Verfahren der Verkehrstechnik für die Auswertung und Analyse der wirkenden Umstände an. In der Konferenz über Marine Traffic Engineering im Mai 1972 im National Physical Laboratory bei London wurden die Ergebnisse dieser Arbeiten zur internationalen Diskussion gestellt. Sie zeigten ihre Notwendigkeit und Bedeutung. Der Schluß für die Praxis war folgender: Die Wegführung und die Bezeichnung wird verbessert. Ein Verkehrsüberwachungs- und Informationsdienst mit Landzentrale in St. Margaret's auf englischer und Gris Nez auf französischer Seite wird eingeführt.

Dieser Dienst wird in Stufen aufgebaut. Die erste Stufe besteht aus den beiden genannten Radarstationen. Die Verbindung zu den Schiffen erfolgt über UKW-Sprechkanäle von beiden Stationen. Diese Stufe ist seit 1974 in Betrieb.

Die zweite Stufe sieht eine weitere Radarstation in Dungeness und das Einbeziehen einer bestehenden Radarstation Dover vor. Gris Nez wird durch eine Datenverarbeitungsanlage, die bis zu 40 Radarziele verfolgen kann, erweitert. Dieser Ausbau ist für 1975 vorgesehen.

Die dritte Stufe enthält nach den gegenwärtigen Plänen unbemannte Radarstationen, die die Radarbedeckung ausdehnen sollen. Gedacht ist an einen Turm im Raum Sandettie und einen Turm auf der Bassurelle-Bank oder eine Anlage auf der Höhe von Cap d'Alprech westlich von Boulogne.

Als Aufgaben dieses Dienstes sind genannt:

1. Beobachtung des Verkehrs durch die Landstationen,
2. Bekanntgabe von Position, Kurs und Geschwindigkeit von „Falschfahrern" an die Schiffahrt über Funk,
3. Information über Sichtverhältnisse, außergewöhnliche Schleppverbände oder manövrierunfähige Fahrzeuge und sonstige Gefahren für die Schiffahrt.

Die Informationen werden halbstündlich von beiden Seiten an alle Schiffe durchgegeben. Bei Sicht unter 2 sm werden die Durchsagen verdoppelt.

Diese Lösung entspricht voll einem der amerikanischen Systeme. Die Verpflichtung aller Schiffe zur Teilnahme ist hier aber nur übernational möglich. In der Neufassung der Seestraßenordnung, die z. Z. beraten wird, soll daher eine Regel aufgenommen werden, die alle Schiffe verpflichtet, Fahrregeln in Verkehrstrennungsgebieten zu befolgen. Bis dahin haben einige Staaten ihren Schiffen solche Verpflichtungen auferlegt, die Bundesrepublik Deutschland mit Verordnung vom 17. Juli 1973.

4.2 Südliche Nordsee

In dem nach Osten anschließenden Gebiet der südlichen Nordsee bestand nach 1945 noch vereinzelt Minengefahr. Man legte daher Wege fest, die nach Minen abgesucht waren. Diese Wege waren durch Tonnen und Feuerschiffe bezeichnet. Ihre Breite schwankte zwischen 1 und 3 sm. Auf ihnen lief der Verkehr bis zu den 60er Jahren. Mit der Diskussion über die Maßnahmen im Kanal entstand in der Bundesrepublik Deutschland der Plan, die beiden Minenfreien Wege, die von der inneren Deutschen Bucht zum Kanal hinführten, zu Verkehrswegen mit Verkehrstrennung auszubauen. Gründe hierfür waren, daß die Nordsee für die wachsenden Tiefgänge immer flacher wurde. Eine Vermessung der großen Flächen wäre für die Hydrographischen Dienste nur in sehr großen Zeiträumen möglich. Wege konnten kurzfristig vermessen und tiefenmäßig überwacht werden. Und schließlich war aus Erfahrungen und verkehrstechnischen Erkenntnissen bekannt, daß Verkehrstrennung einen hohen Schutz vor Kollisionen bietet und daß auch bei unsichtigerem Wetter die Fahrt mit Bordradargeräten sicherer war. Die deutschen Pläne wurden 1964 in East-burne auf einer Tagung der Navigationsinstitute vorgeschlagen. In Verhandlungen mit den benachbarten Niederlanden wurde in den folgenden Jahren Einigung über Wegeführung, Art der Betonnung und Arbeitsprogramm erzielt. 1969 konnte der küstennähere Deutsche-Bucht-Weg und 1972 der seewärts gelegene Tiefwasserweg für die bis dahin benutzten minenfreien Wege in Betrieb genommen werden. Der zweite Weg wurde ausdrücklich eingerichtet, um den Verkehr der großen Tanker von dem dichten Verkehr auf dem küstennahen Weg zu trennen und damit die Umweltgefahren auf ein Minimum zu beschränken.

Der weitere Ausbau sieht eine Verkehrsübersicht von Land aus und einen Schiffsmeldedienst vor. Die ersten Versuche sind für die schwierige Fahrt großer Tanker von dem äußeren Weg zur Jade, die den Strom der Schiffe zur Elbe kreuzt, 1973 angelaufen.

4.3 Innere Deutsche Bucht

In der inneren Deutschen Bucht beginnt mit den Zufahrten zu Elbe und Weser ein Bereich, der seit 1965 mit einem vollkommenen System zur Sicherung des Verkehrs geschützt ist. Es entspricht dem Vessel Traffic System in seinen Maßnahmen und seinem Betrieb mit dem Unterschied, daß es auf freiwilliger Basis von der Schiffahrt angenommen ist.

In diesem Bereich, zu dem 120 km auf der Elbe und über 60 km auf der Außenweser gehören, wird durch Radarlinien, die das Fahrwasser in Fahrtrichtung teilen, eine Sortierung des Verkehrs erreicht, ähnlich wie auf Landstraßen durch die weiße Mittellinie. Eine Verkehrstrennung mit Trennungsstreifen war wegen der Breite der Fahrwasser im allgemeinen nicht möglich. Lediglich auf der Elbe konnten von See bis zur Einmündung des Nord-Ostsee-Kanals zwei getrennte Fahrbahnen seit 1970 zur Verfügung gestellt werden. Seit 1965 arbeiten Zentralen an Land, eine für die Weser, zwei für die Elbe. Sie haben mit Hilfe der Radar-Stationen eine genaue Übersicht über den Verkehr und die Wasserflächen. Die Schiffe melden sich beim Eintritt in die Bereiche über einen besonderen UKW-Telefondienst und werden dann von der Zentrale verfolgt. Über besondere Sprechkanäle werden die Schiffe mit Informationen über ihren Standort im Fahrwasser und über die Anwesenheit anderer Schiffe so versorgt, daß sie mit diesen Angaben auch bei unsichtigem Wetter sicher fahren können. Der Verkehrsfluß wird auch unter ungünstigen Bedingungen, selbst bei dichtem Verkehr, sicher und leicht aufrecht erhalten. Bei Unfällen vermittelt die Zentrale schnell und zielsicher Hilfe. Das hier in einer Entwicklungsarbeit und einem Versuchsbetrieb mit der Schiffahrt in den Jahren 1953 bis 1955 entwickelte Verfahren zur Sicherung des Verkehrs war für viele andere Dienste, u. a. auch für die USA, anregend oder Vorbild.

4.4 Nord-Ostsee-Kanal

Der Nord-Ostsee-Kanal ist der Seekanal mit der höchsten Zahl durchfahrender Schiffe. Sie liegt bei 80 000 bis 85 000 im Jahr. Seit 1914 wird der Ablauf auf ihm durch zwei Zentralen an den beiden Enden der rd. 100 km langen Strecke nicht nur überwacht, sondern gelenkt. Nach graphischen Fahrplänen wird die Fahrt jedes einzelnen Schiffes festgelegt. Über Signale an der Strecke wird ihre Fahrt geregelt. Beobachter an den zwölf Ausweichstellen vermitteln den Lenkungsstellen die Übersicht über die Standorte der Schiffe. Seit 1965 sind Zentrale und Schiffe während der Fahrt über UKW-Telefonie verbunden. Damit kann die Zentrale jederzeit eingreifen und besser überwachen. Die Schleusen haben zusätzlich Radargeräte bekommen, um Ab- und Zulauf mit geringstem Zeitverlust vollziehen zu können.

Verkehrstechnische Untersuchungen mit Zuhilfenahme elektronischer Datenverarbeitung und Simulationsmodellen haben die Voraussetzungen für weitere Planungen geschaffen, die zum Ziel haben: Entlastung des Menschen bei der Verkehrslenkungsarbeit, weitgehende Mechanisierung und Konzentration der Verkehrslenkung in einer Zentrale.

4.5 Ostsee

Auf den nach Osten anschließenden Gewässern der Ostsee läuft der Verkehr noch auf den Wegen, die ursprünglich wegen der Minengefahr eingerichtet worden waren. Sie sind inzwischen ausgebaut und für den Verkehr mit Tonnen und Feuerschiffen bezeichnet. Funkortungsverfahren stehen ebenfalls zur Verfügung. Wieweit sie zu Verkehrstrennungsgebieten weiter entwickelt werden, wird der Bedarf in den nächsten Jahren zeigen.

4.6 Rotterdam/Europort

Den Beitrag, den der Ausbau Rotterdams und der Bau Euroports im europäischen Raum zur Förderung der Verkehrstechnik und für die Verfahren zur Sicherung des Verkehrs in engen Wasserstraßen geleistet haben, darf zum Schluß nicht unerwähnt bleiben. Für die Zufahrt von See ist hier ein System zur Sicherung des Verkehrs mit Landzentrale, Radarüberwachung und Nachrichtendienst seit 1953 in Betrieb. Er hat den Verkehr zu diesem größten Hafenbereich trotz aller Schwierigkeiten bisher bewältigt. Die Ausbauarbeiten der letzten Jahre haben die niederländischen Stellen nicht nur wasserbaulich vor schwere Aufgaben gestellt. Die Konzentration der Zu- und Abfahrten zu diesem Hafengebiet, die Abmessungen der Massengutschiffe und ihre beschränkte Manövrierfähigkeit in flachen und engen Fahrrinnen brachten Fragen auf über die Gestaltung der Wasserstraße, ihre Bezeichnung sowie für die Ordnung des Verkehrs, die vorher nicht bekannt waren. Wenn hier eine ausreichende und wirtschaftliche Lösung erreicht wurde, so ist das nur der intensiven Forschungsarbeit der Niederlande auch auf verkehrtechnischem Gebiet zu verdanken. Schiffsdynamik, Wegeführung, Seezeichengenauigkeit, menschliches Verhalten beim Fahren wurden mit hohem Aufwand auf See, in Laboratorien und mit Hilfe von Simulatoren untersucht. Das System in der Zufahrt nach Rotterdam, das z.Z. ausgebaut wird, enthält alle Elemente der bekannten Verfahren unter besonders schwierigen Bedingungen.

Diese Betrachtung der Entwicklungen zur Sicherung des Verkehrs auf Wasserstraßen macht deutlich, daß die Sicherung des Verkehrs auf Wasserstraßen, die sich bis vor wenigen Jahren darauf konzentrierte, Untiefen anzuzeigen, Hilfen für die Standortbestimmung zu geben und Wetterwarnungen der Wetterdienste zu verbreiten, jetzt auch wie die Sicherung bei anderen Verkehrsmitteln Aufgaben einschließen wird, die den Ablauf des Verkehrs auf den Wegen gestalten und sichernd in die Hand nehmen. Diese Erweiterung hat für die Schiffahrt wegen der höheren Gefährdung der Umwelt bei Unfällen und wegen der Anpassung der Fahrwasser an die größeren Tiefgänge allmählich ihre anerkannte Bedeutung bekommen.

Als Maßnahmen, die hierfür angewendet werden können, sind zu erkennen:

1. Zusammenfassen des Verkehrs auf bestimmten Wegen und nach Möglichkeit Einführung des Richtungsverkehrs auf ihnen. Dadurch wird der Verkehrsstrom „systematisiert" und die Kollisionswahrscheinlichkeit herabgesetzt, die Arbeit für die Schiffsführung vereinfacht und die Übersicht für eine Landstelle (Zentrale) mit vertretbarem Aufwand erreicht.

2. Anpassung der Bezeichnung der Zufahrten zu den Häfen oder enger Wasserstraßen an die Anforderungen, die sich nicht nur aus der Fahrt eines einzelnen Schiffes ergeben, sondern die auch einen sicheren und leichten Verkehrsfluß zulassen. Damit soll erreicht werden, der Schiffsführung jederzeit und unter allen Sichtbedingungen die notwendigen Informationen für das Einhalten der Wege zu geben.

3. Schaffen von Landstellen (Zentralen), die eine Übersicht über die Verkehrswege, den Zustand ihrer Bezeichnung und über ihre Belegung durch fahrende oder ankernde Schiffe haben.

Diese Übersicht kann benutzt werden:

3.1 Nur zur Information der Zentrale über den Zustand. Ein Eingreifen erfolgt nur im Notfall.

3.2 Zur Regelung des Zuflusses von Schiffen in die Wege, damit dort ein leichter und flüssiger Ablauf entsprechend der Leistungsfähigkeit des Weges und der Eigenart der Schiffe erhalten bleibt, oder damit der Gefahrengrad bei Unfällen auf den Wegen herabgesetzt wird, indem der Zufluß von Schiffen mit gefährlicher Ladung in Abhängigkeit von dem übrigen Verkehr geregelt wird.

3.3 Zur Hilfe der Schiffsführung während der Fahrt auf den Wegen durch Informationen über andere Schiffe, über den eigenen Standort und über lokale Wetter- und Sichtverhältnisse.

3.4 Zur Lenkung des Ablaufs in der Strecke, indem der Schiffsführung Anweisung über Fahrt und Geschwindigkeit gegeben wird.

Kenntnisse über die Elemente, die den Ablauf beeinflussen, wie Schiffsdynamik, Hydrodynamik, menschliches Verhalten. sind notwendig. Die Wasserstraßenverkehrstechnik, die diese Kenntnisse vermittelt, hat sich in den letzten Jahren stark entwickelt.

Die USA haben für diese Sicherung den Ausdruck „Vessel Traffic System" geprägt. Er bringt in dem Wort „System" zum Ausdruck, daß nicht mehr eine Technik für sich wirkt, sondern daß für die Lösung dieser Aufgabe ein wohl abgewogenes Zusammenspiel verschiedener Elemente an Land und an Bord, die technisch oder organisatorisch sein können, nötig ist. Mit „Vessel Traffic" ist damit hier gemeint, ein sicherer, leichter und schneller Ablauf des Schiffsverkehrs.

Kanada hat zu diesem Ausdruck das Wort „Management" hinzugefügt. Damit wird deutlich, daß das wohl abgewogene Zusammenspiel oft nicht ohne eine geschickt handelnde, leitende Hand, das Management, möglich sein kann. Bei besonderen Verhältnissen wird aus dem Management eine Kontrolle, wie z. B. am St. Lorenz-Wasserweg.

Eine sinngemäße Übersetzung ins Deutsche ist schwierig. Es ist deshalb hier dieser ganze Bereich mit Sicherung des Verkehrs umschrieben. Sicherung schließt Tätigkeiten und Techniken ein. Ihr Ziel ist wie bei anderen Verkehrsmitteln, für einen sicheren und leichten Ablauf des Verkehrs zu sorgen.

Der Einführung solcher Systeme stehen nicht nur technische und erkenntnistheoretische Schwierigkeiten entgegen. In vielen Fällen hindern die Entwicklung auch, daß Organisations- und Rechtsfragen, die mit dieser Erweiterung zusammenhängen, weder erkannt noch gelöst sind.

Eine internationale Absprache über die Maßnahmen auf Wasserstraßen ist noch nicht getroffen· Wie aber ein Vergleich der Lösungen in den verschiedenen Ländern zeigt, liegen die Verfahren nicht weit voneinander. Über die durch die Internationale Fernmeldeunion festgelegten Frequenzbereiche für die Nachrichtendienste ist eine internationale Basis gegeben. Für die Wege hat die IMCO Empfehlungen in internationalem Rahmen ausgesprochen. Die Einrichtung von Landstellen (Zentralen) und ihre Aufgaben hängen von den örtlichen Gegebenheiten ab. Es scheint keine große Schwierigkeit zu bestehen, die Verfahren der verschiedenen Ausbaustufen so zu gestalten, daß die Schiffsführung an den Küsten verschiedener Länder gleichen oder ähnlichen Formen begegnet. Das würde die Tätigkeit der Schiffsführung besonders unter schwierigen Verkehrsverhältnissen entlasten und die Wahrscheinlichkeit von Fehlern verringern und damit die Sicherheit des Ablaufs des Verkehrs auf Wasserstraßen erhöhen.

Schrifttum

I. Japan

Toyada, S., Fujii, Y.: Marine Traffic Engineering. Inst. of Nav. Vol. 24 (1971), No. 1. S. 24—34 (umfangreiche Lit.-Angaben).
Some Factors Affecting the Frequency of Accidents in Marine Traffics (Inst. of Nav. Vol. 27 (1974), No. 2, S. 235—247):
Oshime, R., Fuijii, Y.: The Diameter of Evasion for Crossing Encounters.
Fujii, Y., Yamanouchi, H., Mizuki, N.: The Probability of Stranding.
Fujii, Y.: The effect of Darkness on the Probability of Collision and Stranding.
Makishima, T.: Traffic Engineering: Some Theoretical Considerations. Inst. of Nav. Vol. 26 (1973), No. 3, S. 320—328.
Fujii, V., Yamanouchi, H.: The Distribution of Collisions in Japan and Methods of Estimating Collision Damage. Inst. of Nav. Vol. 26 (1973), No. 1, S. 108—113.
Beilage zu Ausg. 38 N.f.S. 1973: Japan. Verkehrsregelung Meldeverfahren. DHI Hamburg.
Beilage zu Ausg. 29 der N.f.D. 1973: Japan. „Maritime Safety Law" in Kraft getreten. DHI Hamburg.

II. Kanada

Lodde, D.: Wasserstraßen in Kanada und ihre Verwaltung, Bericht Dez. 1971 (nicht veröffentlicht).
Dep. of Transport: Marine traffic control St. Lawrence-river, Ottawa 1968.
Notices to Mariners 243/69. St. Lawrence River — Sept. Iles to Montreal Harbour — Marine Traffic Control System.
National Harbours Board: By-Law A-1 Operating Regulations June, 23, 1970.
Ministry of Transport: Vessel Performance in confined and restricted Channels of the St. Lawrence River. (A. D. Watt). Ottawa. Canada December 1970.
Tumer, M. A. H.: The Role of Telecommunications in the Bay of Fundy Vessel Traffic Management System. Symposium Paper RTCM Assembly Meeting April 1-2-3 1974, Vol. 3.0.
Rose, C. A.: Telecommunications Requirements for the Super Port-Atlantic Vessel Traffic Management Systems (VTMS) — Symposium Paper RTCM Assembly Meeting April 1-2-3 1974, Vol. 3.P.

III. USA

US-Coast Guard Study Report: Vessel Traffic Systems Bd. I-IV. March 1973. Dep. of Transp. — USCG Washington D. C. Vessel Traffic Systems Analysis of Port Needs. August 1973.
US-Coast Guard: Proceedings of National Security Industrial Association Symposium on Coast Guard Vessel Traffic Systems (VTS). 15. May 1973, Washington D.C. Dep. of Transport — United States Coast Guard Washington D.C.
Baetsen, R. H.: San Francisco Harbor Advisory Radar. RTCM Assembly Meeting 1970. San Francisco. Paper A.
Hobson, A. F.: The San Francisco Vessel Traffic System. Bulletin AISM/IALA (1973), No. 54, S. 1—4.
Garret, P. H.: River and Harbor Aid to Navigation System International Conference on Advances in Marine Navigational Aids 25—27 July 1972, S. 301—305.
Dep. of Transportation—Coast Guard: Puget Sound Vessel Traffic System. Federal Register 6. Aug. 1973, Washington D.C., Vol. 38, Nr. 150.

IV. Europa

Knight, D. J.: Developments of Harbour Radar at Liverpool. IX. Int. Conf. on Lighthouses and other Aids to Navigation. Ottawa 1975. 9.4.2.
British Transport Docks Board: Integrated Port Communications System for Southampton. Bulletin AISM/IALA (1973), No. 55, S. 3—11.
Harris, A. F.: Traffic Engineering in the River Thames Int. Conference on Advances in Marine Navigational Aids. London 25-27. Juli 1972, S. 316—320.

Prunieras, M. J.: Alignement de Feux utilisables de Jour du Chenal d'Accès au Port Du Havre. Bulletin AISM/IALA (1972), No. 53, S. 1—7.
Lespine, M. E.: Modern Aid-to-Navigation techniques in the Gironde Estuary. Bulletin AISM/IALA (1973), No. 55, S. 7—11.
Kérisel, T., Perrin, J.: Station Radar de Radicatel Bulletin AISM/IALA (1973), No. 54, S. 5—11.
Stratton, A.: Navigation, Traffic and the Community. Presidential Address. Inst. of Nav. Vol. 24 (1971), No. 1, S. 1—23.
Sohnke, F.: Kollisionsschutzwege in der Straße von Dover. Hansa 99 (1962), Nr. 21, S. 2183—2185.
Dickson, A. F.: Die Ausdehnung der empfohlenen Wege für Schiffe zwecks Minderung der Kollisionsgefahr in Gebieten zusammenlaufenden Verkehrs. Hansa 101 (1964). Nr. 13, S. 1362—1366.
David, Y., Perrin, J.: Different Possibilities of Establishing a Navigational Control System in the Canal. Int. Conference on Advances in Marine Navigational Aids, London 25-27. Juli 1972, S. 164—170.
—: The Channel Traffic Surveillance System. Bulletin AISM/IALA (1972), No. 51, S. 33—36.
IMCO: Resolution A. 284 (VIII). Routeing Systems. Angenommen 20. Nov. 1973. Bulletin AISM/IALA (1974), No. 60, S. 29—37.
The Royal Institute of Navigation, The Royal Institution of Naval Architects: Marine Traffic Engineering Proceedings of a Conference 24., 25. May 1972. London 1973.
Wiedemann, G.: Planungen und Maßnahmen für sichere seewärtige Zufahrten zu deutschen Häfen. Jahrb. HTG 30/31, Bd. 1966/68, S. 17—28. Berlin/Heidelberg/New York: Springer 1969.
Sohnke, F., Hartung, W.: Der Tiefwasserweg in der südlichen Nordsee. Hansa 109 (1972), Nr. 20, S. 1895—1898.
Dahme, H., Reuter, F.: 25 Jahre minenfreie Wege in der Nord- und Ostsee (Erfahrungen mit den Bezeichnungen) Hansa 190 (1972), Nr. 21.
Haase, H. J.: Possibilities for using the VHF-Transceiver as a Transponder in Traffic Surveillance Systems. Bulletin AISM/IALA (1974), No. 59, S. 1—6.
Braun, J.: Shore-based Information System. IX. Int. Conf. on Lighthouses and other Aids to Navigation. Ottawa 1975. 9.4.1.
Hilke, O., Wiedemann, G.: The radar equipment for the surveillance radar stations on Elbe and Weser. AISM/IALA Bulletin Paris. Juli 1961, S. 6—16.
Hilke, O.: Harbour Navigation System. Intern. Symposium on Maritime Navigation Sandefjord (Norw.) 24—29. Sept. 1969.
Hübschmann, P.: Erhöhte Verkehrssicherheit auf der Elbe (Einrichtung eines Verkehrstrennungsgebietes beim Feuerschiff „Elbe 1"). Hansa 109 (1972), Nr. 8, S. 775—77.
Dahme, H.: Ein Verkehrsregelungssystem auf Wasserstraßen, dargestellt am Beispiel des Nord-Ostsee-Kanals. Int. Verkehrswesen 25 (1973), 5. S. 176—184.
Ballin, C. W.: Die Verkehrslenkung am Nord-Ostsee-Kanal — Aufgabe, System und Hilfsmittel. Hansa 111 (1974), Nr. 9, S. 747—752.
Brandenburg, H. J.: Port and Terminal Navigation and Control. Inst. of Nav. Vol. 25 (1972), Jan., S. 67—72.
Oosterveld, M. W. C. (Hrsg.): Symposium on "Ship Handling" Nov. 28, 29 and 30, 1973, Wageningen. The Netherlands. Pub. No. 415 Netherlands Ship Model Basin, Wageningen. The Netherlands.
Hooft, J. P., Oldenkamp, J.: The Netherlands Ship Model Basin (NSMB) Ship Manoeuvring Simulator. Bulletin AISM/IALA (1973), Nr. 55, S. 12—18.
Schimmel, N.: Safety of shipping in Harbours and Waterways; controll and surveillance. Intern. Symposium on Maritime Navigation Sandefjord (Norw.). 24—29. Sept. 1969.

Der Ausbau des Fahrwassers der Unter- und Außenelbe auf eine Tiefe von 13,5 m unter Kartennull (KN)

Von Präsident **Fritz Reuter** und Regierungsbaurat **Winfried Reiner**,
Wasser- und Schiffahrtsdirektion, Hamburg

1. Bisherige Ausbauten und derzeitiger Ausbauzustand

Die Elbe (Abb. 1) bietet neben der Jade unter den Zufahrten zu den deutschen Häfen die günstigsten Fahrwasserverhältnisse und ist die bedeutendste und die verkehrsreichste Seeschiffahrtsstraße. Die Außenelbe (seewärts Cuxhaven) und die Unterelbe (oberhalb Cuxhaven bis zum Hafen Hamburg) dienen vor allem als Zufahrt zum Hafen Hamburg, zum Nord-Ostsee-Kanal (NOK) und zu den neuentstandenen Industriehäfen Brunsbüttel und Bützfleth.

Bereits in der ersten Hälfte des 19. Jahrhunderts begann eine systematisch betriebene Regulierung der Unterelbe, vornehmlich im Hamburger Raum, um die Wirtschaftlichkeit und Konkurrenzfähigkeit des Hafens Hamburg zu erhalten.

Noch am Ende des 18. Jahrhunderts betrug die Fahrwassertiefe z. B. bei Blankenese bei „halber Flut" nur rd. 3,5 m.

Mit wesentlichen, sich auf die Fahrwassertiefe stärker auswirkenden Ausbaumaßnahmen wurde erst in der 2. Hälfte des 19. Jahrhunderts begonnen.

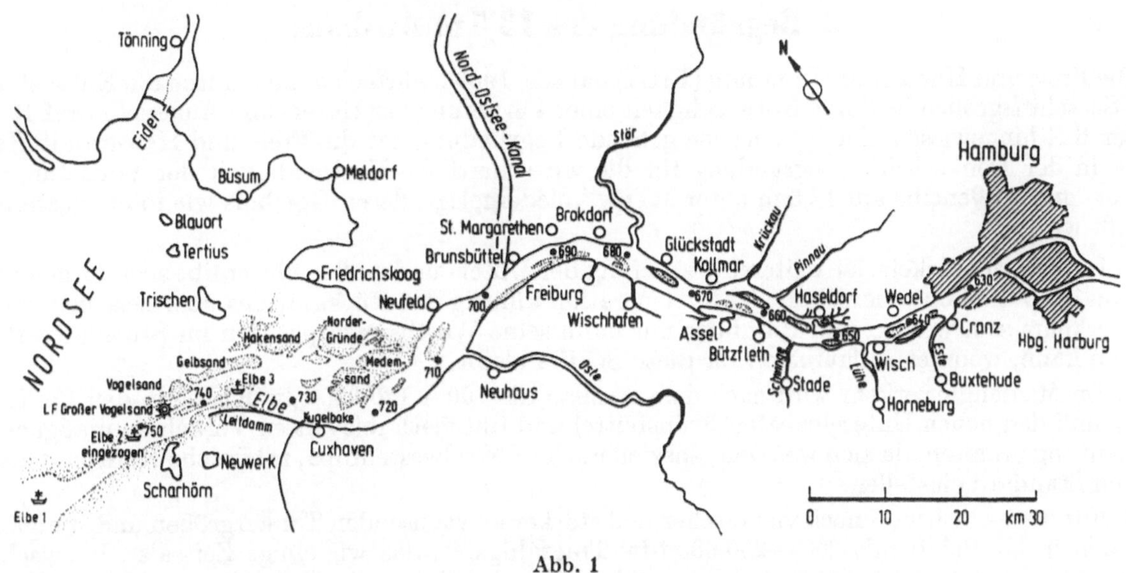

Abb. 1

Bis 1921 führte die Freie und Hansestadt Hamburg diese Arbeiten auf eigene Kosten auch außerhalb des eigenen Staatsgebietes durch; nicht nur in der sogenannten Hafenelbe innerhalb des Staatsgebietes, sondern auch auf der rd. 90 km langen Unterelbe von der Staatsgrenze bei Tinsdal bis Cuxhaven. Auf der rd. 40 km langen Außenelbestrecke von Cuxhaven bis zum Feuerschiff „Elbe 1" waren damals strombauliche Arbeiten noch nicht notwendig.

Beim Übergang der dem allgemeinen Verkehr dienenden Wasserstraßen von den Ländern auf das Reich übernahm das Reich 1921 mit dem Eigentum auch die Verpflichtung, dafür zu sorgen, daß in der Regel die größten Seeschiffe Hamburg unter Ausnutzung des Hochwassers erreichen können. Mit Rücksicht auf das rasche Anwachsen der Schiffstiefgänge mußte deshalb die Unter- und Außenelbe bis 1936 auf 10 m unter Kartennull (KN), von 1957 bis 1961 auf 11 m unter KN und zuletzt von 1964 bis 1969 auf 12 m unter KN vertieft werden (Kartennull KN entspricht etwa dem mittleren Tideniedrigwasser MTnw).

Im Bereich der Unterelbe konnte die 1961 abgeschlossene Vertiefung auf 11 m unter KN noch im wesentlichen durch Baggerungen in kleinen eng begrenzten Abschnitten erreicht werden. Die Vertiefung auf 12 m unter KN erforderte bereits erheblich größere Baggerarbeiten.

In der Außenelbe wurden die 11 m- und 12 m-Tiefe durch das Wirksamwerden des Leitdammes Kugelbake, dessen Ausbau seit 1949 planmäßig fortgeführt und bis heute weitgehend fertiggestellt wurde, und durch verstärkte Unterhaltungsbaggerungen erreicht. Diese Tiefe ist seitdem auf der Bundesstrecke von Tinsdal bis zur See mit jährlichen Unterhaltungsbaggerungen von 8 — 9 Mio m³ jederzeit voll gehalten worden.

Trotz aller dieser zielstrebig durch umfangreiche Baumaßnahmen erreichten großen Erfolge ist die Unter- und Außenelbe mit den Nebenelben, bei den verhältnismäßig wenigen Buhnen und dem nur sehr gering „versteinten" Ufer weitgehend in dem von der Natur überkommenen Zustand und — wir nehmen etwas vorweg — wir wollen das auch für die Zukunft möglichst so erhalten.

Bei mittleren Tideverhältnissen können zur Zeit Schiffe mit Tiefgängen bis zu 36′ (11,0 m) — das entspricht Massengutschiffen mit einer Tragfähigkeit von 30/35 000 tdw — den Hamburger Hafen tideunabhängig erreichen oder verlassen. Bei tideabhängiger Fahrt bestehen einkommend und ausgehend erhebliche Tiefgangsunterschiede. Einkommend kann der Hafen unter Ausnutzung des Hochwassers von Schiffen mit Tiefgängen bis zu 42′ (ca. 12,80 m) — entsprechend Massengutschiffen von 70/80 000 tdw Tragfähigkeit — erreicht werden. Auslaufende Schiffe dürfen bei Einhaltung ganz bestimmter tidebedingter Abfahrtzeiten allenfalls Tiefgänge bis zu 39′ (11,9 m) haben und müssen dann aber noch auf der Unterelbe an einem Platz mit ausreichender Wassertiefe etwa 4 Stunden ankern, da das Schiff auch bei optimaler Anpassung an die Tide nicht der Begegnung mit dem nächsten entgegenkommenden Tideniedrigwasser ausweichen kann.

2. Begründung des 13,5 m Ausbaus

Die Freie und Hansestadt Hamburg (FHH) hat seit 1969 mehrfach auf die durch die Entwicklung der Seeschiffsgrößen bedingte Notwendigkeit einer Vertiefung der Unter- und Außenelbe auf 13,5 m unter KN hingewiesen. Die ins einzelne gehende Begründung hat die Freie und Hansestadt Hamburg in der Denkschrift „Begründung für die wirtschaftliche Notwendigkeit der Vertiefung der Unter- und Außenelbe auf 13,5 m unter MTnw" niedergelegt, deren Ergebnis wie folgt zusammengefaßt wird:

1. Die Notwendigkeit der weiteren Vertiefung der Unter- und Außenelbe ergibt sich vornehmlich daraus, daß die Containerschiffe der 3. Generation künftig das Rückgrat des überseeischen Stückgutverkehrs sein werden und Hamburg nur dann seine Wettbewerbsposition im Stückgutverkehr halten kann, wenn es Anlaufhafen für diese Schiffe bleibt.

2. Im Massengutverkehr wird nach dem Ausbau die 100 — 120 000 tdw-Klasse in den für Hamburg und den neuen Unterelbehäfen Brunsbüttel und Bützfleth relevanten Verkehren maßgebende Bedeutung erhalten, da sich weltweit, speziell auch in Nordwesteuropa, zahlreiche Häfen auf diesen neuen Standard einstellen.

3. Für die — bisher — noch viel rascher und stärker anwachsenden Tankergrößen und -tiefgänge, bei denen das Schiff mit 200 — 250 000 tdw Tragfähigkeit, das wir einige Zeit als „Regelschiff" angesehen haben, durch die Entwicklung überholt wird, kann die Unterelbe wirtschaftlich vernünftig nach unseren heutigen Erkenntnissen nicht mehr ausgebaut werden. Trotzdem ist auch für den Betrieb der Raffinerien an der Unterelbe der weitere Ausbau von Bedeutung, da neben der vorgesehenen späteren Versorgung durch eine Pipeline von Wilhelmshaven auch weiterhin dann größere Tanker auf Hamburg und Brunsbüttel, ggf. mit Teilladung, fahren werden und können. Aber auch der zunehmende Export von Mineralölprodukten wird mit größeren Tankern wirtschaftlicher.

4. Der Hafen würde infolge einer unterlassenen oder nicht rechtzeitig durchgeführten Vertiefung der Unter- und Außenelbe wesentliche Teile seines Verkehrs verlieren. Sofern diese Verkehre nicht auf außerdeutsche Häfen abwandern, müßten an anderer Stelle umfangreiche Hafen- und Verkehrsinvestitionen getätigt werden, um die verlagerten Verkehrsströme bewältigen zu können.

5. Der geplante Tiefwasserhafen bei Neuwerk/Scharhörn ist ein eigenständiges Projekt für die Ansiedlung von Industrie, die auf den Verkehr mit sehr großen Schiffen (250 000 tdw bis 300 000 tdw, evtl. sogar noch größer) angewiesen ist und kann deshalb nicht als ein Vorhafen für Hamburg angesehen werden, dessen Bau den Elbeausbau überflüssig machen würde.

Es muß ferner darauf hingewiesen werden, daß der stark zunehmende Verkehr von großen Schiffen auf der Elbe (Abb. 2) in Verbindung mit der Tendenz, die verfügbaren Wassertiefen immer stärker auszunutzen, die nautischen Risiken beim derzeitigen 12 m-Ausbauzustand der Elbe in einem kaum noch vertretbaren Maß vergrößert. Bei geringer „keel clearance" erhöht sich die Gefahr des Festkommens im Fahrwasser mit all ihren unübersehbaren Folgen. Der ständige Verkehr großer Containerschiffe führt zu regelmäßigen Begegnungen größter Schiffe in dem bisher nur schmalen Fahrwasser. Hinzu kommt die manchmal unausweichliche Notwendigkeit des Zwischenankers, wobei die Schiffe jedesmal gedreht werden müssen und das Fahrwasser zeitweise sperren — dies oft noch im tiefen Fahrwasserbereich bei Brunsbüttel, wo durch Lotsenwechsel und zusätzlichen Kanalverkehr ohnedies besondere Sicherheitsrisiken auftreten.

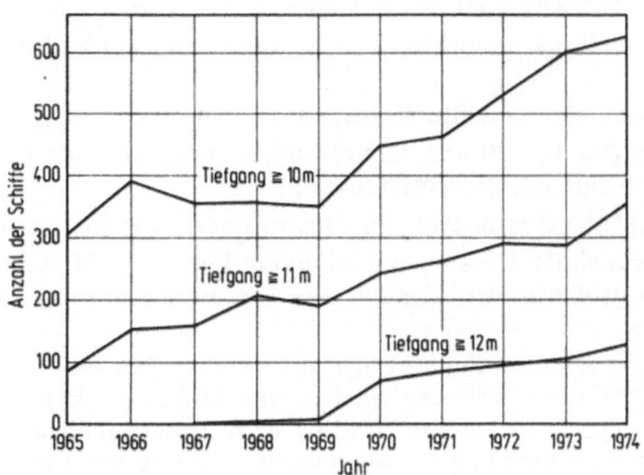

Abb. 2. Passagen (einkommend) von Fahrzeugen ab 10 m Tiefgang bei Cuxhaven.

Die Bundesregierung und der Senat der Freien und Hansestadt Hamburg haben deshalb 1973 beschlossen, die Unter- und Außenelbe auf 13,5 m unter KN auszubauen. Nach dem Ausbau des Fahrwassers können bei mittleren Tideverhältnissen Container-Schiffe der 3. Generation die Elbe tideunabhängig befahren und Massengutschiffe mit einer Tragfähigkeit von 100/120 000 tdw in tideabhängiger Fahrt auf der Elbe einkommend bis Hamburg gelangen.

3. Grundlagen und vorbereitende Planung des 13,5 m-Ausbaus

3.1 Allgemeines

Aufbauend auf älteren Untersuchungen von Meisel (1954) und Hensen (1959) hat die Wasser- und Schiffahrtsdirektion Hamburg 1970 eine Studie über die technischen Möglichkeiten weiterer Vertiefungen erarbeitet. Die Studie kommt zu dem Ergebnis, daß es technisch möglich und bei der Entwicklung des Schiffbaus und des Verkehrs wirtschaftlich sinnvoll ist, die Elbe auf 13,5 m unter KN zu vertiefen.

Von der rd. 115 km langen Ausbaustrecke der Elbe zwischen dem Eingang zur Mittelrinne in der Außenelbe und dem Athabaskahöft im Hamburger Hafen sind nur etwa 15 km von Natur aus so tief, daß keine Eingriffe erforderlich sind. Die übrigen rd. 100 km müssen durch Baggerungen vertieft werden, wobei nur in einigen Teilstrecken dies auf der ganzen Breite erfolgen muß. Im weitaus größten Teil sind die an sich vorhandenen 13,5 m-Tiefen auf die neue volle Fahrwasserbreite zu bringen. Dabei wird die tiefe Fahrrinne vom Hamburger Hafen bis zur Störmündung und in der Mittelrinne um 50 bis 100 m verbreitert, weil bei den größer gewordenen Schiffen nicht nur die Tiefgänge, sondern auch die Schiffsbreiten zugenommen haben; wegen der größeren Schiffslängen und -breiten werden in Kurven weitere Verbreiterungen der Fahrrinne nötig. Es ist davon ausgegangen worden, daß nach vorliegenden Erfahrungen ein Schiff zum normalerweise gefahrlosen Navigieren auf dem Tidestrom wenigstens das Dreifache seiner Breite benötigt. Die nach der Vertiefung zu erwartenden und zum Teil schon vorhandenen Schiffe haben Breiten von 40 m und mehr. Sie müssen sich begegnen und überholen können.

Die vertiefte Fahrrinne wird nach dem Ausbau auf den einzelnen Streckenabschnitten daher folgende Sohlbreiten aufweisen:

Im Hamburger Hafen .... 250—300 m (z. Z. 200 m)

Von der hamburgischen Landesgrenze bei Wedel bis zur Störmündung
(in den Kurven bis 400 m)...................................... 300 m (z. Z. 200 m)

Von der Störmündung bis zur Mittelrinne (in den Kurven bis 500 m) .　　　400 m　(z. Z. 400 m)

In der Mittelrinne . . . .　　500 m　(z. Z. 400 m)

Zusätzlich müssen in allen Streckenabschnitten beidseitig entsprechende Überbreiten so gebaggert werden, daß sich außerhalb der geforderten Sohlenbreiten eine natürliche Böschung einstellen kann.

Bei der Festlegung der neuen Sohlenlage sind die sich auf die neue Wasserspiegellage (unterschiedliche Tidehübe zwischen Cuxhaven und Hamburg, absinkendes MTnw im oberen Bereich) und die Schiffstiefgänge (unterschiedlicher Salzgehalt) auswirkenden Faktoren berücksichtigt worden, um gleichwertige Wassertiefen auf der ganzen Strecke zu erhalten.

In der Unter- und Außenelbe können drei charakteristische Sohlenformationen und Bodenarten unterschieden werden:

a) Ebene Sohle bestehend aus schluffhaltigen Feinsanden und teilkonsolidiertem Schlick,

b) Sohle mit Riffeln (bis 0,5 m) aus Mittelsanden, zum Teil schwach schluffhaltig und feinsandig, im Seebereich mit Schillbeimengungen,

c) Sohle mit Großriffeln aus Mittel- bis Grobsanden mit Feinkiesanteilen.

Während unterhalb Brunsbüttel fast ausschließlich Fein- bis Mittelsand zu baggern ist, wird oberhalb Brunsbüttel ein größerer Anteil auch aus den Bereichen der Sohlenformation b) und c) gebaggert werden müssen.

Die quer zur Strömung verlaufenden Großriffel erreichen bei einem Abstand von 40 bis 50 m Höhen von 2 bis 5 m. Die Fahrwassertiefe wird in den Riffelstrecken durch die Höhe der Riffelkämme bestimmt. Es ist nicht ausreichend und es wäre unwirtschaftlich, wenn die Riffelkämme nur bis auf die Höhe der vorgesehenen Fahrwassertiefe abgebaggert werden, da sie sich erfahrungsgemäß dann in kurzer Zeit wieder aufbauen und zu Untiefen im Fahrwasser führen. Für die Elbe hat es sich als wirtschaftlich herausgestellt, die Riffelstrecken in Vorratsbaggerungen um bis zur Hälfte der Riffelhöhe tiefer abzubaggern als zunächst zur Erreichung der vorgesehenen Fahrwassertiefen erforderlich wäre. Dies wird auch durch die Untersuchungen von Nasner (1974) bestätigt, nach denen die Talbereiche der Riffel nach der Durchführung von Baggerarbeiten verhältnismäßig stabil bleiben, während sich der in das Riffelfeld eingetriebene Sand hauptsächlich in den Kämmen ablagert. Eine Baggerung ist in einem Riffelfeld dann am erfolgreichsten, wenn die Kämme der Riffel möglichst tief abgebaggert werden und das Baggergut so verfrachtet wird, daß es nicht wieder in das Riffelfeld zurückgelangen kann, da die Regeneration der Riffel hauptsächlich durch Sandeintrieb von den Seiten her erfolgt.

Um den größten Effekt zu erzielen, wurden die Vertiefungsbaggerungen so geplant und angesetzt, daß ihre Auswirkungen für die Containerschiffe sobald als möglich sichtbar werden. Da diese nach Fahrplan, also tideunabhängig fahren, ergeben sich für sie die Fahrwasserprobleme immer dann, wenn sie Hamburg in Richtung See verlassen wollen, da sie dann auf der 115 km langen Strecke zwischen Hamburg und dem Ende der tiefen Rinne in Höhe von Scharhörn stets in das ihnen entgegenkommende Tideniedrigwasser hineingeraten. Um den sich daraus ergebenden zeitlichen Spielraum der Abfahrtszeiten von Hamburg möglichst bald zu vergrößern, ist anhand von Weg-Zeit-Wassertiefendiagrammen ermittelt worden, daß mit der Vertiefung gleichzeitig im Hafen Hamburg und in der Mittelrinne, also von beiden Enden der Ausbaustrecke her, begonnen werden muß.

Zur Erhaltung des vertieften Fahrwassers mit wirtschaftlich vertretbaren Mitteln ist neben der erforderlichen Unterhaltungsbaggerung der Ausbau bestehender Leitdämme, Buhnen und Uferdeckwerke vorgesehen, u. a. die Verlängerung des Leitdamms Kugelbake, die Sicherung bzw. Verstärkung der Osteriffstacks, des Leitdamms Pagensand/Nord, des Deckwerks der Insel Lühesand und des Leitwerksystems der Insel Hanskalbsand.

3.2 Außenelbe

In der Außenelbe (Abb. 3), seewärts des Stromspaltungsgebietes beim Neuen Luechtergrund, und oberhalb dieser Strecke vom Feuerschiff „Elbe 3" bis über Cuxhaven hinaus, bestand auch schon vor Beginn der Arbeiten des 12 m-Ausbaus ein sehr breites und tiefes Fahrwasser. Die Stromspaltungsstrecke selbst wurde aber noch bis vor etwa 15 Jahren als der kritische, kaum zu beherrschende Bereich zwischen der See und Hamburg angesehen.

Der Leitdamm Kugelbake, mit dessen Bau bereits 1939 begonnen und der bis 1971 auf eine Länge von 9 km hergestellt wurde, hat rasch zu einer Schwächung des sogenannten Neuwerker Fahrwassers, der großen südlichen Flutrinne in dem Dreirinnensystem dieser Barrenstrecke geführt. Dadurch wurde die navigatorisch günstige Mittelrinne verstärkt vom Flutstrom angenommen. Durch konzentrierte Baggerungen und gezielte Verklappungen wurde diese günstige Entwicklung unterstützt. Eine Verschlechterung der Norderrinne, die z.Z. noch von auslaufenden Schiffen, außer besonders tiefgehenden, benutzt wird, wird bewußt in Kauf genommen, da die Mittelrinne in Zukunft als einziges Fahrwasser dienen soll.

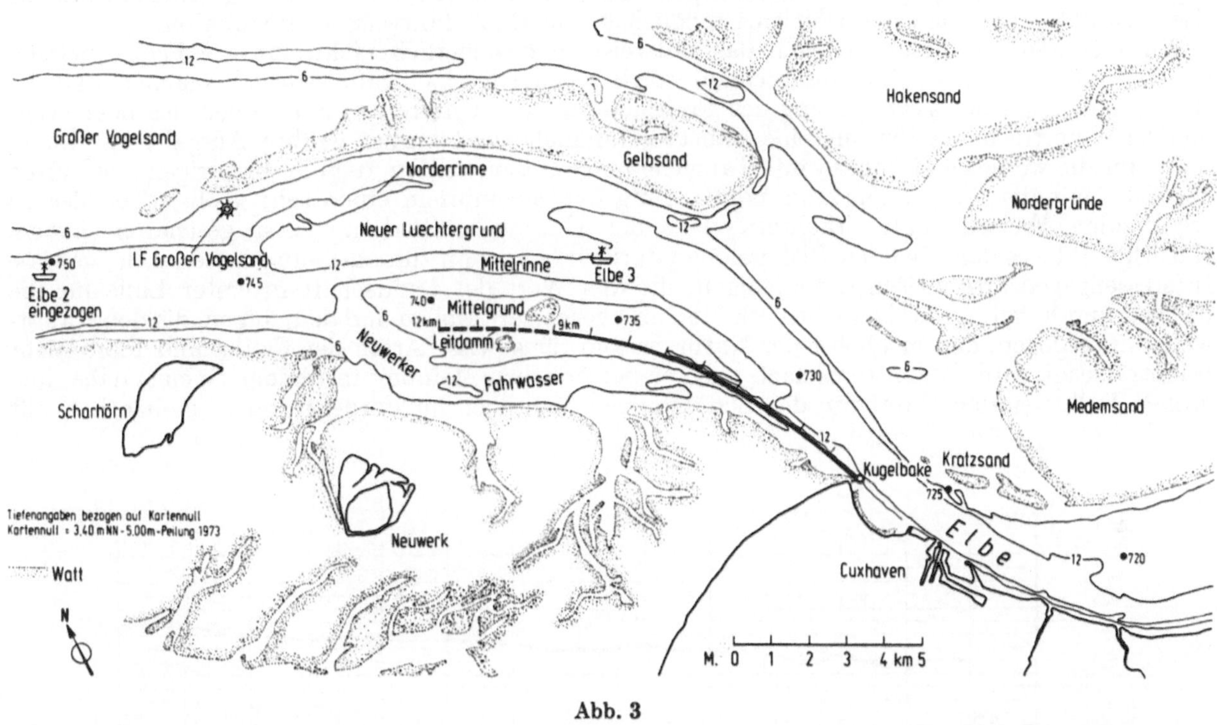

Abb. 3

Der Leitdamm hat sich als die Maßnahme erwiesen, die das Fahrwasser im bisher wohl schwierigsten Elbebereich so stabilisiert hat, daß die Unterhaltungsbaggerungen in dieser Strecke spürbar zurückgehen. Auch die vom Bau des Leitdamms erwartete Erweiterung der Stromenge vor Cuxhaven, die das Einlaufen der Tidewelle in die Unterelbe bisher behindert hat, ist eingetreten; so hat sich z.B. zwischen Cuxhaven und dem gegenüberliegenden Kratzsand der Abstand der beiderseitigen 12 m-Tiefenlinien um rd. 250 m vergrößert und die Stromrinne selbst hat sich um 5 m vertieft.

Die vorgesehene seewärtige Verlängerung des Leitdammes um 3 km wird nach Untersuchungen der Bundesanstalt für Wasserbau im Elbemodell mit beweglicher Sohle die in diesem Strombereich anfallenden Unterhaltungsbaggerungen merklich reduzieren.

3.3 Unterelbe

Die vor allem von Ornithologen, Botanikern, Hydrobiologen und Wassersportlern im Planfeststellungsverfahren gegenüber der Wasser- und Schiffahrtsdirektion Hamburg vorgebrachten Bedenken hinsichtlich der Unterbringung des Baggerbodens konnten weitgehend ausgeräumt werden. Zur optimalen Lösung dieses Problems wurde eine Arbeitsgruppe mit bedeutenden Wissenschaftlern beratend hinzugezogen, so daß die Belange der Ökologie in ausreichendem Maße berücksichtigt werden konnten.

Bei der Auswahl der Ablagerungsflächen (in Abb. 7: von der Stör bis Hamburg) wurde auf ökologisch weniger bedeutsame Gebiete zurückgegriffen, um die Vegetation und die Hydrobiologie der wertvolleren Wattgebiete mit ihrer Bedeutung für die Selbstreinigung und für Fauna und Flora zu erhalten. Die neuen Flächen werden so ausgebildet, daß sie sich nach Beendigung der Spülmaßnahmen in die angrenzende Landschaft bzw. das umliegende Stromgefüge eingliedern. Die Aufspülfläche wird so bemessen, daß das vorhandene Gelände nahtlos in das neue übergeht, um u.a. auch eine Beeinträchtigung der angrenzenden Bereiche zu vermeiden.

In einem landschaftspflegerischen Begleitplan wird besonderer Wert auf die landschaftlich reizvolle Ausgestaltung und die standortgemäße Bepflanzung (standortrichtige Gräser, Kräuter,

Gehölze, Binsen, Reth) gelegt. Es werden auch die Voraussetzungen für die Entwicklung neuer Wattflächen, z. B. durch Anlegen einer „Lagune" beim Schwarztonnensand, geschaffen, welche die Grundlage für zusätzliche Fischlaichgebiete und Standplätze für Jungfische bringen.

Zur Erhaltung des vorhandenen Landschaftsbildes werden Nebenrinnen und Nebenfahrwasser der Elbe im Rahmen des Ausbaus nicht abgeschlossen, selbst wenn dies eine Verbesserung der Strömungsverhältnisse im Hauptfahrwasser gebracht hätte und damit Mittel in der Unterhaltungsbaggerung hätten eingespart werden können. Dies ist auch aus dem Grunde geschehen, um die Kleinschiffahrt und die Sportschiffahrt möglichst vom Hauptfahrwasser fernzuhalten.

Wir möchten bei diesem Thema, das zeitweise, und sicherlich nicht nur wie heute vielfach üblich emotionsbedingt, die Öffentlichkeit stark beschäftigt hat, ganz deutlich machen, daß die Erhaltung, möglichst Verbesserung des Freizeitwertes der Unterelbe im Rahmen des noch wirtschaftlich vertretbaren für uns eine selbstverständliche und immer geübte Aufgabe ist. Dabei sollte auf die weitgehend unbekannte Tatsache hingewiesen werden, daß die bisherigen Ausbauten der Elbe mit der Aufspülung und Bepflanzung der Strominseln einen sehr großen Teil des zu erhaltenden Freizeit- und Erholungswertes der Unterelbe überhaupt erst geschaffen haben. Natürlich gibt es dann bei den Diskussionen darüber, was man tun oder unterlassen solle, gewisse Interessengegensätze zwischen denjenigen, die den Wert der Landschaft in erster Linie für die Freizeit und Erholung der Menschen erhalten und verbessern wollen und denjenigen, die den Hauptwert darauf legen, daß möglichst der Naturzustand für gewisse Arten der Fauna und Flora nicht beeinträchtigt wird. Auch wenn nach unserer persönlichen Meinung in diesem Gebiet, nahe dem großen Ballungsraum Hamburg, das Bedürfnis der Menschen im Vordergrund zu stehen hat, gilt

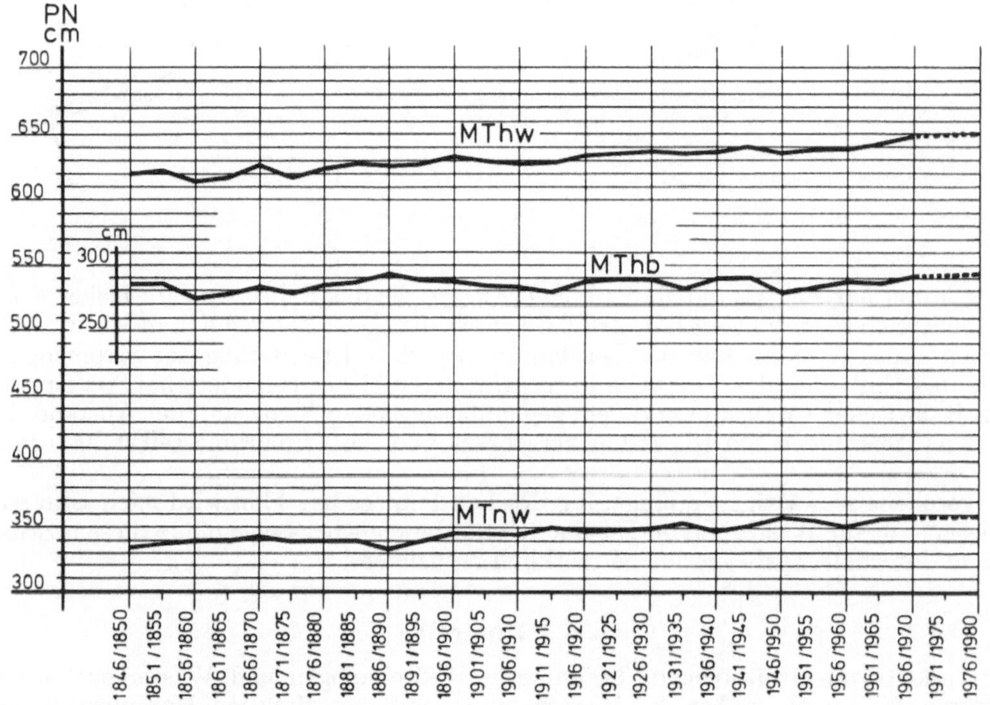

Abb. 4. Mittlere Scheitelwasserstände und mittlerer Tidehub am Pegel Cuxhaven (5-Jahresmittel).

es einen Kompromiß zwischen diesen Interessengegensätzen zu finden. Wir meinen, daß der erwähnte landschaftspflegerische Begleitplan die Belange der Ökologie, der Landschaftspflege, des Freizeitwertes und der Sportschiffahrt bei noch tragbarer Wirtschaftlichkeit des Vorhabens vernünftig regelt.

Die durch den 13,5 m-Ausbau zu erwartenden Wasserstandsänderungen von See bis zum Wehr Geesthacht sind sowohl in einem Modell mit beweglicher Sohle und einem Modell mit fester Sohle als auch mittels Tidewellenberechnungen bei der Bundesanstalt für Wasserbau eingehend untersucht worden. Dabei hat sich ergeben, daß die Tidehochwasser (MThw)-Scheitelwerte sich nur im cm-Bereich bis max. 5 cm ändern (Abb. 4 und 5), während die Tideniedrigwasser (MTnw)-Scheitelwerte zunehmend von See bis Hamburg bis max. 25 cm absinken. Der mittlere Tidehub

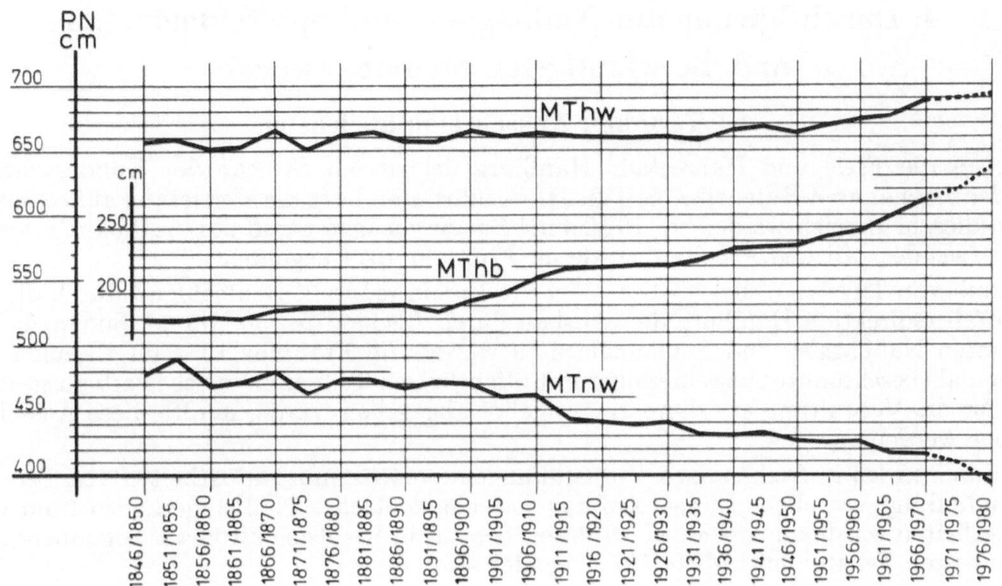

Abb. 5   Mittlere Scheitelwasserstände und mittlerer Tidehub am Pegel Hamburg St. Pauli (5-Jahresmittel).

verstärkt sich also zunehmend von See bis Hamburg (Abb. 4 und 5), was den tiefgehenden, tide-abhängigen Schiffen zugute kommt.

Aus Abb. 6 ist — trotz der „verzerrten" Darstellung — zu erkennen, daß die Vergrößerungen der Querschnitte bezogen auf den Gesamtquerschnitt überall nur sehr gering sind. Die Vergrößerung der Querschnitte beträgt im Mittel bei MTnw 2,5%, im oberen Bereich der Unterelbe beträgt sie bei Wedel max. 6% bei MTnw. Noch wesentlich geringer sind die Vergrößerungen der Querschnitte, bezogen auf den jeweiligen Gesamtquerschnitt bei MThw. Der darüber liegende Bereich der Sturmflutwasserstände ist in spürbarer Größe von den durch den 13,5 m-Ausbau erzeugten Querschnittsänderungen nicht mehr betroffen. Die Untersuchungen haben ergeben, daß daher durch den Elbe-Ausbau Erhöhungen der Sturmflutwasserstände praktisch nicht auftreten werden. Die immer wieder in örtlichen Zeitungen hochkommenden Befürchtungen, daß durch den Ausbau die Sturmfluten erhöht würden, sind unbegründet. Bekanntlich haben die Elbe-Ausbauten nichts mit den sturmflutfreien Absperrungen der Elbe-Nebenflüsse und den Deich-vorverlegungen in verschiedenen Bereichen der Unterelbe zu tun.

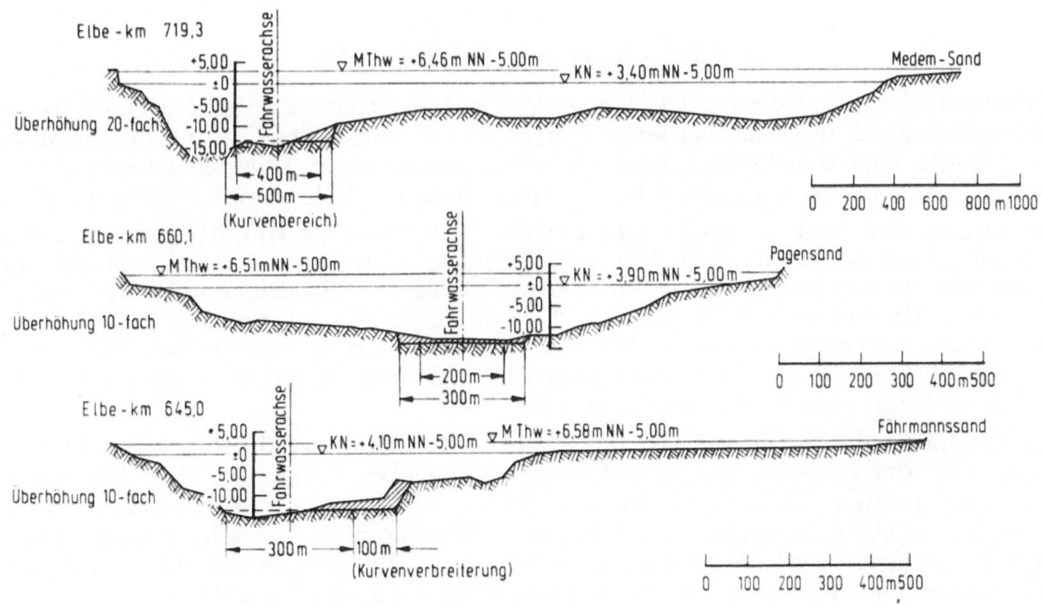

Abb. 6

4. Durchführung der Naßbagger- und Spülfeldarbeiten und die wichtigsten Strombauwerke

4.1 Termine, Ausschreibung, Kosten

In der an die Freie und Hansestadt Hamburg delegierten Strecke der Bundeswasserstraße Elbe — der sogenannten Hafenelbe bis Tinsdal — führt Hamburg die Vertiefung auf eigene Kosten durch. In diesem Bereich werden rd. 10 Mio m³ Boden gebaggert und zur Aufhöhung von Hafenflächen verwendet. Mit den Arbeiten wurde im Frühjahr 1974 begonnen.

Unterhalb von Tinsdal/Wedel bis See führt die Bundesrepublik Deutschland durch die Wasser- und Schiffahrtsdirektion Hamburg den Ausbau durch. Es sind rd. 50 Mio m³ Boden zu baggern. Die gesamten Naßbagger- und Spülfeldarbeiten wurden im Frühjahr 1974 im Rahmen der EG-Richtlinien als beschränkte Ausschreibung mit öffentlichem Teilnahmewettbewerb ausgeschrieben. Da kein für die Verwaltung annehmbares Angebot abgegeben wurde, mußte diese Ausschreibung aufgehoben werden.

Daraufhin wurden in freihändigen Verhandlungen zunächst nur die Arbeiten von See bis etwa zur Störmündung vergeben. Diesen Auftrag hat ein deutsches Naßbaggerkonsortium erhalten. Mit den Arbeiten wurde im November 1974 von See aus in Richtung stromauf begonnen; sie sollen in diesem ersten Teilabschnitt Mitte 1976 beendet sein.

Im Frühjahr 1976 wird auch mit der Vertiefung eines weiteren Abschnittes bis zur Hamburger Landesgrenze begonnen. Die Planung sieht vor, daß Ende 1978 der Schiffahrt ein von See bis zum Hamburger Hafen durchgehend auf 13,5 m unter KN vertieftes Fahrwasser in voller Breite zur Verfügung stehen soll.

Vor Beginn und während der Naßbaggerarbeiten in den einzelnen Strombereichen sind noch mehrere im Bereich der Vertiefung und Verbreiterung des Fahrwassers liegende Wracks zu beseitigen. Die für den Ausbau erforderlichen Strombauwerke (Buhnen, Uferdeckwerke, Leitdämme) sollen je nach ihrer Dringlichkeit und in Abhängigkeit von den zur Verfügung stehenden Haushaltsmitteln zum Teil parallel mit den Baggerarbeiten, spätestens aber bis Ende 1980 fertiggestellt werden.

Die Kosten für den Ausbau der gesamten Bundesstrecke von See bis Tinsdal betragen — nach dem Preisstand von 1972 — rd. 350 Mio DM, davon entfallen alleine auf die Naßbagger- und Spülfeldarbeiten rd. 240 Mio DM.

Die Freie und Hansestadt Hamburg hat inzwischen den Wunsch geäußert, daß bereits bis Ende 1977, d.h. bis zur Inbetriebnahme des neuen „Hansaport", die Vertiefung der Unter- und Außenelbe auf ganzer Länge fertiggestellt wird. Über die technischen Möglichkeiten und finanziellen Folgerungen wird z.Z. zwischen dem Bund und Hamburg verhandelt.

4.2 Die einzelnen Strombereiche

Das Strombett der Elbe befindet sich, von einigen kurzen Strecken abgesehen, noch weitgehend in einem Naturzustand, der sich über lange Zeiträume hin überwiegend auf natürliche Weise entwickelt hat. Deshalb ist es nicht verwunderlich, daß in den einzelnen Teilstrecken sehr unterschiedliche Bedingungen und Schwierigkeiten bei der Herstellung der Fahrwasservertiefung auftreten.

In der Außenelbe (Abb. 1 und 3) wird nur die Mittelrinne als Hauptfahrwasser auf 13,5 m unter KN ausgebaut (s. Abschn. 3.2). Um den Flutstrom frühzeitig mit zur Räumung und Freihaltung des Fahrwassers heranzuziehen, soll die Vertiefung der Mittelrinne möglichst zügig fertiggestellt werden. Es sind deshalb gleichzeitig 2 große Hopperbagger mit einem Laderauminhalt von 6000 m³ bzw. 4000 m³ eingesetzt worden. Der Baggerboden wird seewärts Scharhörn verklappt. Möglichst schnell soll auch der Leitdamm Kugelbake zur weiteren Stabilisierung der Mittelrinne um rd. 3 km verlängert werden (s. Abschnitt 3.2).

In der anschließenden Stromstrecke Cuxhaven—St. Margarethen war ein 13,5 m tiefes Fahrwasser vor Ausbaubeginn bereits auf größeren Strecken vorhanden. Der hier anstehende Boden wird zum größten Teil für das Deichbauvorhaben Nordkehdingen des Landes Niedersachsen und für die Industrieland-Aufspülungen des Landes Schleswig-Holstein bei Brunsbüttel abgegeben, die übrige Bodenmenge wird in der Außenelbe verklappt. Im Bereich des Altenbrucher Bogens und der Ostemündung wird seit langem eine Südverlagerung des Strombettes beobachtet, hier werden im Zuge des Ausbaues weitere Sicherungsarbeiten an besonders gefährdeten Uferdeckwerken und Stacks (z.B. Osteriffstacks) erforderlich.

Mit dem oberhalb St. Margarethen bis etwa zur Störmündung gewonnenen Boden wird vor dem weitgehend schaarliegenden Landesschutzdeich zwischen Hollerwettern und Scheelenkuhlen ein Deichvorland gespült. Die im Bereich der Vorspülung erforderlichen Spülfeldsicherungs-, Deckwerks- und Buhnenbauarbeiten werden gemeinsam mit dem Land Schleswig-Holstein geplant und ausgeführt.

Ein großer Teil des oberhalb der Störmündung bis etwa zur Schwinge (Abb. 7) gewonnenen Bodens wird auf den Schwarztonnensand aufgespült, weitere Bodenmengen aus diesem Abschnitt sollen voraussichtlich auf ein im Eigentum der Stadt Glückstadt befindliches Deichvorland aufgespült werden. Falls sich die Bautermine der vom Land Niedersachsen geplanten Deichbaumaßnahme Krautsand-Asseler Sand mit der Terminplanung des 13,5 m-Ausbaus vereinbaren lassen, soll auch ein Teil des Bodens für diesen Deichbau abgegeben werden. Mit der Aufspülung und landseitigen Anbindung des Schwarztonnensandes muß der Leitdamm Pagensand-Nord erhöht und verstärkt werden. Außerdem muß das Deckwerk der Insel Rhinplatte an der der Hauptrinne zugekehrten Seite verstärkt werden.

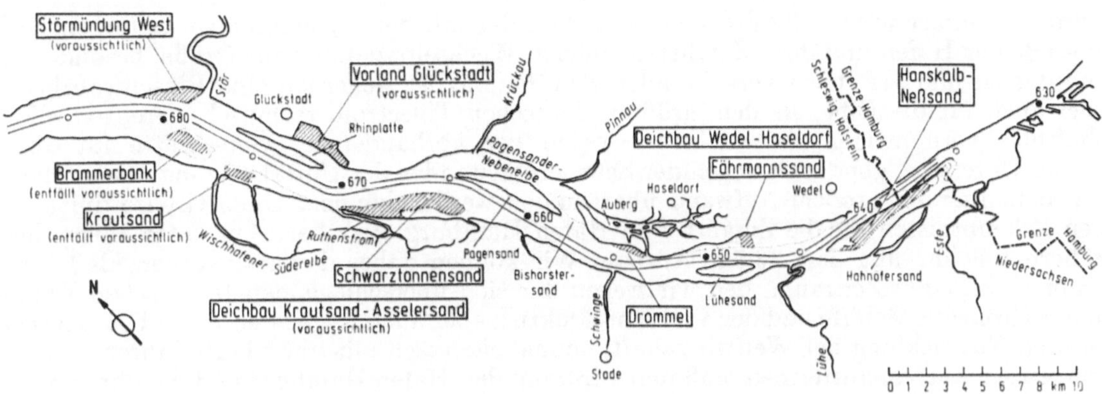

Abb. 7. Ablagerung des Bodens oberhalb der Störmündung bis Hamburg.

Im Streckenabschnitt von der Schwinge bis zur Landesgrenze der Freien und Hansestadt Hamburg (Abb. 7) wird ein großer Teil des Bodens für das Deichbauvorhaben Wedel-Haseldorf des Landes Schleswig-Holstein abgegeben. Der übrige Boden wird hauptsächlich auf die Spülfelder Hanskalb-Neßsand und Drommel verteilt. Als wichtigste Strombauwerke sind in diesem Abschnitt die Verstärkung des zur Hauptelbe hin gelegenen Deckwerks der Insel Lühesand und die Verstärkung des Leitwerks am Westende der Insel Hanskalbsand zu nennen.

5. Weitere im Zuge des 13,5 m-Ausbaus durchzuführende Maßnahmen

Nur am Rande sei in diesem Zusammenhang erwähnt, daß im Zuge des 13,5 m-Ausbaus auch umfangreiche Maßnahmen zum Neubau und zur Anpassung von Seezeichenanlagen — z.B. Vermehrung der schwimmenden Seezeichen, Einrichtung neuer Richtfeuerlinien, Erstellung verschiedener Leit- und Quermarkenfeuer sowie Schaffung zusätzlicher aktiver und passiver Radarziele — erforderlich werden. Diese Maßnahmen sind notwendig, weil in einzelnen Bereichen die Lage der tiefen Fahrrinne verändert wird, aber auch, weil bei den größeren Schiffen und dem zunehmenden Verkehr von Schiffen mit gefährlicher Ladung zur Erhöhung der Verkehrssicherheit im Revier sowohl die Höhe und Anordnung der bestehenden Feuertürme als auch die Helligkeit der Leuchtfeuer vergrößert und verbessert werden müssen. Aus demselben Grund ist ein weiterer Ausbau des Nachrichten- und Pegelnetzes der Unterelbe erforderlich.

In dem Planfeststellungsbeschluß für den 13,5 m-Ausbau wird dem Ausbauunternehmer Wasser- und Schiffahrtsdirektion Hamburg zusätzlich zu den in Abschn. 4.2 genannten Strombauwerken die Durchführung weiterer Maßnahmen zur Sicherung bestimmter Uferstrecken (z.B. Ufervorspülungen, Instandsetzung von Buhnen und Deckwerken) auferlegt. Außerdem werden umfangreiche Beweissicherungsmessungen angeordnet (z.B. Wasserstandsmessungen, Herstellung von Luftbildkarten, laufende Messungen der Brackwasserzone, Messungen der Uferbeanspruchung durch Schiffswellen).

Durch den Ausbau kann ein — wenn auch nur geringfügiges — weiteres Absinken des MTnw in der Oberelbe zwischen Hamburg und der Staustufe Geesthacht die Schiffahrtsverhältnisse in diesem Teil der Oberelbe beeinträchtigen. Zwischen Hamburg und Geesthacht werden deshalb die Fahrwasserverhältnisse im Zuge des 13,5 m-Ausbaus an das sich nach dem Ausbau einstellende MTnw anzupassen sein.

Rechtzeitig mußten auch die Maßnahmen eingeleitet werden, die es uns nach Fertigstellung des 13,5 m-Ausbaus erlauben, die hergestellten neuen Tiefen dann auch jederzeit zu erhalten. Wir rechnen dabei damit, daß nach einigen Jahren ein neuer Beharrungszustand eintreten wird, in dem dann der jetzige Umfang der jährlichen Unterhaltungsbaggerungen von rd. 9 Mio m³ nicht mehr wesentlich überschritten wird. Um diese Leistung wirtschaftlich erbringen zu können, wird der überalterte und teure Eimerkettenbaggerbetrieb ersetzt durch einen weiteren leistungsfähigen Hopperbagger von 4500 m³ Ladefähigkeit, der bei einer deutschen Werft in Auftrag gegeben worden ist.

6. Ausblick

Es wird uns immer wieder die Frage gestellt: Soll das mit den Ausbauten so weitergehen? Die Ausbaugröße der Häfen und ihrer Zufahrten steht in Wechselbeziehung zur Größe, besonders zum Tiefgang der zu und auf ihnen verkehrenden Schiffe. Das ist sicherlich eine Binsenwahrheit. Es gibt aber auch für die Elbe, als dem größten deutschen Tidestrom technische Grenzen, die mit wirtschaftlich vernünftigen Mitteln, etwa wegen der vorhandenen Querschnitte im oberen Bereich der Unterelbe, aber auch wegen der Schwierigkeiten bei der Unterbringung des anfallenden Baggerbodens nur mit großem Aufwand überwunden werden können. Diese Grenze dürfte nach heutigen Erkenntnissen für die Zufahrt zum Hafen Hamburg etwa bei 15 m unter MTnw liegen. Wir nähern uns ihr mit dem 13,5 m-Ausbau. Wir können daher davon ausgehen, daß für den überhaupt absehbaren Zeitraum, den wir wegen der sich überschlagenden technischen Entwicklung in der Größe der Schiffe und der Verkehrsstruktur, aber auch wegen der vielen Unsicherheiten der weiteren Entwicklung der Weltwirtschaft, einmal skeptisch mit nur rd. 10 Jahren annehmen möchten, dieser Ausbau ausreichen muß und wird, um den Hafen Hamburg und die übrigen Häfen der Unterelberegion lebens- und entwicklungsfähig zu halten.

Die Infrastruktur des Hafens Hamburg und ihr Ausbau*

I. Das Wasserstraßennetz und die Hafenbecken

Von Baudirektor Dipl.-Ing. **Dieter Nagel**, Hamburg

Wasserstraßennetz und Hafenbecken gehören neben Eisenbahn- und Straßennetz zu den Infrastrukturanlagen eines Hafens. Anlage und Ausbau sind weitgehend abhängig von den wirtschaftlichen und technischen Entwicklungen, durch die gerade das letzte Jahrzehnt gekennzeichnet war. Auf dem Gebiet der Seeschiffahrt waren dies das ständige Anwachsen der Schiffsgrößen und die Einführung neuer Transportmethoden in der Stückgutfahrt — gekennzeichnet durch die Stichworte Container-, Roll on/Roll off- und Barge Carrier-Verkehr. Daneben wurden in dem bis dahin unterindustrialisierten norddeutschen Küstenraum zahlreiche neue Industriebetriebe größeren Umfanges angesiedelt.

Die Ergebnisse dieser Entwicklungen sollen wegen der sich daraus ergebenden Folgerungen für den Ausbau der Hafenanlagen kurz dargestellt werden.

Das Anwachsen der Schiffsgrößen läßt sich am besten durch eine Gegenüberstellung der durchschnittlichen Schiffsgrößen von 1960 und heute zeigen.

Hatte ein normales Stückgutschiff 1960 etwa eine Tragfähigkeit von 8000 tdw und Abmessungen von 135 m Länge und 18 m Breite mit einem Tiefgang bis 8,50 m, so haben heute ein sogenanntes konventionelles Stückgutschiff eine Tragfähigkeit von 15 000 tdw und ein Containerschiff der 3. Generation von 35 000 tdw mit Abmessungen von 290 m Länge und 32,50 m Breite sowie einen Tiefgang bis zu 12,0 m.

Ein mittlerer Bulk-Carrier hatte 1960 eine Tragfähigkeit von etwa 18 000 tdw und einen Tiefgang von 9,50 m, während heute immer mehr Schiffe mit 100—120 000 tdw mit einem Tiefgang von rund 14,0 m in Fahrt kommen. Bei den Tankern führte die Entwicklung zu noch größeren Einheiten, so daß heute Schiffe von 250 000 tdw zum gewohnten Bild in der Tankschiffahrt gehören.

Die neuen Transportmethoden in der Stückgutfahrt werden für den Umschlagbetrieb des Hafens insbesondere gekennzeichnet durch die Einführung der sogenannten Unit-Loads, seien es Paletten, Flats, Container oder Roll-Trailer. Die Vergrößerung des Ladungsgewichts je Umschlagvorgang ist dabei erheblich. Betrug früher das mittlere Gewicht einer am Haken eines Kaikrans hängenden Hieve etwa nur 0,6 t, so sind es heute beim Umschlag der „Units" etwa 10 t bei einem Container und 20—40 t bei einem Roll-Trailer. Mit dem erhöhten Ladungsgewicht je Umschlagvorgang erhöhte sich auch die Umschlagleistung je Liegeplatz mit der Folge, daß heute relativ zur gesamten Umschlagmenge weniger Seeschiffsliegeplätze, aber mehr Landflächen je Liegeplatz benötigt werden. Genügten bisher für einen konventionellen Liegeplatz etwa 2 ha je Liegeplatz, so steigt der Bedarf beim Roll-Verkehr etwa auf 4 ha und beim Container-Verkehr auf 10 ha an. Bei der üblichen Lage der Schiffe längs zum Kai bedeutet der erhöhte Geländebedarf im allgemeinen eine Vergrößerung der Geländetiefe. Standen bei den in Hamburg üblichen Fingerpieren bisher etwa 100 m Geländetiefe je Liegeplatz zur Verfügung, so muß man heute für eine moderne Mehrzweckanlage mit dem doppelten Wert von 200 m und bei einem Container-Terminal mit 300 und 400 m rechnen. Das soll kurz an zwei Beispielen aufgezeigt werden:

Die Kaizunge Stettiner Straße (s. Abb. 1) — in den zwanziger Jahren gebaut — hatte als sogenannte einseitige Anlage eine Breite von 110 m. Bei der Neugestaltung erhielt sie durch die Zuschüttung des hinter der alten Kaizunge gelegenen Ellerholzkanals eine Breite von 220 m. Trotz des dabei entstehenden etwa doppelten Landflächenangebots wurde die Anzahl der Liegeplätze nur von vier auf fünf erhöht.

Der Container-Terminal Burchardkai (s. Abb. 2) ist Ende der sechziger Jahre konzipiert worden für eine zweiseitige Belegung, und zwar am Waltershofer Hafen und am Maakenwerder Hafen. Die Geländetiefe hätte hierbei 700 m betragen und eine Fläche überdeckt, auf der früher einmal zwei Kaizungen mit einem dazwischen liegenden Hafenbecken geplant waren. Auf Grund

---

* Die folgenden 3 Aufsätze sind im Rahmen der 36. Hauptversammlung der HTG im Mai 1974 als Vorträge gehalten worden.

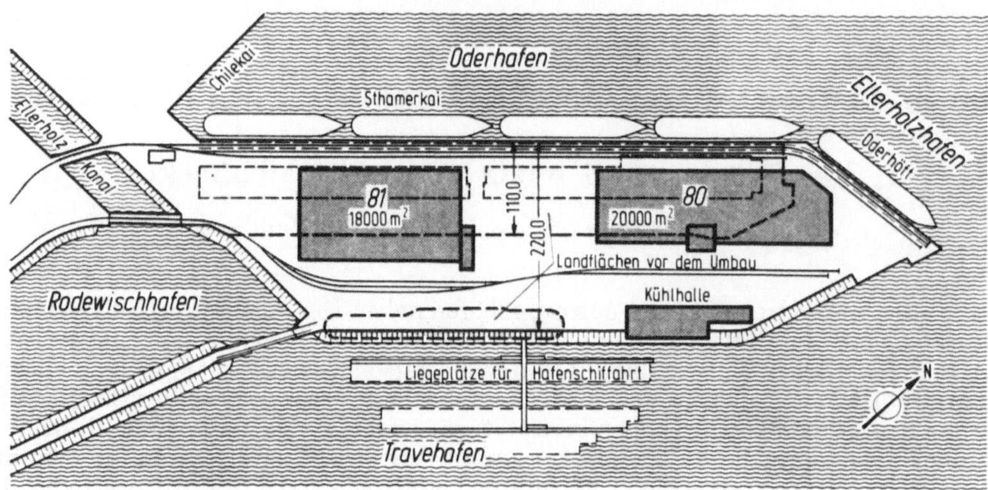

Abb. 1. Terminal Schuppen 80/81.

der weiteren Entwicklung mußte diese Konzeption inzwischen jedoch aufgegeben werden. Um dem ständig wachsenden Geländebedarf entsprechen zu können, sollen der Maakenwerder Hafen nun aufgespült und die Containerschiffsliegeplätze an der Unterelbe hergestellt werden.

Bei der verstärkten Ansiedlung von Industriebetrieben ging es nicht nur um die in der letzten Zeit berechtigterweise stark in den Vordergrund getretenen Fragen des Umweltschutzes, sondern wegen des bis dahin ungewohnt hohen Flächenbedarfs, auch um die Frage der Herrichtung ganz neuer Flächenareale, Häfen und Zufahrten.

Die hier kurz aufgezeigten Entwicklungen führten in den einzelnen Häfen zu zahlreichen Anpassungs- und Ausbaumaßnahmen, die insbesondere in den letzten Jahren einen derartigen Umfang annahmen, daß sich das Bild des Hafens in Hamburg in machen Bereichen völlig geändert hat.

Das Wasserstraßennetz (s. Abb. 3) wird in Hamburg durch die Elbe und ihre Nebenarme gebildet.

Der mit Seeschiffen befahrbare Abschnitt der Elbe endet an den Elbbrücken in Hamburg. Stromaufwärts ist die Elbe nur noch mit Binnenschiffen befahrbar. Der Tideeinfluß bewirkt in Hamburg einen Wasserstandsunterschied der Elbe von 2,70 m.

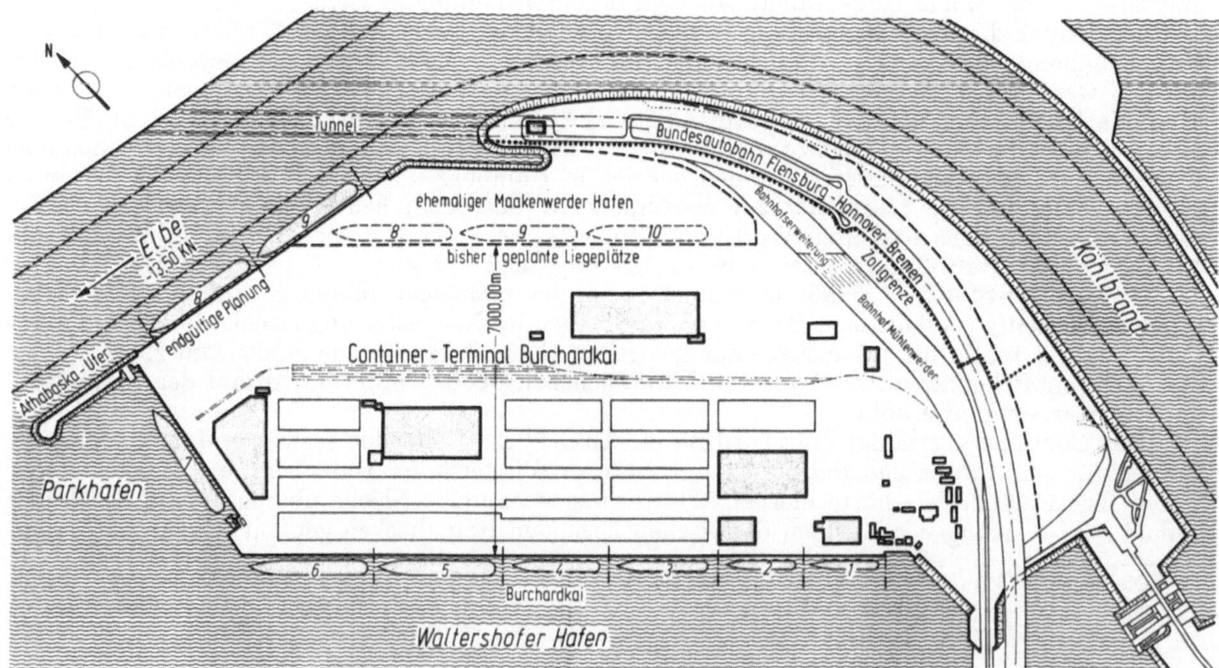

Abb. 2. Container-Terminal Burchardkai.

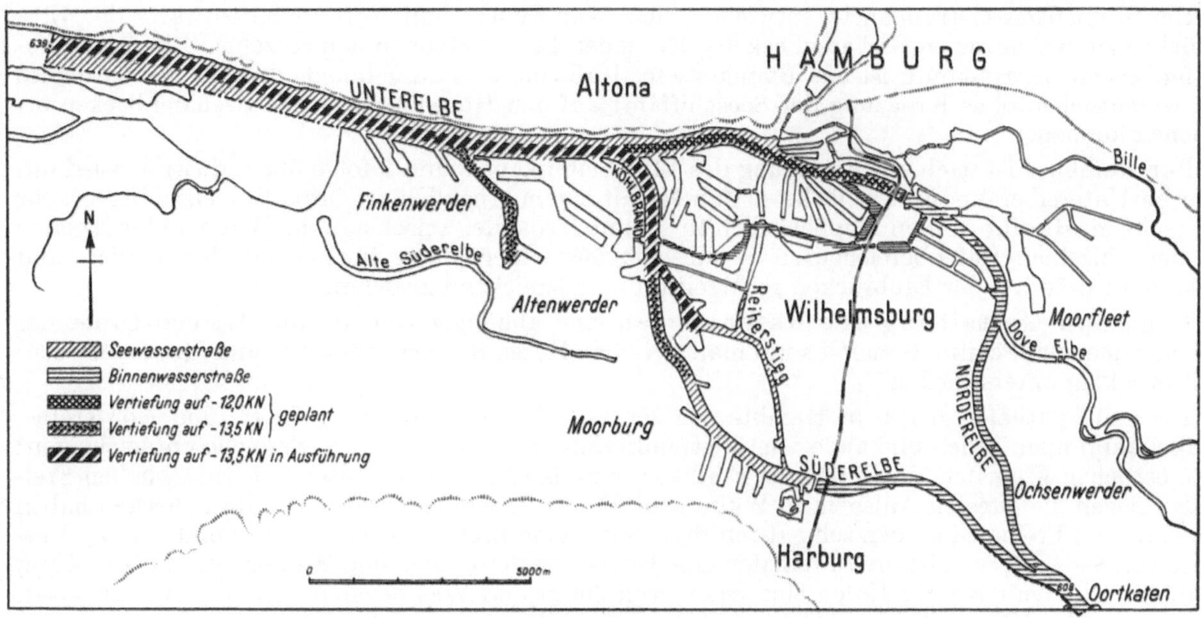

Abb. 3. Wasserstraßennetz.

Die Bedeutung der Elbe als Verkehrsträger ergibt sich aus folgenden Zahlen:

	Unterelbe: 1973 einkommend	18 700 Seeschiffe
		9 500 Binnenschiffe
	Transportmengen	50 Mio t im Seeverkehr
		4,2 Mio t im Binnenschiffsverkehr
	Oberelbe: 1973 einkommend	12 900 Schiffe
	Transportmenge	5,2 Mio t

Die Elbe ist im Bereich des Hamburger Staatsgebietes von Oortkaten bis Tinsdal gemäß Nachtrag zum Gesetz über den Staatsvertrag betreffend den Übergang der Wasserstraßen von den Ländern auf das Reich vom 29. 7. 1921 an Hamburg delegiert. Das bedeutet, daß Hamburg für Ausbau und Unterhaltung der Elbe auf dieser Strecke selbst zu sorgen hat.

Unterelbe, Köhlfleet, Köhlbrand, Süder- und Norderelbe bis zu den Elbbrücken, Rethe und Reiherstieg können mit Seeschiffen befahren werden. Die Unterelbe wird als seewärtige Zufahrt des Hafens von der Nordsee bis nach Hamburg in den Jahren 1974—78 von zur Zeit −12,0 m KN auf −13,5 m KN vertieft. Die Kosten für die an Hamburg delegierte Strecke betragen 100 Mio. DM, wobei rund 10 Mio cbm Boden zu baggern sind. Nach Abschluß der Arbeiten wird es sowohl vollabgeladenen Containerschiffen der 3. Generation — unabhängig von der Tide — jederzeit möglich sein, den Hafen anzulaufen bzw. zu verlassen als auch Massengutschiffen bis etwa 110 000 tdw mit der Tide einlaufend Hamburg zu erreichen.

Neben der Unterelbe werden in Hamburg auch der Köhlbrand und die Rethe sowie die dazugehörigen Hafeneinfahrten bis auf −13,5 m KN vertieft. Damit werden sowohl die Container-Terminals in Waltershof als auch die Zentren des Massengutumschlags im Bereich der Rethe an das tiefe Fahrwasser angeschlossen. Die Sohlenbreite des Fahrwassers der Unterelbe wird nach der Vertiefung 300 m bei Tinsdal und 250 m bei der Einmündung des Köhlbrands betragen.

Ein Ausbau und eine Vertiefung des Köhlfleets sowie der Süderelbe bis zur Kattwykbrücke auf −13,5 m KN ist im Rahmen der Erweiterung des Hafengebiets im Raum südlich Finkenwerder bzw. Altenwerder/Moorburg vorgesehen. Die Norderelbe kann infolge des vorhandenen Elbtunnels an den St. Pauli Landungsbrücken nur bis auf −12,0 m KN vertieft werden, eine Maßnahme, die gegebenenfalls im Rahmen einer Neustrukturierung des östlichen Freihafens erforderlich sein wird. Ausbau und Vertiefung des Reiherstiegs auf −10,0 m KN zwischen Rethe und Reiherstiegsklappbrücke soll in den nächsten Jahren als Zufahrt zu einem neu zu erschließenden Gewerbegebiet am Ostufer des Reiherstiegs durchgeführt werden.

Das Binnenwasserstraßennetz entwickelt sich über Süder- und Norderelbe ostwärts der Elbbrücken zu den einzelnen Seehafenbecken oder zu den Liegeplätzen in den einzelnen Binnenschiffshafenbecken. In Hamburg ist das Binnenwasserstraßennetz so ausgebildet, daß die Binnenschiffe im wesentlichen ohne Kreuzung der Seeschiffahrt auf den Hauptstrecken die Seehafenbecken erreichen können.

Für Hamburg ist nach der Eröffnung des Elbe-Seitenkanals und infolge der Industrieansiedlungen im Unterelberaum in den nächsten Jahren mit einem erheblich erhöhten Binnenschiffverkehr zu rechnen. Hierfür werden Koppelstellen für Schubverbände, umschlagnahe Bereitstellungsplätze in den einzelnen Hafenbereichen sowie umschlagferne Liegeplätze im Bereich der Norder- und Süderelbe ostwärts der Elbbrücken rechtzeitig und ausreichend zu schaffen sein.

Lage und Gestaltung der Hafenbecken sind abhängig von Anzahl, Art und Größe der abzufertigenden Schiffe. Generell kann man zwischen Häfen für den Stückgut- und für den Massengutumschlag unterscheiden.

Die Stückguthäfen liegen in Hamburg in zentraler Lage südlich von Unter- und Norderelbe. Dabei kann man örtlich und auch vom Zeitpunkt des Entstehens her drei Bereiche unterscheiden: den östlichen Freihafen, den mittleren Freihafen und den Freihafen Waltershof. Im östlichen Freihafen liegen die ältesten Anlagen, in Waltershof die modernsten Anlagen. Die Hafenbecken haben im östlichen Freihafen an den schmalsten Stellen nur eine Breite von 110—120 m und eine Wassertiefe von 8—10 m, im mittleren Freihafen eine Breite von 200 m und eine Wassertiefe von 10—12 m, während der Waltershofer Hafen eine Breite von 300 m und Wassertiefen von 10—14 m aufweist. Die Breite der Häfen wird in Hamburg auch dadurch bestimmt, daß in der Mitte des Hafens an Dalben liegende Schiffe „im Strom" abgefertigt werden, wobei für den Umschlag hier schiffseigenes Geschirr, Schwimmgreifer und Schwimmheber eingesetzt werden.

Die durch die Entwicklungen auf dem Gebiet des Seetransportwesens sich ergebenden Folgerungen für die Gestaltung der Landflächen sind bereits am Beispiel der Kaizunge Stettiner Straße (Schuppen 80/81) und des Container-Terminals Burchardkai gezeigt worden.

In Anpassung an die Entwicklung sind zahlreiche weitere Maßnahmen durchgeführt worden. So der Ausbau des DAL-Terminals mit einem Vorschuhen der Kaimauer am Kirchenpauerkai um etwa 36 m, die Modernisierung der Schuppen 55 und 56 mit einem Vorschuhen der Kaimauer um rund 20 m, der Neubau Schuppen 73 mit einem Zuschütten eines Teiles des Kaiser Wilhelm-Hafens, der Bau des Schuppens 91 auf Tollerort mit Zuschütten eines alten Werfthafens und die Verbreiterung der Kaizunge Griesenwerder Damm von 200 auf 260 m durch Aufspülen von Flächen des Griesenwerder Hafens. Ein Sonderbauwerk stellt das Übersee-Zentrum — die größte Verteileranlage von Sammelstückgut — dar, zu deren Herstellung ein Teil des Moldauhafens zugeschüttet werden mußte. Als Hinweis auf den Umfang der durchgeführten Arbeiten sei erwähnt, daß seit 1965 etwa allein rund 6,0 km neue Schiffskaimauern gebaut worden sind.

Der durch die neuen Umschlagmethoden sich ergebende erhöhte Landbedarf je Liegeplatz ist bisher sowohl durch Aufgabe einer vorhandenen oder geplanten zweiseitigen Belegung der Kaizungen als auch durch Inanspruchnahme von Wasserflächen der Hafenbecken geschaffen worden.

Dies wird auch in Zukunft nicht anders möglich sein. Auf dem Gebiet des Containerverkehrs ist als nächster Schritt der Bau der Liegeplätze 8 und 9 für den Container-Terminal Burchardkai an der Unterelbe vorgesehen, wofür, wie bereits erläutert, der Maakenwerder Hafen zugespült werden soll. Bei der prognostizierten Entwicklung des Verkehrs wird weiterhin zu Beginn des nächsten Jahrzehnts ein neuer Container-Terminal in Betrieb genommen werden müssen, für dessen Standort Altenwerder vorgesehen ist.

Eine Umstrukturierung der ältesten Anlagen im östlichen Freihafen, die teilweise in der gegenwärtigen Form für den Stückgutumschlag nicht mehr eingesetzt werden können, wird auch nur unter Zuschüttung einzelner Hafenbecken möglich sein. Als erster Schritt ist die Zuschüttung von Teilen des Segelschiffhafens und des Indiahafens mit bei der Unterelbevertiefung anfallendem Boden vorgesehen.

Die Massenguthäfen bzw. -anlagen liegen an der Rethe, am Reiherstieg, in Harburg und am Köhlfleet. Hierbei handelt es sich um Anlagen für den Umschlag von Öl, Ölprodukten, Getreide, Kali, Erz und Kohle. Im Zusammenhang mit der Ansiedlung der Firma Reynolds Aluminium Hamburg GmbH und der Hamburger Stahlwerke wurden große Geländeflächen zwischen Finken- und Altenwerder aufgespült und als seewärtige Zufahrt der Köhlfleet sowie der Finkenwerder Vorhafen und der Dradenauhafen ausgebaut. Der Bau des Blumensandhafens und die Aufspülung der westlichen Flächen der Hohen Schaar erfolgten im Rahmen der Ansiedlung neuer Tanklagerbetriebe. An der Einfahrt zum Neuhöfer Kanal wurde eine große Pier zur Abfertigung von Getreideschiffen bis 80 000 tdw errichtet.

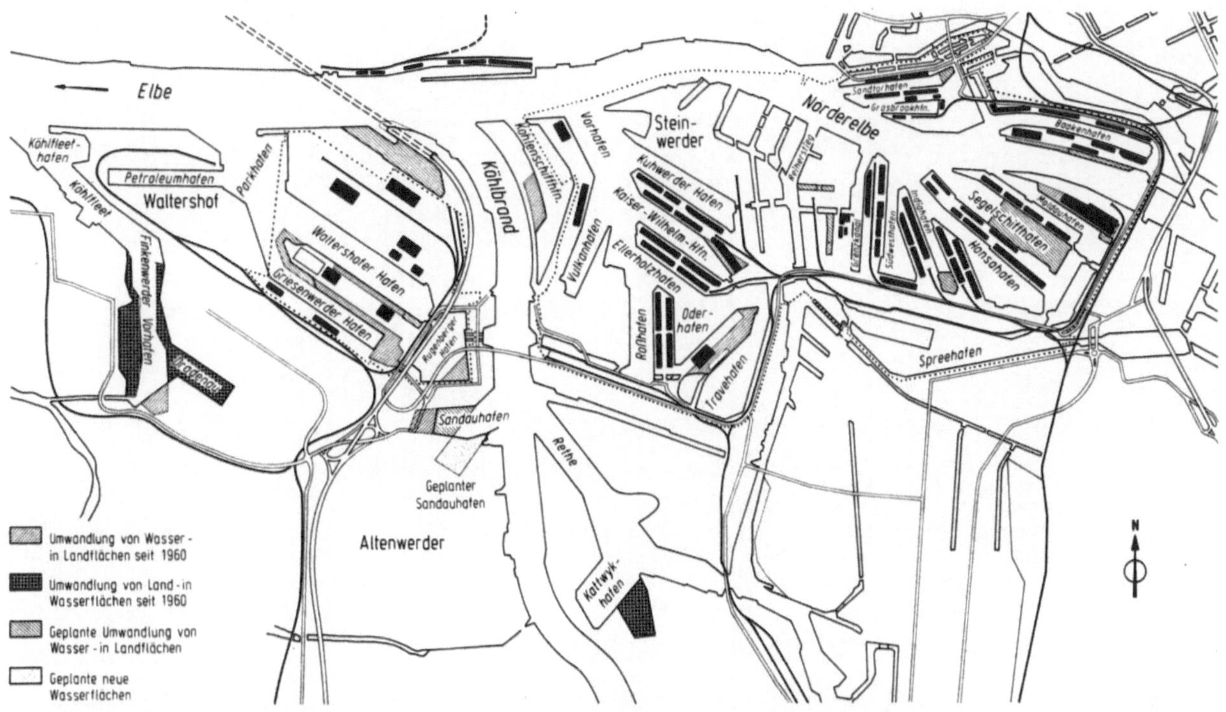

Abb. 4. Veränderung von Hafenbecken und Kaizungen.

Geplant ist die Umgestaltung des Sandauhafens für die Herrichtung einer Massenschüttgutanlage. Hier sollen zunächst zwei Liegeplätze mit einer Wassertiefe von −16,0 m KN für die Abfertigung von Schiffen bis zu 100/110000 tdw hergerichtet werden. Wie stark sich das Bild des Hafens durch die Veränderungen an den Hafenbecken und Kaizungen gewandelt hat, ist auch in Abb. 4 deutlich erkennbar.

Abschließend bleibt festzustellen, daß auf dem Gebiet des Wasserstraßennetzes durch den Beschluß zur Vertiefung der Unterelbe auf −13,5 m KN ein außerordentlich wichtiger und langfristig wirksamer Schritt zur Sicherung des Verkehrs von Containerschiffen der 3. Generation und von Massengutschiffen bis etwa 110000 tdw auf der Elbe getan worden ist. Auf dem Gebiet der Hafenanlagen selbst konnte durch zahlreiche Ausbau- und Anpassungsmaßnahmen der Entwicklung entsprochen werden, so daß zur Zeit auch bei weiter ansteigendem Umschlagvolumen generell keine Engpässe zu erwarten sind. Durch entsprechende vorbereitende Planungen, rechtzeitigen Ausbau der allgemeinen Infrastrukturanlagen sowie Bereitstellung und Aufhöhung von Geländeflächen wird Hamburg sich auch in Zukunft flexibel den weiteren Entwicklungen anpassen können.

II. Das Hafenbahnnetz

Von Baudirektor Dipl.-Ing. **Reinhard Höfer**, Hamburg

1. Der Hafen als Knotenpunkt der Verkehrsträger

Die Leistungsfähigkeit eines Seehafens ist nicht allein davon abhängig, daß seine seewärtige Zufahrt jederzeit, d. h. tide- und witterungsunabhängig von großen und schnellen Schiffen befahren werden kann und daß gut ausgerüstete Umschlagsanlagen sowie Lagerkapazitäten für alle Seegüterarten in ausreichender Anzahl zur Verfügung stehen. In gleichem Maße bedeutsam sind gut ausgebaute Hafenverkehrswege und entsprechende Verbindungen mit dem Netz der binnenländischen Verkehrsträger. Ihr Anteil an der Zu- und Abfuhr der Kaiumschlagsgüter ist in den einzelnen Häfen unterschiedlich und wird von verschiedenen Faktoren bestimmt. Dazu gehören u. a. Tarife, Entfernungen, Beförderungszeiten und Verkehrsrelationen sowie Art, Menge und Gewicht der Umschlagsgüter, unterschiedliche Strukturen in Import- und Exportrichtung, ferner technische, betriebliche und organisatorische Entwicklungen beim Umschlag und im Transportwesen sowie strukturelle Einflüsse in den Häfen und im Binnenland. Häufig ist bereits die Veränderung eines dieser Faktoren Ursache dafür, daß sich die Anteile der Binnenverkehrsträger am Gesamtvolumen des Zu- und Ablaufverkehrs verschieben. Derartige Veränderungen müssen in einem Seehafen sorgsam registriert und entsprechend berücksichtigt werden. So ist z. B. der Bau eines selbständigen Bahnhofs im Hafen dann zweckmäßig und wirtschaftlich vertretbar, wenn das Güteraufkommen des Binnenverkehrsträgers Eisenbahn einen bestimmten Grenzwert überschreitet.

2. Probleme der Eisenbahn im Hafen

Mit der Zusammenfassung von eisenbahnbetrieblichen Aufgaben in einem besonderen Hafenbahnhof läßt sich eine erheblich schnellere und weniger aufwendige Bedienung der Kaianlagen erreichen. Die eisenbahnbetrieblichen Aufgaben werden im wesentlichen durch die unterschiedliche Größe der Transportgefäße von Seeschiff und Güterwagen bestimmt. Hinzu kommt, daß in einem relativ eng begrenzten Gebiet eine Vielzahl von Ladestellen zu bedienen ist, deren Verkehrs-

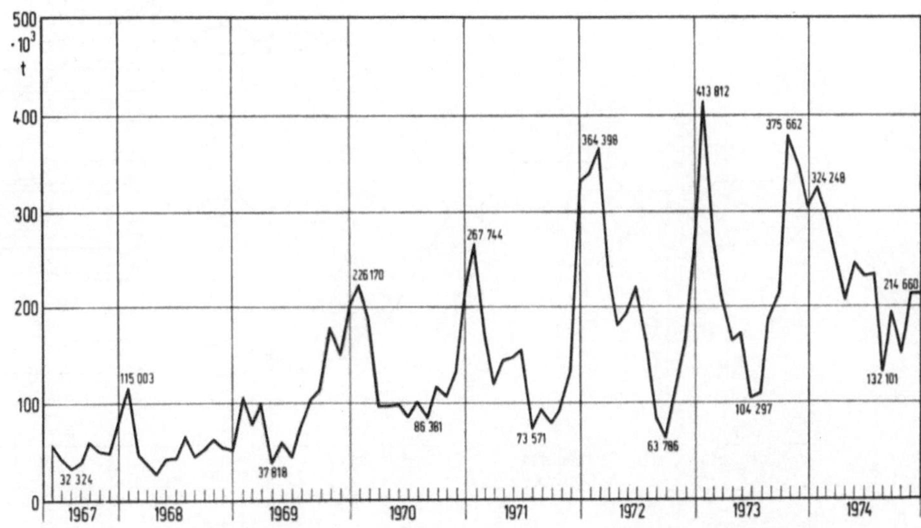

Abb. 1. Umschlag Bahn/Schiff und Schiff/Bahn im Einzugsgebiet des Hafenbahnhofs Hamburg Hohe Schaar.

aufkommen häufig sehr starken, oft nicht vorhersehbaren Schwankungen unterworfen ist. Ein typisches Beispiel dafür sind die in Abb. 1 dargestellten Zu- und Abfuhrmengen der Bahn im Massengutumschlag über den Hafenbahnhof Hamburg Hohe Schaar. Derartige Unstetigkeiten müssen unter Berücksichtigung der Leerwagendisposition in einen fahrplanmäßigen Zu- und Ablauf umgesetzt werden. Dabei sind die Produkte einer Hafenbahn weniger Achs- oder Tonnenkilometer, sondern in erster Linie ladegerecht gestellte Wagen am Kai und fertig gebildete Güterzüge für den Verkehr in Richtung Binnenland.

Im Hamburger Hafen, wo im Hinterlandverkehr etwa 40% der Umschlagsmengen direkt zu- oder abgefahren werden, nimmt die Eisenbahn schon seit Jahren den ersten Platz unter den Binnenverkehrsträgern ein. Ihr Anteil am direkten Zu- und Ablauf der Kaiumschlagsgüter liegt knapp über der 50%-Grenze. Das bedeutet, daß jährlich etwa 1,3 Mio Güterwagen an den Kaianlagen und übrigen Ladestellen bereitgestellt und anschließend wieder abgeholt werden müssen.

3. Allgemeines über die Infrastruktur der Eisenbahn im Hafen

In Seehäfen mit derartigen Transportaufgaben der Eisenbahn ist es üblich, die Gleisanlagen nach einem ganz bestimmten Schema anzuordnen (s. Abb. 2). Dieses Schema sieht vor, daß jeweils eine räumlich zusammenhängende Gruppe von Hafenbecken durch einen Hafenbahnhof bedient wird, dessen Rangiersystem aus einem Haupthafenbahnhof und mehreren Bezirksbahnhöfen besteht. In der Regel ist jedem Bezirksbahnhof eine Kaizunge oder ein Hafenbecken zugeordnet. In Ausnahmefällen kann ein Haupthafenbahnhof auch mit einem oder mehreren Bezirksbahnhöfen in einer Anlage vereinigt sein.

Im Haupthafenbahnhof erfolgt das Auflösen der Güterzüge aus dem Binnenland, der sog. Eingangszüge, und in der Gegenrichtung das Bilden der Ausgangszüge. Dabei werden die eingehenden Güterwagen nach Bezirksbahnhöfen und die ausgehenden nach den Hauptabfuhrrichtungen des Binnenlandes sortiert. Vor der Bereitstellung in den Kai- und Ladegleisen durchlaufen die Güterwagen in den Bezirksbahnhöfen noch weitere Stufen der Sortierung: nach Ladestellen, das sind im allgemeinen Kaischuppen, und nach Ladegleisen. Gegebenenfalls sind einzelne Wagen noch in eine für den Ladevorgang ganz bestimmte Reihenfolge zu bringen. Außerdem übernehmen die Bezirksbahnhöfe auch Güterwagen, die nicht sofort durch die Kaiumschlagsbetriebe abgerufen werden können. In der Gegenrichtung sind die Bezirksbahnhöfe Sammelstellen für die am Kai abgefertigten Wagen, die anschließend in den Haupthafenbahnhof überführt werden.

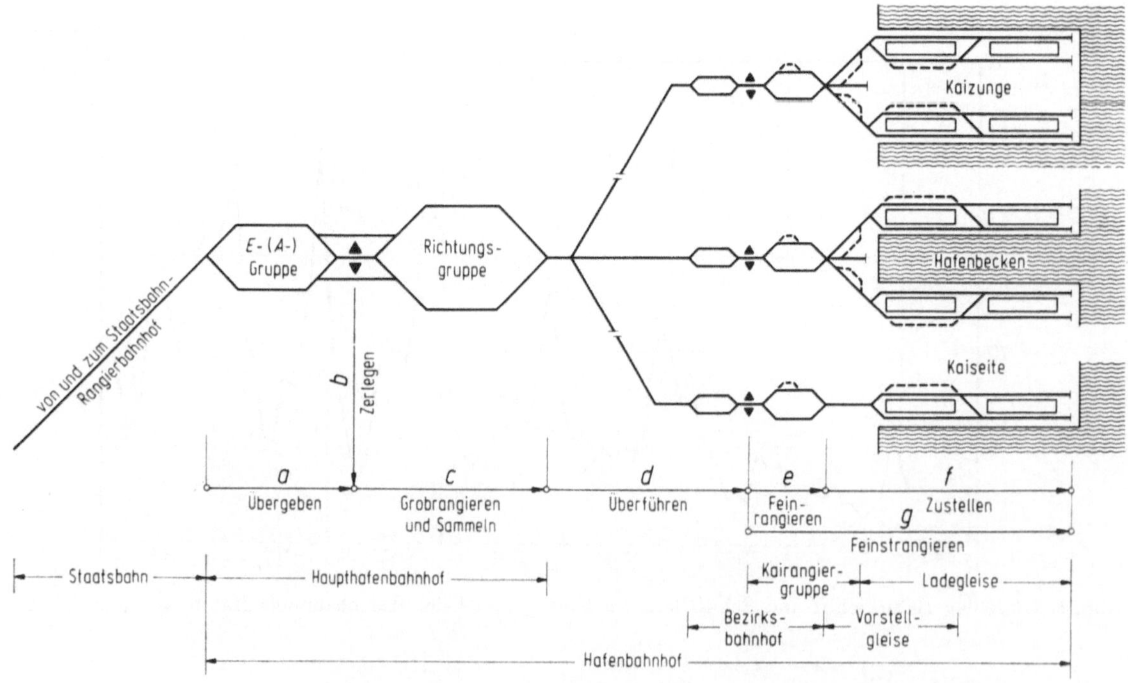

Abb. 2. Gleisanlagen eines See-Hafenbahnhofs nach [1].

Größe und Ausrüstung der Bezirksbahnhöfe sind von ausschlaggebender Bedeutung für die Eisenbahnbedienung der Kaianlagen und damit für die Leistungsfähigkeit eines Hafens überhaupt. Schon bei normalem Betriebsablauf ergeben sich Schwierigkeiten, wenn Schiffe verspätet eintreffen oder stoßweise große Umschlagsmengen in relativ kurzer Zeit anfallen. Dann ballen sich große Mengen von Wagen mit Exportladungen und Leerwagen in den Bezirksbahnhöfen zusammen. In Hamburg hat eine Untersuchung ergeben, daß im Stückgutverkehr 50% der 2- bis 3tägigen Gesamtaufenthaltszeit eines Güterwagens im Hafen auf den Bezirksbahnhof und nur 30% auf den Haupthafenbahnhof entfallen. Während der übrigen Zeit (20%) befindet sich der Wagen in einem Ladegleis.

4. Die Eisenbahninfrastruktur des Hamburger Hafens

Im Hamburger Hafen rechnen Haupthafen- und Bezirksbahnhöfe sowie sämtliche Verbindungsgleise zur Infrastruktur, die von der Freien und Hansestadt Hamburg (FHH) vorgehalten wird, während die Ladegleise nach der neuen Hafenordnung von 1970 zu den Anlagen gehören, die der Kaiumschlagsbetrieb selbst erstellen muß. Das bedeutet, daß jeder in seinem Bereich für Planung, Bau, Unterhaltung und Modernisierung der Hafenbahnanlagen selbst verantwortlich ist. Dabei liegt die Betriebsführung zwar bei der FHH, die Ausführung des „Fahr- und Rangierbetriebes auf den Kai- und Hafengleisen" ist jedoch aufgrund Jahrzehnte alter Regelungen der Deutschen Bundesbahn (DB) übertragen.

In Hamburg hat mit einer Ausnahme jede der sieben Hafengruppen ihren eigenen Hafenbahnhof. Diese Anlagen sind sowohl untereinander als auch mit den außerhalb des Hafens gelegenen Rangierbahnhöfen der DB durch leistungsfähige Strecken verbunden (s. Abb. 3).

1. Der Hafenbahnhof **Hamburg Kai rechts** (1 Haupthafenbahnhof und 2 Bezirksbahnhöfe) erschließt die rechtselbische Hafengruppe und versorgt 14 Kaischuppen, 2 Mehrzweckumschlagsanlagen für Stückgut, 25 Kaispeicher und Lagerhäuser, 1 Freiladegleis, 2 Kühlhäuser, 1 Gas- und 1 Heizkraftwerk mit insgesamt 16 Gleisanschlüssen.

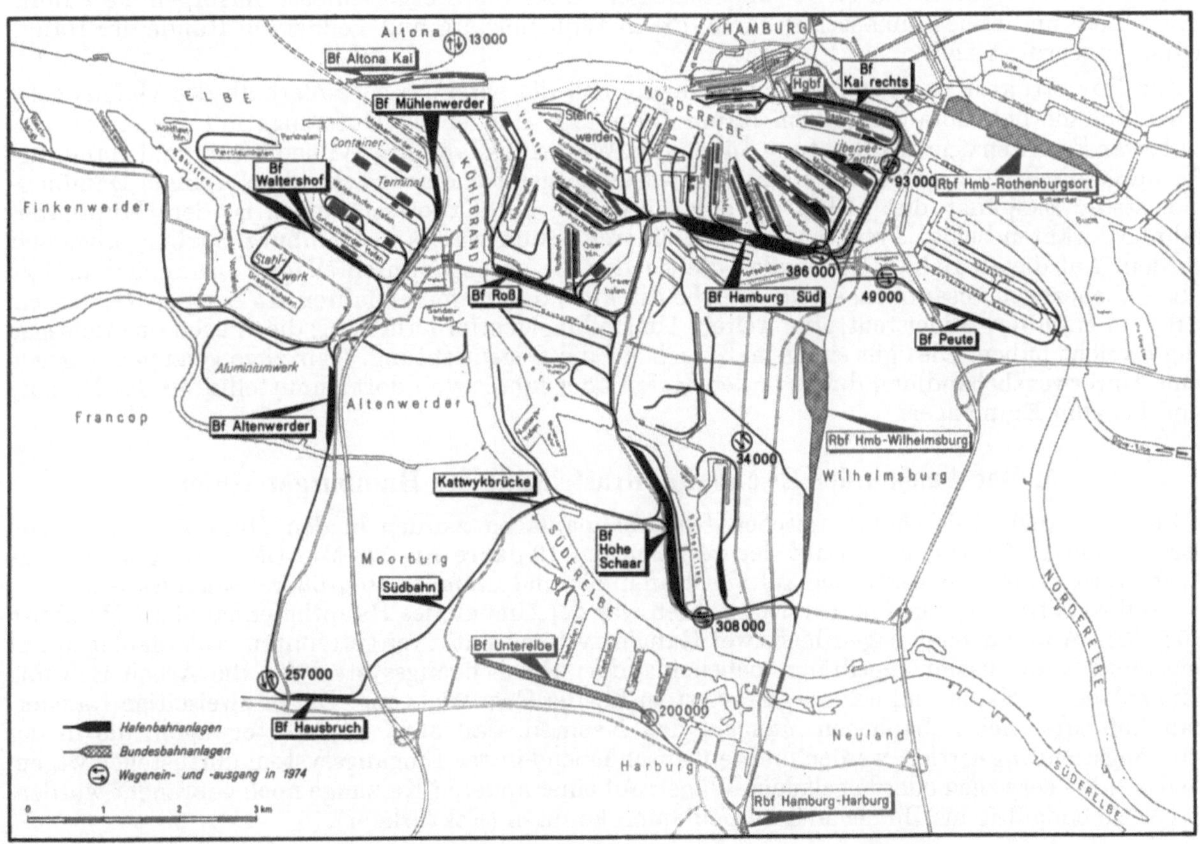

Abb. 3. Die Eisenbahninfrastruktur des Hamburger Hafens

2. Der Hafenbahnhof Hamburg Süd (1 Haupthafenbahnhof und 8 Bezirksbahnhöfe) bedient die Hafengruppen östlich und westlich des Reiherstiegs. An diesen Bahnhof sind angeschlossen: 40 Kaischuppen, 3 Mehrzweckumschlagsanlagen für Stückgut, 1 Schuppen für Export-Sammel-ladungsgut (Überseezentrum), 13 Kaispeicher und Lagerhäuser, 3 Kühlhäuser, 2 Großwerften, 1 Freiladegleis sowie Verarbeitungsbetriebe für Mineralöl und andere Importgüter mit entsprechenden Umschlagsanlagen; insgesamt 97 Gleisanschlüsse.

3. Der Hafenbahnhof Hamburg Hohe Schaar ist ein vereinigter Haupthafen- und Bezirksbahnhof für die Hafengruppe Hohe Schaar/Kattwyk. Zu seinem Einzugsbereich gehören 5 Getreide-umschlagsanlagen, 2 Düngemittelumschlagsanlagen, ferner 1 Raffinerie, 5 ölverarbeitende Betriebe 3 Tanklagerbetriebe, 1 Gas- und 1 Kraftwerk mit entsprechenden Umschlagsanlagen; insgesamt 37 Gleisanschlüsse.

4. Der Hafenbahnhof Hamburg-Waltershof (1 Haupthafenbahnhof und 2 Bezirksbahn-höfe) versorgt die Hafengruppe Waltershof mit dem Hafenerweiterungsgebiet und ist zuständig für 2 Container-Terminals, 5 Mehrzweckumschlagsanlagen für Stückgut, 1 Raffinerie, 5 Tank-lagerbetriebe, 1 Aluminiumhütte, 1 Elektro-Stahlwerk mit entsprechenden Umschlagsanlagen, 2 Freiladegleise sowie mehrere mittlere und kleinere Industriebetriebe; insgesamt 29 Gleis-anschlüsse.

5. Der Hafenbahnhof Hamburg Unterelbe (1 Vereinigter Haupthafen- und Bezirksbahnhof) erschließt die Hafengruppe Harburg mit Umschlagsanlagen für Erze, Phosphate, Mineralöl, Koks und Futtermittel. Ferner gehören dazu 2 Raffinerien, 3 Unternehmen der Speiseölindustrie, 1 Getreidelagerhaus und zahlreiche Fertigungsbetriebe mit insgesamt 32 Gleisanschlüssen. Abweichend von der o.g. Regelung befindet sich dieser Hafenbahnhof — genau wie der unter Ziff. 6 folgende — im Eigentum der DB. Die Gründe dafür leiten sich aus der historischen Entwicklung her.

6. Der Hafenbahnhof Hamburg-Altona Kai reicht als Bezirksbahnhof für die Altonaer Häfen aus. Er ist unmittelbar an das DB-Netz angeschlossen und bedient 5 Fischhallen, 4 Kai-schuppen und 4 Kühlhäuser mit insgesamt 10 Gleisanschlüssen. Ferner sind Umschlagsanlagen für Getreide, Kies und Kohle vorhanden.

7. Ebenfalls unmittelbar an das DB-Netz sind die beiden Industrie-Bezirksbahnhöfe der FHH König-Georg-Deich und Peute angeschlossen. Über 135 Gleisanschlüsse versorgen die 2 Indu-striegebiete und reine Binnenschiffshäfen, die in Wilhelmsburg und Veddel am Rande der Hafen-region angeordnet sind.

Zur Infrastruktur im weiteren Sinne zählen auch die bereits o.g., außerhalb des Hafens gele-genen Rangierbahnhöfe der DB im Raum Hamburg. Hier enden Güterzüge mit Seeausfuhrgut, und zwar Frachtenzüge aus Richtung Süden und Westen in Hamburg-Wilhelmsburg und Hamburg-Harburg, aus Richtung Osten in Hamburg-Rothenburgsort und aus Richtung Norden in Hamburg-Eidelstedt. Zielpunkt der TEEM* und Eilgüterzüge mit Exportsendungen ist der Hauptgüter-bahnhof, während eilige Frachten für den Süderelberaum bereits in Hamburg-Harburg abgesetzt werden. Auf diesen Bahnhöfen werden die für den Hafen bestimmten Wagen ausrangiert und zu Übergabebezügen zusammengestellt, welche direkt in den Hafen einfahren. In einigen Relationen, z.B. von Hamburg-Eidelstedt, sind weitere Umstellungen erforderlich, bis die Wagen den richtigen Zug erreicht haben. Dies gilt sinngemäß auch für die Gegenrichtung. Ganzzüge gelangen dagegen ohne Unterwegsbehandlung direkt in den Hafen oder fahren von dort unmittelbar in das Binnen-land bis zum Empfänger.

5. Der Ausbau der Eisenbahninfrastruktur des Hamburger Hafens

Für den Ausbau der hamburgischen Hafenbahnanlagen wurden in den Haushaltsplänen von Strom- und Hafenbau im Verlauf der vergangenen 10 Jahre rd. 120 Mio DM bereitgestellt. Das Ausbauprogramm erstreckte sich auf alle Hafenteile und umfaßte 40 größere Bauvorhaben.

Größtes Einzelvorhaben in den 60er Jahren war der Umbau des Haupthafenbahnhofs Hamburg Süd. Wie Abb. 4a zeigt, lagen hier zwei Rangiersysteme mit zwei getrennten Ablaufanlagen auf engstem Raum zusammengedrängt nebeneinander: Ein Eingangssystem für die Arbeitsrichtung Binnenland — Hafen und ein Ausgangssystem für die Gegenrichtung. Dieser zweiseitige Rangier-bahnhof hatte neben baulichen Mängeln den Nachteil, daß 35% aller Güterwagen, die in der Ausgangsrichtung sortiert werden mußten, anschließend in das Eingangssystem umzustellen waren, weil sie als Leerwagen oder angeladene Wagen auf einer anderen Kaizunge noch gebraucht wurden, bevor sie endgültig ins Binnenland zurücklaufen konnten (Eckverkehr).

---

* Trans Europ Marchandises.

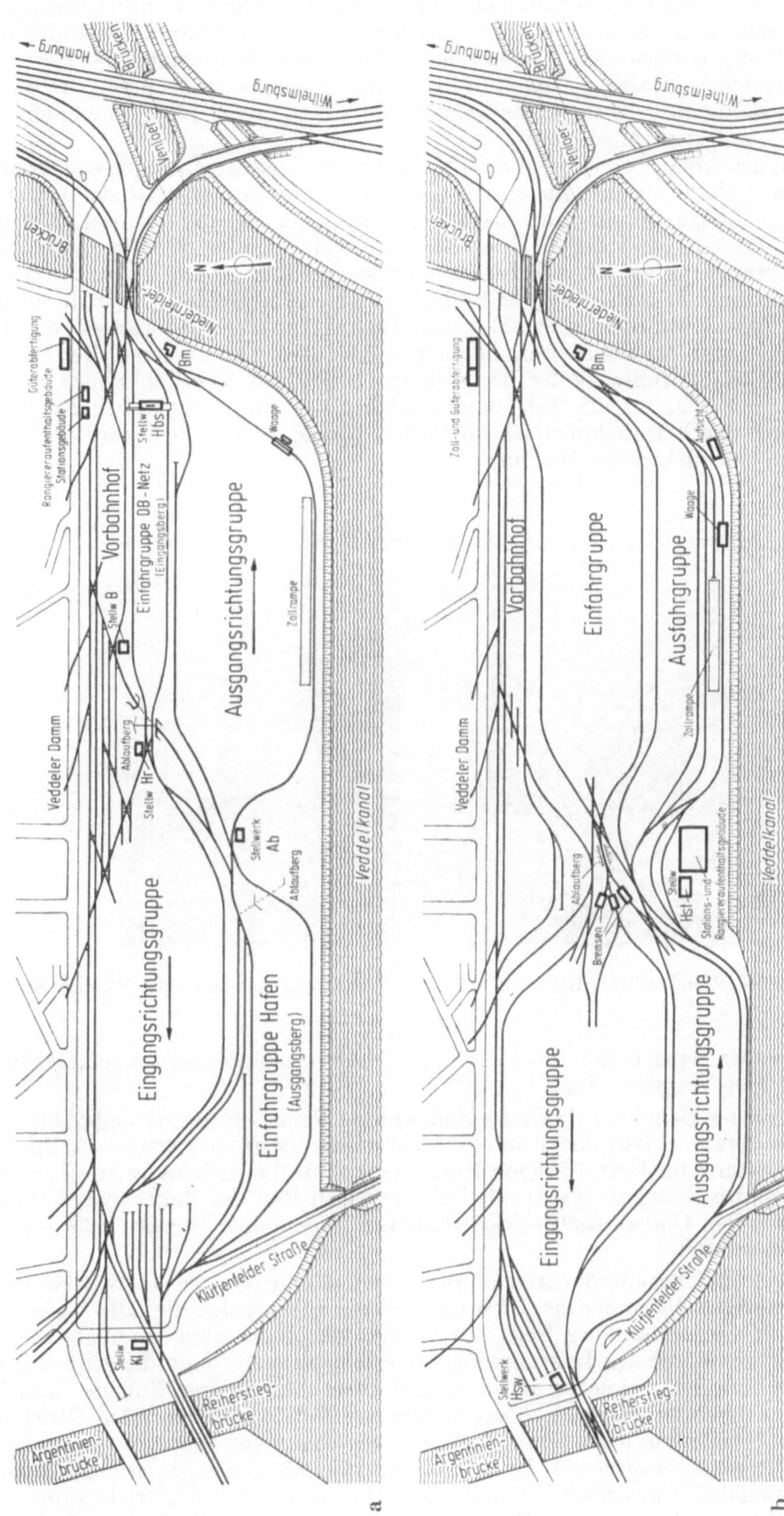

Abb. 4. a) Rangiersystem des Haupthafenbahnhofs Hamburg Süd vor dem Umbau; b) Rangiersystem des Haupthafenbahnhofs Hamburg Süd nach dem Umbau.

Dieses Rangierverfahren war nicht nur teuer, sondern auch sehr zeitaufwendig. Im Zuge des Umbaues wurden daher beide Systeme zu einer einseitigen Anlage zusammengefaßt (s. Abb. 4b). Dabei ist es mit Hilfe einer modernen Gleisplangestaltung gelungen, die Gleiskapazität ohne nennenswerte Erweiterung des nach allen Seiten hin begrenzten Bahnhofsgeländes um 35% zu vergrößern. Sämtliche Güterwagen der einzelnen Relationen Binnenland — Hafen, Hafen — Binnenland und Hafen — Hafen gelangen in eine Einfahrgruppe und laufen von dort nur noch über eine leistungsfähig ausgebaute Ablaufanlage, und zwar je nach Bestimmung entweder in die Eingangs- oder Ausgangsrichtungsgruppe.

Zur Ausrüstung des Ablaufberges gehören 3 hydraulische Gleisbremsen, die elektronisch gesteuert werden, ferner 1 elektronischer Zugspeicher und 1 Ablaufautomatik. Jeder Güterwagen ruft das für ihn gültige Laufwegprogramm aus dem Zugspeicher ab und schaltet es weiter an die Ablaufautomatik, die das selbsttätige Umstellen der Weichen zum rechten Zeitpunkt besorgt. Dabei wird die Verbindung zwischen Prozeß (Güterwagen) und Ablaufprogramm über fotoelektrische Zellen, elektronische Achszähler und Gleisstromkreise hergestellt. Erst durch den Einbau dieser modernen Technik war es möglich geworden, Tag für Tag 2000 Güterwagen, die sich vor dem Umbau auf zwei Ablaufanlagen verteilten, über einen Ablaufberg zu sortieren. Der Bahnhof erhielt auch ein zentrales Gleisbildstellwerk der Bauform Sp Dr S60, das 5 herkömmliche Anlagen ersetzt (s. Abb. 5). Außerdem wurden alle Ein- und Ausfahrgleise mit elektrischer Fahrleitung überspannt. Damit auch der Eisenbahnbetrieb im Winter flüssig abgewickelt werden kann, erhielten sämtliche Weichen eine elektrische Heizung.

Abb. 5. Zentrales Gleisbildstellwerk Hsf auf dem Haupthafenbahnhof Hamburg Süd, Bauform Sp Dr S60.

Nach Abschluß aller Bauarbeiten im Jahre 1970 erhöhte sich die Leistungsfähigkeit des Bahnhofs um 40% auf 2800 Wagen je Tag.

Im Einzugsgebiet des Bahnhofs Hamburg Süd wurden ferner die Bezirksbahnhöfe Afrikastraße (1967), Buchheisterstraße (1970) und Roß (1973/74) modernisiert und erweitert. Ein völlig neuer Bezirksbahnhof entstand im Jahre 1965 am Holthusenkai für die Bedienung des Überseezentrums. Das Rangiersystem des Bahnhofs Kai rechts hat durch den Bau des Bezirksbahnhofs Hübenerkai (1969/70) und durch den Umbau des Bezirksbahnhofs Kirchenpauer Straße (1969/70) eine wesentliche Vergrößerung erfahren.

Auf der Hohen Schaar begann der Ausbau der Eisenbahnanlagen im Jahre 1965 mit der Elektrifizierung des Bahnhofs Hohe Schaar. Dieses Vorhaben, an dem sich die DB — wie bei der Elektrifizierung des Bahnhofs Hamburg Süd — mit 50% der Baukosten beteiligte, hat gerade im Massengutverkehr wesentlich zur Leistungssteigerung beigetragen; denn die schweren und langen Güterzüge können nunmehr schneller und ohne Lokwechsel direkt ins Binnenland abfahren oder von dort aufgenommen werden. Auch dieser Bahnhof ist mit einem zentralen Gleisbildstellwerk, mit hydraulischen Gleisbremsen sowie mit Speicher- und Codiereinrichtungen für das automatische Sortieren der Güterwagen ausgerüstet. In den Jahren 1967/68 wurde die Strecke Hohe Schaar — Süderelbbrücke zweigleisig ausgebaut. Anschließend folgte mit der Inbetriebnahme des Bezirksbahnhofs König-Georg-Deich eine neue Erschließung des Industrie- und Hafengebietes am Ostufer des südlichen Reiherstiegs (1968). Im Jahre 1971 ist ein umfangreiches Ausbauprogramm für den

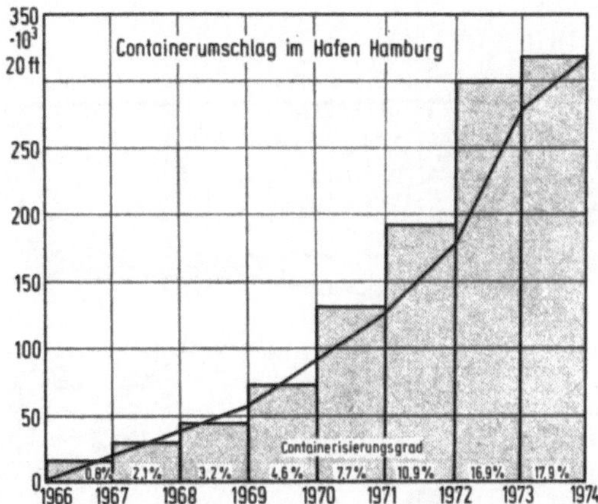

Abb. 6. Containerumschlag und Containerisierungsgrad im Hamburger Hafen.

Bahnhof Hohe Schaar angelaufen, das bis zum Jahre 1976 dauert und den Neubau von 10 Gleisen, eine umfangreiche Erweiterung der Signal- und Fernmeldeanlagen, den Ausbau der Fahrleitungen für den elektrischen Zugbetrieb sowie eine elektrische Beheizung sämtlicher Weichen vorsieht. Die damit verbundene Steigerung der Bahnhofskapazität beträgt etwa 35%.

Die Inbetriebnahme der 7 km langen Verbindungsbahn Hohe Schaar — Hausbruch, an deren Baukosten sich Bund und Bundesbahn beteiligten, brachte im Jahre 1973 den Zusammenschluß der Hafenbahnanlagen beiderseits von Köhlbrand und Süderelbe zu einem einheitlichen Netz (s. Abb. 3). Im Zuge der neuen Strecke entstand die Kattwykbrücke, Deutschlands erste vollständig geschweißte Eisenbahnfachwerkbrücke mit einer Spannweite von 3 × 100 m, die zugleich als höchste Hubbrücke der Welt angesehen wird. Hier kreuzen sich 3 Verkehrswege: Wasserstraße, Eisenbahn und Straße. Ein besonderes Sicherungssystem gibt jeweils immer nur einen Verkehrsweg frei und sperrt solange die beiden anderen. Für den Verkehr von Waltershof in Richtung Norden und Osten sowie in der Gegenrichtung ist die Verbindungsbahn von besonderer Bedeutung, weil der Umweg über Hamburg-Harburg entfällt. So benutzen z. B. Containerzüge von und nach Kopenhagen und Aarhus diese Strecke. Aber auch der Leerwagenaustausch zwischen den Haupthafenbahnhöfen Hamburg Süd und Waltershof wurde wesentlich beschleunigt. Weil das zweimalige Umstellen der Güterwagen von einem Zug auf den anderen in den Rangierbahnhöfen Hamburg-Wilhelmsburg und Hamburg-Harburg entfällt, beträgt die Beförderungszeit statt bisher 1 Tag nur noch 1 Stunde.

Bereits mit dem Bau der Verbindungsbahn hat sich der Schwerpunkt des Ausbauprogramms in den Raum Waltershof verlagert. In diesem Hafenteil hat sich in den letzten Jahren eine stürmische Entwicklung vollzogen, die u. a. durch den Containerverkehr, durch die Ansiedlung hafenbezogener Industriebetriebe sowie durch Großverladungen gleichförmiger Güter als ganze Schiffsladungen (Massenstückgut) gekennzeichnet ist. So wurden beispielsweise im Dezember 1974 über eine Mehrzweckumschlagsanlage in gut 2 Tagen 36 000 t Rohstahl in Form von Brammen gelöscht und anschließend in Ganzzügen abgefahren. Ein Beispiel für die Entwicklung des Containerverkehrs, der zu 80% über den Hafenteil Waltershof abgewickelt wird, zeigt Abb. 6. Beim Umschlag von Transcontainern ist die Eisenbahn am Haus-Haus-Verkehr ebenfalls mit einem Anteil von mehr als 50% beteiligt. Insgesamt haben die Leistungen der Bahn im Raum Waltershof in den vergangenen Jahren um rund 150% zugenommen. Weitere Steigerungsraten in dieser Größenordnung sind auch für die nächste Zukunft zu erwarten; denn bis 1977 sollen mehrere Großprojekte mit umfangreichem Eisenbahnverkehr fertiggestellt werden (Erzumschlagsanlage Hansaport, 8. Liegeplatz am Burchardkai, Erweiterung Hamburger Stahlwerke). Daher wurde schon vor einigen Jahren mit einem großzügigen Ausbau der Eisenbahnanlagen westlich des Köhlbrandes begonnen.

Als erste größere Maßnahme entstand in den Jahren 1972/73 im Rangiersystem des Hafenbahnhofs Waltershof der Bezirksbahnhof Mühlenwerder mit 17 Gleisen, 2 hydraulischen Gleisbremsen sowie mit einem automatischen Ablaufstellwerk. Der Bahnhof übernimmt wichtige Rangieraufgaben für die Umschlagsanlagen am Burchardkai und auf der Griesenwerder Kaizunge. In den Jahren 1973/74 folgten Bau und Inbetriebnahme eines weiteren Bezirksbahnhofs in Altenwerder, der die Industrie- und Umschlagsanlagen vom Sandauhafen bis zur Dradenau bedient und der später bei Bedarf Teil des geplanten Haupthafenbahnhofs Altenwerder-Moorburg werden soll.

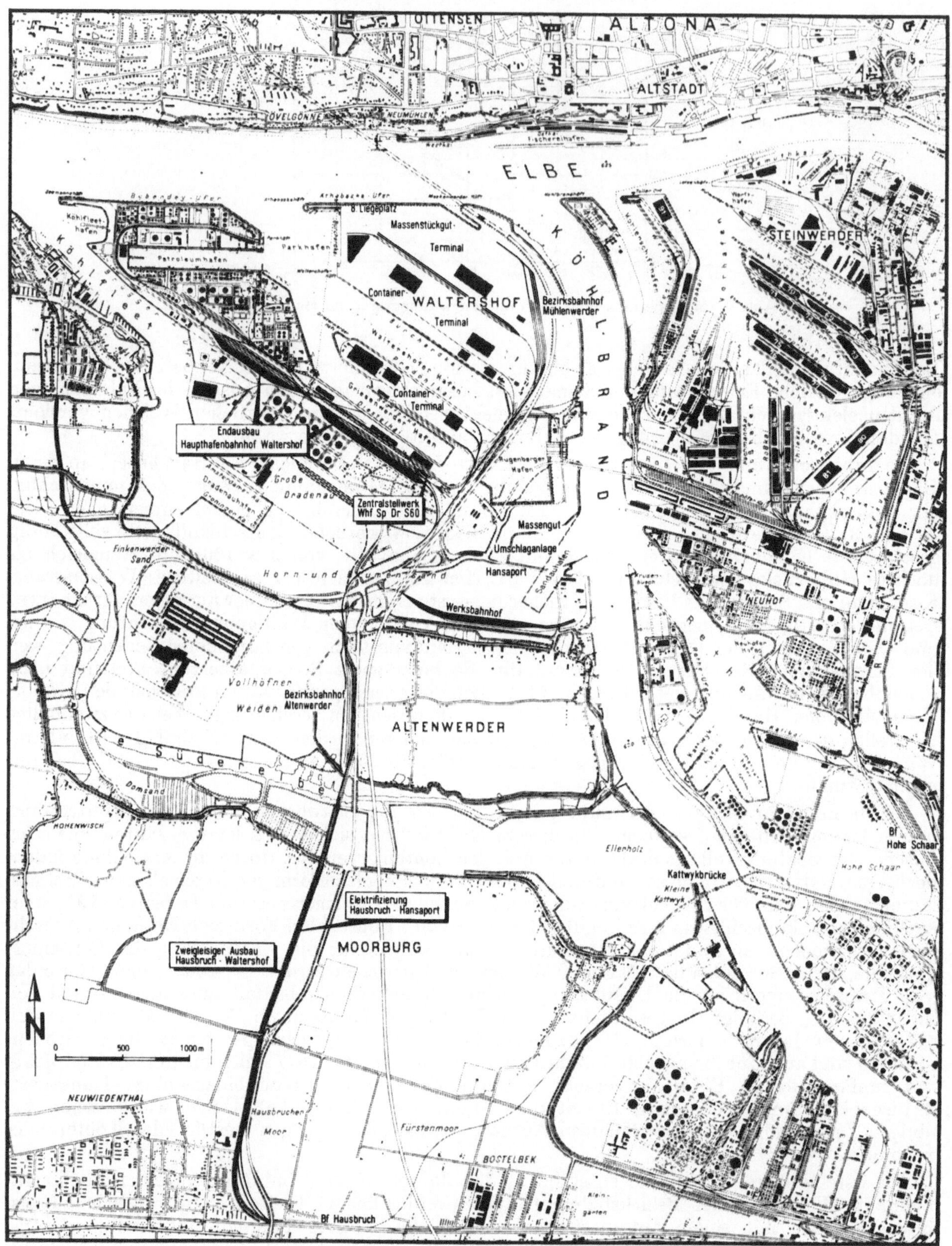

Abb. 7. Ausbau der Eisenbahnanlagen im Hafenerweiterungsgebiet.

Abb. 8. Moderne Bahnübergangssicherung durch Lichtzeichen, die in eine Straßenverkehrssignalanlage einbezogen sind.

Im Jahre 1972 wurde auch mit dem Endausbau des Haupthafenbahnhofs Waltershof begonnen. Die Modernisierung der Ablaufanlage ist bereits abgeschlossen. Außerdem sind 14 zusätzliche Gleise inzwischen fertiggestellt und dem Betrieb übergeben, davon 7 in einer gesonderten Ausfahrgruppe, die in das zweite Streckengleis nach Hausbruch mündet. Der zweigleisige Streckenausbau Waltershof — Hausbruch soll bis Ende 1976 abgeschlossen sein. Dazu gehört u. a. auch der Umbau des Bahnhofs Hausbruch, wichtiger Anschlußpunkt an die Strecken nach Harburg und Hohe Schaar. Ferner sind 3 Eisenbahnbrücken neu zu bauen und umfangreiche Erdarbeiten erforderlich sowie Lärmschutzmaßnahmen auf einer Länge von 1 km in der Nähe eines Wohngebietes im Ortsteil Hausbruch. In Verbindung mit diesen Lärmschutzmaßnahmen ist an einer Stelle sogar eine Streckenverlegung unumgänglich.

Im Jahre 1975 wird außerdem mit der Elektrifizierung des Streckenabschnittes Hausbruch — Altenwerder begonnen. Dabei will sich die DB wieder mit 50% der Baukosten beteiligen. In Altenwerder schließen die Firmen Hansaport und Hamburger Stahlwerke mit ihren Werksbahnhöfen an, die ebenfalls mit elektrischer Fahrleitung ausgerüstet werden. Schließlich erhält der Haupthafenbahnhof Waltershof ein modernes Gleisbildstellwerk der Bauform Sp Dr S60, Steuerzentrale für den gesamten Eisenbahnbetrieb westlich des Köhlbrandes. Außerdem ist beabsichtigt, in den Jahren 1975/76 den Bezirksbahnhof Mühlenwerder in Richtung Norden auszubauen und ihn im Süden direkt an die Strecke nach Hausbruch anzuschließen.

Der Kostenaufwand für alle Teilmaßnahmen, die bis Ende 1976 fertiggestellt sein sollen, beträgt insgesamt 55 Mio DM. Damit sind alle Voraussetzungen für eine zügige Bedienung dieses wichtigen und entwicklungsträchtigen Hafenteils durch die Eisenbahn erfüllt. Während Ein- und Ausgangszüge mit Güterwagen für verschiedene Empfänger und Ladestellen nach wie vor im nunmehr leistungsfähig ausgebauten Haupthafenbahnhof Waltershof aufgelöst oder zusammengestellt werden, können Ganzzüge diesen Knoten künftig umfahren: z.B. geschlossene Containerzüge und Züge mit Massenstückgütern vom und zum Bezirksbahnhof Mühlenwerder sowie Züge mit Erz, Kohle und Stahlprodukten im Verkehr mit den im Bau befindlichen Massengut- und Industrieanlagen im Bereich des Sandauhafens und auf der Dradenau.

Auch der Ausbau der eisenbahnsignal- und nachrichtentechnischen Einrichtungen in den vergangenen 10 Jahren ist bemerkenswert: 7 Stellwerke wurden neu gebaut und 36 Bahnübergänge durch Lichtzeichenanlagen technisch gesichert. Diese Art der Bahnübergangssicherung, die sich an die im Straßenverkehr übliche Art der Signalisierung hält, wurde erstmalig im Bundesgebiet 1964 im Hamburger Hafen getestet und inzwischen vom Gesetzgeber übernommen und auf Bundesebene empfohlen. Dabei werden Bahnübergangssignale in der Nähe von beampelten Straßenkreuzungen in die Straßenverkehrssignalanlagen einbezogen. 10 Bahnübergänge konnten trotz der sehr beengten Verhältnisse im Hafen durch Brückenbauwerke oder Strecken- und Straßenumlegungen beseitigt werden. Außerdem erhielten alle größeren Bahnhöfe eine zeitgemäße nachrichtentechnische Ausrüstung, bestehend aus Funk-, Wechselsprech- und Fernschreibanlagen.

Die Infrastruktur der Eisenbahn im Hafen Hamburg besteht z.Z. — ohne die Bahnanlagen in Altona und Harburg — aus vier Haupthafen- und 14 Bezirksbahnhöfen mit insgesamt 450 km Gleis, 1600 Weicheneinheiten, 74 Brücken und 15 Stellwerken. An dieses Netz sind weitere 200 Gleiskilometer und 1000 Weicheneinheiten angeschlossen, und zwar im Zuge von privaten Anschlußbahnen. Das sind Kaiumschlags- und hafenbezogene Industriebetriebe, die ihre Gleisanlagen ebenfalls den ständig steigenden Anforderungen anpassen. Der Ausbau der Eisenbahninfrastruktur innerhalb des Hafens wird aber auch laufend ergänzt durch Maßnahmen der DB außerhalb des Hafengebietes.

Nach der Elektrifizierung der beiden wichtigsten von Hamburg ausgehenden Strecken in Richtung Hannover — Süddeutschland und Osnabrück — Westdeutschland ist das Großprojekt Maschen besonders hervorzuheben. Hier baut die DB als Ersatz für ihre fünf Rangierbahnhöfe im Raum Hamburg einen neuen, mit modernen Hilfsmitteln der Rangiertechnik ausgerüsteten zweiseitigen Rangierbahnhof.

Die Konzentration aller Zugbildungs- und Zugzerlegungsaufgaben des Hamburger Raumes in einer einzigen Anlage südlich der Süderelbe bringt für den Hafen nicht nur den Vorteil häufigerer Zu- und Abfahrmöglichkeiten, sondern auch die entscheidende Verbesserung einer unmittelbaren Verkehrsverbindung von einem Knoten zu allen Hafenteilen und umgekehrt. Das mehrfache Umstellen der Wagen mit den entsprechenden Stillstandszeiten entfällt künftig, da die Ausgangswagen aus den Hafenbahnhöfen in Maschen sofort in die Fernzugbildung laufen und die Eingangswagen von Maschen den Hafenbahnhöfen direkt zugestellt werden können. Zudem ist durch den Bau einer neuzeitlichen Eilgutbehandlungsanlage ein unmittelbarer Übergang aus dem Netz der Frachtenzüge in das Schnellgüterzugnetz und umgekehrt möglich. Die Konzentration der Rangieraufgaben ermöglicht außerdem die Einrichtung zusätzlicher Fernzugbildungen, die sowohl in Richtung Süden als auch in Richtung Westen die jeweils nächsten Knotenbahnhöfe Seelze und Hamm umfahren und somit auch neue, schnelle Hinterlandverbindungen des Hafens darstellen.

Mit derartig gut ausgebauten Eisenbahnanlagen — innerhalb und außerhalb des Hamburger Hafens — wird auch in Zukunft sichergestellt, daß alle Transportaufgaben der Eisenbahn bei der Zu- und Abfuhr der Umschlagsgüter zuverlässig und schnell gelöst werden. Dies ist eine wesentliche Voraussetzung für die Leistungsfähigkeit des Seehafens Hamburg.

Schrifttum

1. Hafenbautechnische Gesellschaft: Empfehlungen des Arbeitsausschusses „Hafenverkehrswege". Aachen: Veröffentlichungen des Verkehrswissenschaftlichen Instituts der RWTH Aachen 15 (1972).
2. Strieck, E.: Über die Bemessung und Gestaltung von Eisenbahnanlagen für den Stückgutverkehr in Seehäfen unter Berücksichtigung des Strukturwandels im Seegüterverkehr und neuzeitlicher Umschlagtechnik, Dissertation TU Berlin 1970.
3. Lutz, R.: Planung und Betrieb von Seehafenbahnhöfen dargestellt am Seehafen Bremen, Hansa 103 (1969), Nr. 17, S. 1471/1479.
4. Naumann, K.-E.: Die neuere Entwicklung im Hamburger Hafen. Wirtschaftliche, verkehrliche und technische Aspekte, Schiff und Hafen 26 (1974), Nr. 3, S. 267/272.
5. v. Harlem, D.: Die Kattwykbrücke über die Süderelbe und die neue Verbindungsbahn Hohe Schaar — Hausbruch, Hansa 110 (1973), Nr. 8, S. 646/650.
6. v. Harlem, D.: Die Hamburger Hafenbahn, Rangiertechnik und Gleisanschlußtechnik, Ausgabe 1974, S. 11/19.

III. Das Straßennetz im Hafen

Von Baudirektor Dipl.-Ing. Günther Thode, Hamburg

Die Straße ist ganz sicher nicht der unwichtigste Verkehrsträger für einen Hafen; wegen ihrer Eigenart muß sie sich jedoch sehr häufig nach den anderen Verkehrsträgern — Wasserverkehr und Eisenbahn — richten.

Der längste Lastzug ist etwa so lang wie die kleinste Hafenschute, jedoch schmaler und wendiger. Er bewegt sich — auch im Hafen — zwar schneller als die Schute, kann aber weniger Last tragen. Entsprechend fällt ein Vergleich mit der Eisenbahn aus. Die daraus folgenden Randbedingungen für Trasse und Gradiente der Straßen sind flexibler als diejenigen für die Wasserverkehrswege und die Eisenbahn. Alle Planungen für einen Hafen, in dem sich wegen seiner Aufgabe als Drehscheibe der Güter die Wege der drei Verkehrsarten treffen und nicht eben selten kreuzen, müssen das berücksichtigen.

Zunächst soll einiges zum Verkehrsaufkommen gesagt werden.

Hamburg ist zwar — wie oben geschildert — ein „Eisenbahnhafen". Von dem Gesamtumschlag 1973 von fast 50 Mio t sind jedoch immerhin rund 20% auf der Straße zu- und abgeflossen.

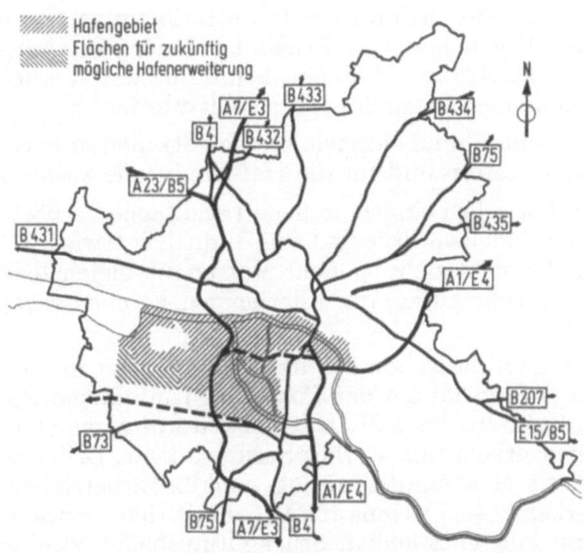

Abb. 1. Autobahn, Bundesstraßen und Hauptverkehrsstraßen in Hamburg.

Im Vergleich der letzten Jahre ist das Verhältnis zum Gesamtumschlag etwa gleichbleibend. Die Verkehrsmenge steigt jedoch absolut mit dem Umfang des Gesamtumschlages, insbesondere von dessen Stückgutanteil.

Im Hafengebiet sind rund 80 000 Personen beschäftigt. Der individuelle Berufsverkehr macht in den Spitzenzeiten den Hauptanteil der Verkehrsmenge auf der Straße aus, nämlich 60 — 80%. Die zweite Tagesspitze im Berufsverkehr ist wegen des Schichtwechsels bei der Arbeit länger als die Morgenspitze. Sie fällt mit einer Spitze im Straßengüterverkehr zusammen.

Auf einen Umstand ist hier besonders hinzuweisen. Hamburg in seiner heutigen Gestalt gehört zu jenen Hafenplätzen, bei denen nicht nur die alten Hafenanlagen aus der Segelschiffszeit im Weichbild der Stadt liegen. Auch die Flächen für die Hafenerweiterung — für welche Art des Umschlags auch immer — werden durch Wohn- und Gewerbegebiete, früher der Nachbarstädte,

heute der aus ihnen entstandenen Stadtteile, begrenzt. Die Abb. 1 zeigt das Hamburger Staatsgebiet, innerhalb dessen das Hafengebiet hervorgehoben ist. Die im Südwesten besonders bezeichnete Fläche ist zwar noch nicht als Hafenfläche ausgewiesen. Nur in dieses Gelände kann sich aber
der Hafen — sehr langfristig gesehen — entwickeln. Die morphologischen und geografischen Randbedingungen lassen es nicht anders zu. Insgesamt ist aus der Abb. 1 ersichtlich, wie das Hafengebiet im Norden, Osten und Süden von Wohn- und nicht wasserabhängigen Gewerbegebieten
und deren Folgeeinrichtungen eingerahmt ist. Aus dieser Lage ergibt sich, daß aller Zu- und
Ablaufverkehr auf der Straße für den Hafen diese Gebiete durchlaufen muß. Die Autobahnen und
Bundesstraßen laufen sternförmig durch die den Hafen umgebenden Flächen auf die Straßenverkehrshauptachsen an seinem Rande zu. Natürlich dienen alle diese Hauptverkehrsachsen dem
gesamten Verkehr des Platzes Hamburg. Für den Hafenverkehr gibt es aber, eben wegen der Lage
des Hafens im Hamburger Gebiet, kaum Umfahrmöglichkeiten.

Als Folge dieser Lage des Hafens im Stadtgebiet werden die Hauptstraßen im Hafen auch von
hafenfremdem Verkehr zur Durchfahrt benutzt. Das macht etwa 30 — 50% der Straßenverkehrsmenge im Hafen aus; insbesondere Pkw-Verkehr.

Nach der Eröffnung der BAB-Westumgehung im Herbst 1974 hat sich die Richtung einiger
Verkehrsströme im Hafen geändert. Das hat aber ganz allgemein keine Entlastung gebracht wegen
der zentralen Lage der Hafenflächen im Hamburger Gebiet.

Insgesamt gesehen hat natürlich der Straßengüterverkehr im Hafen ein wesentlich größeres
Gewicht als sonst im Stadtverkehr. Er macht etwa ein Drittel der ganzen Verkehrsmenge aus.

Wie sind nun Ziele und Quellen des Straßenverkehrs auf das Hafengebiet verteilt. Statistische
Erhebungen, deren Auswertung die Beantwortung dieser Frage unmittelbar erlaubt, gibt es nicht.
Strom- und Hafenbau hat versucht, sich durch eigene Befragungszählungen sowie durch Auswertung und Umrechnung der Ergebnisse von Erhebungen der Hamburger Baubehörde, des Statistischen Landesamtes und des Amtes für Hafen, Schiffahrt und Verkehr ein Bild zu machen.

In erster Näherung kann danach folgendes festgestellt werden:

Der Stückgutumschlag erzeugt rund doppelt so viel Straßengüterverkehr im Zu- und Ablauf
wie der Umschlag von Massengütern und für die Hafenindustrie zusammen.

Bezogen auf die von den Betrieben eingenommene Landfläche verhält sich die Zahl der Beschäftigten bei Massengut, konventionellem Stückgut und Industrie etwa wie 1 : 5 : 10. Reine Container-
Umschlagbetriebe sind in dieser Beziehung dem Massengut gleichzusetzen. Daraus läßt sich in
erster Näherung das Pkw-Verkehrsaufkommen derjenigen Flächen schätzen, für die keine Unterlagen zur Verfügung stehen.

Ganz grob gesehen, kann man das schon genutzte Hafengebiet in vier Zonen einteilen (Abb. 2).
Erstens im NW: Freihafen Waltershof mit den Container-Umschlaganlagen: starker Güterverkehr,
schwacher Berufsverkehr. Zweitens im SW: Hafenerweiterungsgebiet im wesentlichen mit Industriebesatz: schwacher Güterverkehr und starker Berufsverkehr. Drittens im SO: Gebiet Neuhof —
Kattwyk — Hohe Schaar mit Massengutumschlag- und Lagerbetrieben: Verhältnismäßig schwacher Güter- und Berufsverkehr. — Viertens im NO: Freihafen, ostwärts des Köhlbrand. Hier befinden sich die Betriebe mit konventionellem Stückgutumschlag, zwei große Werften und andere
Industrie. Auf der Straße wird starker Güter- und starker Berufsverkehr erzeugt.

Natürlich kann das nur eine sehr grobe Einteilung sein, und die Begriffe „stark" und „schwach"
sind relativ zu sehen. Die Wirklichkeit ist differenzierter. Die Angaben zeigen aber doch, wo der
Schwerpunkt des Verkehrsaufkommens auf der Straße liegt; nämlich im Freihafenteil ostwärts
des Köhlbrand.

Wenden wir uns nun dem Straßennetz zu, das den kurz geschilderten Ansprüchen genügen muß.
Die Hauptstraßen des Hafens sind auf der Abb. 2 dargestellt. Zunächst sind da die beiden Hauptverteilungsachsen in Nord-Süd-Richtung mit je einer Autobahn als Rückgrat des Straßenverkehrs,
die auch die Verbindung zum überörtlichen und Regionalnetz herstellen (s. Abb. 1).

Im Osten liegt die eine Haupt-Verkehrsachse der Landverkehrsmittel, die aus der Autobahn,
der Eisenbahn und der B 4/75, die wie eine Stadtautobahn wirkt, besteht. Mit ihren Brücken
über die Norder- und Süderelbe begrenzt sie die Seeschiffahrt auf diesen beiden Wasserstraßen nach
Osten. Diese Achse führt nur streckenweise unmittelbar am Hafengebiet entlang. Sie wirkt aber
gleichwohl als Verteilerschiene.

Die zweite Nord-Süd-Hauptachse setzt sich aus der neuen Autobahn Westumgehung, der
Waltershofer Straße und der Waltershofer Bahn zusammen. Die Autobahn stellt hier die Verbindung zum Nordufer der Elbe her. Die Waltershofer Straße bildet die örtliche Sammel- und
Verteilerschiene. Diese Gruppe von Landverkehrsachsen bildet einen Einschnitt im Hafengebiet.

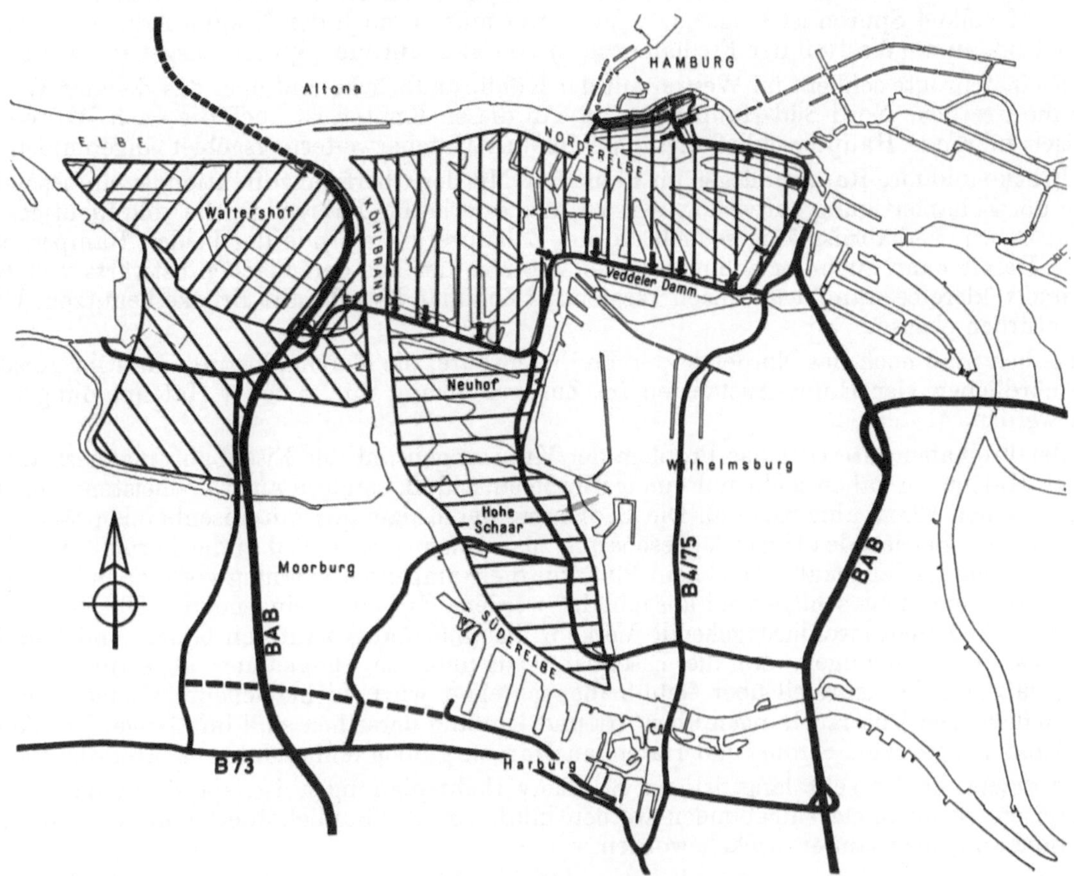

Abb. 2. Das Straßennetz im Hamburger Hafen.

Auch die Hauptverteilerstränge der Versorgungsleitungen Wasser, Gas und Strom sind an diese Achse herangerückt worden.

Die beiden Nord-Süd-Achsen sind durch zwei Ost-West-Achsen am Rande des Hafengebietes miteinander verbunden.

Die nördliche Randachse verläuft in einem Straßenzug nahe der Norderelbe (Abb. 1). Sie durchläuft die Hamburger Innenstadt. Diese Strecke der Achse wird von den Autofahrern wegen ihrer Verkehrsmassierung vermieden. Sie ziehen den Weg durch den Hafen vor.

Die südliche Randachse wird von der B 73 dargestellt. Auch sie verläuft im Osten durch ein Straßenverkehrs-Ballungsgebiet, den Kern des Stadtteils Harburg. Um ihn zu umgehen, wird ebenfalls die Durchfahrt durch den Hafen vorgezogen.

Die wichtigste Querverbindung ist die Freihafenroute. Sie hat die Hauptlast der Verteilung und Sammlung zu tragen. Das wird aus den zahlreichen Zu- und Abfahrten deutlich, die in Abbildung 2 durch Pfeile gekennzeichnet sind.

Schließlich übernimmt eine von Norden nach Süden verlaufende Achse die Verteilung innerhalb des Hafengebietes. Sie hat am Zollamt Neuhof Anschluß an die Freihafenroute und gabelt sich auf ihrem Weg nach Süden auf der Hohen Schaar in einen Ast nach Osten mit Anschluß an die B 4/75 und die Autobahn. Der Ast nach Westen kreuzt mit der Kattwykbrücke die Süderelbe und verläuft weiter bis an die B 73 und von da an die Autobahn.

Das Straßennetz für die Verteilung des Verkehrs in die Flächen im einzelnen darzustellen, ist hier nicht der Ort. Natürlich ist es abhängig von der Art der Betriebe, die auf den verschiedenen Flächen arbeiten.

Sorgen macht in erster Linie die zollausländische Freihafenroute, ein Straßenzug, der in der Zeit des Pferdefuhrwerks angelegt worden ist. Er muß, wie schon erwähnt, die Hauptlast des Straßenverkehrs tragen. Die Freihafenroute muß in der Verkehrsspitze auf ihrer Strecke Veddeler Damm rund 4000 Pkw-Einheiten in der Stunde in beiden Richtungen aufnehmen; damit ist eine 4-spurige Straße ausgelastet. Die Engpässe auf diesem Straßenzug sind folgende:

Der Veddeler Damm. Er ist nach modernen Gesichtspunkten nur etwa 3 Spuren breit. Der Ausbau auf volle 4 Spuren ist eingeleitet. Zukünftig müssen noch der Knoten Argentinienbrücke und der Roßdamm (Westteil der Freihafenroute) von zwei auf vier Spuren ausgebaut werden.

Die Freihafenroute schließt im Westen mit der Köhlbrandbrücke und über das Zollamt Waltershof an die westliche Nord-Süd-Hauptachse an. An diesen Knoten ist auch die nach Westen zollinländisch führende Haupterschließungsachse für das Hafenerweiterungsgebiet angebunden.

Die Brücke und ihre Rampen liegen im Freihafen. Mit der Oberfinanzdirektion ist ein besonderes System der Zollabfertigung entwickelt worden, das es erlaubt, Fahrzeuge, die zollpflichtiges Gut an Bord haben, verhältnismäßig schnell an den Zollämtern am Ende der beiden Rampen abzufertigen. Damit kann auch der zollinländische Verkehr, der aus den Flächen ostwärts von Köhlbrand und Süderelbe stammt und nach Westen ins Zollinland strebt, die Brücke benutzen. Umgekehrt natürlich ebenso.

Schließlich muß noch das Nordende der Freihafenroute, die Versmannstraße und ihr Anschluß an die nördlichen vier Hafen-Ausfahrten im Zusammenhang mit anderen Hafenplanungen verbessert werden.

Auf der Freihafenroute tritt das Problem der Kreuzungen mit der Eisenbahn massiert auf. Die einzelnen Kaizungen haben nicht nur einen Straßenanschluß, sondern auch — meistens sehr nahe gelegen — einen Eisenbahnanschluß. Die Bedienung der Kaizungen mit Eisenbahnen fällt — das hängt mit dem Betrieb des Umschlaggeschäftes zusammen — zum Teil in die Berufs- und Güterverkehrsspitzen auf der Straße. Weil kein Platz für die Rampenentwicklung vorhanden ist, können diese Kreuzungen nicht schienenfrei ausgebildet werden. Es bedarf eingehender Überlegung, wie der auf der Freihafenroute durchgehende Verkehr, der Zu- und Ablauf von Güter- und Personenverkehr bei den Kaizungen und die Eisenbahnbedienung so aufeinander abgestimmt werden können, daß kein Verkehrsteil über Gebühr benachteiligt wird. Lichtzeichenregelungen sind hier unumgänglich. Die Untersuchungen über Art und Umfang derselben sind im Gange. Der Ausbau dieses Straßenzuges wird Strom- und Hafenbau Hamburg noch einige Jahre in Atem halten.

Die Konzeption der sehr langfristigen Straßenverkehrsplanungen ist, da sie in das gesamte hamburgische Straßennetz eingebunden werden muß, von der Baubehörde Hamburg und Strom- und Hafenbau gemeinsam entwickelt worden.

Die heute schon überlastete B 73 soll aus den Wohngebieten als Autobahn nach Norden verlegt werden (Abb. 1). Sehr langfristig gesehen soll damit auch die Durchfahrt durch das überlastete Ballungsgebiet Harburg wesentlich verbessert werden. Ihre Aufgabe als Sammel- und Verteilerschiene wird diese Straße dann voraussichtlich voll übernehmen können.

Mit Anschluß an die vorhandene und zukünftig verlegte B 73 soll im Süden eine Aufschließungsachse für den Raum Moorburg-Mitte entstehen (Abb. 2). Es ist vorgesehen, diese Fläche in den 80er Jahren der Hafenerweiterung zuzuführen.

Eine stadtautobahnähnliche Verbindungsachse von Westen nach Osten soll im Zollinland entstehen (Abb. 1). Sie soll am Autobahnanschluß Georgswerder beginnen, einen Anschluß an die B 4/75 erhalten und dann mit einer 2. Köhlbrandbrücke den Autobahnknoten Waltershof erreichen. Da ihre Trasse etwa an der Grenze zwischen Zollinland und Zollausland entlang führt, ergibt sie im Hafen keine sehr merkbare neue Zäsur. Diese Verbindung wird nicht nur für den Ost-West-Querverkehr im Großraum Hamburg wichtig sein. Wir haben auch die Hoffnung, daß sie — später einmal gebaut — einen beachtlichen Teil des Durchfahrverkehrs von den Hafenstraßen fernhält.

Nicht behandelt wurden der Straßenverkehr mit öffentlichen Verkehrsmitteln, der Geschäftsverkehr und der Binnenverkehr von Hafenteil zu Hafenteil. Sie müssen natürlich bei allen Überlegungen in bezug auf das Straßennetz gebührend berücksichtigt werden. Insgesamt gesehen spielen sie jedoch nur eine untergeordnete Rolle.

Neue Großbrücken im Hamburger Hafen

I. Die Köhlbrandkreuzung

1. Überblick über die planerische Vorbereitung eines großen Brückenbauprogramms

Von Baudirektor Dipl.-Ing. Rudolf Schwab, Hamburg

1.1 Einleitung

1973 und 1974 wurden im Hamburger Hafen zwei bemerkenswerte Brückenbauwerke dem Verkehr übergeben. Damit konnte eine seit etwa 70 Jahren betriebene Planung verwirklicht werden, die zum Ziele hatte, die westlich des Elbarmes Süderelbe—Köhlbrand gelegenen Erweiterungsflächen mit dem zentralen Hafengebiet zu einer Einheit zusammenzuschließen. Es handelt sich

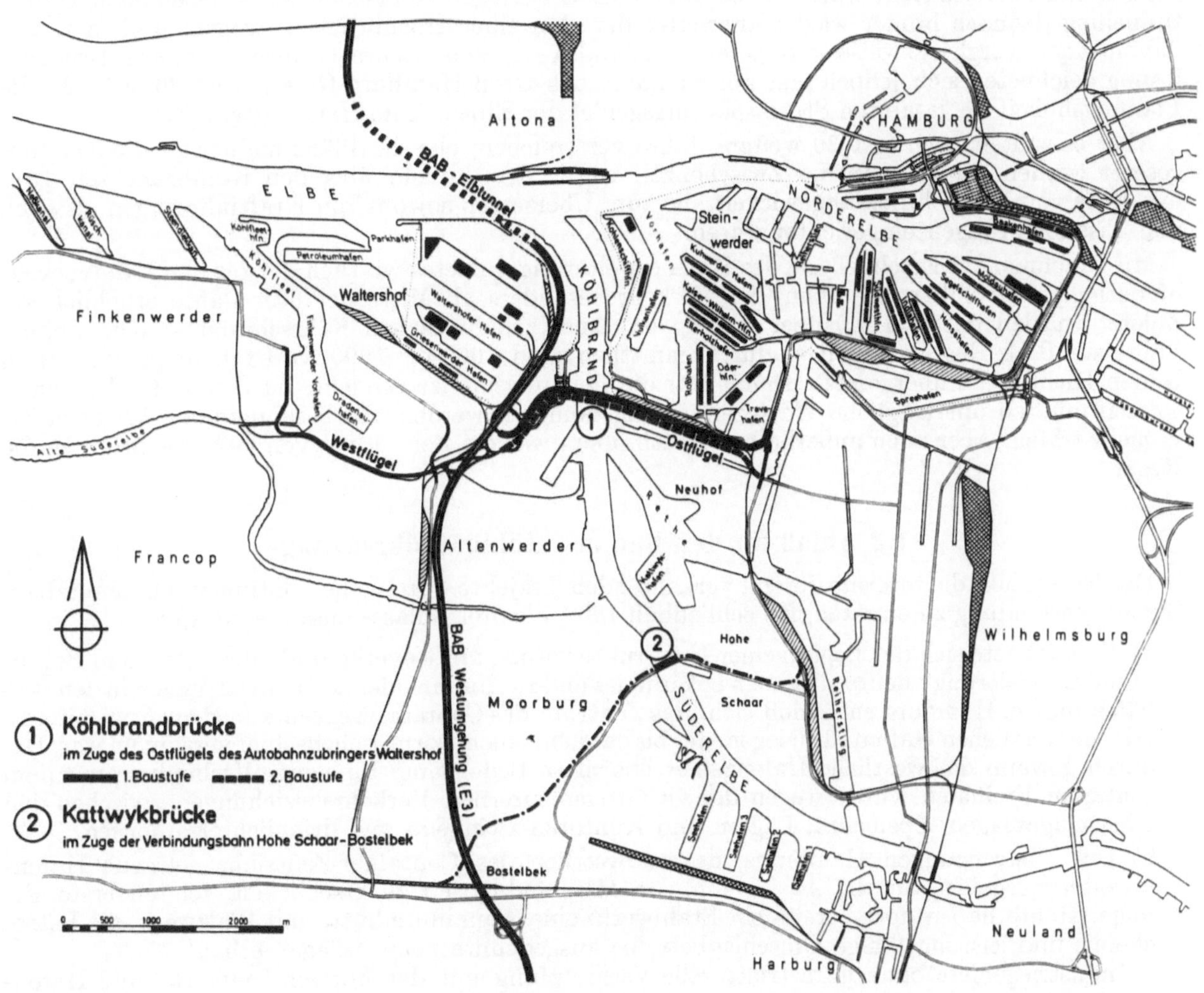

Abb. 1. Übersichtsplan.

um die rund 4 km lange Köhlbrandbrücke — eine Hochbrücke, mit welcher der Straßenverkehr in fast 60 m Höhe über dem Wasserspiegel die Seeschiffahrtsstraße Köhlbrand überquert — und die etwa 3 km weiter oberhalb gelegene Kattwykbrücke — eine bewegliche Brücke über die Süderelbe, deren 53,8 m über MTnw anhebbares Mittelteil die Zufahrt großer Seeschiffe zu den Harburger Häfen gewährleistet (Abb. 1).

Über diese beiden Brücken, die zu den interessantesten Bauwerken der neueren Brückenbaugeschichte in Deutschland gehören, wird im vorliegenden Jahrbuch in vier Fachaufsätzen ausführlich berichtet, von denen sich drei mit der Hochbrücke und einer mit der beweglichen Brücke befassen.

Zum besseren Verständnis der planerischen Zusammenhänge und der Gründe, die zu diesem eindrucksvollen Bauprogramm führten, sollen den fachlich orientierten Berichten einige erläuternde Betrachtungen vorangestellt werden.

1.2 Historische Entwicklung

Die Kreuzung der Seeschiffahrtstraße Köhlbrand — der Mündungsstrecke des Elbarmes Süderelbe — war wegen der Bedeutung dieses Wasserweges als Zufahrt zu den ehemals preußischen Harburger und Wilhelmsburger Häfen bereits um die Jahrhundertwende Gegenstand von Verhandlungen zwischen Hamburg und Preußen. Seinerzeit konnte Preußen gegenüber Hamburg durchsetzen, daß der Köhlbrand nur mit einem Tunnel gekreuzt werden dürfe.

In technischer Hinsicht wurde — wie aus alten Unterlagen zu ersehen ist — neben einer Untertunnelung dennoch immer wieder alternativ der Bau einer Hochbrücke erwogen, weil man sich davon einen vergleichsweise geringeren Aufwand versprach. Echte Chancen für eine Brückenlösung zeichneten sich jedoch erst ab, nachdem das Groß-Hamburg-Gesetz vom 26. 1. 1937 die Planungshoheit im gesamten Stromspaltungsgebiet der Elbe in eine Hand legte.

Aber es sollten noch fast 30 weitere Jahre verstreichen, ehe die Pläne endlich in die Tat umgesetzt werden konnten. In der Zwischenzeit wurde der Verkehr über den Köhlbrand seit 1912 mit Hilfe von Fährschiffen abgewickelt, die zum Übersetzen sowohl von Kraftfahrzeugen als auch von Eisenbahnwagen eingerichtet waren.

Mit zunehmender Erschließung des Hafenerweiterungsgebietes westlich der für den Landverkehr hinderlichen Strombarriere nahm der Verkehr besonders ab Mitte der 60er Jahre erheblich zu. Zuletzt wurden mit drei tagsüber ständig im Einsatz befindlichen Fährschiffen — eine weitere Fähre stand als Reserve bereit — durchschnittlich rund 6 000 bis 7 000 Kraftfahrzeuge pro Tag in beiden Richtungen übergesetzt. Damit war die Leistungsgrenze erreicht. Zu Zeiten der Verkehrsspitzen mußten unerträgliche Wartezeiten hingenommen werden, die besonders den Wirtschaftsverkehr trafen. Aber auch außerhalb der rush-hours war ein Zeitverlust von 20 bis 30 Minuten die Regel.

1.3 Anlaß für den Bau der Köhlbrandkreuzung

Der Entschluß, die intermittierend verkehrenden Trajekte durch eine kontinuierlich benutzbare Straßenverbindung zu ersetzen, fiel schließlich 1968, als drei Anlässe zusammentrafen:

a) Es zeichnete sich der Beginn einer Umstrukturierung im Seeverkehr ab, die unter dem Begriff „Containerisierung" heute allgemein bekannt ist und zu einschneidenden Umwälzungen in den Seehäfen führte. Hamburg entschloß sich, das Zentrum des Containerverkehrs in den entwicklungsfähigen westlichen Hafenteil zu legen, der bis dahin in einen Dornröschenschlaf versunken war. Dadurch gewann das westliche Hafengebiet enorm an Bedeutung. Eine enge Verbindung mit dem zentralen Freihafen wurde wegen der vielfältigen internen Verkehrsbeziehungen zwischen den Umschlaganlagen, Speichern, Lägern und Kontoren zwingend und dringlich erforderlich.

b) Die Anstrengungen Hamburgs, das südwestlich des Container-Zentrums gelegene Hafenerweiterungsgebiet für die Ansiedlung von Hafenindustrien zu erschließen, zeigten erste Erfolge. Heute haben dort bereits ein Stahlwerk, eine Aluminiumhütte mit Walzwerk, die Petrochemie und leistungsfähige Umschlagbetriebe ausgedehnte neue Anlagen erbaut.

Industriegebiete ohne infrastrukturelle Verknüpfung mit den übrigen Industrie- und Hafenarealen des engeren Wirtschaftsraumes sind jedoch nicht optimal entwicklungsfähig. Auch hier erwies sich die Seeschiffahrtstraße Köhlbrand bei allem Nutzen für die Schiffahrt als ein Hindernis, welches der Aktivierung der baureifen Hafenindustrieflächen hemmend im Wege stand.

c) Zwischen Hamburg und dem Bund konnte Einigkeit über Trasse und Finanzierung der Bundesautobahn Hamburg—Flensburg im Abschnitt„ Westliche Umgehung Hamburg" erzielt werden. Die Autobahn sollte im westlichen Hafengebiet eine leistungsfähige Anschlußstelle erhalten, wodurch weitere Impulse für eine aktive Entwicklung dieses aufstrebenden Hafenteils ausgelöst wurden.

In diesem Zusammenhang konnte auch vereinbart werden, daß sich der Bund am Bau einer Zubringerstraße zur BAB-Anschlußstelle im westlichen Hafengebiet mit einem Zuschuß von 50% der Baukosten beteiligt. Während der Westflügel dieses insgesamt über 8 km langen Autobahnzubringers den Raum Finkenwerder mit der Anschlußstelle Waltershof verbindet, hat der Ostflügel die Aufgabe, das althergebrachte zentrale Hafengebiet sowie die Wohn- und Arbeitsstätten auf den Elbinseln Wilhelmsburg und Neuhof unter Kreuzung des Köhlbrands an die neue Autobahn anzuschließen. Da diese Aufgabe von den ohnehin überlasteten Trajekten nicht zusätzlich bewältigt werden konnte, mußte eine leistungsfähigere Lösung gefunden werden.

Der Bau der lange geplanten, kontinuierlich befahrbaren Verkehrsverbindung über die Wasserstraße Köhlbrand konnte und mußte deshalb nunmehr in die Tat umgesetzt werden.

1.4 Verkehrsentwicklung

Verkehrsprognosen für die Köhlbrandkreuzung ergaben — unter der Voraussetzung einer vollen Aktivierung der für die Ansiedlung von Hafen- und Industriebetrieben westlich von Köhlbrand und Süderelbe gegebenen Möglichkeiten — ein mittleres Verkehrsaufkommen von 43 000 Kraftfahrzeugen am Tag. Dieser Verkehr wird allerdings in Abhängigkeit vom Fortschritt der Erschließung erst in den 80er Jahren erreicht werden können.

Eine erwähnenswerte Besonderheit stellt die durch die Eigenart des Hamburger Hafens bedingte Gliederung in zollinländischen und zollausländischen Verkehr dar. Letzterer hat Ziel oder Quelle im Freihafen, d.h. seine Einzugsgebiete sind durch Zollgrenzen vom übrigen Hinterland abgetrennt, die nur an wenigen, von der Bundesfinanzverwaltung kontrollierten Grenzübergängen passiert werden können. Einige der Grenzübergänge sind für die Abfertigung von Waren mit Zollämtern ausgestattet. Der Anteil des zollausländischen Verkehrs am prognostizierten Gesamtaufkommen beträgt 38%. Der größte Teil dieses Verkehrs ist Binnenverkehr zwischen den Freihäfen beiderseits des Köhlbrands.

1.5 Grundsatzentscheidung: Tunnel oder Brücke

1.5.1 Aufgabenstellung

Der Entschluß, die Köhlbrandkreuzung zu bauen, warf erneut die Frage auf, ob der dafür seit jeher in Aussicht genommene Tunnel die planerisch und wirtschaftlich optimale Lösung darstellte. In die Überlegungen war neben separaten Straßenquerschnitten für zollausländischen bzw. zollinländischen Verkehr die Notwendigkeit der Überführung eines Gleises der Hamburger Hafenbahn — als Ersatz für die nicht ausreichende Kapazität der kombinierten Eisenbahn/Straßenfähre — einzubeziehen. Die Straßenplanung hatte vom Charakter innerstädtischer Hauptverkehrsstraßen auszugehen, d.h. sie war weitgehend anliegerfrei zu konzipieren mit Begrenzung der zulässigen Fahrgeschwindigkeit auf 50 km/h.

1.5.2 Randbedingungen für die Tunnelvariante

Unter diesen Voraussetzungen wurde zunächst für generelle Untersuchungen die in Abb. 3 dargestellte Tunnellösung entwickelt, für die im übrigen folgende Randbedingungen galten:

Maximale Steigung der Straße	4,0%
Maximale Steigung der Eisenbahn im geschlossenen Tunnelteil	4,0%
Maximale Steigung der Eisenbahn außerhalb des geschlossenen Tunnelteils	2,6%
Wannenausrundung für Straße und Gleis mindestens	H = 3 000 m
Kuppenausrundung für Straße und Gleis mindestens	H = 3 000 m
Breite der Fahrstreifen für Kfz-Verkehr	3,50 m
Notwege an den Seiten der Kfz-Fahrbahnen (zugleich Lichtraum für Signale, Beleuchtung usw.)	1,00 m
Höhe des Lichtraumes in Straßenröhren mindestens	4,50 m
Breite der Eisenbahnröhre mit Sicherheitsfußweg	5,80 m
Höhe des Lichtraumes der Eisenbahnröhre über SOK	5,30 m
Mögliche Fahrwassertiefe über dem Tunnel auf mindestens 200 m Breite, bezogen auf MTnw	15,00 m

(Diese Fahrwassertiefe entspricht der analogen Planungsbedingung für den weiter unterhalb befindlichen BAB-Elbtunnel, der insofern die Entwicklung der Schiffstiefgänge beschränkt.)

Außerdem war für den allerdings nur sehr geringen Fußgänger- und Radfahrerverkehr eine abgeteilte Tunnelröhre von 4,0 m Breite und 3,0 m Höhe vorgesehen, die über besondere Aufzuganlagen und Nottreppen zu erreichen gewesen wäre.

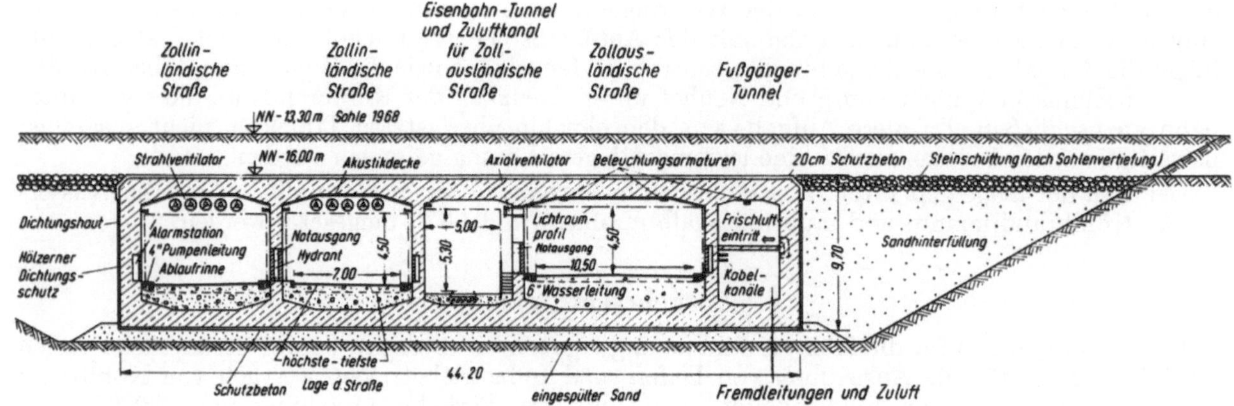

Abb. 2. Querschnitt der Tunnelvariante.

1.5.3 Technische Einzelheiten der Tunnelvariante

Die beiden für den Zollinlandverkehr vorgesehenen Tunnelröhren mit Richtungsfahrbahnen sollten Längsbelüftung erhalten, wobei der Verkehrsstrom und die mechanische Belüftung (Achsialbelüfter in den vertikalen Frischluftschächten der Lüftergebäude mit schräggestellten Saccardo-Düsen an den Eingangsportalen in Verbindung mit Strahlventilatoren in den Tunnelröhren unterhalb der Decken) sich gegenseitig unterstützten. In der Tunnelröhre für den Zollauslandverkehr war Gegenverkehr mit Spursteuerung in Anpassung an die zeitlich unterschiedlich starken Hauptverkehrsströme geplant. Hierfür war eine Halbquerbelüftung in Aussicht genommen, wobei der danebenliegende Gleistunnel als Frischluftkanal dienen sollte. Die Fußgängerröhre hätte über den darunter angeordneten Leitungskanal mit Frischluft versorgt werden können.

Die geschlossene Tunnelstrecke wurde auf 700 m Länge begrenzt. Davon sollten 570 m nach dem Prinzip eines Absenktunnels aus 5 Stahlbeton-Elementen von je 114 m Länge hergestellt werden. Die 5 Fertigteile sollten in einem provisorischen Trockendock ausreichender Größe vorfabriziert werden, welches gegen das offene Wasser durch einen Fangedamm abgeschlossen werden mußte. Es war beabsichtigt, Decken und Bodenplatten des Tunnels teilweise vorzuspannen. Die notwendige Auftriebsicherheit im endgültigen Zustand konnte mit Hilfe von Kiesballast erreicht werden, welcher nach dem Absenken auf der Bodenplatte aufzubringen war.

Als Übergangsbauwerk war am Ostufer im Anschluß an die Absenkstrecke ein Druckluftsenkkasten vorgesehen, der zugleich Fahrstühle und Treppen der Fußgängerverbindung enthalten sollte. In offener Baugrube schloß sich ein 85 m langes Tunnelstück in Ortbeton mit dem Lüftergebäude an; es folgte die offene Rampe als Stahlbetontrog. Die auf dem Neuhöfer Ufer vorhandene Bebauung (Wohnblöcke mit 1010 Wohnungen und Rangierbahnhof) engt das Baugelände extrem ein, so daß eine sehr aufwendige senkrechte Baugrubeneinfassung, nach unten gegen Grundwasser abgedichtet, unvermeidbar gewesen wäre. Um den hohen Auftriebskräften entgegenzuwirken, hätte die Bodenplatte des Stahlbetontroges mit Zugpfählen verankert werden müssen.

Auf dem anderen Ufer wäre eine freizügigere bauliche Entwicklung möglich gewesen: ein Ortbeton-Tunnelabschnitt von etwa 20 m Länge, das Lüftergebäude und die offene Rampenstrecke hätten in Baugruben mit Grundwasserabsenkung erbaut werden können.

1.5.4 Randbedingungen für die Brückenvariante

Dem Tunnelentwurf wurde als Alternative eine Lösung mit Brücken gegenübergestellt. Um die oberhalb der Kreuzungsstelle gelegenen Hafenteile nicht zu benachteiligen, mußte die Bedingung beachtet werden, den größten Schiffen, die diese Hafenteile aufsuchen wollen, die Passage zu ermöglichen. Daraus ergab sich die Auflage, daß Tanker bis 250 000 tdw Tragfähigkeit in Leerfahrt — z.B. auf dem Wege von einer hinter der Brücke befindlichen Tankerreinigungsanlage zu den Docks der Hamburger Werften — die Brücke passieren können, was eine lichte Durchfahrtshöhe von etwa 51,50 m über Mitteltidehochwasser bedingte. Ferner galt auch hier, daß die Steigungen der Rampen auf 4% beschränkt bleiben mußten. Für die Dimensionierung war Brückenklasse 60 nach DIN 1072 bzw. für die Eisenbahn Lastenzug S (1950) vorgeschrieben. Ein Modell erleichterte das Studium der städtebaulichen Wirkung einer Hochbrücke (Abb. 3).

Abb. 3. Brückenmodell (Gesamtbauwerk; Verwaltungsentwurf vor der Ausschreibung des Wettbewerbs).

1.5.5 Besonderheiten der Brückenlösung

Es wurde bald erkannt, daß im Gegensatz zur Tunnellösung bei einer Überbrückung des Köhlbrands die drei Verkehrswege (Zollauslandstraße, Zollinlandstraße, Eisenbahn) vorteilhaft voneinander getrennt überführt werden können, wobei sich für die Eisenbahn eine gesonderte Kreuzungsstelle etwa 3 km oberhalb der Straßentrasse anbot. Da an dieser Stelle große Schiffe nur noch selten verkehren, konnte hier eine bewegliche Brücke vorgesehen werden. Auf diese Weise ließen sich die bei einem Tunnel oder einer Hochbrücke erforderlichen verlorenen Steigungen auf den unter eisenbahnbetrieblichen Gesichtspunkten sehr steilen Rampenstrecken vermeiden, die lediglich Zugfahrten mit erheblich reduzierter Anhängelast und wesentlich verteuerten Zugförderungskosten gestattet hätten.

Außerdem war es möglich, die einzelnen Glieder der Gesamtlösung als Einzelbauwerke zeitlich nacheinander, in sinnvoller Anpassung an die Verkehrsentwicklung zu verwirklichen, was einen wesentlich wirtschaftlicheren Einsatz der Investitionsmittel ermöglichte.

In die vergleichende Gegenüberstellung der Investitions- bzw. Betriebs- und Unterhaltungskosten von Tunnel- und Brückenlösung wurden deshalb bei der Brückenvariante je eine vierspurige Straßenhochbrücke für Zollausland- und Zollinlandverkehr als gesonderte Baustufen und die bewegliche Eisenbahnbrücke aufgenommen (Abb. 1); letztere war so konzipiert, daß sie außerhalb der Eisenbahnfahrten als zweispurige Straßenbrücke genutzt werden kann.

1.5.6 Entscheidung zugunsten der Brückenlösung

Die Grundsatzentscheidung fiel zugunsten der Brückenvariante als sich herausstellte, daß ein Tunnel mit 7 Kfz-Fahrstreifen und einer Eisenbahnröhre etwa 50% höhere Baukosten und alljährlich etwa 70% höhere Betriebs- und Unterhaltungskosten verursachen würde als zwei nacheinander errichtete Hochbrücken für den Straßenverkehr mit insgesamt 8 Fahrstreifen und eine Hubbrücke mit einem Eisenbahngleis bzw. zwei Kfz-Fahrstreifen.

Da eine erste vierspurige Straßenbrücke für den Zollauslandverkehr unter Berücksichtigung der anschließenden Verkehrsknotenpunkte eine mögliche Leistungsfähigkeit von 31 000 Kfz/Tag gewährleistet und weitere 8 000 Kfz/Tag unter Inkaufnahme eines erträglichen Umweges die bewegliche kombinierte Eisenbahn/Straßenbrücke über die Süderelbe benutzen können, läßt sich die zweite Hochbrücke (auf dem Lageplan Abb. 1 mit 2. Baustufe bezeichnet) zeitlich zunächst noch zurückstellen, bis die weitere Verkehrsentwicklung die Notwendigkeit des Baubeginns erzwingt. Dieser Entschluß wurde auch dadurch gefördert, daß zollinländischer Verkehr o h n e Güter (wozu z. B. auch der Berufsverkehr gehört) den Freihafen ohne Nachteil auf der Zollauslandstraße durchqueren kann, während der Zollinlandverkehr m i t Gütern vorerst auf die bewegliche Brücke ausweichen kann. Außerdem hat die Zollverwaltung inzwischen ein vereinfachtes Abfertigungsverfahren für zollinländischen Transitgüterverkehr auf der Freihafenroute zwischen Waltershof und Neuhof eingeführt.

1.6 Ergebnis des Entwurfswettbewerbs für eine Hochbrücke

1.6.1 Verfahren

Nachdem die Grundsatzentscheidung zugunsten der Brücke gefallen war, wurden Entwurf und Bau der ersten Baustufe unter Berücksichtigung bestimmter Randbedingungen bezüglich der späteren zweiten Brücke 1969 unter namhaften deutschen und ausländischen Brückenbaufirmen ausgeschrieben. Der Wettbewerb fand als beschränkte Ausschreibung auf der Grundlage umfangreicher Rahmenbedingungen statt, die Strom- und Hafenbau Hamburg, die Bauverwaltung im Hamburger Hafen, erarbeitet hatte. Zum Wettbewerb wurden 5 Bietergruppen zugelassen, die insgesamt 9 verschiedene Entwürfe einreichten. Jede Bietergruppe erhielt von der Bauverwaltung 50 000 DM als Unkostenbeitrag für die Entwurfsbearbeitung. Einschließlich der Rampen weist die Brücke eine Gesamtlänge von 3940 m auf. Die Grundfläche aller Überbauten beträgt zusammengerechnet etwa 70 000 m².

Das Bauwerk untergliedert sich technisch in drei Abschnitte:

Los 1	Ostrampe	(Neuhof)
Los 2	Strombrücke	(Überquerung der Seeschiffahrtstraße Köhlbrand)
Los 3	Westrampe	(Waltershof)

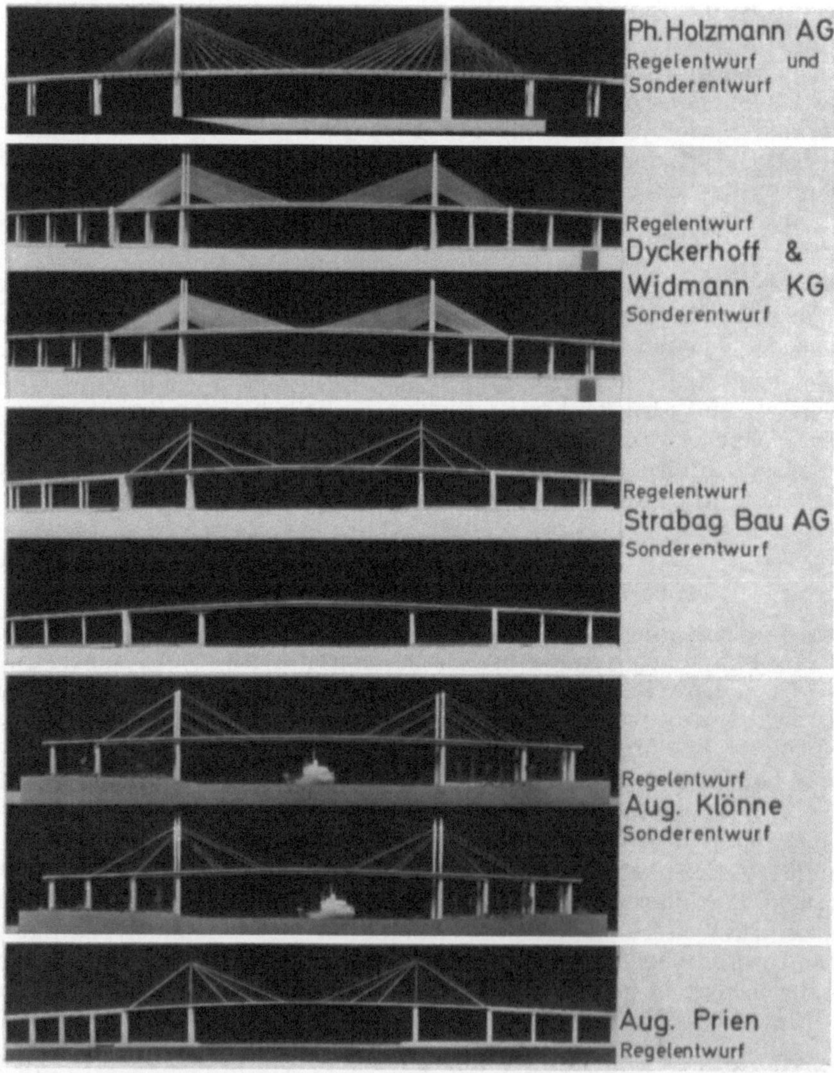

Abb. 4. Wettbewerbsvorschläge für die Strombrücke (Zusammenstellung der Modelle).

1.6.2 Strombrücke

Um das Herzstück des Bauwerks, die 520 m lange Strombrücke, hinsichtlich der architektonischen Gestaltung besser beurteilen zu können, hatten die anbietenden Firmengruppen Modelle angefertigt, die in Abb. 4 zusammengestellt sind.

Von den 9 vorgelegten Wettbewerbs-Entwürfen war ein Vorschlag im Bereich der Kreuzung der Seeschiffahrtstraße als stählerne Deckbrücke konzipiert, für alle übrigen Entwürfe war als statisches Tragsystem der seilverspannte Balken gewählt worden. Von den 8 Schrägseilbrücken wurden in 5 Fällen die Pylone in der Längsachse des Versteifungsträgers angeordnet. Zu diesem Zweck mußte der Überbau um die Breite der dafür erforderlichen Mittelinsel verbreitert werden. Ein Entwurf sah die Pylone exzentrisch seitlich des Versteifungsträgers vor. Zwei Lösungen besaßen zweistielige Pylone, die im Bereich des Fahrbahnträgers gespreizt sind. Auf diese Weise ergab sich eine räumliche Anordnung der Tragseile in Form eines Zeltes. In einem Falle schlug man im Bereich hoher Druckbeanspruchungen die Verwendung von N-A-XTRA-Stahl vor. Als Tragseile empfahlen alle Bietergruppen ausnahmslos patentverschlossene Kabel; Paralleldraht-Kabel wurden nicht angeboten.

Da tragfähige Bodenschichten erst in 15 bis 20 m Tiefe anstehen, hielten sich Lösungen mit Druckluftsenkkästen und Großbohrpfahl-Gründungen die Waage. Ein Vorschlag sah eine Brunnengründung vor.

Die Pfeilerschäfte sollten in Gleitbauweise oder mit Kletterschalung hergestellt werden.

Das Wettbewerbsergebnis zeigt, daß es bei den hier vorgegebenen Randbedingungen (Hauptstützweite über dem Köhlbrand 300 bis 340 m; Einhaltung der maximalen Steigung der Gradiente von 4%, womit sich im kritischen Bereich eine maximal mögliche Bauhöhe von 3,50 bis 3,80 m ergab) praktisch nur mit einer Schrägseilbrücke möglich ist, eine in jeder Beziehung einwandfreie Lösung zu finden. Interessant ist, daß zwar zwei verschiedene Schrägseilbrückensysteme am kostengünstigsten waren, daß jedoch kein nennenswerter Preisunterschied zu der stählernen Deckbrücke bestand.

Von den Wettbewerbsteilnehmern wurden für das Ingenieurbauwerk der 520 m langen Strombrücke einschließlich Pfeiler und Gründungen — jedoch ohne äußeren Korrosionsschutz, Fahrbahnbeläge und Beleuchtung — Angebote in der Bandbreite von 2 520 bis 3 400 DM je m² Grundfläche des Überbaus (nach dem Preisstand von Mitte 1969) abgegeben.

1.6.3 Rampenbauwerke

Als Rampenbauwerke wurden weit überwiegend Durchlaufträger in Form von Spannbetondeckbrücken mit Hohlkastenquerschnitt, aber auch Plattenbalkenkonstruktionen bevorzugt. Die Hohlkastenquerschnitte waren durchweg ein- oder zweizellige Rechteck- oder Trapezprofile mit im Bereich der Fahrbahnplatte angeordneten seitlichen Konsolen. Ein sehr interessanter Vorschlag sah einen dreieckförmigen Hohlkasten mit oben, also im Hohlkasten eingespannten Scheibenstützen vor, deren Lager in den Fußpunkten angeordnet waren, eine sehr leicht wirkende Konstruktion. Als Beton wurde allgemein B 450 vorgesehen, in Längs- und Querrichtung beschränkt vorgespannt, schlaffe Bewehrung in Betonstahl III.

Ein Wettbewerbsentwurf schlug für rund 1 600 m Rampenstrecke einen stählernen Hohlkastenüberbau (Stützweite 65 bis 81 m) mit orthotroper Fahrbahnplatte vor.

Im bodennahen Bereich der Rampenbauwerke bevorzugte man Stahlbeton-Massivplatten oder Stahlbeton-Plattenbalken, beide schlaff bewehrt.

Als Stützen wurden Rechteckhohlpfeiler oder zwei Einzelstützen je Joch empfohlen. Wegen der Tiefe tragfähiger Bodenschichten waren an Land Pfahlgründungen am wirtschaftlichsten. Es wurden sowohl Großbohrpfähle als auch Ortbetonrammpfähle vorgesehen. Unterbauten in Hafenbecken sollten schwere Rammpfahlgründungen mit Stahlrohrpfählen (zum Teil durch angeschweißte Flügel verstärkt), Flachgründungen in Spundwandbaugruben mit Bodenaustausch oder Druckluftsenkkästen erhalten.

Hinsichtlich der Kosten ergab sich bei den in die engere Wahl gezogenen Wettbewerbsentwürfen eine Angebotsbandbreite von 790 bis 940 DM je m² Überbaugrundfläche — ohne Fahrbahnbeläge und Beleuchtung — (Preisstand ebenfalls 1969). Dabei konnte sich der Vorschlag mit teilweise stählernen Überbauten aus Kostengründen nicht durchsetzen. Er lag preislich etwa 16% über dem günstigsten Angebot mit Spannbetonüberbauten, wobei der zusätzlich erforderliche äußere Korrosionsschutz noch nicht berücksichtigt ist.

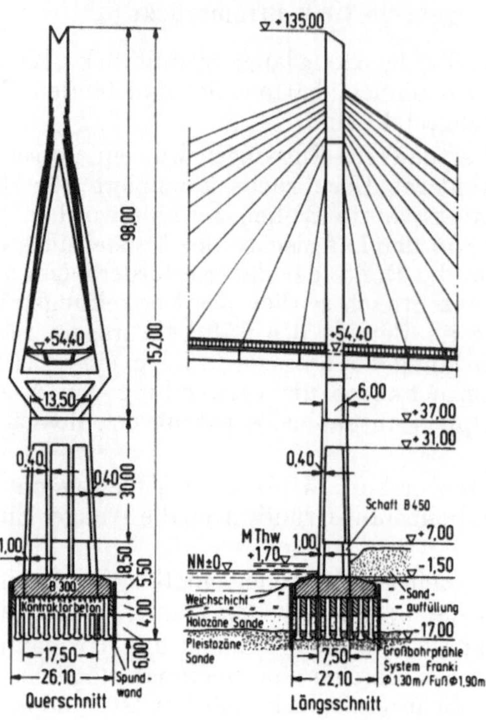

Abb. 5. Ausführungsentwurf der Köhlbrandbrücke: Pylonpfeiler.

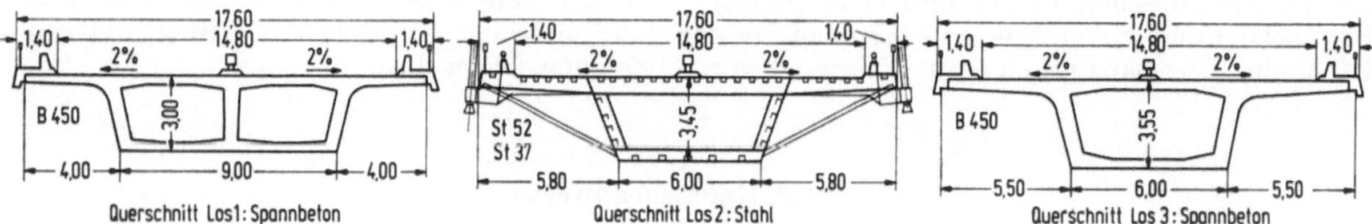

Abb. 6. Ausführungsentwurf: Querschnitte des Überbaus.

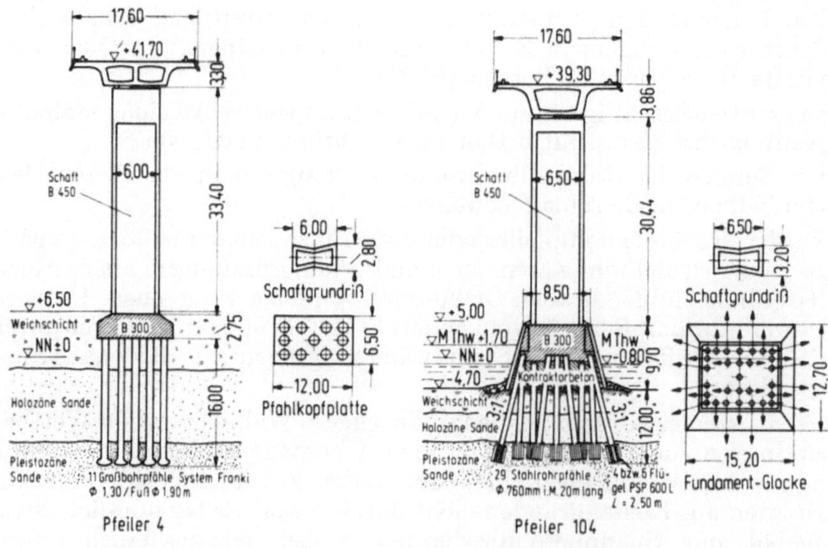

Abb. 7. Ausführungsentwurf: Pfeiler der Rampenbrücken.

1.6.4 Ausführungsentwurf

Die Entscheidung fiel zugunsten einer 520 m langen stählernen Schrägseilbrücke mit im Versteifungsträgerbereich gespreizten Pylonen und räumlich angeordnetem Tragseilsystem mit patentverschlossenen Kabeln (Abb. 5). Die beiderseits anschließenden Rampenbauwerke sind als Spannbetonhohlkasten-Durchlaufträger konzipiert (Abb. 6 und 7). Dieser Vorschlag hatte sich hinsichtlich der Einhaltung der geforderten Randbedingungen, der architektonischen Gestaltung und der Kosten den Konkurrenzentwürfen überlegen gezeigt. Welcher optische Eindruck entstehen würde, wenn die erste Baustufe später durch eine zweite Brücke gleicher Bauweise ergänzt wird, läßt sich anhand eines Modells beurteilen (Abb. 8).

Auf eine Fußgängerverbindung über die Brücke wird im Rahmen der ersten Baustufe verzichtet. Fußgängern wird die Möglichkeit geboten, mit einer ohnehin verkehrenden Fähre des öffentlichen Personennahverkehrs überzusetzen, oder eine über die Brücke neu eingerichtete Buslinie zu benutzen. Diese Entscheidung wird durch die verhältnismäßig geringe Anzahl an Fußgängern erleichtert, die in Zukunft noch weiter abnehmen wird.

Über Details der technischen Bearbeitung und einige interessante Probleme der Baudurchführung wird in den drei folgenden Aufsätzen ausführlich berichtet.

Abb. 8. Modellfoto: erste und zweite Baustufe.

1.7 Bewegliche Eisenbahn/Straßenbahn über die Süderelbe

1.7.1 Planerische Vorüberlegungen

Bereits 1½ Jahre vor der Freigabe des Verkehrs über die Köhlbrandbrücke konnte das zweite Glied der Brückenfamilie, das den Namen Kattwykbrücke erhielt, fertiggestellt werden.

Zu dem Entschluß, eine bewegliche Brücke zu bauen, war man nach umfangreichen Voruntersuchungen gekommen, die im Zusammenhang mit der Köhlbrandkreuzung angestellt worden waren und insofern — wie bereits dargelegt — die Alternativen:

    kombinierter Eisenbahn- und Straßentunnel einerseits und zusätzliche Eisenbahnbrücke über die Süderelbe andererseits

berücksichtigen. Darüber hinaus wurden jedoch auch die Lösungen:

    Umfahrt über Harburg (20 km langer, sehr zeitraubender und umständlicher Umweg) und Gleis über die Hochbrücke

durchleuchtet.

Ebenso wie die Fahrt durch den Tunnel scheiterte auch der Eisenbahnbetrieb über die Hochbrücke an der damit verbundenen Erhöhung der Zugförderungskosten und Verringerung der bewegbaren Zuggewichte, die diese Lösung unwirtschaftlich werden lassen.

Die Leistungsfähigkeit der Umfahrt über Harburg ist dagegen von vornherein sehr begrenzt, da sie auf den Gleisen des Nah- und Fernverkehrs der Deutschen Bundesbahn in den nur äußerst knappen Fahrbahnlücken stattfinden müßte. Im Bahnhof Harburg müssen die Überführungszüge zudem kehren, was den Betriebsaufwand noch zusätzlich erhöht. Daher war auch diese Alternative keine geeignete Lösung.

Eine bewegliche Brücke, mit deren Hilfe die Gleise den Strom auf dem Niveau des angrenzenden Hafengeländes überqueren, bringt außerdem den Vorteil, das baureife Gelände am Westufer der Süderelbe zwischen Altenwerder und Moorburg für den Eisenbahnverkehr erschließen zu können, wofür andernfalls besondere Mittel bereitgestellt werden müßten. Mit einem Mehraufwand von nur 10% läßt sich die Eisenbahnbrücke so gestalten, daß sie auch zweispurig für Kfz-Verkehr befahrbar ist.

Die Lage der Brückentrasse bringt es mit sich, daß nur ein geringer Teil des Seeschiffverkehrs auf dem Elbarm Köhlbrand-Süderelbe — nämlich lediglich der von und nach den Harburger Seehäfen — das Bauwerk passieren muß. Nach den Vorausberechnungen wird die Brücke mit Rücksicht auf die Schiffahrt über 24 Stunden nur maximal 15% der Zeit für Eisenbahn- und Kfz-Verkehr gesperrt sein. Für weitere 15% der Zeit muß der Kfz-Verkehr zugunsten der Eisenbahn unterbrochen werden. Für den verbleibenden Zeitanteil von mindestens 70% steht die Brücke allein für den Straßenverkehr zur Verfügung.

1.7.2 Ausführungslösung: Hubbrücke

Wegen der Breite der Süderelbe an der Kreuzungsstelle kam als wirtschaftlichste Lösung eine Brückenkonstruktion mit drei Feldern in Frage, deren zwei Strompfeiler außerhalb der Fahrrinne für die Großschiffahrt angeordnet wurden. Zwischen diesen Pfeilern mußte aus nautischen Gründen ein lichter Abstand von mindestens 100 m freigehalten werden. Mit 53 m über NN sollte die bewegliche Brücke die gleiche Durchfahrtshöhe wie die Köhlbrandbrücke haben.

Für die konstruktive Gestaltung dieses Bauwerks wurde 1970 ein Ideen-Wettbewerb in Form einer beschränkten Ausschreibung ausgeschrieben. Es beteiligten sich vier namhafte deutsche Stahlbauanstalten in Arbeitsgemeinschaft mit Tiefbauunternehmern. Nach Prüfung aller möglichen technischen Varianten entschied sich die Hafenbauverwaltung zugunsten einer stählernen Fachwerkkonstruktion von insgesamt 288 m Länge mit einem mittleren Hubbrückenteil von 106 m, der ersten vollständig geschweißten Eisenbahn-Fachwerkbrücke Deutschlands (Abb. 9).

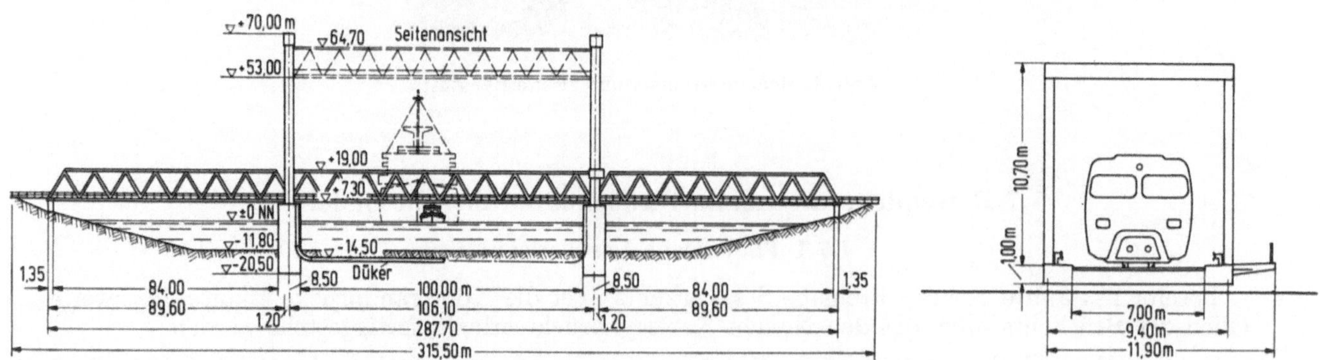

Abb. 9. Kaltwykbrücke: Seitenansicht und Querschnitt.

Über interessante Einzelheiten der technischen Gestaltung, Fertigung und Montage wird nachfolgend noch ausführlich berichtet.

Für die Deutsche Bundesbahn, die auf Grund des Hafenbahnbetriebsvertrages vom 21. 2. 1929 im Hamburger Hafen für Rechnung und Gefahr Hamburgs den Betrieb führt, bringt die neue Brücke Fahrtzeitverkürzungen von einem Tag und mehr in der Relation zwischen dem Haupthafenbahnhof Hamburg-Süd und dem westlichen Hafengebiet. Anläßlich von Verkehrszählungen wurde außerdem festgestellt, daß täglich etwa 7 000 Kraftfahrzeuge die Brücke überqueren.

1.8 Ausblick

Mit der Köhlbrandbrücke hat der Hamburger Hafen ein neues Wahrzeichen erhalten. Doch nicht nur für den Betrachter des Hamburger Stadtbildes ist dieses leicht und elegant wirkende Bauwerk eine eindrucksvolle Bereicherung, auch für die Verkehrsteilnehmer selbst, die in fast 60 m Höhe den Köhlbrand überqueren, bietet sich ein einmaliger Blick auf das Hafenpanorama, der — eigentlich ungewollt — die Fahrt über die Brücke inzwischen zu einer touristischen Attraktion hat werden lassen (Abb. 10).

Wegen der Vielfalt interessanter Bauverfahren, die hier gleichzeitig eingesetzt wurden, war die Baustelle dieser Brücke zugleich eine der spektakulärsten der deutschen Brückenbaugeschichte. Über 6000 fachlich interessierte Besucher aus dem In- und Ausland haben die Baustelle während der $4^1/_2$ jährigen Bauzeit besichtigt.

Abb. 10. Köhlbrandbrücke nach Fertigstellung —
Im Hintergrund: Einfahrt in den BAB-Elbtunnel und Container-Terminal Waltershof.

Die rund 4 km lange Hochbrücke erforderte — nach dem Preisstand von 1974 — einschließlich Korrosionsschutz, Fahrbahnbeläge, Beleuchtung und Betriebseinrichtungen, Investitionen von rund 113 Mio DM, für die bewegliche Kattwykbrücke sind weitere 25 Mio DM aufgebracht worden.

Schon wenige Wochen nach der Verkehrseröffnung wurde auf der Köhlbrandbrücke ein mittlerer Tagesverkehr von 15 000 Kfz gezählt. Eine erneute Kontrolle im März 1975 — also nach Inbetriebnahme der BAB „Westliche Umgehung Hamburg" — ergab bereits einen Anstieg der Verkehrsbelastung auf rund 18 000 Kfz/Tag. Vorsichtig geschätzt erspart dieser neue Verkehrsweg der Volkswirtschaft schon heute allein für Zeitverluste (infolge Warten auf die Fähre oder Umweg) alljährlich mindestens 80 bis 100 Mio DM.

2. Entwurf und Ausführung der Pfeiler

Von Dipl.-Ing. **Ernst Schorn** †, Hamburg

2.1 Allgemeine Angaben

Die Köhlbrand-Hochbrücke wurde auf Grund eines von der Freien und Hansestadt Hamburg, Strom- und Hafenbau, durchgeführten Wettbewerbs von einer Arbeitsgemeinschaft deutscher Bauunternehmungen, deren Federführung von der Philipp Holzmann AG. wahrgenommen wurde, entworfen, berechnet und im Auftrag der Stadt Hamburg ausgeführt. Im Rahmen dieser Arbeitsgemeinschaft waren sämtliche Pfeiler, Stützen und Widerlager sowie die schlaffbewehrten Brückenfelder der Ostrampe von der Gruppe Philipp Holzmann / Beton- und Monierbau / Siemens-Bauunion, die Spannbetonüberbauten von der Firma Polensky & Zöllner und die Pylone sowie der Stahlüberbau der Stromöffnung von einer Stahlbaugruppe, unter Führung der Rheinstahl AG., zu erstellen.

Um den Rang der Köhlbrand-Hochbrücke als Ingenieurleistung deutlich zu machen, werden auf Abb. 1 drei markante, im vergangenen Jahrzehnt erbaute Großbrücken mit der Köhlbrand-Hochbrücke verglichen. Es sind dies

> die Rheinbrücke Duisburg-Neuenkamp mit der größten bisher ausgeführten Spannweite einer Schrägseilbrücke von 350 m;
>
> die fast 1000 m lange Straßen- und Eisenbahnbrücke über den Fehmarnsund mit einer Hauptöffnung von 248 m;
>
> und die rd. 1500 m lange Autobahnbrücke über den Nord-Ostseekanal und die Borgstedter Enge bei Rendsburg mit einem größten Brückenfeld von 221 m.

Die Köhlbrand-Hochbrücke hat einschließlich der Rampen „Breslauer Straße" und „Neuhöfer Damm" eine Gesamtlänge von 3940 m und gehört zu den längsten Brückenbauwerken Deutschlands. Die langen Brückenrampen, deren Gefälle max. 4% beträgt, sind erforderlich, da die Brückentrasse mehrere wichtige Versorgungsleitungen, Straßen sowie Gleise der Hafenbahn kreuzt und außerdem der anstehende weiche Untergrund größere Dammlasten nicht trägt.

Die Stromöffnung hat eine Spannweite von 325 m und eine lichte Durchfahrtshöhe von 51,5 m über Tidehochwasser, damit unbeladene Tankschiffe bis zu einer Tragfähigkeit von 250000 t unter der Brücke durchfahren können.

Die vierspurige Brücke ist 17,6 m breit, die beiden Fahrbahnen sind durch einen Mittelstreifen getrennt.

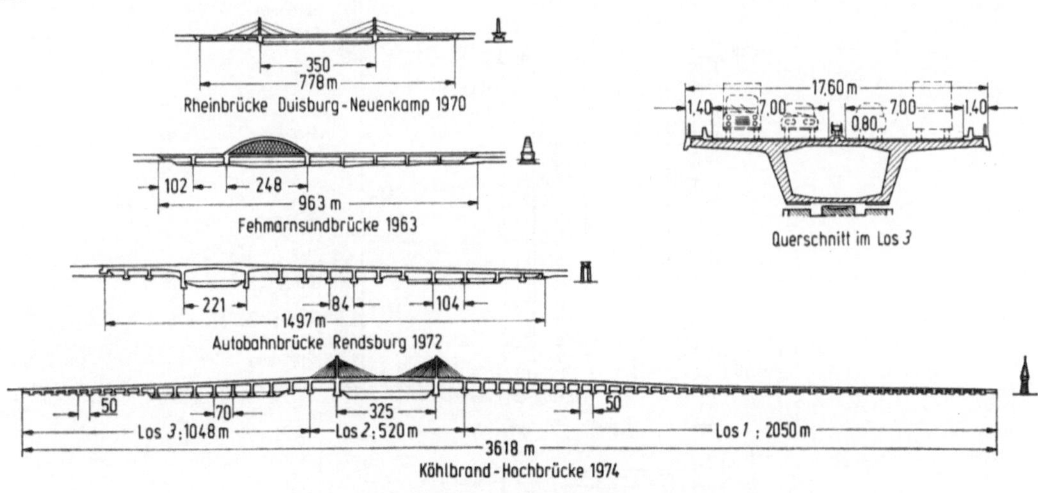

Abb. 1. Vergleich mit anderen Brückenbauwerken.

Der Vergleich mit anderen Großbrücken ergibt, daß die Köhlbrand-Hochbrücke in die 1. Reihe der deutschen Brückenbauwerke einzuordnen ist.

Die Herstellungskosten für dieses Bauwerk betragen rd. 113 Mio DM.

2.2 Gründung der Pfeiler

2.2.1 Der Baugrund

Die oberen Bodenschichten bestehen aus aufgefülltem Material und Weichschichten wie Schlick, Faulschlamm, Klei und Torf. Sie reichen bis in eine Tiefe von 16 m. Es folgen der holozäne Sand und darunter die pleistozänen Ablagerungen, die vorwiegend aus Sanden, Kiesen und Geschiebemergel, vereinzelt auch aus Beckenschluff, bestehen. Sie bilden den tragfähigen Baugrund. Ein Teil der Bohrungen hat diese starken pleistozänen Schichten durchteuft und in Tiefen zwischen 23 und 67 m den tertiären Glimmerton erreicht.

Die große Mächtigkeit der Klei- und Torfschichten erforderte eine Tiefgründung sämtlicher Pfeiler und Widerlager auf Pfählen, die die Bauwerkslasten überwiegend in den pleistozänen Sand, zum Teil auch in den unteren Bereich der holozänen Sande, einleiten.

2.2.2 Beschreibung der Gründungsarten

Die Art der Pfahlgründung für die einzelnen Pfeiler und Widerlager richtet sich nach den örtlichen Gegebenheiten.

2.2.2.1 Ortbetonrammpfähle $\varnothing$ **50 und 61 cm.** 33 Pfeiler, fast die Hälfte aller Unterbauten, sind auf Ortbetonrammpfählen $\varnothing$ 50 cm, System Franki, gegründet.

Diese wirtschaftliche Pfahlgründung wurde auf großen Strecken der langen Rampen ausgeführt.

Die Zahl der Pfähle eines Pfeilers ist je nach Größe der in den Untergrund abzutragenden Kräfte recht unterschiedlich und wechselt zwischen 24 und 62 Stück. Die Pfähle sind i. M. 15 m lang. Den Pfählen wurden entsprechend der Zulassung nur 160 Mp zugewiesen, obwohl auf Grund der Probebelastungen eine höhere Belastung möglich gewesen wäre. Im Bereich der Rampen Neuhöfer Damm und Roßdamm wurden 71 Ortbetonrammpfähle mit einem Durchmesser von 61 cm hergestellt, die mit 240 Mp belastet werden.

Die Übertragung der Bauwerkslasten in die Pfähle erfolgt über kräftige 2—3 m starke Pfahlkopfplatten, in die die Pfeilerschäfte eingespannt sind.

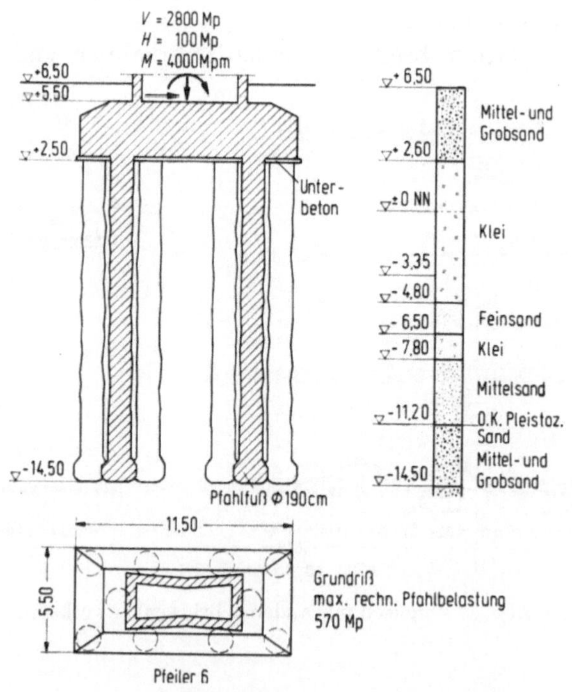

Abb. 2. Gründung mit Großbohrpfählen $\varnothing$ 130 cm.

2.2.2.2 Großbohrpfähle ⌀ **130/190 cm.** Die Pfeiler der Strombrücke, der anschließenden östlichen Rampenstrecke vor der Wohnzeile Nippoldstraße sowie der Westrampe im Bereich eines noch nicht konsolidierten Spülfeldes sind auf Großbohrpfählen ⌀ 130 cm mit einer Fußverstärkung von 190 bis 200 cm gegründet (Abb. 2). Ihre größte Länge beträgt 21,7 m.

Die Großbohrpfähle haben gegenüber den Ortbetonrammpfählen den Vorteil des geringeren Platzbedarfs für den Gründungskörper, sie gestatten eine geräusch- und erschütterungsfreie Herstellung und erlauben es — infolge ihres guten Tragvermögens von Biegebeanspruchungen — sich auf lotrechte Pfähle zu beschränken.

Die zulässige rechnerische Belastung ergibt sich aus dem im Baugrundgutachten festgelegten Wert für die Bodenpressung unter den Pfahlfüßen von 20 kp/cm² und beträgt max. 640 Mp. Die Zahl der Großbohrpfähle der einzelnen Pfeiler schwankt je nach Belastung zwischen 8 und 48 Stück.

2.2.2.3 Stahlrohrpfähle. Die Pfeiler im Rugenberger Hafen und im Travehafen der Rampe „Breslauer Straße" sind auf Stahlrohrpfählen gegründet, die schwimmend gerammt wurden (Abb. 3). Die Rohre haben einen Durchmesser von 762 mm, ihre Wandstärke beträgt 12,7 mm. Zur Erhöhung der Tragfähigkeit haben die Pfähle eine Fußverstärkung durch 4 bzw. 6 längsgeteilte 2,5 bis 3,5 m lange Trägerstücke Profil PSp 600 L erhalten, die mit den Rohren verschweißt sind.

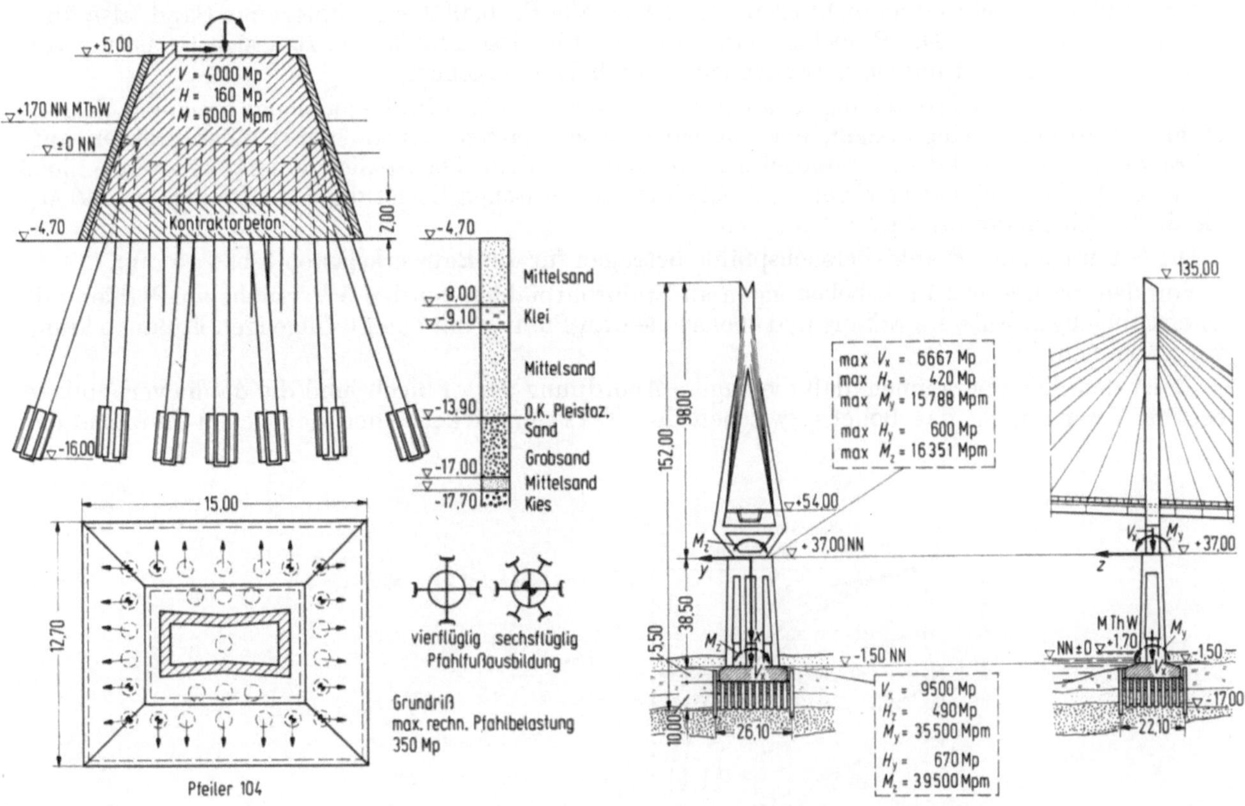

Abb. 3. Gründung mit Stahlrohrpfählen.　　　　　Abb. 4. Hauptpfeiler Ost — Schnitte.

Die mittlere Länge der Pfähle beträgt rd. 19 m. Ihre zulässige Belastung wurde durch Probebelastungen mit 300 bzw. 350 Mp — bei zweifacher Sicherheit — nachgewiesen.

Bemerkenswert sind hier die großen Fundamentkörper, die mit Hilfe eines besonderen Gründungsverfahrens, das wir „Glockengründung" nennen und auf das im Zuge des Abschnitts Bauausführung noch näher eingegangen wird, erstellt wurden.

2.2.2.4 Die Gründung der beiden Hauptpfeiler. Die markantesten Brückenunterbauten sind naturgemäß die beiden Hauptpfeiler „Ost und West" (Abb. 4), die in den Uferböschungen des Köhlbrands stehen und die 98 m hohen Stahlpylone mit dem angehängten Stahlüberbau tragen. Die Pylone sind mit den Stahlbetonpfeilern zu einem 136 m langen Stab biegesteif verbunden.

Die in den Untergrund abzuleitenden Lasten betragen ein Mehrfaches der Belastungen der übrigen Pfeiler, und dementsprechend sind auch die Abmessungen wesentlich größer.

Auf der Abb. 4 sind die maßgebenden Lasten angegeben, die von dem Pylon in den Pfeiler und vom Pfeilerschaft in die Pfahlkopfplatte eingetragen werden. Für den Pfahlrost, der aus 48 Bohrpfeilern besteht, erhöht sich die größte Vertikallast auf 16 500 Mp und das größte Moment auf 48 000 Mpm. Ein Vergleich dieser Zahlen ergibt, daß nur 40% der maximalen Vertikallast auf den Pylon und den Stahlüberbau und 60% auf das Pfeilergewicht entfallen.

2.2.3 Probebelastungen

In der Ausschreibung war die Durchführung von Probebelastungen für jeden Pfeilerstandort verlangt, soweit es sich nicht um Gründungen mit Großbohrpfählen handelte. Für Ortbetonrammpfähle mit Zulassung sollten sich die Versuche auf je eine Probebelastung für ein Baulos beschränken.

Insgesamt wurde die Tragfähigkeit an 3 Ortbetonrammpfählen und an 6 Stahlrohrpfählen nachgewiesen.

Auf Abb. 5 sind die Lastsetzungslinien dargestellt, wobei wegen der besseren Übersicht zwei Auswertungen, die sich mit den aufgetragenen Setzungslinien weitgehend decken, weggelassen wurden.

Die Versinkungsgrenze der Frankipfähle mit 50 cm $\varnothing$, die mit maximal 320 bzw. 400 Mp belastet wurden, ist bei weitem nicht erreicht, obwohl alle Probepfähle im holozänen Sand, also über dem Pleistozän enden. Die Probebelastungen haben für diese Pfähle eine zulässige Belastung von 200 Mp — bei Einhaltung einer zweifachen Sicherheit — ergeben.

In der graphischen Darstellung ist auch die Auswertung eines Probeversuches an einem Frankipfahl mit 61 cm $\varnothing$ eingetragen, der auf einer benachbarten Baustelle mit einer größten aufgebrachten Last von 480 Mp durchgeführt worden ist. Auch hier ist die Versinkungsgrenze nicht erreicht. Der Versuch hat bewiesen, daß bei einer rechnerischen Belastung eines Pfahls von 240 Mp die Sicherheit größer als 2 ist.

Die Setzungen der Franki-Versuchspfähle betrugen für die Bauwerkslasten 3 bzw. 5 mm.

Von den insgesamt 6 Probebelastungen an Stahlrohrpfählen wurden 3 Versuche an Pfählen mit einer 4-flügeligen Fußverstärkung und ebenso viele an Pfählen mit einer 6-flügeligen Fußausbildung vorgenommen.

Es ist deutlich zu erkennen, daß die engere Anordnung der „Flügel" und die damit verbundene bessere Verspannung des Bodens zwischen den T-Trägerstücken einen deutlichen Zuwachs des

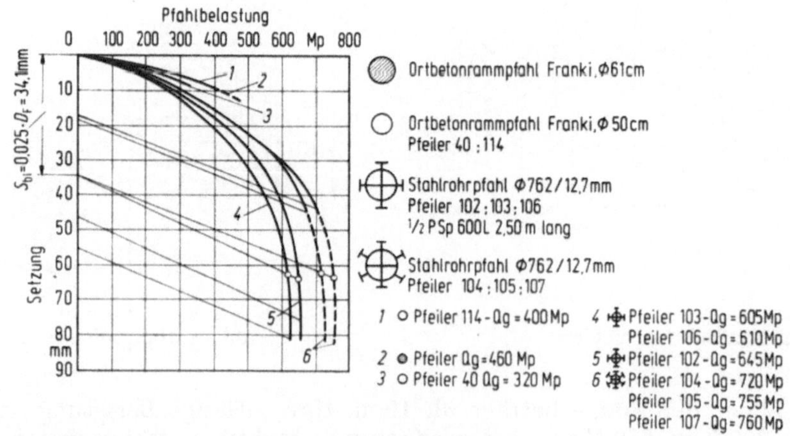

Abb. 5. Probebelastungen.

Tragvermögens bringt. Während für die Pfähle mit der kleineren Fußverstärkung die Versinkungsgrenze mit 600 bis 645 Mp ermittelt worden ist, wurde sie bei den Pfählen mit dem 6-flügeligen Fuß mit der Last von rd. 700 Mp, die mit der Versuchseinrichtung maximal aufgebracht werden konnte, noch nicht ganz erreicht. Sie ergibt sich durch Extrapolieren mit 740 bis 760 Mp.

Die Setzungen der Stahlrohrpfähle betrugen für die Bauwerkslasten 12 bis 17 mm.

Die Probebelastungen bieten auch die Möglichkeit, die Güte des Baugrundes zu beurteilen. Die fast deckungsgleichen Lastsetzungslinien der Ortbetonrammpfähle und die gute Übereinstimmung der Setzungslinien der Stahlrohrpfähle ist kennzeichnend für den gleichmäßig tragfähigen Baugrund. Hierbei ist zu berücksichtigen, daß die Versuchspfähle für die Stahlrohrgründungen im Rugenberger Hafen 70 bis 350 m und die Ortbeton-Rammpfähle rd. 2400 m voneinander entfernt lagen, also gewissermaßen den gesamten Gründungsbereich erfaßten.

2.3 Beschreibung der Pfeilerschäfte

Die aufgehenden Teile der Unterbauten bestehen im Bereich der niedrigen Rampenabschnitte aus paarweise angeordneten Einzelstützen bzw. aus massiven Pfeilern. Die meisten Pfeiler sind als Hohlpfeiler von 8,5 bis 41 m Höhe mit einer Wandstärke von 35 cm ausgebildet. Die Höhe der massiven Auflagerbank richtet sich nach dem System der Betoniergerüste des Überbaus und beträgt im Los 3 2 m, im Los 1 5,77 m.

Die Längswände der Pfeiler haben aus architektonischen Gründen im Grundriß die Form eines stumpfen Winkels, dessen günstige optische Wirkung sich aber nur bei einer bestimmten Einfallsrichtung des Sonnenlichts gut ausprägt.

Die Abmessung quer zur Brückenachse aller Pfeiler einer Rampenstrecke ist gleich groß, so daß die Pfeiler in einer Flucht liegen.

Eine besondere Ausbildung haben die stark belasteten Schäfte der Hauptpfeiler Ost und West erhalten. Sie sind durch zwei Querwände auf ganzer Höhe ausgesteift. Die Wände sind im unteren Bereich zur Aufnahme eines Schiffsstoßes von 1000 Mp auf 1 m verstärkt. Den oberen Abschluß bildet eine 6 m hohe, stark bewehrte Auflagerbank, die zur Aufnahme von Zwängungsspannungen infolge Temperaturdifferenzen zwischen Pylonfuß und Pfeilerkopf in beiden Richtungen horizontal vorgespannt wurde und in der der Stahlpylon durch 204 Vorspannstähle $\varnothing$ 32 mm verankert ist (Abb. 4).

2.4 Bemerkenswerte Hinweise auf die Bauausführung

2.4.1 Großbohrpfähle $\varnothing$ 130 cm

Während die Gründung mit Ortbetonrammpfählen ein seit Jahrzehnten bewährtes und allgemein bekanntes Bauverfahren ist, über das sich ein weiterer Hinweis erübrigt, ist die Herstellung von Großbohrpfählen, auch Bohrpfeiler genannt, neueren Datums.

Für die Köhlbrand-Hochbrücke kam das Bohrverfahren der „Franki-Baugesellschaft" zur Anwendung. Die Pfähle werden mit einem Spezialgerät auf ganzer Länge verrohrt gebohrt. Der Bodenaushub erfolgt durch einen Dreischalendrehgreifer, der an einem Teleskopgestänge hängt und von

Abb. 6. Dreischalengreifer mit geöffneten Schalen.

einem Drehtisch bewegt wird. Nach Erreichen der vorgesehenen Tiefe schneidet der Schalengreifer (Abb. 6) einen Fuß von 190 bis 200 cm aus. Nach Einbau des Bewehrungskorbes wird der Bohrpfeiler im Kontraktorverfahren, bei gleichzeitigem Ziehen der Bohrrohre betoniert.

Eine zusätzliche Maßnahme war für das Betonieren der Pfähle der beiden Hauptpfeiler erforderlich. Da die Pfähle 4 m über die Baugrubensohle hochgeführt werden mußten, erfolgte die Betonierung der oberen Abschnitte im Schutze von 5 m langen Stahlblechhülsen, die mit den Bewehrungskörben verschweißt waren.

Abb. 7. Herstellung der „Glocken" auf einem Ponton.

Abb. 8. Versetzen der „Glocken".

Abb. 9. „Glocken" — Verschließen der Plombe.

2.4.2 Herstellung der Fundamentkörper

2.4.2.1 „Die Glocken-Gründungen" in den Hafenbecken. Die Herstellung der Pfeilerfundamente in den Hafenbecken erfolgte — wie bereits erwähnt — mit Hilfe großer Stahlbetonfertigteile, der sog. „Glocken".

Die Fertigteile für die Gründungen im Rugenberger Hafen wurden auf einem Ponton betoniert (Abb. 7), von einem 400 t tragenden Schwimmkran abgehoben, über den Pfahlrost gestülpt und auf 4 Rohrpfähle abgesetzt (Abb. 8).

Das Fertigteil ist ein hohler Pyramidenstumpf mit einer Höhe von 9,7 m und einer Grundrißfläche von 15 × 12,7 m. Es wiegt 340 t.

Nach Einbau einer Sandabdämmung um den unteren Rand des Fertigteils wird eine 2 m starke Unterwasserbetonplatte eingebracht, der Innenraum gelenzt und die Pfahlkopfplatte im Trockenen hergestellt.

Die Fertigteile für die Pfeiler im Trave-Hafen wurden auf einer Kaje in zwei Hälften auf den Längsseiten liegend betoniert. Die beiden Fertigteilhälften wurden mit einem Schwimmkran aufgerichtet und durch eine Betonplombe verbunden (Abb. 9). Diese Arbeitsweise ergab eine wesentliche Verminderung der Schalungsarbeiten und eine erhebliche Zeitersparnis.

2.4.2.2 Fundamentplatte der Hauptpfeiler.

2.4.2.2 Fundamentplatte der Hauptpfeiler. Zu den bemerkenswerten Tiefbauarbeiten gehört auch der Einbau von insgesamt rd. 7 000 cbm Unterwasserbeton, insbesondere für die Gründung der beiden Hauptpfeiler.

Nach Fertigstellung der Großbohrpfähle wurden in einem 20-stündigen Arbeitsgang 2 050 cbm Kontraktorbeton in ca. 12 m Wassertiefe für die 4 m starke Sohle eingebracht.

Der obere Bereich des Unterwasserbetons wurde durch Innenrüttler verdichtet und eingeebnet. Nach dem Leerpumpen der Baugrube konnte die Sohle gereinigt, die Anschlußbewehrung der Bohrpfeiler gerichtet und die 5,5 m starke Stahlbetonfundamentplatte der Pylonpfeiler im Trockenen ausgeführt werden.

Der Unterwasserbeton der Hauptpfeiler und der 12 in den Hafenbecken ausgeführten Gründungen war vollkommen dicht, so daß an keiner Stelle Nacharbeiten notwendig wurden.

2.4.3 Gleitschalungsarbeiten

Wesentlich einfacher als die Gründungsarbeiten und ohne besonderes Risiko war die Herstellung der Pfeilerschäfte, obwohl beachtliche Höhen auszuführen waren.

Die aufgehenden Teile der Pfeiler einschließlich der massiven Auflagerbänke wurden mit Hilfe des Gleitschalungsverfahrens betoniert. Die mittlere Steiggeschwindigkeit betrug 7,5 m in 24 Stunden, so daß die größten rd. 41 m hohen Pfeiler in 6 Tagen fertiggestellt waren.

Auch die beiden Hauptpfeiler, die einen allseitigen Anzug von 51 : 1 bzw. 19,3 : 1 haben, sind mit diesem Verfahren errichtet worden. Hier wurden jedoch die 6 m hohen, stark bewehrten Auflagerbänke konventionell eingeschalt (Abb. 10) und in zwei, je 3 m hohen Abschnitten betoniert.

Bemerkenswert ist die gute Maßhaltigkeit der Pfeiler, Die größte Abweichung aus dem Lot beträgt 2 cm, ein sehr kleiner Wert, wenn man bedenkt, daß z. B. für die Trennpfeiler eine „ungewollte

Abb. 10. Hauptpfeiler West — Betonieren der Auflagerbank.

Ausmitte" von 20 cm in Brückenlängsrichtung und 23 cm in der Querrichtung in die statische Berechnung einzusetzen war, auch wenn diese Werte Materialungleichmäßigkeiten mitberücksichtigen sollen.

2.5 Setzungen

Die alte Erfahrung, daß die tatsächlichen Setzungen meistens kleiner sind als die vorher rechnerisch ermittelten, hat sich auch bei diesem Bauwerk bestätigt (Abb. 11). Dieses Bild bringt einen Vergleich der Setzungswerte infolge des Eigengewichts des Brückenüberbaues für einen Hauptpfeiler und 3 weitere Pfeiler mit unterschiedlicher Pfahlgründung, wobei die Pfeiler mit den größten gemessenen Setzungen ausgewählt wurden.

Die gemessenen Werte betragen nur 38—83% der errechneten „wahrscheinlichen Setzungen" nach DIN 1072 bzw. DIN 4019.

Der Unterschied zwischen Berechnung und Messung wird noch deutlicher, wenn man die sog. „möglichen Setzungen" den beobachteten Werten gegenüberstellt (Abb. 12). Auf dem Bild sind die gemessenen unterschiedlichen Setzungen benachbarter Pfeiler im Rugenberger Hafen mit den errechneten Werten verglichen. Die beobachteten Setzungen betragen nur 16 bis 30% der Beträge, die in der statischen Berechnung für diesen Belastungsfall zu berücksichtigen waren.

Wenn auch heute ein abschließendes Urteil über das Setzungsverhalten der Köhlbrand-Hochbrücke noch nicht möglich ist, da in einigen Bereichen gewisse Langzeitsetzungen nicht auszuschließen sind, haben die bisherigen Messungen doch ein günstiges, auf der sicheren Seite liegendes Ergebnis gebracht.

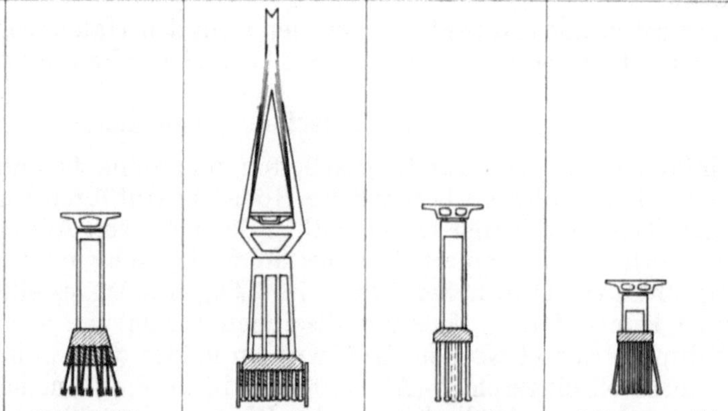

	Pfeiler 103	Hauptpfeiler Ost	Pfeiler 5	Pfeiler 20
	Stahlrohrpfähle $\varnothing$ 762 mm	Großbohrpfähle $\varnothing$ 130 cm	Großbohrpfähle $\varnothing$ 130 cm	Ortbetonrammpfähle $\varnothing$ 50 cm
gemessen 1974	10 mm	9,5 mm	6 mm	4 mm
gemäß Setzungsberechnung	12,1 mm	17 mm	11 mm	10,5 mm

Abb. 11. Setzungswerte.

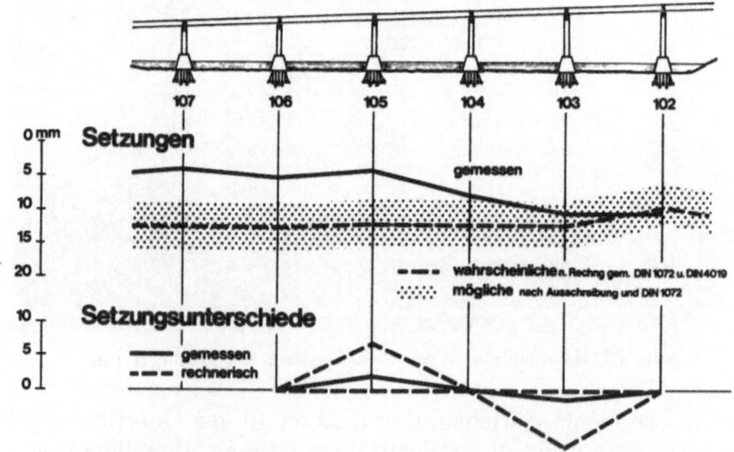

Abb. 12. Vergleich der rechnerischen mit den gemessenen Setzungen.

3. Der Stromüberbau (Stahl)*

Von Prof. Dr.-Ing. **Paul Boué**, Dortmund/Hamburg

1. Einleitung

Mit seinen 130 m über Gelände aufragenden Pylonen ist der Stromüberbau des Köhlbrandes — das Herzstück der neuen Brücke — optisch der bauliche Akzent im Hafenbereich.

Nicht nur aus diesem Grunde verdient dieses zu den derzeit weitestgespannten Schrägseilbrücken zählende Bauwerk Beachtung. Seine technische Konzeption ist auf Leistungsfähigkeit und Sicherheit ausgerichtet. In zahlreichen Details wurden neue Wege beschritten. Viele grundsätzliche Fragen konnten angeschnitten und geklärt werden. Schließlich erhärtete sich die Erwartung, daß dieses Brückensystem auch bei noch größeren Spannweiten wirtschaftlich einzusetzen ist.

2. Wettbewerbsforderungen und Lösungsvorschläge

Bei Ausschreibung des Wettbewerbes wurden für die Strombrücke als wichtigste Bedingungen gefordert:

1. eine lichte Durchfahrtshöhe von 54 m über MTnw auf 150 m Breite, in Erwartung leerer Tanker bis 250 000 tdw und

2. völliger Verzicht auf Pfeiler im Strom — um jegliche Hindernisse für die Schiffahrt auszuschließen.

Damit ergaben sich zwangsläufig Stützweiten von rund $110 + \geqq 300 + 110$ m, die deutlich unterhalb der Wirtschaftlichkeitsgrenze von Hängebrücken liegen. Sprengwerke und Fachwerke waren von vornherein vom Wettbewerb ausgeschlossen. Bogenbrücken können die Lichtraumbedingungen wirtschaftlich nicht erfüllen.

Aus diesem Grunde kamen für die Stahlbrücke über den Köhlbrand nur ein Durchlaufbalken oder eine Schrägseilbrücke in Frage.

300 m Mittelspannweite stellt die derzeitige Grenze für eine Deckbrücke in Vollwandkonstruktion dar. Ein eingereichter Vorschlag zeigte diese Möglichkeit, unter Verwendung hochfester Stahlqualitäten. Sie wäre neben der 1971 fertiggestellten Brücke über den Rio Niteroi in Brasilien die weitestgespannte ihrer Art auf der Welt gewesen.

Die übrigen 8 Vorschläge bevorzugten sämtlich die Schrägseillösung mit unterschiedlicher Anzahl und Führung der Seile sowie verschiedenartiger Pylonausbildung.

3. Wichtigste Daten des Ausführungsentwurfes

Das zur Ausführung bestimmte S y s t e m besitzt zwei zueinander geneigte Vielseilebenen oder Vielseilwände. Sie sind an den Pylonspitzen zusammengeführt. Auf diese Weise können Pylon, Pfeiler und Fundamente schmal gehalten werden. Die geneigten Seilwände verlaufen außerhalb des Straßenlichtraumes, der bei der gewählten Pylonform völlig frei von Einbauten bleibt. Technisch zeichnet sich dieses System vor allem aus durch

— große Steifigkeit,

— exakte Gradientenführung,

— saubere konstruktive Gestaltung und

— sichere Montage.

---

* Vortrag von Prof. Dr.-Ing. Boué am 30. 5. 74 anläßlich der 36. Hauptversammlung der HTG in Hamburg.

Die patentverschlossenen Seile sind jeweils in der Seilkammer der Pylone und in der unteren
Aufhängung mit ihren schon im Werk angebrachten Seilköpfen verankert. Auf diese Weise wird
das Nachstellen und ein eventueller Austausch möglich. Mit dem Entfall von Seilumlenkungen
erspart man sich konstruktive Probleme und vermeidet die weniger günstige Querpressung. Wie
schon bei einem früheren Bauwerk, wurde eine untere Verankerung gewählt, die bei denkbarer
Einfachheit von Konstruktion und Kraftfluß trotz jeweils unterschiedlicher Neigung der 88
angreifenden Seile völlig einheitliche Gestaltung zeigt und serienmäßig hergestellt werden konnte.

Landseitig sind als letzte Abspannung zu den Pfeilern am Übergang zu den Spannbetonüberbauten (Trennpfeiler) 3 eng zusammengeführte Seile angebracht. Durch das Verhältnis der Mittel-
zu den Seiten-Öffnungen (325 zu 2 × 97,5 m) treten hier höhere Kräfte auf.

Zur Vermeidung des Abhebens der Brückenenden liegen die anschließenden Betonüberbauten
auf, und im Trennpfeiler sind besondere Rückhalteseile bis nach unten in das Fundament geführt.

Abb. 1. Endquerträger auf dem Trennpfeiler mit Einleitung der Drillingsseile und Auflagerkonsole für den
Spannbetonüberbau.

Der Versteifungsträger ist als rund 3,5 m hoher, trapezförmiger Hohlkastenquerschnitt mit
beiderseitig auskragenden Fahrbahnteilen ausgebildet; Gesamtbreite 17,6 m. Der Kastenquer-
schnitt besitzt den Vorteil großer Torsionssteifigkeit und damit guter Lastverteilung, hat in
Verbindung mit geneigten Stegen gute aerodynamische Eigenschaften und erfüllt wegen seiner
glatten Untersicht auch gestalterische Ansprüche. Die Fahrbahn ist als orthotrope Platte (d. h.
als versteifte Stahlfahrbahn) ausgebildet. Mit Querrippen in Abständen zwischen 1,96 und 2,15 m
sowie Längsträgern aus 170 mm hohen Trapez-Hohlprofilen im Abstand von 300 mm. Derartige
Trapezhohlprofile werden häufig verwendet. Man walzt sie meist aus 6 mm dickem Blech der Güte
St 37 kalt; sie zeigen nach dieser verfestigenden Behandlung die Werkstoffeigenschaften von St 52.
Im Falle der Köhlbrandbrücke wurden sie unmittelbar aus St 52 hergestellt.

Das Fahrbahnblech selbst ist 12 mm dick, das Gehwegblech 10 mm mit örtlichen Verstärkungen
an den Seileinleitungspunkten. Querrahmen und Längssteifen stabilisieren Stege und Bodenblech.
Ein Hohlkasten, ebenfalls orthotrop ausgebildet, trägt einen Kontrollweg im Kasteninnern und
stabilisiert dabei das Bodenblech, das ansonsten Trapezhohlprofile als Beulsteifen besitzt. Der
Gehweg im Inneren ist über Aufzüge und Treppen in den Trennpfeilern zu erreichen.

An den Seileinleitungspunkten sind die Querträgerhöhen vergrößert, so daß Einleitung und
Verteilung konzentrierter Kräfte aus den Seilen sowie der Anschluß eines kraftaufnehmenden
Zugbandes konstruktiv möglich ist.

Im Grundriß ist das Mittelstück der Brücke gerade. Die Enden sind nach Süden mit unterschiedlichen Radien gekrümmt. Ihre Abweichung in Brückenachse gegenüber dem Mittelstück
beträgt 0,62 bzw. 1,02 m.

Der Versteifungsträger hängt bei gleichbleibendem Querschnitt auf der gesamten Brückenlänge
von 520 m nur in den 88 Seilen. In beiden Pylonen sind horizontal wirkende Lagerungen und in
einem Pylon ein längswirksamer Anschlag vorgesehen. Die Seitenlagerung überträgt die Horizon-
talkräfte z. B. aus Wind in die Pylone und Pfeiler, der Längsanschlag begrenzt die Längsbewegung

des Bauwerkes, insbesondere infolge Temperatur. Immerhin beträgt auch jetzt noch der Dehnweg an den Übergängen zwischen Stromüberbau und Rampenbrücken $\pm 1{,}32$ m. Hierfür wurde ein entsprechender beweglicher Übergang — als Rollverschluß — eingebaut. Eine Stahlkonstruktion von ca. 60 t Gewicht; selbst eine kleine Brücke.

Die Pylone sind unmittelbar auf den Betonpfeilern aufgelagert. Am Pfeilerkopf verbinden 204 Spannglieder, ⌀ 32 mm, und Schubdübel Pylon und Pfeiler biege- und schubsteif. Statisch wirken beide Teile als Einheit.

Der vollständig geschweißte Pylon weist im Querschnitt rechteckige Hohlquerschnitte mit Kantenlängen von 2,5 m × 3,94 bis 4,44 m in den Schrägstielen auf. Die Hohlquerschnitte werden durch Querrahmen und Längssteifen ausgesteift. Die Seile sind einzeln im Pylonoberteil verankert; dabei setzen sich die an die Seilenden angegossenen Seilköpfe über Ankerbarren auf Traversen, zwei je Seil, quer zur Brücke ab. Die Köpfe können zum Spannen der Seile mit hydraulischen Pressen gegen die Traversen abgehoben werden. Untergeschobene Blechscheiben sichern die vorgeschriebene Spannkraft. Auf eine ballige Ausführung der Seilkopfauflagerung wurde verzichtet, da hier auftretende Seilauslenkungen vernachlässigbar klein sind.

4. Einzelheiten des Entwurfes und der Berechnung

Vor Beschreibung der Ausführung noch einige interessante Details:

— Das Brückensystem ist hochgradig statisch unbestimmt. Es mußte wegen der Krümmungen im Grundriß räumlich gerechnet werden. Allerdings genügte es, die Schnittgrößen nach Theorie I. Ordnung zu ermitteln. Lediglich beim Tragsicherheitsnachweis für die Funktionseinheit Pylon — Pfeiler wurde nach Theorie II. Ordnung gerechnet, d.h. unter Beachtung der individuellen Werkstattform und des exzentrischen Seilangriffes.

— Alle Berechnungen wurden weitgehend programmiert auf Datenverarbeitungsanlagen ausgeführt.

— Zur Bestätigung der aerodynamischen Berechnungen wurden Windkanalversuche vorgenommen. Sie zeigten unter den maßgebenden Windgeschwindigkeiten ausreichende Sicherheiten gegen Flatter- und Resonanzschwingungen.

— Pylone und Versteifungsträger sind weitgehend aus Stahl St 52 gefertigt. Nur untergeordnete Teile bestehen aus St 37. Für kräftig ausgesteifte, besonders dicke Bleche im Pylon wurde ein hochfester, schweißgeeigneter Feinkornstahl gewählt, um Fehlschlägen wegen der hohen Zug-Kräfte quer zur Blechfläche vorzubeugen.

— Mit Ausnahme der wenigen Querträgerstöße, und auch dort nur im Steg und Unterflansch, wo HV-Schrauben eingezogen wurden, sind alle Stöße und Verbindungen an dieser Brücke sowohl in der Werkstatt als auch auf der Baustelle geschweißt ausgeführt.

— Die konstruktiv interessantesten, in der Ausführung recht komplizierten Bauteile waren der Pylonfuß und die beiden Endquerträger. Zahlreiche Lastangriffe mit großen Hebelarmen und Umlenkungen, stark verrippte Kastenbauweise in nur relativ engem Raum stellten besondere Anforderungen an Vorstellungsvermögen, Konstruktions- und Ausführungsgeschick. Mit Erfolg wurden demontable Plexiglasmodelle verwendet, um alle Herstellphasen im voraus festlegen zu können. Schablonen und laufende Vermessung sicherten die notwendige Genauigkeit.

5. Fertigung

Für die Aufteilung der Fertigung auf die drei Stahlbauwerke in Dortmund, Hamburg und Duisburg-Wanheim waren die zur Verfügung stehenden Kapazitäten, technischen Möglichkeiten, die Entfernung zur Baustelle sowie der wirtschaftliche Transport maßgebend. Die beiden Pylone entstanden in Dortmund, wo sie vormontiert mit maßhaltenden vollkraftschlüssigen Laschenverbindungen ausgestattet und in jeweils 12 Sektionen, max. 120 t schwer, ca. 26 m lang, teils über Straße, teils auf dem Wasserweg nach Hamburg gebracht wurden.

Für den Versteifungsträger war ursprünglich der Freivorbau unmittelbar aus Teilen, wie sie aus den drei Werken über die Straße angeliefert werden konnten, direkt in der Endposition im Bauwerk vorgesehen. Zahlreiche Gründe, nicht zuletzt terminlicher und sicherheitstechnischer Art, führten zu dem Entschluß, den Versteifungsträger aus 15 bis 23 m langen Schüssen des vollständigen Brückenquerschnittes einzubauen. Diese Schüsse wurden zuvor auf einem Vormontageplatz am Ufer des Köhlbrandes in entsprechenden Vorrichtungen aus den angelieferten Transportteilen zusammengebaut und mit HV-Schrauben aneinander gepaßt.

Abb. 2. Fertigung des Versteifungsträgers (Endquerträger) in der Stahlbauanstalt.

6. Montage

6.1 Pylone

Die beiden Pylone wurden im April sowie im November/Dezember 1972 jeweils innerhalb von 8 Tagen aufgestellt. Alle Teile waren zuvor an die Baustelle gebracht und in Griffnähe bereitgelegt worden. Das Einheben übernahm ein 1000 t-Autokran, so aufgestellt, daß er ohne Stellungswechsel — lediglich mit zweimaligem Umbau des Spitzenauslegers — alle Teile in Position bringen konnte.

Als erstes wurde der rund 120 t schwere Pylonfuß auf den Pfeiler gehoben. Es folgten dann Zug um Zug die Schüsse. Zuletzt das 26 t schwere Spitzenstück in einer Höhe von 135 m über NN. In dieser Stellung war der Ausleger des Autokranes 155 m lang.

Abb. 3. Montage der Pylone mit Autokran.

Nach diesen jeweils 8 bangen Tagen, ausgefüllt mit präziser, in allen Einzelheiten sorgfältig vorgeplanter Arbeit, standen die Pylone in HV-Paß-verschraubten Hilfslaschen.

Schon beim Aufrichten wurde die Sollage kontrolliert und — soweit erforderlich — Korrekturen vorgenommen. Dazu wurden zwei im rechten Winkel zueinander, etwa 100 m vom Pylon entfernt aufgestellte Theodolithen verwendet.

Jetzt wurde der Pylon in seiner Neigung nachgerichtet und die Schweißstöße ausgeführt (3% Neigung zum Land hin). Noch während der Schweißarbeiten begann das Vorspannen der Verankerung des Pylonen im Betonpfeiler.

Das Verschweißen der Pylonenkonstruktion, an den unteren Stößen beginnend und von Stoß zu Stoß bis zur Spitze hochgehend, verlief bei zum Teil ungünstigen Witterungsbedingungen auch in großer Höhe planmäßig.

Die Pylonenstellung wurde bei ausgeglichenen Temperatur- und Windverhältnissen laufend beobachtet, sie brauchte aber nur unwesentlich korrigiert zu werden. Die Abweichungen von den theoretischen Maßen an der Spitze blieben unter 10 mm.

6.2 Versteifungsträger

Erst nachdem nahezu alle Schüsse des Versteifungsträgers auf dem Vormontageplatz fertiggestellt und angepaßt waren, begann deren Montage. Dafür wurde in der Stromöffnung ein Magnus-Schwimmkran mit einem Lastmoment von etwa 4000 Mpm bei einer Hubhöhe von 60 m und in den Landfeldern ein 600 t-Autokran benutzt. Das Gewicht der 15 bis 20 m langen Schüsse lag jeweils bei 110 — 140 Mp.

Außer einer Hilfskonstruktion zur ersten Auflagerung der beiden Schüsse in den Pylonbereichen, bis zu deren Einhängen in die vier endgültigen Seile, wurden keinerlei Montagehilfsstützen verwendet.

Von den so gebildeten Plattformen aus wurde in stets gleicher Reihenfolge in etwa 4-tägigem Rhythmus nach jeweils 2 Richtungen vorgebaut:

1. Schwimmkran legt stromseitigen Schuß,
2. Autokran hebt landseitigen Schuß ein.

Dann auf der anderen Seite:

3. Schwimmkran legt stromseitigen Schuß,
4. Autokran hebt landseitigen Schuß ein.

Abb. 4. Montage des Versteifungsträgers mit Schwimmkran und Autokran.

So wuchsen die Versteifungsträgerstummel stetig weiter in Richtung Trennpfeiler und Strommitte.

Für den Anbau des neuen an den schon eingebauten Schuß benutzten wir auf der Fahrbahn eine Kragtraverse und Zuglaschen, unten am Bodenblech Druckkonsolen mit hydraulischen Pressen. Hierdurch war es möglich, bis zum Schließen aller Nähte Lagekorrekturen vorzunehmen.

Vor dem Anbau des nächsten Versteifungsträgerschusses wurden die jeweiligen Seile eingezogen, auf Sollänge angespannt und die Gradiente kontrolliert. Bei 4-tägigem Anbaurhythmus und 4 Vorbaurichtungen standen jeweils 16 Tage für die endgültige Fertigstellung eines Schusses zur Verfügung.

Zwischen dem 16. 4. 1973 und dem 27. 10. 1973 gelang es exakt wie geplant, alle 32 Schüsse sowie die beiden Endquerträger ordnungsgemäß zu montieren.

Abb. 5. Montage einer Not-Sektion in Strommitte mit dem Schwimmkran.

Die Baustelle am Köhlbrand liegt im Tidebereich, der Strom ist hier Großschiffahrtsstraße. Obwohl die Schwimmkraneinsätze in einem Rahmenzeitplan detailliert vorgegeben waren, konnten die endgültigen Einsätze jedoch erst nach vorheriger sorgfältiger Abstimmung mit dem Oberhafenamt festgelegt werden. Die Großschiffahrt hatte bei diesen Überlegungen immer Vorrang, und es mußten bei den Kraneinsätzen während der Flut zuweilen kurze Aufenthalte hingenommen werden, um die Großschiffahrt passieren zu lassen. Die Kleinschiffahrt verkehrte jederzeit, wenn auch während des eigentlichen Einbaues mit herabgesetzter Geschwindigkeit und gebührendem Abstand zur Montagestelle. Nur einmal mußte ein Schwimmkraneinsatz wegen Sturm um 24 Stunden verschoben werden.

Nach dem Ansetzen der letzten beiden Stücke mit dem Schwimmkran verblieb in der Stromöffnung zwischen den beiden Brückenenden ein Spalt von ca. 80 cm für das Schließstück, das von der Fahrbahn aus in Einzelheiten ohne den Zeitdruck eines Schwimmkraneinsatzes und ohne Behinderung durch Temperatureinflüsse eingesetzt werden konnte.

Nach Erreichen der geometrisch richtigen Lage beider Vorbauspitzen durch Ballastieren, wurde über den Deckblechenden im Bereich der Kastenstege eine längsverschiebliche Querkraftverbindung angebracht, die die beiden gegenüberliegenden Brückenenden in gleicher Höhe und in der

Längsachse hielt, dann die beiden Deckblechenden durch Zuglaschen verbunden, wobei gleichzeitig die schon erwähnte Längsarretierung des Versteifungsträgers am östlichen Pylon gelöst wurde. Die Schlußspaltweite blieb jetzt im Deckblechbereich im wesentlichen unverändert und konnte geschlossen werden.

Für das Schweißen des Bodenbleches wurde ein Zeitpunkt ungleicher Temperatur zwischen Fahrbahn- und Bodenblech gewählt, um dem Schweißschrumpf entgegenzuwirken. Das Verbinden der beiden Kastenstegstöße war danach kein Problem mehr.

Nachdem das Schlußstück eingepaßt und verschweißt war, konnte mit dem Aufbringen des Belages und der Brückenausstattung wie Leitborde, Geländer usw. begonnen werden.

7. Schluß

Nach Ablauf der Stahlbauarbeiten waren nur noch wenige Handgriffe für die endgültige Ausstattung, den Anstrich, den Fahrbahnbelag und dergleichen notwendig.

Eine bemerkenswerte Brücke, die — trotz ungewöhnlicher Abmessungen und besonderer Bedingungen — planmäßig und ohne Zwischenfall ausgeführt werden konnte.

Neben sorgfältiger Planung war hierfür der jederzeit bereite, hervorragende Einsatz aller am Bau Beteiligten wichtig.

4. Die Rampenbauwerke (Spannbeton)*

Von Dipl.-Ing. **Heinz Jeche**, Frankfurt/M.

1. Allgemeines (Entwurf und Konstruktion)

Beiderseits der den Köhlbrand überquerenden Strombrücke aus Stahl schließen die Rampenbauwerke an, die in Spannbeton nach dem Spannverfahren Polensky & Zöllner hergestellt sind. Insgesamt ergibt sich für diese Rampentragwerke eine Länge von 3,2 km, ihr maximales Längsgefälle beträgt 4%.

Das Brückenbauwerk ist entsprechend seiner technischen Konzeption in 3 Abschnitte aufgeteilt: Das Los 2 umfaßt die stählerne Strombrücke, während mit Los 1 die Ostrampe bezeichnet wird und mit Los 3 die Westrampe.

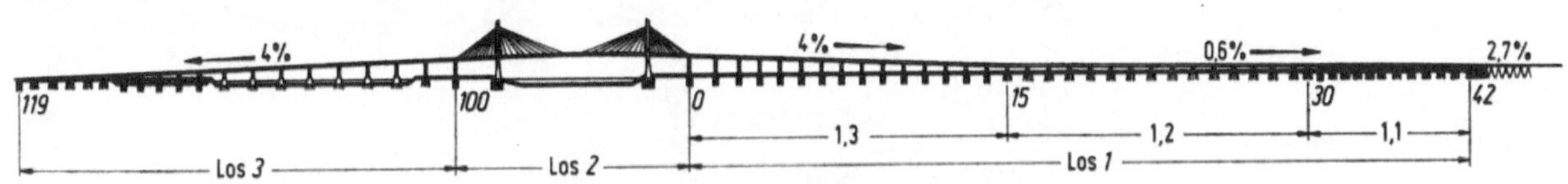

Abb. 1. Längsschnitt.

Der Spannbetonüberbau des Loses 1 erhielt eine Unterteilung in:

Los 1.1 von Pfeilerachse 42, die an die schlaff bewehrte Stahlbetonplatte des Verzweigungsbereiches der Auffahrt „Neuhofer Damm" grenzt, bis Pfeilerachse 30; dazu gehören die Fuß- und Radwegrampen sowie die Abfahrt „Breslauer Straße",

Los 1.2 von Pfeilerachse 30 bis Pfeilerachse 15 und

Los 1.3 von Pfeilerachse 15 bis Pfeilerachse 0, die in der Trennfuge zwischen der Stahlbrücke und dem Spannbetonüberbau liegt.

Diese Losaufteilung bzw. Anordnung der Fugen ergab sich aus folgenden Gründen:

Im Bereich des Loses 1.1 ist u. a. aufgrund der erforderlichen Durchfahrtshöhe die Bauhöhe des Tragwerkes beschränkt. Diese geringere Bauhöhe hat zwangsläufig zur Folge, daß die optimale Stützweite ebenfalls relativ klein ist; die festgelegten unterschiedlichen Stützweiten von 28 m bis 36 m berücksichtigen die aus den örtlichen Gegebenheiten bedingten Zwangspunkte. — Auch statische Überlegungen ließen es sinnvoll erscheinen, am Pfeiler 30 eine Fuge anzuordnen, d. h. für den Bereich zwischen den Pfeilern 42 und 30 ein selbständiges Tragwerk zu wählen, weil es darauf ankam, die aus der starken Krümmung der Trasse, der veränderlichen Brückenbreite und dem fugenlosen Anschluß der Abfahrt „Breslauer Straße" resultierenden Horizontalbewegungen und Kräfte zu erfassen und in der Konstruktion entsprechend zu berücksichtigen.

Los 1.2 und Los 1.3 haben zusammen eine Länge von 1505 m. Die Teilung dieses Brückenzuges durch eine querkraftübertragende Dehnungsfuge ergibt zwei Durchlaufträger mit den noch vertretbaren Längen von 745 m und 760 m über je 15 Felder. Die Stützweiten betragen 50 m mit Ausnahme der beiden letzten zwischen den Pfeilern 2 und 0. Diese beiden Felder wurden, um einen harmonischen Übergang zum Stahlüberbau zu erzielen, vergrößert auf 55 m und 65 m.

Das Los 3 beginnt am westlichen Widerlager mit einem 34 m langen Einfeldträger, der gegebenenfalls eine aus einer eventuellen Setzung des Widerlagers sich ergebende Höhendifferenz ausgleichen soll. Daran anschließend erstreckt sich ein 1014 m langer Durchlaufträger über 18 Felder. Nicht zuletzt mit Rücksicht auf das gewählte Bauverfahren wurde hier auf eine Unterteilung

---

* Auszug aus dem Vortrag von Dipl.-Ing. H. Jeche am 30. 5. 74 anläßlich der 36. Hauptversammlung der HTG in Hamburg.

durch eine Bewegungsfuge verzichtet. Die Stützweiten des Durchlaufträgers betragen zunächst 7 × 42 m, 2 × 50 m und 1 × 60 m; daran schließen sich 8 Felder mit je 70 m Stützweite an. Dieser gegenüber den übrigen Bauwerksabschnitten größere Pfeilerabstand ergab sich aus wirtschaftlichen Gründen wegen der teueren Gründung im Bereich des Hafenbeckens, zumal — und das spielte eine wesentliche Rolle bei der Wahl der Stützweite — die hierfür erforderliche Rüstung vorhanden war und zur Verfügung stand.

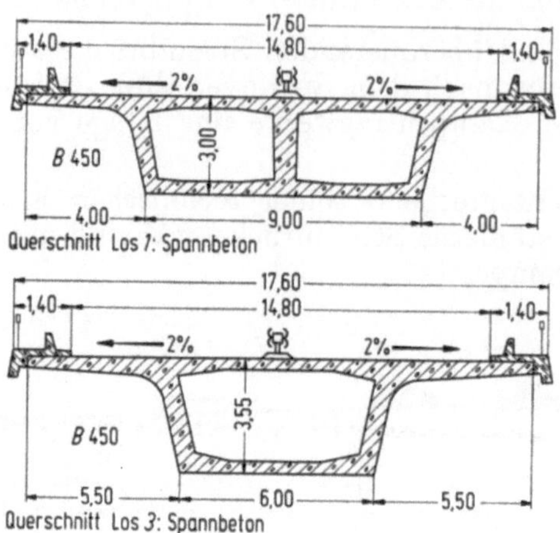

Abb. 2. Querschnitte der Spannbetonüberbauten.

Abb. 3. „Tischbereich" (Abfahrt Breslauer Straße).

Die Querschnitte der als Parallelträger ausgebildeten Überbauten sind einzellige und zweizellige Hohlkästen. Die Differenzen in der Konstruktionshöhe zwischen den Losen 1.1 und 1.2 sowie zwischen dem Los 1.3 und dem Stahlüberbau wurden jeweils kontinuierlich über 2 Felder hinweg ausgeglichen.

Über die Statik des Bauwerkes wird an anderer Stelle ausführlich berichtet; es soll deshalb hier nicht näher und im einzelnen darauf eingegangen werden. Erwähnenswert ist jedoch, daß wegen der unregelmäßigen Grundrißform des Bauwerkes teilweise ein erheblicher Aufwand erforderlich war, um Aufschluß über den jeweiligen Spannungszustand zu erhalten. — Dafür nur ein Beispiel:

Für den sogenannten „Tischbereich" an der Abfahrt „Breslauer Straße" im Los 1.1 wurde die gegenseitige Beeinflussung der Haupt- und Abfahrtsrampe zunächst in einer Näherungsberechnung erfaßt. Eine exaktere Berechnung ist bei der vorliegenden Kompliziertheit des Systems nur mit einem relativ großen Berechnungsaufwand möglich, beispielsweise mit Hilfe des Verfahrens der

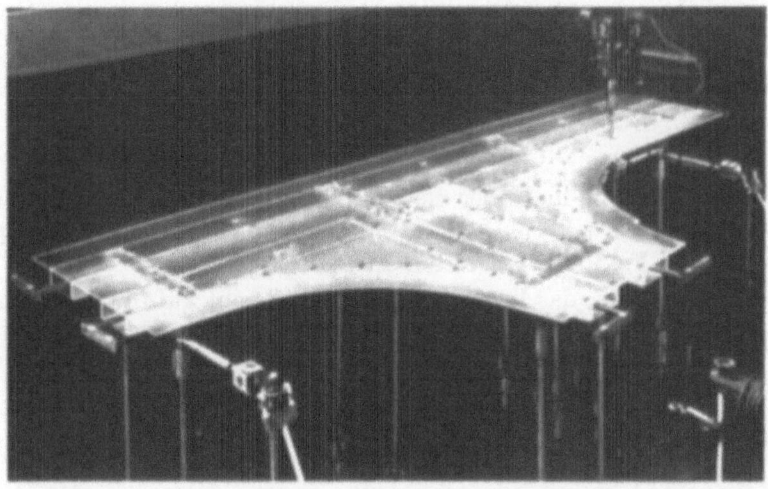

Abb. 4. Modell aus Plexiglas.

finiten Elemente. Man entschloß sich jedoch, diesen Tragwerksbereich an einem Modell zu untersuchen (Abb. 4). An insgesamt 141 Stellen des Modells aus Plexiglas wurden Einheitslasten aufgebracht. Die daraus gewonnenen Daten wurden direkt einem Computer zugeführt, der sie auswertete und sodann als Ergebnis die Spannungen mitteilte.

Für die Vorspannung der Überbauten wurden Spannkabel PZ — A 100 in Längsrichtung und PZ — A 40 in Querrichtung und als Zulagespannbewehrung verwendet. An einigen Stellen war es wegen der schlanken Betonkonstruktion sehr schwierig, schlaffe Bewehrung und Spannkabel richtig anzuordnen, d.h. im Tragwerksquerschnitt unterzubringen.

An dieser Stelle ist vielleicht eine kurze Bemerkung zur Blitzschutzanlage des Bauwerkes interessant:

Der gesamte Überbau wird wegen der massierten Anordnung der miteinander verbundenen Bewehrungsstähle als ein Potential angesehen. Sämtliche Stahlteile, wie Leitplanken und Geländer, Lichtmaste und Notrufsäulen, werden mit in die Blitzschutzanlage einbezogen. Die Ableitungen bestehen aus Rundstählen und hochflexiblen Kupferkabeln.

Als eine Besonderheit ist die Lagerkonzeption des Bauwerkes zu nennen. Sie ergab sich aufgrund der unregelmäßigen Grundrißform, die zudem schließlich auch zu einem außergewöhnlich großen Aufwand für die Untersuchung des Horizontalsystems führte. — Abbildung 5 vermittelt einen Eindruck von der Bauwerkskrümmung im Los 3. — Auf eine Vertiefung des Themas „Lagerkonzeption" wird hier verzichtet, denn auch darüber wird an anderer Stelle ausführlich berichtet

Abb. 5. Gekrümmte Linienführung des Überbaus in Los 3.

werden. — Es sei in diesem Zusammenhang, um einen Eindruck von der Größenordnung der Horizontalverformungen zu vermitteln, lediglich noch erwähnt, daß die maximalen Fugenbewegungen des Überbaus in Längsrichtung immerhin etwa ± 60 cm betragen.

2. Bauverfahren

Nun einiges zur Bauausführung und über die dabei angewandten Bauverfahren:

In Los 1 wurde der Überbau feldweise hergestellt. Die Spannkabel für die Längsvorspannung wurden jeweils von Feld zu Feld mittels Muffen aneinandergekoppelt.

Der „bodennahe" Bereich, d.h. das Los 1.1, ist mit Rücksicht auf die unregelmäßige Grundrißform und die Abzweigung „Breslauer Straße" unter Verwendung eines umsetzbaren, nach unten abgestützten Lehrgerüstes hergestellt worden. Wegen des setzungsempfindlichen Untergrundes mußten die Gerüstlasten über eine Tiefgründung abgeleitet werden, die aus hölzernen Rammpfählen bestand.

Abb. 6. Lehrgerüst in Los 1.1.

Die insgesamt 30 Brückenfelder in den Losen 1.2 und 1.3 wurden mittels einer freitragenden unterhalb der Brückenkonstruktion angeordneten Vorschubrüstung hergestellt. Diese einschließlich Schalung, Hydraulikausrüstung usw. knapp 800 t schwere Rüstungskonstruktion stellt eine Weiterentwicklung des seinerzeit erstmals beim Bau der Krahnenbergbrücke angewandten Systems dar. Dabei handelt es sich um ein vom Baugrund bzw. den Untergrundverhältnissen völlig unabhängiges Schalungsgerüst, welches sich von einer Arbeitsposition in die darauf folgende

Abb. 7. Vorschubrüstung Los 1.

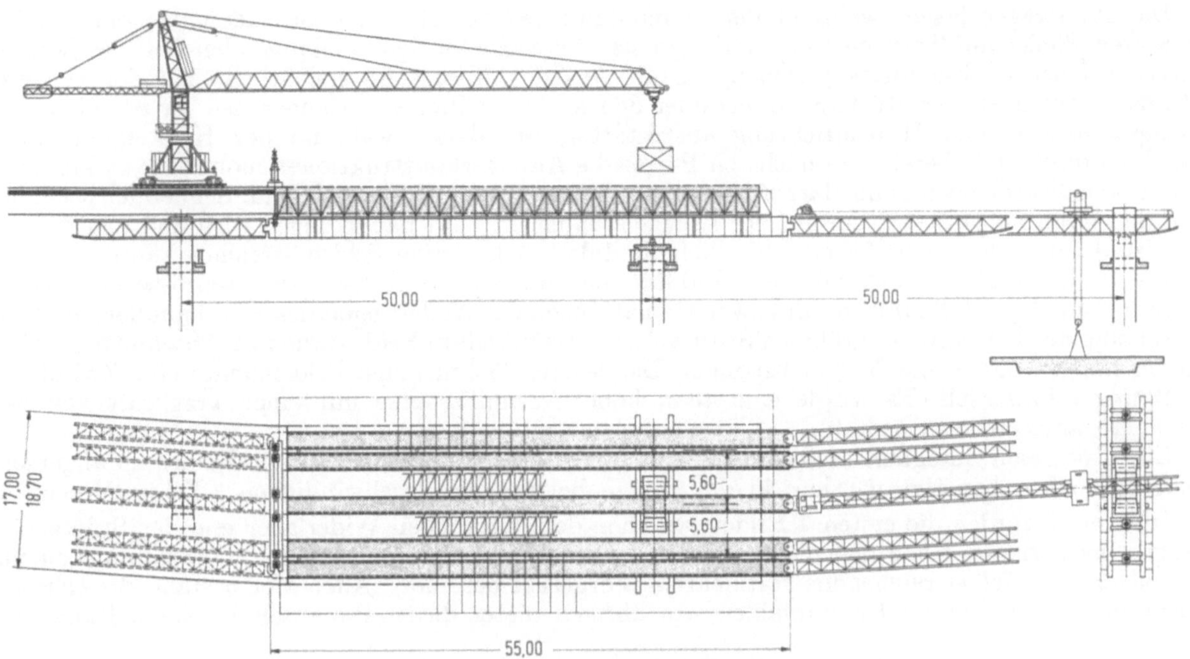

Abb. 8. Rüstungsschema Los 1.

Abb. 9. Vorschubgerüst Los 1 mit Zwischenstützung.

Betonierstellung selbst vorwärtsbewegen kann; dies erfolgt durch eine hydraulisch betätigte, in die Rüstträger eingebaute Seilzugvorrichtung. Das Gerüst besteht aus 5 gleichartigen 2,0 m hohen vollwandigen Rüstträgern. Vorn und hinten angebrachte Fachwerkausleger, sogenannte Balancierschnäbel, gewährleisten beim Vorschieben von Feld zu Feld stets eine stabile Lagerung.

In Betonierstellung sind die Rüstträger durch lösbare, vertikal schwenkbare Bodenschalungselemente verbunden, die beim Vorschieben geöffnet werden, um die Pfeiler passieren zu können.

Die Rüstträger liegen während der Herstellung des betreffenden Brückenfeldes am jeweils vorderen Pfeiler auf Traversen auf, während sie rückwärts an dem auskragenden Teil des bereits fertigen Überbauabschnittes angehängt sind. Aus der Abb. 8 ist ersichtlich, daß der vordere Schnabel des mittleren Rüstträgers bis über den nächsten Pfeiler verlängert ist. Er ist mit einer Längstransport- und Hubeinrichtung ausgestattet, um damit während der Herstellung eines Betonierabschnittes bereits am nächsten Pfeiler die Auflagerkonstruktionen montieren zu können, die für das Vorschieben in die darauf folgende Arbeitsposition erforderlich sind. Schließlich sei auch auf den Kran hingewiesen, der auf der Brücke ständig im Takt nachgezogen wird und mit seinem Horizontalausleger das in Arbeit befindliche und das rückwärtige Feld bestreichen kann.

Die beiden letzten Felder vor dem Stahlüberbau erbrachten gewisse Erschwernisse und erforderten besondere Maßnahmen, und zwar einmal wegen der Änderungen des Überbauquerschnittes und andererseits wegen der größeren Stützweiten. Das vorletzte Feld wurde in 2 Abschnitte geteilt, deren Längen 5,0 m und 50,0 m betrugen. Das letzte, 65,0 m lange Feld machte eine Zwischenstützung erforderlich. Es wurde eine 40 m hohe Stahlhilfsstütze mit einer Tragkraft von ca. 1800 Mp aufgestellt (s. Abb. 9).

Zur Taktgeschwindigkeit sei bemerkt, daß für die Herstellung eines 50 m-Feldes im allgemeinen 2 Wochen benötigt wurden, in der Spitze betrug die Geschwindigkeit 3 Felder/Monat.

Im Los 3 wurden die ersten 7 Felder zwischen dem westlichen Widerlager und der Stütze 112 wegen der geringen Höhe über Gelände und der starken Krümmung mit R = 175,0 m auf einem jeweils über 2 Felder reichenden stationären Lehrgerüst betoniert. Auch hier bestand die Gerüstgründung aus hölzernen Rammpfählen. Im übrigen bietet dieser Bauabschnitt keine Besonderheit.

Die darauf folgenden 12 Felder des Überbaus bis zur Stütze 100, d.h. bis zum Stahlüberbau, wurden feldweise in Abschnitten jeweils vom Pfeiler aus symmetrisch nach beiden Seiten hergestellt mittels einer einteiligen Vorbaurüstung, die auf der fertigen Brücke verfahrbar ist und sich in der Arbeitsstellung auf dem bereits fertigen Überbauteil und auf dem nächsten Pfeiler abstützt, über den sie dann eine halbe Feldlänge hinwegragt. — Es kam die Vorbaurüstung zum Einsatz, mit der vorher der Überbau der Siegtalbrücke bei Eiserfeld mit Stützweiten bis 105 m hergestellt worden ist. Das Gewicht der Rüstung beträgt ca. 800 t.

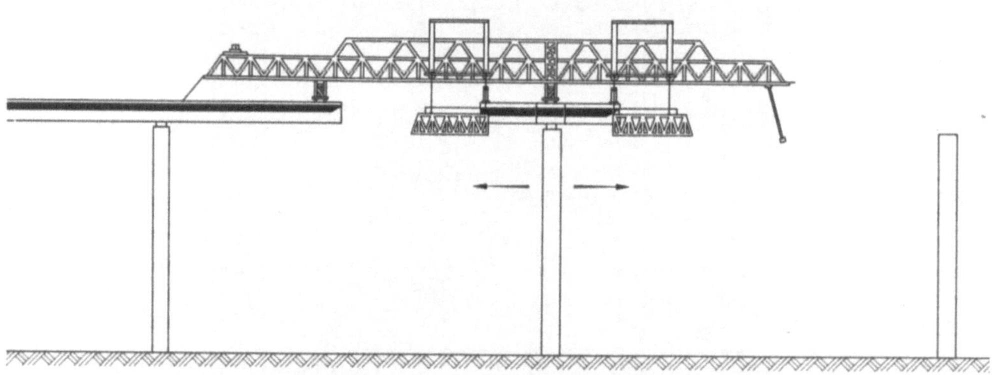

Abb. 10. Rüstungsschema Los 3.

Das abgebildete Schema zeigt das Prinzip dieser Rüstung. Der Vorbau schreitet jeweils vom Pfeiler aus nach beiden Seiten symmetrisch in Teilabschnitten von je 10 m Länge mit Hilfe von sogenannten Oberwagen und daran angebrachten Betonierbühnen fort, bis der Anschluß rückwärts am bereits fertigen auskragenden Überbau erreicht und die Kontinuität bzw. Querkraftverbindung hergestellt ist.

Die Längsspannkabel werden, entsprechend dem Baufortschritt, jeweils in ihrer gesamten Länge nachträglich in die frei gehaltenen Gleitkanäle eingefädelt. Sobald der Beton die genügende Festigkeit hat, werden sie gespannt und injiziert.

Da der Doppelkragarm des entstehenden Überbauteilstückes ohne Einspannung drehbar auf dem endgültigen Lager ruht, sind an den Betonierabschnittsgrenzen Stabilisierungsstützen angeordnet.

Das Verschieben der Vorbaurüstung in das nächste Feld erfolgt in 2 Phasen: zunächst wird der Hauptträger über die Spitze des bereits fertigen Überbaus hinweg so weit vorgeschoben, bis er sich mit seinem vorderen Ende auf dem Pfeilerkopf abstützen kann. Dann wird die vordere Betonierbühne nachgeholt und über dem Pfeiler in Stellung gebracht, mit ihrer Hilfe wird ein 5,0 m langes

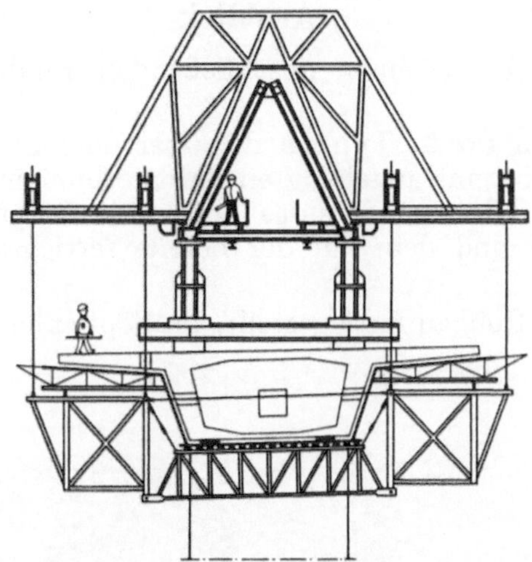

Abb. 11. Rüstungsschema Los 3 (Querschnitt).

Abb. 12. Vorschubrüstung Los 3.

sogenanntes Nullstück auf dem Pfeiler hergestellt. Nach dessen Erhärtung wird darauf mit Hilfe der an der Rüstung befindlichen Laufkatzeneinrichtung ein Gleitstuhl montiert. Alsdann erfolgt der weitere Vorschub bis in die endgültige Arbeitsposition.

Abbildung 11 zeigt einen Querschnitt durch Rüstung und Überbau. Es ist die Anordnung der sogenannten „Oberwagen" zu erkennen, die auf dem 6 m hohen Fachwerklängsträger laufen und an denen Betonierbühnen hängen, welche die Schalungseinrichtungen tragen. Die Bodenschalungselemente sind so eingerichtet, daß sie beim Passieren des Pfeilers geöffnet und vertikal abgeklappt werden können.

Abbildung 12 zeigt die Rüstung in Arbeitsposition und läßt das beschriebene System bzw. Bauverfahren erkennen.

Die Anpassung an die stark wechselnde Horizontalkrümmung des Überbaus ist besonders erwähnenswert, sie erfolgte auf dreierlei Weise:

1. durch seitliches Verschieben und Schwenken der Außenschalungselemente auf der Betonierbühne;
2. durch Querverschiebung der Aufhängepunkte der Betonierbühnen auf den Oberwagen;
3. durch Abknicken des Hauptträgers am Zentralauflager.

Es wurde pro Woche jeweils 1 Doppelabschnitt hergestellt, für die Herstellung eines Feldes wurden 5 bis 6 Wochen benötigt.

3. Ausblick

Abbildung 13 vermittelt nochmals einen abschließenden Eindruck von der gesamten Baumaßnahme:

Links die Vorbaurüstung im Los 3: Typisch die über dem Spannbetonüberbau angeordnete Fachwerk-Rüstungskonstruktion mit angehängten Betonierbühnen. In der Mitte die Stahlbrücke in der Endphase der Montage. Hinten rechts das Los 1 mit der unter dem Spannbetonüberbau erkennbaren Vorschubrüstung und dem auf der bereits fertiggestellten Brücke nachgeführten Auslegerkran.

Im Februar 1974 wurde der Rohbau fertiggestellt, im September 1974 konnte die Brücke dem Verkehr übergeben werden.

Abb. 13. Ansicht der Gesamtbaustelle.

II. Die Kattwyk-Hubbrücke

Von Dipl.-Ing. **Rudolf Rüster**, Würzburg

Voraussetzungen

Um die Hafenbahnanlagen der westlich und östlich des Köhlbrandes gelegenen Hafengebiete untereinander zu verbinden, wurde eine Eisenbahnbrücke über die Süderelbe geplant. Diese neue Verbindung sollte zugleich aber auch der Erschließung zukünftiger Hafen- und Industriegebiete dienen, die sich gleich am westlichen Ufer anschließen. Daher durften die Gleise nicht wesentlich über dem Gelände liegen. Mit Rücksicht auf die Großschiffahrt mußte die Brücke beweglich, d.h. für die Durchfahrt von Seeschiffen zu öffnen sein.

Der ca. 260 m breite Strom liegt im Gezeitenbereich mit normalen Wasserspiegelschwankungen zwischen NN +1,7 und −0,8 m, die im Extremfall auf NN +5,7 und −3,3 m anwachsen können. Damit der Stromquerschnitt nicht zu sehr eingeengt wird, waren die Pfeiler möglichst schmal zu halten. Festgelegt wurde eine Breite von je 8,5 m, die hydraulisch keine Auswirkungen auf die Strömungsverhältnisse hat.

Die lichte Weite der Brücke wurde mit 100 m festgelegt, um eine gefahrlose Passage der Seeschiffahrt zu den Harburger Häfen zu ermöglichen. Außerdem liegt kurz oberhalb der Brücke am rechten Ufer der für Binnentankschiffe vorgesehene Hohe Schaar-Hafen, der bei den geschilderten Strömungsverhältnissen gefahrlos nur durch eine große Mittelöffnung angelaufen werden kann.

Binnenschiffe sollen die Brücke unterfahren können, ohne daß sie geöffnet werden muß. Dies bedingte eine Brückenunterkante auf +7,3 m über NN. Ferner sollten die Außenöffnungen mit 84 m lichter Weite keine zusätzlichen Pfeiler erhalten.

Moderne Schiffe haben Kommandobrücken, die über die Schiffsseite hinausragen, um Anlegemanöver besser beobachten zu können. Hierfür muß bei geöffneter Brücke eine zusätzliche Breite von 2,5 m oberhalb der Pfeiler zur Verfügung stehen.

Um Wartezeiten für den Eisenbahn- und Straßenverkehr über die Brücke so klein wie möglich zu halten, war das Ziel, eine schnelle Brücke zu bauen, deren Öffnungs- und Schließzeiten den Verkehr so wenig wie möglich unterbricht. Die maximale lichte Höhe des Schiffahrtprofils von 53,0 m über NN ist innerhalb von zwei Minuten erreicht.

Möglichkeiten

Die Überbrückung des Stromes mit 1,0 m Bauhöhe (das ist die Differenz zwischen Oberkante Verkehrsweg und Unterkante Konstruktion) ist bei diesen Stützweiten nur mit obenliegenden Tragwerken möglich. Das Fachwerk bietet sich als bewährte und gute Lösung an.

Für bewegliche Brücken stehen drei Typen zur Auswahl, die jede Vor- und Nachteile haben:

Die Klappbrücke gibt im geöffneten Zustand den Lichtraum ohne obere Begrenzung frei. Sie erfordert aber große Gegengewichte und relativ große Pfeiler. Unter Verkehr entstehen sehr große Kragmomente und Verformungen an den Klappenspitzen, die für den Eisenbahnverkehr von Nachteil sind, da in Brückenmitte ein Knick entsteht. Zwar wurde im Hafen von Antwerpen eine Doppelklappbrücke mit einer biegesteifen Mittenverbindung gebaut. Diese Brücke hat aber relativ lange Bewegungs-, d.h. Sperrzeiten.

Die Drehbrücke bietet ebenfalls einen oben unbegrenzten Lichtraum. Die Außenöffnungen standen als Gegengewicht zur Verfügung. Andererseits wären die Pfeiler hierfür ca. 16 m breit und entsprechend länger geworden. Zu dem Problem der Mittenverriegelung kommen noch die Schwierigkeiten der Schienenübergänge an den Widerlagern. Schließlich treten beim Drehen erhebliche Massenkräfte auf, die schnelle Bewegungen nicht ohne weiteres zulassen.

Die Hubbrücke hat den Nachteil einer oberen Lichtraumbegrenzung. Außerdem erfordern die Hubtürme erhebliche Aufwendungen. Für den Verkehrsweg stehen aber normale Brücken ohne besondere Probleme zur Verfügung. Das Eigengewicht des Hubteils kann mit Gegengewichten voll ausgeglichen werden, so daß nur geringe Massenkräfte entstehen. Schließlich steht die volle Schiffahrtsbreite auch zur Verfügung, wenn — bei niedrigen Aufbauten der Schiffe — die Brücke nur teilweise gehoben wird.

Die Wahl fiel daher auf eine Hubbrücke, zumal die stromab liegende feste Köhlbrandbrücke die Höhe der Schiffe ohnehin begrenzt und also den wesentlichsten Nachteil einer Hubbrücke gegenstandslos macht.

Grundlagen

Den Bau einer Eisenbahnbrücke regeln die technischen Vorschriften der Deutschen Bundesbahn mit ihren Angaben über Lichträume, Lasten, Materialgüten und zulässigen Spannungen bis hin zu konstruktiven Detailausbildungen. Danach konnte die Brücke entworfen und die Baukosten ermittelt werden.

Es lag nahe, die Brücke mit einer Fahrbahn zu versehen und für den Straßenverkehr zu nutzen. Dabei mußte sie etwas breiter werden, hinzu kamen Asphalt, Leitplanken, Schranken usw. Dennoch lagen die Kosten nur ca. 10% über denen einer reinen Eisenbahnbrücke, weil die Unterbauten, die Hubtürme und Maschinen ohnehin vorhanden waren und die Bemessung der Brücke durch die hohen Eisenbahnlasten bestimmt war.

Folglich wurde eine kombinierte Eisenbahn- und Straßenbrücke gebaut, die wahlweise benutzt werden kann. Dabei hat nach der Schiffahrt die Bahn das Vorrecht gegenüber der Straße. Die Straße erhielt eine Breite von 7,0 m. Ein 2,25 m breiter Gehweg wurde oberstrom untergebracht. Bemessen ist die Brücke für den Eisenbahnverkehr nach Lastenzug S (1950) und für den Straßenverkehr nach Brückenklasse 60 der DIN 1072.

Bei vollem Gewichtsausgleich müssen die Antriebe nur Massen- und Reibungskräfte überwinden. Um zu einer ausreichenden Sicherheit zu kommen, waren ferner 25 kp/m² Wind von oben oder unten anzusetzen. Für einen Sonderlastfall sind 75 kp/m² Schnee zu berücksichtigen, wobei ein Hilfsantrieb mit halber Geschwindigkeit zum Einsatz kommt. Außerdem ist ein Notantrieb in der Lage, zusätzlich 130 t innerhalb von ca. vier Stunden zu heben. Dieser Fall kann eintreten, wenn z.B. der Asphaltbelag erneuert werden muß.

Bei aller Vorsicht ist nicht auszuschließen, daß ein Schiff gegen die Brücke fährt. Dies wurde mit einer Sonderlast von 500 t berücksichtigt, für die auch die Lager und Pfeiler zu berechnen sind. Dabei darf aber die Funktion der Brücke nicht gestört werden. Deshalb wurde eine Koppelung der Hubtürme mit den äußeren Überbauten ausgeschlossen. Ein beschädigter Überbau kann jederzeit mit Schwimmkranen ausgehoben werden, so daß der Schiffahrtsweg frei ist.

Überbauten

Die äußeren Überbauten haben eine Stützweite von 89,6 m und sind in acht gleiche Gefache von 11,2 m eingeteilt. Damit konnte der Überbau bis Mitte Pfeiler reichen und diesen zentrisch belasten (Abb. 1).

Das Hubteil hat eine Stützweite von 106,1 m mit 10 Gefachen. Lager und Aufhängung sitzen an beiden Enden 1,2 m von der Pfeilerachse exzentrisch. Die gleiche Exzentrizität ist aber auch für die Gegengewichte gewählt, so daß Hubteil + Gegengewicht den Pfeiler ebenfalls zentrisch belasten. Nur die Verkehrslasten des Hubteils wirken außermittig.

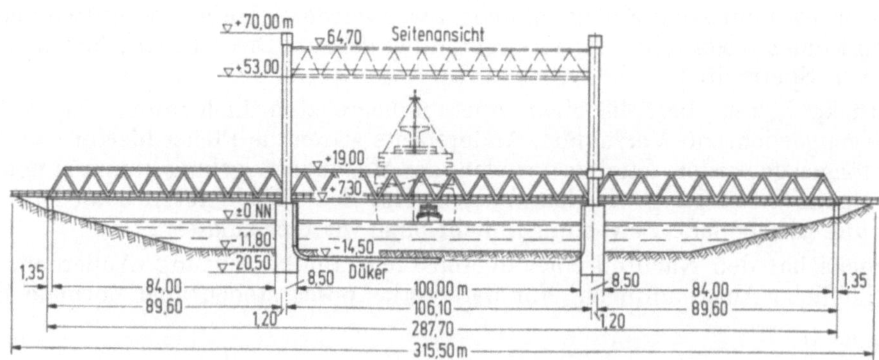

Abb. 1.

Die Hauptträger sind pfostenlose Strebenfachwerke. Die Systemhöhe beträgt 10,6 m und entspricht damit der Länge der Teilfelder. Diese relativ große Höhe ermöglicht die Elektrifizierung der Strecke, aber auch die Anordnung des Steuerstandes zwischen Fahrdraht und Windverband und somit eine gute Kontrolle der Fahrbahn.

Die Obergurte sind geschweißte Kastenträger. Die Knotenbleche sind in die Stegbleche eingeschweißt. Zwischen den Obergurten liegt ein K-förmiger Windverband aus IPB-Profilen.

Die Diagonalen sind teils als Kasten-, teils als I-Profile aus Blechen zusammengebaut.

Der Untergurt wird durch die Fahrbahn gebildet. Die Breite wird durch die 7,0 m breite Straße mit den beidseitigen Schrammborden und dem erforderlichen Sicherheitsabstand bestimmt (Abb. 2). Der oberstromige Gehweg liegt außerhalb der Fachwerkwand. Die Gesamtbreite beträgt 12,15 m. Ein Windverband ist nicht erforderlich. Die Fahrbahn wird unterstützt durch Hauptquerträger an den Knotenpunkten. Zwischen diesen Hauptquerträgern sind auch die Längsträger für das Eisenbahngleis gespannt. Die Straßenfahrbahn ist durch zusätzliche Querträger in den Viertelpunkten der Gefache und durch längs verlaufende Hohlrippen in Art einer orthotropen Platte ausgesteift. In der Ebene der Fachwerke liegen weiter die kastenförmigen Untergurte, an denen die Besichtigungswagen laufen.

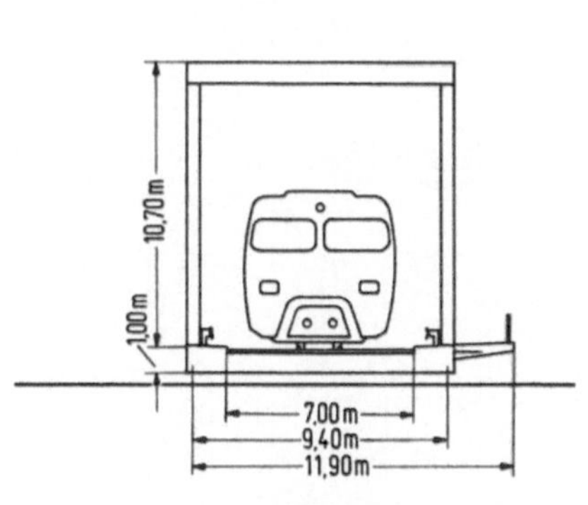

Abb. 2.

Abb. 3.

Es ist üblich und zweckmäßig, orthotrope Platten vollständig zu schweißen. Das Gleiche bot sich für die gedrückten Obergurte an. Da diese Arbeiten auf einem Gelände außerhalb der Baustelle vorgenommen wurden, bot sich auch das Verschweißen der Diagonalen an (Abb. 3). So entstanden die derzeit größten geschweißten Fachwerküberbauten mit Eisenbahnverkehr in Deutschland. Für die reine Schweißkonstruktion waren zwar zusätzliche Montagehilfen erforderlich. Dies wurde jedoch durch verschiedene Vorteile wettgemacht:

a) Die Konstruktion ist praktisch unempfindlich gegen unterschiedliche Schrumpfungen in den Fahrbahnstößen.

b) Die gewählten Schweißverbindungen erlauben eine komplette Rötgenkontrolle und erfüllen alle Voraussetzungen für die Einstufung nach Linie B oder C der DV 848 (Schweißvorschrift der Bundesbahn). Bei den nach Linie E einzustufenden Kastendiagonalen ist das Mehrmaterial durch die Knicksicherung ohnehin vorhanden.

c) In den Zugstäben steht der Bruttoquerschnitt voll zur Verfügung.

d) Die Knoten konnten alle gleich ausgeführt werden. Der Kraftfluß ist optimal.

e) Die glatten Flächen sind leicht zu konservieren.

Hubtürme

Die Hubtürme sollen eine sichere Führung des Hubteils in jeder Höhe und Richtung sicher ermöglichen. Außerdem müssen sie die Antriebsmaschinen und deren Zuleitungen übernehmen sowie betriebliche Einrichtungen. Schließlich bestimmen sie weithin das Bild der gesamten Brücke.

Gewählt wurde ein fünfstöckiger Rahmen (Abb. 4). Die Stiele sind 2,0 × 3,0 m große Kastenträger und stehen neben den Fachwerkwänden der Überbauten. Dieser Querschnitt erlaubt die

Unterbringung aller Leitungen im wettergeschützten Raum. Diese Leitungen sind durchgehend von Steigleitern aus zugänglich. Daneben stehen in den südlichen Stielen Aufzüge für vier Personen zur Verfügung. Der gleiche Raum ist in den nördlichen Stielen zum Hochziehen von Lasten vorgesehen. Zur Führung der Brücke dienen Kranschienen, die durchgehend verschraubt sind. Der Kopfriegel kragt mit 16,0 m Länge und 4,35 m Breite allseitig über die Stiele aus. Er ist ca. 1,5 m hoch und trägt die Antriebe und die Seilscheiben. Diese Riegel wurden in der Werkstatt zusammengebaut und bei einem Gewicht von 45 t komplett zur Baustelle gefahren. Damit konnte die für die Antriebe erwünschte hohe Genauigkeit erreicht werden. Kopfriegel und Maschinenhaus sind mit Sandwichplatten verkleidet und abgedeckt.

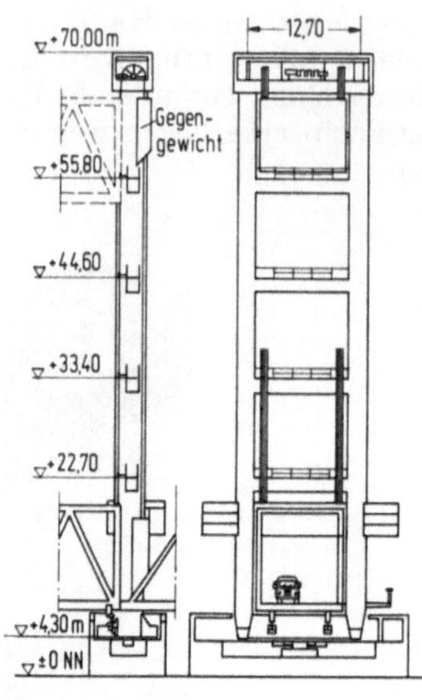

Abb. 4.

Die Zwischenriegel sind ebenfalls Kastenträger mit einem Querschnitt von 1,5 × 0,9 m. Sie sind von den Stielen her zugänglich und erlauben einfache Wartungsarbeiten. Ein Fußriegel erschien zunächst nicht notwendig, da Außenöffnung, Hubteil und Hubturm nebeneinander auf den Pfeiler gestellt werden konnten. Er bot aber mehrere Vorteile:

a) Die Lagerung der Überbauten und des Hubturmes auf einem Fußriegel ermöglicht die Verbindung dieser Teile ohne Zwischenschaltung von Beton. Abgesehen von der Genauigkeit können alle Verbindungen Stahl an Stahl hergestellt werden.

b) Ein gemeinsames Zwischenteil vereinfacht die Herstellung von Bezügen zueinander.

c) Der Fußriegel versteift den Hubturmrahmen erheblich.

d) Alle Lasten werden über den Fußriegel in den Beton übertragen. Das reduziert die Anzahl der Verbindungen.

e) Durch die hohen Lasten wird die Fuge Stahl/Beton so hoch vorbelastet, daß an den Lagern nur bei extremen Windstärken ein Abheben auftreten kann. Solche Windstärken sind bisher nicht aufgetreten.

f) Diese Vorbelastung führt zu einer sehr einfachen Verankerung, die ohne Gefahr gelöst werden kann. Damit ist es möglich, Setzungen oder Verkantungen des Pfeilers relativ einfach auszugleichen, indem man die Verankerungen löst und die entsprechenden Lager verschiebt oder unterlegt.

g) Bei solchen Korrekturen bleiben die aufliegenden Teile — Überbauten und Hubturm — stets in den gleichen Bezügen zueinander. Mit dem Ausrichten der Fuge Fußriegel/Pfeiler sind alle Korrekturen erledigt.

Diese Vorteile wurden noch dadurch unterstrichen, daß ihr Fehlen bei einem anderen, älteren Bauwerk im Hamburger Hafen schon zu erheblichen Problemen geführt hat.

Schließlich ergab der Fußriegel noch weitere Vorteile bei der Führung der Kabel und der Unterbringung von Maschinenteilen.

Unterbauten

Für die Planung der Unterbauten ist ein ausführliches Bodengutachten aufgestellt worden.

Im Bereich der Strompfeiler wurde statt der vorgesehenen provisorischen Baugrubenumschließung eine verbleibende Spundwand genau in der Form des späteren Pfeilers (Abb. 5) gerammt. Bei einer Sohlentiefe von NN −11,8 m wurden die Spundwände bis auf eine Tiefe von NN −20,5 m getrieben. Nach dem Schließen dieser Kästen konnte unter Wasser der Boden ausgehoben und eine Gründungssohle von NN −15,5 m hergestellt werden. In diesem Zustand wurden die Spundwände mit dem äußeren Überdruck aus Wasserüberdruck und Geländesprung belastet.

Nach dem Klären der Gründungssohle durch Taucher wurde Unterwasserbeton bis auf eine Höhe von NN −6,00 m eingebracht. Dieser Beton erhielt eine starke äußere Netzbewehrung, die z. T. mit Taucherhilfe eingebracht werden mußte. Die Spundwände wurden dabei durch den Überdruck des Betons nach außen belastet.

Anschließend konnten die Spundwandkästen leergepumpt werden. Die Oberfläche des Unterwasserbetons wurde sorgfältig abgetragen und der aufgehende Pfeiler bewehrt. Dann begann das Aufbetonieren bis auf Oberkante Spundwand, auf NN ±4,0 m. In diesem Bereich sind auch die Lager für die Fußriegel untergebracht. In dem gleichen Bereich sind Aussparungen vorgesehen, um einen besseren Zugang zu den Lagern und zu den Einbauteilen im Pfeiler zu ermöglichen.

Der obere Teil des Pfeilers von +4,0 bis +7,0 m wurde an Ort geschalt und gesondert betoniert. In diesem Bereich sind die Einzelheiten weitgehend durch die Stahlkonstruktion bestimmt. So nimmt u. a. die südliche Pfeilerspitze einen Raum für Hydraulikeinrichtungen auf.

Gerechnet wurden die Pfeiler als Flachgründungen, wobei die Spundwände eine zusätzliche Sicherheit gegen Auskolkung bieten.

Aufgrund des Bodengutachtens sind für die Pfeiler eingehende Setzungsberechnungen durchgeführt worden. Sie ergaben auf der Ostseite praktisch geringe Bewegungen. Bei Beginn der Bauarbeiten lagen in der westlichen Außenöffnung noch erhebliche Bodenmassen, die erst später ausgebaggert werden konnten. Ihre Entfernung bewirkt infolge der anstehenden Böden (tertiärer Glimmerbeton) theoretisch ein geringfügiges Heben des westlichen Pfeilers, verbunden mit einer Verkantung in Richtung Osten um rd. 1%. Dieses Maß scheint relativ gering. Bei einer Tiefe der Gründungssohle von NN −15,5 m und einer Höhe der Auflagerbänke für den Fußriegel von NN + 4,0 m, bedeutet dies jedoch eine Wanderung der Pfeileroberkante um rd. 20 cm nach Osten. Bis zur Turmspitze beträgt die Horizontalverschiebung sogar rd. 85 cm. Durch die beschriebene Konstruktion der Brückenlagerung über den Fußriegel können diese Setzungen und Verkantungen jedoch ohne weiteres zugelassen werden, da sie jederzeit korrigierbar sind.

Die Widerlager sind erheblich geringer belastet, bilden aber wegen der Gefahr eines Geländebruches besondere Probleme. Gewählt wurde schließlich eine Pfahlgründung mit Umspundung, wobei insbesondere Schrägpfähle den Erddruck der Hinterfüllung aufnehmen. Pfahlgründung und Umspundung gewährleisten die erforderliche Geländebruchsicherheit. Sanddräne hinter den Widerlagern verbesserten die Verhältnisse.

Abb. 5. Bau der Strompfeiler.

Es erwies sich als besonders vorteilhaft, daß eine erfahrene und mit den Hamburger Verhältnissen vertraute Tiefbaufirma diese Arbeiten ausgeführt hat.

Ein besonderes Problem bei der Herstellung der Unterbauten waren die kurzen Termine. Zum Teil mußte die Abklärung zwischen Unterbauten und Überbauten ohne ausreichende Vorarbeiten herbeigeführt werden. In diesen Fällen wurde in beiderseitigem Einvernehmen jeweils eine Lösung geschaffen, an die sich dann die Partner im Anschluß zu halten hatten. Trotz des großen Risikos hat sich diese Methode sehr gut bewährt.

Zu den Leistungen des Tiefbauunternehmens gehörte ferner die Erstellung eines Betriebsgebäudes hinter dem östlichen Widerlager.

Eine Besonderheit bot der Einbau eines Dükers zwischen den beiden Strompfeilern. Dieser rd. 105 m lange Düker ist auf dem westlichen Ufer auf einer Slipanlage zusammengebaut worden. Er besteht aus Stahlrohren von 1,0 m $\varnothing$, in denen 39 Kunststoffrohre von 100 mm li. $\varnothing$ angeordnet sind. Der Zwischenraum zwischen Stahlrohr und Kunststoffrohren wurde mit Beton verfüllt.

Nach dem Herstellen des Dükers einschließlich der rd. 18 m hohen Vertikalteile wurde das gesamte Rohr zu Wasser gelassen, zum Strom verschifft und dort in einer ausgebaggerten Rinne abgelassen. Die Rinne wurde anschließend wiederum zugebaggert, so daß das Rohr ca. 3,0 m unter der endgültigen Flußsohle liegt und sicher vor Beschädigungen durch Anker oder dgl. ist. Im Bereich der Pfeiler endet das Rohr 4,0 m über NN. Eine feste Verbindung zwischen Pfeiler und Düker besteht nicht.

Antriebe

Die Stromversorgung der Brücke ist am Ostufer. Von dort verlaufen die Versorgungs- und Steuerkabel durch einen Kanal, der unter dem Gehweg der Brücke liegt. Die Kabel münden in den Hauptsteuerstand. Von dort laufen sie teils in das östliche Maschinenhaus, teils durch den Düker zum westlichen Maschinenhaus.

Der Hauptantrieb wird mit Gleichstrom gefahren. Die Versorgung übernimmt ein Leonardsatz, der in der Nähe des Gleichstrommotors steht. Dieser hat je eine Leistung von 134 kW bei 995 Umdrehungen pro Minute. Er wird mit einem Ventilator gekühlt. Dabei werden die Hubwege an den beiden Türmen durch eine Gleichlaufüberwachung kontrolliert. Bei einer Schiefstellung der Brücke von mehr als 30 cm zwischen den Pfeilern wird der Antrieb automatisch ausgeschaltet.

Für den Hilfsantrieb steht ein Drehstrom-Schleifringläufermotor zur Verfügung. Dessen Leistung beträgt 120 kW bei 970 U/min. Der Gleichlauf der beiden Brückenenden wird mit einer elektrischen Welle erreicht. Der Motor für den Notantrieb sitzt hinter dem Hilfsantrieb. Er kann über eine Kupplung zugeschaltet werden und hat 3 kW Leistung. Ein zusätzliches Getriebe ermöglicht das Heben von Sonderlasten in Notfällen.

Haupt- bzw. Hilfsantrieb wirken auf je ein Getriebe, von dem aus über eine Kardanwelle und ein Ritzel die Seilscheiben angetrieben werden. Die Bremsen sitzen auf den Motorwellen vor den Getrieben.

Die beiden Getriebe werden mit einer Elektromagnet-Lamellen-Kupplung miteinander verbunden, so daß der Gleichlauf der beiden Seilscheiben eines Turmes gewährleistet ist. Diese Kupplung erlaubt auch den Antrieb beider Getriebe von einem Motor aus. Andererseits können durch die Kupplung die beiden Getriebe und damit die Seilscheiben voneinander getrennt werden. Auf diese Weise ist es möglich, ungleiche Längungen der Seile (z. B. durch Temperatur oder Reck) nach jedem Spiel auszugleichen.

Die Seilscheiben haben einen Durchmesser von 2,4 m. Darüber laufen je 8 Seile mit 54 mm $\varnothing$ in Kreuzschlagausführung mit Stahlseele und stark verzinktem Stahldraht. Diese Seile verbinden das Hubteil einerseits mit dem Gegengewicht auf der anderen Seite. Diese 370 t Belastung ergeben eine so hohe Reibung zwischen Seil und Seilscheiben, daß auch die Sonderlasten noch mit dreifacher Sicherheit bewegt werden können. Die Brücke hat also keinen Zwangsantrieb über Ketten oder Seiltrommeln. Erstmals in Deutschland wurde der Friktionsantrieb angewendet, der in den USA schon länger bekannt war.

Sicherheitseinrichtungen

Die Brücke wird rund um die Uhr mit geschultem Personal gefahren. Im Hauptsteuerstand laufen alle Meldungen ein, müssen überwacht und verarbeitet werden. Er wurde am Ostturm oberhalb der Fahrbahn so angebracht, daß Strom und Brücke von hier gut eingesehen werden können. Oberstrom steht ein Steuerpult, auf dem alle Abläufe angezeigt werden. Hier kann der Brückenmeister mit Fernsehkameras auch den Verkehr in den Anfahrtstrecken beobachten, die erforderliche Hubhöhe bis zum Maximum beliebig vorwählen, die Brücke automatisch laufen lassen oder jeden Vorgang einzeln von Hand steuern.

Vor jeder Brückenöffnung wird zunächst auf einem Gleisbild überprüft, ob ein Zug unterwegs ist. Die Bahnsignale und anschließend die Straßensignale werden auf ROT gestellt. Sobald der Verkehr von der Brücke abgelaufen ist, werden Straße und Gehweg an den Strompfeilern mit Schranken gesperrt.

Am Westpfeiler ist eine schwenkbare Schienenauszugsvorrichtung eingebaut. Sie erlaubt nicht nur den Ausgleich der Längenänderung infolge Temperatur und Verformung, sondern auch ein völliges Trennen der Schienenenden voneinander. Die Bewegungen besorgt eine Hydraulik. Die Endlagen — ob offen oder geschlossen — werden mit besonderen Meßgeräten überprüft und an den Brückenmeister gemeldet. Anschließend werden die Brückenriegel an den beiden Enden zurückgefahren. Diese Riegel sind eine zusätzliche Kontrolle für die ordnungsgemäße Lage der Brücke. Wenn sie nicht bis in Endlagen eingefahren werden können, zeigt dies einen Fehler in der Brückenlage an. Dann ist es unmöglich, die Schranken zu öffnen und den Verkehr laufen zu lassen. Dann werden die Niederhalter geöffnet. Dies sind hydraulisch bewegte Arme, die das Hubteil mit viermal 25 t auf seine Lager pressen. Da das Gewicht des Hubteils durch die Gegengewichte voll ausgeglichen ist, könnte es ohne diese Niederhalter zu hüpfen beginnen. Die Niederhalter dienen aber auch dazu, die Brücke in die Endlage zu fahren: Beim Senken wird der Antrieb etwa 5 cm vor Erreichen der Endlage abgestellt, die Niederhalter fahren ein und ziehen die Brücke herunter, während am Antrieb die Bremsen gelöst werden. Die Bremsen bleiben bei Tieflage gelöst, so daß bei irgendwelchen Längenänderungen zwischen Turm und Seilen keine Zwängungen entstehen können.

Auf den Querriegeln werden die Seilpanner hochgeklappt. Dies sind gabelförmige Halterungen, die die Seile distanzieren und daran hindern, an die Stahlkonstruktion zu schlagen.

Nun kann die Brücke gefahren werden. Dabei sorgt die Gleichlaufüberwachung für die horizontale Lage. Vorendschalter leiten beim Heben und Senken das Abbremsen ein, während Endschalter die Brücke stillsetzen.

Dieser gesamte Ablauf kann auch automatisch gesteuert werden. Dabei sorgen zusätzliche Kontrollschaltungen für das Stillsetzen der Brücke oder der Kontrolleinrichtungen, wenn durch irgendeinen Defekt die Ablaufkette gestört ist.

Zu diesen Sicherheitseinrichtungen kommen Führungsleisten, die das Hubteil genau zentrieren oder dafür sorgen, daß die beweglichen Lager beim Absetzen auch an der richtigen Stelle sind. Und schließlich gehören hierzu auch die Leitplanken der Straße oder die Dalben, die die Pfeiler vor einem unmittelbaren Schiffsstoß schützen sollen.

Sonderheiten

Einige Sonderkonstruktionen — die Lagerung der Hubtürme, die geschweißten Fachwerke, der Friktionsantrieb und die Schienenauszüge — wurden bereits genannt. Eine normale Eisenbahnschiene benötigt mit Unterlagsplatte und Unterguß eine Bauhöhe von rd. 20 cm. Dies bedeutete in Brückenmitte eine zusätzliche Einschränkung in den Bauhöhen von Längs- und Querträgern. Außerdem entstand eine Wanne in der Straßenfläche, die ähnlich wie bei Bahnübergängen abzudecken und problematisch war. Deshalb wurde auf der Kattwykbrücke ein Sonderprofil verwendet, das praktisch nur den Kopf einer Rillenschiene und deren Fuß behielt. Diese Blockschiene wurde durchgehend mit Kunststoff untergossen. Die gesamte Bauhöhe ist klein genug, um die Schiene innerhalb des Asphaltbelages unterzubringen. Die Konstruktion der Stahlfahrbahn konnte ohne Wanne oder Störung durchgezogen werden.

Das Hubteil wird zwischen den Türmen in Querrichtung und am östlichen Turm in Längsrichtung geführt. Dabei sollen die Führungen möglichst ohne Spiel sein. Andererseits dürften Ungenauigkeiten oder Temperaturdehnungen nicht zum Klemmen führen. Zehn Millimeter sind zwar im allgemeinen ausreichend. Beim Erreichen der Endlage könnte es dazu führen, daß die Schienen oder Übergänge nicht in die richtige Lage kommen. Unter dem Hubteil wurden daher zusätzliche Führungsbacken angeordnet, die die Brücke für die letzten 250 mm „übernehmen" und auf den Millimeter genau in der Mitte zentrieren. Diese Führungsbacken übernehmen auch den Schiffsstoß und wurden folglich auch an den Außenöffnungen eingesetzt.

Die Längsführung setzt gleiche Abstände der Türme über die ganze Höhe voraus. Nun kann aber der Überbau seine Länge infolge Temperatur um 120 mm ändern. Durch die Setzungen sind am Turmkopf weitere 850 mm möglich. Und schließlich kann auch der Wind die Türme verformen, wobei die größte mögliche Differenz weitere 850 mm bringt. Für diese gesamt 1820 mm steht aber nur ein Abstand von 200 mm zwischen dem Hubteil und den Querriegeln der Hubtürme zur Verfügung. Zunächst wird die Verformung aus Setzungen durch die Vereinbarung reduziert, daß bei einer Schrägstellung von mehr als $1^0/_{00}$ bzw. 85 mm am Turmkopf die Lager nachgerichtet werden. Dann wurden die beiden Türme durch zusätzliche Führungsrollen, die über Plastikdämpfer gefedert sind, so gekoppelt, daß sie nicht mehr im Gegensinn sich bewegen können. So wurde das ganze Problem auf die Temperaturdehnungen reduziert.

Abb. 6. Einschwimmen des östlichen Überbaues.

Abb. 7. Einschwimmen des westlichen Hubturmes.

Unfreiwillig wurde ein weiteres Problem gelöst: Da der Westpfeiler sich infolge Setzungen nach Osten neigt, und dabei das Turmfundament nach Osten wandert, wird die Mittelöffnung im Laufe der Zeit kleiner. Beim Einbau des Hubteils zeigte sich, daß trotz genauer Messungen und sorgfältiger Arbeit der Pfeilerabstand 30 mm über dem Sollmaß lag. Damit ist eine zusätzliche Sicherheit eingebaut worden.

Ungewöhnlich war schließlich die Montage. Die Hubtürme und die Überbauten wurden mit über 200 Sektionen in Salzgitter und Würzburg gefertigt, nach Hamburg transportiert und dort auf einer Werft vormontiert. So entstand je ein kompletter Turm bzw. eine komplette Brücke. Diese Einheiten hatten Gewichte von 400 bis 550 t und bis zu 107 m Länge. Sie wurden jeweils von zwei Schwimmkranen aufgenommen und zur 12 km entfernten Einbaustelle gefahren, wo sie ohne große Probleme eingesetzt werden konnten (Abb. 6 und 7). Insbesondere der Transport der aufgerichteten und so bis 75 m hoch ragenden Hubtürme war eine ausgezeichnete Leistung der Schwimmkrane.

Zusammenfassung

Der Auftrag wurde nach einer beschränkten Ausschreibung im März 1971 erteilt. Zugrunde lag ein ausführlicher Vorentwurf des Strom- und Hafenbau Hamburg. Dennoch war analog der Abstimmung zwischen Überbauten und Unterbauten eine ständige Abstimmung und Entwicklung zwischen Auftraggeber und Auftragnehmer erforderlich. Beiderseits mußten Nachträge und Änderungen in Kauf genommen werden. So war es aber auch möglich, die Brücke bereits nach zwei Jahren Bauzeit im März 1973 dem Verkehr zu übergeben. Diese unkonventionelle Abwicklung und die kurze Bauzeit ergaben aber auch, daß die Kostenmehrung aus Nachträgen und Preisgleitungen keine 10% der ursprünglichen Auftragssumme ausmachten.

Abb. 8. Die Kattwyk-Hubbrücke über die Süderelbe.

Etwa in der Mitte zwischen der spektakulären Köhlbrandbrücke und der von der Deutschen Bundesbahn zur Zeit erbauten wuchtigen neuen Eisenbahnbrücke über die Süderelbe entstand so in Hamburg die derzeit modernste Hubbrücke Deutschlands (Abb. 8). Mit 100 m lichter Weite gehört sie zu den weitestgespannten beweglichen Brücken der Welt und hält mit 53 m lichter Durchfahrtshöhe den derzeitigen Rekord.

Die Wettbewerbslage des Lübecker Hafens im internationalen Verkehr

Von Dr. Jürgen Pratje, Lübeck

Die Hansestadt Lübeck ist einer der ältesten Handels- und Schiffahrtsplätze im gesamten Ostsee-bereich. Begünstigt durch die geographische Lage im Schnittpunkt der Verkehre zwischen Mittel-europa und Skandinavien sowie der West- und Ostverkehre liegt die wirtschaftliche Bedeutung der Stadt seit Jahrhunderten in der Erschließung des Ostseeraums durch die Schiffahrt und den Handel. Über die Intensität der Hafenverbundenheit der Lübecker Wirtschaft besagt eine Unter-suchung: Unter Berücksichtigung aller vom Hafen ausgehenden direkten und indirekten wirtschaft-lichen Verflechtungen sind die Arbeitsplätze von fast 38% aller Lübecker Beschäftigten hafen-verbunden. Zwar ist Lübeck nach dem letzten Kriege der mit Abstand größte Ostseehafen der Bundesrepublik Deutschland und der größte Fährschiffhafen Nordeuropas geworden, doch muß zugleich auch gesagt werden, daß der Hafen einen wesentlichen Teil seines natürlichen Hinter-landes verloren hat, nämlich weite Gebiete der heutigen DDR und nicht zuletzt auch der CSSR.

Lag der seewärtige **Güterumschlag** des Lübecker Hafens in den 30er Jahren recht konstant bei etwa 2 Mio t, so trat insbesondere in den letzten zehn Jahren eine stürmische Aufwärtsentwicklung sowohl im Personen- als auch im Güterverkehr ein: Die Statistik nennt für 1965 einen Güter-umschlag von rund 4,5 Mio t, für 1969 6,4 Mio t und für 1974 über 8,7 Mio t. Für 1980 sind 12 Mio t prognostiziert.

Noch bedeutendere Steigerungen erfuhr der **Passagierverkehr:** Während der Passagierschiffs-verkehr über die Ostsee sich vor dem 2. Weltkrieg in sehr bescheidenem Rahmen hielt, erreichte er 1965 rund 650 000, 1969 über 1,1 Mio und 1974 über 1,8 Mio Fahrgäste.

Parallel dazu entwickelte sich die Zahl der im Reiseverkehr beförderten Personenkraftwagen in der gleichen Zeit von gut 100 000 auf über 250 000 Personenkraftwagen. Und schließlich eine letzte Zahlenreihe: Nahmen 1965 erst 35 000 Lastkraftwagen und Anhänger und 1969 110 000 die Fährschiffsverbindungen des Lübecker Hafens in Anspruch, so waren es 1974 bereits fast 200 000 Nutzfahrzeuge. Diese Fährverkehre werden mit modernen Fährschiffen bewältigt, die zumeist täg-lich, zum Teil sogar mehrmals täglich fahren, so daß in der Spitze 23 Abfahrten täglich gezählt werden.

Von jeher hat der Lübecker Hafen sich auf den Ostseeverkehr spezialisiert. Wenn gleichwohl auch beträchtliche Einfuhren — weniger Ausfuhren — aus anderen Verkehrsbezirken vorkommen, so handelt es sich dabei im wesentlichen um Umschlag an Privatanlagen, also bei der in Lübeck in erfreulichem Umfange ansässigen Seehafenindustrie.

Die besonders hohen Zuwachsraten des Lübecker Hafens beruhen auf der verstärkten Industri-alisierung in allen Ostseeländern wie auch in dem daraus resultierenden wesentlichen Anstieg der Außenhandelsbeziehungen, insbesondere dem steigenden Austausch von Fertigwaren. Sie beruhen aber auch auf der stürmischen Entwicklung des Fremdenverkehrs im gesamten Ostseeraum.

Als Folge dieser stürmischen Entwicklung mußten in den vergangenen Jahren erhebliche Investitionen im Lübecker Hafen sowohl im Stadtbereich als auch in Travemünde vorgenommen werden. Nicht zuletzt auch unter Berücksichtigung des Strukturwandels in der Ostsee vom her-kömmlichen Schiff zum roll-on/roll-off-Verkehr, von der kombinierten Passagier- und Güterfähre zur reinen Güterfähre und vom 3000 Tonnen- zum 10 000 Tonnen-Schiff. Zur Stärkung des Lübecker Hafens war ferner eine Verbesserung der Hinterlandverbindungen zugunsten aller Ver-kehrsträger im Personen- und Güterverkehr erforderlich.

Zur richtigen Wertung der umfangreichen Investitionen muß darauf hingewiesen werden, daß der Lübecker Hafen — zu dem auch die Travemünder Anlagen gehören — ein kommunaler Hafen ist. Als Betriebsgesellschaft ist die Lübecker Hafen-Gesellschaft mbH tätig, deren Gesellschafter die Bundesrepublik Deutschland als Rechtsnachfolger Preußens und die Hansestadt Lübeck sind.

Abb. 1. Umschlag von importiertem Holz im Lübecker Stadthafen.

Die Hafeninvestitionen gehen allein zu Lasten des Gesellschafters Hansestadt Lübeck. Der Bund beteiligt sich lediglich an dem jährlichen Betriebszuschuß und auch das nur in Höhe der ersten 500 000 DM. Die Hafeninvestitionen Lübecks machten bis 1973 über 150 Mio DM aus. Hinzu kam ein neuer leistungsfähiger Gleisanschluß für den Skandinavienkai mit 40 Mio DM. Von diesen Gesamtinvestitionen finanzierte die Hansestadt Lübeck selbst über 70%. Auf diesen wesentlichen Punkt ist noch zurückzukommen.

Die Liste der regelmäßigen Verkehrsverbindungen des Lübecker Hafens weist ein umfangreiches Netz für den Personen- und Güterverkehr in alle Ostseeanrainerstaaten auf — mit einer Ausnahme: bisher besteht noch keine Linienverbindung mit der DDR. Allerdings fungiert Lübeck als Reserveeinfuhrhafen der DDR.

Im Personenverkehr bzw. im kombinierten Personen- und Güterverkehr bestehen regelmäßige Verbindungen zu den dänischen Plätzen Gedser, Kopenhagen (mit zwei Linien), Bornholm (mit drei Reedereien), zu den schwedischen Häfen Malmö, Trelleborg, Slite auf Gotland, Nynäshamn südlich Stockholm und Göteborg, zu Finnland nach Helsinki (mit zwei Linien) und seit Mitte Februar 1975 im Eisenbahn-Trajektverkehr nach Hanko. Außerdem bestehen regelmäßige Verkehre nach Danzig und Leningrad, letztere als Saisonverkehre. Erstmalig wurde im Sommer 1974 eine Personen-Fährverbindung zwischen Travemünde und Swinemünde eingerichtet. Ihr weiterer Einsatz hängt von den Entwicklungsmöglichkeiten des Tourismus mit Polen ab.

Bei aller Anerkennung des Umfangs des Personenverkehrs kommt aber doch dem Güterverkehr die entscheidende Bedeutung zu. Zusätzlich zu den bereits für den Personen- bzw. kombinierten Verkehr genannten Häfen werden von Lübeck aus im Linienschiffsverkehr noch in Norwegen Bergen, Kristiansand, Oslo und Stavanger mit Verladungsmöglichkeit nach weiteren bedeutenden Hafenplätzen, in Dänemark Frederikshavn sowie in Finnland Kotka und Turku bedient.

Der Skandinavienkai in Lübeck-Travemünde ist der eigentliche Verkehrsknotenpunkt für die umfänglichen Fährverkehre geworden; er ist der größte Fährbahnhof Nordeuropas.

Betrachtet man die Wettbewerbslage des Lübecker Hafens im internationalen Verkehr, so muß man seinen Blick nach Westen, noch mehr aber nach Osten richten. Westlich und ostwärts des Lübecker Hafens sind ebenfalls leistungsfähige internationale Verkehrsverbindungen über die Ostsee entstanden, mit denen der Lübecker Hafen in einem kräftigen Wettbewerb steht:

Es handelt sich im wesentlichen um die Fährverkehre des Kieler Hafens nach Oslo, Korsör (Bagenkop) und Göteborg mit einem vor allem nicht unbeachtlichen Personenverkehr. Fast

Abb. 2. Export von Personenkraftwagen in Lübeck (Vorwerker Hafen).

1,2 Mio Passagiere, 125 000 Personenkraftwagen, 26 000 Lastkraftwagen und knapp 220 000 t Stückgut wurden 1974 im Fährverkehr über Kiel befördert.

Dann muß natürlich die Vogelfluglinie mit der von der Deutschen Bundesbahn und der Dänischen Staatsbahn betriebenen Fährverbindung zwischen Puttgarden und Rödby genannt werden. Bei bis zu 28 Überfahrten in 24 Stunden lag die Leistung 1974 bei 3 Mio Fahrgästen, über 500 000 Straßenfahrzeugen, meist Personenkraftwagen, und über 200 000 Reisezug- und Güterwagen.

Aus der DDR ist an erster Stelle die Fährverbindung Saßnitz—Trelleborg zu nennen, deren Aufkommen 1973 bei 3 Mio t Gütern und 8400 Lastkraftwagen lag. Demgegenüber weist die zweite Fährverbindung der DDR über die Ostsee, die Verbindung Warnemünde—Gedser, eine erheblich geringere Bedeutung auf. Die Statistik nennt für 1973 fast 750 000 t Güter, über 150 000 Passagiere, 26 000 Kraftfahrzeuge und über 33 000 Güterwagen.

Eine noch weiter östlich gelegene Fährverbindung ist ebenfalls zu erwähnen: Die Verbindung Swinemünde—Ystad, also Polen—Schweden, mit 85 000 Passagieren, 17 000 Personenkraftwagen und 7500 Güterkraftfahrzeugen im Jahre 1972 und bereits über 11 117 Lastkraftwagen im Jahre 1973.

Gegenwärtig beträgt der Personen- und Güterverkehr über die Ostsee von den Häfen der Bundesrepublik Deutschland im Umfang ein Vielfaches der Verbindungen von den Häfen der DDR und Polens.

Dieses Zahlenbild könnte zu einem gewissen Optimismus für die Zukunft verleiten. Doch muß die Frage gestellt werden, ob er auch angebracht ist.

Man wird hier unterscheiden müssen zwischen dem Personenverkehr und dem Güterverkehr. Für den Personenverkehr dürfte die Frage nach der Berechtigung dieses Optimismus mittelfristig eindeutig zu bejahen sein. Der Tourismus hat in den Ländern des Westens eine solche Quantität und Qualität erreicht, daß es vieler Jahre größter, insbesondere auch finanzieller Anstrengungen für die östlichen Ostseeanrainer bedürfen wird, ein entsprechendes Angebot an Kapazitäten zu schaffen.

Im Güterverkehr scheint die Situation aber leider ungünstiger zu sein. Sicherlich sprechen die derzeitigen Gesamtzahlen über die ostseeinternen Verkehrsströme für die Wettbewerbsfähigkeit der internationalen Verkehrsverbindungen über die Bundesrepublik Deutschland. Aber die Steigerungsraten der letzten Jahre auf den konkurrierenden Verkehrswegen über die mittlere Ostsee lassen aufhorchen. Spedition und Reedereigewerbe weisen auf den ständig zunehmenden Wettbewerb der weiter östlich gelegenen Häfen und Verkehrswege hin. Diese Konkurrenz bezieht sich in erster Linie auf den nord- bzw. südgehenden Verkehr. Dagegen lassen sich im Ost-West- bzw. West-Ost-Verkehr neben wettbewerblichen durchaus auch kooperierende Entwicklungen erkennen. Sie können und sollten in Zukunft verstärkt werden.

Abb. 3. Moderne Ro/Ro-Fährschiffe am Skandinavienkai in Lübeck-Travemünde.

Um die Größenordnung der bedeutenden — mit Lübeck konkurrierenden — Hafenplätze darzustellen, einige Gesamtumschlagszahlen:

Lübeck	8,8 Mio t (1974)	Gdynia	10,7 Mio t (1973)
Kiel	2,8 Mio t (1974)		7,3 Mio t (1. Halbj. 1974)
Rostock	13,0 Mio t (1973)	Danzig	11,4 Mio t (1973)
Stettin	18,7 Mio t (1973)		7,2 Mio t (1. Halbj. 1974)
	11,9 Mio t (1. Halbj. 1974)		

Eine Konkurrenzbeziehung zu Lübeck besteht dabei im wesentlichen nur für die internen Ostseeverkehre, deren Anteil bei den weiter östlich gelegenen Häfen allerdings nur sehr gering ist (unter 10%), da diese Häfen dem gesamten Im- und Export einschließlich Übersee des RGW dienen und weitgehend auch Massenguthäfen sind.

Zurück zum internen Ostseeverkehr:

Für Stückgut und Wagenladungen besteht als Eisenbahngütertarif zwischen Bahnhöfen der drei skandinavischen Bahnen einerseits und Bahnhöfen der Deutschen Bundesbahn und der Deutschen Reichsbahn andererseits der NORDEG, dessen Beförderungswege über die trockene deutsch-dänische Grenze, über Puttgarden, Warnemünde und Saßnitz sowie über die fünf Eisenbahnübergänge zwischen der Bundesrepublik Deutschland und der DDR führen. Bei diesem Tarif sind wegen der unterschiedlichen Tarifhöhe der einzelnen Bahnverwaltungen und ihres Anteils an den Gesamtbeförderungsstrecken Sendungen z.B. von Maschinen von Hamburg nach Stockholm via Puttgarden teurer als über die DDR und Saßnitz—Trelleborg. Noch viel stärker wirkt sich der billigere Tarif der Reichsbahn für Sendungen zwischen dem bayerischen Raum und Skandinavien aus.

Mit diesem Eisenbahngütertarif muß sich der Lübecker Hafen im Wettbewerb behaupten. Betont werden muß aber auch, daß Lübeck trotz aller Steigerungszahlen im Ro/Ro-Verkehr, also im Straßengüterverkehr, sehr eisenbahnfreundlich ist. Der Lübecker Hafen schuldet der Deutschen Bundesbahn Dank für ihre Tarifpolitik, wenn die Bundesbahn auch — wegen der EG-Bestimmungen — keine deutsche Seehafentarifpolitik mehr betreiben darf. Hier liegt das Handikap für die Bundesbahn, aber eben auch für Lübeck als Hafen. Ein entscheidender Anteil der im seewärtigen Güterverkehr in Lübeck umgeschlagenen Güterarten, in erster Linie der Massengüter, wird im Hinterlandverkehr auf der Schiene, und zwar zum großen Teil über ganz beträchtliche Entfernungen befördert. Mit der Herstellung eines direkten und leistungsfähigen Gleisanschlusses am Skandinavienkai in Travemünde im Februar dieses Jahres ist jetzt eine Eisenbahnfährverbindung mit Finnland (Hangö) geschaffen worden — eine weitere Chance für die Schiene und den Lübecker Hafen. Sie beinhaltet zugleich die Möglichkeit zur Herstellung weiterer Eisenbahnfährverbindungen über die Ostsee, insbesondere nach Schweden.

Es existiert auch ein spezieller Lübecker Tarif, der FIDEBAST, ein finnisch-deutscher Bahn-See-Tarif, für die Beförderung von Gütern zwischen finnischen und deutschen Bahnhöfen über die Fährschiffsverbindungen Helsinki — Lübeck.

Soweit — so gut. Es müssen aber diese Tarife zu den Tarifen weiter östlich ins Verhältnis gesetzt werden. Innerhalb der RGW-Staaten hat der Einheitliche Transit-Tarif (ETT) Gültigkeit, bei dem

Abb. 4. Skandinavienkai in Lübeck-Travemünde: Eisenbahnfährverbindung mit Finnland (Hanko).

jede Eisenbahnverwaltung ihren eigenen Anteil berechnet. Er ist äußerst niedrig, wie nachstehendes Beispiel zeigt:

Eine 10 t-Partie Maschinen vom Grenzbahnhof Polen/DDR bei Stettin bis Herrnburg bei Lübeck (276 km) kostet lediglich 132,40 DM Fracht und ist damit noch billiger als die Fracht für die nur 10 km lange Strecke Herrnburg — Lübeck mit 178,— DM (Stand: Frühjahr 1974).

Dieses spezielle Thema muß deswegen so ausführlich behandelt werden, weil sich der Lübecker Hafen seit Jahren durch einen besonders hohen Anteil an Transitverkehren auszeichnet. Dieser Anteil liegt bei über 1 Mio t und verteilt sich auf Transporte zwischen allen nordischen Ländern einschließlich Finnland einerseits und den meisten europäischen Ländern, in erster Linie den EWG-Ländern, aber auch in starkem Maße der Schweiz und Österreich und einigen Balkanländern andererseits. Seit der Aufnahme der Fährverkehre sind sogar auch viele außereuropäische Länder an diesem Transitverkehr beteiligt. Übersee-Transitgut wird vor allem in den deutschen Nordseehäfen zwischen Schiff und Lastkraftwagen umgeschlagen und über die Landbrücke zum Lübecker Hafen (und umgekehrt) befördert.

Daneben gibt es auch einen Wettbewerb zwischen Lübeck und den Nordseehäfen, soweit es sich um Gut handelt, bei dem der Absender im Ostseeraum und der Empfänger im Hinterland dieser Häfen ansässig ist oder umgekehrt. So sind z. B. am Güterumschlag des Hamburger Hafens Schweden und Finnland mit ganz erheblichen Gütermengen beteiligt.

Noch einige Bemerkungen zum Wettbewerb mit den Verkehrswegen ostwärts der Bundesrepublik Deutschland:

Ein Seehafen-Kontaktkomitee DDR/Österreich ist sehr aktiv um die Intensivierung der verkehrlichen Beziehungen zwischen beiden Staaten bemüht. Die Österreicher erwarten — wie von der Bundesrepublik Deutschland — besondere Tarifvergünstigungen und die Aufnahme von Sammelgutverkehren auf der Schiene und auf der Straße.

Daraus ist zu ersehen, daß nicht nur geographisch bedingte Vorteile genutzt werden, sondern daß darüber hinaus tarifpolitische Maßnahmen bewußt eingesetzt werden, um Verkehrsströme umzulenken. Trotz in vielen Fällen zusätzlicher kilometrischer Entfernungen wirbt die DDR mit ihren Transporttarifvorteilen bei der verladenden Wirtschaft. Anhand eindrucksvoller Frachtberechnungsbeispiele wird nachgewiesen, daß dieses Tarifgefälle zu ihren Gunsten mit der Länge der benutzten DDR-Transitstrecke steigt.

Auch Polen konnte in den letzten Jahren seinen österreichischen Transitverkehr kräftig steigern, so daß der Österreichtransit über polnische Häfen die Größenordnung von Lübeck, das bisher überwiegend im Ostseeverkehr in Anspruch genommen wurde, beachtlich überschritten hat. Bekannt ist auch der polnische Wunsch auf Beteiligung Österreichs an Investitionen in polnischen Häfen. Inzwischen haben Polen und die DDR eine gemeinsame Organisation zur besseren gegenseitigen Abstimmung im Umschlags- und Investitionsbereich ihrer Häfen geschaffen.

Die CSSR wickelt rund 50% ihres nordwärts gerichteten Seetransitverkehrs über polnische Häfen, in erster Linie über Stettin, ab. Zwischen den Ländern des RGW ist bereits 1971 ein Abkommen über eine enge Zusammenarbeit in der internationalen Seeschiffahrt unterzeichnet worden, das trotz des Bekenntnisses zur Freiheit der Meere eine bevorzugte Behandlung in den Häfen der Partnerländer bei der Befreiung von Abgaben, in der Bearbeitung der Schiffahrtsdokumente usw. vorsieht.

Neben der Frachthöhe wird die Lübecker Wettbewerbssituation — und das gilt im Grundsatz für alle deutschen Hafenplätze — verschärft durch die ständige Verteuerung aller Dienstleistungen, die Gebühren und Kosten in den Häfen, auf den Wasserstraßen und den Schiffen selbst. Als weitere Benachteiligungen sind in diesem Zusammenhang das Sonntagsfahrverbot, und das Ferienreiseverbot für LKW's sowie die sozialen Bestimmungen der EG zu sehen.

Die vorausschaubaren Entwicklungstendenzen der Güterverkehre sind weder für die Bundesrepublik Deutschland noch insbesondere für den Lübecker Hafen schlecht. So hat 1970 eine Untersuchung des Institutes für Weltwirtschaft an der Universität Kiel über den zusätzlichen Güterverkehr auf den Hauptverkehrswegen Schleswig-Holsteins nach der Erweiterung der EWG um die nordischen Länder und erneut im Frühjahr 1972 eine Untersuchung des Batelle-Institutes über die langfristigen Entwicklungstendenzen von Angebot und Nachfrage im Güterverkehr zwischen Skandinavien und den kontinental-westeuropäischen Ländern sehr positive Prognosen erstellt. Danach soll bis 1980 das Gesamttransportpotential über die Ostsee fast verdoppelt werden. Die erwarteten Zuwachsraten der gesamten Transporte Skandinaviens in die EG-Länder liegen nach der letzten Untersuchung mit knapp 90% beachtlich über der Expansion der entsprechend nordgehenden Transporte, die um gut 70% anwachsen werden. Nach den absoluten Gewichtszahlen liegt das Schwergewicht des Nordlandverkehrs auf den Transporten zwischen Skandinavien und der Bundesrepublik Deutschland, nämlich mit 55%. Nach einer Schätzung verteilen sich die Güterströme ausgewählter Gütergruppen im Verkehr zwischen der Bundesrepublik Deutschland und Skandinavien und umgekehrt auf 1980 prognostiziert wie folgt:

		1968	1980
Hamburg	nordgehend	180 000 t	300 000 t + 66,7%
	südgehend	1 046 000 t	1 700 000 t + 62,5%
Kiel	nordgehend	26 000 t	45 000 t + 73,1%
	südgehend	235 000 t	400 000 t + 70,2%
Vogelfluglinie	nordgehend	130 000 t	400 000 t + 207,7%
	südgehend	235 000 t	500 000 t + 112,8%
Lübeck	nordgehend	420 000 t	720 000 t + 71,4%
	südgehend	645 000 t	1 200 000 t + 86,0%

Deutlich an der Spitze der erwarteten Steigerungen liegt also die Vogelfluglinie; es folgt der Lübecker Hafen, dann Kiel und schließlich Hamburg.

Solche Steigerungsquoten im Verkehr sind um so realistischer, als sie nichts anderes als das Spiegelbild wachsender Handelsströme sind. Vom gesamten Außenhandel aller Ostseeländer werden im Durchschnitt rund 30% speziell mit anderen Ostseeländern abgewickelt. Dabei liegt dieser Anteil bei den einzelnen Ostseeländern durchaus unterschiedlich. Er differiert nicht unerheblich zwischen 10 und 55%. Von Bedeutung ist, daß dieser Anteil in fast allen Ostseeländern in den letzten Jahren beständig und erheblich gewachsen ist und weiter wachsen wird. Er ist Ausdruck einer steigenden Integrationskraft des Wirtschaftsraums Ostsee und kann daher als Integrationsquote bezeichnet werden. Natürlich ist diese Integrationsquote in den einzelnen Ostseeländern entsprechend dem Grad der Zurechenbarkeit des Außenhandels der jeweiligen Gesamtwirtschaft zum Wirtschaftsraum Ostsee unterschiedlich. Sie beträgt z. Z.

für die Bundesrepublik Deutschland	ca. 11%
für die UdSSR	ca. 30%
für Dänemark, Norwegen, Schweden und Finnland	ca. 45%
für Polen	ca. 50%
für die DDR	ca. 55%

Die folgende Tabelle zeigt, daß die Anteilquoten bei Einfuhr und Ausfuhr zum Teil nicht unerheblich differieren.

Anteil der Ostseeländer am Außenhandel im Jahre 1973

Länder	Anteil der Ostsee-länder am Gesamt-außenhandel in v. H.		Vom Ostseehandel entfielen auf					
			EG-Ostseeländer[1] in v. H.		RGW-Ostseeländer[2] in v. H.		Rest-EFTA-Ostseeländer[3] in v. H.	
	Ausfuhr	Einfuhr	Ausfuhr	Einfuhr	Ausfuhr	Einfuhr	Ausfuhr	Einfuhr
Bundesrepublik Deutschland[4]	13,3	9,4	17,7	14,9	38,1	41,5	44,2	43,6
Dänemark	38,7	46,3	34,1	43,8	5,4	5,5	60,5	50,6
Norwegen	38,3	42,9	48,6	47,6	6,5	5,2	45,8	47,2
Schweden	39,3	43,6	51,0	62,8	8,0	8,4	41,0	28,8
Finnland	46,8	58,7	33,2	37,6	29,6	23,8	37,2	38,6
UdSSR	27,8	31,7	11,5	15,8	75,2	74,4	13,2	9,7
Polen	53,7	49,6	14,3	25,3	79,3	67,7	6,4	6,9
DDR	59,6	50,9	16,9	18,5	79,9	78,2	3,2	3,3

[1] Bundesrepublik Deutschland, Dänemark
[2] UdSSR, Polen. DDR
[3] Norwegen, Schweden. Finnland
[4] Gesamtaußenhandel einschließlich Innerdeutscher Handel

Die Anteilquoten dokumentieren eindeutig den bereits erreichten hohen Verflechtungsgrad innerhalb der Ostseeländer. Sie zeigen aber auch die Möglichkeiten auf, einzelne Anteile noch wesentlich zu steigern. Dies muß und wird positive Auswirkungen auf den Verkehr über die Ostsee haben, wobei Lübeck die größten Chancen innerhalb der Bundesrepublik Deutschland eingeräumt werden, woraus sich aber auch eine Zunahme des Wettbewerbs der weiter östlich gelegenen Häfen ergibt.

Angesichts dieser Prognosen kommt der Verbesserung der Verkehrsinfrastruktur im Wirtschaftsraum Lübeck eine ganz hervorragende Bedeutung zu. Sie ist ohnehin stets schon ein besonderes Anliegen in Lübeck gewesen. Für den Hafen Lübeck bedeutet das die Durchführung von Investitionen entsprechend dem bereits nachgewiesenen Verkehrsbedarf, denn zu einer Vorhaltung ist es bisher noch nicht gekommen.

Nach dem 2. Weltkrieg galt das Bemühen zunächst der Wiederherstellung und Verbesserung der — im Krieg nicht zerstörten — Anlagen in den Lübecker Stadthäfen. In Erkenntnis, daß ein erheblicher Teil der vorhandenen Schuppen und Kräne kaum mehr den Ansprüchen der Seehafenverkehrswirtschaft entsprechen würde, konzentrierte sich der eigentliche Ausbau zunächst auf den Vorwerker Hafen, nämlich den Nordlandkai, an dem u.a. Verladeanlagen für den Export von Kraftfahrzeugen sowie drei Anleger für den Personen- und Güterverkehr der Fährschiffe geschaffen wurden.

Eine Vertiefung des Travefahrwassers um 1 m auf 9,50 m wird seit Jahren unter finanzieller Vorleistung von Lübeck durchgeführt.

Zu Beginn der 60er Jahre entstanden, wie bekannt, die ersten Fährschiffsverbindungen. Das war die Geburtsstunde für den Ausbau des Travemünder Hafens, praktisch des Skandinavienkais, dessen Vorteile vor allem in der Einsparung von Zeit und Kosten durch Fortfall der Revierfahrt auf der Trave und in der direkten Anbindung an das überregionale Straßennetz liegen. Das bestehende und steigende Verkehrsbedürfnis erforderte die ständige Erweiterung der Anlagen, so daß heute dem Verkehr der über 20 Fährschiffe sechs Fähranleger zur Verfügung stehen und die Planung eines siebenten Fähranlegers dringend geworden ist. So entwickelt sich zwangsläufig ein Vorhafen in Lübeck-Travemünde.

Diese Ausbaumaßnahmen übersteigen auf Dauer die finanzielle Kraft einer Stadt von rund 240 000 Einwohnern bei weitem. Da es sich hier um einen überregionalen Hafen mit gesamteuropäischen Aufgaben für die Bundesrepublik Deutschland und darüber hinaus die EG handelt, ist es erforderlich, daß das Land Schleswig-Holstein, der Bund und die Europäische Gemeinschaft sich wesentlich mehr als bisher sachlich und finanziell engagieren. Dies gilt um so mehr, als die Umgehung des Lübecker Hafens und damit der Bundesrepublik Deutschland durch Inanspruchnahme einer der weiter östlich gelegenen Verkehrswege weder im Interesse der Bundesrepublik Deutschland noch der EG liegen kann.

Für einen Hafen sind leistungsfähige Hinterlandverbindungen auf der Schiene, der Straße und auf dem Wasserweg lebensnotwendig. Ihre ständige Verbesserung ist vorrangig. So sind zum

Beispiel die Verbindungen Lübeck—Hamburg und Lübeck—Lüneburg dem wachsenden Verkehrsumfang anzupassen. Vor rund einem Jahr wurde die gutachtliche Untersuchung über den Ausbau des Fernstraßennetzes in Norddeutschland vorgelegt. Sie bestätigt diese Notwendigkeiten und die hohe verkehrliche Bedeutung des Lübecker Raumes und betont: Optimal ist eine Autobahnverbindung zwischen den Niederlanden und der Vogelfluglinie im Raum nördlich Lübeck mit einer Querung der Elbe bei Stade sowie eine Autobahn zwischen Lübeck und Lüneburg als Teilstrecke der Nordland-Autobahn mit weiterer Linienführung über Braunschweig bis zum Harzrand mit Einleitung in die Autobahn Hamburg—Kassel—München bzw. Frankfurt—Basel.

Nicht zuletzt ist der Ausbau des Elbe-Lübeck-Kanals für den Verkehr mit dem Europaschiff von 1350 Ladetonnen eine Schlüsselmaßnahme, die erst den rentablen Massenguttransport zwischen der Ostsee und den Gebieten der DDR, aber auch der CSSR, über die Elbe wie auch in den Raum Hannover/Braunschweig/Salzgitter und ins westliche Bundesgebiet über den 1976 fertigen Elbe-Seiten-Kanal ermöglichen soll. Auch hierfür liegen jetzt positive technische und verkehrswirtschaftliche Gutachten vor.

All diese Maßnahmen erscheinen nicht zuletzt unter Berücksichtigung der Tatsache, daß auch in den angrenzenden Ländern die Verkehrsinfrastruktur ständig verbessert wird, besonders dringend, soll Lübeck seine Stellung im Wettbewerb der Ostseehäfen halten.

Zu diesen bedeutenden Infrastrukturmaßnahmen im RGW-Bereich gehören: In der DDR der Bau der Autobahn Berlin—Rostock, der weitere Ausbau des Rostocker Hafens, die Fährverbindung Saßnitz—Trelleborg mit einer sich ständig steigernden Eisenbahngüterfährverkehrskapazität und daher auch einem Ausbau in Trelleborg. In Polen der Ausbau der bisherigen Kraftfahrzeugfährverbindung Swinemünde—Ystad zu einer Eisenbahngüterfährverbindung, die in erster Linie in Konkurrenz zu Saßnitz—Trelleborg stehen dürfte.

Abschließend sind auch die festen Querungsprojekte über die Ostsee zu erwähnen: Innerhalb von Dänemark die Große-Belt-Brücke, dann die Verbindungen zwischen Schweden und Dänemark über den Öresund und schließlich die Verbindung zwischen Dänemark und der Bundesrepublik Deutschland über den Fehmarnbelt im Zuge der Vogelfluglinie. Sicherlich hat aus innerdänischer Sicht die Große-Belt-Brücke Priorität. Letztlich gehören zur Realisierung der Gesamtkonzeption aber alle drei Brücken- bzw. Tunnelmaßnahmen, wobei die Öresundverbindung für die Fehmarnbeltbrücke eine Voraussetzung ist, da der Verkehrsstrom zwischen Skandinavien und Mitteleuropa diesen kürzesten, schnellsten und billigsten Weg bevorzugt. Erst wenn diese längerfristigen Maßnahmen durchgeführt sind, ist Skandinavien fest mit dem Kontinent verbunden.

Sicherlich wird zu gegebener Zeit eine standfeste Verbindung über die Ostsee im Zuge der Vogelfluglinie die Wettbewerbslage des Lübecker Hafens erschweren; doch werden die durchgehenden Wege sowohl über die Brücken als auf dem Seewege über die Ostsee, jeder für sich, differenzierte Vorteile bieten.

Sie werden insgesamt ganz sicher zu einer weiteren Steigerung des gesamten Verkehrs zwischen Mitteleuropa und Skandinavien über Lübeck führen und auch jedem Verkehrsträger seinen guten und steigenden Anteil ermöglichen.

Die zukünftige Entwicklung zu erkennen und sich frühzeitig auf sie einzustellen, indem immer wieder die eigene Wettbewerbsfähigkeit überprüft wird und alles zu ihrer Steigerung, mindestens Erhaltung, unternommen wird: diese Aufgabe muß Lübeck lösen, wenn diese Stadt mit ihrem Hafen auch in Zukunft ihre Spitzenstellung für den Verkehr über die Ostsee behalten und weiter ausbauen will.

Die Tiefwasserhafenregion Wilhelmshaven

Von Ministerialrat Dr.-Ing. **Jochen Ohling**, Hannover und
Oberregierungsbaurat **Jan Dirksen**, Wilhelmshaven

1. Geschichtliche Entwicklung

Wilhelmshaven war bis zum Ende des zweiten Weltkrieges im Jahre 1945 im wesentlichen eine Stadt der Marine. Als Handelshafen hatte Wilhelmshaven früher keine nennenswerte Bedeutung erlangen können. Seit der Gründung der Stadt durch Preußen im Jahre 1854 stellte daher die Marine und später auch die Marinewerft die Grundlage für das wirtschaftliche Leben dar.

Durch Krieg und Demontage wurden die Hafen- und Werftanlagen zerstört. Von den 4 Hafeneinfahrten, die im Laufe der Zeit seit 1863 entstanden waren, blieb nur die erste erhalten. Die 1949 gesprengte Doppelschleuse der vierten Einfahrt wurde 1965 wieder hergestellt [1].

Um der Stadt mit mehr als 100 000 Einwohnern wieder eine Existenzgrundlage zu schaffen, war es notwendig, Gewerbe- und Industriebetriebe für Wilhelmshaven zu gewinnen. Bei den neu angesiedelten Betrieben handelte es sich zunächst um solche aus der Büromaschinen- und Textilindustrie, die zum Teil wegen ihres hohen Exportanteils in empfindlicher Konkurrenz zu den Ländern mit niedrigen Löhnen stehen. Eine zu einseitige Ausrichtung auf diese Industriezweige konnte leicht zu wirtschaftlichen Schwierigkeiten führen. Es mußte deshalb das Ziel sein, branchenfremde und wachstumsorientierte Industriezweige für eine Ansiedlung zu gewinnen.

Die Entwicklung zu immer größeren Schiffseinheiten der internationalen Ölgesellschaften brachte die entscheidende Tendenzwende. Als erste deutsche Seeschiffahrtsstraße konnte die Jade auf eine größere Wassertiefe gebaggert werden, die mit der internationalen Entwicklung Schritt hielt. Die einzelnen Ausbauphasen, die von der ersten Jade-Vertiefung auf 12 m unter SKN in den Jahren 1958/63 bis zu der 1974 erreichten Tiefe von 18,50 m unter SKN reichen, werden ausführlich von Wigand [2] dargestellt.

Mit der Ansiedlung der Nordwest-Ölleitungs GmbH (NWO), die im Jahre 1956 von 6 Mineralölgesellschaften mit Sitz in Wilhelmshaven gegründet wurde, begann der Ausbau Wilhelmshavens zum größten deutschen Ölhafen [3, 4]. Von großer Bedeutung für die Standortwahl war neben dem tiefen Fahrwasser das Vorhandensein ausreichenden Geländes auf dem Heppenser Groden für das Tanklager der NWO. Überwiegend mit dem beim Wiederaufbau des neuen Vorhafens der 4. Einfahrt anfallenden Boden war 1973 nördlich dieses Geländes der Rüstersieler Groden aufgespült und sturmflutsicher eingedeicht worden. Damit war die Voraussetzung für weitere Industrieansiedlung geschaffen.

So entschloß sich 1970 der schweizerische Aluminiumkonzern „Alusuisse", auf dem rd. 460 ha großen Rüstersieler Groden zunächst ein Chloralkalielektrolysewerk zur Herstellung von Natronlauge und später Tonerdewerke zu erstellen. Beim Abschluß dieses großangelegten Ansiedlungsvertrages mußte sich das Land Niedersachsen verpflichten, eine Umschlaganlage am tiefen Jadefahrwasser zu errichten und für neues aus dem Voslapper Watt zu gewinnendes Industriegelände eine Option einzuräumen.

In der Südostecke des Rüstersieler Grodens errichteten die Nordwestdeutschen Kraftwerke (NWK) ein Kraftwerk, das auf Kohlebasis betrieben werden soll und für eine Leistung von 720 MW ausgelegt ist. Es wird sich um Importkohle handeln, die über die niedersächsische Umschlaganlage umgeschlagen wird.

Im nördlichen Anschluß an den Rüstersieler Groden wurde von 1971 bis 1974 das Voslapper Watt aufgespült und eingedeicht. Wieder erwies sich das Angebot neuen Industriegeländes am tiefen Jadefahrwasser als entscheidender Standortfaktor für weitere Industrieansiedlung. Noch weit vor Abschluß der Aufspülungs- und Eindeichungsarbeiten begann hier die Mobil-Oil AG mit der Errichtung einer großen Erdölraffinerie für eine Durchsatzkapazität von zunächst 8 Mio t Mineralöl, für die ebenfalls eine Tiefwasserhafenanlage erforderlich ist. Auch viele andere Industriekonzerne zeigten schon während der Entstehung des neuen Grodens Interesse an einer Ansiedlung. So wollen als nächste die Firmen Ruhrgas AG und Gelsenberg AG mit der neu gegründeten

Deutschen Flüssigerdgas-Terminal Gesellschaft (DFTG) eine Anlage zum Anlanden und Verdampfen von Flüssigerdgas (LNG) errichten. Damit wird der vierte Schiffsanlager in der Tiefwasserhafenregion Wilhelmshaven entstehen (s. Abb. 1: Lageplan der Tiefwasserhafenregion).

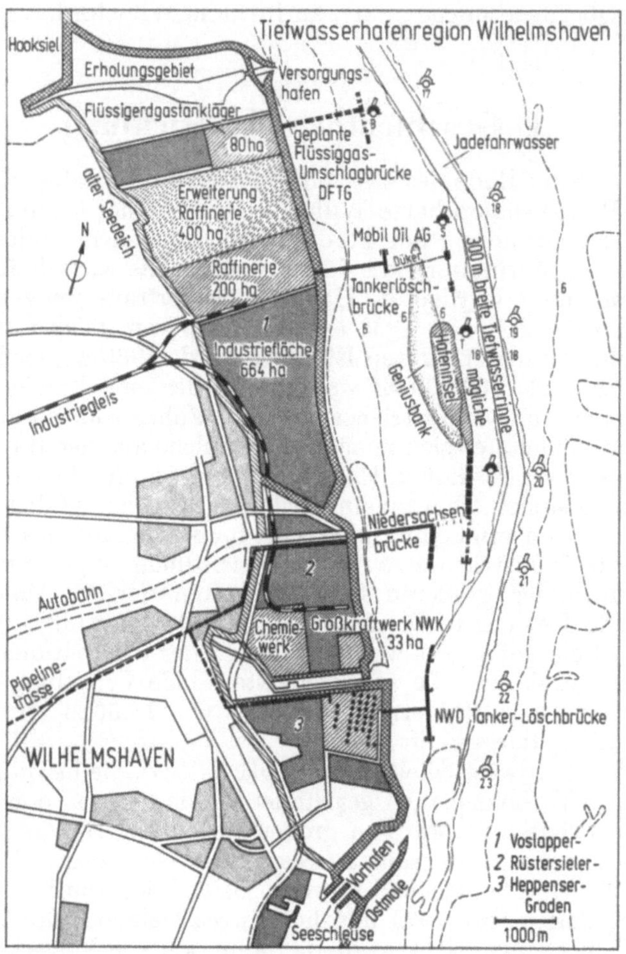

Abb. 1. Tiefwasserhafenregion Wilhelmshaven mit Umschlaganlagen und Erweiterungsplanungen in der Jade (Lageplan).

Im folgenden sollen diese vier Hafenanlagen in ihrer Konzeption und Ausführung auf dem Hintergrund der wirtschaftlich-technischen Notwendigkeit und im Zusammenhang mit den Industrieanlagen und der Neulandgewinnung dargestellt werden.

2. Die Anlagen der Nordwest-Ölleitung GmbH (NWO)

Durch Gesamtinvestitionen von 550 Mio DM seit 1958 hat die Gesellschaft NWO Anlagen geschaffen, die Wilhelmshaven mit einem Anteil von inzwischen 45% am Mineralölumschlag in den 10 wichtigsten Seehäfen der Bundesrepublik zum führenden deutschen Ölumschlagsplatz gemacht haben. Der Ölumschlag entwickelte sich an der Tankerlöschbrücke wie folgt:

1960	10,4 Mio t	1972	22,4 Mio t
1965	18,2 Mio t	1973	25,3 Mio t
1970	21,8 Mio t	1974	29,2 Mio t
1971	23,1 Mio t		

Die wichtigsten der für diese Entwicklung notwendigen Anlagen werden nachstehend beschrieben.

2.1 Die NWO-Tankerlöschbrücke

Für die erste der am tiefen Jadefahrwasser errichteten Umschlagbrücken ergab die Lage vor dem zur Verfügung stehenden Gelände des Heppenser Grodens eine noch relativ günstige Entfernung von 700 m zwischen dem Festland und der Tiefenlinie von SKN — 15 m. Eine Zufahrtsbrücke bis zur Tankerlöschbrücke mußte etwa diese Länge erhalten.

Für die Verhältnisse im Jahre 1958, als die Entwicklung zu immer größeren Schiffseinheiten zwar eingeleitet war, aber sich noch nicht in so stürmischer Entwicklung befand wie im letzten Jahrzehnt, bedeutete der Bau einer so langen Zufahrts- und Umschlagbrücke im offenen Tidestrom noch das Betreten von Neuland. Wenn die Anlegebrücken in der Jade auch relativ wind- und wellengeschützt in einer Meeresbucht liegen, so sind sie doch erheblich größeren Kräfteeinwirkungen ausgesetzt als in einem geschlossenen Hafen.

Welche Schwierigkeiten beim Bau dieses ersten Anlegers zu überwinden und welche Kräfte bei der Dimensionierung zu berücksichtigen waren, wird von Lackner [5] beschrieben.

Die grundsätzliche Lage und Ausbildung der Ölumschlagbrücke war durch Modellversuche im Franzius-Institut der TH Hannover festgelegt worden. Aus diesen Versuchen und örtlichen Strömungsmessungen ergab sich, daß im Brückenbereich die Strömungsrichtungen von Ebbe und Flut einen Winkel von 6° bilden. Die Achse der Löschbrücke wurde deshalb in die Winkelhalbierende zwischen Ebbe- und Flutstrom gelegt.

Grundlage der Planung und Ausschreibung waren daneben die Angaben des Wasser- und Schiffahrtsamtes Wilhelmshaven über Windgeschwindigkeit und -richtung, Häufigkeit und Höhe der Sturmfluten und sonstigen Wasserstände, Strömungsgeschwindigkeiten, Tidekurven, Nebel- und Frosthäufigkeit sowie Eisgang. Die notwendigen Bodenaufschlüsse wurden durch 20 Seebohrungen und eine Landbohrung gewonnen [5].

Die gesamte Ölumschlagbrücke ist auf Stahlrohrpfählen gegründet. Rechtwinklig zu der 700 m langen und 5 m breiten Zufahrtbrücke verlaufen strömungsparallel nach Süden und Norden die Schiffsanleger mit insgesamt 4 Löschköpfen. Die ersten drei dieser Löschköpfe wurden für Tanker mit einem Tiefgang von 15 m (rd. 140 000 tdw Tragfähigkeit) und der vierte im Jahre 1971 für 250 000 t-Tanker von 20 m Tiefgang mit Erweiterungsfähigkeit gebaut. Bis 1974 wurde das Fahrwasser der Jade auf 18,50 m unter SKN vertieft, so daß Tanker dieser Größenordnung unter Ausnutzung des Tidehubs den vierten Löschkopf mit seiner 22 m tiefen Liegewanne erreichen können (s. Abb. 2: NWO-Tankerlöschbrücke mit 250 000 tdw-Tanker am Löschkopf 4).

Die Schiffsanlegebrücke mit den vier Löschköpfen ist ebenso wie die Zufahrtbrücke in Pfahlrostbauweise erstellt. Jedem Löschkopf ist ein Schiffsliegeplatz mit den erforderlichen Fender- und

Abb. 2. NWO-Tankerlöschbrücke (Luftbild). Erstmaliges Anlegen eines vollabgeladenen 250 000 tdw-Tankers am Löschkopf 4.

Pollerdalben zugeordnet. Von den Pfahlrostplattformen, auf denen die Löscharme für den Anschluß der Mineralölleitungen und Brandschutzeinrichtungen stehen, führen die Pipelines über die Pfahljoche der Transportbrücke bis zum Tanklager hinter dem Deich.

Der Jochabstand war zu 15 m gewählt worden, um die großen Rohre — über 50 cm Durchmesser — freitragend verlegen zu können. Ihre Unterkante liegt noch rd. 50 cm über dem höchsten Tidehochwasserstand. Die kleinen Rohre von 30 cm Durchmesser liegen unter der Fahrbahn außerdem auf Zwischenträgern auf, so daß sich für diese eine Stützweite von 7,50 m ergibt. Die Fahrbahn ist 5,50 m breit zwischen zwei je 0,50 m breiten Schrammborden und nach Brückenklasse 12 bemessen. Sie liegt auf den 17,68 m langen Jochbalken der Zufahrtsbrücke etwa mittig, auf den 14,75 m langen Jochbalken der Löschbrücke am östlichen Rand (jadeseitig) auf.

Als Anlegekonstruktion sind je Löschkopf 4 elastische Stahldalben mit Betonkopf und Fenderschürzen errichtet worden. Bei den ersten beiden jadeseitigen Löschköpfen besitzen die beiden inneren Dalben einen Achsabstand von 33 m und die beiden äußeren einen solchen von 83 m. Dieser ist bei dem binnenseitig angeordneten Löschkopf für Tanker bis zur Größenordnung von 50 000 tdw auf 76 m verringert. Alle Anlegedalben sind mit abnehmbaren Fenderschürzen aus bohrmuschelbeständigem Basralocusholz ausgestattet. Unabhängig von diesen Anlegedalben und von der Löschbrücke wurden Pollerdalben zur Aufnahme einer Zugkraft von 125 t bzw. 250 t am Ende der Liegeplätze angeordnet. Zum Erreichen des südlichen Endpollers führt von den beiden südlichen Löschköpfen 1 und 3 aus ein Pollersteg von 207,50 m Länge über drei Pollerdalben dorthin. Der Jochabstand des Pollersteges beträgt 25,58 m [5].

2.2 Löscheinrichtungen

Über bewegliche Löscharme auf den Löschplattformen können bei Höhenunterschieden bis zu 29 m Schlauch- bzw. Rohrverbindungen zu den Schiffen hergestellt werden. Das Mineralöl wird mit schiffseigenen Pumpen über die Löschleitungen in das Tanklager der NWO gefördert. Die drei ersten Löschköpfe sind für eine Löschleistung von 9000 m³/h, der vierte für 16 000 m³/h ausgelegt. Die tatsächliche Leistung hängt natürlich von der Pumpenkapazität ab, die gewöhnlich mit der Tankergröße zunimmt. In durchschnittlich 20 — 24 Stunden werden auch größere Tanker gelöscht.

2.3 Tanklager

Von den vier Löschplattformen führen die Rohölleitungen über die Jochbalken der Lösch- und Transportbrücke bis zum Rohöltanklager auf dem Heppenser Groden. Dort stehen 26 Tanks mit je 30 000 m³ und 7 Tanks mit je 100 000 m³ Fassungsvermögen, zusammen 1,48 Mio m³ Tankraum für die Zwischenlagerung zur Verfügung. Bei steigenden Umschlagsmengen werden weitere 100 000 cbm-Tanks errichtet. Zur Vermeidung von Vergasungsverlusten und Geruchsbelästigungen sowie zur Erhöhung der Sicherheit sind alle Tanks mit Schwimmdächern ausgerüstet. Das Tanklager ist für den kontinuierlichen Pipelinebetrieb erforderlich, da die Tanker in unregelmäßigen Abständen eintreffen.

2.4 Pumpstationen und Pipelines

Mit Hilfe je einer Hauptpumpstation in Osterwalde, Ochtrup und Mülheim (Ruhr) wird das Öl in einer seit 1958 bestehenden 28-Zoll-Pipeline 353 km weit bis ins Ruhrgebiet gefördert. Einschließlich aller Zweigleitungen zu den Raffinerien und dreier Parallelstrecken beträgt die Gesamtlänge dieser ersten Leitung 477 km. Anfang 1973 wurde eine zweite Pipeline von 40 Zoll (rd. 100 cm) Durchmesser parallel bis nach Hünxe in den Raum Dinslaken geführt. Sie hat nur eine Länge von 244 km und wird zunächst von einer Pumpstation in Wilhelmshaven betrieben. Mit beiden Leitungen wird eine Kapazität von rd. 45 Mio t Rohöldurchsatz im Jahr erreicht. Durch weitere 5 Pumpstationen kann die Kapazität beider Leitungen auf rd. 80 Mio Jahrestonnen gesteigert werden.

Die Pipelines sind ständig mit Öl gefüllt. Dazu ist eine Menge von rd. 380 000 cbm erforderlich. Das Rohöl, das für die einzelnen Raffinerien in Einzelmengen von durchschnittlich 30 000 cbm durch die Leitungen gedrückt wird, fließt mit Geschwindigkeiten von 1,4 bis 2,5 m/s. Die verschiedenen Sorten brauchen nicht getrennt zu werden, da sich nur eine geringfügige Vermischung beim Transport ergibt.

2.5 Sicherheits- und Überwachungsanlagen

Alle Betriebsvorgänge, wie das Bedienen der Schieber und Pumpen werden für die gesamte Anlage von der Löschbrücke über das Tanklager bis zu den Fernleitungen von der Fernsteuerzentrale in Wilhelmshaven zentral gesteuert und überwacht. Mit Hilfe eines Prozeßrechners wird der Leitungsbetrieb optimal gefahren. Druckveränderungen in den Leitungen werden durch Fernübertragung der Druckmeßwerte in der Fernsteuerzentrale sofort erkannt. Auf diese Weise können die notwendigen Gegenmaßnahmen bei Undichtigkeiten ohne Verzögerung eingeleitet werden.

Auf der Tankerlöschbrücke und im Tanklager sind zum Schutz von Feuer alle Anlagen explosionsgeschützt ausgeführt. Vor dem Anlegen werden die Tanker über Kabelanschlüsse geerdet. Die Brandbekämpfung erfolgt durch Werks- und Berufsfeuerwehr von Land aus. Eine Brandbekämpfung vom Wasser aus soll zusätzlich von einem hierfür angemieteten Schlepper unter Anleitung der Feuerwehr vorgesehen werden. Die Tanks sind von Erdwällen eingefaßt, um ein Ausbreiten von evtl. auslaufendem Öl zu verhindern.

Besonders groß sind die Sicherheitsvorkehrungen für die Fernleitungen. Vor dem Verlegen der Rohre wurden die Schweißnähte mit Ultraschall und Röntgenstrahlen, sowie die Isolierung mit Hochspannung auf Fehlstellen untersucht. Die Dichtheit der verlegten Leitungen wurde mit Wasser- und Luftdruck geprüft. Mindestens einmal im Monat kontrollieren Trassengänger die gesamte Pipeline, mehrmals wird die Trasse außerdem abgeflogen. Mit besonderer Sorgfalt wird die Leitung in Bergsenkungsgebieten überwacht. Überdrücke in den Leitungen werden bei möglichem Pumpenausfall durch selektive Pumpenabschaltung und bei unkontrolliertem Zufahren von Streckenschiebern durch vordruckabhängige Schiebersicherungen vermieden.

3. Umschlaganlage vor dem Rüstersieler Groden (Niedersachsenbrücke)

3.1 Gründe für den Bau der Umschlaganlage und weitere Nutzungsmöglichkeiten

Die günstigen Standortbedingungen an der Jade weckten nach der Mineralölwirtschaft auch bei tiefwasserabhängigen Grundstoffindustrien Interesse. Neben den ausgedehnten Neulandflächen unmittelbar am tiefen Fahrwasser, das die Rohstoffeinfuhr mit frachtgünstigen Großschiffen bis zu 250 000 tdw ermöglicht, zeichnet dieses Gebiet insbesondere ein großes Angebot an Kühl- und Brauchwasser, eine innerhalb gesetzlich zulässiger Grenzen noch geringe Umweltvorbelastung und in Kürze ein günstiges Energieangebot durch ein örtliches Großkraftwerk aus. Staatliche Infrastrukturmaßnahmen wie der Bau eines Industriestammgleises und der Bundesautobahn „Jadelinie" tragen zu erheblicher Verbesserung auch der Hinterlandverbindungen Wilhelmshavens bei.

Der schweizerische Aluminiumkonzern „Alusuisse" schloß 1970 mit dem Land Niedersachsen und der Stadt Wilhelmshaven einen Ansiedlungsvertrag in der Absicht, auf dem Rüstersieler Groden — und später auch auf dem nördlich hiervon noch zu gewinnenden Neuland — Tonderwerke zu errichten. Die Planung ging von einem stufenweisen Werksausbau bis zu einer Verarbeitungskapazität von etwa 24 Mill. jato Bauxit aus. Das Schweizer Unternehmen beabsichtigte, in Wilhelmshaven mit der Tonerdegewinnung ein Zwischenprodukt (Aluminat — $Al_2 O_3$) auf dem Wege der Aluminiumerzeugung in großem Rahmen herzustellen. Das Produkt Tonerde, das etwa aus der doppelten Gewichtsmenge des Rohstoffs entsteht, sollte auf dem Seewege zur Weiterverarbeitung in verschiedenen Hüttenwerken ausgeführt werden; ein Binnenschiffsanschluß für den Transport in das Hinterland war somit für die Werksansiedlung nicht Voraussetzung. Die inzwischen eingetretene Weltmarktlage — insbesondere auf dem Aluminiumsektor — wird allerdings eine Einschränkung des Projektes bedingen.

Als erste Anlage des Alusuisse-Konzerns ging 1972 ein Chloralkali-Elektrolysewerk in Betrieb. Dieses erzeugt Natronlauge und Chlorgas aus Kochsalz, das ebenfalls über See eingeführt wird. Die Lauge wird für die Tonerdegewinnung aus Bauxit benötigt und bis zur Inbetriebnahme des ersten Werkes dieser Art mit Tankern nach Australien versandt. Das Chlorgas wird dagegen per Bahn für die Kunststoffherstellung abgegeben. Es ist geplant, künftig eigene Anlagen für die Verarbeitung dieses Nebenproduktes, möglicherweise im Verbund mit der niedergelassenen Petrochemie, in Wilhelmshaven zu errichten.

Das Land Niedersachsen hat es aufgrund des mit dem Schweizer Konzern geschlossenen Ansiedlungsvertrages übernommen, in Anpassung an den Umschlagsbedarf des Unternehmens Hafenanlagen in der Jade zu errichten. Hierbei handelt es sich um Umschlagsanlagen, die in einer ersten Ausbaustufe der anfänglichen Versorgung des Werkes, später aber vorwiegend der Produktenverschiffung dienen sollten. In weiteren Ausbaustufen werden Anlagen unmittelbar an der tiefen Fahrwasserrinne entstehen, die hier den Rohstoffumschlag von Großschiffen mit einem Tiefgang bis zu 20 m ermöglichen. In dem Industrieansiedlungsvertrag von 1970 hat sich die Firma verpflichtet, spezifische Aufwendungen des Landes für das geplante Tonerdewerk zu erstatten, soweit das Land aus diesen Aufwendungen keine vergleichbare Nutzung ziehen kann.

Mit der Entscheidung zum Bau der staatlichen „Umschlaganlage Rüstersieler Groden", welche eine rd. 1000 ha große Industrieansiedlungsfläche unmittelbar seewärtig erschließt, hat das Land Niedersachsen die Voraussetzung zur Nutzung des tiefsten deutschen Fahrwassers damit auch für den Transport trockener Massengüter — neben flüssigen — geschaffen. Die vorhandenen und bereits geplanten privaten Löschbrücken in der Jade dienen ausschließlich dem Umschlag gefährlicher Flüssigkeiten und Gase; zusätzliche Brückenstandorte auszuweisen wird künftig schon nach nautischen Gesichtspunkten nicht mehr möglich sein.

Aufgrund ihrer weit in die Jade vorgeschobenen Lage bot sich die Niedersachsenbrücke neben der eigentlichen Bestimmung für den Hafenumschlag auch für einen ganz anderen Zweck an. Nach dem Bundesgesetz über Mindestvorräte an Erdölerzeugnissen wird die Mineralölwirtschaft verpflichtet, Reserven für einen 65-Tage-Bedarf anzulegen. Aufgrund einer OECD-Empfehlung soll die Rohölbevorratungspflicht auf einen Zeitraum von mindestens 90 Tagen erhöht werden. Unabhängig hiervon beschloß die Bundesregierung 1970, eine zusätzliche Bundesreserve von 10 Mill. t Rohöl entsprechend einem Bedarf von 25 Tagen, bezogen auf 1975, bereitzustellen.

Zur Schaffung des benötigten enorm großen Lagerraumes bieten sich im Raume Wilhelmshaven unterirdische Salzlagerstätten in 800 bis 1000 m Tiefe an. Eine Schwestergesellschaft der NWO hat am Stadtrand bereits Untertagespeicher (Kavernen) durch einen Aussohlungsprozeß unter Verwendung von Jadewasser gewonnen, die im Endausbau ca. 10 Mio t Mineralöl aufnehmen sollen. Auch die Industrieverwaltungsgesellschaft (IVG) des Bundes läßt seit kurzem in 25 km Entfernung von der Tankerlöschbrücke Salzkavernen, welche die zur Zeit kostengünstigste und zugleich umweltfreundlichste Lagerung darstellt, mit je 400 000 m³ Fassungsvermögen zur Aufnahme von Rohöl ausspülen.

Das hierfür benötigte Seewasser wird über eine Pumpstation am Kopf der Niedersachsenbrücke entnommen und durch Fernleitungen in den Salzstock geleitet, von wo es als gesättigte Sole in die Jade zurückströmt. Durch die Niedersachsenbrücke wird eine räumliche Trennung des Entnahme- und der Einleitungsbauwerke ermöglicht, so daß ein Kreislauf hochkonzentrierten Salzwassers in jeder Tidephase ausgeschlossen werden kann. Obgleich sich die Sole mit dem Jadewasser sehr schnell vermischt, wird der Salzgehalt und sein möglicher Einfluß auf die Meeresökologie ständig überwacht. Die Kavernen sind mit den Pipelines der NWO verbunden, so daß das Rohöl über die Wilhelmshavener Tankerlöschbrücke dieser Gesellschaft eingelagert und im Bedarfsfall den Raffinerien im Ruhrgebiet zugeführt werden kann. Hierzu wird Seewasser in die Kavernen gepumpt, so daß das Öl aufschwimmt und herausgedrückt wird. Die Kavernen sind aber ebensogut für die Lagerung von Mineralölprodukten, Erdgas u. a. geeignet. Für den Umschlag derartiger Stoffe würden sich, wenn eine seewärtige Einfuhr beabsichtigt ist, Anlagen der 2. Ausbaustufe der Niedersachsenbrücke anbieten, wobei entsprechende sicherheitstechnische Einrichtungen vorgesehen werden müssen.

3.2 Planung der 1. Ausbaustufe

Der Standort der Umschlaganlage Rüstersieler Groden — Niedersachsenbrücke — mußte nördlich der bestehenden Tankerlöschbrücke der NWO so gewählt werden, daß auch bei Berücksichtigung künftiger Ausbauvorhaben eine gegenseitige nachteilige Beeinflussung ausgeschlossen ist. Als nautisch notwendiger Mindestabstand zwischen den äußersten sich gegenüberliegenden Bauwerken beider Anlagen wurden im Hinblick auf den Tidestrom rd. 1000 m gefordert. Hierdurch bedingt geriet die Umschlagbrücke in den Bereich eines Stromspaltungsgebietes, das durch die sog. Geniusbank, einer langgestreckten Untiefe, gebildet wird, welche das tiefe Hauptfahrwasser von der flacheren Heppenser Rinne trennt (Abb. 1). Im Gegensatz zur NWO-Ölumschlagbrücke muß hier eine künftige Kaje für Flüssig- und Trockengutumschlag an der Tiefwasserrinne des Hauptfahrwassers über eine Transportbrücke von insgesamt rd. 1800 m Länge angeschlossen werden, wenn aufwendige Baggerkosten für die Herstellung und Unterhaltung einer besonderen Hafenzufahrt vermieden werden sollen. Da der Anordnung der einzelnen Umschlagbrücken in Stromrichtung aus sicherheits- und ausbautechnischen Gründen Grenzen gesetzt sind, bietet sich die Planung paralleler Kajen für herkömmliche und tiefwassergebundene Schiffseinheiten jeweils an der Neben- bzw. Hauptrinne des Stromspaltungsgebietes raumsparend an.

Die 1. Ausbaustufe der Umschlaganlage ist wie die NWO-Brücke als Pfahlrostbauwerk geplant worden. Sie besteht aus einer rd. 100 m langen Zufahrts- und rd. 1300 m langen Transportbrücke, an die sich in Stromrichtung abgewinkelt eine z. Z. 300 m lange Umschlagbrücke anschließt (Abb. 3 und 5). Die optimale Lage zur resultierenden Strömungsrichtung aus Flut- und Ebbstrom wurde aufgrund von Naturmessungen des örtlichen Wasser- und Schiffahrtsamtes sowie von Modellversuchen im Franzius-Institut der TU Hannover ermittelt. Hierbei war zu berücksichtigen, daß die Strömungen am Tiefwasser- und am Zwischenanlager nicht exakt den gleichen Verlauf nehmen, die Kajen aber — insbesondere bei geplanter, späterer Verlängerung — aus navigatorischen Gründen möglichst parallel zueinander gebaut werden sollen. Auswirkungen auf benachbarte Hafenanlagen wurden bei den Modellversuchen nicht festgestellt.

Abb. 3. Niedersachsenbrücke — Gesamtansicht mit Voslapper Groden (Luftbild).

Die Transportbrücke soll ausschließlich der Verbindung des Hinterlandes mit den Umschlagbrücken im Strom dienen. Sie war daher für die Aufnahme verschiedener Transport- und Versorgungssysteme — wie einer 9,00 m breiten Straßenbrücke der Lastenklasse 60, Rohrleitungs- und Förderbandtrassen sowie sonstiger Systeme, Trinkwasser- und Stromversorgungsleitungen usw. — zu entwerfen. Der künftige Bedarf bei Anschluß der Stromkaje (2. Ausbaustufe) war hierbei bereits raum- und lastmäßig einzuplanen.

Bei der Wahl des Pfahljochabstandes sowie der Ausbildung der Pfahlbockkonstruktion war neben wirtschaftlichen Überlegungen hinsichtlich der Bemessung des Überbaues und den Erfordernissen der Baudurchführung ein möglichst geringer Verbau des durchströmten Querschnitts anzustreben. Hierdurch konnten die Eisangriffsfläche, vor allem aber der Einfluß auf die Morphologie der Gewässersohle in der Nebenrinne (etwa durch Ablagerungen), so klein wie möglich gehalten werden. Vergleichende Untersuchungen ergaben einen optimalen Pfahljochabstand von 30 m (bei einem Verbauungsgrad von 15 — 20%) bei der Niedersachsenbrücke gegenüber einem Abstand von 15 m bei der NWO-Brücke. Dort war noch die zulässige freie Spannweite der Rohrleitungen maßgebend gewesen. Infolge wesentlich höher aufzunehmender Nutzlasten aus Verkehrs- und Transporttrassen, aber auch einer größeren Spannweite der Überbauten waren an jedem Joch der Niedersachsenbrücke so hohe Stützlasten von der Pfahlgründung aufzunehmen, daß jeweils mit wirtschaftlich vertretbarem Aufwand eine Ausbildung der Pfahlgruppen zu „Festpunktjochen" ermöglicht wurde (Abb. 6). Dieses Bausystem erlaubte die statisch übersichtliche, für eine rationelle Bauweise vorteilhafte Verwendung von Einfeldbrückenelementen. Bei der NWO-Zufahrtsbrücke ist dagegen nur jedes 8. Joch als Festpunkt in Brückenlängsrichtung ausgebildet, so daß der Überbau auf je 120 m Länge als Durchlaufträger zu konstruieren war, welcher Längskräfte in Richtung der Brückenachse von den zwischen den Festpunkten angeordneten „Pendeljochen" aufzunehmen

Abb. 4. Niedersachsenbrücke — Umschlagbrücke (Luftbild).

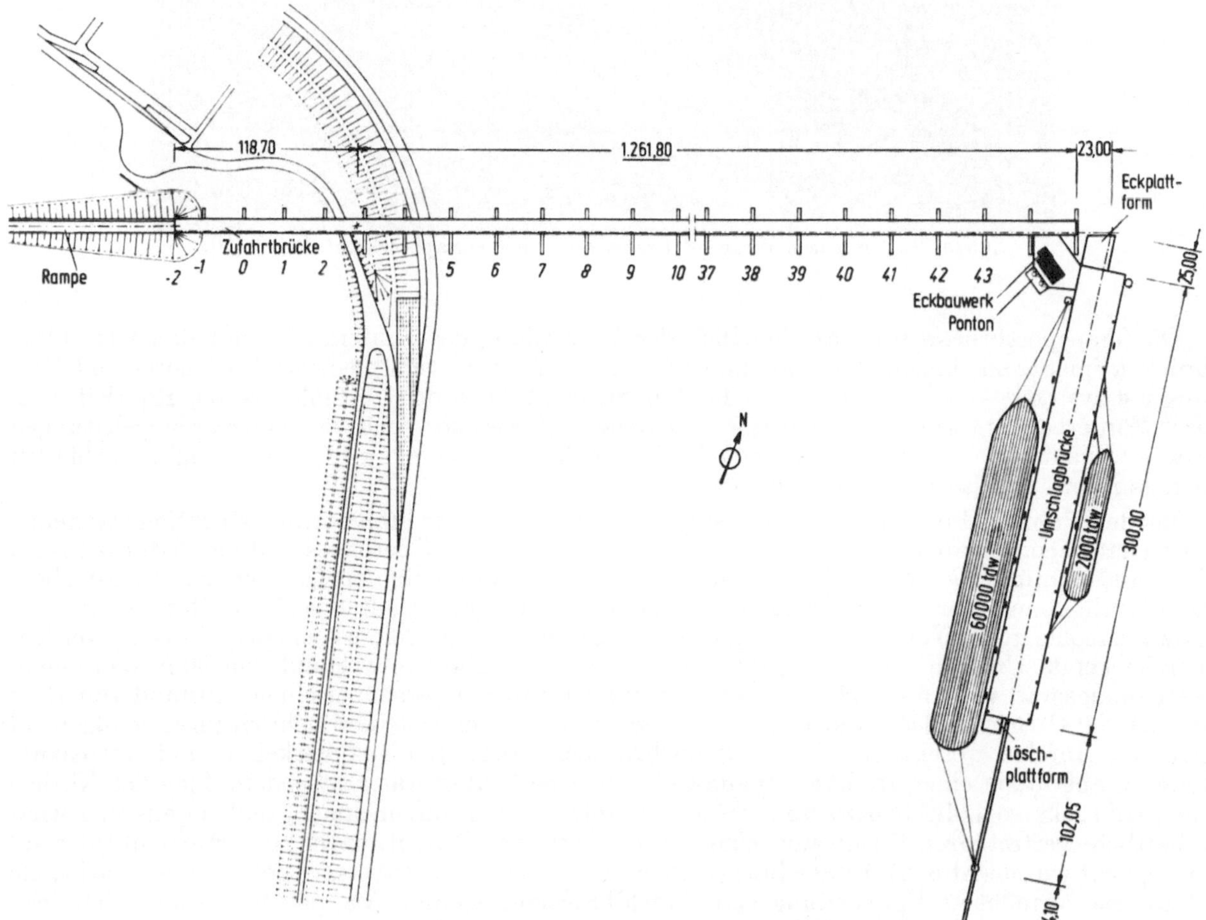

Abb. 5. Niedersachsenbrücke — Lageplan der 1. Ausbaustufe.

hatte. Bei der Planung der Transportbrücke zum Mobil-Oil-Anleger wurde mit einem gewählten Pfahljochabstand von 32,65 m und der Ausbildung von Festpunktjochen das gleiche Entwurfsprinzip verfolgt.

Der Straßenbrückenüberbau, der auf den 30 m langen Jochbalken aufgelagert ist, mußte als querträgerloser zweistegiger Plattenbalken ausgebildet werden, um auch in diesem Bereich Rohrleitungen usw. verlegen zu können.

Die Umschlagbrücke besteht aus einer vorläufig 300 m langen und 30 m breiten Plattform, die auf einem Pfahlrost aufgelagert ist. Im Süden schließt hieran ein zunächst 100 m langer Pollersteg an, dessen Ende ein 250 Mp-Pollerdalben bildet. Zwei weitere freistehende Pollerdalben gleicher Größe sind beidseitig am nördlichen Ende der Umschlagbrücke angeordnet. Diese ist über ein Eckbauwerk, das auch ein massives Betriebsgebäude aufnimmt, mit der Fahrbahn der Transportbrücke verbunden (Abb. 4).

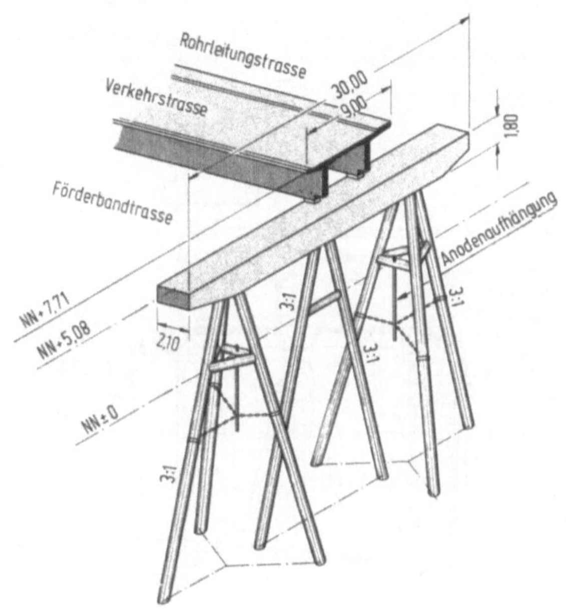

Abb. 6. Niedersachsenbrücke — Isometrie eines Pfahljoches der Transportbrücke.

Die Trägerrostplatte der Umschlagbrücke war für die Aufnahme von versenkt angeordneten Kranbahnen vorzusehen, und zwar mit einer Spurweite von 12 m für einen 18 t-Vollportal-Wippdrehkran zum Salz- und Baustoffumschlag auf Lastwagen sowie von 24 m für künftige Tonerdebelader und anderes Großgerät. Daneben waren der Einsatz von Mobilkränen, Schwerlastwagen und Flurfördergeräten sowie Förderbandkonstruktionen und Stapelgüter zu berücksichtigen. Ein Natronlauge-Verladegerät, das durch eine beheizte Rohrleitung mit dem Werk verbunden ist, kann von der Belastung her vernachlässigt werden.

Im Blockabstand von 30 m waren auf der Umschlagbrücke 100 Mp-Doppelpoller bzw. 250 Mp-Sliphaken beidseitig anzuordnen. Auch die Fenderung war — ausgelegt für ein Arbeitsvermögen von 110 Mpm bei einem Anlegedruck von 185 Mp — in Verbindung mit dem Überbau der Umschlagbrücke zu konstruieren, um die Schiffsabstände von der Kaikante möglichst gering zu halten. Vorgesehen wurden Fenderwände aus je fünf PSP 500 S Doppelbohlen im Abstand von 30 m mit einer darauf befestigten Basralocus-Schürze, die mit einem Federelement elastisch gegen die Plattform zu stützen waren. Für dieses Element wurde ein Gummihohlzylinder von 2,00 m Länge und gleichem Außendurchmesser bei 42,5 cm Wandstärke gewählt, das 80 v. H. des Arbeitsvermögens übernahm. Diese Ausbildung der Fender ermöglicht Schiffen verschiedener Größenordnungen das Anlegen.

Die geschilderten Beanspruchungen erforderten bei einer symmetrischen Querschnittsausbildung in Längsrichtung der Umschlagbrücke zwei äußere Lotpfahlreihen mit einer dazwischen liegenden Zweibock-Pfahlreihe zur Aufnahme der Lastkonzentration im Bereich der Kranbahnen und der Querkräfte aus Schiffsstoß, Pollerzug und Eisdruck. Für Längskräfte waren zusätzlich Festpunkt-Pfahlböcke vorzusehen (Abb. 7).

Die Fahrbahn- und Kaiflächen wurden sturmflutsicher in Höhe NN + 7,50 m angeordnet. Die rechnerische Hafensohle an der Umschlagbrücke ist dagegen auf NN − 18 m festgelegt worden. Unter Berücksichtigung eines Sicherheitszuschlages von 1 m wegen möglicher Kolke kann daher die Sohle an den Liegeplätzen auf NN − 17,00 m, entsprechend SKN − 15,00 m vertieft werden. Das bedeutet, daß Schiffe mit einem Tiefgang bis zu rd. 13,50 m, entsprechend Trockenmassen-

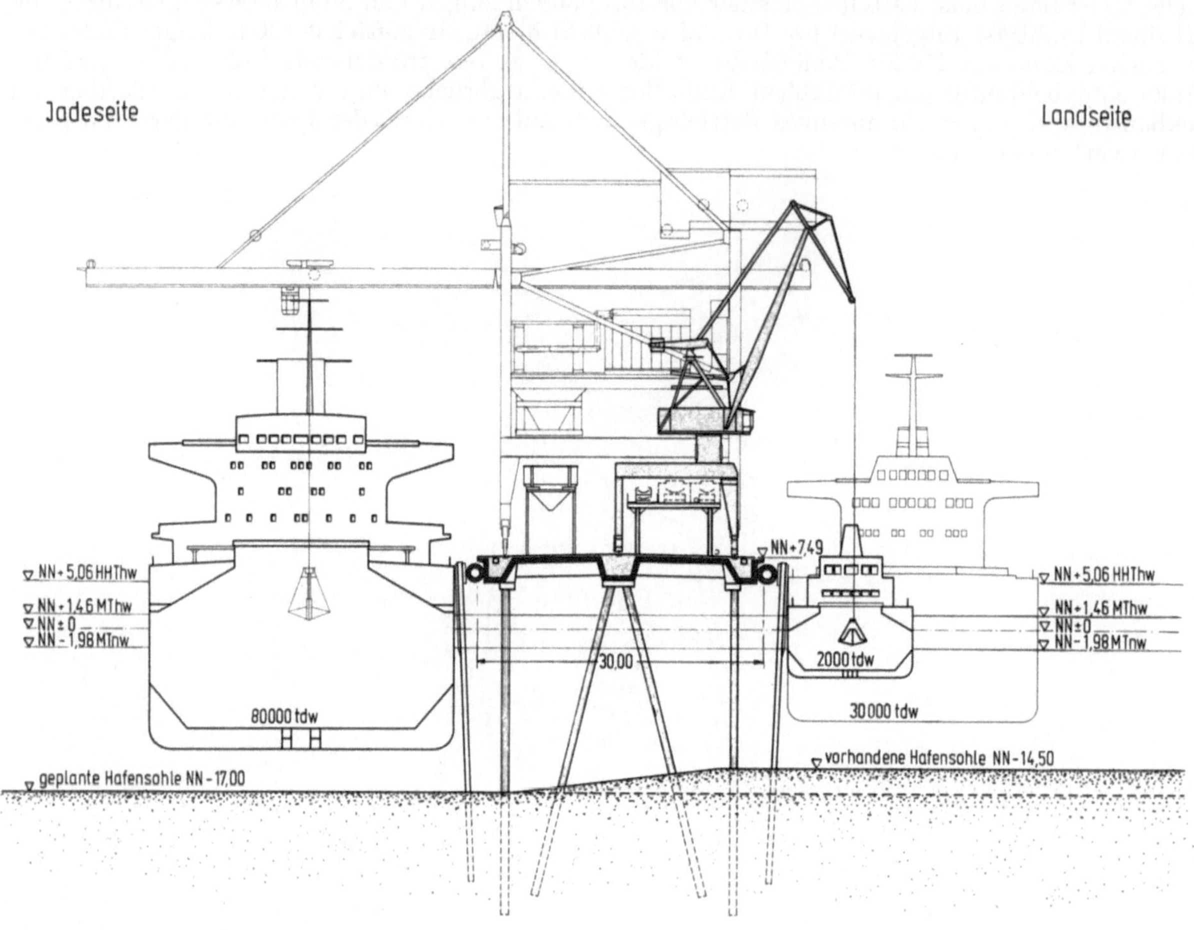

Abb. 7. Niedersachsenbrücke — Querschnitt Umschlagbrücke.

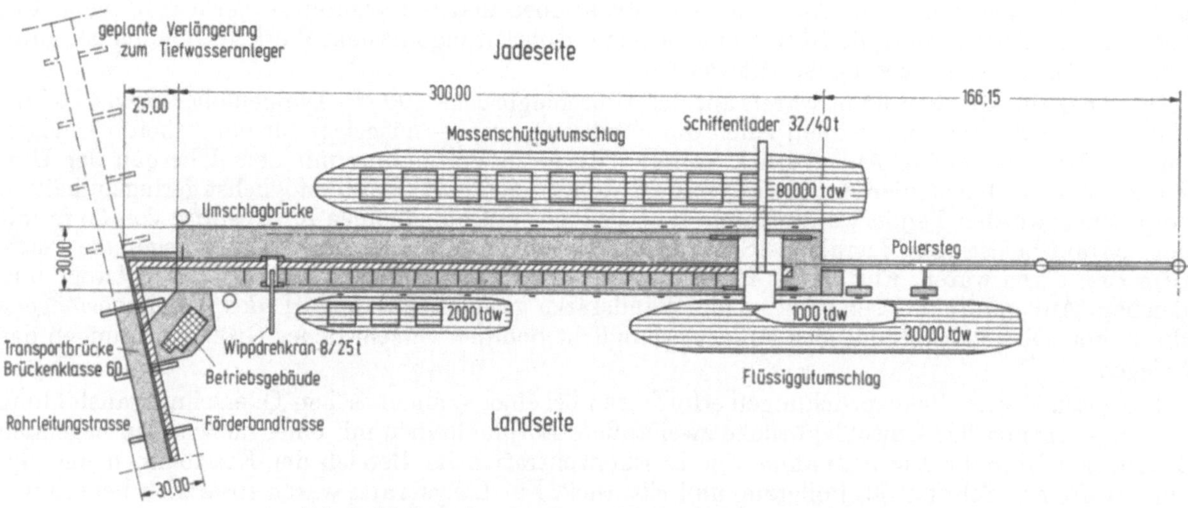

Abb. 8. Niedersachsenbrücke — Draufsicht Umschlagbrücke.

gutschiffen von ca. 80 000 tdw Größe vollabgeladen abgefertigt werden können. Hierfür sind auch die Liegeplatzeinrichtungen bemessen. Da die natürliche Wassertiefe jedoch hier nur etwa SKN — 10 m beträgt, sind Liegewannen auszubaggern, damit die unter Ausnutzung des Tidehubs eingelaufenen Schiffe auch bei Tideniedrigwasser (MTnw) aufschwimmen.

Abb. 9. Niedersachsenbrücke — Ansicht der Umschlagbrücke mit Förderbandtraggerüst.

Nachdem die 1. Ausbaustufe 1972 vertragsgemäß in Betrieb genommen worden ist, waren im Jahre 1974 bereits Ergänzungsmaßnahmen zu planen und auszuführen, um die technischen Möglichkeiten der Umschlaganlage für die zusätzliche Nutzung optimal zu erschließen (Abb. 8). Die Aufstellung einer 32/40 t-Schiffsentladebrücke mit einer Leistung von max. 1200 t/Std. und einer entsprechend bemessenen Bandanlage, die u. a. der Kraftwerksversorgung dienen wird, erfordern die Errichtung ergänzender Pfahlrostbauwerke und Sicherheitseinrichtungen. So ist eine zusätzliche Eckplattform für die Gründung der Förderbandtransferstation zwischen Transport- und Umschlagbrücke zu bauen, die — bereits für zwei weitere Bänder ausgelegt — auch eine Pumpstation für die Schaum-Seewasserfeuerlöschanlage und Werkstätten aufnimmt. (Abb. 9).

Da der Schiffsentlader, der bei einem max. Eckdruck von 400 Mp und 24 m Spur unter Einschränkung der Stapellasten betrieben werden kann, die Gesamt-Umschlagbrücke als Arbeitsbereich benötigt, ist der Flüssiggutumschlag an das Südende der Brücke zu verlegen. Hierzu sind eine Löschplattform zur Aufnahme der Umschlaggeräte für Heizöl und Natronlauge, zwei Fender- und Pollerdalben sowie ein 250 Mp-Endpollerdalben mit rd. 60 m Pollersteg herzustellen. Diese Anlagen sind so gestaltet, daß bei einer Verlängerung der Umschlagbrücke die Gründungspfähle überwiegend, sowie ein Teil der Überbauten wiederverwendet werden kann. Die Planung und Bauaufsicht führte im Auftrage des Landes Niedersachsen — Häfen- und Schiffahrtsverwaltung — das Wasser- und Schiffahrtsamt Wilhelmshaven durch.

3.3 Bauausführung der 1. Ausbaustufe

Die Belange der Bauausführung, insbesondere die Möglichkeiten des Großgeräteeinsatzes, waren bei der Wahl der Konstruktionen für das exponierte Hafenbauwerk in der Jade von entscheidendem Einfluß, vor allem aber erforderte die sehr kurze zur Verfügung stehende Bauzeit von einem Jahr hier die allein wirtschaftliche Verwendung großer Stahl- bzw. Spannbetonfertigteile.

Für sämtliche Gründungspfähle der Umschlaganlage im seewärtigen Bereich wurden spiralgeschweißte Stahlrohre ⌀ 762 mm mit 16 mm Wandstärke aus St 52 gewählt. Für die Wahl dieser Abmessung ist die Biegebeanspruchung aus Eisstoß maßgebend, der für Lastfall 2 EAU mit 40 Mp in Höhe NN — 1,50 m angenommen wurde. Ein dreipfähliger Bock der Transportbrücke, der durch horizontale Aussteifungen auf NN ± 0,0 m verstärkt wurde, ist insgesamt für 80 Mp Eisstoß bemessen.

Der Baugrund besteht aus Mittel- bis Grobsanden unterschiedlicher Lagerungsdichte mit verschieden starken Tonschichteinlagerungen. Die Festlegung der erforderlichen Pfahllängen — i.M.

36 m — konnte daher erst aufgrund der Proberammungen und -belastungen erfolgen. Das Herstellungsverfahren für die Pfähle ermöglichte aber eine kurzfristige Anpassung an den Bedarf der Baustelle, womit ein entscheidender Grund für die Wahl der Stahlpfähle gegeben war. Die Grenztragfähigkeit von max. 580 Mp wurde durch eine besondere Fußausbildung mittels zweier bis zu 5 m langer Flügel aus PSP 350 L bzw. 500 L in Verbindung mit einer Fußauskreuzung erreicht. Sämtliche Pfähle wurden vor Einbau auf einem Lagerplatz im Binnenhafen mit einem Epoxidharzanstrich auf Zinkstaub- bzw. Steinkohlenteerpechbasis vierlagig mit 420 μ Trockenfilmdicke konserviert. Zum Schutz gegen mechanische Beschädigungen (Eis) wurde nach Fertigstellung der Umschlaganlage zusätzlich eine elektrische Korrosionsschutzanlage installiert.

Aus Termingründen wurden die Transport- und Umschlagbrücke gleichzeitig erstellt (Abb. 10). Während die 3 : 1 geneigten Pfähle der Transportbrücke wetterunabhängig und mit hoher Rammgenauigkeit von einer Hubinsel mittels einer Ramme vom Typ MR 60 mit Dampfbär MRB 1000 eingebracht wurden, war für die Umschlagbrücke eine Vorbauramme MR 60 mit Dieselbär D 55 eingesetzt. Letzteres hatte erheblichen Einfluß auf die Brückenkonstruktion, da die Reichweite der über die letzte geschlagene Pfahlreihe auskragenden Ramme in Längsrichtung 5,00 m betrug.

Abb. 10. Niedersachsenbrücke — Seebaustellen Transport- und Umschlagbrücke.

Die Betonfertigteile für die Überbauten wurden in einer Feldfabrik auf der Ostmole des Vorhafens hergestellt und konnten durch einen Schwimmkran unmittelbar aus der Schalung gehoben werden. Sie waren im Hinblick auf das zur Verfügung stehende Gerät äußerst gewichtssparend zu bemessen. So konnten die 30 m langen Stahlbeton-Jochbalken aus B 300 unter Berücksichtigung der erforderlichen Ausladung des 400 t-Schwimmkranes nur 240 t wiegen. Die bereits erwähnte Ausbildung der 8pfähligen Joche jeweils als Festpunkte — diese haben aus Eigengewicht des Jochbalkens, Fördereinrichtungen, Überbau und Verkehr rund 1700 Mp in den Baugrund abzutragen — erlaubt die Verlegung von Einfeldbrückenelementen. Die Ausführung in Spannbeton B 450 und sparsamste Abmessungen ermöglichten bei einem Brückengewicht von 366 t eine geforderte Spannweite von 30 m. Ein besonderes Problem stellte hier die Bemessung der Längsträger auf Wellendruck dar. Die Oberkante der Jochbalken entspricht der Höhe des HHThw.

Auch für die Umschlagbrücke wurden Großfertigteile aus Stahlbeton B 300 mit Einzelgewichten von 266 t verwendet. Sie wurden so ausgebildet und verlegt, daß sie gleichzeitig den Schalungsträger für die verbindenden Längsträger und eine Platte aus Ortbeton bilden. Hierdurch entstand eine fugenlose Trägerrostplatte. Eine ausführliche Darstellung des Bauvorganges ist in [6] gegeben.

3.4 Betrieb der Umschlagbrücke

An der bereits 1972 fertiggestellten Umschlaganlage (1. Ausbaustufe) wurde der Betrieb einschließlich aller Hafendienstleistungen der privaten „Wilhelmshavener Umschlag- und Verkehrsgesellschaft mbH und Co" (WUG) übertragen, die zu gleichen Bedingungen für verschiedene Benutzer den Hafenumschlag an der Niedersachsenbrücke durchführt. Beteiligte dieser Betriebsgesellschaft sind die Westfälische Transport AG und die Midgard Deutsche Seeverkehrs AG.

Neben dem Umschlag für Alusuisse wird die Betriebsgesellschaft zunächst ab Anfang 1976 rd. 1 Mill. jato Kohle bzw. Heizöl für ein neues Großkraftwerk der Nordwestdeutschen Kraftwerke AG auf dem Rüstersieler Groden über die Niedersachsenbrücke umschlagen.

Die Umschlaggeräte und Betriebsanlagen werden vom Betreiber vorgehalten und sind daher nicht Gegenstand der staatlichen Infrastruktur.

3.5 Vorplanung für die 2. Ausbaustufe

In Abschnitt 3.2 wurde dargelegt, daß zur Schaffung von Umschlaganlagen für Großschiffe bis zu 20 m Tiefgang die Transportbrücke in Richtung Jadefahrwasser zu verlängern ist. Das Maß für diese Verlängerung wird durch verschiedene Faktoren bestimmt:

— Kosten für die Erstellung der Transportbrücke einschließlich Errichtung und Betrieb der Transportsysteme,
— Kosten für die Ausbaggerung der Hafenzufahrt zur Tiefwasserrinne und der erforderlichen Liegewannen sowie deren Unterhaltung,
— mögliche Beeinflussung der Fahrwasserunterhaltung,
— Sicherheitsabstände zum Fahrwasser und benachbarten Hafenanlagen,
— hydrologische und morphologische Bedingungen für die Lage der Stromkaje,
— Bodenverhältnisse.

Eine Optimierung dieser Einflußfaktoren, die zum Teil nur auf Annahmen beruhen, führt zu einem Näherungswert von 530 m für die erforderliche Transportbrückenverlängerung.

Im Anschluß an diese Anlage kann nach Süden infolge der hier günstigen natürlichen Wassertiefen eine Flüssiggutumschlagbrücke in der bisher in der Jade angewandten Pfahlrostbauweise errichtet werden. In Verbindung mit bis zu 4 Löschköpfen eignet sich diese Anlage für den Umschlag aller möglichen flüssigen Massengüter und von verflüssigten Gasen, da hier relativ niedrige Kosten für Infrastrukturmaßnahmen und Unterhaltungsbaggerungen zu erwarten sind. Voraussetzung ist jedoch für den Umschlag feuergefährlicher Güter, daß die sicherheitstechnischen Vorschriften eingehalten werden können, was nach dem gegenwärtigen Stand der Untersuchungen grundsätzlich zu erwarten ist.

Eine Verlängerung der Stromkaje nach Norden über die Achse der Transportbrücke hinaus ist ebenfalls geplant. Hierdurch können stromseitig bis zu drei weitere Großschiffsliegeplätze geschaffen werden. Diese Kaje tangiert jedoch im Norden die erwähnte Sandbank, die die Stromspaltung bedingt. Hier wird daher, um größere Sandeintreibungen durch Querströmungen in die Liegewanne zu vermeiden, nur eine geschlossene Kaibauweise gewählt werden können, die sich auch im Hinblick auf die Erstellung des Umschlaggerätes, vorwiegend für den trockenen Massengutumschlag eignen wird. Da die Schiffe hier unmittelbar am Kai liegen müssen, um die ohnehin erforderlichen großen Schiffsentlader mit ungewöhnlich hohen Eckdrücken nicht noch größer zu dimensionieren, ist gerade hier ein geschlossener Kai erforderlich. Im Flüssigkeitsumschlagbereich können sich dagegen relativ flache Unterwasserböschungen einstellen. Der Schiffsliegeplatz ist durch den etwa 50 m vor der Achse der Zugangsbrücke angeordneten Löschkopf gegen Sandeintreibungen aus dem Pfahlrostbereich, die zwischen einzelnen Unterhaltungsbaggerungen auftreten, weniger gefährdet. Nach Ergebnissen von Modellversuchen im Franzius-Institut, Hannover, klingt auch die Auswirkung der Stromspaltung im Bereich der Transportbrücke ab.

Während die Kaifläche auf Höhe NN + 7,50 m liegen wird, muß die rechnerische Hafensohle unter Berücksichtigung eines Auskolkungszuschlages für eine Tiefe von ca. NN − 25 m angenommen werden, um entsprechend dem Ausbauziel des Jadefahrwassers Großschiffe mit 20 m Tiefgang hier abfertigen zu können. Wenngleich dieses Pierbauwerk im Strom nicht voll hinterfüllt wird, so muß doch angenommen werden, daß aufgrund morphologischer Veränderungen eine Anlandung südlich der „Geniusbank" (Abb. 1) eintritt, die für die Bemessung der Anlage einen Geländesprung von etwa 22 m Höhe bedingen kann.

3.6 Verkehrserschließung

Die Umschlaganlage Rüstersieler Groden wird über einen im Bau befindlichen kreuzungsfreien Zubringer unmittelbar mit der Autobahn „Jadelinie" verbunden. Im Bereich der Überführung über die sog. „Osttangente", die künftig die Industrieflächen mit dem Binnenhafenbereich verbinden und dem örtlichen Werksverkehr dienen soll, wird der Zubringer durch ein halbes „Kleeblatt" angeschlossen. Der Ziel- und Quellverkehr wird aber in erster Linie durch die noch auszubauende Landesstraße 10 westlich des Stadtgebietes geleitet.

Nördlich der Hafenzufahrtstraße ist eine Verkehrs- und Lagerzone vorgesehen, die mit einer Fläche von ca. 40 ha Hafenbestandteil wird. Sie dient der Verteilung der Transportsysteme in die nördlichen und südlichen Industriegebiete sowie Zwischenlagerung und Verladung von Massengütern. Ein Gleisanschluß ist mit geringem Aufwand herzustellen. Der Hafenbahnhof ist zentral nördlich des Stadtgebietes, parallel zum Industriestammgleis geplant. Für einkommende Güter sowie Produkte sind Transportzonen für Förderband- bzw. Rohrleitungstrassen vorgesehen.

4. Aufspülung und Eindeichung des Voslapper Watts

Die Erkenntnis, daß das Vorhandensein ausreichenden Geländes am seeschifftiefen Fahrwasser die entscheidende Voraussetzung für weitere Industrieansiedlung ist, veranlaßte das Land Niedersachsen, in nördlicher Fortsetzung der bereits aus dem Watt entstandenen Groden das Voslapper Watt aufzuspülen. Den Anlaß dazu gab 1970 der Ansiedlungsvertrag mit dem schweizerischen Aluminiumkonzern „Alusuisse". Für die vorgesehenen Erweiterungen der Tonerdeproduktion, die auf dem Gelände des Rüstersieler Grodens beginnen sollte, begehrte die Firma eine Option auf 500 ha Neuland. Da bereits weitere Industriegesellschaften ihr Interesse an Wilhelmshaven bekundet hatten, wurde 1971 mit der Aufspülung und Eindeichung begonnen.

Der für diese Baumaßnahme erforderliche Sand in einer Menge von rd. 30 Mio cbm stand aus der Vertiefungsbaggerung des Jadefahrwassers zur Verfügung. Die ursprünglich vorgesehene, möglichst unmittelbare Verwendung des Baggerbodens unter Trennung von geeignetem (Sand) und ungeeignetem Material (Schluff, Ton, Mergel) erwies sich aus verschiedenen Gründen als unwirtschaftlich. Deshalb wurde der in ausreichender Menge und Qualität vorhandene Sand aus der Heppenser Rinne in möglichst geringer Entfernung von der Verwendungsstelle entnommen. Die entstandenen Baggerlöcher wurden anschließend mit dem Baggerboden der Fahrwasservertiefung verfüllt.

4.1 Planung und Bauausführung

Mit der Aufstellung des Entwurfes, der Ausschreibung und Bauaufsicht wurde das Wasserwirtschaftsamt Wilhelmshaven beauftragt. Aufspülung und Eindeichung des 1650 ha großen Wattgebietes bis Hooksiel wurde planmäßig in vier Jahresabschnitten in folgender Weise durchgeführt.

Beginnend am Rüstersieler Seedeich wurde zunächst aus Wasserbausteinen auf einer Sinkstückunterlage der seeseitige Deichfuß als Schüttsteindamm bis NN + 2,20 m hergestellt. Fast gleichzeitig, dem Baufortschritt folgend, wurde das Watt vom Deichvorland des alten Seedeiches aus auf 2 m über NN aufgespült.

An den Schüttsteindamm schließt ein 1 : 3 geneigtes Deckwerk aus Wasserbausteinen auf Grandunterlage und Filtertuch an. Das gesamte seeseitige Deckwerk wurde mit Colcrete-Mörtel 25 cm tief vergossen. Der Übergang vom Deckwerk zur 1 : 10 geneigten Außenberme wurde durch einen 5 m breiten Schutzstreifen aus Beton mit seitlichen Betonschürzen gesichert. Der Sandkern des Deiches wurde eingespült. Die auf NN + 7,60 m liegende Deichkrone und die Außenböschung erhielt eine 1,30 m starke, die Binnenböschung eine 1 m dicke Kleiabdeckung. Die landseitige Berme, die nach Bodenverfestigung bereits dem Baustellenverkehr diente, wurde in 7,50 m Breite mit einer 20 cm starken Betonfahrbahn versehen und dient als Erschließungsstraße. Die Begrünung des unbefestigten Deichkörpers wurde durch Rasenansaat erzielt.

Ebenfalls im ersten Baujahr 1971 mußte mit dem nördlichen Abschluß des neuen Grodens, dem Hooksieler Seedeich, begonnen werden, damit für den Bau des Abschlußbauwerkes, der Entwässerungs- und Schiffahrtschleuse mit Vorhafen, genügend Zeit verblieb. Der Deichschluß war für Ende 1974 in diesem Bereich vorgesehen, und die Entwässerung sollte möglichst zum gleichen Zeitpunkt durch das neue Bauwerk sichergestellt sein. Weil die von Süden fortschreitende Aufspülung und Eindeichung die mit Wasser gefüllte Wattfläche immer kleiner werden ließ, verblieb beim Deichschluß nur noch eine geringe Wattfläche mit entsprechend kleiner Wassermenge, die bei Flut eintreten und bei Ebbe wieder ausfließen mußte. Durch dieses Konzept erwies sich der Deichschluß, der im Herbst 1974 termingemäß vollzogen werden konnte, tatsächlich als relativ unkompliziert. Es genügte auch in der letzten Deichlücke, mit der Steinbank als Fußsicherung zu beginnen, um den Deich dann in der gleichen Weise wie bisher aufzuspülen.

4.2 Anlagen bei Hooksiel

Durch Einbeziehung des Hooksieler Außentiefs in den eingedeichten Voslapper Groden wurde eine Umgestaltung des alten Hooksieler Fischereihafens erforderlich. Die wenigen in Hooksiel beheimateten Fischkutter erhielten zusammen mit anderen Fischereifahrzeugen eine neue Kaje im neuen Vorhafen, der zum Schutz der neuen Schleuse erforderlich wurde. Wegen der vorgeschobenen Position lag es nahe, diesen Vorhafen so zu gestalten, daß er als Versorgungshafen für die neu entstehenden Schiffsanleger vor dem Industriegelände dienen konnte. Deshalb wurden Liegeplätze auch für Versorgungsschiffe, den Seenotrettungsdienst und Behördenfahrzeuge vorgesehen. Außerdem müssen ausreichend Liegeplätze für Sportboote vorhanden sein, die durch die Schleuse in das neue Binnentief einlaufen wollen.

Dieses Binnentief entstand bereits dadurch, daß rd. 50 ha besonders tiefliegender Wattfläche (dem früheren Außentief) von der Aufspülung ausgenommen wurden. Es bietet sich für ein Erholungsgebiet mit Wassersportbetrieb geradezu an. Da der neue Hooksieler Seedeich wegen seiner exponierten Lage eine ausreichend breite Vorlandfläche benötigte, war für das neue Erholungsgebiet auch ein schöner Sandstrand entstanden. Dieser ist gleichzeitig als Ersatz für den verlorengegangenen Teil des Badestrandes vor dem Geniusdeich am Rüstersieler Groden gedacht.

Das Binnentief hat in erster Linie die Funktion eines Speicherpolders und der Vorflut für die Entwässerung des Voslapper Grodens und muß deshalb einen Wasserspiegel von NN — 0,50 m erhalten. Bei diesem Wasserstand fällt der alte Hafen Hooksiel trocken. Um der Küsten- und Sportschiffahrt das Anlegen an den bestehenden Kajen zu ermöglichen, das idyllische Landschaftsbild mit dem typischen Sielhafen zu erhalten und damit den Fremdenverkehr eine Attraktion anzubieten, soll die Hafensohle vertieft und die alte Kaje durch Vorrammen einer Spundwand gesichert werden. Der alte Hafen und das neue Binnentief gehen in die Unterhaltung eines kommunalen Trägers über.

Die Schiffahrts- und Entwässerungsschleuse Hooksiel wird als Kammerschleuse mit 70 m nutzbarer Länge und 8 m nutzbarer Breite für eine gleichzeitige Belegung durch etwa 14 Boote ausgebildet. Sie erhält aus Gründen der Landessicherheit am Außenhaupt doppelte Torverschlüsse. Die Überfahrt über das Außenhaupt ist zur Verbindung des Deichsicherungsweges erforderlich und wird mit Rücksicht auf allgemeinen Verkehr 6 m breit und für die Brückenklasse 12 ausgelegt. Sie wird als Klappbrücke mit hydraulischem Antrieb ausgebildet.

5. Die Erdölraffinerie und Hafenanlage der Mobil-Oil AG

Auf der Grundlage eines Industrieansiedlungsvertrages von 1972 zwischen dem Land Niedersachsen, der Stadt Wilhelmshaven und der Mobil Oil AG in Deutschland errichtet letztere eine Erdöl-Raffinerie auf dem neu gewonnenen Voslapper Groden. Das Raffineriegelände von zunächst 200 ha liegt mit seiner südlichen Grenze etwa 4 km nördlich des Geniusdeiches, der die Begrenzung des Rüstersieler Grodens bildet. Die Raffinerie ist für eine Rohöl-Durchsatzkapazität von rd. 8 Mio t/Jahr ausgelegt.

Der Mobil Oil AG ist eine Option für weitere ca. 400 ha Gelände im nördlichen Anschluß eingeräumt worden. Auf dieser Fläche plant die Firma, eine Erweiterung der Raffinerie vorzunehmen oder petrochemische Anlagen zu errichten.

Mit dem Bau der Raffinerie ist im Schutze eines das Gelände nach Norden provisorisch abschirmenden Querdeiches bereits 1973 begonnen worden. Im letzten Quartal des Jahres 1975 soll die Raffinerie planmäßig in Betrieb genommen werden.

Die Versorgung der Raffinerie mit den benötigten Rohölen aus verschiedenen Ursprungsländern soll im wesentlichen durch Großtanker bis zu 267 000 tdw erfolgen. Auch die produzierten schweren und leichten Heizöle, Super- und Normalbenzine, Automobil-Dieselöle, Bunkeröle, Flüssiggase sowie später Propylen und Butadien sollen zum großen Teil (etwa 60%) auf dem Wasserwege abtransportiert werden.

Für den Umschlag der Rohöle und Produkte wurde deshalb eine firmeneigene Umschlaganlage mit zwei Anlegebrücken in Höhe der Raffinerie in die Jade gebaut. Konzeption und Konstruktion werden nach Angaben der Firma im folgenden beschrieben.

5.1 Planungsgrundlagen der Umschlaganlage

Bevor sich die Firma Mobil entschloß, eine eigene Umschlaganlage vor ihrem Raffineriegelände zu errichten, stellte sie eingehende Überlegungen an, die im 1. Ausbauabschnitt mit einer Länge der Zufahrtsbrücke von rd. 1380 m bereits vorhandene landeseigene Umschlaganlage vor dem

Rüstersieler Groden mit zu nutzen. Das Land Niedersachsen hatte die Verlängerung der Brücke bis an das tiefe Fahrwasser der Jade und Mitbenutzung durch Mobil angeboten. Bei der Wirtschaftlichkeitsbetrachtung der Firma spielte der Kostenfaktor für über 20 Rohrleitungen im Endausbau eine entscheidende Rolle, weil die „Niedersachsenbrücke" 4 km von der Südgrenze des Raffineriegeländes entfernt lag.

Grundlagen der Planung bildeten vor allem die Modellversuche am Tidemodell des Franzius-Instituts der TU Hannover einschließlich Versuchsbericht und gutachtlicher Stellungnahme des Institutsdirektors, Berechnungen der Wellenkräfte und Eisdrucklasten, Naturmessungen in der Innenjade sowie Baugrunduntersuchungen. Ausgangswerte für den Entwurf waren außerdem die meteorologischen und hydrologischen Meßdaten. Der Bemessungswasserstand wurde mit NN + 5,50 m 70 cm über HHThw gewählt. Die Häufigkeit der Sturmfluten wurde dem Bericht von Lackner [5] entnommen. Aus theoretischen Untersuchungen des Franzius-Instituts wurde als Bemessungswelle eine maximale Wellenhöhe von 3,90 m ermittelt. Die zu erwartenden Strömungsverhältnisse ergaben sich aus den erwähnten Modellversuchen. Dabei wurden ebenso wie bei der NWO- und Niedersachsenbrücke unterschiedliche Flut- und Ebbestromrichtungen festgestellt. Die Wassertiefen sind im Projektgebiet durch besondere Peilungen ermittelt und in Form von Seetiefenlinien aufgetragen worden. Vom Deutschen Hydrographischen Institut, Hamburg, stammen die Beobachtungen über monatlich auftretende Eistage und maximale Eisdicken für den Zeitraum von 1946 bis 1972. Hieraus ergibt sich ein Mittel von 19,3 Eistagen pro Jahr. Die größte Eisschollendicke wurde im Febr./März 1947 mit 40 cm gemessen. Zur Beurteilung der Baugrundverhältnisse wurde ein besonderes Bodengutachten eingeholt.

5.2 Beschreibung der Anlegebrücken

Die Umschlaganlage der Mobil-Oil AG besteht aus zwei Teilen, nämlich einem Küstenschiff-Anleger für kleinere Produktentanker mit ca. 1250 m langer Zufahrtsbrücke und einem Insellöschkopf, der vom Eckbauwerk des Zwischenanlegers ohne Brückenverbindung nochmals rd. 1000 m entfernt am tiefen Fahrwasser der Jade liegt (vgl. Abb. 11). Als Zwischenanleger ist eine Plattform von 40×50 m mit 2 Anlegern für Tanker zwischen 300 und 8300 tdw angeordnet (Abb. 15). Der Insellöschkopf besteht aus 2 Anleger-Plattformen von je 800 m² für Tanker von 80 000 bis 267 000 tdw (außen) und solche von etwa 16 000 bis 30 000 tdw (innen), (Abb. 12 u. 14). Die Größe der Plattformen ergab sich aus der Anordnung und dem Raumbedarf für Rohrleitungen mit Armaturen, Löscheinrichtungen, Monitore und Betriebsgebäude.

Abb. 11. Mobil Oil — Gesamtansicht der Baustelle (Luftbild).

Das Eckbauwerk besteht aus zwei übereinanderliegenden Stahlbetonplattformen mit jeweils 400 m² Flächengröße. Die obere Ebene liegt auf der Höhe der Fahrbahn der Zufahrtsbrücke NN + 8,60 m. Sie nimmt einen Wendeplatz für 16-t-Fahrzeuge, das Zollgebäude und 3 Parkplätze auf. Die untere Plattform dient als Auflagefläche der Rohre und deren Absperrvorrichtungen.

Vom Eckbauwerk führt eine rd. 160 m lange Rohrbrücke bis zum Schutzbauwerk, auf der die zum Düker gehörenden Rohrleitungen verlegt werden. An dem Schutzbauwerk werden die Leitungen auf NN — 19,10 m unter die Gewässersohle heruntergezogen und als Dükerpaket bis zum Insel-Löschkopf geführt. Der tiefste Punkt des Dükers liegt auf NN — 29,10 m.

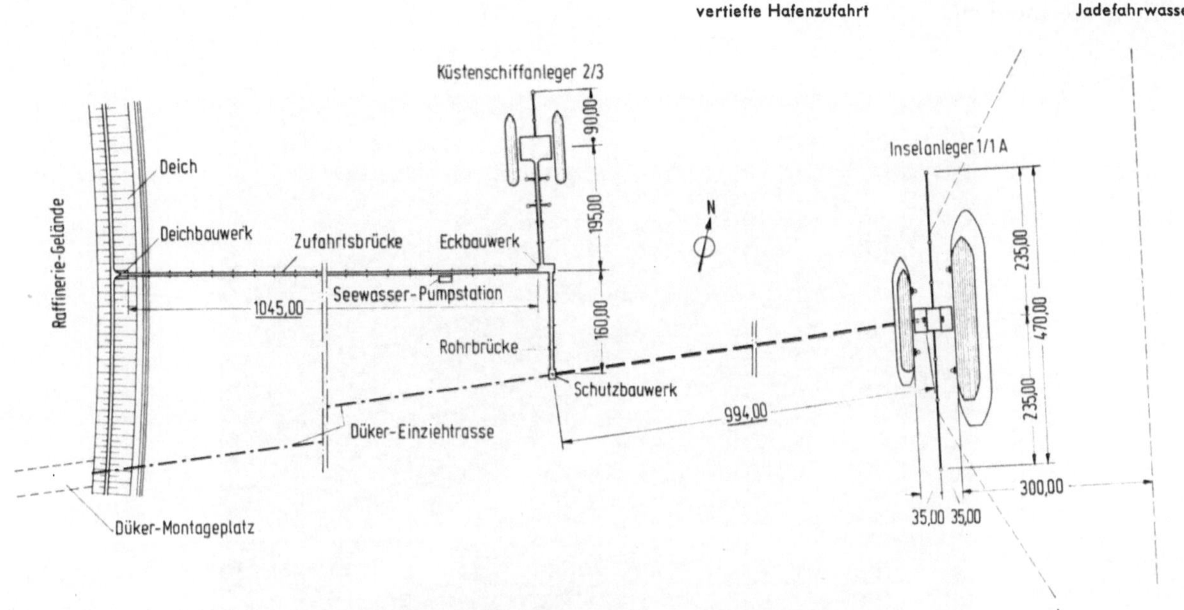

Abb. 12. Mobil Oil — Lageplan der Tankerlöschbrücke.

Die Fahrbahn der Zufahrtsbrücke hat eine Breite von 5,50 m mit beidseitigen Schrammborden von je 0,75 m zur Aufnahme von Fußweg, Geländer und Beleuchtung. Die Brücke verläuft über die ganze Länge waagerecht, die Fahrbahn weist beidseitige Querneigungen von 1,5% auf.

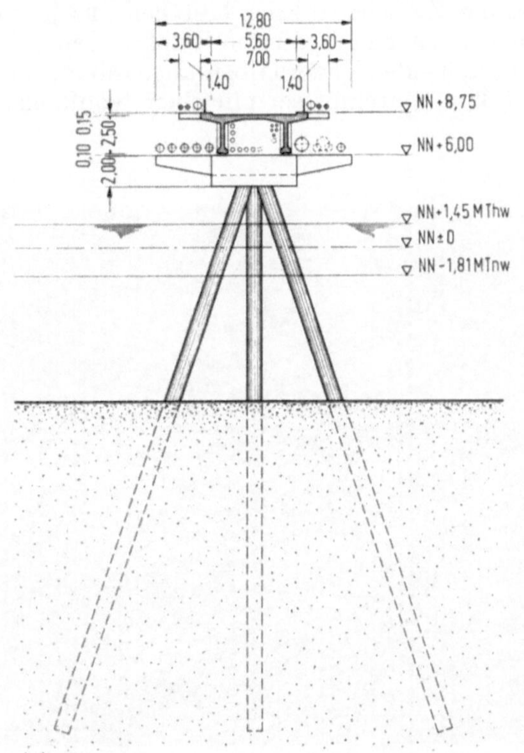

Abb. 13. Mobil Oil — Querschnitt der Transportbrücke.

Brückenüberbau und Rohre ruhen auf Festpunktjochen im Abstand von 32,65 m. In den Drittelspunkten sind außerdem auskragende Rohrträger unter die Brücke gehängt. Die Pfahlböcke bestehen aus nur jeweils 3 mit der Neigung 3 : 1 gerammten Pfählen (s. Abb. 13). Diese Stahlrohrpfähle mit Durchmessern von 1016 mm für die Brücke und 812 mm für die sonstigen Unterbauten gewährleisten einen geringen Verbauungsgrad im Heppenser Fahrwasser und halten Kolkbildungen so klein wie möglich.

Abb. 14. Mobil Oil — Ansicht der Tiefwasserlöschinsel (Luftbild).

Die Anlegekonstruktionen der Zwischenanleger bestehen aus je 40 m langen und 10 m hohen Fenderschürzen, die an freistehenden, eingespannten Stahlpfählen aufgehängt sind. Vor den beiden Inselanlegern wurden je 2 freistehende Fenderdalben angeordnet, die jeweils aus einem schweren Stahlrohr von 2,32 m bzw. 1,62 m Durchmesser mit einer Kopfkonstruktion aus Stahl und Holz bestehen [7].

Abb. 15. Mobil Oil — Ansicht der Produktenanleger mit Eck- und Schutzbauwerk (Luftbild).

Zum Festmachen der Schiffe sind für die Zwischenanleger und Inselanleger je 6 freistehende Pollerdalben vorgesehen. Außerdem sind jeweils 2 Poller bzw. Slipgeschirre auf den Anlegerplattformen fest verankert. Die freistehenden Stahlrohrdalben am Inselanleger sind für Zugkräfte von 100 und 300 Mp, die am Zwischenanleger für solche von 50 und 75 Mp bemessen. Die Pollerdalben am Inselanleger sind mit Sliphaken und Trossenspill versehen. Bei der Anordnung dieser Festmacheeinrichtungen wurde unter Berücksichtigung der verschiedenen Arbeitswasserstände und unterschiedlicher Freibordhöhe der Tanker darauf geachtet, daß sich die Spannleinen in keiner Schiffslage an den Fendern aufhängen können.

Zur Verbindung zwischen Anlegerplattform und Tankern wird für das Personal eine Gangway und für Versorgungsgüter je ein 2-t-Kran vorgesehen.

5.3 Deichbauwerk und Gebäude

Bei km 4^{+000} des neuen Voslapper Seedeiches kreuzt die Transportbrücke den Landesschutzdeich. Im Unterschied zu den beiden bisherigen Schiffsanlegern wird in diesem (dritten) Fall die Brücke nicht über den Deich, sondern in gleicher Höhe verlegt. Deshalb ist hier ein besonderes Deichbauwerk erforderlich.

Dieses ist ein aus drei Kammern bestehender Stahlbetonkörper von 31 m Länge, 14 m Breite und 2,50 m Höhe, der zur Vermeidung von Um- und Unterläufigkeit mit wasserdichtem Abschluß von einer Stahlspundwand bis auf NN — 2,00 m eingefaßt wird. Spundwandkopf und Betonbauwerk sind in eine 1 m starke Kleischicht eingebettet. Tragende Elemente sind 3 auf Pfählen gegründete Querbalken, auf denen die Längswände ruhen. Die Durchdringungen der Rohrleitungen sind beweglich und wasserdicht ausgeführt.

Das Deichbauwerk trägt landseitig auch die 7,50 m breite Deichverteidigungs- und Erschließungsstraße. Diese wurde auf das Niveau der Brückenfahrbahn (NN + 8,60 m) angehoben, wobei die Rampen eine Steigung von 2,5% erhielten. In dem Deichbauwerk ist außerdem ein Wachgebäude untergebracht.

Je ein Betriebsgebäude auf den Anlegern wurde als eingeschossiges feuerfestes Bauwerk errichtet und mit Toiletten und Waschräumen ausgestattet. Im Bereich der Zufahrtsbrücke, im letzten Viertel vor dem Eckbauwerk, ist ein Pumpenhaus auf einer gesonderten Plattform neben der Brücke erstellt worden. Es enthält die zur Brandschutzanlage gehörigen Pumpen mit Dieselmotoren, eine Notstromversorgung und einen Kraftstoffvorratsbehälter.

Auf dem Eckbauwerk entstand ein Gebäude für die Abwicklung der Zollformalitäten. Es enthält auch Büroräume, Toiletten und Waschräume.

5.4 Korrosionsschutz

Alle Stahlteile, insbesondere Pfähle, Steigeleitern, Unterstützungs- und Aufhängekonstruktionen, Rohrleitungen und Laufstege, werden vor Korrosion durch geeignete Anstriche geschützt. Die im Wasser befindlichen Konstruktionsteile wie Stahlpfähle, Eisschutzanlagen und Steigeleitern sowie die unterirdisch verlegten Rohrleitungen erhalten zusätzlich einen elektrischen Kathodenschutz.

Die Umhüllung der unterirdischen Rohrleitungen besteht aus einer Grundschicht aus Polyäthylen, bei der HFO-Leitung außerdem aus einer getränkten Wickelschicht aus Steinwollematten mit einer Gesamtstärke von mindestens 40 mm. Die salzwasserführenden Leitungen für Ballast-, Raffinerie-Abwasser und Feuerlöschwasser werden innen durch Zementmörtel von 5 — 6 mm Dicke ausgekleidet.

5.5 Verlegung der Unterwasserpipeline

Ein Problem besonderer Art stellte die Verlegung des Sammeldükers zwischen dem Schutzbauwerk und der Inselpier dar. Er besteht aus 10 Stahlrohrleitungen verschiedener Durchmesser und 4 Kabelschutzrohren, die an den beiden Enden 24 bzw. 32 m aufgebogen sind, und ist rd. 1000 m lang und 4800 t schwer. Das Dükerbündel wurde in ganzer Länge an Land, auf einem Nachbargrundstück, montiert. Nach der Montage wurde das gesamte Rohrbündel durch einen Schlitz im Seedeich in eine vorbereitete Rinne durch das Heppenser Fahrwasser eingezogen. Die Verlegerinne wurde mit Hilfe von Baggern in natürlicher Böschungsneigung so tief in den Seeboden eingegraben, daß eine Überdeckung des Dükers von mindestens 3 m gewährleistet ist.

Von einem in der Jade verankerten Ponton aus wurde das Dükerbündel in drei durch unglückliche
Zufälle unterbrochenen Zeitabschnitten in die Rinne bis zum Inselpier eingezogen. Mit Hilfe
verstärkter Zugseile, Haltetrossen und Anker sowie zweier zusätzlicher Schwimmkrane gelang es
zum letztmöglichen Zeitpunkt Ende Oktober 1974, das Dükerbündel in die endgültige Position zu bringen und zu verankern. Unmittelbar danach wurde der Voslapper Seedeich geschlossen undwinterfest gemacht.

5.6 Brandschutzeinrichtungen

Die von Mobil eingesetzten Schiffe verfügen entsprechend den Versicherungsvorschriften über
eigene Brandschutzanlagen. Die Feuerlöscheinrichtungen für die Anleger unterstützen das Lösch-
system der Schiffe. Auf der Inselpier werden 2 fernbedienbare Hoch-Monitore auf Türmen von
ca. 20 m Höhe mit einer Wasserleistung von ca. 5000 l/min und 60 m Reichweite sowie 4 Tief-
monitore installiert. Sie können mit Schaum oder Wasser betrieben werden. An den Küstenschiffs-
anlegern ist die Reichweite der insgesamt 4 Schaum-/Wasserwerfer groß genug, um die kleineren
Produktentanker von max. 8300 tdw nahezu voll zu schützen. Außer den Turm-Monitoren sind
auf den Verbindungsstegen zwischen beiden Plattformen der Inselanleger Wasserwerfer für die
Bordwandkühlung vorgesehen. Daneben steht eine Werksfeuerwehr auf dem Raffineriegelände zur
Verfügung.

5.7 Tanklager und Landverkehrsanlagen

Das Tanklager der Raffinerie besteht aus 8 Rohöltanks mit einem Gesamtinhalt von 533 000 m³
und 50 Tanks für Zwischen- und Fertigprodukte mit 720 000 m³ Gesamtvolumen. Der größte Tank
ist 18,30 m hoch, hat einen Durchmesser von 72 m und faßt 75 000 m³. Die Tanks für Rohöl und
leichte Produkte sind mit Schwimmdächern, die für Heizöle und Mitteldestillate mit festen Dächern
ausgestattet. Flüssiggase werden in Kugeltanks gelagert.

Für die Verladung der Raffinerieprodukte über die Schiene sind auf dem südlichen Ende des
Geländes Gleisanlagen mit einer Gesamtlänge von 20 km geschaffen worden. Diese sind über ein
Industriestammgleis an das Netz der Bundesbahn angeschlossen. Für die Befüllung von Eisenbahn-
Kesselwagen mit Benzinen, Mitteldestillaten und schwerem Heizöl sind 3 Verladestellen einge-
richtet worden. Außerdem ist für die Flüssiggasverladung eine kombinierte Eisenbahn- und Straßen-
tankwagen-Verladestelle und eine weitere Verladestelle für die Schwefelverladung vorgesehen.

Die Beladeeinrichtungen für Straßentankwagen bestehen aus je zwei Füllarmen für schweres
Heizöl und je 5 Füllarmen für leichtes Heizöl, Normal- und Superbenzin und für Dieselöl.

6. Anlandehafen für Flüssigerdgas

Von den beiden Konzernen Ruhrgas AG und Gelsenberg AG ist zu je 50% die Firma „Deutsche
Flüssigerdgas Terminal GmbH" (DFTG) mit Sitz in Wilhelmshaven gegründet worden. Zweck der
Gesellschaft ist die Anlandung, Lagerung, Aufbereitung und Wiederverdampfung von verflüssigtem
Erdgas sowie der Bau und Betrieb der hierzu erforderlichen Anlagen.

Im Jahre 1973 wurde mit dem Lande Niedersachsen ein Vorvertrag zum Ansiedlungsvertrag
abgeschlossen, in dem der Firma die Option für ein 80 ha großes Gelände im nördlichen Voslapper
Groden mit rd. 700 m Wasserfront eingeräumt wurde. Auf diesem Gelände möchte die DFTG in
einer ersten Baustufe mit ca. 250 Mio DM Investitionssumme die Anladung von jährlich 5 — 6 Milli-
arden Kubikmeter Flüssigerdgas (LNG) aus Algerien verwirklichen. Die Anlage soll so angelegt
werden, daß später die Erweiterung auf eine Kapazität von 20 — 25 Mrd. cbm ohne weiteres möglich ist.

Für den Transport des flüssigen Erdgases sind LNG-Spezialtanker von 125 000 bis 200 000 cbm
Fassungsvermögen vorgesehen. Es wird mit Tiefgängen bis zu 15 m gerechnet. Zunächst wurden
zwei verschiedene Standorte, nämlich am südlichen und nördlichen Ende des Voslapper Grodens,
mit drei verschiedenen Umschlagmöglichkeiten untersucht. Neben der Errichtung eigener Umschlagbrücken vor den beiden Standorten kam auch die Nutzung der Niedersachsenbrücke in
Frage. Das Franzius-Institut der TU Hannover untersuchte insgesamt 5 Varianten, um die
strömungstechnisch und nautisch günstigste Lage und Ausführung zu finden, die auf die benachbarten Anlegebrücken den geringsten Einfluß hat.

Für eine DFTG-eigene Stromkaje vor dem südlichen Gelände ergaben die Versuche geringfügige
Geschwindigkeits- und Strömungsrichtungsänderungen an der Niedersachsenbrücke. Zum Aus-

gleich strömungstechnischer Nachteile wurde der Bau von Leitwänden und der Verbau der zwischen DFTG-Stromkaje und Niedersachsenbrücke verbleibenden Lücke empfohlen. Die DFTG-Anlegebrücke vor dem nördlichen Standort bei Hooksiel wurde in 3 Varianten untersucht, wobei eine geschlossene Anlegekaje mit Zufahrtsbrücke oder Zufahrtsdamm kombiniert und die reine Brückenlösung in offener Bauweise verglichen wurden. Eine Entscheidung über einen Ausführungsvorschlag, bei dem — insbesondere im Hinblick auf die Fahrwasserunterhaltung — die geringsten Gleichgewichtsstörungen in der Morphologie des hier bestehenden Stromspaltungsgebietes der Jade zu erwarten sind, soll erst nach weiteren Naturmessungen getroffen werden.

Die Zufahrtsbrücke zum nördlichen Anleger braucht im Unterschied zu der rd. 1800 m langen Niedersachsenbrücke voraussichtlich nur rd. 1400 m lang zu werden. Auch andere Vorteile, wie größere Entfernung von Wohngebieten, leichtere Erfüllung von Sicherheits- und Immissionsschutzauflagen, gaben für die Firma DFTG den Ausschlag, den nördlichen Standort auf dem Voslapper Groden vorzuziehen. Die weiteren Planungen der Firma werden sich deshalb auf dieses Gelände beschränken.

Vor der endgültigen Entwurfsarbeit für die Anlandebrücke wird die mit der Wasser- und Schifffahrtsverwaltung abgestimmte Lage, Form und Ausbildung noch im Jademodell untersucht. Lage, Zufahrt, Liegewanne und Wendebecken für den Anleger müssen außer den hydraulischen und nautischen Anforderungen auch denen der Sicherheit entsprechen.

7. Zusammenfassung und Schlußbetrachtung

Nach einem kurzen geschichtlichen Rückblick wurde die Entwicklung Wilhelmshavens zum ersten deutschen Tiefwasserhafen dargestellt. Diese begann 1958 mit der Inbetriebnahme der NWO-Tankerlöschbrücke. Inzwischen sind drei derartige Umschlaganlagen in der Tiefwasserhafenregion an der Jade entstanden, eine vierte wird geplant. Alle vier Anlagen, die der Nordwestdeutsche Oelleitungs-GmbH (NWO), des Landes Niedersachsen einschließlich der Aufspülung und Eindeichung des Voslapper Watts, der Mobil-Oil AG und der Deutschen Flüssigerdgas-Terminal GmbH (DFTG), werden im einzelnen beschrieben.

Im Zentrum eines noch weitgehend unbebauten Industriegebietes von rd. 1000 ha Größe ist die sogenannte Niedersachsenbrücke bisher erst in einer 1. Ausbaustufe fertiggestellt. Sie wurde von vornherein so konzipiert, daß über sie trockene und flüssige Massengüter aller Art umgeschlagen werden können. Sobald sich aufgrund eines Industrieansiedlungsvertrages die wirtschaftlich gerechtfertigte Notwendigkeit ergibt, soll die 2. Ausbaustufe mit einer Löschbrücke oder Stromkaje für 20 m tiefgehende Schiffe der Größenordnung 250 000 tdw gebaut werden.

Bei allen Industrieansiedlungen auf dem neuen Grodengelände wird besonderer Wert auf den Umweltschutz gelegt. So bringt z. B. die Mobil-Oil-Raffinerie nach eigenen Angaben rd. 18% der Gesamtinvestitionskosten für Umweltschutzmaßnahmen auf. In bereits erteilten Genehmigungsbescheiden sind Auflagen zur Einhaltung der zulässigen Immissionswerte hinsichtlich Lärm, Luft- und Wasserreinhaltung sowie die Empfehlung enthalten, in gemeinsamen Meßprogrammen die Beschaffenheit der Luft, des Wassers, die Einwirkung auf Pflanzensoziologie sowie die Ökologie des Meeres ständig zu überprüfen. Es ist geplant, die aus dem Immissionsmeßnetz gewonnenen Daten, die nach einem vorgegebenen Abfragerhythmus automatisch erfaßt werden, in einer Zentrale mit Hilfe einer elektronischen Rechenanlage auszuwerten und die Mittelwerte auszudrucken. Die Zentrale, die vermutlich bei der städtischen Feuerwehr eingerichtet wird, kann bei Überschreitung vorgegebener Grenzwerte die entsprechenden Alarmstufen nach einem Smokalarmplan auslösen.

Nahezu rings um das Industriegelände des Voslapper Grodens ist ein begrünter Schutzstreifen von rd. 200 m Breite vorgesehen. Zwischen dem nördlichen Gebiet und dem Binnentief mit Erholungsgebiet bei Hooksiel ist auf dem Schutzstreifen noch ein Dünenrücken aufgespült worden, der als Lärmschutz dient.

Im Zusammenwirken aller zuständigen Stellen mit den Industriefirmen wird sich so vor den Wohngebieten Wilhelmshavens an der Jade eine tiefwasserabhängige Industrie entwickeln, die für die Bevölkerung keine unzumutbare Belastung, aber einen entscheidenden Wirtschaftsfaktor für die gesamte Region darstellt.

Schrifttum

1. Rehder, P., Schwichow, F., Schroeter, P.: Die 4. Hafeneinfahrt in Wilhelmshaven, Vorgeschichte und Wiederaufbau. Hb. f. Hafenbau u. Umschlagstechnik, Bd. X, S. 137 ff.
2. Wigand, V.: Jadefahrwasser und Hafen Wilhelmshaven. Hb. f. HU Bd. XVIII/73, S. 27.
3. Clemens: Die Anlagen für den Umschlag und die Lagerung von Mineralöl in Wilhelmshaven aus: Die Seehäfen in Nds., MW 1964, S. 72.
4. Holzhausen: Entwicklung des Ölhafens von Wilhelmshaven Hansa 9/74, S. 682.
5. Lackner, E.: Entwurf und Baudurchführung der großen neuen Ölumschlagbrücke in Wilhelmshaven. Jahrbuch HTG Bd. 23/24 (1955/57), S. 160.
6. Klinge, U., Bergfelder, J.: Bau der Umschlaganlage Rüstersieler Groden in Wilhelmshaven. Die Bautechnik, 49. Jg., Heft 6, 1972, S. 181 ff.
7. Bohr, U.: Ölumschlaganlage Mobil Oil Wilhelmshaven. Die Tiefbau-Berufsgenossenschaft, Heft 11/1974, S. 490 ff.

Der Containerumschlag in Seehäfen

Entwicklungsstand und mögliche Tendenzen unter besonderer Berücksichtigung der Mechanisierung dargestellt an Beispielen internationaler Containerterminals

Von Dipl. rer. pol. (techn.) Dr.-Ing. **Dieter Krause**, Hamburg und Ing. (grad.) **Gerhard Roskamp**, Bremen

Die Grundlage zu dieser Studie bilden die Besuche verschiedener Containerterminals in aller Welt, sowie Gespräche mit Reedern und Herstellern von Containerumschlagseinrichtungen.

Ermöglicht wurden diese Untersuchungen durch die Stiftung Goedhart der Hafenbautechnischen Gesellschaft, die Bremer Lagerhaus-Gesellschaft und die Hamburger Hafen- und Lagerhaus-Aktiengesellschaft, wofür sich die Verfasser dieser Studie recht herzlich bedanken möchten.

Außerdem möchten sich die Verfasser bei den besuchten Personen und Gesellschaften bedanken, durch deren Diskussionsbereitschaft sehr viele Anregungen und Einsichten in spezielle Probleme gewonnen werden konnten.

1. Einleitung

Der Containerverkehr ist als Transportkette zu sehen. Dieser Bericht befaßt sich hauptsächlich mit dem Umschlagsgeschehen im Containerhafen, der für seegängige Schiffe geeignet ist.

In das Umschlagsgeschehen sind interne und externe Faktoren verwickelt. Als interne Faktoren könnte man die Unternehmensbereiche Werbung, Vertrieb, Recht, Technik, Personalwesen usw. bezeichnen, während zu den externen Faktoren die Reeder, Spediteure, Makler, Bahn usw. gezählt werden können. Aus der Vielzahl der Faktoren sind für diese Studie nur der technische Bereich, die Umschlagssysteme und der Informationssektor berücksichtigt worden, womit keinesfalls eine Wertung, sondern nur eine notwendige Abgrenzung getroffen worden ist.

Die Verfasser gehen davon aus, daß sich im Seehafen-Terminal ein Containerumschlagssystem (1) und ein Informationssystem (2) überlagern und ergänzen.

Bei der Darstellung des Entwicklungsstandes und der möglichen Tendenzen des Containerumschlages wird auf diese beiden Systeme eingegangen. Wenn dabei die Mechanisierung angesprochen wird, so möchten die Verfasser darauf hinweisen, daß sie einen Unterschied zwischen Mechanisierung und Automatisierung sehen.

Automatische Systeme arbeiten völlig autonom, ohne daß dabei der Mensch in irgendeiner Weise in den Prozeß eingreift. Ist das nicht der Fall, muß von mechanisierten Systemen gesprochen werden. Das schließt aber nicht den Fall aus, daß einzelne Systemelemente gleichwohl automatisch arbeiten können.

Im folgenden soll zunächst auf die Glieder der Transportkette eingegangen werden, in welcher die technischen Elemente die Basis bilden.

Dann werden mögliche Auslegungen von Container Terminals untersucht, wobei auf die Parameter eingegangen wird, welche die Auslegung beeinflußt oder bestimmt haben. Aus der Kombination der technischen Elemente entstehen die Arbeitsmodelle als Umschlagssysteme. Diese in verschiedenen Terminals angetroffenen Systeme werden erläutert, wobei versucht wird abschließend zukünftige Tendenzen aufzuzeigen.

Es wird in dieser Studie keineswegs auf die Einrichtungen des Containertransportes eingegangen, welche für Spezialfälle entwickelt wurden. Das Schwergewicht liegt eindeutig auf den Elementen, die hauptsächlich in den Seehafenterminals eingesetzt werden.

Als nächstes schließt sich die Erläuterung des Informationssystems an. Es ist als gesonderter Baustein zu sehen und kann in jeder möglichen Variante mit dem Umschlagssystem kombiniert werden.

Nachdem die Systeme beschrieben worden sind, die einen Containerumschlag in irgendeiner Art ermöglichen, soll versucht werden, die Entwicklungsstufen eines Container-Terminals modellhaft darzustellen.

Zum Schluß werden die besuchten Terminals kurz charakterisiert. Die angeführte Reihenfolge stellt keine Gewichtung dar, sondern gibt lediglich den Besuchsablauf wieder.

2. Glieder der Transportkette

In diesem Kapitel sollen einige Einrichtungen beschrieben werden, die zum Container-Transport und -Umschlag zur Verfügung stehen.

In bezug auf die zukünftige Entwicklung werden nur die Tatsachen angesprochen, die sich bereits konkret abzeichnen.

2.1 Transportelemente

2.1.1 Containerschiff

Zwischen einem Containerterminal und den zu- und abfördernden Medien bestehen immer Wechselbeziehungen. Das gilt vor allem für das Container-Schiff.

Seit Beginn des weltweiten Container-Verkehrs haben die Containerschiffe Entwicklungsstufen durchlaufen.

Von den ersten umgebauten konventionellen Frachtschiffen der sog. 1. Generation

über die   sog. 2. Generation

zur heutigen   sog. 3. Generation (Abb. 1).

Abb. 1. BLG-Container-Terminal Bremerhaven. Containerschiff der 3. Generation bei Operation mit 4 Container-Brücken.

Die sog. 2. Generation bestand bereits aus Schiffen, die ausschließlich Container beförderten und mit Zellen ausgelegt waren.

Diese ersten Vollcontainerschiffe hatten eine Kapazität von 1 000 bis 1 200 Containern (TEU = Twenty-Foot-Equivalent-Units) und eine Geschwindigkeit von 20 Knoten.

Als Weiterentwicklung gegenüber den Schiffen der sog. 2. Generation können die Schiffe der sog. 3. Generation angesehen werden, welche eine Kapazität von ca. 2 800 TEU-Containern haben und mit einer Geschwindigkeit von ca. 28 Knoten laufen.

Die Disposition dieser Schiffe kann entweder durch einen Reederei-Pool (z. B. Trio-Gruppe) oder durch einen Reeder allein erfolgen (Sea-Land), denn die Wirtschaftlichkeit steigt mit der Auslastung.

Zukunftsaussichten:

Die deutsche Schiffbauindustrie erarbeitet in Verbindung mit den Reedereien bereits Studien über die Schiffe der 4. Generation.

Die 4. Generation wird aufgrund der zunehmenden Knappheit der fossilen Energie als Nuklearschiff konzipiert und soll damit wirtschaftlicher sein als Schiffe mit herkömmlichen Antrieben.

Es bestehen Pläne für Schiffe von 80 000 PS Wellenleistung bis 240 000 PS Wellenleistung und Geschwindigkeiten von 32 bis 40 Knoten.

Die Schiffe werden eine Kapazität von 4 000 bis 5 000 Containern haben und eine Breite von 50 m bis 90 m einnehmen (3).

In Abb. 2 ist das bei der AG-Weser in der Entwicklung befindliche Containerschiff der 4. Generation, das NCS 240 Projekt Katamaran, gezeigt.

Abb. 2. AG-Weser Projekt-Studie NCS 240. Katamaran Containerschiff der 4. Generation für 5000 TEU-Container.

Dieser Schiffstyp ist nicht vor Mitte der achtziger Jahre zu erwarten und würde eine wesentliche Umgestaltung der heutigen Umschlagsanlagen für Container erfordern.

Primär würden die Containerkrane betroffen, die überwiegend eine wasserseitige Auslegerlänge ab Kaikante von ca. 35 m haben, denn eine Modifizierung der heutigen konventionellen Containerkrane würde sich nicht immer durchsetzen lassen.

Zunächst ist jedoch an die Amortisation der heutigen Schiffe der sog. 3. Generation gedacht. Es ist u. U. eine Modifizierung der Schiffe der 3. Generation, z. B. durch Erhöhung der Bordwände und Wegfall der Lukendeckel, vorgesehen. Eine evtl. Kapazitätserhöhung auf max. 3 500 TEU-Container wäre durch Verlängerung erzielbar, ist allerdings zur Zeit noch nicht realisiert.

Der Schwerpunkt der zukünftigen Entwicklung liegt dagegen in Bereichen, welche die Liegezeiten der Schiffe im Hafen verkürzen können. So ist in Abb. 3 eine Hilfskonstruktion gezeigt, die einen rationellen Umschlag von gleichzeitig 6 Leercontainern ermöglichen kann. Dieses System wird bereits von der Reederei Matson erprobt.

Abb. 3. Diese Hilfskonstruktion vermeidet das Laschen der einzelnen Container an Deck und ermöglicht gleichzeitig das Handling von 6 Leercontainern in einem Hub.

2.1.2 Bahn

Der Schienenweg stellt in Europa einen wesentlichen Bestandteil in der Container-Transportkette dar. Die Anzahl von nahezu 350 Bahncontainerterminals in Europa unterstreicht dies.

Um diese Position zu festigen, bietet die Bahn umfassende Dienstleistungen an. So werden Containerzüge mit entweder drei 20′ oder einem 40′ und einem 20′ Container pro Waggon zusammengestellt und im sog. Nachtsprung vom Norden zum Süden oder umgekehrt gebracht.

Dieses Dienstleistungsangebot gilt für ganz Europa, denn die spezialisierten Containerdienste TECE (Trans-Europ-Container-Express) und TEC (Transports Europeans Combines) sind Partner der Bundesbahn, die im Jahre 1974 bereits 500 000 Container innerhalb Deutschlands bewegte.

Völlig anders ist die Situation in den USA (Nordamerika, Ost- und Westküste). In den noch aufgeführten besuchten Häfen spielt der Eisenbahnverkehr eine völlig untergeordnete Rolle. Lediglich der größte kanadische Containerterminal „Halifax" wird zu 90% per Bahn bedient. Die Canadian Pacific Railroad bringt Container über sehr große Entfernungen aus den USA heran. Die Waggons sind im Gegensatz zu Europa in der Lage, zwei 40′ Container aufzunehmen. Fest steht, daß der Containertransport mit der Bahn in Europa in den nächsten Jahren Bestand haben und u.U. eine Steigerung erfahren wird. Technische Änderungen sind nicht geplant. Allerdings werden auf dem Informationssektor Anstrengungen gemacht, den Informationsfluß zu verbessern.

2.1.3 LKW

Zur Erzielung eines weitgehend homogenen Verkehrs für Haus/Haus-Container bietet der LKW die besten Voraussetzungen und die nötige Flexibilität.

Für die sog. Chassis-Umschlagssysteme, bei denen der Container immer auf einem Chassis bleibt, auch während der Verweildauer auf einem Containerterminal, besteht weiterhin der Vorteil, daß der Container nicht weiter angefaßt zu werden braucht.

Neben dem Schienenweg wird auch der LKW weiterhin für bestimmte Einsatzzwecke seine Bedeutung beibehalten.

Grundlegende technische Änderungen sind nicht zu erwarten. Allerdings müssen auch auf diesem Sektor große Anstrengungen unternommen werden, damit eine Verbesserung des Informationsflusses erreicht werden kann.

2.2 Ladungsträger Container

Der „Behälter" ist seit einem halben Jahrhundert Bestandteil rationeller Güterverlade- und Transporttechnik.

Der Begriff „Container" ist mit weltweiter Einführung des heute bekannten Seecontainers vor ca. 10 Jahren populär geworden.

Die Standardmaße des ISO-Containers sind

Länge: 20′ =   6055 mm
           40′ = 12190 mm
Breite: = 2435 mm
Höhe: = 2435 mm

Von der Reederei Sea-Land werden weltweit 20′, 35′ und 40′-Container benutzt.

Die Reederei Matson setzt 24′ Container ein.

Zulässiges Bruttogewicht:

$$20′ = 20{,}480 \text{ t}$$
$$40′ = 30{,}480 \text{ t}$$

Eigengewicht (Stahlcontainer):

$$20′ = 2{,}150 \text{ t}$$
$$40′ = 3{,}450 \text{ t}$$

Containerarten:

Je nach Verwendungszweck sind verschiedenartige Container eingesetzt.

 Stahlcontainer

 Aluminium-Container

 Plywood-Container

 Kühlcontainer

 — mit integriertem Aggregat (Diesel und Elektro)

 — ohne Aggregat, zum Anschluß an ein zentrales Kühlaggregat sowohl im Schiff, als auch an Land

 Container mit offenem Dach bzw. Seitenwänden

 Container für Flüssigkeiten und Schüttgüter

 Container für Überhöhen. Diese werden auch für den Transport von PKWs oder LKWs eingesetzt.

Konstruktion: Der Container besteht aus einem Stahlrahmen, der die Kanten des Containers darstellt, und einer Verkleidung aus Aluminium, Stahlblech oder Holz. In den Ecken des Stahlrahmens befinden sich die sog. Corner-Castings, in die der drehbare Twist-Lock der Lastaufnahmemittel (Spreader) eingeführt wird.

Weiterhin dienen die Corner-Castings zum Laschen der Decks-Container.

Handling: Es existieren verschiedene technische Geräte, die den Container von allen Seiten aufnehmen können.

Bestand: Der weltweite Bestand an Containern wird 1974 mit 950000 Stück TEU angegeben.

Zuwachsraten: 1975 wird die bisher größte Steigerungsrate von 200000 Stück TEU erwartet.

Ende 1975 Total: 1150000 Stück

Diese werden sich aufteilen:

Reedereien- und andere Verkehrsträger:
                              630000 Stück

Leasing Gesellschaften: 520000 Stück.

Die Standardmaße sind 20′ und 40′ (4).

Zukunftsaussichten: Die Reedereien sind weiter bemüht, noch heute konventionell umgeschlagenes Stückgut für den Container zu erschließen.

Große Fortschritte sind bereits auf dem Gebiet der Kühlguttransporte mittels Container erzielt worden.

Auch für den Bananentransport laufen bereits Versuche, die sicher zu Erfolgen führen.

Der Container wird auch für Schüttgüter durch Zusatzeinrichtungen erschlossen. Plastiksäcke, die den Container ausfüllen, ermöglichen z.B. den Zuckertransport (5).

2.3 Seehafenterminal

Im Seehafenterminal stehen verschiedene Geräte für den Umschlag zur Verfügung. Sie sollen nachfolgend besprochen werden.

2.3.1 Containerbrücke (Portainer)

Für den Containerumschlag wurden spezielle Containerbrücken entwickelt.

Da es sich um hohe Investitionsvolumen pro Brücke handelte, mußte bereits bei der Auslegung die Zukunft sehr sorgfältig analysiert werden. Dieses ist gelungen, denn die damals konzipierten Brücken konnten auch beim Erscheinen der Containerschiffe der sog. 3. Generation sowohl von der Konstruktion als auch von den Arbeitsgeschwindigkeiten weiterhin eingesetzt werden.

Bei den Schiffen der 3. Generation sind manchmal sogar bis 5 Containerbrücken an einem Schiff zusammengefaßt. Dieses setzt voraus, daß die Konstruktionsbreite der Portale möglichst schmal gehalten wird, um an jeder zweiten Schiffszelle arbeiten zu können.

Wesentliche Bestandteile der Containerbrücke sind:

— das Portal mit Fahrwerken, das je nach notwendiger Lastverteilung sehr unterschiedlich ausfallen kann
— die Pylone zur Aufnahme der Auslegerkräfte
— der Ausleger
  wasserseitig
  landseitig
  Portalüberbrückung (Verbindung Land/Wasserseite).

Sie sollen erläutert werden.

Der Ausleger dient zur Aufnahme der Laufkatze mit den Hubwerken, die wiederum den Spreader (Lastaufnahmemittel) und den Container aufnimmt.

Abb. 4. BLG-Container-Terminal Bremerhaven. Container Brücken mit hochziehbarem wasserseitigen Ausleger.

Der wasserseitige Ausleger ist in der Regel klappbar konstruiert, um nicht mit den Schiffs-
aufbauten bei Manövern in Kollision zu geraten.

Bei besonderen äußeren Bedingungen, wie z. B. nahegelegenem Flughafen (New Jersey, Tokyo)
sind Konstruktionen mit waagerecht im Portal verschiebbaren Auslegern oder mit doppelt-
geklappten Auslegern gewählt worden.

Sowohl das Brückenfahrwerk, als auch das Katzfahrwerk wird grundsätzlich als Schienenlauf-
werk ausgeführt.

Die zuvor skizzierten Grundkomponenten sind bei allen Herstellern etwa gleich. Wesentliche
Varianten bestehen bei der Laufkatze, Anordnung der Kranführerkabine, sowie bei der Antriebs-
art (siehe Abb. 4, 5).

Abb. 5.: Containerbrücke mit waagerecht im Portal verschiebbarem Ausleger und hochliegend angeordneter Mittel-
spannungsschleifleitung.

Laufkatze: Es bestehen Lösungen mit seilgetriebener Katze und mit selbstgetriebener Katze.
Die Vorteile der seilgetriebenen Katze sind:
— geringeres Gewicht (ca. 7,5 t)
— bessere Beschleunigung
— kleinere Stoßbelastung der Getriebe durch Seilelastizität
— ein zentrales Maschinenhaus.

Die Nachteile sind:
— sehr kostspielige Seile, bedingt durch häufigen Seilwechsel und Länge.
— schwierigere exakte Positionierung.

Die Kranführerkabine wird überwiegend an der Katze, also mitfahrend angeordnet. Dieses ist
bei nicht reedereieigenen Terminals notwendig, da die Schiffe nur partiell laden bzw. löschen.

Bei reedereieigenen Terminals ist es möglich, die Kanzel fest an einem wasserseitigen Portalbein
anzuordnen (Firma Matson), da das Schiff nach den eigenen Plänen einer Reederei beladen und
entladen wird, d. h. es ist planbar, daß immer nacheinander be- und entladen wird und keine unübersehbaren Konturen durch Container auf dem Schiff entstehen.

Die am häufigsten angetroffene Versorgungsart für Containerbrücken ist die elektrische Versorgung über Schleppkabel bzw. Schleifleitung (hoch- und tiefliegend).
Die Versorgungsspannung variiert von 380 V DS bis 10 000 V DS.

Bei den heute benötigten Leistungen ist eine Versorgung mit einer noch höheren Spannung
nicht mehr wirtschaftlich.

Die Alternative zu der elektrischen Einspeisung ist der dieselelektrische Antrieb (Abb. 6).
Dieser wird aber nur eingesetzt, wenn der Terminal keine entsprechende Anschlußmöglichkeit besitzt.

Die Antriebe sind überwiegend als Gleichstommotoren ausgeführt.

Während in den besuchten USA-Häfen vielfach der Ward-Leonard-Antrieb verwendet wird,
hat sich in Europa die Leistungselektronik durchgesetzt.

Lastaufnahmemittel (Spreader): Es wurden viele Typen angetroffen, vom einfachen hand-
betätigten bis zum vollautomatischen Verstellspreader, für alle Containerlängen als auch für ISO-
und ASA-Norm. Die Eigengewichte für die unterschiedlichen Spreader reichen demzufolge von
2 bis 10 t.

Abb. 6. Anordnung des Dieselaggregats über dem Fahrwerk einer Containerbrücke.

Die Spreader sind überwiegend so konzipiert, daß die Antriebe der Betätigungsorgane hydraulisch arbeiten und von einem spreadereigenen Hydraulikaggregat versorgt werden.

Die elektrische Versorgung, sowie die Übertragung der Befehls- und Meldesignale werden über ein Hängekabel mit Festpunkt an der Katze vorgenommen.

Die Bedienung erfolgt beim Automatikspreader ausschließlich vom Kranführer aus der Kanzel. Eine Sonderkonstruktion stellt der sog. Acht-Punkt-Spreader dar.

Dieser Spreader ist mit einer hochklappbaren Mittelkonsole zur Aufnahme von Twist-Locks ausgerüstet.

Bei heruntergeklappter Mittelkonsole ist es möglich, mit einem Hub zwei 20′ Container zu bewegen. (Sog. Twin-Twenty-Verfahren).

Zu erwähnen bleibt, daß es auch Containerbrücken mit zwei getrennten Laufkatzen gibt, die ebenfalls im Twin-Twenty-Verfahren arbeiten.

Mechanisierung: Von verschiedenen Herstellern wird eine Krantechnik angeboten, durch die einzelne Elemente bei Bedarf automatisiert werden können.

Der Grund für die Mechanisierung ist die Entlastung des Kranführers und die Beschleunigung des Umschlages. Diese kann durch die nachfolgend beschriebenen Komponenten erzielt werden.

a) Anti-Sway-System:
Zwei Anti-Sway-Systeme sind im Einsatz

1. Messung des Seilwinkels und entsprechende Ausregelung der Katzfahrmotoren (nur bei selbstgetriebenen Katzen).

2. Vergrößerung der Seilfestpunktbasis durch Anordnung einer zweiteiligen Katze (Abb. 7). Bei Verlassen der Schiffszellen werden beide Katzhälften ca. 2 m auseinandergefahren.

   Vor Wiedereinfahren in die Schiffszelle erfolgt ein automatisches Zusammenfahren (in der Höhe verstellbar) beider Katzen.

Abb. 7. Anti-Sway System Ausführung, geteilte Laufkatze, auseinanderfahrbar (Blick von unten).

b) Zielpunktsteuerung: Mit Hilfe eines einfachen Prozeßrechners wird dem Kranführer das Anfahren der Schiffszelle sowie das Positionieren über dem Landabstellplatz abgenommen.

Darüber hinaus ist es möglich, auch die Höhenpositionierung in die Automatik einzubeziehen. Dieses ist von großem Vorteil, da bei Einfahrt des Spreaders in eine Schiffszelle mit einem Container (Beladung) der Kranführer die freie Höhe in der Zelle nicht mehr abschätzen kann. (Beschädigungen bzw. Zeitverlust können die Folge sein.)

Die Zielpunktsteuerung befindet sich auf dem Terminal ITS in Long Beach (Kalifornien) bereits in der Realisierungsphase. Mit einer Inbetriebnahme wird Mitte 1975 gerechnet.

Eine Weiterentwicklung des Systems würde die On-Line Verbindung mit einem zentralen Terminalcomputer darstellen, in Verbindung mit einem automatischen Container Identifikations-System.

In der Praxis sind die aufgezeigten technisch machbaren Mechanisierungsstufen bei Containerbrücken nur in den Anfängen erkennbar.

Nur die vorgenannte Anti-Sway-Einrichtung ist vielfach installiert, findet jedoch nicht immer Anwendung, da von geschickten, erfahrenen Kranführern diese Bewegung manuell ausgeregelt wird.

2.3.2 Van Carrier

Der Van Carrier oder Portalhubwagen besteht im wesentlichen aus einem verfahrbaren Portal mit einem Lastaufnahmemittel, dem Spreader.

Der Antrieb erfolgt autark, primär mit einem Dieselmotor, der entweder das Fahrwerk und die Hubeinrichtung mechanisch antreibt oder aber über einen nachgeschalteten Hydraulikgenerator, der dann das Fahrwerk und das Hubwerk hydraulisch antreibt.

Es sind Geräte für die 2- und 3-lagige Container-Stapelung im Einsatz.

Die verwendeten Spreader sind ähnlich denen der Containerkrane aufgebaut und auch in der Lage, verschiedene Containergrößen aufzunehmen (von 20′ bis 40′).

Aufgrund seiner Struktur ist der Van Carrier überwiegend eine Mischung aus Hubgerät und Fahrzeug.

Die Geräte haben für bestimmte Anwendungsgebiete gute Zukunftschancen, allerdings ist man allseitig bemüht, die Kosten der Unterhaltung zu senken.

Die Entwicklung wird zu einem sehr einfachen, wartungsarmen kostengünstigen Gerät führen, bei dem der mechanische Fahrantrieb an Bedeutung gewinnt. Außerdem besteht die Tendenz, verstärkt die Van Carrier einzusetzen, die 40′ Container 3-hoch stapeln können.

2.3.3 Gabelstapler

Der Stapler nimmt im Container-Umschlag ständig an Bedeutung zu. Vor allem für die Bewegung von Leer-Containern wird er verstärkt eingesetzt, weil er günstiger in den Investitions- und Unterhaltungskosten ist. Hinzu kommt, daß beim Leer-Container-Handling, bei dem der Zufalls-Zugriff überwiegend keine Rolle spielt, der Gabelstapler eine platzsparende Blockstapelung (3-lagig) durchführen kann.

Außerdem ist es in Sonderfällen möglich, auch beladene 40′ Container mit Gabelstaplern zu bewegen.

Für die Aufnahme des Containers stehen verschiedenartige Möglichkeiten zur Verfügung:

— Einsatz mit Gabeln, da einige Container im Bodenbereich mit Taschen zur Aufnahme der Gabeln ausgerüstet sind.

— Ausrüstung der Stapler mit Toprahmen zum Anschlagen des Containers von oben.

— Ausrüstung des Staplers mit Seitenrahmen zur Aufnahme des Containers von der Seite.

— Ausrüstung des Staplers mit Stirnrahmen zur Positionierung des Containers um die Längsachse z.B. Drehen für Reparaturzwecke (bis 40′ Länge möglich).

2.3.4 Transtainer

Der Transtainer stellt technisch eine Lösung zwischen Van Carrier und Brückenkran dar.

Die wesentlichen Bauelemente sind:

— Portal mit Fahrwerk, Führerkabine und Antriebssystem

— Laufkatze mit Hubwerk und Spreader zur Aufnahme der Container.

Je nach Einsatzzweck, werden verschieden geführte Transtainer verwendet.

— gummibereifte Transtainer

— schienengebundene Transtainer.

Der gummibereifte Transtainer hat den Vorteil größerer Flexibilität, eignet sich aber nur bedingt zur Automatisierung.

Der schienengebundene Transtainer eignet sich durch die exakte Schienenführung für die Automatisierung, da die Übertragung von Informationssignalen induktiv oder über Schleppkabel unproblematisch ist. Außerdem werden problemlose elektrische Antriebe eingesetzt, die über Schleppkabel (380 V — 10 kV) versorgt werden und exakt geregelt werden können.

Übliche Geschwindigkeiten:

Fahrwerk: bis 150 m/min

Hubwerk: ca. 60 m/min

Katzfahrwerk: bis 150 m/min

Übliche Spannweiten:

Gummibereifter Transtainer: ca. 12 m

Schienengebundener Transtainer: ca. 40 m

Die Transtainer sind wartungsarme Geräte, die in Zukunft dann verstärkt eingesetzt werden, wenn unausweichliche Kapazitätsprobleme in den Terminals auftreten.

Ferner hat sich gezeigt, daß keine Notwendigkeit besteht, Transtainer zu bauen, die höher als 5-lagig stapeln können, weil selten Container in einem Terminal zusammen kommen die vom Typ, dem Hafenplatz und der Gewichtsklasse in einem derartigen 5er Block eingestapelt werden können. Diese Feststellung gilt jedoch nicht für Leer-Container.

2.3.5 Chassis-LKW

Zum Transport der Container auf den Straßen werden Chassis verwendet.

Weiterhin finden diese Chassis teilweise Anwendung für den Transport in Terminals, sofern es sich um längere Wege handelt oder aber eine Reederei bzw. Terminal sich konsequent für das Chassis-System entschieden hat.

Grundsätzlich werden zwei Arten von Chassis unterschieden:

a) Straßenchassis

b) Terminalchassis

Die sog. Straßenchassis sind für öffentliche Straßen zugelassene Chassis für den Transport von einem 40′ oder zwei 20′ Containern, bzw. Zwischengrößen von 30′ und 35′.

Sie sind mit Twist-Locks ausgerüstet, die eine Verriegelung des aufgesetzten Containers mit dem Chassis ermöglichen.

Die Terminalchassis werden ausschließlich für den Transport von Containern auf dem geschlossenen Terminal eingesetzt.

Es handelt sich um sehr einfache Konstruktionen mit z. T. ungefederten, starren Achsen.

Die Ankupplung an die Zugmaschine erfolgt über automatische Kupplungen, so daß keine zusätzliche Person erforderlich ist und der Fahrer der Zugmaschine sein Führerhaus nicht verlassen muß.

Zum automatischen Aufsetzen des Containers auf das Chassis werden z. B. muldenförmig ausgebildete Auflagen verwendet, die bei nicht exakt positionierter Katze ein „Hineinrutschen“ des Containers bewirken. Durch diese Vorkehrung wird das Personal für die Zentrierung des Containers und das Betätigen der Twist-Locks eingespart (Abb. 8).

Eine weitere Möglichkeit des Zentrierens von Containern auf einem Chassis besteht darin, daß vom Truckfahrer bei Erreichen einer bestimmten Position auf Knopfdruck Führungsschienen aus dem Portal der Containerbrücke hydraulisch ausgefahren werden (Abb. 9).

In diesen Führungsschienen gleitet der Container auf das durch Leitlinien längspositionierte Chassis.

Der jeweilige Einsatz einer Variante hängt vom Arbeitssystem im Terminal ab. Die Reederei Sea-Land z. B. verwendet nur Chassis mit Twist-Locks.

Abb. 8. Terminal-Transport-Chassis mit muldenförmiger Auflage ohne Twist-Locks (BLG Bremerhaven).

Abb. 9. Container-Zentrierhilfen an einer Containerbrücke für die Beladung von normalen Chassis mit Twist-Locks.

2.4 Zusammenfassung

Es wurde darauf hingewiesen, daß das Containerschiff die dominierende Stellung im Containerverkehr einnimmt und alle weiter aufgezeigten Komponenten beeinflußt, wenn sich seine Konzeption ändert. Dies wird jedoch nicht vor Ablauf der nächsten 10 Jahre geschehen.

Bis dahin werden die heute bekannten Gabelstapler, Van Carrier etc. im Umschlagsgeschehen weiter angewendet. Allerdings wird von den Benutzern stärker darauf geachtet werden, die Unterhaltungs- und Wartungskosten einzuschränken. Aus diesem Grunde sind einige Veränderungen an der Grundkonzeption der heute bekannten Komponenten zu erwarten.

Deutlich wird dies bei den Van Carriern, bei denen sich der mechanische Fahrantrieb gegenüber dem hydraulischen aus diesen Gründen weltweit durchsetzt.

3. Auslegung des Seehafenterminals

3.1 Auslegungsparameter

Zunächst soll auf die Faktoren eingegangen werden, welche die Entwicklung eines Terminals in eine ganz bestimmte Richtung drängen oder die für eine Begrenzung der Umschlagsleistung des Terminals ausschlaggebend sind.

3.1.1 Schiffsliegeplatz

Der Schiffsliegeplatz kann für die Umschlagsentwicklung zum dominierenden Faktor werden, wenn das Verkehrsaufkommen größer ist, als Liegeplatz bereitgestellt werden kann und weitere Ausbaumöglichkeiten fehlen.

Um diesen Engpaß auszuschließen, ist es möglich, mehrere Containerbrücken an einem Schiff arbeiten zu lassen. Damit können die Hafenzeiten der Containerschiffe erheblich reduziert werden.

Dieses Verfahren wird speziell in den Terminals angewendet, die von Reedereien selbst verwaltet werden. In den besuchten Sea-Land und Matson-Terminals waren des öfteren 4 Containerbrücken an einem Schiff eingesetzt. Das geschah aber nicht nur um den Liegeplatz, sondern auch um das reedereieigene Schiff besser auszunutzen.

Nach dem heutigen Stand der Erkenntnis ist es möglich, über einen mit 2 Containerbrücken ausgerüsteten Liegeplatz für Containerschiffe der 3. Generation (350 m) pro Jahr ca. 120 000 Container (TEU) umzuschlagen. Diese Werte werden in Hongkong und Kobe erreicht, setzen aber einen sehr guten Informationsstand voraus.

Als oberer Grenzwert werden ca. 150 000 Container (TEU) angesehen.

3.1.2 Stellflächenkapazität

Bedingt durch die hohen Zuwachsraten im Containerverkehr sind einige Terminals in Kapazitätsschwierigkeiten in bezug auf die Stellfläche gekommen. So besteht bei Kapazitätsengpässen einmal die Möglichkeit, den Durchsatz der Container/Zeiteinheit zu erhöhen, um die Stellplätze wieder freizubekommen. Ferner kann man das technische System verändern, da die Kapazität der Stellfläche immer im Zusammenhang mit den in den Terminals angewandten Umschlagssystemen zu sehen ist. So wird ein Terminal, der die Stapelung der Container z. B. mit Van Carriern betreibt, eher Möglichkeiten besitzen, die Kapazität an Stellplätzen auszubauen, als der Terminal, der schon mit dem Transtainer die Container einstapelt.

Welche Möglichkeiten der Kapazitätsausweitung durch Systemänderungen gegeben sind, soll später vergleichsweise dargelegt werden.

Besondere Maßnahmen zur Erhöhung der Durchsatzgeschwindigkeit der Container werden nicht erörtert, weil diese weniger von der effektiven Arbeitsweise des Terminals, sondern vielmehr von den Kunden beeinflußt werden. Jedoch sollte ein Terminal, der in Kapazitätsschwierigkeiten kommt, derartige Möglichkeiten zunächst auszuschöpfen versuchen.

3.1.2.1 Grundsätzliche Überlegungen zum Faktor Stellfläche

Aus der Vielzahl der für den Containertransport entwickelten Flurförderzeuge haben sich Chassis, Van Carrier, Gabelstapler und Transtainer als wirtschaftlich und leistungsfähig erwiesen, was zu einer weltweiten Anwendung dieser Systeme geführt hat.

Diese vier Systeme sollen untersucht werden.

Um zu einer Aussage zu kommen, welches dieser Systeme eine Fläche in welchem Maße ausnutzt, muß die Größe dieser Fläche vorgegeben werden. Als Einheit wird beispielsweise ein Rechteck von 12 500 m² gewählt, dessen Kantenlängen $a = 200$ m und $b = 62,5$ m betragen.

Sämtliche Aussagen beziehen sich auf den 20′-Container, mit den Maßen der Länge $a = 6,06$ m und der Breite $b = 2,44$ m. Aussagen über die Wirtschaftlichkeit der untersuchten Systeme werden nicht gemacht, weil das von den Gegebenheiten in den einzelnen Terminals abhängt.

3.1.2.2 Chassis-System

Dieses System ist dann sinnvoll, wenn die gesamte Transportkette des Containers zu einer Gesellschaft gehört. Dieser Spezialfall ist bei Sea-Land gegeben. Für diese Untersuchung soll nur dargelegt werden, wie die beispielhaft ausgewählte Fläche kapazitätsmäßig genutzt wird.

Kapazität der Einheitsfläche:

Die Berechnungen gehen davon aus, daß für ein 40′-Chassis (Länge 12,19 m) und eine Zugmaschine insgesamt ein 15 m langer Stellplatz benötigt wird.

Die Breite des Parkplatzes wird im allgemeinen mit 3,0 m ausgelegt, so daß neben dem Chassis auf beiden Seiten 0,28 m Freiraum bleibt.

Die Breite der inneren Fahrbahn ist mit 17,5 m ausgelegt.

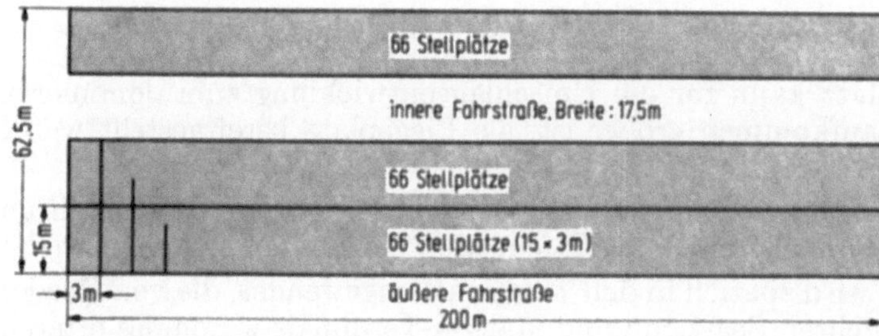

Abb. 10. Stellplatzanordnung für das Chassis-System auf der Einheitsfläche.

Wählt man die in Abb. 10 dargestellten Chassisaufstellung, muß erwähnt werden, daß u. a. die Chassis von der parallel zur längeren Rechteckseite verlaufenden äußeren Straße abgezogen werden können.

In der dargestellten Weise ließen sich 198 Chassis aufstellen.

Geht man davon aus, daß sich auf den 40′-Chassis 2 Stück 20′-Container abstellen lassen, erhält man die maximale Kapazität von 396 Containern.

Sea-Land erreicht diese Zahl nicht, da deren Container 35′ lang sind.

In Abb. 11 ist dieses Prinzip in der Praxis dargestellt. Es handelt sich um den ITS Terminal Long Beach.

Dieser Terminal ist vertraglich verpflichtet, für einige Reedereien Chassisstellplätze bereitzuhalten.

Abb. 11. Terminal ITS, Long Beach. Stellplatzanordnung für Chassis.

3.1.2.3 Van Carrier-System

Der Vorteil des Van Carrier-Systems besteht darin, daß es sehr flexibel eingesetzt werden kann.

Bei diesem System muß zwischen den einzelnen Containerreihen eine Fahrstraße bestehen bleiben. Sie hat im allgemeinen eine Breite von 1,56 m. Damit nimmt der einzelne Container einen Platz von $6,06\,\mathrm{m} \cdot (2,44\,\mathrm{m} + 1,56\,\mathrm{m}) = 24,24\,\mathrm{m}^2$ ein.

Kapazität der Einheitsfläche:

Es lassen sich 50 Containerreihen bilden. Jede einzelne Reihe nimmt maximal 10 Container auf, so daß 500 Container abgestellt werden können.

Die Aufstellung der Container ist aus Abb. 12 ersichtlich.

In Abb. 13 ist die Aufstellung der Container im Matson Terminal Oakland wiedergegeben. Man erkennt deutlich, daß die Container 2-lagig gestapelt werden. Begünstigt wird das, weil die Van Carrier in der Lage sind, mit einem Container über zwei aufeinanderstehende Container hinwegzufahren.

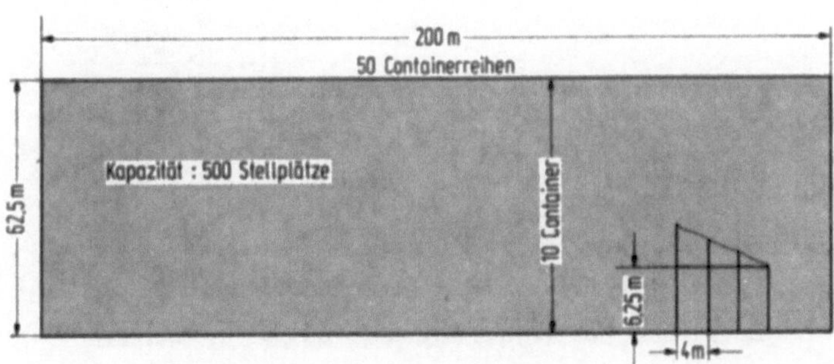

Abb. 12. Stellplatzanordnung für das Van Carrier-System auf der Einheitsfläche.

16 A

Abb. 13. Terminal Matson, Oakland. Stellplatzanordnung für das Van Carrier-System.

3.1.2.4 Gabelstapler-System

Dieses System erweist sich dann als vorteilhaft, wenn Container blockweise gestapelt werden können. Das ist im allgemeinen nur bei leeren Containern möglich, wenn der Containertyp das Kriterium für den Block bildet (s. Abb. 14).

Kapazität der Einheitsfläche:

Bei der Länge von 200 m lassen sich 30 Blöcke bilden (200/6,56 m).

Die Blockbreite beträgt 6,56 m, weil zwischen den Containern, aus arbeitstechnischen Gründen, ein Freiraum von 0,5 m bleiben muß. Jeder einzelne Block kann in der unteren Lage aus 7 Containern bestehen. Dadurch nehmen die Flächen neben der Fahrbahn je 210 Container maximal auf; insgesamt demnach 420 Container. Es ließen sich auf der Einheitsfläche von 12 500 m² 781 Container einstapeln, wenn die mittlere Fahrstraße von 200 m Länge und 28,34 m Breite ebenfalls als Stellfläche benutzt wird, da die Grundfläche für einen Containerabstellplatz 16 m² beträgt.

$$(12\,500\;/\;(2{,}44\,\text{m} \cdot (6{,}06\,\text{m} + 0{,}5\,\text{m})) = 781)$$

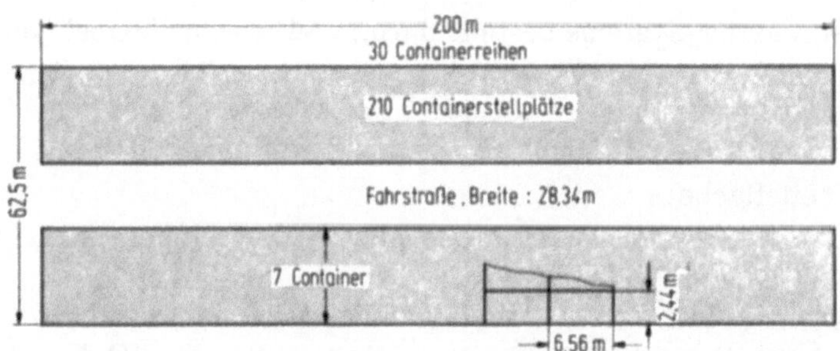

Abb. 14. Stellplatzanordnung für das Gabelstapler-System auf der Einheitsfläche.

Abb. 15. Terminal STA, Göteborg. Stellplatzanordnung für das Gabelstapler-System.

Das ist jedoch nur dann möglich, wenn sehr viele Container des gleichen Typs im Terminal sind. Da dies nicht der Regelfall ist, wird dieser Fall in den weiteren Berechnungen nicht berücksichtigt.

In Abb. 15 ist ein Gabelstapler dargestellt, der im Terminal von Göteborg 40′-Container einstapelt. Die Einteilung der Containerblocks ist variabel und kann den speziellen Gegebenheiten im Terminal angepaßt werden.

3.1.2.5 Transtainer-System

Dieses System nutzt die Stellfläche optimal (s. Abb. 16). Voraussetzung für den optimalen Einsatz dieses Systems ist allerdings ein guter Informationsstand.

Kapazität der Einheitsfläche:

Es wird davon ausgegangen, daß ein Transtainer die Breite von 30 m überspannt, so daß insgesamt 11 Containerstellplätze in der unteren Lage existieren.

$$((2,44\,m + 0,16\,m) \cdot 11 = 28,6\,m)$$

Der Zwischenraum von 0,16 m zwischen zwei Containern ist beim Transtainerstau nötig.

Bringt man diesen Zwischenraum auch für die Längsrichtung des Containers in Ansatz, lassen sich auf 200 m Länge 32 Containerreihen bilden.

$$(200\,m \,/\, (6,06\,m + 0,16\,m) = 32)$$

Demnach beträgt die Kapazität für eine vom Transtainer bediente Fläche 352 Container. Die Gesamtfläche kann demnach 704 Container aufnehmen.

Außerdem wird davon ausgegangen, daß die Transtainer die Container von den Fahrbahnen aufnehmen, welche sich parallel zu den längeren Rechteckseiten hinziehen.

In Abb. 17 ist dieses System dargestellt. Im Terminal ITS, Long Beach, werden die Container von gummibereiften Transtainern bis zu 4 Lagen übereinander gestapelt. Dabei ist es dann noch

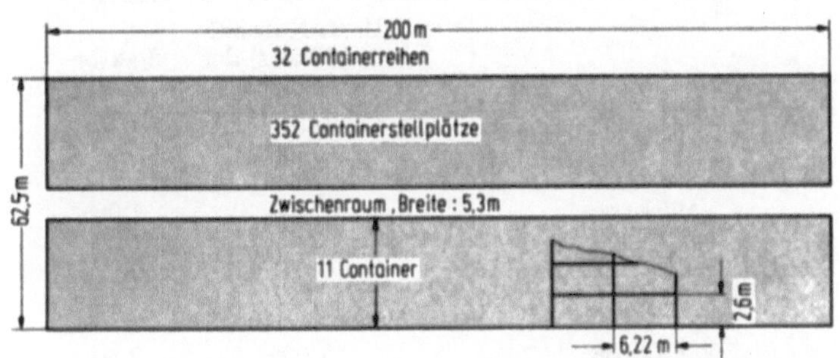

Abb. 16. Stellplatzanordnung für das Transtainer-System auf der Einheitsfläche.

Abb. 17. Terminal ITS, Long Beach. Stellplatzanordnung für das Transtainer-System (reifengebunden).

möglich, einen Container über diesen Block hinweg zu befördern. Die Container werden dem Transtainer mittels LKW und Chassis zugeführt.

Eine mögliche Einstapelbreite muß bei dieser technischen Lösung als Fahrbahn freigehalten werden.

3.1.2.6 Zusammenfassung

Es ergibt sich die Kapazität für die Einheitsfläche, wenn die Container nur in einer Lage gestaut werden:

	Kapazität	Faktor
Chassis	396 C	0,79
Van Carrier	500 C	1,00
Gabelstapler	420 C	0,84
Transtainer	704 C	1,4

Die Bildung des Faktors hat den Zweck, die für die speziellen Systeme geschilderten Kapazitätsgrößen in ihrer Aussage zu verallgemeinern und auf das Van Carrier-System zu beziehen.

Das ist deshalb getan worden, weil sehr viele Terminals das Van Carrier-System anwenden und sich so im Vergleich zum Transtainer-System Aussagen über die Möglichkeiten der Kapazitätserweiterung gewinnen lassen.

Das Chassis-System und das Dieselgabelstapler-System sind ohnehin nur als Spezialfälle für bestimmte Einsatzbereiche zu sehen und damit als Bezugspunkt nicht geeignet.

Es kann gesagt werden, daß bei 1-lagiger Containerstapelung das Transtainer-System 40% mehr Container aufnimmt als das Van Carrier-System.

Bei mehrlagiger Stapelung erhält man folgende Vergleichswerte:

	Cont.-Kapazität (20′ Basis) der Einheitsfläche	Faktor
1-lag. Stapelweise		
Chassis	396	0,79
Van Carrier	500	1,00
Gabelstapler	420	0,84
Transtainer	704	1,40
2-lag. Stapelweise		
Van Carrier	1 000	2,00
Gabelstapler	820	1,68
Transtainer	1 408	2,80
3-lag. Stapelweise		
Van Carrier	1 500	3,00
Gabelstapler	1 260	2,52
Transtainer	2 112	4,22

Daraus wird deutlich, daß ein Terminal bei einer 3-lagigen Stapelweise des Transtainer-Systems seine Kapazität auf 422% erhöhen kann, wenn man davon ausgeht, daß nach dem Van Carriersystem gearbeitet wird und man 1-lagig stapelt.

Eine durchschnittlich 3-lagige Stapelweise im Transtainer-System ist jedoch nur dann zu erzielen, wenn die Container mindestens in 4 Lagen übereinander abgesetzt werden können und ferner die Möglichkeit besteht, einen Container darüber hinweg zu befördern.

Der hohe Flächennutzungsfaktor von 4,22 wird sich jedoch nicht immer erzielen lassen, weil die Stellplatzkapazität und die Funktion der jeweiligen Fläche eng miteinander verknüpft sind.

Um daher die mögliche Stellplatzkapazität eines Terminals festzustellen, müssen die Bereiche Export, Import, Leerlager, Reparaturlager und Packhalle gesondert untersucht werden.

Das Chassis-System wird nicht weiter verfolgt, weil es einen Sonderfall darstellt. Außerdem sind keine weiteren Möglichkeiten zur Erhöhung der Stellplatzkapazität ersichtlich, da eine mehrlagige Stapelung nicht möglich ist.

3.1.2.7 Möglichkeiten der verbesserten Flächenausnutzung in Abhängigkeit von der Flächenfunktion

Je nach Bestimmungszweck der Flächen und der damit verbundenen Arbeitsweise ergeben sich andere Möglichkeiten der Flächennutzung.

3.1.2.7.1 Export-Fläche

Die verbesserte Auslastung der Exportfläche hängt im wesentlichen von der dem Terminal zufließenden Information über den Container ab. Tritt hier keine Verbesserung ein, wäre man dennoch in der Lage, die Kapazität dieser Fläche um 40% zu steigern, wenn man konsequent die Transtainerlösung vorsieht und wie im Van Carrier-System 1-lagig stapelt. Da jedoch alle am Containerumschlag beteiligten sich bemühen, den Informationsfluß zum Container-Terminal zu verbessern, kann davon ausgegangen werden, daß im Durchschnitt im Exportbereich 2-fach übereinander gestapelt wird. Bei Anwendung des Transtainer-Systems ergibt sich gegenüber dem Van Carrier-System (2-lagig) eine Kapazitätserweiterung um 40%.

Es soll nicht unerwähnt bleiben, daß Van Carrier in der Lage sind, den Exportbereich zu bearbeiten, wenn die 20′-Container 2-fach übereinander gestapelt werden. Im Terminal von Halifax sind 20′-Container 2-fach im Exportsektor gestapelt.

In Kobe und Hongkong werden 40′-Container im Exportstock in 3 Lagen von Van Carriern gestapelt.

Abb. 18. Terminal Unitcentre, Rotterdam. Containerstapelung im Transtainer-System.

Das ist jedoch nicht der Normalfall. Wendet ein Terminal das Van Carrier-System an, ist damit gewährleistet, daß Kapazitätserhöhungen möglich sind.

Erst bei gutem Informationsstand kann dann sukzessiv eine Änderung des technischen Systems erfolgen.

Der Faktor 2,0 kann mit dem Van Carrier-System erreicht werden.

Um eine vorgegebene Exportfläche jedoch optimal zu nutzen, bleibt nur die Transtainerlösung. Sollte für den Exportbereich in späterer Zeit die Fläche zum Engpaß werden, wird man den Faktor 4,22 für die Flächennutzung erzielen können.

Das in Abb. 18 dargestellte System gibt den Terminal Unitcentre, Rotterdam, wieder, in dem dieses System angewendet wird.

3.1.2.7.2 Import-Fläche

Prinzipiell gelten für die Import-Fläche die gleichen Erkenntnisse wie für die Export-Fläche, in bezug auf die Auslegung des technischen Systems und der damit verbundenen Arbeitsweise. Die beste Flächenausnutzung stellt zweifellos die Transtainerlösung dar, doch lassen sich die praktischen Gegebenheiten damit nicht immer in Einklang bringen.

Generell ziehen die Kunden ihre Container aus diesem Sektor nicht so ab, daß planvoll vorgestaut werden kann, es sei denn, die Terminals würden den Kunden vorgeben, welche Container zu welchem Zeitpunkt abgeholt werden dürfen.

Um Umstaubewegungen größeren Ausmaßes zu vermeiden, wird im Importsektor nur in einer Lage eingestaut. Damit jedoch auch hier die Flächenausnutzung verbessert wird, läßt sich das Transtainer- oder Van Carrier-System einsetzen. Wird auf jeden zweiten am Boden stehenden Container ein Container aufgesetzt und läßt sich die dargestellte Anordnung der Containerstapelweise einhalten, wird jeder dritte Container doppelt bewegt, wenn die Importfläche immer wieder aufgefüllt wird. Geschieht dies nicht, sind die Umstauverhältnisse noch günstiger.

Nach Kapitel 3.1.2.6 können auf der Einheitsfläche 704 Container eingestapelt werden, wenn das Transtainersystem eingesetzt wird. Bei Einführung der angegebenen Stapelweise, können 50% mehr Container eingestaut werden. Diese 1056 Container stellen damit eine erhebliche Steigerung der Kapazität der Import-Fläche dar.

Bis aber das Transtainersystem für diesen Sektor konzipiert ist, kann mit der Van Carrier-Arbeitsweise und den damit verbundenen ähnlichen Stapelverhältnissen gearbeitet werden.

Für den 20′-Container ließe sich die Einstapelung nach der dargestellten Weise jedoch nur vollziehen, wenn Van Carrier eingesetzt werden, die einen Container über zwei übereinander stehende bewegen können. Der Ausnutzungsfaktor ließe sich dann auf 1,50 steigern.

Es muß jedoch erwähnt werden, daß die Terminals mit Kapazitätsproblemen auch heute im Import-Sektor mehrlagig stapeln. Der Vorteil der Kapazitätserhöhung wird dabei mit dem Nachteil der erhöhten Kosten durch Umstapelvorgänge erkauft.

3.1.2.7.3 Leerlager

Wegen der Knappheit der vorhandenen Fläche würde sich auch auf diesem Sektor die Transtainerlösung anbieten.

Wirtschaftliche Gesichtspunkte und die Möglichkeit des Stauens nach Containertypen geben jedoch meistens der Gabelstaplerlösung den Vorrang.

Nach heutiger Kenntnis stapelt lediglich der Teminal Unitcentre in Rotterdam die Leer-Container gezielt mit Transtainern ein, weil dort besondere Lagerplatzengpässe bestehen.

Da im Leerlager mit dem Gabelstapler-System gearbeitet werden kann, ist ein neues System erst nötig, wenn das Leerlager voll belegt ist. Der Flächenfaktor würde dann von 2,52 für das Gabelstapler-System auf 4,22 für das Transtainer-System steigen. Eine 4-lagige Stapelweise wäre auch noch zu vertreten.

In Abb. 19 (Terminal Boston) ist das Leer-Containerlager dargestellt, welches mit einem Gabelstapler arbeitet, der mit einer entsprechenden Aufnahmevorrichtung versehen ist.

Abb. 19. Terminal Mystic, Boston. Containerstapelung im Gabelstapler-System.

3.1.2.7.4 Reparaturlager

Der Reparaturlagerplatz, sofern er sich im Terminal befindet, stellt besondere Probleme.

Einmal sollte jeder einzelne Container nummernmäßig verfügbar sein, wenn der Kunde ihn inspizieren will bzw. wenn er repariert werden soll.

Ferner muß zwischen den abgestellten Containern ein Abstand von mindestens 1 m bleiben, damit die Türen für Innenreparaturen geöffnet werden können, was zwangsläufig zu einer schlechteren Flächenausnutzung führt.

Wirtschaftlich vertretbar ist daher nur die 1-lagige Stapelweise im Van Carrier-System.

Leichtere Reparaturen könnten direkt auf dem Stellplatz ausgeführt werden, ohne daß eine Zwischenbewegung notwendig wird.

Bei schweren Beschädigungen muß der Transport des Containers in die Reparaturwerkstatt erfolgen, so daß nur ein Zwischentransport anfällt.

Jede andere Handhabung von Reparaturcontainern mit anderen Systemen bringt eine Vielzahl von Umstaubewegungen mit sich, denn diese Container müssen nummernmäßig verfügbar sein.

Ganz besonders nachteilig wirkt sich hier das Gabelstaplersystem aus, mit welchem das blockweise Einstapeln von Containern vorgenommen werden kann. Mit steigender Tiefe des Blockes wachsen die Umstauvorgänge, wenn ein Container nummernmäßig geordert wird. Solange keine akuten Kapazitätsprobleme auf dem Terminal existieren, wird daher die 1-lagige Van Carrier-Stapelung zu empfehlen sein.

Wenn keine Möglichkeit in bezug auf die Erweiterung der Kapazität besteht, ließe sich bedingt das Transtainer-System einsetzen.

Der Vorteil der Kapazitätserweiterung wird dann mit dem Nachteil der Zwischenbewegung erkauft.

3.1.2.7.5 Stellflächen an den Packhallen

Um die Packhallen befinden sich Flächen, auf denen Container abgestellt werden, die be- oder entpackt werden sollen.

Man kann heute davon ausgehen, daß in diesen Bereichen die Container auch weiterhin nur 1-lagig abgestellt werden, so daß der Flächennutzungsfaktor als 1,0 angesetzt werden kann.

Dies ist aus Abb. 20 ersichtlich, die vom Matson Terminal in Oakland stammt.

Der Terminal arbeitet mit dem Van Carrier-System. Es ist nicht möglich, die Container für die direkte Bedienung in 2 Lagen vor der Halle bereitzustellen.

Abb. 20. Terminal Matson, Oakland. Containerstellplatz an der Packhalle.

3.1.2.8 Zusammenfassung

Es wurde für die einzelnen Flächenfunktionen diskutiert, welche wirtschaftlich sinnvollen Arbeitsmöglichkeiten heute und zukünftig existieren.

Den Flächen wurde dann das jeweilig ermittelte technische System zugeordnet, welches in der Lage ist, die Flächenkapazität zu steigern.

Flächenfunktion	ohne Kapazitätsengpaß		mit Kapazitätsengpaß	
	System	Faktor	System	Faktor
Exportfläche	VC	2,0	T	4,22
Importfläche	VC	1,0	T	2,11
Leerlager	GS	2,52	T	4,22
Reparaturlager	VC	1,0	T	4,22
Hallenfläche	VC	1,0	VC	1,0

(VC = Van Carrier, T = Transtainer, GS = Gabelstapler)

Der Faktor gibt die Steigerung der Stellplatzkapazität gegenüber der 1-lagigen Stapelung mit dem Van Carrier auf einer Einheitsfläche an.

Ferner ist es möglich, mit Hilfe dieser Faktoren, zu bestimmen:

Wie groß muß für eine vorgegebene Containerstückzahl die Container-Stellfläche sein (in Abhängigkeit vom technischen System und der Flächenfunktion)?

Wieviel Container können auf einer vorgegebenen Fläche eingestaut werden (in Abhängigkeit vom technischen System und der Flächenfunktion)?

Dazu ist folgende formelmäßige Darstellung zu verwenden:

$$\text{Kapazität} = \frac{\text{Flächengröße (m}^2)}{12\,500\ (\text{m}^2)} \times 500 \times \text{Faktor}$$

Darin bedeutet:

Kapazität	= Kapazität in Containern (TEU)
Flächengröße (m²)	= Es ist die zur Verfügung stehende oder gesuchte Flächengröße einzusetzen (m²)
12 500	= Größe der Einheitsfläche in m²
500	= Kapazität der Einheitsfläche in Container bei 1-lagiger Stapelweise nach dem Van Carrier-System (20′)
Faktor	= Es sind die Faktoren zu verwenden, die in Abhängigkeit vom technischen System und der Flächenfunktion ermittelt wurden.

Nach diesen Feststellungen wird deutlich, daß die Containerterminals, die mit dem Van Carrier-System arbeiten, durch Änderung des technischen Systems die Möglichkeit haben, ihre Stellplatzkapazität zu erhöhen, wenn sie keinen Flächenzuwachs mehr erwarten können.

Das Maß der Kapazitätserhöhung ist jedoch abhängig von der jeweiligen Flächenfunktion und der Flächengröße (m²).

Die Möglichkeiten der Kapazitätserhöhung bestehen für diejenigen Terminals nicht, die heute schon nach dem Transtainer-System arbeiten. Für sie wird die nicht vorhandene Fläche zum eingrenzenden Faktor, in bezug auf die Umschlagsleistung, wenn nicht andere Lagersysteme eingesetzt werden können.

3.1.3 Informationsübertragung

Es wurde schon darauf hingewiesen, daß der Containertransport auf dem Terminal Informationen benötigt und hervorruft, welche übertragen werden müssen.

Werden die Terminals nach dem Van Carrier-System bearbeitet, bleibt als Informationsträger der an bestimmte Frequenzen gebundene Sprechfunkverkehr. Es hat sich nun in einigen dichter besiedelten Gebieten Japans und Europas die Schwierigkeit herausgestellt, Frequenzen in genügender Anzahl für den Terminal zur Verfügung gestellt zu bekommen.

Als Erfahrungswert hat sich ergeben, daß maximal vier Van Carrier über eine Frequenz sinnvoll gelenkt werden können.

Störungen des Funksprechverkehrs und Überlagerungen der Frequenzen mindern die Effektivität.

Sehr große Behinderungen des Transports der Container auf dem Terminal ergeben sich, wenn keinerlei Sprechfunk mehr zu den Van Carriern möglich ist. In diesem Fall müßte ein technisches System konzipiert werden, welches andere Möglichkeiten der Datenübertragung bietet.

Das schienengebundene Transtainer-System bietet eine Möglichkeit.

3.1.4 Arbeitskräftepotential

Die beschriebenen technischen Komponenten des Container-Transportsystems, wie Zugmaschinen, Gabelstapler, Van Carrier, Transtainer etc., verlangen geschultes Wartungspersonal.

Als sehr wartungsarm haben sich die Transtainer erwiesen.

Setzt man vergleichsweise den Personalaufwand zur Wartung der Transtainer gleich 1, so kann als Erfahrungswert aus Gesprächen mit verschiedenen Terminalleitern gefolgert werden, daß bei allen anderen technischen Systemen die doppelte Anzahl an Wartungspersonal/Gerät bereitzustellen ist. Dies gilt insbesondere für den Van Carrier.

Es wurde bei der Beschreibung der Containerbrücke darauf hingewiesen, daß sich in bezug auf die elektrische Ausrüstung die Leistungselektronik in Europa durchgesetzt hat. Dies war jedoch nur möglich, weil speziell dafür geschultes Wartungspersonal zur Verfügung stand. Ist dies für einige Terminals nicht gegeben, müssen andere technische Ausrüstungen angewendet werden.

Außerdem ist es von Bedeutung, die Reparaturbereiche qualitativ gut auszurüsten und eventuell mit Spezialeinrichtungen zu versehen. So ist in Abb. 21 der Werkstattbereich für Van Carrier des Terminals in Halifax wiedergegeben. Die Van Carrier können in den einzelnen Bereichen zur Reparatur abgestellt werden. Der rechte Teil des Gebäudes ist mit einer Waschvorrichtung für diese Geräte versehen.

Abb. 21. Terminal Halifax. Werkstatt für Van Carrier.

3.1.5 Infrastruktur

Neben anderen Faktoren kann die Infrastruktur die Entwicklung eines Terminals erheblich beeinflussen.

Als Beispiel mag die Situation des Terminals MTL in Hongkong dienen. Dort werden weitere Stellflächen dadurch geschaffen, daß die den Terminal eingrenzende erhabene Landschaft abgebaut und zur Landgewinnung genutzt wird. Dieser Vorgehensweise sind aber natürliche Grenzen gesetzt.

Ebenfalls ergeben sich Grenzen für die Entwicklung eines Terminals, wenn Straßen- und Schienenverbindungen nicht ausgebaut werden können. Dieses wird jedoch nicht weiter verfolgt, weil davon ausgegangen wird, daß Containerterminals nur in hoch industrialisierten Gebieten zu finden sind, bzw. den nötigen Anschluß dorthin besitzen.

3.1.6 Abschreibungsfristen

Bei der Frage der Auslegung des Terminals spielen Wirtschaftlichkeitsüberlegungen eine bedeutende Rolle. Bevor die Entscheidung für das eine oder andere System fällt, werden jeweils Investitionsrechnungen durchgeführt. Ein wichtiger Bestandteil dieser Rechnungen sind die Abschreibungen.

Es hat sich nun herausgestellt, daß steuerliche Vorschriften in verschiedenen Ländern unterschiedliche Abschreibungsverfahren und -höhen vorgeben.

Während in Hongkong der Grundsatz vorliegt, daß jedes investierte Kapital in 5 Jahren zurückgeflossen sein muß, gestattet die japanische Gesetzgebung im Gegensatz zur deutschen folgenden Abschreibungszeitraum

Gerät	Japan	Deutschland
VC	5 Jahre	5 Jahre
Transtainer auf Schienen	7 Jahre	15 Jahre
Transtainer auf Reifen	12 Jahre	5 bis max. 10 Jahre

Sieht man einmal davon ab, daß die kalkulatorischen Abschreibungen individuell festgelegt werden können, wird doch deutlich, daß, entsprechend der jeweiligen Gesetzgebung, unter sonst identischen Parametern, sich andere Systeme als wirtschaftlich erweisen.

Die besuchten Terminals in Japan und Hongkong unterstreichen diese Tatsache, denn von 16 besuchten Terminals setzt nur 1 Terminal einen schienengebundenen Transtainer ein.

Das Beispiel der unterschiedlichen Abschreibungsfristen für technische Umschlagsmittel läßt sich für andere Bereiche, die ebenfalls für die Auslegung des Terminals von Bedeutung sind, ebenfalls feststellen.

3.2 Arbeitsmodelle in internationalen Seehafenterminals

In diesem Kapitel wird das terminalinterne Umschlagssystem beschrieben.

Zunächst folgen die Umschlagssysteme, die nur mit Containerbrücken und einer technischen Komponente arbeiten. Im Anschluß daran die Mischsysteme, die aus mehreren Komponenten bestehen.

Sämtliche Systeme sind in der Lage, die Leistung der Containerbrücke, die im Durchschnitt zwischen 20 bis 30 Container/h und Brücke liegt, aufzunehmen.

3.2.1 Chassis-System

Beim Chassis-System werden z.B. die Importcontainer von der Containerbrücke auf das Chassis gestellt und von der Zugmaschine im Idealfall direkt zum Bestimmungsort gebracht. In der Regel erfolgt eine Zwischenlagerung des Containers im Terminal auf dem Chassis, d.h. es müssen immer soviel Chassis vorgehalten werden, wie Container erwartet werden.

Dieses System bietet den Vorteil des direkten Zugriffes zu jedem Container. Ein Um- oder Vorstauen entfällt.

Der Nachteil dieses Systems besteht in der hohen Kapitalbindung für die zahlreichen Chassis, sowie in dem großen Flächenbedarf, da ja nur immer einlagig abgestellt wird.

In Abb. 22 sind auf Chassis abgestellte Container ersichtlich. Im Vordergrund die sog. Bumperlocks, die eine Begrenzung für die Chassis-Bewegung darstellen. Es werden Karambolagen beim rückwärtigen Einparken vermieden.

Zukunftsaussichten:

Eine weitere Entwicklung des reinen Chassis-Systems ist nicht zu erwarten, da mit zunehmender Konzentration die Flächen immer kostbarer werden und somit eine Ausnutzung der Höhe unumgänglich wird.

Abb. 22. Abgestellte Container auf Chassis mit Chassis Fahrbegrenzungen „Bumper-Locks" im Vordergrund.

3.2.2. Van Carrier-System

Das Van Carrier-System kann bereits die Anpassung an begrenzte Flächenkapazitäten darstellen.

Bei Containerterminals mit dezentraler Verteilung der Container auf dem Platz,
wie z.B. Import Stock

     Export Stock

     Leer-Container Stock

     Reparatur

     Packhallen

wird das reine Van Carrier-System praktiziert, sofern nicht übermäßig lange Wege aus wirtschaftlichen Gesichtspunkten zu einem Mischsystem führen.

Abb. 23. HHLA Terminal Hamburg Burchardkai. Container Handling mit Van Carriern.

Es wird überwiegend zweilagig gestapelt. Vielfach besteht die Möglichkeit, den 3. Container in der Höhe über die zweihoch gestapelten hinwegzuheben. Dieses bedeutet eine bessere Zugriffsmöglichkeit.

Der Vorteil besteht wiederum in dem ungebrochenen Verkehr zwischen Containerbrücke und Stellplatz, da der Van Carrier sowohl die Hubbewegung als auch den horizontalen Transport ausführt (Abb. 23).

Der entscheidende Nachteil bei diesem System besteht in der relativ hohen Investition, in den hohen Unterhaltungskosten und darin, daß der Van Carrier nicht für den schnellen Horizontaltransport geeignet ist.

In Abb. 24 ist die für die Van Carrier-Operation typische Reihenbildung von Containern ersichtlich.

Zukunftsaussichten:

Das reine Van Carrier-System wird nur in besonderen Fällen weiterhin Bestand haben.

Ein weiterer Ausbau dieses Systems bei großen Terminals ist konstenintensiv.

Eine Automatisierung des Umschlags ist mit diesen Komponenten nicht möglich.

Abb. 24. Containerreihen mit Zwischenräumen für Van Carrier Fahrspur.

3.2.3 Gabelstapler-System

Gabelstapler können für den Containerumschlag eingesetzt werden, da sie in der Lage sind, beladene 40′-Container (30 t) zu bewegen. In den besuchten Terminals waren jedoch nie Gabelstapler als einzige Flurförderzeuge eingesetzt.

Der Terminal STL, Sydney, schlägt lediglich die Importcontainer mit Gabelstaplern um, weil die einkommenden Container für eine genau fixierte Anzahl von Packzentren blockweise (3-lagig) eingestapelt und mit dem Zug dorthin transportiert werden. Bei dieser Zwischenlagerungsart kommt es nicht vor, daß bestimmte Container nummernweise aus dem Block heraus verfügt werden.

3.2.4 Transtainer-System

Mit zunehmend besser werdender Information kann dieses System immer mehr an Bedeutung gewinnen. Allerdings wird die direkte Übergabe von der Containerbrücke zum Transtainer heute nicht praktiziert, obwohl die Möglichkeit dazu — z. B. in den Terminals Unitcentre Rotterdam und Glebe Islands, Sydney — gegeben ist.

Es erfolgt immer der gebrochene Verkehr, d. h. der Transport von der Containerbrücke zum Transtainer mit einem Zwischenträger (Chassis).

3.2.5 Gemischte Systeme
3.2.5.1 Chassis-Transtainer-System

Ein heute vielfach praktiziertes System stellt das kombinierte System aus Chassis und Transtainer dar.

Das Chassis stellt in diesem Falle die Verbindung zwischen Transtainer und Containerbrücke her. Ungleichheiten in der Taktzeit der Containerbrücke und des Transtainers werden durch den Zwischenträger Chassis ausgeglichen.

Dieses System hat vor allem bei größeren Entfernungen, die durch das Chassis-System schnell überbrückt werden, einen Vorteil gegenüber anderen gemischten Systemen.

Außerdem bietet es den großen Vorteil der Blockstapelung, d. h. max. Flächenausnutzung sowie die Möglichkeit der Automatisierung.

Abb. 25. Gummibereifte Transtainer für 3-lagigen Container Blockstau.

Abb. 26. Transtainer Blockstau mit punktförmigen Auflageflächen.

Durch den Einsatz eines Systems mit gummibereiften Transtainern besteht größere Flexibilität als bei schienengebundenen Geräten, weil mit wenigen Transtainern eine vorgegebene Fläche bearbeitet werden kann.

In Abb. 25 ist ein gummibereifter Transtainer im Einsatz. Zur Herabsetzung der Unfallgefahr sind die großen Gummiräder mit einem Radschutz versehen.

Der schienengebundene Transtainer ist wegen der in vielen Ländern möglichen längeren Abschreibungsfrist und des geringen Wartungsaufwandes ein sehr kostengünstiges Gerät.

Abb. 27. Transtainer Blockstau mit integrierter Trafostation.

Abb. 28. Anlieferung von Containern per LKW-Chassis. — Transtainer mit MS-Kabeltrommel.

Die Abb. 26 und 27 geben den Blockstau mit einem schienengebundenen Transtainer wieder.

In Abb. 28 werden dem schienengebundenen Transtainer auf gesonderten Fahrstraßen Container per LKW-Chassis angeliefert. Weiterhin ist im Vordergrund die Einspeisung des Transtainer über Schleppkabel zu erkennen.

Zukunftsaussichten:

Dem schienengebundenen Transtainer-System gehört vielfach die Zukunft, da sowohl die Flächenauslastung als auch die Automatisierung mit diesem System am besten zu realisieren ist.

Eine Weiterentwicklung für die direkte Übergabe vom Transtainer zur Containerbrücke mittels Stetigförderern oder dergleichen wurde von verschiedenen Herstellern bereits angedeutet und erscheint möglich. In diesem Falle würde ein mobiler Zwischenträger entfallen.

3.2.5.2 Chassis-Van Carrier-System

Wenn die Entfernung zwischen Containerbrücke und Abstellplatz groß wird, kann auch die Kombination Chassis—Van Carrier angewendet werden (Terminal Bremerhaven).

Für die Zubringung wird das Chassis-System angewendet, während für die Stapelung in den Abstellreihen der Van Carrier benutzt wird. Dieses ist vor allem dann sinnvoll, wenn beim Löschen/Laden eine zentrale Anlaufstelle besteht.

Abb. 29 zeigt die Beladung eines Chassis, das dem Van Carrier die Container zubringt.

Abb. 29. Beladung von Sea-Land Chassis im BLG-Container-Terminal Bremerhaven.

3.2.5.3 Chassis-Gabelstapler-System

Dieses System wird bevorzugt für das Handling von Leer-Containern angewendet.

Vereinzelt besteht dieses Mischsystem allerdings auch für volle Container.

Der Mystic Container Terminal in Boston arbeitet nach diesem System — wie in Abb. 30 dargestellt ist.

Der mit dem Gabelstapler erzielbare Blockstau erfordert allerdings sehr gute Informationen.

Abb. 30. Container-Blockstapelung mit Gabelstaplern im Mystic-Terminal, Boston.

3.2.5.4 Weitere gemischte Systeme

Je nach den spezifischen Gegebenheiten der einzelnen Terminals werden neben den Containerbrücken mehr als 2 technische Komponenten in den Terminals zum Containertransport und zur
-stapelung verwendet.

Terminal ECT, Rotterdam:	Chassis
	Van Carrier
	Transtainer
Terminal KICT, Tokio:	Chassis
	Van Carrier
	Transtainer
Terminal STL, Sydney:	Chassis
	Transtainer
	Gabelstapler
Terminal STL, Melbourne:	Chassis
	Transtainer
	Van Carrier

Als weitere Komponente kann dann noch der Gabelstapler für das Leer-Containerhandling hinzu-
kommen.

3.2.6 Zusammenfassung

Für viele Seehafenterminals ist die weitere Entwicklung des Arbeitsmodells als Umschlagssystem bereits aufgezeigt.

Ist aus Kapazitätsgründen ein Flächenzuwachs nötig und möglich, wird das einmal gewählte
Arbeitsmodell beibehalten und lediglich quantitativ erweitert.

Ist ein Flächenzuwachs nicht möglich, wird ein Transtainersystem mit entsprechenden Transportmöglichkeiten konzipiert, soweit diese Möglichkeiten nicht schon ausgenutzt werden.

Eine weitere Variante, die jedoch wegen der sehr hohen Investitionskosten z. Z. noch nicht realisiert wird, ist die Kombination Containerbrücke, Stetigförderer oder Chassis, Container Hochregallager.

3.3 Informationssysteme

Unter Informationssystem wird die Bereitstellung der Daten über einen Container und die Wei-
terleitung dieser Daten verstanden. Natürlich ist damit auch eine Dokumentation möglich. Diese
wird jedoch nicht weiter verfolgt, weil die Verfasser der Meinung sind, daß jedwede Information
wenn sie nur vorhaden ist, nach entsprechenden Kriterien aufbereitet und niedergeschrieben
werden kann. Das Informationssystem kann generell in einen externen und einen internen Teil
gegliedert werden.

3.3.1 Externes Informationssystem

Das externe Informationssystem hat die Aufgabe, die den Container begleitenden Daten dem
Terminal zur Verfügung zu stellen. Der Qualitätsgrad dieses Systems kann an der Schnelligkeit der
Übermittlung, der Genauigkeit und Vollständigkeit des Datensatzes gemessen werden.

Auf dem Exportsektor sind Angaben über

    Verfügungsberechtigten

    Container-Nummer

    Löschhafen

    Schiffsname

    Containergewicht (Brutto)

üblich.

Dies sind die Mindestanforderungen, um eine Vorstauplanung, eine vernünftige Auslastung der
Stellfläche und einen produktiven Arbeitsablauf beim Be-/Entladen der Containerschiffe zu gewährleisten.

Weiterhin sind vom externen Informationssystem Informationen über

    Containergröße

    Containertyp

    Übermaße der Ladung (Höhe, Breite)

    Gefahrenklasse (IMCO, SFO)

    Kühltemperatur (°C)

    Ladungsinhalt-gewicht

    Siegel-Nummer

nötig, um den Umschlag optimal zu gestalten. Daneben müssen alle Daten geliefert werden, die für den administrativen Sektor wichtig sind.

Der Qualitätsgrad des externen Informationssystems in bezug auf den Exportsektor ist als sehr schlecht zu bezeichnen. Das trifft insbesondere die Terminals, die nicht speziell für eine Reederei arbeiten, weil sie z.T. erst dann etwas über den Container erfahren, wenn er auf dem Terminal ankommt.

Ganz deutlich wird beim Containerumschlag, daß der Engpaß der gesamten Transportkette in der Schwerfälligkeit des Dokumentations- und Informationswesens liegt. Bedenkt man, welche Kommunikation z.B. zwischen dem Hafenamt, der Ladungskontrollfirma, dem Schiffsmakler, dem Zoll, dem Stauer und dem Terminal nötig ist und papiermäßig abgedeckt wird und sieht im Gegensatz dazu, wie schnell der Container die Transportkette durchläuft, verwundert das schlechte Ergebnis nicht (6).

Besser stehen auf diesem Sektor die reedereieigenen Terminals da, weil sie jederzeit Information über den Container besitzen.

Im Importsektor stellt das externe Informationssystem dem Containerterminal in der Regel Daten über den Container zu, die qualitativ besser sind. Das liegt daran, daß während des Transportes der Container mit dem Schiff die Reederei, z.B. per Luftpost oder Telex, die entsprechenden Containerdaten von ihrer Agentur in Übersee erhält und sie deshalb vor Ankuft des Schiffes weiterleiten kann.

Was hier dennoch fehlt, ist die rechtzeitige Angabe darüber, in welcher zeitlichen Reihenfolge die Container den Terminal wieder verlassen sollen und ob die Bahn oder der LKW Transportmittel ist. Dabei muß jedoch erwähnt werden, daß die Reedereien teilweise diese Information wiederum von ihren Kunden einholen, so daß sie in vielen Fällen keine frühzeitige Auskunft geben können.

Der qualitative Unterschied zwischen dem Export- und Importsektor liegt u.a. darin, daß einmal die Daten zentral und einmal dezentral erfaßt und weitergeleitet werden.

Daraus ergeben sich Ansatzpunkte für die zukünftige Arbeitsweise auf diesem Sektor, die eine Zentralisierung des gesamten Informationssystems als sinnvoll erscheinen lassen, damit die zuständigen Stellen die notwendigen Daten automatisch erhalten.

Es ist nicht einzusehen, warum die Effektivität der gesamten Transportkette sich dadurch verschlechtern muß, daß fehlende Informationen eine sinnvolle Arbeitsweise im Terminal unmöglich machen und vielfach ein mehrfaches Handling des Containers erfordern.

Die dargestellte Problematik tritt weltweit auf. Natürliche graduelle Unterschiede bestehen. Regionale und nationale Lösungsmöglichkeiten sind erarbeitet, auch von der Reederei Sea-Land wird die folgende Konzeption angestrebt.

Die zukünftige Entwicklung (7) des Informationssystems wird eine zentrale Datensammelstelle enthalten, von der die gewünschten Informationen abgerufen werden können bzw. von der sie automatisch weitergeleitet werden. Theoretisch ist ein derartiges System schon heute mit der vorhandenen Hardware zu realisieren (8). Schwierigkeiten werden sich sicherlich aus dem sehr weit zersplitterten Teilnehmerkreis ergeben.

Nach dem externen Informationssystem soll das für die Arbeit auf dem Terminal wichtigere interne Informationssystem beschrieben werden.

3.3.2 Internes Informationssystem

Im vorhergegangenen Abschnitt wurde auf die Bedeutung hingewiesen, die dem externen Informationssystem zukommt, wenn es um den planvoll gestalteten Containerumschlag geht.

In diesem Teil soll das interne Informationssystem beschrieben werden, wie es es in den einzelnen Containerterminals vorherrschen kann. Als Extremfall kann es vorkommen, daß lediglich die

Container-Nummer des dem Terminal angelieferten Container bekannt ist. Nimmt der Terminal diesen Container an, besteht der Datensatz aus dem Eigentumsmerkmal, der Container-Nummer, dem Zustand (heil, beschädigt) und dem Stellplatz.

Ganz deutlich wird an diesem Beispiel, daß ein schlechtes Informationssystem nicht nur die Gefahr der unnötigen Zwischenbewegung mit sich bringt, sondern daß auch im internen Informationssystem Arbeiten anfallen, die das Auffüllen des Datensatzes betreffen und eigentlich vermeidbar sind.

Wesentlich ist, daß jeder auf dem Terminal anfallende Transport eines Containers mindestens mit einer Information über den veränderten Stellplatz verknüpft ist. Daneben fallen bei Zu- oder Abgang, bei Beschädigung, bei Packarbeiten etc. Daten an, die verarbeitet werden müssen. In der Abb. 31 sind mögliche Transportvorgänge dargestellt, die jeweils Informationen mit sich bringen.

In dieser Abb. wird ein Terminal gezeigt, auf dem aus heutiger Sicht ein Container ein Maximum von Möglichkeiten durchläuft und entsprechende Informationen hervorruft. Lediglich die Export- und die Importfläche mit den entsprechenden Zu- und Abgangsmöglichkeiten stellen den „historischen" Terminal dar.

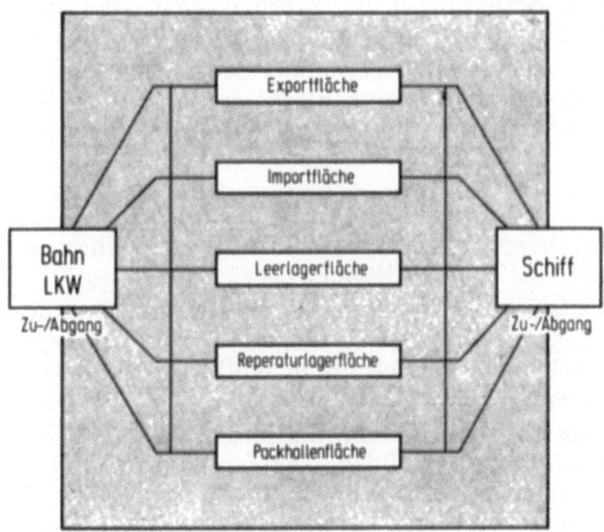

Abb. 31. Transportmöglichkeiten eines Containers auf dem Terminal.

Zu- und Abgänge von Containern sind mit Bahn, LKW und Schiff möglich.

Der „Normalcontainer", in welchem das Ladungsgut von Haus zu Haus transportiert wird, berührt bei Zugang mit dem Schiff die Importfläche, bevor er den Terminal verläßt.

Die terminalinternen Transporte und die dadurch hervorgerufenen Informationen nehmen zu, wenn ein Container per Schiff angeliefert wird, der im Terminal an einer Halle ausgepackt werden soll. Er kann zunächst auf der Importfläche zwischengestaut werden, wird dann zur Halle gefahren, ausgepackt und auf Beschädigungen geprüft.

Der weitere Weg kann dann ins Leerlager gehen, oder bei einer Beschädigung erst über die Reparaturfläche.

Durch jeden dieser Vorgänge wird eine entsprechende Information ausgelöst.

Bei der im Bild dargestellten Flächeneinteilung des Terminals ist es ohne Belang, daß die einzelnen Flächen noch in Abschnitte unterteilt werden können. Zwischen diesen Abschnitten ist ebenfalls ein Transport des Containers möglich.

Als Beispiel mag die Reparaturlagerfläche dienen. Sie läßt sich unterteilen in:

       Freifläche für leichte Reparaturen

       Hallenfläche für Reparaturen an Stahlcontainern

       Hallenfläche für Reparaturen an Plywood-Containern

       Waschplatz für verschmutzte Container

       Vorstaufläche für noch zu reparierende Container.

Deutlich wird, daß auf dem Containerterminal ein äußerst komplexes System vorherrscht.

Die in Abb. 31 ursprünglich konzipierte Form des Terminals mit einer horizontalen Transportrichtung von LKW/Bahn zum Schiff und umgekehrt, wird in einigen Terminals von einer vertikalen Transportrichtung auf den einzelnen Flächen überlagert, die das Ausmaß der gesamten wasserseitigen Containerumschlagszahl/Zeiteinheit annehmen kann.

Je mehr Container/Zeiteinheit bewegt werden, je genauer und schneller muß die Information über den Container verarbeitet und bereitgestellt werden.

Im folgenden soll dargestellt werden, welche Möglichkeiten für das Informationssystem bestehen, um den komplexen Anforderungen gerecht zu werden.

Abgesehen von den manuell verwalteten Terminals bestand die Zentrale des internen Terminalinformationssystems in vielen besuchten Terminals aus einer EDV-Anlage. Die Größe der installierten Rechner ist naturgemäß von den Aufgaben abhängig, die bewältigt werden müssen. Da bei den besuchten Terminals der Aufgabenkatalog jeweils anders aussah, ließ sich auch keine verallgemeinerte Angabe über notwendige Rechnergrößen gewinnen. In der zentralen EDV-Abteilung wird generell die Dokumentation vorgenommen.

Einmal werden die Daten aufgenommen, die vom externen Informationssystem zur Verfügung gestellt werden. Weiterhin werden dann die Informationen eingegeben, die sich aus Transportvorgängen, Packarbeiten, Beschädigungen etc. im Terminal ergeben.

Der Sprechfunk war in allen besuchten Terminals als Informationsträger von großer Bedeutung. Daneben wird bei einigen Transtainer-Systemen angestrebt, die Weg-Koordinaten über Induktionsschleifen zu bestimmen und damit den Containerstellplatz festzuhalten.

3.3.2.1 Manuelle Verwaltung

Manuelle Verwaltungssysteme sind in Containerterminals möglich, deren Umschlagszahlen/Jahr nicht höher als 150 000 (TEU) Container liegen.

Der einfachste Fall ist dann gegeben, wenn jegliche Information mit dem Container als Begleitpapier mitgeht und der Stellplatz, Typ, Größe etc. auf dem Eingangspapier für den Container festgehalten wird. Dieser Fall kommt generell in der Aufbauphase der einzelnen Terminals vor und wird später nur noch in Sonderfällen vorgefunden.

Die weitere Entwicklung ging dann dahin, daß der Funksprechverkehr die Informationsübermittlung der internen Daten in bezug auf den Stellplatz übernahm. Containerbeschädigungen und abgeschlossene bzw. angefangene Packarbeiten werden dagegen schriftlich erklärt. Eine Vielzahl von Terminals ist in der Lage, von einem Tower aus, die ganze Container-Stellfläche zu übersehen und über Funk zu kontrollieren.

In Abb. 32 ist der Tower des Terminals in Boston dargestellt. Dort werden die Anweisungen der Flurförderzeuge über veränderte Stellplätze entgegengenommen und die Einsätze der Flurförderzeuge gelenkt.

In bezug auf die Stellplatzverwaltung läßt sich jeder Container im einfachsten Fall als Papierkarte darstellen. Diese Karte kann dann in entsprechende Tafeln gesteckt werden, je nachdem welchen Stellplatz der Container gerade einnimmt. Diese Art der Container-Stellplatzverwaltung

Abb. 32. Terminal Boston, Tower.

ist einfach und übersichtlich. In Abb. 33 ist die Situation des Terminals ITS in Long Beach dargestellt.

Die übrigen, den Container begleitenden Daten, sind ebenfalls erfaßt und an der Stelle, welche die Container-Stellplätze verwaltet, in Listen vorhanden. Etwaige Änderungen werden dort erfaßt.

Eine weitere Möglichkeit besteht darin, nicht den gesamten Terminal in einer Zentrale zu verwalten, sondern je nach Fahrtgebiet einzelne Zentralen zu schaffen.

Dies ist in Abb. 34 vom ECT Terminal Rotterdam dargestellt.

Abb. 33. Terminal ITS, Long Beach. Zentrale Stellplatzverwaltung, manuell.

Abb. 34. Terminal ECT, Rotterdam. Dezentrale Verwaltung für einen Stellplatzbereich.

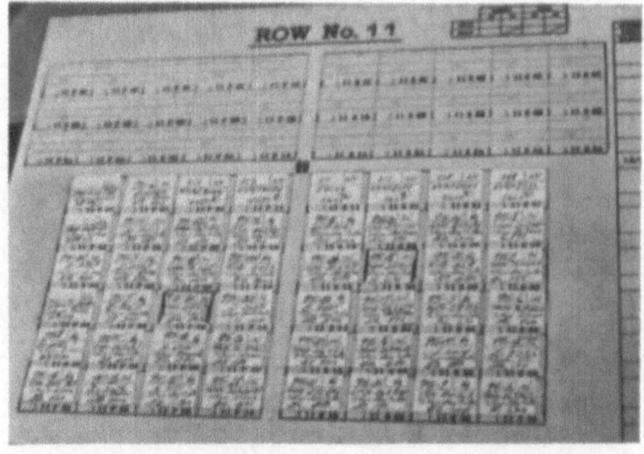

Abb. 35. Terminal Matson, manuelle Planung für Schiffsbeladung.

Es besteht dann die Möglichkeit, Informationen über veränderte Daten eines Containers handschriftlich festzuhalten und an die EDV-Zentrale weiterzugeben.

Dort werden Lochkarten erstellt und in den Rechner eingegeben. Mit einem gewissen Zeitverzug wird dann der Zustand des Terminals dokumentiert.

Zeitlich aktuell informiert ist jedoch einzig die Zentrale.

Sind sämtliche Daten eines Containers dem Terminal bekannt, kann auf dieser Grundlage die Verladungsplanung durchgeführt werden, wie es in Abb. 35 für eine Schiffszelle getan worden ist.

3.3.2.2 EDV-Verwaltung

Wenn das Volumen der pro Zeiteinheit umzuschlagenden Container steigt, wenn terminalinterne Transportvorgänge von Containern zunehmen und eine weitgehende Dezentralisierung nicht sinnvoll ist, muß die EDV die Informationsverarbeitung übernehmen. Damit soll nicht gesagt werden, daß sich der Übergang von der manuellen zur EDV-mäßigen Verarbeitung schlagartig vollziehen muß. Vielmehr muß das EDV-System sukzessiv eingeführt werden, damit die mit dieser Arbeit betrauten Mitarbeiter sich darauf einstellen können und das neue Informationsmittel sinnvoll benutzen.

Von besonderer Bedeutung ist, die EDV-Anlage so auszulegen, daß sie einerseits die Bedürfnisse des Terminals befriedigt und sich andererseits kostenmäßig in vertretbaren Grenzen hält.

Dieser Gesichtspunkt hat dazu geführt, daß „kleine" und „große" EDV-Systeme in den Terminals eingesetzt werden. Die Verfasser dieser Arbeit sind sich der Abgrenzungsproblematik bewußt, meinen damit aber die Kernspeichergröße, weil zwischen steigender Kernspeichergröße und Leistung der EDV-Anlage ein gewisser Zusammenhang besteht.

3.3.2.2.1 Kleine EDV-Systeme

Bis ca. 300 000 Container (TEU)/Jahr Umschlagsleistung lassen sich nach heutiger Kenntnis mit kleinen EDV-Systemen bis ca. 60 k-bytes Kernspeichergröße verwalten.

Diese Zahlen stammen aus Gesprächen mit den Terminalleitern. Sie sind keineswegs verbindlich und gelten nur dann, wenn die EDV-Anlage ausschließlich für den Terminal arbeitet.

Charakteristisch ist, daß bei diesen Anlagen ein on-line Zugriff zu den gespeicherten Daten besteht.

Um die Arbeitsweise zu verdeutlichen, wurde als Beispiel die Anlieferung eines Containers mit dem LKW gewählt, weil dies auf allen Terminals möglich ist.

Eingabe in ein Sichtgerät bei Anlieferung:

    Container-Eigentümer
    Container-Nummer
    Container-Typ
    Bestimmungshafen
    Schiff etc.

Ein derartiges Sichtgerät ist in Abb. 36 dargestellt.

Abb. 36. Terminal ECT, Rotterdam. Sichtgerät für Dateneingabe und Abfrage von Informationen.

Fahrt des LKW's zu dem ihm angegebenen Stellplatz.

Um den LKW-Fahrern das Aufsuchen eines Stellplatzes zu erleichtern, kann es empfehlenswert sein, die Stellplätze mit unterschiedlichen Formen zu kennzeichnen und dabei auch noch verschiedene Farben anzuwenden, wie auf dem neuen Sea-Land Terminal in New Jersey.

Eingabe in ein Sichtgerät:

    Stellplatz Nummer

Wenn der Container auf dem für ihn bestimmten Stellplatz angekommen ist, kann der Container-Stellplatz den schon in der EDV gespeicherten Daten hinzugefügt werden.

Diese Geräte können in einer Zentrale stehen, sie können aber auch an dezentralisierten Plätzen aufgestellt sein, die einzelne Bereiche des Terminals, wie Exportfläche, Importfläche, Leerlager etc. verwalten.

Der Vorteil dieser Art der Verwaltung liegt darin, daß die zeitliche Verzögerung zwischen Vorgang und Bereitstellung der entsprechenden Information verkürzt ist und zu jedem beliebigen Zeitpunkt mit Hilfe der EDV von verschiedenen Stellen Auskunft über einen Container eingeholt werden kann.

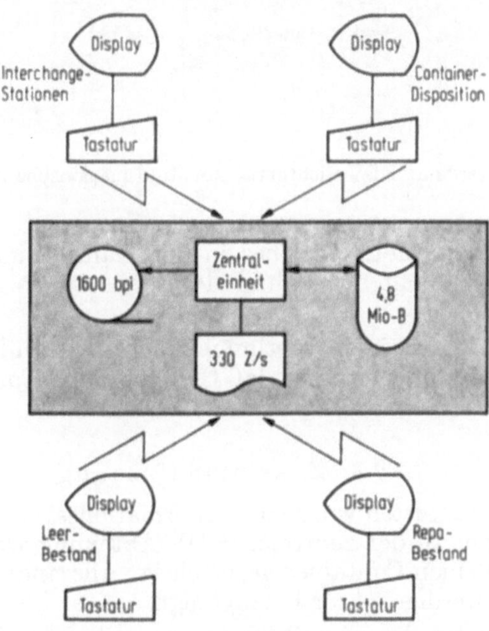

Abb. 37: EDV-Systemkonfiguration zur Stellplatzverwaltung.

Ferner ist es durch die direkte Eingabe der Daten in die EDV möglich, sehr viel papiermäßige Verwaltungsarbeit einzusparen.

Eine mögliche Systemkonfiguration ist in Abb. 37 dargestellt. Durch diese Anlage lassen sich der gesamte Leer-Container- und Reparatur-Containerbestand verwalten.

So werden z.B. in das Sichtgerät (Display) an der Interchange-Station die Hauptdaten des Containers eingegeben. Wird der Leer-Container dann in den Leerbestand eingestaut, erfolgt die Eingabe des Stellplatzes.

Dadurch wird gewährleistet, bei Bedarf sofort aussagefähig zu sein, welche und wieviel Leer-Container bzw. zu reparierende Container ein Kunde auf dem Terminal hat, wo sie sich befinden und wie der augenblickliche Zustand ist (heil, beschädigt).

3.3.2.2.2 Große EDV-Systeme

Ein Einsatzkriterium ist mit Sicherheit die Anzahl der umgeschlagenen Container/Zeiteinheit, die bei ca. 300000 Container (TEU)/Jahr liegen kann.

Die Verschiedenartigkeit der ausgedruckten Dokumentation erfordert sehr viel Rechenzeit und ist auf kleineren Anlagen zeitlich nicht zu gewährleisten, zumal des öfteren gleichzeitig auf dieselben Datensätze zurückgegriffen werden muß.

Ein weiterer Punkt ergibt sich aus den täglichen Arbeitsanforderungen. Bei kleineren Umschlags-leistungen können die entsprechenden Angaben manuell oder durch Listenausdruck erbracht werden. Wird jedoch z. B. gleichzeitig die Belegung der Container-Stellfläche als Belegungsmatrix auf dem Bildschirm verlangt, werden Angaben über den Bestand an Containern, über die augen-blicklich umgeschlagene Containerzahl bei Bearbeitung eines Schiffes etc. gewünscht, sind die Mög-lichkeiten kleinerer EDV-Systeme erschöpft.

Weiterhin ist zu erwähnen, daß Großrechenanlagen dann eingesetzt werden müssen, wenn der Einsatz der Flurförderzeuge zentral vom Rechner aus gesteuert wird. Nach heutigem Wissensstand arbeitet lediglich der Terminal Unitcentre in Rotterdam nach diesem Muster.

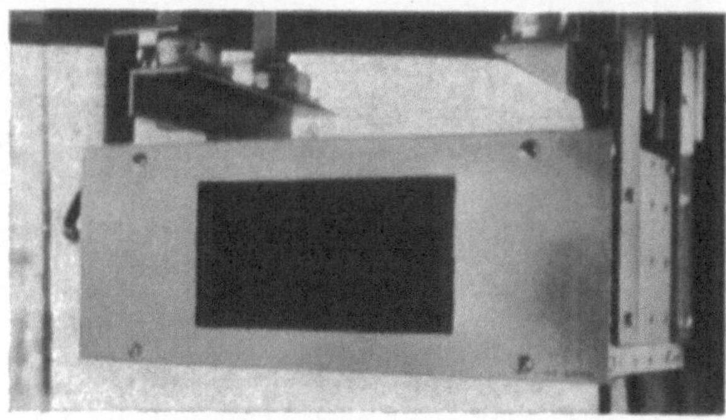

Abb. 38. Terminal Unitcentre, Rotterdam. EDV-Sichtgerät zur Informationsbereitstellung in der Transtainerkanzel.

In Abb. 38 ist ein Gerät dargestellt, welches in der Kanzel eines Transtainers im Terminal Unitcentre installiert ist. Dort erhält der Fahrer des Transtainers Anweisungen über vorzuneh-mende Arbeiten.

Die Weg-Koordinaten des Transtainers bestimmen sich über Induktionsschleifen und werden automatisch an den Rechner weitergeleitet, so daß Stellplatz und Container-Nummer automatisch miteinander verknüpft sind.

3.3.2.3 Zusammenfassung

In den vorangegangenen Abschnitten wurde das Informationssystem beschrieben, wie es sich auf den Terminals darstellen kann. In der zentralen EDV-Abteilung werden die dem Terminal mit-geteilten Informationen über einen Container gespeichert. Alle anderen Daten, die den Container auf dem Terminal betreffen, werden später hinzugefügt.

Wenn im Vorangegangenen bei der Einteilung in manuelle und EDV-Verwaltungssysteme un-gefähre Umschlagszahlen/Jahr genannt wurden, die das eine oder andere System erforderlich machen, so muß nochmals darauf hingewiesen werden, daß dies keinen dogmatischen Charakter haben kann, denn die Anforderungen und Wünsche der Terminals an die EDV bestimmen letztlich die Auslegung des Systems.

Es sollte nur gezeigt werden, und die Beispiele der besuchten Terminals beweisen, daß es möglich ist, unter bestimmten Umständen bis zu den genannten Größenordnungen mit dem einen oder anderen System sinnvoll zu arbeiten.

3.3.2.4 Zukünftige Entwicklung des internen Informationssystems

Die zukünftige Entwicklung ist sehr stark mit der technischen Entwicklung auf dem Sektor der Informationsübertragung verbunden und die Terminals werden sich verbesserter Medien bedienen, wenn sich dadurch Möglichkeiten ergeben, den Transportfluß optimal zu gestalten.

Dabei darf nicht übersehen werden, daß der Begriff „zukünftige Entwicklung" für die Terminals relativ ist und mit den umgeschlagenen Containern/Zeiteinheit in Zusammenhang gebracht werden muß, denn einige werden erst um die Jahrhundertwende die Umschlagszahlen aufweisen, die in speziellen Terminals heute schon erreicht werden. Daher dürfte für die meisten Terminals die zu-künftige Gestaltung des Informationssystems in gewissen Grenzen schon heute feststehen.

Ein Problem — so scheint es den Verfassern jedenfalls — ist in allen Terminals vorherrschend. Denn verbesserte Kontrollmöglichkeiten über den Stellplatz eines Containers und frühzeitige Bereit-stellung der Information sind unbedingt erforderlich und können zweifelsfrei zur reibungsloseren

Arbeit im Terminal beitragen. Aus diesem Bereich werden einige Impulse kommen und bei der zukünftigen Gestaltung des Informationssystems beachtet werden müssen.

Dies soll im folgenden näher erläutert werden. Menschliche Fehler bewirken, daß Lesefehler auftreten, daß Container-Nummern falsch in die Formulare eingetragen, daß Angaben über den Stellplatz falsch angegeben werden etc.

Diese fehlerhaften Angaben werden in die EDV eingegeben und bilden dann die Grundlage der Planung.

Falsch ausgelieferte, ausgepackte und „verlorengegangene" Container sind die Folge.

Die Terminals werden bemüht sein, diese Fehlerquellen durch automatische Systeme mit geringen Fehlerwahrscheinlichkeiten auszuschließen.

Augenblicklich sind zwei Systeme in der Entwicklung bei denen die Container Nummer automatisch gelesen wird und an die EDV weitergeleitet werden kann. Die prinzipielle Arbeitsweise ist in Abb. 39 dargestellt.

Am Container sind Reflektoren, die Mikrowellen (9, 10, 11) reflektieren oder Farbstreifen (12) angebracht, die elektronisch gelesen werden.

Die Lesegeräte fangen diese Information (Container-Nummer) auf und leiten sie dann an den zentralen Rechner weiter.

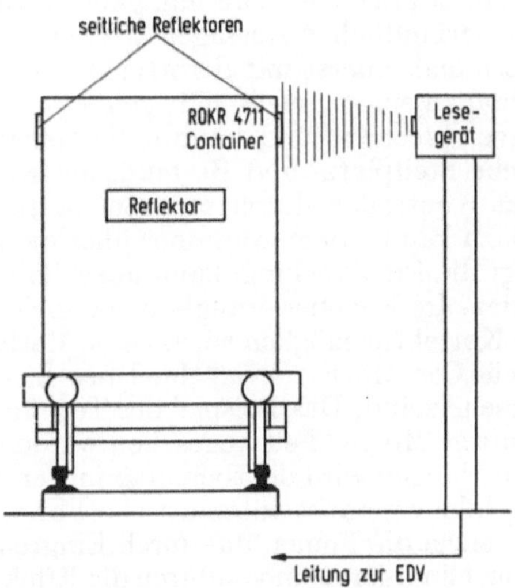

Abb. 39. Prinzipielle Lösungsmöglichkeit zum automatischen Erkennen der Container-Nr.

Umfangreiche Testreihen haben die Betriebssicherheit auch bei ungünstigen Witterungsbedingungen erwiesen.

Einsatzfähig im Containerterminal sind derartige Geräte an den definierten Stellen, an denen ein Container zu- oder abgeht. Schwierigkeiten werden sich in bezug auf die Stellfläche im Terminal selbst ergeben, weil zusätzlich der Stellplatz mit derartigen Reflektoren bzw. Lesegeräten ausgerüstet werden muß.

Im Sea-Land Terminal wird die optische Variante getestet. Sowohl die Container als auch die Reihen, in denen ein Container abgestellt werden kann, sind mit Reflektoren versehen, die entweder die Container-Nummer oder die Reihen-Nummer in codierter Form enthalten.

Das System basiert auf dem optischen Lesen eines am zu identifizierenden Objekt (Container, Lichtmast) angebrachten Labels, welches sich aus dreizehn Farbstreifen aufbaut. Jeder einzelne Farbstreifen stellt dabei eine ganz bestimmte Ziffer bzw. einen ganz bestimmten Buchstaben dar.

Der Aufbau des Labels ist, von unten nach oben gelesen, folgender:

     1. Streifen: Start-Digit

   2.— 5. Streifen: Eigentümer

  6.—11. Streifen: Container-Nummer

    12. Streifen: Check-Digit

    13. Streifen: Stop-Digit

Über ein System von Linsen, Spiegeln und Reflektoren, dem sog. Scanner, werden die erfaßten Farbstreifen des Labels einem sog. Decoder zugeführt, der die erkannten Markierungen in „Computer-verständliche" Signale übersetzt. Der Decoder selbst steht seinerseits im Verbund mit einer EDV-Anlage, die die erfaßten Daten erkennt und sie — soweit es sich um avisierte Container handelt — um die Avisierungsdaten ergänzt, die schon gespeichert sind.

Ca. 3 Sekunden nach Erfassung durch den Scanner schreibt ein Schnelldrucker auf eine Leitkarte alle Daten, die zur weiteren Disposition des Containers benötigt werden.

Das ACI-System (Automatic Car Identification) kann in mobiler Form (Scout-Car) und in stationärer Form (Scanner-Säulen) zur Anwendung kommen. Auch soll es noch beim Laden und Löschen an der Containerbrücke angewendet werden.

Es ist daran gedacht, eine mit der Spreader-Höhe synchron laufende Kamera an den wasserseitigen Portalbeinen der Containerbrücke anzubringen.

Das System wird zwar mit der Aussage angeboten, man könne mit einer Container-Geschwindigkeit von 30 mph arbeiten, die Praktiker schränken jedoch ein, daß erst bei einer Geschwindigkeit von 10 mph die notwendige Sicherheit gegeben ist. Hinsichtlich der Haltbarkeit der Labels wurde bemerkt, daß Tests eine Lebenszeit von 12 Jahren und mehr ergeben haben.

Als Labelmaterial wird Leuchtstoff-Farbe bzw. entsprechende Plastikfolie eingesetzt.

Das ACI-Verfahren findet derzeit fast ausschließlich bei der Reederei Sea-Land — Terminal New York — praktische Anwendung.

Es ist sicher eine Alternative, die zukunftsweisend sein wird. Ob sich jedoch die derzeitige Form durchsetzt, bleibt abzuwarten, zumal über die Störanfälligkeit, bedingt durch Wetter, Lichtreflektionen und ähnliches noch keine verbindlichen Aussagen aus der Praxis vorliegen.

Natürlich werden sich die Terminals zuerst mit derartigen automatischen Systemen ausrüsten, bei denen Container und Terminal zu einer Gesellschaft gehören.

Die Methode erscheint erfolgversprechend und könnte die Genauigkeit der Arbeit im Terminal steigern, weil damit automatische Stellplatz- und Bestandskontrollen möglich sind.

Eine ganz andere Möglichkeit Kontrollen durchzuführen, besteht darin, mit Hilfe von UKW-Funkfrequenzen zu arbeiten. Dazu kann einem Container über die zentrale EDV-Anlage ein Stellplatz zugewiesen werden. Erfolgt die Einstapelung, kann über die Frequenz der EDV die Nummer des Containers übermittelt werden. Im Rechner erfolgt ein Vergleich. Bei fehlerhafter Arbeitsweise kommt ein Hinweis, so daß eine Korrektur möglich wird. Diese Methode wird sich hauptsächlich auf den Terminals durchsetzen, welche Container von verschiedenen Eigentümern umschlagen, die nicht mit besonderen Reflektoren versehen sind. Das Beispiel des Terminals ECT-Rotterdam, der diesen Weg beschreitet, mag als zukünftige Möglichkeit angesehen werden.

Aus den beschriebenen Entwicklungen wird deutlich, daß in Terminals mit Umschlagsleistungen von mehr als 300 000 Container/Jahr verstärkt automatische Vorgangs-, Stellplatz- und Bestandskontrollen angestrebt werden, welche die Fehler, die durch Eingreifen des Menschen in den Informationsprozess entstehen können, eliminieren und dadurch die Effektivität eines Terminals steigern.

3.4 Entwicklungsstufen der Seehafenterminals

Wirtschaftliche Gesichtspunkte lassen es sinnvoll erscheinen, die umgeschlagene Containermenge/Zeiteinheit mit denjenigen technischen Komponenten des Umschlages und Transportes zu verbinden, die einen Gewinn versprechen. Die Vielzahl der in den Containerterminals angetroffenen Arbeitsmodelle sind als Verbindung dieser Maxime mit den Auslegungsparametern zu erklären.

Klammert man bis auf die Stellplatzkapazität alle einschränkenden Faktoren, die für die Auslegung eines Terminals von Bedeutung sind aus, so läßt sich eine Hierarchie von Entwicklungsstufen für einen Modell-Terminal darstellen.

Dabei muß lediglich unterschieden werden, ob der Containerumschlag sich nach der heute bekannten Konzeption entwickelt, oder ob neue, andersartige Systeme den Containertransport grundlegend verändern.

3.4.1 Entwicklung unter Beibehaltung der heute bekannten Umschlagskonzeption

3.4.1.1 Bei ausreichender Terminalfläche

Ohne Einschränkung durch Faktoren, wie sie in Kapitel 3.1 untersucht wurden, ist lediglich die umzuschlagende Containeranzahl dafür ausschlaggebend, welches technische System zum Umschlag eingesetzt wird. Es ist nicht möglich irgendwelche Grenzwerte anzugeben, weil die Wirtschaftlichkeitsuntersuchungen teilweise von ganz speziellen Bedingungen beeinflußt werden, die nur für einen bestimmten Terminal bestehen.

So können Verträge zwischen den Kunden und dem Terminal vorliegen, die zwingend vorschreiben, Chassis-Stellplätze bereitzustellen, so können Spediteure oder Gerätehersteller an Terminals beteiligt sein und so kann die ganze Transportkette zu einer Gesellschaft gehören (Sea-Land).

Festzustellen gilt lediglich, daß sich die Terminals unter unterschiedlichen Bedingungen zu verschiedenen Systemen entschlossen haben, die für sie wirtschaftlich sind.

Auf dem Terminal ITS in Long Beach sind bestimmte Bereiche für das Chassis-System vorgesehen.

Andere Terminals haben sich zu Van Carrier-Systemen entschlossen.

Das trifft u.a. für die Matson Terminals, für die NYK Terminals in Japan und den MOL Terminal in Kobe Japan zu.

Wiederum andere Terminals (STL Sydney, Mystik Boston) haben sich für Systeme entschieden, bei denen Dieselgabelstapler die Containerstapelung vollziehen.

Neu zu errichtende Terminals gehen in der Planung von Transtainersystemen aus, wie das zum Beispiel für Galveston der Fall ist.

Wächst nun das Containeraufkommen stark an, können die Terminals das einmal gewählte Arbeitsmodell beibehalten und zusätzlich Fläche aktivieren.

3.4.1.2 Ohne ausreichende Terminalfläche

Der Besuch in verschiedenen Terminals hat jedoch gezeigt, daß die Containerstellfläche in vielen Fällen zum dominierenden Engpaßfaktor wird. Dabei ist für die untersuchte Fragestellung uninteressant, ob dies aus Gründen der Flächen- oder Erschließungskosten der Fall ist oder aber, weil keine Flächen mehr vorhanden sind.

In einer derartigen Situation stehen die Terminals dann vor der Frage, ob es wirtschaftlich vertretbar ist, einen neuen Terminal zu bauen oder das terminalinterne System zu ändern.

Die letztere Möglichkeit wird näher untersucht, weil bei Neubau eines Terminals vielfach die einmal konzipierte Form beibehalten wird.

Für die Terminals, welche ganz oder teilweise nach dem Chassis-System arbeiten, besteht die Möglichkeit, das Gabelstapler-System für das Leerlager, das Van Carrier-System oder das Transtainer-System für den Ex-/Importbereich einzusetzen.

Den Terminals, welche bereits mit Van Carriern oder Gabelstaplern arbeiten, bleibt dann nur die Möglichkeit auf das Transtainer-System zu wechseln.

Dabei können gummibereifte Transtainer zum Einsatz kommen, wie das zum Beispiel aus Abb. 40 ersichtlich ist.

Abb. 40. Terminal Houston. Arbeitsweise nach dem Transtainer-System (gummibereift).

Abb. 41. Terminal Unitcentre. Arbeitsweise nach dem Transtainer-System (schienengebunden).

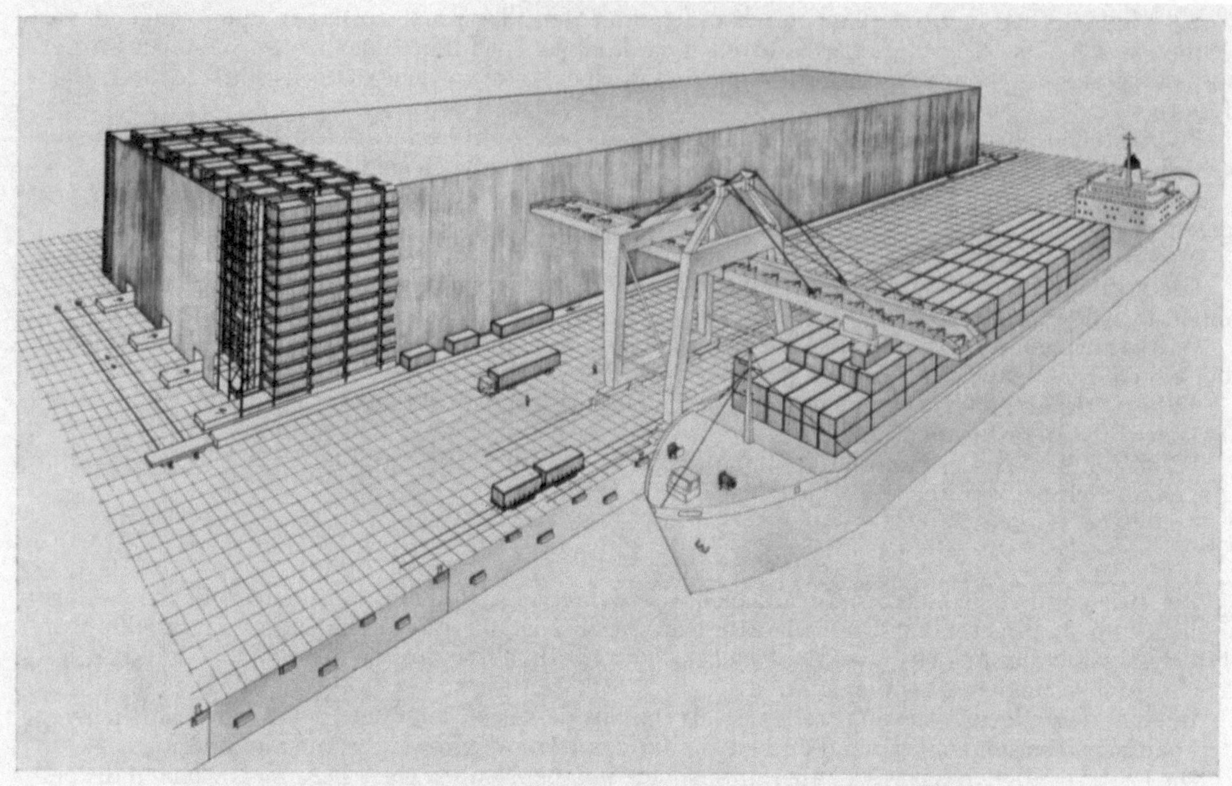

Abb. 42. Prinzipielle Lösungsmöglichkeit für das Container Hochregallager.

Sie übernehmen die Einstapelarbeit, während Zugmaschinen mit Chassis den Transport zu der Stelle vornehmen, von der ein Container kommt bzw. zu der er gebracht werden soll.

Dies geht aus Abb. 41 hervor (Terminal Unitcentre, Rotterdam), wo schienengebundene Transtainer eingesetzt sind.

Die Terminals, die nach dem Transtainer-System arbeiten, stehen, wenn die Stellfläche zum Engpaß wird, vor ungleich schwierigeren Problemen.

Als Alternative kann sich die Technik des Hochregallagers anbieten.

Derartige Systemstudien sind angestellt worden, und die DEMAG-Fördertechnik hat in Hongkong, Stadtteil Tsuen Wan, für ein Warenhaus eine Containeraufzugseinrichtung installiert, in der Container bis in eine Höhe von ca. 50 m gebracht werden.

Jeweils zwei Container lassen sich dabei pro Aufzugsanlage und Stockwerk abstellen (13).

Kann das Aufzugsproblem damit als prinzipiell gelöst angesehen werden, so bleiben doch noch einige Probleme speziell für den Containerterminal offen.

In Abb. 42 ist eine Möglichkeit des Hochregallagers für Container dargestellt (14).

Durch die Tatsache, Container bis zu 12 Lagen in Regalen übereinander einzustapeln, ist es möglich, die Stellplatzkapazität eines Terminals zu erhöhen und gleichzeitig den Zugriff zu jedem einzelnen Container zu gewährleisten.

Für die Realisierung eines derartigen Projektes ist es weiterhin erforderlich, aus wirtschaftlichen Gesichtspunkten durch dieses System die Zahl der terminaleigenen Flurförderzeuge zu reduzieren und ein flexibles System zu schaffen. Dabei ist bei der Systemplanung zu berücksichtigen, daß an einem Containerschiff in Spitzenzeiten bis zu vier Containerbrücken arbeiten.

Werden Deckscontainer gelöscht, ist es möglich, daß jede Containerbrücke/Min. einen Container umschlägt. Zu diesen vier Container/Min., die das System aufnehmen muß, schließt sich dann noch die Aus-/Anlieferung für Bahn, LKW und Packhallen an.

Derartige Anlagen sind heute noch nicht realisiert. Die hohen Kosten lassen es für einige Terminals wirtschaftlicher werden, an anderen Stellen neue Terminals zu errichten.

Daraus wird ersichtlich, daß unter dem heutigen Entwicklungsstand lediglich die Containerterminals die Möglichkeit der Kapazitätserhöhung auf einer vorgegebenen Fläche haben, die noch nicht nach dem Transtainersystem arbeiten.

3.4.2 Entwicklung bei Veränderung der Umschlagskonzeption

Eine Veränderung der Umschlagskonzeption ist dergestalt möglich, daß durch den steigenden Anteil des Gutes, welches containerisierbar ist, und durch die Erschließung neuer Fahrtgebiete der Containerverkehr so stark anwächst, daß größere Schiffe wirtschaftlich in Dienst gestellt werden können.

Wie in Kapitel 2.1.1 dargelegt, sind derartige Studien in bezug auf die Schiffe bereits aufgenommen worden.

Außerdem besteht die Möglichkeit, daß sich einige große Containerhäfen entwickeln, in denen die Reeder den Überseetransport zentral zusammenfassen, so daß Containerschiffe, die bis zu 6000 Container (TEU) aufnehmen, wirtschaftlich arbeiten können.

Sieht man einmal davon ab, welches Aussehen diese Schiffe auch haben mögen und geht nur von der Anzahl der transportierten Container aus, wird deutlich, daß für diese Schiffe, wenn sie nach den heutigen Umschlagstechniken bearbeitet werden, sich sehr viel längere Liegezeiten ergeben, als dies bei den Schiffen der 3. Generation mit 3000 Containern (TEU) heute vorkommt. Da dies als nicht optimal angesehen werden kann, sind andere Umschlagseinrichtungen, sowohl schiffs- als auch landseitig, zu konzipieren.

Als Alternativen stehen die Anwendung des heutigen Lift-on-/Lift-off-Prinzips und der horizontale Containerumschlag zur Diskussion.

3.4.2.1 Anwendung des Lift-on-/Lift-off-Prinzips

Um bei großen Containerschiffen die Liegezeit auf den Werten zu halten, wie sie heute für die Schiffe der 3. Generation üblich sind, muß zwingend eine beidseitige Entladung des Schiffes gewährleistet werden (15).

Das ist aber nur in den Terminals möglich, die als Dockhafen konzipiert werden.

Dann können beidseitig Containerbrücken der bisher bekannten Bauweise eingesetzt werden. Eine Verdoppelung der Umschlagsleistung ließe sich nahezu erreichen, denn die einzelnen Systemelemente könnten unabhängig voneinander arbeiten.

3.4.2.2 Anwendung der horizontalen Umschlagtechnik

Dies ist möglich, wenn die Containerschiffe mit Heck- oder Seitenklappen versehen sind. Dann können die Container über Förderbänder, welche sowohl im Schiff als auch an Land sein müssen, umgeschlagen werden (16).

Derartige Modelle sind diskutiert worden (17).

Obwohl nicht eindeutig gesagt werden kann, welche Größenordnungen an Containern die Containerschiffe der 4. Generation transportieren, steht doch fest, daß sie einen anderen Terminaltyp benötigen, wenn sie wirtschaftlich arbeiten sollen.

Nach Angaben der Werften ist jedoch bei den angesprochenen Projekten mit einem Realisierungszeitraum von ca. 10 Jahren zu rechnen, so daß bis dahin die bisher bekannten Arbeitsweisen angewendet werden können.

4. Beschreibung der besuchten Terminals

In diesem Abschnitt soll auf die besuchten Terminals eingegangen werden. Dabei werden die Merkmale erwähnt, welche die beschriebenen Terminals voneinander unterscheiden.

Die Beschreibung der Terminals erfolgt in geographischer Reihenfolge und gibt den Ablauf der Besuche in der Zeit von September 1974 bis Mai 1975 wieder.

Den Beschreibungen sind Skizzen über die Auslegung der Terminalfläche beigefügt. Sie sollen das Charakteristische des einzelnen Terminals wiedergeben.

Um nicht bei jedem Terminal auf das Informationssystem einzugehen, ist im folgenden der typische Arbeitsablauf und der Informationsfluß wiedergegeben. Abweichungen von diesem Schema sind dann bei der Terminalbeschreibung wiedergegeben.

Export-Bereich:

Die Container werden dem Export-Bereich durch die Bahn, Lastkraftwagen und Feeder-Schiffe zugeführt. Daneben können noch Container von den Packhallen und dem Leer- und Reparaturlager kommen.

Im Terminal werden die Container auf die für die einzelnen Fahrtgebiete vorgesehenen Stellflächen abgestellt.

Beim Eintreffen des Containers auf dem Terminal werden sämtliche verfügbaren Informationen in die zentrale EDV-Anlage eingegeben oder aber manuell erfaßt. Beim Export von Containern, die an den Packhallen gepackt wurden, die aus dem Leerlager oder Reparaturlager kommen, gelangen die notwendigen Daten ebenfalls zur zentralen EDV.

Nach dem Abstellen werden die Daten der Stellplätze nachträglich an die EDV-Anlage übergeben. Sind dann alle notwendigen Informationen vorhanden, kann mit Hilfe dieser Unterlagen der Stauplan des Schiffes und die Reihenfolge der Schiffsbeladung vor Schiffsankunft geplant werden.

Die Flurförderzeuge bringen dann entsprechend dieser Planung die Container ans Schiff.

Die erfolgte Verladung wird der EDV-Zentrale mitgeteilt, so daß nach Abschluß der Arbeit eine Dokumentation über die verladenen Container bereitgestellt werden kann.

Import-Bereich:

Dem Terminal wird vor der Schiffsankunft Art und Umfang der Ladung mitgeteilt, so daß die Erstellung einer Soll-Löschliste möglich ist.

Beim Löschen erfolgt dann ein Soll/Ist-Vergleich.

Je nach Bestimmungszweck des Containers erfolgt der Einstau auf dem Importplatz, an den Packhallen, im Leer- oder Reparaturlager.

Die Containerstellplätze werden der zentralen EDV mitgeteilt.

Entsprechend den speziellen Kundenwünschen werden die Container auf die Bahn oder Lastkraftwagen verladen. Ebenso können Packarbeiten an den Hallen oder Reparaturarbeiten in der Werkstatt ausgeführt werden.

Wenn der Container den Terminal verläßt erfolgt eine Meldung an das EDV-Büro.

Terminalinterner Sektor:

Zwischen den Packhallen, dem Leerlager und dem Reparaturlager erfolgt ein reger Austausch von Containern.

Aus diesem Sektor resultieren sehr hohe Anforderungen an das Informationssystem, weil die Meldungen über den Standort des Containers, ob er heil oder beschädigt, entladen oder bepackt ist, sehr schnell an die zentrale EDV weitergegeben werden müssen, damit ein aktueller Informationsstand gewährleistet ist.

Je nach Umfang bei diesen Aktivitäten ergeben sich bei den besuchten Terminals unterschiedliche Schwerpunkte.

4.1 Europäische Terminals

4.1.1 Europa Container Terminus, ECT, Rotterdam

Dieser Terminal schlägt die meisten Container um. Verbunden mit ihm ist der Sea-Land Terminal, welcher organisatorisch selbständig ist und lediglich die Umschlagsanlagen des ECT angemietet hat.

Aus der Terminalskizze in Abb. 43 wird deutlich, daß sich das Verwaltungszentrum jenseits der Autobahn und des Bahnsektors befindet. Wegen des sehr hohen LKW Anteils am Transportvolumen hat man der LKW-Abfertigung besondere Beachtung bei der Ausgestaltung des Verwaltungszentrums geschenkt. Dort melden die LKW-Fahrer ihre Container dem Terminal an bzw. von dort bekommen sie die Erlaubnis, bestimmte Container abzuholen. Wegen der großen Anzahl umzuschlagender Container ist dieser Terminal sehr stark mit dem schlechten Informationsstand in bezug auf den Container konfrontiert worden. Die daraus entstandene Mehrbelastung wurde dadurch abgebaut, daß kein Container auf die Anlage gebracht werden darf, bevor nicht alle Informationen eindeutig vorliegen. Die im ECT-Terminal verwirklichte Empfangshalle für die LKW-Fahrer bietet jeder Reederei die Möglichkeit, eigene Büros zu besetzen. So kann jede Reederei zunächst einmal den Containervorgang anzeigen und es können Daten ergänzt werden, bevor die Eingabe der Informationen in das EDV-System des Terminals erfolgt.

Dann erst darf der LKW den Terminal befahren. Er wird zu den Stellen dirigiert, an denen der Container eingestaut bzw. empfangen wird.

Wegen der schmalen, langgestreckten Terminalfläche ist der Terminal aus Kapazitätsgründen frühzeitig zur Anwendung des Transtainer-Systems gekommen

In Abb. 44 ist der Transtainer-Bereich wiedergegeben.

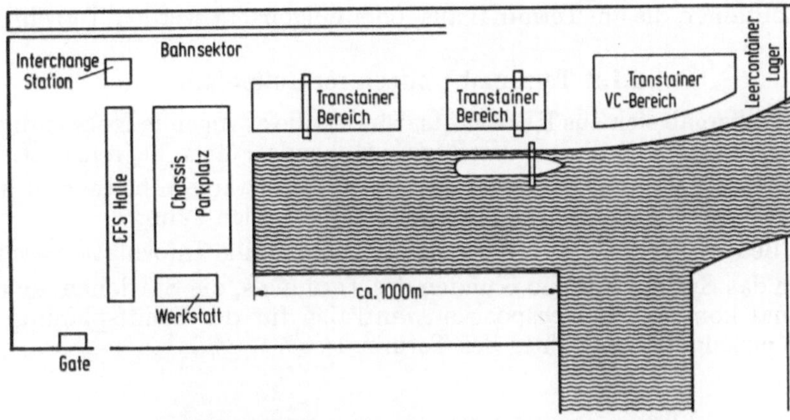

Abb. 44. Terminal ECT, Rotterdam. Containerstapelung im Transtainerbereich.

Abb. 45. Terminal ECT, Rotterdam. Transtainer-/Containerbrückenbereich.

Abb. 45 zeigt, daß die Möglichkeit besteht, die Container von der wasserseitigen Containerbrücke direkt an den Transtainer zu übergeben. Davon wird aber wegen der geringen Flexibilität kein Gebrauch gemacht, weil der optimale Stellplatz selten hinter dem Arbeitsbereich liegt.

Von besonderer Bedeutung für diesen Terminal ist die Stellplatzkontrolle.

So wird einmal in jedem Terminalbereich der Container als Steckkarte in entsprechenden Tableaus verwaltet und darüber hinaus noch durch die EDV überwacht.

Der Anteil der Container, die am Terminal aus- oder eingepackt werden, ist sehr klein.

4.1.2 Terminal Unitcentre, Rotterdam

Für diesen Terminal ergab sich aus Kapazitätsgründen die zwingende Notwendigkeit, das Transtainer-System anzuwenden, weil die zur Verfügung stehende Fläche begrenzt ist.

Aus Abb. 46 ist ersichtlich, daß die Container nur mit Transtainern bewegt zu werden brauchen der Einsatz weiterer Flurförderzeuge damit weitgehend entfallen kann.

Von besonderer Bedeutung für diesen Terminal ist das on-line Informationssystem.

Angeschlossen an das System sind die Kunden des Terminals, die Stationen, an denen Container in/aus dem Terminal kommen, die Dispositionszentralen für die Schiffsplanung und die Bahnplanung, sowie die einzelnen Transtainer des Terminals.

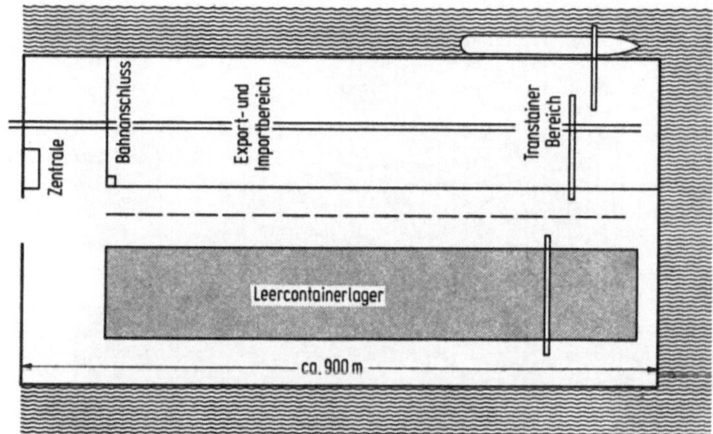

Abb. 46. Terminal Unitcentre, Rotterdam. Skizze Terminalaufteilung.

Durch induktive Ankoppelung wird der EDV-Zentrale die Standortkoordinate des Transtainers übermittelt, während die Daten des Containers im Bedarfsfall aus der Kanzel über eine Tastatur direkt eingegeben werden können.

Die Information kann über Sichtgeräte und/oder Drucker ausgegeben werden. Die Kernspeichergröße der installierten Anlage beträgt 192 k-bytes.

Fünf Programmphasen können automatisch arbeiten:
— Empfang und Auslieferung von Export-Containern
— Löschen und Auslieferung von Import-Containern
— Empfang und Auslieferung von Leer-Containern
— Empfang und Auslieferung von Durchfracht-Containern
— Terminalinterne Bewegungen.

Der Einzelne Container läßt sich aus dem EDV-System nach verschiedenen Kriterien abfragen:
— Container-Nummer
— Buchungs-Nummer (sie gilt für eine Schiffsabfahrt)
— Arbeits-Nummer (sie wird jedem Vorgang zugeordnet)
— Standortkoordinate.

Durch dieses Informationssystem ist gewährleistet,
— daß unvollständige Informationen über den Container leicht nachträglich eingefügt werden können,

— daß Schiffsneuplanungen automatisch durchgeführt werden können, wenn sich nachträgliche Verfügungen ergeben oder Container sehr spät angeliefert werden,

— daß Stabilitätsberechnungen automatisch durchgeführt werden können,

— daß bei Schichtwechsel die neuen Mitarbeiter sofort über den Informationsstand unterrichtet werden,

— daß bei Bedarf sämtliche Daten des Containers abgefragt werden können und

— daß Optimierungsrechnungen in bezug auf Containerstellplätze und Fahrwege der Transtainer durchgeführt werden können.

Mit diesem Informationssystem geht der Terminal Unitcentre über eine Stellplatzverwaltung — wie sie von vielen Terminals heute angestrebt wird — weit hinaus.

Schwierigkeiten ergeben sich für den Terminal hauptsächlich aus der Tatsache, daß die Informationen über die Container sehr lückenhaft sind, weil dadurch die Optimierungsprogramme nicht so genutzt werden können, wie es möglich wäre.

In Abb. 47 ist der wasserseitige Bereich mit den Containerbrücken gezeigt, während Abb. 48 eine Containerauslieferung mit dem Transtainer wiedergibt.

Abb. 47. Terminal Unitcentre, Rotterdam. Terminaleingang mit Containerbrücken.

Abb. 48. Terminal Unitcentre, Rotterdam. Arbeitsweise im Transtainerbereich.

4.1.3 Terminal STA, Göteborg

In Abb. 49 ist die Auslegung des Terminals wiedergegeben.

Als Besonderheit muß erwähnt werden, daß die Schienen für die Containerbrücken an den rechtwinklig angeordneten Liegeplätzen einen Kreisbogen beschreiben, so daß die Containerbrücken je nach Bedarf verfahren werden können.

Die Arbeitsweise im Terminal unterscheidet sich wenig von der anderer Terminals.

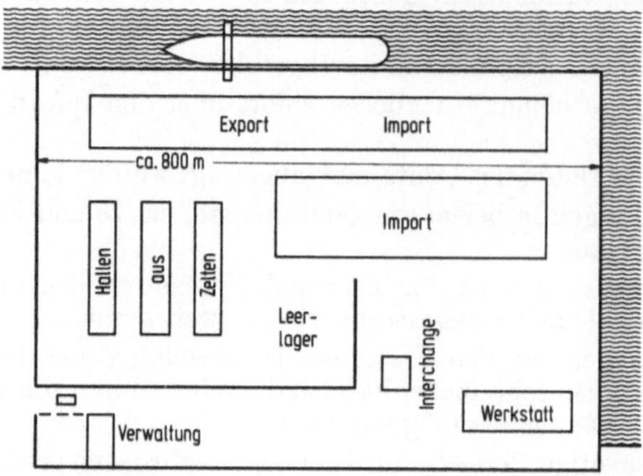

Abb. 49. Terminal STA, Göteborg. Skizze Terminalaufteilung.

Schon in der Aufbauphase ist in diesem Terminal das Schwergewicht auf das Informationssystem gelegt worden. Der Durchlauf eines mit LKW angelieferten Export-Containers weist auf die prinzipielle Lösungsmöglichkeit hin und soll beispielhaft beschrieben werden:

Zugang des Containers:

In eine Platzkarte werden die Daten des Containers eingetragen.

Eingabestation EDV:

Nachdem der LKW-Fahrer seinen Lastzug auf einer speziell vorgeschriebenen Fläche geparkt hat, begibt er sich mit der Platzkarte in das Büro.

Dort werden die angegebenen Daten des Containers vervollständigt und kontrolliert. Fehlende Daten muß der LKW-Fahrer telefonisch beschaffen. Erst wenn alle Daten vorhanden sind, werden sie über ein Sichtgerät (Abb. 50) in die EDV eingegeben.

Interchange:

Danach fährt der LKW-Fahrer mit dem Container zur Interchange-Station, wo der Zustand des Containers überprüft wird.

Wenn sich Beschädigungen am Container herausstellen, werden diese verschlüsselt dem Datensatz zugefügt. An dieser Stelle wird dem LKW-Fahrer der Übergabeplatz angewiesen.

Abb. 50. Terminal STA, Göteborg. EDV-Dateneingabestation.

Abb. 51. Terminal STA, Göteborg. Containerbrücke und Export-Fläche.

Einstapelung:

Nach erfolgter Einstapelung wird die Stellplatzkoordinate in die EDV eingegeben. Parallel dazu wird auf diesem Terminal der Bestand von einem Platzlademeister in einem gesondert geführten Tableau festgehalten.

Die Dokumentation erfolgt alle 24 Stunden. Aus ihr ist ersichtlich, welche Container auf Chassis abgestellt wurden, welche Container im Ex- oder Importstock stehen etc.

Der Exportbereich ist in Abb. 51 wiedergegeben.

4.1.4 Terminal OCL, Tilbury, London

Die Auslegung dieses Terminals ist aus Abb. 52 erkennbar.

Die Container werden auf der Containerstellfläche mit Van Carriern eingestapelt.

Außerdem besteht die Möglichkeit, Container im Transtainer-Bereich zu stauen.

Die Disposition erfolgt aus der Zentrale, die ebenfalls die Stellplatzverwaltung mit vornimmt; dabei wird die EDV nur für die Dokumentation eingesetzt.

Interessant an diesem Terminal ist die Staumöglichkeit für Isoliercontainer. Es handelt sich bei diesen Containern um Kühl-Container ohne festes Kühlaggregat.

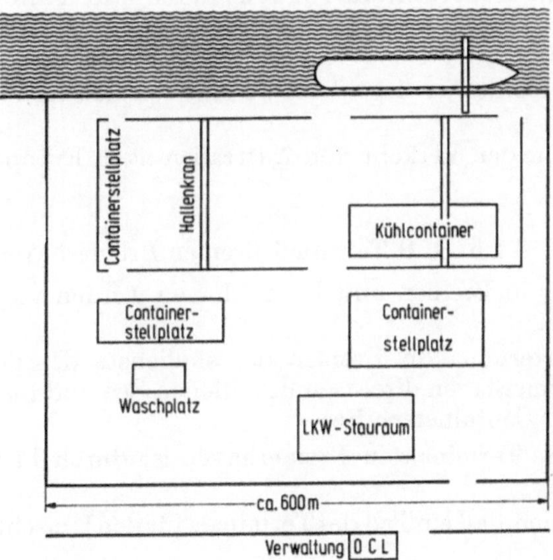

Abb. 52. Terminal OCL, Tilbury, London. Skizze Terminalaufteilung.

Abb. 53. Terminal OCL, Tilbury, London. Zentrale Kühlstation.

Abb. 54. Terminal OCL, Tilbury, London. Kühlcontainerlager.

Die Kühlaggregate sind — wie an Bord eines Schiffes — in einer Zentrale zusammengefaßt. Sie ist in Abb. 53 dargestellt.

Von hier aus werden die Container versorgt und überwacht.

Der Stapelplatz dieser Container ist wiederum verkleidet, damit bei einem Ausfall des Kühlsystems die Temperatur über einen längeren Zeitraum gehalten werden kann. So ist gesichert, daß in 24 Stunden die Container-Innentemperatur bei Kühlungsausfall nur um 2 °C ansteigt.

In der in Abb. 54 wiedergegebenen Anlage können 360 Container eingestapelt und versorgt werden.

Die Container werden mit einem Transtainer gestaut. Unterschiedliche Temperaturbereiche lassen sich für horizontale Containerlagen einstellen.

Sind die zu kühlenden Isoliercontainer nicht in so großer Stückzahl vorhanden, empfiehlt sich ein anderes Kühlsystem. Die Container können 2-lagig abgestellt werden und beziehen die Kühlung aus einer Zentrale.

Angeschlossen werden die Isoliercontainer jeweils durch zwei Faltenbälge (Clips). Damit ist gewährleistet, daß die Luft von unten nach oben gedrückt wird und damit bei Erwärmung ihrem natürlichen Kreislauf folgt.

Der Vorteil dieser Isoliercontainer liegt dort, wo eine Spezialisierung auf größere Mengen Kühlgut möglich ist.

Das ist heute lediglich für den Verkehr von Australien nach Europa/USA zu sagen und gilt für Fleisch und Obst.

4.1.5 BLG Terminal Bremen/Bremerhaven

Die Container-Terminals in Bremen und Bremerhaven werden von der Bremer Lagerhaus-Gesellschaft (BLG) betrieben.

Während der Containerterminal in Bremen der südlichste der deutschen Häfen ist, liegt der Container-Terminal in Bremerhaven direkt an der offenen See und bietet alle Voraussetzungen für die Abfertigung sämtlicher Containerschiffe.

Der rückwärtige Teil des Terminals in Bremerhaven ist durch Passieren einer Schleuse zu erreichen.

Aus Abb. 55 wird ersichtlich, daß ein Teil des Terminals für den Umschlag von Sea-Land-Containern genutzt wird.

In der Mitte der Anlage verläuft der Bahnbereich, der z. Z. noch mit Van Carriern bedient wird.

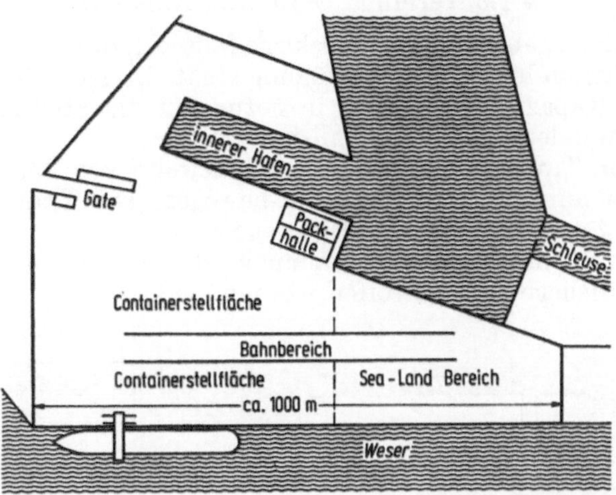

Abb. 55. BLG-Container-Terminal Bremerhaven. Skizze Terminalaufteilung.

Der Arbeitsablauf ist in diesem Fall dadurch gekennzeichnet, daß die Van Carrier-Fahrer Sequenz-Listen erhalten, nach denen die Züge bearbeitet werden.

Nach Abschluß dieser Arbeiten gelangen alle Daten in die EDV-Zentrale, wo sie abgelocht und eingespeichert werden.

Die Schiffsplanung erfolgt auf der Grundlage der in der EDV vorhandenen Daten.

Das Arbeitsmodell besteht aus Zugmaschine und Chassis für die Bedienung der Containerbrücke, sowie dem universellen Van Carrier für die Bedienung der Stellflächen. Die Container werden je nach Bestimmung 1 bis 2-hoch gestapelt.

Der Großteil der Import-Container wird nach kurzer Zwischenlagerung auf dem Terminal auf andere Verkehrsträger umgeladen und in das Hinterland gebracht.

Der geringere Anteil, die Pier-Pier Container, wird an den in Abb. 55 ebenfalls erkennbaren Packhallen bearbeitet.

In der Luftaufnahme Abb. 56 ist der Terminal wiedergegeben. Man sieht auf der Abbildung, daß auch hier die Möglichkeit genutzt wird, mit vier Containerbrücken an einem Schiff zu arbeiten.

Weiterhin ist zu sehen, daß der Terminal in Bremerhaven in der günstigen Position ist, weitere Liegeplätze und Stellflächen für steigende Container-Umschlagszahlen zu erschließen.

In südlicher Richtung ist im Anschluß an den Terminal die Einrichtung eines weiteren Liegeplatzes möglich, während in Richtung Norden ein nahezu unbegrenztes Gebiet zur Verfügung steht.

Abb. 56. BLG-Container-Terminal Bremerhaven. Gesamtansicht des Terminals.

4.1.6 Terminal Euro-Kai, Hamburg

Aus der in Abb. 57 wiedergegebenen Terminalskizze fällt auf, daß dem Terminal nur ein sehr begrenzter Raum als Containerstellfläche zur Verfügung steht. Da nach dem Van Carrier-System gearbeitet wird, bleibt bei Kapazitätsengpässen in bezug auf die Stellfläche nur der Ausweg, ein Transtainer-System anzuwenden. Dieses ist realisiert worden.

Die schienengebundenen Transtainer haben eine Spurweite von 35,3 m und sind in der Lage, einen Container über vier aufeinanderstehende zu bewegen. Die Transtainer sollen sowohl zwei Bahngleise als auch eine 2-spurige Fahrstraße bedienen.

In Abb. 58 ist der Terminal in einer Luftaufnahme wiedergegeben. Man sieht, daß auch Ausbaumaßnahmen für den Schiffsliegeplatz getroffen worden sind.

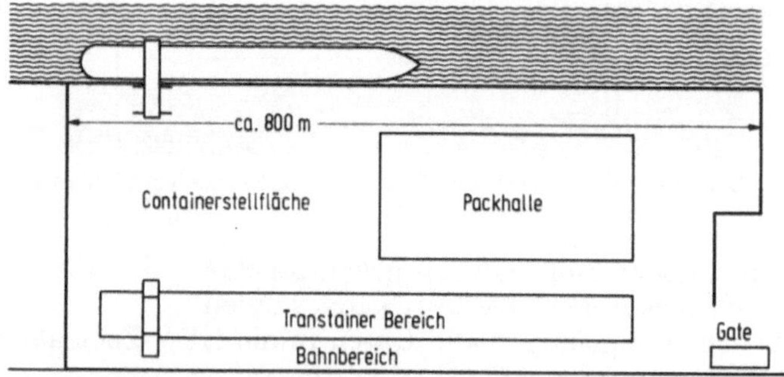

Abb. 57. Terminal Euro-Kai, Hamburg. Skizze Terminalaufteilung.

Abb. 58. Terminal Euro-Kai, Hamburg. Gesamtansicht des Terminals.

4.1.7 HHLA-Terminal Burchardkai, Hamburg

Aus der in Abb. 59 wiedergegebenen Skizze des Terminals fällt die Vielzahl der Packhallen auf. Insgesamt sind 105 000 m² überdacht. An den Hallen werden generell Container be- oder entladen.

Die Zustellbewegungen erfolgen mit Van Carriern, wie das in Abb. 60 zu sehen ist. Ein weiterer Punkt, der diesen Terminal von anderen unterscheidet, ist das Vorhandensein ausgedehnter Reparaturmöglichkeiten auf dem Terminal.

In Abb. 61 ist der Reparatursektor für Kühl-Container dargestellt.

Die beschädigten Container können über Schienen in die Werkstatt gefahren werden.

Diese beiden Faktoren — Packhallen und Reparaturmöglichkeiten — bedingen zwangsläufig ein ausgedehntes Leer-Containerlager.

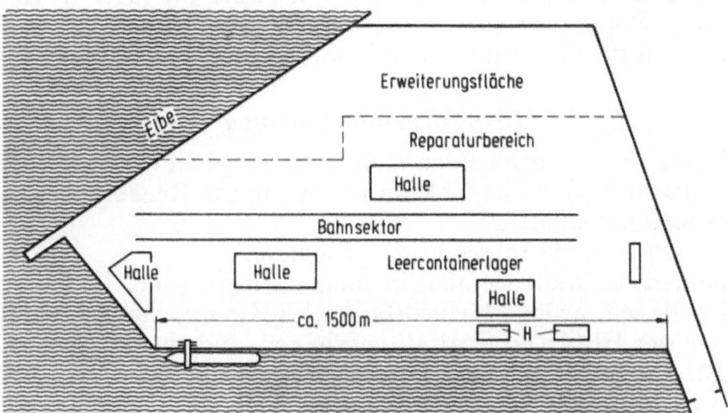

Abb. 59. HHLA Terminal Burchardkai, Hamburg. Skizze Terminalaufteilung.

Abb. 60. HHLA Terminal Burchardkai, Hamburg. Packhalle.

Abb. 61. HHLA Terminal Burchardkai, Hamburg. Reparaturbereich für Kühlcontainer.

Wie aus der Skizze ersichtlich, liegt es zentral in der Mitte der Anlage neben dem Bahnbereich, über den ebenfalls viele Leer-Container umgeschlagen werden.

Aus den Transportvorgängen, die terminalintern zwischen den Packhallen, dem Reparaturlager und dem Leer-Containerlager anfallen, resultieren große Anforderungen an ein zentrales Informationssystem.

Container-Nummer und Container-Typ, sowie die Angabe desjenigen, der über einen Container verfügen darf und der Zustand des Containers (heil, beschädigt) sind neben dem Stellplatz des Containers die entscheidenden Kriterien.

Von entscheidender Bedeutung ist, daß die benötigten Informationen jederzeit an verschiedenen Orten im Terminal über Bildschirme aus der zentralen EDV abgerufen werden können.

Bedingt durch die Verteilungsmöglichkeiten der Container auf dem Terminal (Export-Fläche, Import-Fläche, Leerlager, Reparaturlager, Packhallen 1—7) wird das Van Carrier-System, als das flexibelste Transportsystem für Container, angewendet.

4.1.8 Zusammenfassung

Die europäischen Terminals unterscheiden sich hauptsächlich von vielen amerikanischen und japanischen Terminals dadurch, daß sie nicht nur an bestimmte Reedereien gebunden sind, sondern eine Vielzahl von Reedereien bedienen.

Daraus resultieren in erster Linie Informationsprobleme.

Außerdem unterscheiden sich die Terminals in einigen europäischen Häfen von denen der übrigen Welt dadurch, daß oftmals sehr große Flächen (bis zu 1,3 Mio m²) zur Verfügung stehen. Als besondere Beispiele sind hier der BLG Terminal Bremerhaven und der HHLA Terminal Burchardkai Hamburg zu erwähnen. Damit haben diese Terminals die Möglichkeit auch zukünftig an den bestehenden Anlagen den Containerumschlag vorzunehmen.

In bezug auf die Leistungsfähigkeit der Umschlagssysteme bestehen keine gravierenden Unterschiede.

Zu erwähnen wäre lediglich der OCL Terminal Tilbury, der über Spezialanlagen für den Umschlag, Betrieb und die Wartung von Isoliercontainern verfügt.

Einer Mechanisierung der einzelnen Umschlagskomponenten, wie Containerbrücke, Flurförderzeug, Transtainer etc. oder der Automatisierung des gesamten Systems, stehen die Terminals verhalten gegenüber, da Systemveränderungen sehr kostenintensiv sind.

Damit wäre eine Erhöhung der Umschlagsgeschwindigkeit sicherlich möglich, doch solange die bestehenden Informationsmängel nicht behoben sind, könnte der erzielbare Effekt nicht genutzt werden.

Der Automatisierung in bezug auf das Informationssystem stehen die Terminals dagegen aufgeschlossen gegenüber.

Große Anstrengungen werden auf diesem Sektor vom Terminal Unitcentre in Rotterdam unternommen.

Sämtliche im Terminal anfallenden Arbeiten sollen von der EDV-Anlage vorgeplant und die Ausführung überwacht werden.

Das gilt für die Schiffsplanung ebenso wie für die An-/Auslieferung der Container per Bahn und LKW.

4.2 Nordamerikanische Terminals

4.2.1 Terminal Halifax

Halifax liegt direkt am Atlantik und ist Nordamerikas östlichster Container-Hafen.

Wie Abb. 62 zeigt, liegt der Bahnanschluß in der Mitte des Terminals. Die Zu- und Ablieferung der Container erfolgt zu 90% mit der Canadian National Railway aus Zentral-Canada mit Anschluß an die USA.

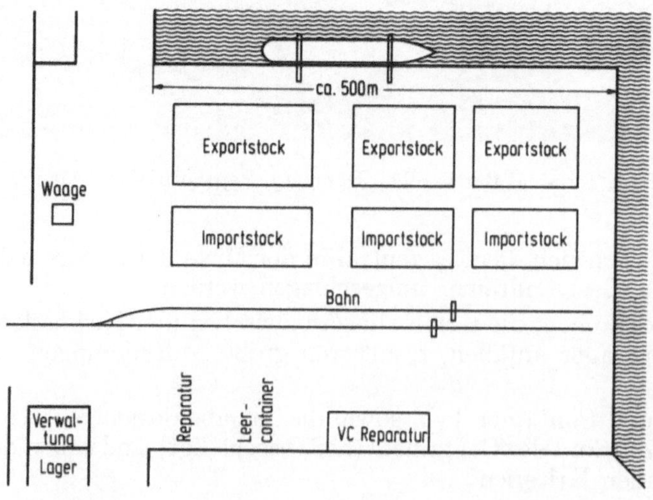

Abb. 62. Terminal Halifax. Skizze Terminalaufteilung.

Abb. 63. Transtainereinsatz im Bahnbereich.

Abb. 64. Schiffsoperation mit 3 Containerbrücken und 3-lagigem Export-Stock.

Abb. 65. Einfache Transtainerausführung überwiegend für Hubbewegungen.

Es werden Spezial-Container-Waggons benutzt, die in der Lage sind, zwei 40'-Container zu laden.

Der Informationsvorlauf beträgt im Durchschnitt eine Woche. Nur bis zu 5% der Container kommen noch ohne Information auf dem Terminal an.

Durch diesen guten Informationsstand und den teilweise direkten Umschlag ist es möglich, trotz der Umschlagsleistung von 150 000 Containern/Jahr (TEU) mit einer manuellen Verwaltung zu arbeiten und lediglich den Bestand mit der EDV zu dokumentieren.

Das gesamte Operating erfolgt durch Van Carrier und mit Transtainern im Bahnbereich (Abb. 63).

Abbildung 64 gibt die Arbeit am Schiff wieder.

In Abb. 65 ist einer der beiden gummibereiften Transtainer gezeigt, die den gesamten Eisenbahnumschlag ausführen, wobei es sich um sehr einfache technische Ausführungen handelt.

Zur weiteren Ausstattung des Terminals gehört eine umfangreiche Reparaturwerkstatt, mit einer speziellen Einrichtung zum Waschen der Van Carrier.

4.2.2 Mystic Terminal Boston

Der Mystic Terminal bedient ebenfalls eine ganze Reihe von Linien.

Die Zu- und Ablieferung der Container erfolgt annähernd zu 100% per LKW.

Da die Information nicht so umfassend wie bei der Eisenbahnzubringung ist, besteht 24 Stunden vor Abfahrt eines Schiffes Annahmeschluß für Container.

Wie aus der Skizze in Abb. 66 zu ersehen ist, erfolgt das Handling der Container im Importbereich mit einem gummibereiften Transtainer.

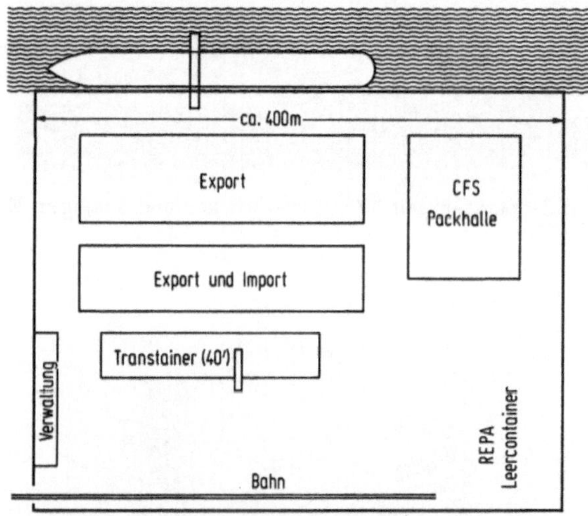

Abb. 66. Terminal Mystic, Boston. Skizze Terminalaufteilung.

Abb. 67. Gummibereifte Transtainer im LKW Zu- und Abförderbereich mit Anordnung der Fahrstraße in der Mitte.

Die LKW-Fahrspur ist wegen der Transtainerkatzwegminimierung in der Mitte des Portals angeordnet (Abb. 67).

Das übrige Operating erfolgt mittels Gabelstapler und Chassis.

Die Container-Stellplatzverwaltung erfolgt mit der mittleren Datentechnik.

Weiterhin ist eine visuelle Kontrolle des Terminals von einem, über dem am Eingang befindlichen Verwaltungsgebäude liegenden Tower möglich.

4.2.3 Sea-Land Terminal New York

Es handelt sich um einen reedereieigenen Terminal, der nur von Sea-Land-Schiffen angelaufen wird.

Dieser „neue" Sea-Land-Terminal ist Bestandteil des größten zusammenhängenden Containerhafens der Welt, mit einer Flächenausdehnung von insgesamt 4,7 Mio m² und einer Liegeplatzlänge von 4,8 km.

Davon nimmt der Sea-Land-Terminal rund ein fünftel der Gesamtfläche ein, mit einer Kailänge von 1 378 m (Abb. 68).

Im Terminal befindet sich die Zentrale des weltweiten Sea-Land Konzerns.

Es bestehen Computerverbindungen zu den amerikanischen, europäischen und japanischen Häfen.

Innerhalb den USA erfolgt die Übertragung der Daten per Kabel, während die Verbindung nach Europa, Fern-Ost und Hawai über Satelit erfolgt.

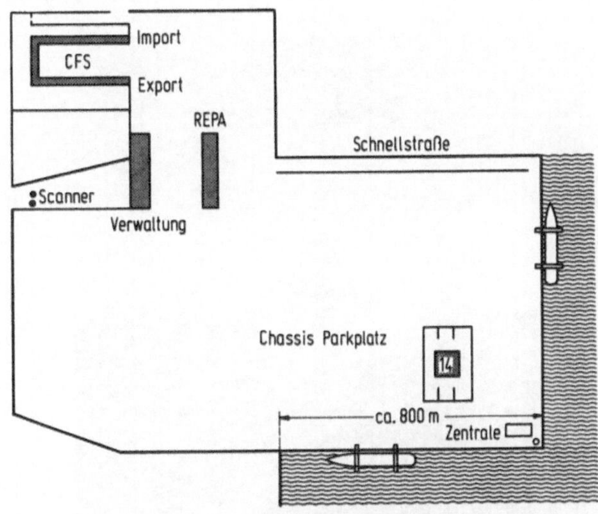

Abb. 68. Terminal Sea-Land, New York. Skizze Terminalaufteilung.

Abb. 69. Containerbrücken mit horizontal verschiebbarem Ausleger im Schiffsoperation.

Ausrüstung des Terminals:

Im Terminal befinden sich sechs Containerbrücken, mit waagerecht verschiebbaren Auslegern (Abb. 69). Dies ist notwendig, da der Terminal in der Einflugschneise eines Flughafens liegt.

Die Einspeisung der Containerbrücken erfolgt mittelspannungsseitig über eine ca. 4 m hoch liegende Schleifleitung.

Zur Ausstattung der Containerbrücken gehört eine Anti Sway-Einrichtung, die allerdings selten benutzt wird, da die ungewollten Bewegungen des Containers — durch das Beschleunigen der Katze hervorgerufen — von erfahrenen Kranführern manuell ausgeglichen werden.

Abb. 70. Drehscheibe für Containerkrane, die auf 90° zueinanderliegenden Kajen verfahren werden können.

Abb. 71. Chassis Stellplatzmarkierung.

Als Besonderheit ist eine Drehscheibe für Containerbrücken zu erwähnen (Abb. 70) Mit dieser Einrichtung ist es möglich, alle Containerbrücken von einer Seite der rechtwinklig zueinanderliegenden Liegeplätze auf die andere Seite zu fahren.

Aufgrund der großen Flächenausdehnung des Terminals und des Chassis-Systems, sind auf dem Terminal Hochgeschwindigkeitsstraßen eingerichtet. Für die Groborientierung der Truckfahrer sind die Hauptstrecken mit verschiedenen geometrischen Zeichen versehen, die ebenfalls auf den Begleitpapierens ercheinen.

Einen weiteren Bestandteil des Terminals bildet die (ebenfalls in Abb. 68 ersichtliche) Container-Packstation mit U-förmigem Grundriß.

Auffällig ist das Verhältnis von Länge zu Breite, welche die CFS (Container Freight Station) eher als überdachte Rampe erscheinen läßt.

Damit wird angestrebt die Güter möglichst ohne Zwischenlagerung umzuladen. Da die direkte Umladung beim Import nicht immer durchgeführt werden kann, ist ein Teil der CFS breiter ausgelegt, um Raum für die Zwischenlagerung zu haben.

Organisation:

Alle Abteilungen sind zentral in einem Verwaltungsgebäude untergebracht. Lediglich die Abteilung Schiffsoperation ist ausgegliedert und in einem Gebäude in Liegeplatznähe untergebracht.

Information und Dokumentation:

Die An-/Auslieferung der Container erfolgt ausschließlich per LKW.

Vor Passieren der Gates durchlaufen die Container das automatische Container Identifikationssystem.

Nach Erhalt der Information über den Stellplatz am Gate werden die Container vom Zubringer direkt zum Stellplatz gebracht. Die Chassis-Stellplatzmarkierung ist in Abb. 71 dargestellt.

Um eine Kontrolle über den Ist-Belegungszustand des Platzes zu erhalten, werden die Stellflächen mit einem mobilen automatischen Container Identifikations System abgefahren. Diese aktuelle Information wird dem Computer off-line übermittelt.

Das weltweite zentralisierte Computer-System ist in der Lage, alle Containerbewegungen nachzuvollziehen und eine ,,History" für jeden Container auf Abruf am Bildschirm erscheinen zu lassen.

4.2.4 Sea-Train Terminal New York

Der Sea-Train Terminal liegt straßenverkehrstechnisch sehr günstig an einem Autobahnknotenpunkt direkt am Hudson River.

Es handelt sich wiederum um einen reinen reedereieigenen Terminal der landseitig ausschließlich per LKW bedient wird. Der Umschlag erfolgt über eine Fingerpier mit zwei Schiffsliegeplätzen (Abb. 72).

Das in Abb. 72 skizzierte Verwaltungsgebäude ist in Abb. 73 zu erkennen. Aus platzsparenden Gründen sind die Räumlichkeiten hier über den Ein- und Ausfahrten angeordnet.

Die drei auf der Fingerpier operierenden Containerbrücken sind je mit einem nach beiden Seiten ausfahrbaren Ausleger versehen, der entweder die eine oder die andere Seite bedienen kann.

Der Antrieb der Containerbrücken erfolgt dieselelektrisch (Abb. 74).

Das reine Chassis-System arbeitet ohne Stellplatzdisposition. Die Chassis werden chaotisch auf dem Platz abgestellt, eine Dokumentation wird manuell nachvollzogen.

Durch die Umgebung bedingt, ist keine Flächenerweiterung möglich. Eine Kapazitätserhöhung ist nur durch Änderung des terminalinternen Umschlagssystems möglich.

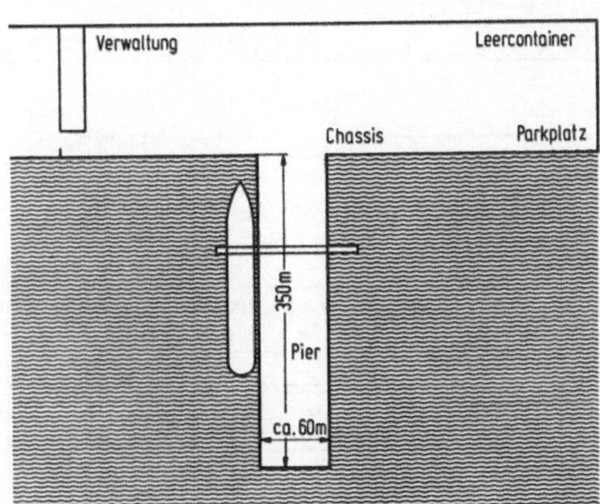

Abb. 72. Terminal Sea-Train, New York. Skizze Terminalaufteilung.

Abb. 73. Terminaleinfahrten mit darüberliegenden Verwaltungsräumen.

Abb. 74. Containerbrücken mit nach beiden Seiten verschiebbarem Ausleger.

4.2.5 Terminal Houston

Der Besuch in Houston galt vor allem dem in der Planung befindlichen neuen Container-Terminal in Galveston, der in Abb. 75 dargestellt ist.

Die Planung ist nach den heutigen Erkenntnissen aufgebaut. Die in der 1. Baustufe vorgesehenen 600 m Liegeplatz und der dahinterliegende Stellplatz sollen mit einem Mischsystem aus Chassis und Transtainern bedient werden.

Wie aus der Skizze ersichtlich, werden sowohl der Export-Stock als auch der Import-Stock mit je zwei schienengebundenen Transtainern bedient.

Das Leer-Container Handling wird voraussichtlich mit Staplern vorgenommen werden.

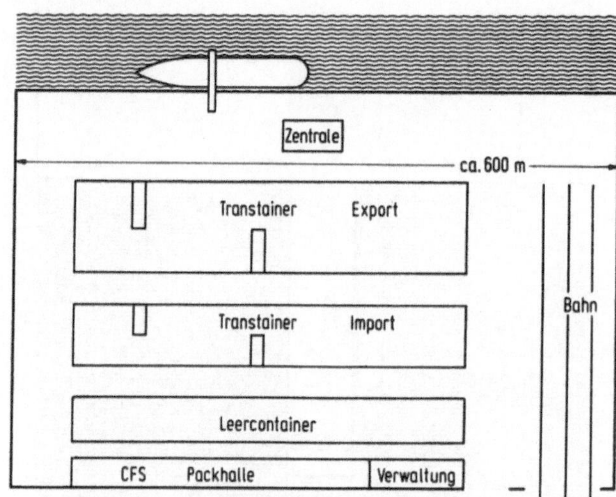

Abb. 75. Geplanter Terminal Galveston, Houston. Skizze Terminalaufteilung.

Abb. 76. Blick auf den Transtainer bedienten Stellplatz.

Die Container Packstation mit dem Verwaltungsgebäude und den Einfahrten bilden den landseitigen Abschluß des Terminals.

Der Bahnanschluß bildet den rechten Abschluß des Terminals und verläuft rechtwinklig zum Liegeplatz.

Weiterhin sieht die Planung ein EDV-System vor, über dessen Größenordnung noch keine Aussage möglich war.

Die seit Anfang 1975 bestehenden Container-Umschlagsanlagen befinden sich nicht zusammenhängend auf einem geschlossenen Terminal.

Ein Teil des Terminals mit Priorität für Sea-Land — mit zwei Containerbrücken ausgerüstet — arbeitet mit dem reinen Chassis-System. Der Einsatz von Chassis ist hier besonders angebracht, da die Aufstellfläche ca. 2 km entfernt liegt.

Der andere Teil des Terminals — mit einer Containerbrücke ausgerüstet — arbeitet nach dem Mischsystem. Da auch hier der Abstellplatz ca. 3 km entfernt liegt, werden zum Transport zwischen Containerbrücke und Stellplatz Chassis eingesetzt.

Die Stapelung der Container erfolgt mit gummibereiften Transtainern, die in der Lage sind, 4-lagig zu stapeln. (Abb. 76).

Die gesamte Stellplatzverwaltung erfolgt manuell.

4.2.6 Matson Terminal Oakland

Es handelt sich um einen reedereieigenen Terminal, der z. Z. auch nur von den eigenen Schiffen angelaufen wird.

Der Aufbau des Terminals ist in Abb. 77 skizziert. Es stehen 600 m Liegeplatz zur Verfügung, die am Ende durch eine Ro-Ro-Anlage ergänzt werden.

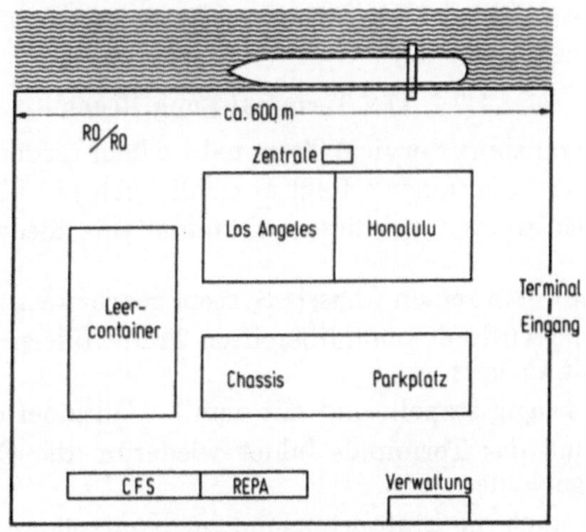

Abb. 77. Terminal Matson, Oakland. Skizze Terminalaufteilung.

Im Anschluß an den Liegeplatz ist ein Leitstand für die Schiffsoperation errichtet (Abb. 78). Daran anschließend sind die Vorstauflächen für die mit diesem Hafen korrespondierenden Häfen zu erkennen.

Im rückwärtigen Bereich ist der Parkplatz für Chassis angeordnet.

Die Fa. Matson arbeitet grundsätzlich auf ihren Terminals mit dem reinen Van Carrier-System, obwohl reedereieigene Chassis für den Landtransport zur Verfügung stehen.

Wie allgemein üblich, bilden die Container Packhallen, die Reparaturstätten, sowie die Verwaltung den landseitigen Abschluß der Terminals.

Es ist in diesem Zusammenhang zu erwähnen, daß die beladenen Chassis und die LKWs vor Verlassen des Terminals nochmals einen Checkpoint durchlaufen.

Das gesamte Operating wird von einem Tower oberhalb des Verwaltungsgebäudes zentral geleitet. Der wasserseitige Tower ist als Subleitstelle anzusehen.

Das Informationssystem arbeitet manuell, wobei eine Ablösung durch EDV geplant ist.

Als besondere technische Ausrüstung der Terminalgeräte sind das fest an dem wasserseitigen Portalbein installierte Kranführerhaus, sowie die Seitenflipper an den Spreadern zu nennen. Die sog. Flipper sind hydraulisch herunterklappbare Spreader-Zentrierhilfen, die im Normalfall an den vier Ecken des Spreaders angeordnet sind.

Abb. 78. Containerbrücken im Schiffsoperation mit wasserseitig angeordnetem Tower.

4.2.7 ITS Terminal Long Beach

Der ITS (International Transport Service) Terminal ist kein reedereieigener Terminal.

Die Zu- und Ablieferung der Container erfolgt ausschließlich per LKW.

Wie in Abb. 79 zu ersehen, werden auf diesem Terminal verschiedene Operationssysteme praktiziert.

Zum größten Teil wird mit dem reinen Chassis-System gearbeitet.

Die übrige Stellplatzfläche wird mit gummibereiften Transtainern bedient. Die Verbindung zur Containerbrücke erfolgt mit Chassis.

Die Transtainer können 4-lagig stapeln und mit dem 5. Container darüberfahren.

Den landseitigen Abschluß des Terminals bildet wiederum die Container Packhalle mit anschließendem Verwaltungsgebäude.

Sowohl die Packhalle als auch die Einfahrten sind für Kontrollzwecke mit Fernsehkameras ausgerüstet.

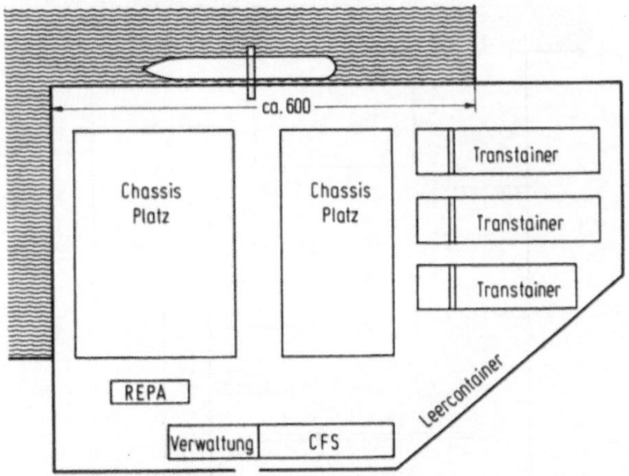

Abb. 79. Terminal ITS, Long Beach. Skizze Terminalaufteilung.

Das Informationssystem wird manuell durchgeführt. So wird z. B. die Stellplatzdisposition mit Hilfe einer Magnetstecktafel realisiert.

Von dieser Dispositionszentrale erhalten die LKW-Fahrer die Order, einen Container abzustellen bzw. abzuholen.

Die Terminalleitung steht technischen Neuentwicklungen sehr offen gegenüber. Neben den bereits installierten Anti-Sway-Einrichtungen bei den Containerbrücken (Abb. 80) ist eine Zielpunktsteuerung, sowohl für die Katze, als auch für das Hubwerk konzipiert.

Die Realisierung dieser Neuentwicklung ist für Mitte 1975 vorgesehen.

Abb. 80. Containerbrücken mit Anti-Sway Einrichtung (geteilte Katze).

4.2.8 Matson Terminal Long Beach

In Abb. 81 ist prinzipiell die Systematik des Terminals wiedergegeben.

Die Vorstauflächen sind auch hier nach dem Kriterium der Zielhäfen längs der Liegeplätze angelegt.

Dahinterliegend befindet sich die Parkfläche für ein- und ausgehende Chassis und das Verwaltungsgebäude mit einem Tower, von dem der gesamte Platz eingesehen werden kann.

In Abb. 82 sind durch einen Blick vom Tower die für das hier durchgeführte Van Carrier-Operation typischen Containerreihen mit den entsprechenden Fahrspuren zu erkennen.

Das EDV-System arbeitet on-line.

Bei Passieren der Einfahrten erfolgt bereits die Eingabe sämtlicher Daten über Tastatur und Display in den Computer.

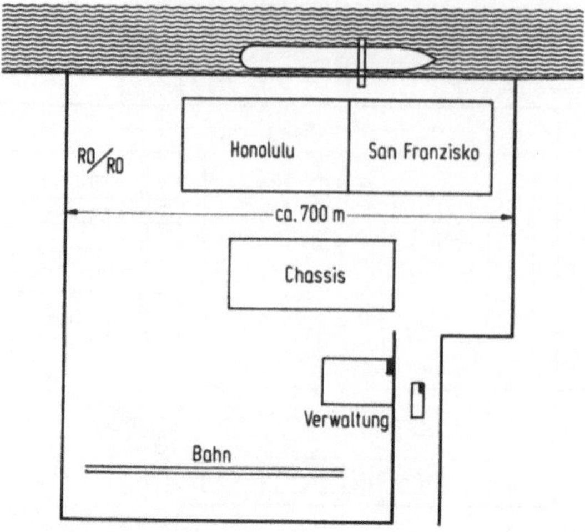

Abb. 81. Terminal Matson, Long Beach. Skizze Terminalaufteilung.

Abb. 82. Blick auf dem Leitstand (Tower) auf den Terminal.

Die Stellplatzkoordinaten werden nachträglich vom Van Carrier Fahrer über Funk an die Zentrale (Tower) übermittelt und nach entsprechender Codierung den bereits eingegebenen Daten hinzugefügt.

Vom EDV-System sind jederzeit Statistiken über Container-Bestand, Standort etc. abrufbar.

Trotz des gut entwickelten EDV-Systems erfolgt die Stauplanung der Schiffe manuell.

4.2.9 Matson Terminal Honolulu

Der Matson Terminal in Honolulu erreicht für seine Größe und technische Ausstattung eine sehr beachtliche Umschlagsleistung.

Dieses erklärt sich einerseits durch die Homogenität des Gutes (90% Pineapple), andererseits durch die gute Information zum Hinterland, bedingt durch die relativ kleine Insel und die wenigen Verlader.

Eine Rundfahrt der Hawai anlaufenden Container-Schiffe mit den Stationen Los Angeles — Oakland — Honolulu dauert ca. 14 Tage.

Die in Honolulu eingehenden Leer-Container befinden sich durchschnittlich nur 9 Tage auf der Insel bis sie diese beladen wieder verlassen.

Das Löschen und Laden der Leer-Container ist bei Matson dadurch rationalisiert worden, daß die bereits in den Abb. 3 und 4 gezeigten Laschrahmen vor Ankunft des Schiffes vorgestaut werden, so daß mit einem Hub der Containerbrücke sechs 24′-Container an Deck genommen werden können.

In Abb. 83 ist der Terminal dargestellt.

Im Hintergrund ist die Packhalle mit U-förmigem Grundriß angeordnet. Durch diese Packhalle läuft etwa 12% der gesamten Ladung.

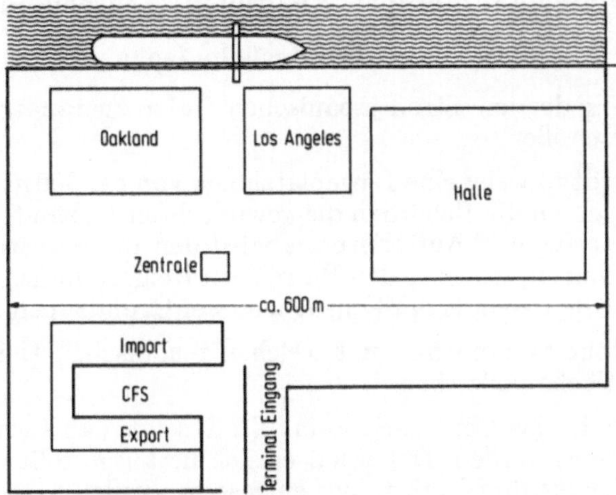

Abb. 83. Terminal Matson, Honolulu. Skizze Terminalaufteilung.

Abb. 84. Blick aus dem Leitstand (Tower) auf den Terminal mit zurückliegenden Packhallen.

Wie in Abb. 84 zu erkennen, erfolgt auch hier das Operating mit dem Van Carrier.

Die Zu- und Ablieferung erfolgt ausschließlich per Zugmaschine und Chassis.

Die gesamte Stellplatzverwaltung erfolgt manuell mit visueller Unterstützung (5 Frequenzen stehen zur Verfügung).

Die EDV-Einrichtung dient der Dokumentation.

Die ebenfalls manuell erstellten Staupläne für die Container-Schiffe werden mit dem Flugzeug auf das Festland gebracht bzw. von dort empfangen.

Zu erwähnen bleibt, daß bezüglich der Mechanisierung keine Investitionen getroffen wurden und auch nicht geplant sind.

Beachtenswert erscheint die Tatsache, daß die Kranführer eine Mechaniker-Ausbildung haben und bei Ausfällen verantwortlich eingreifen.

4.2.10 Zusammenfassung

Im Gegensatz zu Europa werden in Nordamerika viele reedereieigene Terminals betrieben.

Als Beispiel sind hier die Firmen Sea-Land und Matson zu nennen.

Eine höherwertige Mechanisierung wurde nicht angetroffen und auch nicht befürwortet, da personalpolitische Probleme im Vordergrund stehen.

Beachtenswert erscheint die Tatsache, daß in reedereieigenen Terminals aus Produktivitätsgründen des öfteren mehr als 3 Containerbrücken an einem Schiff arbeiten.

4.3 Terminals in Fernost, Australien, Neuseeland und Israel

4.3.1 Terminals in Japan

Die für die Entwicklung der jeweiligen japanischen Häfen zuständigen Behörden errichten Terminals von einheitlicher Größe.

Ein derartiger Standardtyp weist eine Liegeplatzlänge von ca. 300 m auf und hat eine Breite von ca. 350 m. Außerdem errichten die Behörden die gewünschten Gebäude und stellen zwei Containerbrücken pro Platz zur Verfügung. Auf Mietbasis wird den interessierten Gesellschaften dann ein derartiger Terminal überlassen, wobei es den Betreibern freigestellt ist, mehrere dieser Grundtypen anzumieten. So hat z. B. die Reederei NYK in Kobe zwei Grundtypen angemietet.

Den Gesellschaften steht es dann frei, mit welchen technischen Geräten sie den Containerumschlag auf der Terminalfläche vollziehen.

Sea-Land bevorzugt z. B. das Chassis-System, NYK setzt Van Carrier ein, während von MOL auch Transtainer verwendet werden. Dabei hat es sich herausgestellt, daß pro Terminalgrundtyp bis neun Van Carrier oder bis fünf Transtainer eingesetzt werden.

Da die überdachten Lagerhallen häufig außerhalb der Terminals errichtet worden sind, werden Chassis eingesetzt, die entweder nur für den internen Terminalverkehr oder als Straßenchassis zum Transport der Container zur Packhalle geeignet sind. Leer-Container werden vielfach mit Gabelstaplern blockweise gestaut, wobei Typ und Containergröße Staukriterien sind.

Der maximal mögliche Containerumschlag/Jahr und Terminal wird mit 120 000 20′-Einheiten angegeben.

In Japan werden die Container ausnahmslos mit LKW zum Terminal gebracht. 85% der an- bzw. ausgelieferten Container kommt aus bzw. geht in einen Umkreis von 50 km.

Von großer Bedeutung für die Ausrüstung der Terminals mit Umschlagseinrichtungen sind die gesetzlich vorgeschriebenen Abschreibungsfristen. So dürfen in Japan Van Carrier in 5 Jahren, schienengebundene Transtainer in 7 Jahren und Transtainer auf Reifen in 12 Jahren abgeschrieben werden.

Obwohl die Praxis gezeigt hat, daß auch schienengebundene Transtainer eine Lebensdauer von 12 Jahren haben, führt diese Regelung doch dazu, daß mehr gummibereifte Transtainer eingesetzt werden als schienengebundene.

In Japan wurden die Häfen Tokio, Yokohama und Kobe besucht.

Da die Container-Terminals in den besuchten Häfen sehr eng zusammenliegen, wurden alle besichtigt.

Tokio:

Terminal	Betreiber	
1	K-Line	(Kawasaki-Line)
2	K-Line	
3	MOL	(Mitsui OSK-Line)
4	MOL	
5	MOL	
6	NYK	(Nippon Yusen Kaisha)
7	NYK	
8	Y-Line	(Yapan-Line) und
	YS-Line	(Yamashita-Shinnihon-Line)

Yokohama:

Terminal	Betreiber
1	Sea-Land
2	Sea-Land
3	NYK
4	K-Line

Kobe:

Terminal	Betreiber	
1	Sea-Land	
2	Y-Line, YS-Line	
3	NYK für Trio-Gruppe	
4	NYK	
5	APL	(American President-Line)
6	USL	(United States Line)
7	MOL	
8	MOL	
9	MOL	

In Japan sind sämtliche Arbeitsmodelle des Containerumschlages angetroffen worden.
Im folgenden sollen daher nur charakteristische Terminals an Beispielen erläutert werden.

4.3.1.1 Terminal TICT, Tokio

In Abb. 85 ist die Aufteilung des Tokio International Container-Terminals wiedergegeben. Ursprünglich war geplant, diesen Terminal völlig automatisch zu steuern. Daher sind die schienengebundenen Transtainer — wie sie in Abb. 86 zu sehen sind — errichtet worden. Trotz des guten Informationsstandes und der in Japan praktizierten Annahmeschlußzeiten für Container ist die Fertigstellung der automatischen Anlage nicht erfolgt, da diese sich bereits im Aufbau als nicht flexibel genug erwiesen hat.

Aus diesem Grund ist der vordere Bereich des Terminals für Van Carrier ausgelegt, weil mit diesen Geräten eine größere Flexibilität erreicht wird. Obwohl die Flächen nicht speziell in Ex- oder Importbereiche unterteilt sind, wird doch darauf geachtet, Exportcontainer möglichst in den vorderen Terminalbereichen zu stauen.

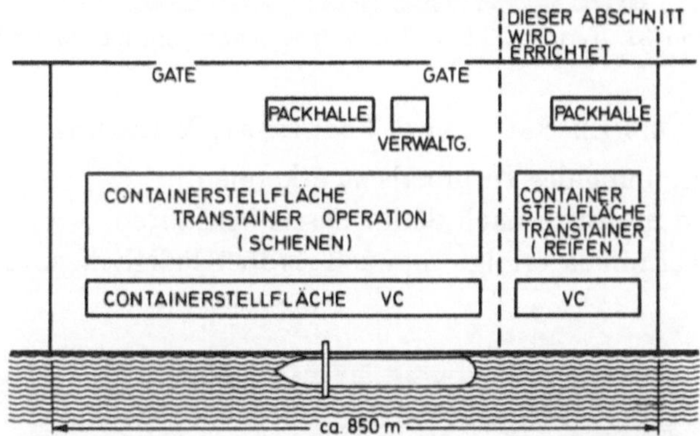

Abb. 85. Terminal TICT, Tokio. Skizze Terminalaufteilung.

Abb. 86. Terminal TICT, Tokio. Transtainerbereich.

Der Terminal verwaltet den Containerumschlag mit einer EDV-Anlage und mit Sichtgeräten. Diese sind an den Gates (Abb. 87) in der Lagerhalle und im Verwaltungszentrum installiert, wo alle Informationen einlaufen. Von dort werden die Flurförderzeuge über Sprechfunk geleitet und alle Vorgänge, welche einen Container betreffen, on-line in die EDV eingegeben.

Die EDV übernimmt es, Vorschläge für Staupositionen vorzugeben. Diese können befolgt werden. Lediglich bei Containern mit gefährlicher Ladung bleibt es den Mitarbeitern überlassen, die Stauposition anzugeben.

Da Annahmeschlußzeiten festgelegt sind, ist es dem Terminal möglich, vor Ankunft des Schiffes sämtliche Planungsarbeiten bis hin zur fertig gedruckten EDV-Liste über die Staupositionen im Schiff fertig zu haben.

Leer-Container werden nur ausgeliefert, wenn sie einen Tag vorher angefordert werden. So bleibt dem Terminal genügend Zeit, die Planungsarbeiten abzuschließen und den Bereichsleitern für das Leer-Containerlager vorgedruckte Auslieferungslisten zu übergeben.

MOL hat einen weiteren Terminalgrundtyp angemietet und rüstet diesen mit gummibereiften Transtainern aus. Damit folgt MOL der Mehrzahl der anderen Terminals, die bereits mit diesem Umschlagssystem arbeiten.

Abb. 87. Terminal TICT, Tokio. Interchange Station für LKW.

4.3.1.2 Sea-Land Terminal, Yokohama

Aus Abb. 88 ist die Aufteilung des Terminals zu erkennen.

Sea-Land arbeitet auch in Japan nach dem Chassis-Verfahren.

Die Verwaltung des Terminals erfolgt manuell, wobei lediglich einmal am Tag der Bestand dokumentiert wird.

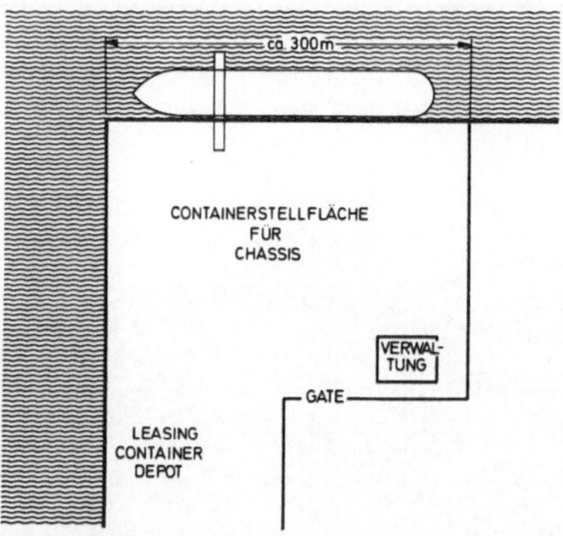

Abb. 88. Sea-Land Terminal, Yokohama. Skizze Terminalaufteilung.

Abb. 89. Sea-Land Terminal, Yokohama. Containerstellfläche.

Obwohl die Container mit Labeln versehen sind, die ein automatisches Lesen der Container-Nummern ermöglichen, wird das Verfahren nicht praktiziert.

Nach erfolgter manueller Stellplatz- und Bestandskontrolle kann die Schiffsbeladung geplant werden. Beim Laden werden die Container mit Hilfe von Zugmaschinen an das Containerschiff gebracht.

Beim Löschen werden die Container auf der in Abb. 89 dargestellten Fläche abgestellt.

4.3.1.3 NYK Terminal Port Island, Kobe

In Abb. 90 ist der NYK Terminal wiedergegeben. Der Terminal besteht aus zwei angemieteten Grundtypen, wovon der eine Teil für den Trio-Verkehr und der andere Teil für die übrigen Liniendienste von NYK vorgesehen ist.

Der Terminal arbeitet mit Van Carriern, die in der Lage sind, 40'-Container in 3 Lagen zu stapeln.

Neben der Ex- und Importfläche befinden sich die jeweiligen Bereiche für LKWs, auf denen die Container abgenommen bzw. übergeben werden.

Um eine EDV on-line Überwachung zu ermöglichen, wurde der Terminal in sechs Arbeitsbereiche unterteilt:

Gate	Verwaltungszentrale
Platz	Packhalle
Schiff	Kundenauskunftstelle

Die Verwaltungszentrale ist mit den anderen Arbeitsbereichen verbunden. Gate, Platz und Zentrale sind über Rohrpost und Funk miteinander verbunden.

Meldungen über abgeschlossene Lade- und Löschvorgänge können somit handschriftlich oder über Funk der Zentrale gemeldet werden. Lediglich die Packhalle besitzt eine eigene on-line Eingabestation.

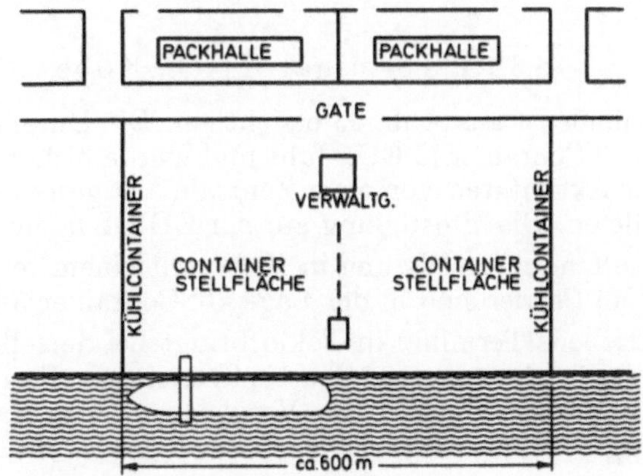

Abb. 90. NYK-Terminal, Kobe. Skizze Terminalaufteilung.

Abb. 91. NYK-Terminal, Kobe. Terminalansicht mit Containerstellplätzen.

Bei Zugang eines Containers mit dem LKW werden die entsprechenden Unterlagen per Rohrpost an die Verwaltungszentrale gesandt. Dort erfolgt die Eingabe der Daten in das System.

Ein Stellplatzvorschlag wird ausgedruckt. Diese Angaben werden dem Van Carrier-Fahrer übermittelt, der dann den Container auf der in Abb. 91 wiedergegebenen Fläche einstauen muß.

Die Auslieferung der Container erfolgt in umgekehrter Reihenfolge und wird ebenfalls von der in Abb. 92 wiedergegebenen Zentrale gesteuert.

Durch diese Organisationsform ist der Terminal in der Lage, 250 000 Container (TEU) pro Jahr mit Hilfe einer kleinen EDV-Anlage umzuschlagen.

Die Packhallen befinden sich außerhalb des Terminals.

Abb. 92. NYK-Terminal, Kobe. Verwaltungszentrale zur Steuerung der Van Carrier.

4.3.1.4 Terminal KICT, Kobe

Die Aufteilung des Terminals ist aus Abb. 93 ersichtlich. Die Umschlagsleistung der gemieteten Terminals beträgt ca. 200 000 Container (TEU)/Jahr und wurde bisher manuell verwaltet. Das war nur möglich, weil sämtliche Aktivitäten von einer Zentrale aus gesteuert wurden, in der auch alle Informationen zusammenliefen. Die Umstellung auf ein EDV-System ist geplant.

Interessant ist, daß diese Umschlagsleistung in Kobe mit einem reinen Van Carrier-System erbracht worden ist. Diese Van Carrier sind in der Lage 40′-Container 3-lagig zu stapeln.

Der auch von MOL betriebene Terminal in Tokio bringt bei derselben Terminalgröße ebenfalls diese Umschlagsleistung, verwendet aber ein Chassis-Transtainer-Van Carrier-System. Daraus ist zu folgern, daß Transtainer-Chassis-Systeme im Vergleich zu Van Carrier-Systemen in der Umschlagsleistung gleichwertig sind. Es lassen sich jedoch keine Schlüsse über die Kosten des Umschlags ziehen.

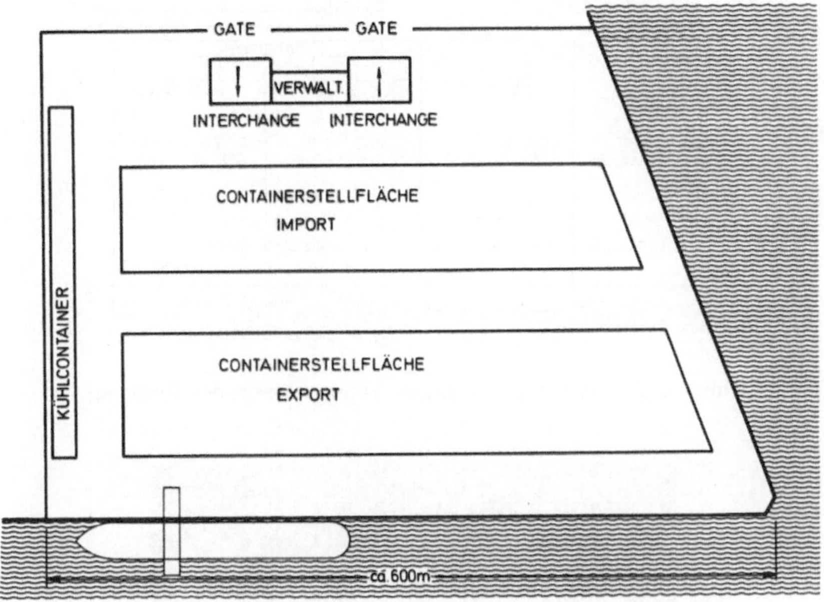

Abb. 93. MOL-Terminal KICT, Kobe. Skizze Terminalaufteilung.

Abb. 94. MOL-Terminal KICT, Kobe. Van Carrier mit der Fähigkeit, 40′-Container 3-lagig zu stapeln.

4.3.2 Trio-Terminal Kaoshiung, Taiwan

Neben einem Container-Abstellplatz mit 643 m Kailänge für kleinere Container-Schiffe verfügt Kaoshiung über vier Tiefwasserliegeplätze für Container-Schiffe der 3. Generation.

Weitere drei Liegeplätze mit schienengebundenen Transtainern sind z. Z. in der Planung.

Die Planung, Realisierung und Finanzierung der Container-Terminals wird vom Kaoshiung Harbor Bureau vorgenommen.

Von den Reedereien werden die kompletten Terminals, einschließlich der Umschlagsgeräte gemietet.

Der Trio-Terminal hat eine Containerbrücke fest unter Vertrag und bei Kapazitätsengpässen die Möglichkeit, eine weitere vom Nachbarterminal anzumieten.

Wie aus Abb. 95 ersichtlich ist, beträgt die Liegeplatzlänge des Trio-Terminals ca. 250 m, während die Tiefe des Terminals ca. 600 m mißt.

Der Trio-Terminal schlägt mit einem wirtschaftlich sinnvollen manuellen System heute ca. 35 000 TEU-Container pro Jahr um. Nach Aussage der Terminalleitung ist auch eine zu erwartende Expansion auf 50 000 TEU-Container/Jahr ohne Umstellung des Systems zu handhaben.

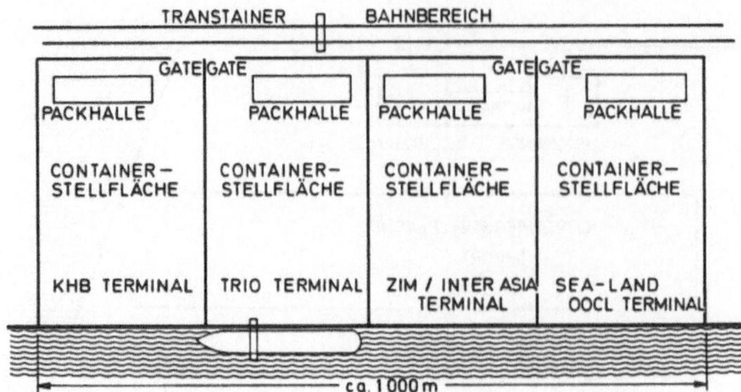

Abb. 95. Trio Terminal Kaoshiung, Taiwan. Skizze der Terminals.

Abb. 96. Trio Terminal Kaoshiung, Taiwan. Manuelles Verwaltungssystem.

Die gesamte Stellplatzverwaltung erfolgt über eine Kartei (Abb. 96), die nach Container-Größe, Zielhafen und Gewichtsklasse geführt wird.

Eine Informationsübertragung vom Planungsbüro zum Container-Terminal/Van Carrier erfolgt durch Boten, da keine Frequenzen zur Verfügung stehen.

Dieser Terminal bietet ein Beispiel dafür, daß mit einfachen Dokumentationsmitteln über einen Liegeplatz 50 000 Container (TEU) pro Jahr umzuschlagen sind.

4.3.3 Terminals in Hongkong

Da Infrastrukturmaßnahmen und die gesamte Terminalausrüstung mit Gebäuden und Umschlagseinrichtungen von den Gesellschaften getragen werden ergibt sich in Hongkong ein wesentlicher Unterschied zu allen anderen Terminals der Welt.

Aufgrund der politischen Situation in Hongkong werden Investitionen mit einer Abschreibungszeit von 5 Jahren kalkuliert.

4.3.3.1 MTL-Terminal, Hongkong

Abbildung 97 zeigt den MTL Terminal (Modern Terminals Limited), einschließlich der im Bau befindlichen Erweiterung um weitere 500 m Kailänge.

Heute werden mit einem manuellen Informationssystem (Abb. 98) über einen Liegeplatz mit zwei Container-Brücken und zwölf Van Carriern bereits ca. 120 000 TEU-Container/Jahr umgeschlagen. Nach der Terminal-Erweiterung wird eine Steigerung auf 200 000 TEU-Container/Jahr erwartet.

Weitere neun Van Carrier — für 40′ bei 3-lagiger Stapelfähigkeit —, sowie drei neue Container-Brücken sind für den Erweiterungsteil vorgesehen.

Die Leistung von 120 000 Container/Jahr ist besonders beachtenswert, da 70% der umgeschlagenen Container Pier/Pier-Container sind, die an den zwei Packhallen be- und entladen werden.

Der gesamte Container-Transport zum und vom Terminal erfolgt mit LKWs. Auf dem Container-Terminal arbeiten Van Carrier, die auch die terminalseitige Bedienung der Packhallen vornehmen.

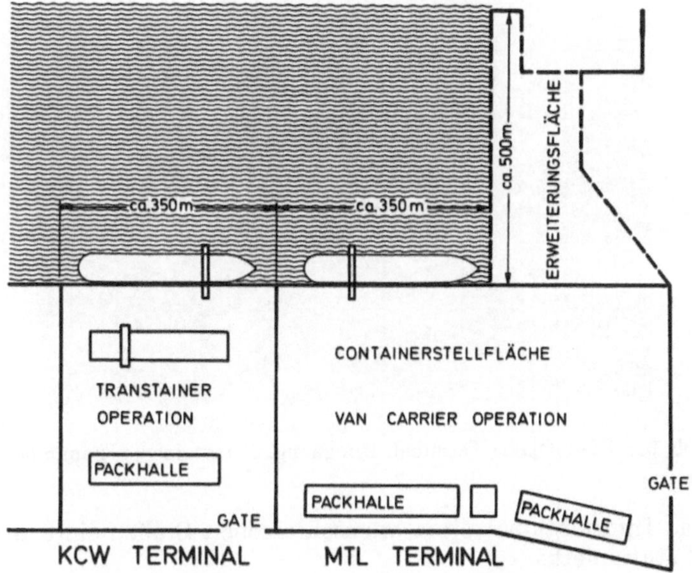

Abb. 97. MTL Terminal und KCW/Ojama Terminal, Hongkong. Skizze Terminalaufteilung.

Abb. 98. MTL Terminal, Hongkong. Manuelle Terminalverwaltung.

Die 20'- und 40'-Container werden mit Festspreadern aufgenommen. Der 20'-Festspreader ist als sog. „Mutterspreader" ausgebildet und nimmt automatisch den z.B. auf einem Container abgelegten 40'-Festspreader auf.

Die Verriegelung von Mutter- und Tochterspreader erfolgt ohne manuellen Eingriff. Die Steuerung der Verriegelungsbolzen geschieht mechanisch über Gestänge vom Mutterspreader aus.

Die Informationsübertragung vom Kontroll-Tower zu den Van Carriern erfolgt über Sprechfunkverkehr, während Umschlags- und/oder Ladungspapiere per Rohrpost weitergeleitet werden.

4.3.3.2 KCW/Ojama Terminal, Hongkong

Ebenfalls in Abb. 97 dargestellt ist der neben dem MTL-Terminal liegende KCW-Terminal (Kowloon Container Warehouse Co, Ltd.), der von mehreren Linien angelaufen wird.

Auf diesem Terminal wird mit dem Mischsystem Chassis-Transtainer gearbeitet. Die eingesetzten gummibereiften Transtainer geben ein Beispiel für die Flexibilität eines solchen Gerätes, denn in ca. 2 Minuten kann das seitliche Versetzen von einem Stapelblock zu einem anderen erfolgen.

Die Transtainer haben eine Spannweite von 25 m und können 4-lagig stapeln (Abb. 99).

Das Computer-System führt sowohl die Packhallen (CFS)-Planung und Dokumentation, als auch die Container-Verwaltung durch. Die Kommunikation vom Kontrollraum zu den Container-Umschlagseinrichtungen erfolgt über Sprechfunkverkehr.

Abb. 99. KCW/Ojama Terminal, Hongkong. Transtainer — gummibereift.

Alle anderen an das Informationssystem angeschlossenen Stellen sind mit Fernschreibern ausgerüstet. Davon sind stationiert:

6 Geräte in den Packhallen

2 Geräte in dem Kontrollraum für die Container-Operation

3 Geräte in der EDV-Zentrale.

Die Kernspeichergröße der EDV-Anlage beträgt 64k-bytes für einen jährlichen Umschlag von 100 000 Containern (TEU).

4.3.3.3 Hochhaus Warenlager

Aufgrund beengter Gebäudeverhältnisse und extrem hoher Grundstückspreise hat sich die „Hongkong & Kowloon Wharf & Godown Company, Limited" entschlossen, ein elfstöckiges (55 m) Mehrzweckhochhauslager zu errichten.

Die Lagerfläche pro Etage beträgt ca. 3 500 m².

An zwei Seiten dieses Lagerhauses werden Container für eine Ent- oder Beladung mit je einem Aufzug in die gewünschte, vorgewählte Etage befördert. Es handelt sich nicht um ein reines Containerlager, denn es werden lediglich auf jeder Seite zwei Container auf einem eingezogenen Balkon (Container Lobby) nebeneinander abgestellt (Abb. 100).

Die Gesamteinrichtung pro Aufzug besteht aus einem Maschinenhaus auf dem Dach, dem offenen Aufzugsschacht (Abb. 101) außerhalb des Gebäudes mit horizontalen Trägern zur Einfahrt des als Laufkatze ausgebildeten Spreaders und mit den unterbrochenen vertikalen Führungsschienen des „Spreaders", sowie den elf übereinanderliegenden Container Lobbys.

Abb. 100. Hochhaus Warenlager. Container Lobby mit Aufzugseinrichtung.

Die Hauptkomponente dieses Systems bildet die Einrichtung Spreader/Laufkatze.

Der obere Rahmen trägt die Seilrollen und kann bei Erreichen einer Etage — automatisch ausgelöst durch Tastendruck — vom eigentlichen Spreader abgekuppelt werden. Vor Abkupplung erfolgt das seitliche Ausfahren der Katzlaufräder, die sich auf dem horizontalen Träger abstützen.

Abb. 101. Hochhaus Warenlager. Container Aufzugsführungen.

Nach elektrischer Umkopplung des Vertikalsystems auf das Horizontalsystem kann der Spreader wie eine normale Laufkatze in die Lobby gefahren und der Container abgesenkt und entriegelt werden.

Technische Daten:

Nutzlast am Spreader, unter Berücksichtigung von 10% außermittiger Lastverteilung	30,5 t
Hubhöhe	55 m
Hubgeschwindigkeit	12 m/min
Feinhubgeschwindigkeit (über Wirbelstrombremsen)	1,2 m/min
Spreader fahren	13 m/min
Spreaderverstellung 20′—40′	2,5—10 m/min
Spreader-Laufrad Ausfahrgeschwindigkeit	2,5 m/min
Verriegelung Oberteil—Unterteil	1 sec
Verriegelung Spreader—Container	1 sec

Ein durchschnittliches Spiel dauert 6 Min.

Insgesamt werden ca. 26 Container/8 h bearbeitet (Anlieferung, Be- oder Entladung, Auslieferung).

Ein fünfzehnstöckiges Lagerhaus ist bereits im Bau, allerdings werden an jeder Seite zwei Container-Aufzüge installiert.

Ein automatisches Container Hochregallager, in das die Container ein- und ausgelagert werden (Substitution von Stellplatzfläche) muß mit einer wesentlich größeren Umschlagsleistung arbeiten.

4.3.4 PSA-Terminal, Singapore

Aus Abb. 102 ist die grundsätzliche Anordnung des Terminals zu erkennen. An dem als Pier ausgebildeten Terminal befinden sich an der einen Seite drei Hauptliegeplätze mit vier Containerbrücken und an der anderen Seite ein Liegeplatz mit einer Containerbrücke für Feeder-Schiffe.

Aufgrund eines prognostizierten erhöhten Ladungsaufkommens sollen 1977 zwei weitere Containerbrücken auf dem bestehenden Terminal eingesetzt werden. Für 1978 ist ein weiterer Container-Terminal mit vier Containerbrücken und gummibereiften Transtainern vorgesehen.

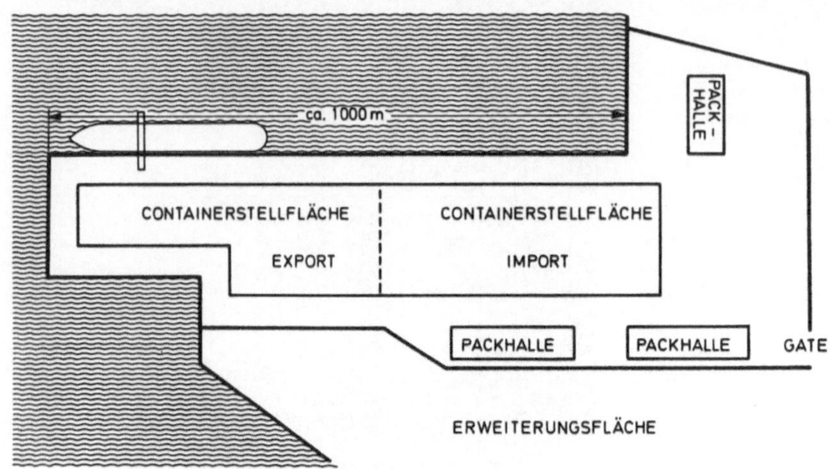

Abb. 102. PSA Terminal, Singapore. Skizze Terminalaufteilung.

Der gesamte bestehende Terminal ist künstlich angelegt. Eine ca. 1,5 m starke Betonplatte, deren Oberkante ca. 4,5 m über der mittleren Wasseroberfläche liegt, wird von 1 m dicken Pfählen getragen.

Bei dieser Konstruktion haben sich bisher (Inbetriebnahme Juni 1972) keine Setzungen gezeigt. Außerdem soll dieses System Vorteile bei hohem Wellengang bieten.

Über den Terminal sind 1974 152000 Container (TEU) umgeschlagen worden.

Für 1975 werden bereits 200000 Container erwartet.

Die Umschlagsgeräte sind van Carrier und Chassis mit Zugmaschinen. Die Leer-Container sollen in Zukunft mit Gabelstaplern gestapelt und auch vom Leerstock zu den Packhallen mit diesen Geräten gebracht werden.

Abb. 103. PSA Terminal, Singapore. Containerbrücke mit Spreaderablage.

Die Containerbrücken weisen als Besonderheit die in Abb. 103 gezeigte Spreader Ablage im landseitigen Querriegel des Portals auf.

Für den gesamten Hafen von Singapore besteht eine zentrale Computeranlage mit 140 k-bytes Speichervermögen.

Der Container-Terminal ist on-line an dieses System angeschlossen. Sämtliche Container-Bewegungen auf dem Container Terminal werden sowohl per EDV als auch manuell über Stecktafel verfolgt.

An den Computer sind fünf Displays angeschlossen, die es erlauben, jederzeit Information über einen Container zu erhalten bzw. einzugeben.

Diese 5 Stationen sind:

 Schiffsplanung

 EDV-Zentrale

 Gate

 Kontroll-Tower

 Packhalle.

Die Schiffsplanung erfolgt manuell. Es werden lediglich die notwendigen Daten vom Computer über Display abgefragt und „Labels" zur Erstellung der Staupläne ausgedruckt.

4.3.5 Terminals in Australien

In Australien wird der 20′-Container zu ca. 95% eingesetzt. Dieses Verhältnis ist ein Grund, das Twin-Lift-Verfahren anzuwenden.

Packhallen sind nicht, wie allgemein üblich, in unmittelbarer Terminalnähe, sondern dezentralisiert im Hinterland errichtet.

4.3.5.1 STL-Terminal, Melbourne

Der in Abb. 104 dargestellte STL-Terminal (Seetainer Terminals LTD) weist als Besonderheit die Blockaufteilung in Import Europa

      Import Japan

      Export

auf.

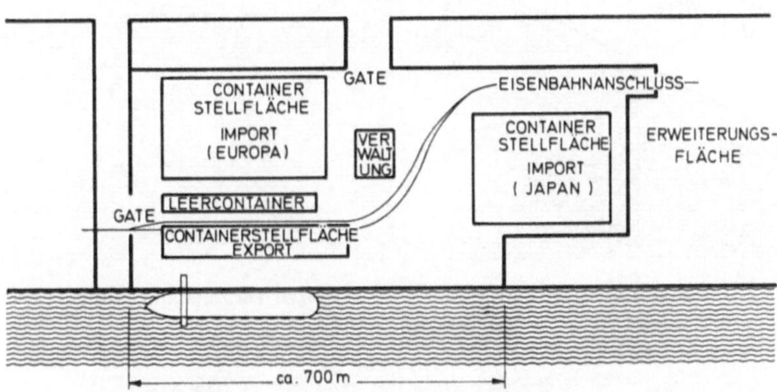

Abb. 104. STL Terminal, Melbourne. Skizze Terminalaufteilung.

Der Exportbereich ist aus Abb. 105 ersichtlich.

Die Container werden in einem Stapelgerüst 5-lagig übereinander von einem Hallenkran im Twin-Verfahren bewegt.

Die zu 50% überdachte Fläche des Gerüstes wird für sogenannte „open top" Container, sowie für Kühl-Container verwendet. Ähnlich wie in Tilbury, London, sind unter dem überdachten Teil 250 Stellplätze für 20′-Kühl-Container vorgesehen. Die Versorgung der Container mit Kühlluft erfolgt von einem zentralen Kühlhaus. Außerhalb dieses Bereiches werden 20′-Kühl-Container mit Gabelstaplern 2-lagig gestapelt und über angehängte elektrisch versorgte Kühlaggregate, sogenannte Clip-on-units, versorgt.

Dieser Terminal arbeitet hauptsächlich nach dem Twin-Lift-Verfahren, auf das die Terminalanlage abgestimmt ist. So ist z.B. der Exportbereich nach Zielhäfen und Gewichtsklasse angelegt, jedoch immer mit der Maßgabe, zwei 20-Container hintereinander aufzustellen, wie aus Abb. 105 ersichtlich.

Das Twin-Lift-System kann hier wirtschaftlich betrieben werden, da auch die Terminals, zu denen Container gebracht werden bzw. von woher die Container kommen nach diesem System arbeiten.

Abb. 105: STL Terminal, Melbourne. Container Stapelgerüst.

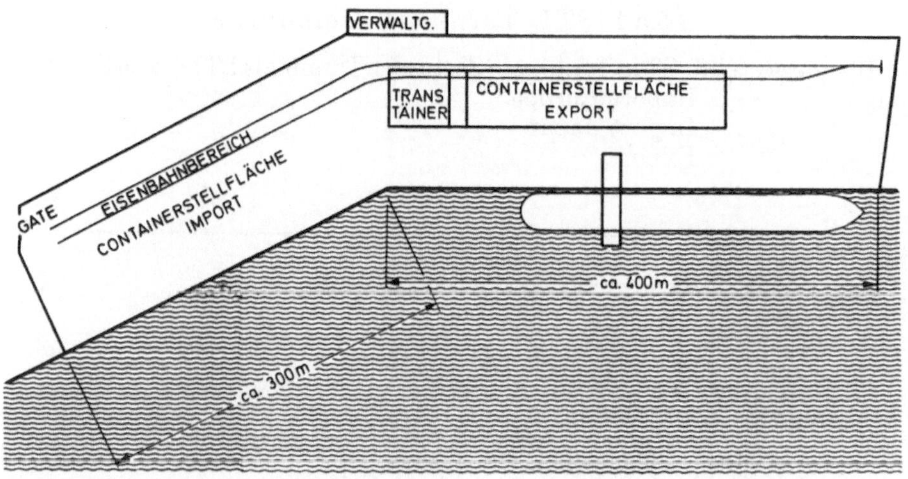

Abb. 106. STL Terminal, Sydney. Skizze Terminalaufteilung.

Abb. 107. STL Terminal, Sydney. Container Stapelgerüst.

4.3.5.2 STL-Terminal, Sydney

Dieser Terminal (Abb. 106) ist ähnlich wie der STL-Terminal in Melbourne aufgebaut.

Unmittelbar hinter den drei Containerbrücken, die ebenfalls im Twin-Verfahren arbeiten, befindet sich das Stapelgerüst (Abb. 107).

In der Längsachse des Stapelgerüstes werden 46 × 20′-Container und in der Querachse 11 × 20′-Container gestapelt.

Bedient wird dieses Gerüst ebenfalls über zwei mittelspannungsgespeiste (6,6 kV) Hallenkrane, die sowohl im Twin-Verfahren 20′-Container als auch 40′-Container mit Zusatzspreader bewegen können.

Die Verbindung Containerbrücke—Stapelzone wird mit traktorgezogenen Chassis hergestellt.

In späterer Zukunft soll diese Verbindung u. U. automatisiert werden.

Außerhalb der Gerüst-Stapelzone erfolgt ein Blockstau (3-lagig) für Import-Container, sowie die Beladung von Eisenbahnwaggons durch Gabelstapler mit Toprahmen (Abb. 108).

Abb. 108. STL Terminal, Sydney. Gabelstapler für den Containerumschlag.

Der Durchsatz von 120 000 TEU-Containern/Jahr wird mit einem manuellen Informationssystem und nur einer Sprechfunkfrequenz abgewickelt.

Für Wartungs- und Reparaturzwecke steht eine weitere Frequenz zur Verfügung.

4.3.5.3 Glebe Island Terminal, Sydney

Abbildung 109 zeigt den Glebe Island Terminal. Zur Ausrüstung gehören zwei Containerbrücken und fünf gummibereifte Transtainer. Die Kombination ist in Abb. 110 wiedergegeben. Obwohl die

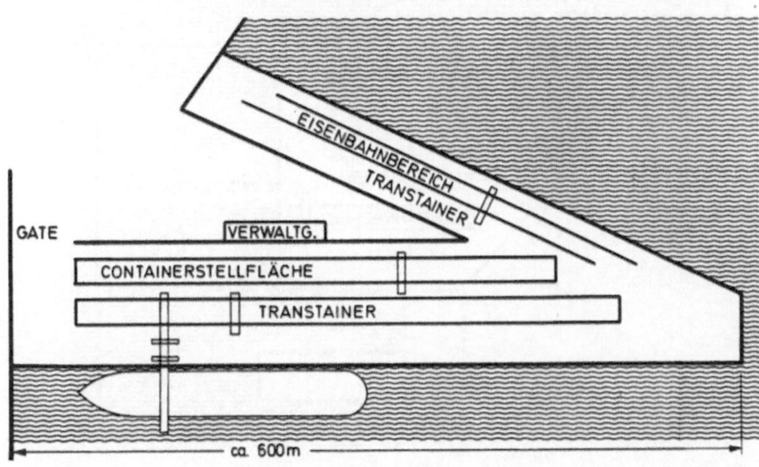

Abb. 109. Glebe Island Terminal, Sydney. Skizze Terminalaufteilung.

20A

direkte Übergabe von der Containerbrücke zum Transtainer technisch möglich ist, wird aus Flexibilitätsgründen das Umschlagssystem Chassis—Transtainer angewendet. Die Transtainer überspannen sechs Containerreihen und stapeln 3-lagig.

Abb. 110. Glebe Island Terminal, Sydney. Containerbrücke — Transtainer.

Über die zwei Liegeplätze werden z.Z. 65 000 TEU/Container/Jahr bewegt.
Das Informationssystem besteht aus den Komponenten:
— Fernsehkamera zur Übertragung von Daten vom Gate zum Kontroll-Tower
— Display   zur Eingabe der per Fernsehkamera übertragenen Daten in die EDV (z.Z. sind drei Displays angeschlossen)
— Stecktafeln   zur Terminal Verwaltung.
Die Information zur Aktualisierung der Stecktafel wird von der EDV ausgedruckt.
Die Bestandsdokumentation erfolgt einmal pro Tag über EDV-Ausdruck.

4.3.6 Thorndon Container Terminal, Wellington, Neu Seeland

Charakteristisch für diesen Terminal (Abb. 111) ist der hohe Anteil von umgeschlagenen Kühl-Containern und die damit verbundenen Einrichtungen.

So wurden z.B. 1974 40 000 Container (TEU) über zwei Liegeplätze mit einer Containerbrücke umgeschlagen. 70% der Export-Container waren Kühl-Container.

Die Kühlung der Container erfolgt an Kühlsäulen, an die jeweils vier Container angeschlossen und mit Kühlluft versorgt werden.

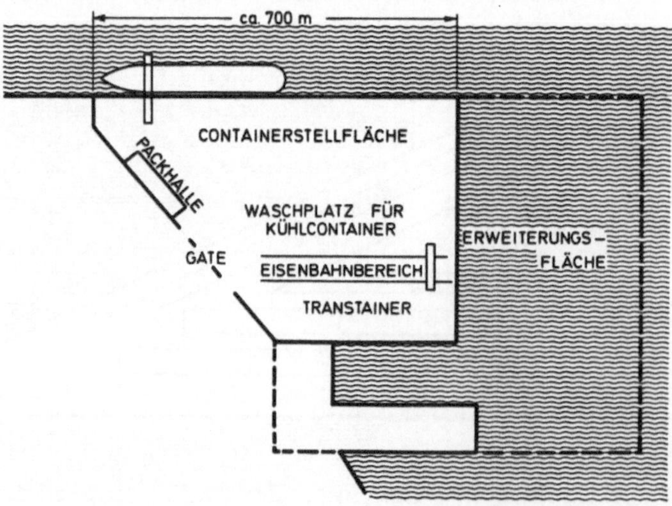

Abb. 111. Thorndon Container Terminal, Wellington. Skizze Terminalaufteilung.

Z. Z. sind 400 Anschlußmöglichkeiten vorhanden. Außerdem besteht die Möglichkeit, zusätzliche Container über Flüssiggasaggregate (Abb. 112) zu versorgen.

Abb. 112. Thorndon Container Terminal, Wellington. Flüssiggas-Kühlcontainer.

Für 1977 wird eine Verdoppelung der Container-Umschlagszahlen erwartet. Deshalb ist bereits eine zweite Containerbrücke im Bau.

Die Erweiterung der Kühl-Containeranschlüsse auf 1 200 bis 1 400 Stück ist ebenfalls vorgesehen. Das bewährte 4-er Kühlsäulensystem soll beibehalten werden.

4.3.7 Haifa Terminal, Israel

Die Abb. 113 gibt den Terminal Haifa wieder. Eingesetzt wird ein Transtainer-Chassis-Mischsystem.

Die Verwaltung des Terminals erfolgt weitgehend manuell, jedoch werden Dokumentationsarbeiten durch angemietete EDV-Kapazitäten vorgenommen.

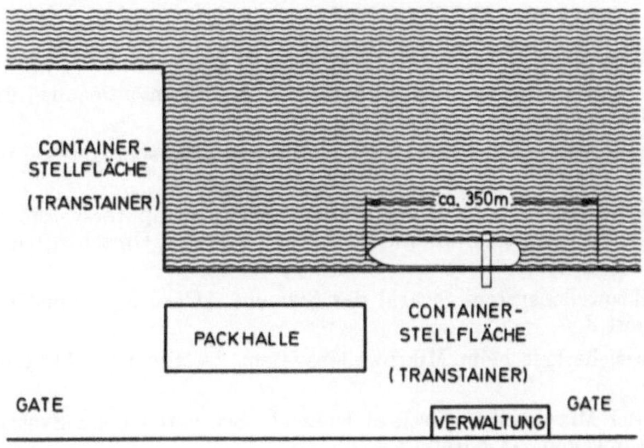

Abb. 113. Haifa Terminal, Israel. Skizze Terminalaufteilung.

Aus der Abb. 113 ist ersichtlich, daß die Packhalle sehr dicht an der Kaikante liegt. Eine derartige Konstellation ist äußerst ungünstig für einen Terminal. Daher ist an einen Abriß der Halle gedacht. Ein neues Packzentrum soll an einer anderen Stelle errichtet werden.

Da die Kapazität des Terminals erschöpft ist und eine weitere Expansion des Container-Verkehrs erwartet wird (z. B. durch verstärkte Containerisierung der Zitrusfrucht-Ladung), sind die Planungen für einen weiteren Terminal bereits angelaufen.

Es soll weiterhin ein Transtainer-System zum Einsatz kommen. An eine Automatisierung der Anlage ist aber nicht gedacht.

4.3.8 Zusammenfassung

Der Besuch der Terminals in Fernost, Australien, Neuseeland und Israel hat eindeutig gezeigt, daß die Terminals vollautomatisch arbeitende Systeme ablehnen. Das kommt auch bei Neuplanungen zum Ausdruck, bei denen der Zustand angestrebt wird, mit bestimmten einfachen technischen Umschlagssystemen eine möglichst große Flexibilität zu erreichen. Nur diese Systeme arbeiten wirtschaftlich.

Ebenso kann festgestellt werden, daß die technischen Elemente der Umschlagssysteme, die heute bekannt sind, auch zukünftig angewendet werden, wobei in den besuchten Terminals wiederrum darauf hingewiesen wurde, daß den Geräten der Vorzug gegeben wird, die sich durch hohe Einsatzbereitschaft und geringe Wartung auszeichnen.

Daneben hat sich gezeigt, daß bei Stellflächen-Kapazitätsproblemen dem Transtainer-System der Vorzug gegeben wird. Ansonsten sind alle Umschlagssysteme, die in verschiedenen Terminals angetroffen wurden, von ihrer Leistungsfähigkeit als gleichwertig zu beurteilen, wobei keine allgemeingültige Aussage über die Wirtschaftlichkeit der Systeme möglich ist.

In bezug auf das Dokumentations- und Informationssystem besteht der Trend, ab ca. 300 000 Container (TEU) Jahresumschlag, ein on-line EDV-System einzusetzen. Dieses ist allgemein feststellbar.

Allgemeingültige Vergleichswerte über Rechnergrößen konnten nicht ermittelt werden, weil die spezielle Situation der Terminals zu unterschiedlich ist.

In diesem Zusammenhang sollte der Terminal KCW/Ojama in Hongkong erwähnt werden, der mit Hilfe seiner EDV in der Lage ist, neben der Container-Verwaltung die Arbeit in den Packhallen von der Anlieferung des Stückgutes bis zum Einpacken in den Container bzw. umgekehrt zu planen und zu kontrollieren. Damit ist dieser Terminal allen anderen in bezug auf planvolle Gestaltung der Packarbeiten, Bereitstellung von Informationen und Vereinfachung der Dokumentation auf diesem Sektor ein Stück voraus.

Schrifttum

1. Körs, H., Krause, D.: Zuverlässig — schnell und kostengünstig. Ausrüstung des Terminals für raschen Umschlag. Handelsblatt, 23. 10. 74.

2. Boldt, G.: Die Transportkette als System — Verfügbarkeit der Information bestimmt die Wirtschaftlichkeit des Hafenterminals. Handelsblatt, 23. 10. 74.

3. Aktien-Gesellschaft „Weser": A Nuclear Katamaran for Unitized Cargoes in Germany. — Ports and Harbors, May 1974. — Hansa-Schiffahrt-Schiffbau, 112. Jahrgang 1975, Nr. 4, Seite 259 ff. — Hansa-Schiffahrt-Schiffbau, 111. Jahrgang, 1974, Nr. 24, Seite 2083.

4. o. V.: Hansa-Schiffahrt-Schiffbau, 101. Jahrgang 1974, Nr. 12, Seite 1040 ff.

5. o. V.: Unveröffentlichte Information von der Containerization, München 1974.

6. o. V.: Compass. Grob-Soll-Konzept für ein computergesteuertes Dokumentations- und Informationssystem im Hamburger Hafen und in den Bremischen Häfen. Hamburg 1974, S. 2.

7. Buckerl, M.: Informationsprobleme bei der Anwendung von Transportketten und ihre Lösungen. VDI-Bericht Nr. 209. Düsseldorf 1973, S. 71.

8. Steinecke, J., Helmke, G.: Datenbank Hafen Hamburg. Ein Computersystem zur Steuerung des Informations- und Dokumentationsflusses im Seehafen. Handbuch für Hafenbau und Umschlagtechnik, Band XIX, Hamburg 1974, S. 96 ff.

9. Garbrecht, K.: Das Mikrowellensystem Sicarid der Siemens AG zum automatischen Indentifizieren von Eisenbahnfahrzeugen. ACJ Report 8.

10. Grafinger, W.: Die Lesesicherheit beim Mikrowellensystem der Siemens AG zur automatischen Wagenidentifizierung. ACJ Report 3.

11. Becker, F.: Durchgang der Mikrowellen durch abdeckende Schichten beim System Sicarid der Siemens AG zum Identifizieren von Eisenbahnwagen. ACJ Report 6.

12. o. V.: ACJ starts to earn its keep. Railway Gazette International, March 1973.

13. o. V.: DEMAG-Fördertechnik. Container Aufzug für ein Hochhaus-Warenlager in Hongkong — unveröffentlichte Systembeschreibung.

14. o. V.: Container Hochregallager — unveröffentlichte Systemstudie der Firma Mannesmann-Geisel und der Hamburger Hafen- und Lagerhaus AG.

15. Boldt, G.: Bericht über mögliche Auswirkungen des Einsatzes von Containerschiffen der sog. 4. Generation in den deutschen Seehäfen Hamburg und Bremerhaven. Unveröffentlichter Bericht der Hafenbautechnischen Gesellschaft e. V. Ausschuß für Containerfragen.

16. Spring, K.: Containerhäfen der Zukunft. Hansa 109 (1972) 13, S. 1172.

17. Zinnecker, K. H.: Genormte Ladeeinheiten im interkontinentalen Güterverkehr. VDI-Bericht 209. Düsseldorf 1973, S. 45.

Register

I. Verfasser- und Namenverzeichnis

II. Orts- und Gewässerverzeichnis

III. Sachverzeichnis